西北干旱区气候变化与可持续发展

陈亚宁 等 著

科学出版社
北 京

内 容 简 介

本书基于当前气候变化对西北干旱区水资源和生态系统产生重大影响的背景，分析如何应对当前气候变化挑战，实现西北干旱区水–生态–经济系统的可持续协同发展，进而为社会经济的绿色高质量发展提供重要科学依据。本书包括西北干旱区水资源要素及生态环境变化、水资源和生态环境对气候变化的响应机制以及水资源高效利用和生态环境可持续管理对策等内容。

本书可供干旱区水资源、生态环境保护及相关领域的科研、技术、管理人员学习参考。

审图号：GS 京（2024）0460 号

图书在版编目（CIP）数据

西北干旱区气候变化与可持续发展 / 陈亚宁等著. -- 北京 : 科学出版社, 2025. 3. -- ISBN 978-7-03-079753-7

Ⅰ. P467

中国国家版本馆 CIP 数据核字第 2024209GF3 号

责任编辑：郭允允　谢婉蓉 / 责任校对：郝甜甜

责任印制：徐晓晨 / 封面设计：无极书装

科学出版社 出版

北京东黄城根北街 16 号

邮政编码: 100717

http://www.sciencep.com

北京中科印刷有限公司印刷

科学出版社发行　各地新华书店经销

*

2025 年 3 月第　一　版　　开本：787 × 1092　1/16

2025 年 3 月第一次印刷　　印张：23 1/4

字数：552 000

定价：328.00 元

(如有印装质量问题，我社负责调换)

本书编写委员会

顾　问　张元明　冯　起

主　任　陈亚宁

成　员（按姓氏汉语拼音排序）

段伟利　方功焕　郭　英　李　稚

李忠勤　李宗省　刘文彬　沈彦俊

司建华　王飞腾　席海洋　徐建华

杨林山　尹振良　朱成刚

序

近年来，可持续发展目标的落实与应对气候变化行动紧密结合，并已成为联合国框架内的两大核心议题。全球变化加大了气候系统变异和复杂性，改变了全球水循环过程，加剧了水资源供需矛盾。气候变化背景下，自然系统、资源、基础设施及生产力都随之发生改变，气候变化正从多个方面改变经济增长的路径和速度，进而直接影响可持续发展中“减贫”这一重要目标的落实。

西北干旱区是我国资源型缺水大区，系统研究西北干旱区气候水文要素及水资源变化特征，深化认识气候变化对水资源形成、转化和空间分布的影响，揭示气候变暖背景下的水–生态–经济系统的纽带关系，预估气候变化对未来生产、生活和生态需水的过程与强度的影响，探索未来气候变化条件下的水资源管理应对策略，提升水资源利用效率，对促进西北干旱区生态安全与经济社会的可持续发展具有重要的现实意义。

西北干旱区地处中纬度地带，是全球气候变化的敏感区。在气候变化和人类活动的综合影响下，西北干旱区以山区冰雪融水和降水为基础的水资源系统更加脆弱，以荒漠为主体的脆弱生态系统面临严峻挑战。不仅如此，西北干旱区存在资源型缺水、工程型缺水、结构型缺水和管理型缺水问题，水资源短缺是制约西北干旱区社会经济发展的最关键自然因素。气候变化打破了原有的自然平衡，引起的山区冰川/积雪变化和水循环过程改变加剧了西北干旱区关键水文要素变率和水资源供给的不确定性，加大了极端气候水文事件的频度和强度，导致西北干旱区绿洲经济与荒漠生态两大系统的水资源矛盾更加突出。西北干旱区是丝绸之路经济带建设的关键区域，水–生态–经济系统的协调发展不仅是区域发展的关键，更关乎民族和谐与社会稳定。如何实现区域水–生态–经济系统的协同发展，构建水–能源–粮食–生态系统的良好纽带关系、保障水–生态系统安全，实现社会经济绿色高质量发展，仍有诸多科学与技术问题需要研究。

《西北干旱区气候变化与可持续发展》一书是中国科学院新疆生态与地理研究所陈亚宁研究团队，结合多年的野外工作积累和长期监测资料，对西北干旱区气候变化及其影响的系统总结。该书从西北干旱区水–生态系统的热点问题切入，系统分析西北干旱区水资源与生态环境的基本特征，揭示气候变化对水–生态系统的影响，评估气候变化背景下的未来水资源承载力及供需风险，探索干旱区水–能源–粮食–生态系统协调发展的路径。研究成果为实现区域水资源高效利用、生态系统可持续管理和经济社会高质量发展提供重要科学基础。对从事干旱区水资源、生态保护及相关领域研究的科研、技术、管理人员来说是一本不可多得的科学研究本底资料，具有极高的学习和参考价值。

值《西北干旱区气候变化与可持续发展》一书出版之际，我谨表示衷心的祝贺和敬意。期待团队进一步加强研究，创建干旱区科学体系，为干旱区生态环境保护和可持续发展做出贡献，并期望各界人士对西北干旱区水资源的合理利用和生态环境保护给予更多的关注，为建设团结和谐、繁荣富强、文明进步和生态良好的西北做出新的更大贡献。

秦大河

中国科学院院士

2024 年 2 月

前言

全球变暖对西北干旱区水资源和生态系统产生了重要影响。气候变化打破了原有的自然平衡，引起的山区冰川/积雪变化和水循环过程改变加剧了西北干旱区关键水文要素变率和水资源供给的不确定性，导致西北干旱区绿洲经济与荒漠生态两大系统的水资源矛盾更加突出。如何实现西北干旱区水–生态–经济系统协同发展，保障区域水安全、生态安全，是丝绸之路经济带建设的关键所在。

西北干旱区是我国资源型缺水最严重的区域，水资源短缺是制约西北干旱区社会经济发展最关键的自然因素。在全球变暖背景下，西北干旱区升温明显，年均气温以0.32℃/10a 的速率显著上升，是全国平均水平的 2.5 倍，并在 1998 年出现了“跃动式”升温，升温后较升温前的平均气温升高了 1.13℃，年平均气温由 1960～1997 年的 7.50℃升高至 1998～2021 年的 8.63℃。与此同时，西北干旱区的降水量也表现为明显的增加趋势，平均增速为 9.32 mm/10a。温度升高导致蒸发能力加大，实际蒸散发量以11.91 mm/10a 的速率增加，对以荒漠为主体的西北干旱区自然生态系统的影响日益加大。因此，系统分析和了解气候变化对西北干旱区水资源和生态环境带来的影响和挑战，制定相应的应对措施，对西北干旱区生态安全保证体系建设和高质量发展具有重要的意义。

在新时代的号召下，水资源节约保护与生态文明建设一直是中国特色社会主义新疆建设的主旋律。本书系统分析了西北干旱区过去半个多世纪的气候变化特征，从冰川、积雪变化、地表径流过程、陆地水储量以及生态系统变化等全面分析了气候变化对西北干旱区水文、水资源及生态环境的影响，探讨了西北干旱区干/湿变化与“暖湿化”问题；从用水结构、水资源利用效率等多个方面解析了农业供需水变化和未来农业用水安全，评估了西北干旱区的用水效率和水资源承载力；从天然植被变化、陆地净初级生产力、净生态系统生产力以及植被水分利用效率等方面分析了气候变化对生态环境的影响，并对未来生态环境变化趋势进行了预估；提出要从节水、蓄水、调水和增水等多维挖掘水资源潜力，从生态水利工程建设、体制机制以及管理层面，全面提升水资源利用效率，加大生态保护修复力度，以应对气候变化带来的可能风险，确保西北干旱区生态安全和经济社会的可持续发展，为推进“绿色丝路”建设、实现区域经济社会高质量发展提供科技支撑。

本书是在中国科学院基础与交叉前沿科研先导专项“B 类先导专项”（XDB0720402）和国家自然科学基金重点项目（42130512）资助下，由中国科学院新疆生态与地理研究所、中国科学院西北生态环境资源研究院、中国科学院地理科学与资源研究所、中国科学院遗传与发育生物学研究所农业资源研究中心等单位的长期从事西北干旱区研究的科研人员共同努力下完成。全书共 10 章。第一章主要介绍了西北干旱区水资源与生态环境的基本特征，并剖析了西北干旱区当前水–生态系统热点问题。第二章从气候变化要素、特征及影响角度详细论述了西北干旱区所面临的气候变化风险。第三章全面介绍了西北干旱区冰川、积雪水资源的分布、变化及其未来变化趋势。第四章分析了气候变化对西北干旱区水资源的影响，并对水资源未来趋势进行了预估。第五章和第六章主要介绍了西北干旱区水资源利用现状、趋势及问题，从供需水平衡和绿洲农业用水安全角度，提出了绿洲农业高效用水的对策与调控途径。第七章和第八章对西北干旱区非常规水资源的开发潜力进行了评估，评估了西北干旱区水资源承载力，提出了西北干旱区水资源宏观调控的基本思路和构想。第九章从土地利用变化、植被变化、陆地净初级生产力以及植被水分利用角度全面分析了气候变化和人类活动影响下的西北干旱区生态环境演变及未来趋势。第十章围绕西北干旱区生态安全和高质量发展，提出了西北干旱区水资源高效利用和生态环境可持续管理的对策建议。参与撰写的人员：第一章，陈亚宁、李稚、段伟利、王旋旋、李玉朋；第二章，陈亚宁、李稚、方功焕；第三章，李忠勤、王飞腾、徐春海、陈拓、陈仁升、上官冬辉、阳勇、王璞玉；第四章，陈亚宁、方功焕、李稚、姚俊强、张齐飞；第五章，徐建华、陈亚宁、范梦甜、沈丹婕；第六章，沈彦俊、郭英；第七章，尹振良、干凌阁；第八章，刘文彬、李宗省、吕发锋、高文德；第九章，陈亚宁、王怀军、李卫红、席海洋、张齐飞、张雪琪、杨林山、郝海超；第十章，朱成刚、陈亚宁、司建华。陈亚宁对全书进行统稿。

本书主要面向高等院校相关专业的师生和从事干旱区水资源与生态环境保护研究的科技工作者。本书的编纂及出版得到了中国科学院科技促进发展局、中国科学院新疆生态与地理研究所、中国科学院西北生态环境资源研究院等单位的大力支持。中国科学院院士秦大河先生为本书作序，在此一并表示最真挚的感谢。

陈亚宁

2024 年 2 月于乌鲁木齐

目　录

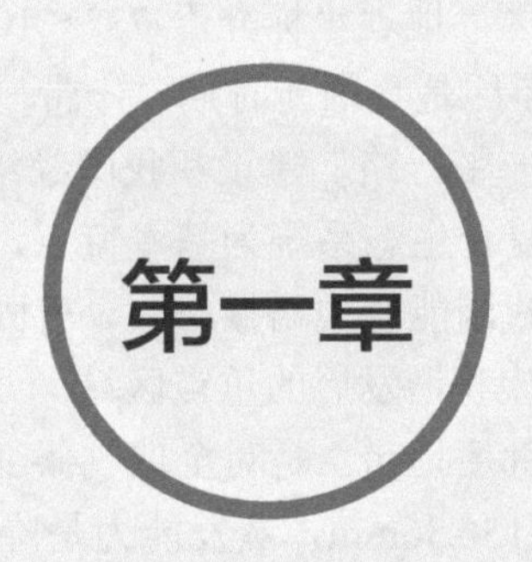

第一章

西北干旱区水资源与生态环境概况

中国西北干旱区系指贺兰山—乌鞘岭以西，祁连山—昆仑山以北，包括新疆全部和河西走廊的广大西北内陆干旱区，地理坐标介于 73°～106°E 和 35°～50°N 之间，约占中国国土面积的 1/4。西北干旱区是我国新时期“一带一路”建设的核心区域，地理位置独特，地缘优势突出，在“一带一路”建设和我国经济社会发展中的地位极为重要。同时，该区以山地–绿洲–荒漠复合生态系统为基本特点，具有自然资源相对丰富与生态环境极端脆弱的双重特点，是我国能源战略接替区、巩固脱贫攻坚成果重点区，也是荒漠化问题突出、国防安全和民族和谐发展的重点区域。

西北干旱区地处北半球中纬度地带，是对全球气候变化响应最敏感地区之一。气象资料显示多年平均年降水量为 156.36mm，蒸发能力是降水量的 8～10 倍，气候干燥度高，居国内之首。西北干旱区的水资源总量约 995.57 亿 m^3［2010～2020 年各省（自治区）水资源公报］，仅占全国的 3.46%，是我国水资源最贫乏的地区。

西北干旱区的水资源主要形成于山区，高大山脉发挥了“湿岛”作用，发育着大面积现代冰川，冰川融水占地表总径流的 25%以上，是众多河流的源区。山区降水较丰富，如在伊犁河谷东端的巩乃斯年降水量可达 800～1200mm 之多。西北干旱区平原区降水稀少，大多在 100mm 以下，为径流散失区。平原区以荒漠为主体，沙漠戈壁面积约占全国沙漠总面积的 80%；绿洲呈斑块状或带状镶嵌其间，面积仅为 9.7%，承载了约 98%的人口，生产 GDP 达 95%，是干旱区主要的社会经济活动场所和人类生存空间（图 1.1）。

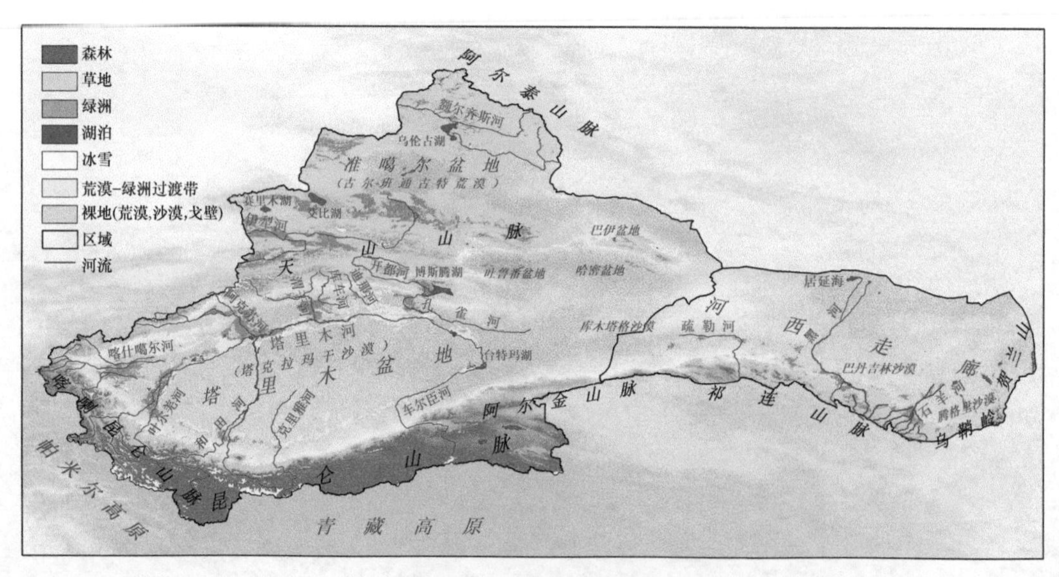

图 1.1　西北干旱区概图

第一节　西北干旱区水资源基本特征

西北干旱区地处欧亚大陆腹地，远离海洋，降水稀少，是世界上最干旱的地区之一。西北干旱区与北非、中东、澳大利亚等干旱区不同的是，周边及中部发育着众多高大的山脉，北有阿尔泰山，南有喀喇昆仑山、昆仑山、阿尔金山和祁连山，中有天山山脉横亘于新疆中部。这些高大的山体截获高空传输的水汽，形成丰富的降水和大面积现代冰川及积雪，为绿洲的形成、发育以及生态系统健康、稳定提供了源源不断的水源。

西北干旱区的水资源赋存形式多样，以冰川积雪、空中水、径流、湖泊水以及地下水、土壤水等形式为主。由于冰川、积雪水资源是中国西北干旱区非常重要的河川径流补给源，也被称为"固体水库"，湖泊水资源和地下水资源是河湖水资源调配和维系植被生长的重要水源，而河川径流是重要的地表水资源，其形成、转化独具特色。因此，本节首先介绍冰川水资源、积雪水资源、空中水资源、湖泊水资源，以及河川径流的形成和空间分布特征。

一、水资源组成

（一）冰川水资源

冰川作为"固体水库"对河川径流起到重要的调节作用，在湿润低温年份，热量不足，冰川消融微弱，冰川积累增加，冰川融水径流减少；在干旱少雨年份，高温晴朗天气增多，冰川消融加剧，大量冰川融水补给河流。因此，冰川对维系河川径流的相对平衡和稳定发挥了重要的调节作用，这也正是西北干旱区多数河流水资源相对稳定、径流年际变化幅度小的原因所在。

西北干旱区的众多高大山脉均广泛发育着现代冰川。冰川主要分布在新疆的天山、昆仑山、喀喇昆仑山、阿尔泰山等区域水系以及甘肃祁连山的河西内流水系（包括疏勒河、黑河和石羊河）。冰川融水是西北干旱区最重要的水资源，占西北干旱区地表总径流的25%以上，对于调节径流年际分布有重要意义。

（二）积雪水资源

积雪是西北干旱区水资源重要组成部分。西北干旱区四季分明，广大的山区为季节性积雪的赋存提供了有利的空间。山区广泛分布的季节性积雪为干旱区河流提供了丰富的水源。在西北干旱区，山区积雪以雪线为界，不同区域的雪线海拔有所不同。天山山区的雪线海拔为3900～4200m，近些年随着全球气候变暖，雪线海拔有上升的趋势；昆仑山北坡的雪线相对较高，位于海拔5000m以上。新疆北部的阿尔泰山、准噶尔西部山地的河流以及河西走廊南部的祁连山区河流和天山北坡的一些小河流，大多以季节性积雪融水和夏季降水补给为主。季节性积雪融水补给为主的河流，径流的年内分布特点是春季流量大，一般可占年径流的20%～30%，有的河流甚至高达45%。年内出现两次汛期，春季一次，夏季一次，有些河流仅在春季出现一次洪峰。由于没有冰川融水补给的调节，季节性积雪融水补给为主的一些小的河流，径流量的年际变化较冰川补给为主的河流要大，水量不甚稳定。在新疆北部地区，季节性积雪融水是导致春汛发生的主要原因（顾西辉等，2015）。

（三）空中水资源

空中水资源是大气降水的物质基础，是一切水资源的源头，开发利用空中水资源，是未来西北干旱区实施“开源节流”工程的重要组成部分。西北干旱区处于西风气候带，主要的水汽来源是西风水汽，以及西南季风暖湿气流，湿润气流流经天山、阿尔泰山、昆仑山及祁连山等高大山脉，使得山区水汽资源丰富。西边界是水汽的主要输入边界，占总输入量的90.36%，南、北边界是水汽的次输入边界，分别占总输入量的7.16%和2.48%，而东边界是唯一的输出边界。同时，在干旱区东部和南部也受到东亚季风和西南季风气流的影响，水汽输送更加复杂。高、中、低纬环流系统共同影响西北干旱区的天气、气候，高纬度北方冷空气南下与低纬暖湿气流交汇是产生降水的主要途径。

西北干旱区对流层不同高度各边界水汽输送量存在明显的年内变化特征。总体来看，各高度层西边界均为水汽输入，年内变化基本一致，7 月输送量最大，1 月输送量最小；东边界均为水汽输出，其中，中高层和整层水汽输送 8 月最大，1 月最小，而低层水汽输送年内呈“W”形变化，6 月和 10 月为输送峰期，2 月和 9 月为输送谷期；南、北边界水汽输送量较少，且年内变化特征更加复杂。北边界在对流层低层各月均为水汽输入，中高层夏季为水汽输出，中高层对整层水汽输送的贡献较大。而在南边界，整层水汽输送年内变化与北边界正好相反，7～9 月为水汽输入；对流层低层和高层水汽输送年内变化与整层相似，而中层在 3～8 月为水汽输出。

从西北干旱区对流层各层水汽输送来看，对流层低层输入西北干旱区的水汽总量为 10372 亿 m^3，输出水汽总量为 8466 亿 m^3，水汽净收支为 1906 亿 m^3。对流层中层输入西北干旱区的水汽总量为 15991 亿 m^3，输出的水汽总量为 15861 亿 m^3，水汽净收支为 130 亿 m^3。对流层高层输入干旱区的水汽总量为 6549 亿 m^3，输出水汽总量为 10399 亿 m^3，水汽净收支为–3850 亿 m^3，该层为西北干旱区水汽主要的辐散层，年水汽净收支表现为负。可以看出，西北干旱区对流层中层水汽输送活动最为活跃。一般而言，水汽主要集中在对流层低层，但是干旱区被昆仑山、阿勒泰山、天山、祁连山和帕米尔高原等高山和高原环抱，海拔较高，对流层低层气柱较薄，因此水汽输送量小于对流层中层。从整层来看，西边界、北边界和南边界为水汽输入边界，年平均输送量分别为 19681.9 亿 m^3、540.5 亿 m^3 和 1559.3 亿 m^3，东边界为水汽输出边界，年平均输送量为 19014.3 亿 m^3，其中纬向水汽输送量为 667.6 亿 m^3，经向水汽输送量为 2099.8 亿 m^3。西北干旱区空中的水汽资源可为开展人工对天气的影响研究提供物质基础。

（四）湖泊水资源

湖泊水资源是西北干旱区水资源的重要组成部分。西北干旱区的湖泊大致可分为两类，一类是分布在山区和山间盆地的湖泊，分咸水和淡水两类湖泊；另一类是分布在平原区的湖泊。平原区的湖泊主要位于河流末端尾闾，大多是微咸水湖泊或咸水湖。

统计结果显示，西北干旱区的湖泊总面积约为6050.15km^2，其中，新疆南部地区的湖泊面积较大（3473.64km^2），占西北干旱区总湖泊面积的 57%，新疆北部地区的湖泊面积为 2511.49km^2，河西走廊地区的湖泊面积最少，仅有 65.02km^2。十余年来，在全球变化背景下，西北干旱区湖泊面积整体呈增加趋势，增加约 1687.74km^2。其中，南疆湖泊水域面积的扩张速度最快，北疆次之，河西走廊湖泊面积扩张速度相对缓慢，平均每年仅扩张约 1.68km^2。

二、水资源形成特征

西北干旱区以山、盆相间的地貌格局为特点，构成了以山地–绿洲–荒漠三大生态系统为基本特征的特殊自然单元，进行着以水为主要驱动力的物质运移与能量转化过程，水资源的形成、转化及水循环过程独特。长期以来，西北干旱区的水资源依靠自然界独特的水分循环过程保持着脆弱的平衡关系。

西北干旱区水循环过程和水资源的形成、演变具有显著的区域特征，主要表现为：具有相对独立的水资源形成区与消耗利用区，水资源形成于山区，消耗于绿洲和荒漠区；水资源的时空分布极不均匀，地表水与地下水相互转换频繁；水资源受全球变暖影响明显。

（一）水资源形成受降水影响大，降水空间分布不均

山区降水是西北干旱区水资源的重要组成部分。然而，由于远离海洋，南面有海拔 4000m 以上的世界屋脊——青藏高原，在对流层低层严密地阻挡着来自印度洋和孟加拉湾、阿拉伯海的暖湿气流北上，并在高原以北形成垂直气流的下沉区，致使西北干旱区降水稀少。

西北干旱区的降水与外来水汽平流输送和辐合输送有密切关系（陈亚宁等，2012），如在新疆北部和南部地区，西风带天气系统和极地冰洋气团是其水汽输送的主要来源。当北美副热带和西太平洋副热带高压显著增强时，印缅槽加深，越过赤道的偏南气流与来自印度洋的偏西气流及来自西太平洋副热带高压南侧的偏东气流汇合，分别形成西南、东南气流，可为以新疆为主体的西北干旱区提供暖湿的偏南气流，导致降水增多；反之，降水则减少（杨莲梅和张庆云，2008）。可见，环流系统的强弱变化以及相互关系，决定了向西北干旱区水汽输送的强度和降水的空间分布。

西北干旱区山区降水多，且在山区降水中的固态降水占比较大，是众多河流直接或间接的径流形成区；出山口以下的平原区降水较少，大部分地区基本不产流，是径流散

失区和无流区。然而，西北干旱区不同区域和地带的降水功能有所不同。山区的降水既有水文意义，可以产生径流，也有生态意义，可以支撑山区天然植物的生长，维系山区生态平衡发展；广大平原和荒漠区的降水基本上无水文意义，不产生地表径流，甚至有些地区的降水也无生态意义，不能维系天然植物的生长，如塔里木盆地等地。

西北干旱区的降水量空间分布极不均匀，表现为北部多于南部，西部多于东部；山区多于平原；迎风坡多于背风坡；降水中心多位于中、高山带，较少降水的中心位于盆地、谷地。从区域上看，北疆山地年降水量一般为 400～800mm，平原地区约为 150～250mm；南疆山地一般为 200～500mm，平原盆地约为 40～60mm；河西走廊的降水表现为南部多于北部，南部祁连山降水相对丰富，是河西走廊河流水系的重要水源补给区，北部区域降水较少，多年平均降水量约为 100mm；塔里木盆地东南缘的年平均降水量约为 30mm；吐鲁番–哈密盆地（简称吐–哈盆地）更少，多年平均降水量不足 20mm，为世界所罕见。伊犁河谷是西北干旱区降水最多地区。伊犁河谷呈“喇叭口”向西展开，拦截来自西风气流的大量水汽，特殊的地形条件，使得伊犁河谷成为西北干旱区降水最为丰富的地区，山区降水量甚至高达 800～1200mm。

（二）地表径流来源于山区，多元构成

西北干旱区几乎所有的内陆河流都形成于山区，向平原、盆地汇集（除了发源于阿尔泰山的额尔齐斯河最后流入北冰洋），众多河流形成向心式水系。每条内陆河流构成独立的水文单元和完整的流域系统，从源头至尾闾一般要流经山区、山前绿洲平原和荒漠等地貌单元（图 1.2）。垂直分异显著的山地生态系统在干旱区扮演水资源形成区和水源涵养区的重要角色，由山区冰雪融水和降水形成的径流量直接决定平原区绿洲和荒漠植被的范围和规模，生态系统脆弱。

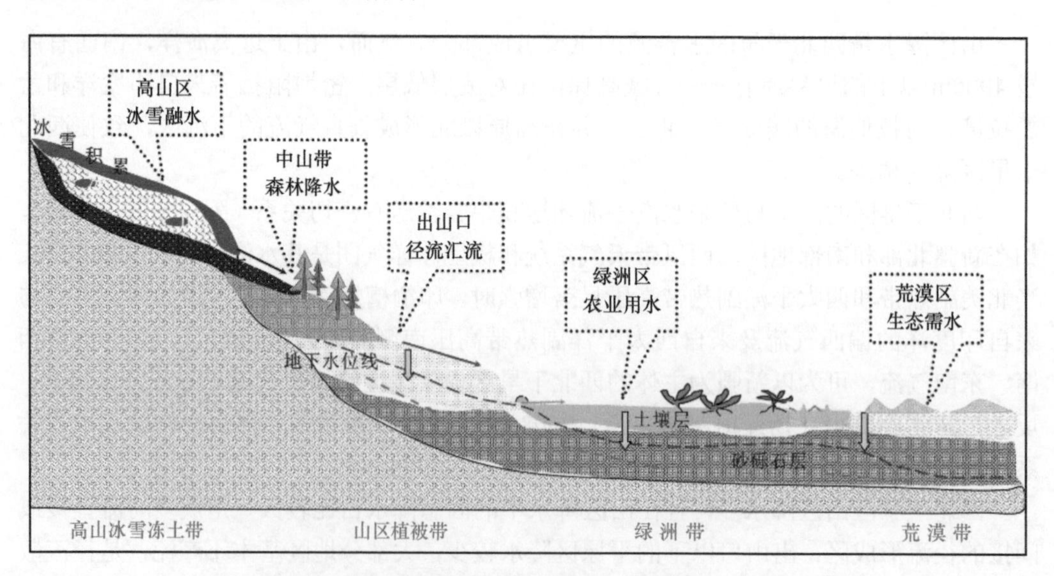

图 1.2　西北干旱区山区产水—绿洲用水—荒漠耗水过程示意图

西北干旱区水资源主要由高山区冰川积雪融水、中山森林带降水以及低山带基岩裂隙水等多元组成（陈亚宁，2014），就区域整体而言，三者对水资源的贡献率各占约1/3，但不同地区各补给来源的补给量存在一定差异。西北干旱区不同区域由于所处位置和山地海拔的差异，致使水资源的形成过程和组分特点也不尽一致。北疆的阿尔泰山，虽然山体不大，但是纬度偏高，年平均温度较低，降水丰富，发育了大量季节性积雪，水资源主要由山区降水和季节性积雪融水构成，洪水出现在春、夏两季；伊犁河谷降水和融雪水所占比例较高；南疆南部及西部被昆仑山—喀喇昆仑山环绕，受青藏高原屏障效应的影响，降水较少，但山体高大，发育了大面积现代冰川和多年积雪，冰川面积占西北干旱区冰川总面积的42.50%，冰川融水在水资源构成中占35%～60%，河川径流集中出现在夏季的6～8月；天山山脉山体高大，发育了许多大规模现代冰川和多年积雪，冰雪融水在水资源构成中占有重要比例。天山西部山地降水较为丰富，冰川发育，而东部山地海拔相对较低，降水少，冰川规模小、数量少，在水资源构成中的冰川融水占比也较低；东天山冰雪融水相对比例较小（陈海燕，2019）。西北干旱区东部的河西走廊，疏勒河、黑河、石羊河等，水系主要由祁连山区的降水和积雪融水构成，例如，石羊河水系和黑河水系等各河属降雨补给型河流，其补给比重在60%～80%以上，冰川融水也占有一定份额。

西北干旱区河流的补给具有明显的垂直地带性，流域内随着高程的变化，自然条件和降水方式不同，河流的补给也不尽相同。高山区降水在低温条件下以雪、冰等固体形式贮存起来发育成冰川，它是西北干旱区水资源存在的一种特殊形式。冰川是西北干旱区内陆河流域的重要补给来源，也是干旱区最稳定的河流补给源。中山带主要为积雪融水和降水补给，分布在中山带的积雪大多为季节性积雪，当春季气温回升时，消融并汇入河流。在西北干旱区，中山森林带为降水带，中山带的降水往往可以直接产流汇入河道。山区暴雨常发生在中低山带，与冰雪融水叠加，在夏季极易形成暴雨–融水混合型洪水，甚至泥石流灾害；低山带有大量的基岩裂隙水（地下水）出流，是基流的重要组成部分。

（三）蒸发潜力大，实际蒸发量受控于地表水分

西北干旱区蒸发潜力呈北疆小、南疆大，西部小、东部大，山区小、平原大的空间分布特征。除高山区外，大部分地区蒸发潜力为700～2400mm，一般山区约为800～1200mm，盆地平原区约为1600～2200mm。西北干旱区的多年平均蒸发潜力约为1150mm，其中，河西走廊地区的多年平均蒸发潜力约为1200mm，为西北干旱区三个区域最高，北疆地区的多年平均蒸发潜力最少，约为1100mm。1960～2020年，西北干旱区蒸发潜力变化趋势表现为先下降后上升的趋势，以1993年为转折点，由之前的–22.47mm/10a的下降趋势逆转为以45.47mm/10a的速率上升。

西北干旱区蒸发潜力大，实际蒸散发量受控于地表可供蒸发的水分状况。在平原区的沙漠、戈壁地带，实际年蒸发量很少，大致与年降水量持平，约为10～60mm；在高

山区，实际蒸发量小于降水量；在绿洲灌溉区，蒸发潜力大，同时地表可供水分充足，实际年蒸发量大于年降水量。

三、水资源分布特征

西北干旱区地域广阔，地势西高东低，南高北低，不同山地由于受水汽来源及地貌条件的影响，水资源的分布及数量具有明显区域差异。西北干旱区是一个资源型缺水大区，水资源总量约 995.57 亿 m^3，占全国的 3.46%，与约占全国总面积 1/4 的区域面积极不相称。西北干旱区的水资源情况如图 1.3 和表 1.1 所示。

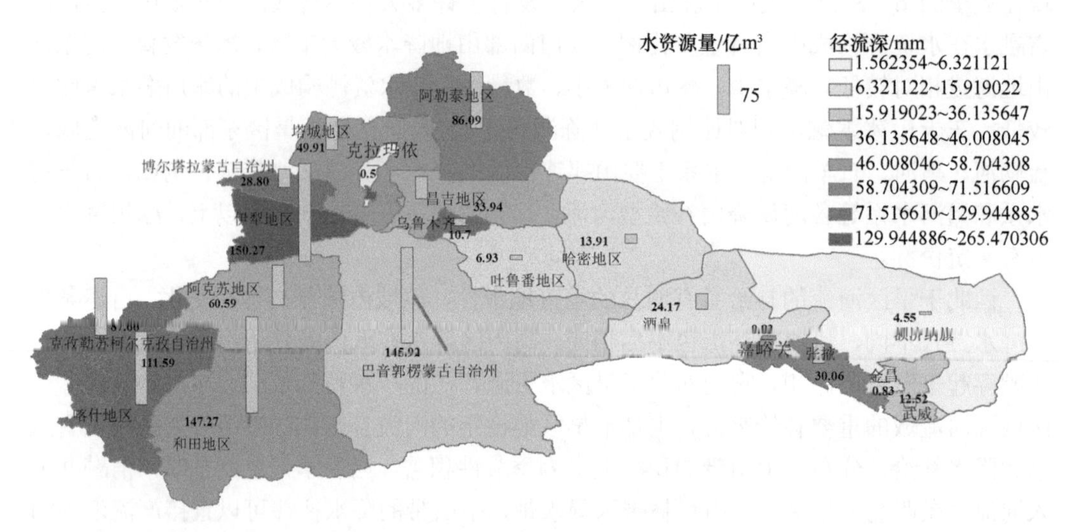

图 1.3　西北干旱区水资源空间分布

西北干旱区以内陆河流域为主体，大部分河流大部分以流程短、流量小为特点。流量较大的河流虽然较少，但集中了绝大部分河川径流量。据统计，西北干旱区共有河流 625 条（秦大河，2002），其中，新疆有 570 条，河西走廊有 55 条。在这些河流中，年径流量大于 20 亿 m^3 的河流不足 20 条，大于 100 亿 m^3 的河流仅两条。

表 1.1　西北干旱区水资源总量　　（单位：亿 m^3）

区域	地表水资源	地下水资源	重复计算量	水资源总量
新疆北部	425.81	233.93	210.93	448.81
新疆南部	449.24	308.46	284.42	473.28
河西走廊	65.33	58.99	50.84	73.48
全区	940.38	601.38	546.19	995.57

注：资料来自各省（自治区）水资源公报。

西北干旱区的地下水资源与地表水资源的空间分布具有较好的一致性。按照自然地理单元和社会经济发展水平分区来看，北疆的伊犁河–额尔齐斯河外流区地下水可开采量为30.24亿m^3；准噶尔盆地–天山北坡经济区地下水可开采量为24.94亿m^3；南疆的塔里木盆地–塔里木河流域区地下水可开采量为80.22亿m^3；河西走廊流域区地下水可开采量为21.1亿m^3。

（一）空间分布特征

西北干旱区主要的内陆河有北疆的伊犁河、玛纳斯河、奎屯河、乌鲁木齐河、呼图壁河等；南疆的阿克苏河、叶尔羌河、和田河、开都–孔雀河、喀什噶尔河、渭干–库车河、迪那河、车尔臣河、克里雅河以及塔里木河干流，构成中国第一大内陆河——塔里木河流域（陈亚宁，2010；陈亚宁等，2012）；河西走廊则孕育着中国的第二大内陆河——黑河，以及疏勒河和石羊河等。

1. 塔里木河流域

塔里木河流域位于新疆南部，环绕着我国最大的内陆盆地——塔里木盆地，形成了一个封闭的自然地理单元。塔里木河流域三面环山，北有天山山脉环绕，南有昆仑山和阿尔金山耸立，帕米尔高原矗立于流域西部。塔里木河流域地势南高北低、西高东低。

塔里木河流域河流水系庞大，由塔里木河干流及九大源流（阿克苏河、叶尔羌河、和田河、开都–孔雀河、喀什噶尔河、渭干–库车河、迪那河、车尔臣河，以及克里雅河）包括144条水系构成，面积约102万km^2，是中国最大的内陆河流域（陈亚宁，2010；陈亚宁等，2012）。塔里木河流域水系主要发源于周边的帕米尔高原、天山、昆仑山、喀喇昆仑山以及阿尔金山等，由山地向盆地内部流动，是一种向心型水系。塔里木河流域的水资源构成多元，主要由冰川、积雪融水和降水以及低山带的基岩裂隙水补给。

塔里木河干流长约1321km，是典型的平原型河流（表1.2）。塔里木河干流并不产流，仅为一个输水通道，河流尾闾是台特玛湖。河水主要来源于阿克苏河、叶尔羌河、和田河和开都–孔雀河（以下简称“四源流”），与塔里木河干流构成“四源一干”格局。塔里木河干流的上、中、下游分别从肖夹克到英巴扎、英巴扎到恰拉和恰拉到台特玛湖。

表1.2　塔里木河流域“四源一干”河流概况表

河流名称	河流长度/km	流域面积/万km^2			说明
		全流域	山区	平原	
塔里木河干流	1321	1.76		1.76	
阿克苏河	588	6.23（1.95）	4.32（1.95）	1.91	包括台兰河等小河区
叶尔羌河	1165	7.98（0.28）	5.69（0.28）	2.29	包括提孜那甫等河区
和田河	1127	4.93	3.80	1.13	
开都–孔雀河	560	4.96	3.30	1.66	包括黄水沟等河区
合计		25.86（2.23）	17.11（2.23）	8.75	

注：括号内数值表示国外部分所占面积。

阿克苏河，发源于天山西段南坡，是跨境河流，由库玛拉克河和托什干河在温宿县附近汇合后，称为阿克苏河。阿克苏河在肖夹克后汇入塔里木河，是塔里木河干流的主要源流。阿克苏河全长588km（中国境内总长280km），流域总面积为6.23万km^2（中国境内面积占4.28万km^2，境外面积为1.95万km^2）。库玛拉克河长度为293km（中国境内长度为144km），流域面积为1.28万km^2（中国境内面积占0.45万km^2）；托什干河长度为457km（中国境内长度为344km），流域面积为1.92万km^2（中国境内面积占1.63万km^2）。阿克苏河的年径流量为82.64亿m^3（境外流入量为50.1亿m^3），其中，阿克苏河对塔里木河干流的多年平均补给量为34.04亿m^3，占到了塔里木河总水量的76%以上。

叶尔羌河，发源于喀喇昆仑山的北坡，由克勒青河和塔什库尔干河两条支流汇流而成，全长1165km，流域集水面积约为7.98万km^2（境外面积占0.28万km^2），其中山区集水面积约为5.69万km^2，平原区面积是2.29万km^2。叶尔羌河的多年平均径流量是77.75亿m^3。

和田河，发源于昆仑山和喀喇昆仑山北坡，山区集水面积为3.80万km^2，由玉龙喀什河（长度为630km，多年平均径流量为23.21亿m^3）和喀拉喀什河（长度为808km，多年平均径流量为22.34亿m^3）两大支流构成。两条支流从山口流出，流经平原区之后在阔什拉什汇合，汇合后即为和田河。和田河流经塔克拉玛干西部沙漠，最后注入塔里木河，和田河多年平均径流量为45.55亿m^3。

开都–孔雀河，发源于天山南坡的萨尔明山（天山中部），穿过大、小尤勒都斯盆地，途经焉耆平原，最后注入博斯腾湖。开都–孔雀河河流全长560km，流域面积为4.96万km^2（其中，山区集水面积为3.30万km^2，平原区面积1.66万km^2），多年平均径流量为39.81亿m^3。博斯腾湖既是开都河的尾闾，也是孔雀河的源头。孔雀河源自博斯腾湖，总长度为942km，在1920年之前曾经汇入罗布泊，但是在1970年之后，随着孔雀河的下游断流，罗布泊干涸，长度缩短至520km。2016年实施孔雀河中下游生态补水以来，生态得到了拯救和恢复（李卫红等，2019；刘加珍等，2017）。

迪那河，发源于天山南坡，流域集水面积5777km^2，总长度约为400km，多年平均径流量4.02亿m^3。主要的支流包括吐尤克沟、托特沟、喀尔库尔沟、牙格迪那河、果尔达兰沟、阿特拉曼沟以及阿散沟等。迪那河1984年与塔里木河干流断流，失去地表水力联系。

渭干–库车河，发源于天山南坡，由木扎提河、卡普斯浪河、台勒维丘克河、卡拉苏河、克孜尔河5条支流汇合而成，多年平均径流量36.41亿m^3。其中，渭干河总长度为442km，流域面积为3.26万km^2，多年平均径流量为33.04亿m^3；库车河总长度为221.6km，集水面积为0.29万km^2，多年平均径流量为3.37亿m^3。渭干河、库车河分别于1985年、2004年断流，与塔里木河干流失去地表水力联系。

喀什噶尔河，发源于西昆仑–帕米尔地区，河流总长度为555km，流域面积8.18万km^2。喀什噶尔河流域的多年平均径流量为45.92亿m^3（其中，境外流入的水量5.56亿m^3），主要由克孜河（21.4 4 亿 m^3）、库山河（6.41 亿 m^3）、博古孜河（1.58 亿 m^3）、盖孜河（13.78 亿 m^3）、恰克马克河（1.74 亿 m^3）以及依格孜牙河（0.97 亿 m^3）等 6 条河构成。

克里雅河，发源于昆仑山北坡，流域地表水资源量 8.12 亿 m^3，流域面积 7538km^2。克里雅河在 20 世纪 80 年代以前即与塔里木河干流彻底断流。

车尔臣河，发源于昆仑山北坡，车尔臣河流域地表水资源量约为 26.40 亿 m^3，包括车尔臣河以及莫勒切河、喀拉米兰河、瓦石峡河等昆仑山北坡诸小河流。其中，车尔臣河地表水资源量约为 5.96 亿 m^3，其尾闾是台特玛湖。

阿克苏河、叶尔羌河、和田河和开都–孔雀河与塔里木河干流有地表水力联系，形成“四源一干”水系格局，面积约为 25.86 万 km^2，塔里木河“四源一干”流域水系概况如表 1.2 所示。

塔里木河流域的地表水资源总量约为 398.30 亿 m^3（其中，中国境内为 335.30 亿 m^3，境外约 63.00 亿 m^3），地下水资源量为 204.00 亿 m^3，地下水的不重复量为 30.70 亿 m^3。因此，流域水资源总量是 429.00 亿 m^3。塔里木河流域的水资源具有北多南少、西多东少的特点。塔里木河四源流（阿克苏河、叶尔羌河、和田河、开都–孔雀河）的多年平均径流量约为 256.73 亿 m^3，占整个塔里木河流域地表水资源量的 64.4%，四源流的水资源总量分布如表 1.3 所示。其中，阿克苏河的地表水资源量最大，为 95.33 亿 m^3，叶尔羌河以及和田河次之，分别是 75.61 亿 m^3 和 45.04 亿 m^3，开都–孔雀河流域最少，为 40.75 亿 m^3。四大源流不同保证率下地表水资源量如表 1.4 所示。

表 1.3　塔里木河四源流水资源总量统计表　（单位：亿 m^3）

流域	地表水资源量	地下水资源量		水资源总量
		水资源量	其中不重复量	
阿克苏河	95.33	38.12	11.36	106.69
叶尔羌河	75.61	45.98	2.64	78.25
和田河	45.04	16.11	2.34	47.38
开都–孔雀河	40.75	19.97	1.81	42.56
合计	256.73	120.18	18.15	274.88

表 1.4　塔里木河四源流不同保证率地表水资源量统计表　（单位：亿 m^3）

流域	不同保证率地表水资源量			
	20%	50%	75%	95%
阿克苏河	100.24	94.46	90.73	88.00
叶尔羌河	85.69	74.87	66.95	60.38
和田河	53.80	44.18	37.36	31.86
开都–孔雀河	45.94	40.06	36.03	32.97
合计	285.67	253.57	231.07	213.21

塔里木河流域四源流的地下水资源总量约为 120.18 亿 m^3，四源流的地下水资源量从大到小分别为：叶尔羌河约为 45.98 亿 m^3，占四源流的 38.26%；阿克苏河约为 38.12 亿 m^3，占四源流的 31.72%；开都–孔雀河和和田河分别为 19.97 亿 m^3 和 16.11 亿 m^3。四源流的地表与地下水重复计算量约为 102.03 亿 m^3，地下水资源的天然补给总量是 18.15 亿 m^3，其中，阿克苏河的天然补给量最大，为 11.36 亿 m^3，叶尔羌河以及和田河次之，分别是 2.64 亿 m^3、2.34 亿 m^3，开都–孔雀河最小，是 1.81 亿 m^3。各源流地下水资源分布如表 1.5 所示。

表 1.5　塔里木河四源流浅层地下水补给量统计表　（单位：亿 m^3）

流域	地下水水资源量	地表与地下水重复量	天然补给量
阿克苏河	38.12	26.76	11.36
叶尔羌河	45.98	43.34	2.64
和田河	16.11	13.77	2.34
开都–孔雀河	19.97	18.16	1.81
合计	120.18	102.03	18.15

2. 北疆地区诸河流

北疆地区的水系除额尔齐斯河最终注入北冰洋为外流河外，其他河流均为内陆河。按地理单元和山系可大致划分阿尔泰山南坡、准噶尔西部山地和天山北坡。

北疆周围高山发育着冰川积雪，它们对河川径流产生重要的补给和调节作用。在年内，冰雪融水和降水均集中发生在 5～9 月，共同影响河川径流，加大了径流年内分配的集中度。积雪也是北疆重要的水资源，季节性积雪在春夏之际融化，形成春汛，增加了枯水季节的径流可利用水量。各地的降雪情况不尽相同，北部的阿尔泰山和西部山地降雪比例最大。阿勒泰地区的山区冬雪占全年降水量的 46%，平均降雪量为 270mm；丘陵地区降雪量占全年降水的 35%，平均降雪约 50mm；盆地降雪量约占全年降水的 23%，平均降雪约 30mm。对于西部山地，冬季和春季降雪量占全年降水量的比例分别为 24.3%、23.3%。阿尔泰山季节性积雪主要分布在海拔 1500～2400m 的山区，积雪深厚且存留时间较长，一般可达 6 个月以上。每年春季气温回升，积雪融化补给河川径流，形成春汛，其洪峰出现时间与高山冰雪融水和降雨形成的洪峰明显不同。积雪融水形成的汛期一般较高山冰雪融水汛期提前约一个月，如阿勒泰地区的布尔津河积雪融水形成的春汛为 5 月和 6 月，而天山北坡的玛纳斯河高山冰/雪融水形成的汛期为 7 月和 8 月。西部山地海拔较低，仅 2000～3000m，冰川分布面积小，河川径流以季节性积雪融水补给为主，冬季积雪一般在 4 月融化，5 月已经消融殆尽，尽管同是季节性积雪融水补给，但和阿勒泰地区不同。西部山区径流入汛期更早且汛期历时短，汛期径流量占年径流量的比例更大。

1）阿尔泰山南坡诸河流

阿尔泰山冰川分布较少，降雪量在年降水量中占有很大比例，冬季积雪最深处可达1m 以上。积雪融水是阿尔泰山南坡河川径流最主要的补给来源，汛期一般 5 月开始，持续 100 天左右，水量占年径流量的 65%左右。

2）准噶尔西部山地诸河流

北疆西部伊犁河流域，主要分四部分：西源为特克斯河，是伊犁河最大支流，流经昭苏、特克斯、巩留三县；东源南支为巩乃斯河，经新源县与特克斯县后汇入伊犁河；东源北支为喀什河，流经尼勒克至伊宁县雅马渡汇入伊犁河；此外，还有一些在雅马渡以下汇入伊犁河的小支流。这些河流的主要特点是流域年降水量丰沛，春季降水较多且中低山区冬季积雪较多，因而春季融化补给径流形成春汛。春夏汛连接，春汛 4 月开始，5 月底结束，接着进入夏汛，至 9 月下旬结束，汛期长达 150 多天。塔城盆地水系可分为两部分：源于塔尔巴哈台山南坡的额敏河和源于巴尔鲁克山北坡的一些小河。这些河流受河谷地形影响，春汛约占年径流量的 40%。由于冬季积雪不厚，加之春季 4 月气温急剧升高，积雪融水大量下泄成汛，一般发生在 4 月中旬至 6 月下旬。

3）天山北坡诸河流

乌鲁木齐河，源自天山北坡的喀拉乌成山，是乌鲁木齐市的主要供水源。乌鲁木齐河全长 214.30km，流域总面积为 4684km²，河流出山口英雄桥水文站以上山区产流区流域面积 924km²。河流沿天山北坡顺流而下，多年平均径流总量为 2.30 亿 m³。

头屯河，发源于天山北坡中段天格尔山脉，东与乌鲁木齐河相邻，西与三屯河比肩，河流全长约 190km，年均径流量为 2.40 亿 m³，流域总面积 2885km²，其中山区集水面积 1562km²，平原区面积为 1323km²。流域南部最高处天格尔峰海拔 4562m，北部最低处海拔 400m 左右，南北高差达 4000m，流域内的气候、植被及水文要素垂直地带性分布十分明显。

三屯河，发源于天山山脉天格尔峰，北流折向东流，经阿什里、三工、园丰等地，北流消没于沙漠。全长约 200km，年均径流量为 3.40 亿 m³，其中常年性河段长 70km。河流贯穿了山地–绿洲–荒漠系统，具有与头屯河相似的地貌、植被和气候特点，地表过程复杂。上游峡谷较多因而水流湍急，下游河曲发育而平原坦荡，最大支流为清水河。

呼图壁河，发源于天山山脉喀拉乌成山，流域面积1840km²，河流年均径流量4.50亿 m³。呼图壁河流域南北长258km，东西平均宽40km，总面积为10255km²。流域地势南高北低，南北高差近5000m。流域上游建有石门水文站，该水文站以上集水面积为1840km²，其控制年径流量占该河全流域年径流量的93.30%，石门站以下主要为径流散失区。

玛纳斯河，发源于天山山脉的依连哈比尔尕山，穿过古尔班通古特沙漠，最后注入玛纳斯湖，全长 400km，是天山北部年径流量最大的河流，年均径流量 12.70 亿 m³。

奎屯河，发源于天山山脉的依连哈比尔尕山，全长 320km，流域山区集水面积1945km²，设有加勒果拉水文站，多年平均径流量为 6.31 亿 m³。在下游接纳四棵树河和古尔图河的部分洪水和灌溉回归水，个别年份可以汇入到艾比湖。

博尔塔拉河，发源于天山的空郭罗鄂博山的别洪林达坂，向东流经温泉县、博乐市后，在精河县境内接纳大河沿子河，后折向北偏东方向，注入艾比湖。博尔塔拉河全长252km，流域面积15928km^2，多年平均径流量为5.70亿m^3。

精河，发源于天山中段的博罗科努山北坡，主要由乌图精河与冬都精河两大源流汇合而成，由南向北经绿洲利用，最后注入艾比湖，全长114km，流域面积2150km^2，多年平均径流量为4.77亿m^3。

3. 河西走廊诸河流

河西走廊的水系主要由黑河、疏勒河和石羊河三大河流构成，均发源于祁连山，由山区的冰雪融水和降水补给。

黑河是中国西北干旱区第二大内流河，位于河西走廊中部。河流全长820km，流域面积13万km^2。多年平均径流量为37.55亿m^3。黑河发源于祁连山北麓中段，东与石羊河流域相邻，西与疏勒河流域相接。黑河出山口莺落峡以上为上游，河长303km，面积约为1.00万km^2，多年平均气温不足2℃，年降水量350mm，是黑河流域的产流区。莺落峡至正义峡为中游，河长185km，面积约2.56万km^2，年降水量约140mm，多年平均温度6～8℃，年日照时数长达3000～4000h，年蒸发能力达1410mm，是黑河流域经济活动和用水活动最集中的区域。正义峡以下为下游，河长333km，面积8.04万km^2，地处荒漠，干旱少雨，年降水量在50mm以下，年日照时数3446h，年蒸发能力高达2250mm。黑河的尾闾为居延海，曾一度长期断流，1999年实施黑河分水计划以后，东居延海已恢复部分水面。

疏勒河，发源于祁连山西段，主要由石油河、昌马河、白杨河、踏实河、党河和安南坝河等支流组成，是河西走廊第二大河流，河流全长670km，流域面积4.13万km^2，年径流量18.30亿m^3，6～9月的来水量占50%～70%。昌马峡以上为上游，在上游的祁连山区降水较丰沛，冰川面积达850km^2；昌马峡至走廊平地为中游，安西双塔堡水库以下为下游区域。

石羊河，发源于祁连山东段冷龙岭北坡，由大靖河、古浪河、黄羊河、杂木河、金塔河、西营河、东大河和西大河8条河流汇合组成，流域面积4.16万km^2，主要由山区冰雪融水与大气降水补给，多年平均径流量15.60亿m^3，河流全长约250km，由东向西，进入民勤盆地，西大河及东大河部分在永昌城北汇成金川河入金川峡水库后进入金昌盆地，消失于巴丹吉林沙漠和腾格里沙漠。

（二）时间变化特征

1. 年际变化

1960～2022年间，受气候变化影响，西北干旱区大部分地区的河流水文情势均发生了明显变化（陈亚宁，2014；陈亚宁等，2023）。其中，天山南坡、祁连山北坡和天山北坡的年径流量均呈显著上升趋势，而河西走廊东部的石羊河年径流量则呈显著下降趋势（图 1.4）。塔里木河流域“四源流”的径流量表现出明显增加趋势，但是，水文波动性增大。

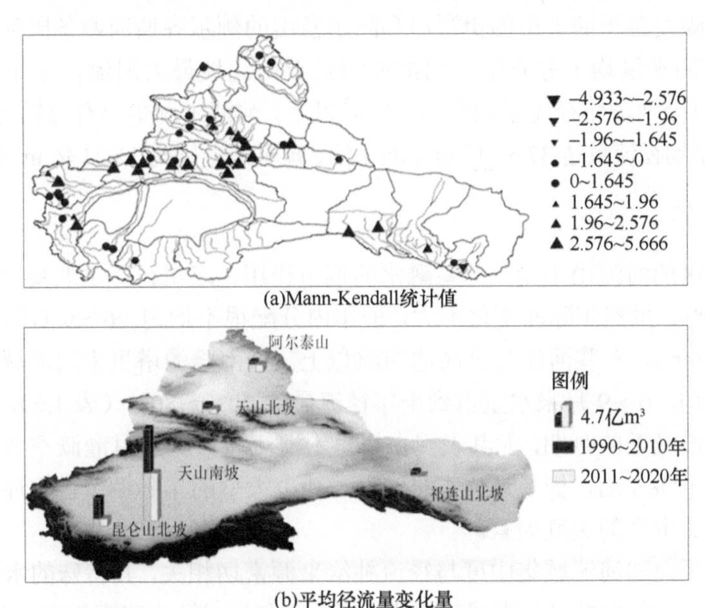

图 1.4 西北干旱区典型河流径流变化的 Mann-Kendall（M-K）统计值以及不同时段的各河流区平均径流量变化量

阿克苏河径流量有明显的增加趋势，倾向率为 2.06 亿 m³/10a（显著性 $P<0.05$）。20 世纪 50 年代末至 70 年代末有增加趋势，变化趋势为 5.28 亿 m³/10a（$P<0.05$），之后明显减少，80 年代变化较小，90 年代至 21 世纪初急剧增加，增加率达到 16.02 亿 m³/10a（$P<0.05$），2002 年达到有记录以来最高值。随后急剧减少，减少趋势为–23.81 亿 m³/10a（$P<0.01$），2014 年是有记录以来历史最低值，最近几年径流量又表现出明显增加趋势。同时，21 世纪以来径流量的年际波动大。

叶尔羌河径流量也呈明显增加趋势，平均增加速率为 2.11 亿 m³/10a，但增加不显著。从变化特征来看，20 世纪 70 年代至 80 年代末有减少阶段，减少趋势为–5.87 亿 m³/10a（$P>0.05$），随后至今呈增加态势，增加趋势为 4.04 亿 m³/10a（$P>0.05$）。总体来看，叶尔羌河径流量年际变率较大，无明显阶段性特征。

和田河径流量有微弱的增加态势，平均增加速率为 1.12 亿 m³/10a。从变化特征来看，20 世纪 60 年代年际变化较大，历史最低值和最高值均出现在这一时期；70 年代以波动变化为主，70 年代末至 90 年代初有下降趋势，减少速率为 9.56 亿 m³/10a（$P<0.05$）；90 年代中期至今有明显上升趋势，增加速率为 6.68 亿 m³/10a（$P<0.05$）。

开都–孔雀河的径流增加较为明显，倾向率为 2.56 亿 m³/10a。从变化特征来看，

2000年前后径流量有较大幅度的增加，1990～2002年径流量急剧增加，增加率达到17.89亿 $m^3/10a$（$P<0.05$），到2003年径流量趋于平稳，维持在37.72亿 m^3 左右。径流量的年际波动增加，变异系数（CV）从1972～1989年的0.11增加到1990～2021年的0.16，水文波动性加大。

北疆地区除发源于西天山的伊犁河和阿尔泰山的额尔齐斯河两条国际河流水量较大外，其余河流的水量均十分有限。玛纳斯河是天山北坡最大河流，多年平均径流量为12.70亿 m^3，其余河流年径流量均在10亿 m^3 以下。河西走廊主要有疏勒河、黑河和石羊河，黑河多年平均径流量达37.55亿 m^3，石羊河、疏勒河分别为15.24亿 m^3 和18.04亿 m^3。

2. 年内变化

西北干旱区的河流由于受到冰雪融水的调节作用，河川径流主要集中于夏季，占全年的45%～60%，虽然年际间变化不大，但年内分配很不均匀。6～9月的来水占全年来水量的50%～60%，有些河流甚至高达70%以上。如南疆的塔里木河流域，河川径流年内分配严重不均，6～9月来水量占到全年径流量的70%～80%（表1.6），且多为洪水；春季是水资源最匮乏的时期，尤其表现在塔里木河流域，3～5月灌溉季节的来水量仅占全年径流量的10%左右，极易造成春旱。由于缺少大型的年际调节性水库，春旱成为该区制约绿洲农业生产的关键因素。

西北干旱区内陆河流域集中度与径流补给来源密切相关，其特殊的水资源构成决定了其年内分配不均匀的特征，表现为夏洪、春旱、冬枯，径流高度集中。在西北干旱区，不仅降水集中在夏季，产生大量的径流，而且，一些较大型的河流源区都分布有大量的冰川或季节性积雪，夏季气温升高，导致大量山区冰雪融水汇入河道。在西北干旱区，径流最大月一般出现在7～8月，最小月一般在2月，连续最大4个月通常出现在6～9月。如塔里木河流域的和田河（表1.6），集中度在70%以上，叶尔羌河达到约80%。以高山冰雪和季节积雪融水补给为主的河流，集中度更高，径流年内分配极不均匀。

表1.6　塔里木河流域最大月和最小月径流出现时间一览表

水系	河名	站名	最大月	最小月	连续最大4个月
阿克苏河	库玛拉克河	协合拉	8月	2月	6～9月
	托什干河	沙里桂兰克	7月	2月	5～8月
叶尔羌河	叶尔羌河	卡群	7月	2月	6～9月
和田河	喀拉喀什河	乌鲁瓦提	7月	2月	6～9月
	玉龙喀什河	同古孜洛克	7月	1月	6～9月
开都–孔雀河	开都河	大山口	7月	2月	5～8月
塔里木河干流	塔里木河	阿拉尔	8月	4月	6～9月

西北干旱区的山区径流受冰雪融水补给的调节，相对较为稳定，受冰雪融水补给大的河流，径流的年际变化相对较小，河流的CV一般在0.3以下。在南疆的塔里木河流域（表1.7），地表径流主要形成于山区的冰雪融水和降水，冰川融水在水资源构成中占有

相当大比例，约占35%～50%，河川径流的年际变化相对稳定；祁连山冰雪融水对河西走廊三大内陆河水系的补给约为13.8%；新疆北部阿尔泰山诸河流主要由山区积雪融水和降水补给。不同山区河流的补给比重与其所处的位置、流域上游冰雪面积等有关（表1.7）。

表1.7　西北干旱区内陆河水系冰川融水径流及其对河流的补给比例

内陆河水系	冰川面积所占比例/%	河川径流量/亿 m^3	冰川融水径流量/亿 m^3	冰川融水补给比例/%
河西走廊	3.77	72.70	9.99	13.80
北疆	6.37	125.0	16.89	13.50
南疆	56.2	347.0	133.42	38.50

第二节　西北干旱区生态环境基本特征

西北干旱区以山地–绿洲–荒漠复合生态系统为基本特征，水是连接山地–绿洲–荒漠三大生态系统的纽带。西北干旱区生态环境脆弱，植被稀疏，主要为盐生、旱生的灌丛和草本植被，以低矮、稀疏、覆盖度低为特点，是典型的脆弱生态区。在全球变化和人类高强度的经济社会活动影响下，西北干旱区的生态保护任重而道远。

一、以山地–绿洲–荒漠复合生态系统为基本特点

西北干旱区垂直分异明显的山地系统、自然辽阔的荒漠系统和人类赖以生存的绿洲系统构成了西北干旱区独特的地理景观。山区地形崎岖，冰川、积雪广布，是西北干旱区的水源区。平原区气候干燥，荒漠植物稀疏，主要发育各种类型的荒漠土、风沙土，地带性荒漠土壤主要是温带的灰棕漠土和水分条件略好的灰漠土、暖温带的棕漠土。在盆地周边的一些倾斜平原上部和剥蚀高平原上，地表物质组成常以石砾为主，发育砾质荒漠土和戈壁。

山地是一个复杂的生态系统，生态类型多样，具有特定而复杂的结构和功能，拥有丰富的生物多样性资源、水资源、矿产资源和旅游资源。西北干旱区山地系统是重要的矿质营养库和生物种质资源库，同时由于受高山峻岭的阻隔，山区降水较丰，并且发育着大面积现代冰川，是西北干旱区水资源的形成区。

绿洲是干旱半干旱地区特有的地理景观，以繁茂的中旱生自然植被或者人工栽培植物为主体，呈“岛屿”状镶嵌于山前冲积平原或盆地荒漠之中。绿洲是干旱区人类赖以生存的最重要区域，是一个自然、生态、经济的复合体，是干旱区特有的生态地理系统，与山地、荒漠系统互相联系、制约和影响。西北干旱区绿洲面积小，沿河流呈条带状展布，绿洲面积占比不足10%，是人类生存、生活的主要载体，承载了约98%的人口，生产GDP达95%。干旱区绝大部分社会经济活动是在绿洲内进行的。绿洲内部的人口密度大，约是全国平均人口密度的一倍，其中，南疆的和田河、叶尔羌河、喀什噶尔河流

域的绿洲人口密度更高，人多地少，是脱贫攻坚成果巩固和衔接乡村振兴战略的关键区域。绿洲的绝大部分面积用于农牧业生产，居民通过有目的地组织生产大力发展绿洲农业经济，为社会提供丰富的物质和信息产品，是绿洲系统的生命力和精华所在，也是绿洲系统区别于山地和荒漠系统的重要特征。

荒漠生态系统相对绿洲和山地系统具有结构简单、稳定性差，生产力低的特点，荒漠生态系统的植被种类比较少，物种的结构和功能都很简单，生物作用微弱，在干旱区景观格局中处于景观基质的地位。广大荒漠生态系统的建群种类型主要是超旱生的小半乔木、半灌木、小半灌木和灌木。在植被的水平分异规律方面，以塔里木盆地东南部、柴达木盆地和河西西部为干旱核心，向四周趋湿，植被由高等植物很少生长的剥蚀低山石漠、戈壁、雅丹和盐滩，向北、东过渡到荒漠和荒漠草原，向西与中亚地区荒漠相连，向南和西南过渡到青藏高原高寒荒漠、荒漠草原和高寒草原；纬度地带分异反映的是温度和降雨的双重效应，由北向南依次是中温带北部草原化荒漠（阿尔泰山北麓、东阿拉善北部）、中温带荒漠（准噶尔盆地和阿拉善高平原大部）、中温性高原荒漠（柴达木盆地）和暖温带荒漠（塔里木盆地）。干旱荒漠区降水稀少，蒸发强烈，地带性荒漠植被十分稀疏，生态环境主要依靠非地带性植被维持。

荒漠河岸林是荒漠环境条件下的重要森林资源，也是西北干旱地区维持生态的天然屏障，分布于荒漠河流两岸的胡杨（*Populus euphratica*）、灰胡杨（*Populus pruinosa*）等乔木树种，与其伴生的潜水旱生树种，如尖果沙枣（*Elaeagnus oxycarpa*）、柽柳（*Tamarix* spp.）、铃铛刺（*Halimodendron halodendron*）、黑果枸杞（*Lycium ruthenicum*）及草甸植被，形成了荒漠河岸林生态系统的宏观景观格局。在荒漠河岸林生态系统中，除了物种稀少外，由相关植被组成的群落与水分条件较好的湿润、半湿润地区相比，群落组成亦较为简单。

干旱区山地–绿洲–荒漠生态系统是一个复杂系统，其生物环境特征和生态过程独特，水、生态、经济三者的关系极为密切。水是连接西北干旱区山地–绿洲–荒漠三大生态系统的纽带，是西北干旱区绿洲生态系统组成、发展和稳定的自然基础，是西北干旱区基本保障性自然资源和战略性经济资源，是影响干旱区绿洲与荒漠之间相互转化的重要自然因素（Chen et al.，2009，2020）。水资源的消长变化以及水质的稳定性程度，直接影响西北干旱区生态系统结构的稳定性以及生态功能的有效发挥。干旱区的河流几乎全部发源于山区，河流是水的重要传输通道，水通过河流由山区传输到下游的绿洲或荒漠区，维系着干旱区社会–经济–自然系统的健康。水在连接山地–绿洲–荒漠–尾闾湖泊的过程中发挥着重要的纽带作用。

二、荒漠大区，生态脆弱

西北干旱区是中国的荒漠大区，拥有世界上第二大流动性沙漠——塔克拉玛干沙漠，还有库姆塔格沙漠、古尔班通古特沙漠、巴丹吉林沙漠等，是我国北方地区沙尘暴发生的主要策源地之一。新疆准噶尔盆地南缘和东部、塔里木盆地塔克拉玛干沙漠边缘，特别是塔里木盆地南缘是沙尘的多发地区，位于三条沙尘输送路径的西路，沙尘长距离输送后主要影响我国西北和华北地区。西北干旱区的荒漠以土壤基质为标准可主要划分为4类：沙质荒漠、土质荒漠、砾石荒漠和石质荒漠。沙质荒漠主要包括塔克拉玛干沙漠、古尔班通古特沙漠、库姆塔格沙漠以及鄯善沙漠等。沙质荒漠的土壤为风沙土，主要植物种有柽柳、骆驼刺、梭梭、沙冬青、白刺、霸王等。土质荒漠主要分布于阿拉善左旗、甘肃河西走廊冲积平原的下部、塔克拉玛干沙漠西侧洪积扇下部、新疆天山南北两侧山前洪积扇边缘。在这几类荒漠中，土质荒漠的土壤养分、土壤质地、土壤含水量均表现较好，从而植被覆盖度也好于其他荒漠。植被主要以半灌木或灌木作为建群种，如红砂、柽柳、白刺、盐爪爪、泡泡刺、霸王、盐生假木贼、骆驼刺等。砾石荒漠主要分布于东天山南北两侧及昆仑山山前洪积扇和洪积平原、阿尔金山的山前洪积扇和洪积平原、祁连山山前洪积扇和洪积平原。由于地下水埋藏深，砾石荒漠区的植被覆盖稀少。

三、人工生态系统面积增加迅速

西北干旱区耕地主要分布在天山南北坡、河西走廊以及塔里木盆地的绿洲区，林地和草地主要分布在天山、祁连山，未利用地主要分布在塔里木盆地、准噶尔盆地、巴丹吉林沙漠以及天山和祁连山的高海拔寒漠带。

西北干旱区土地利用变化中，面积占比最高的土地利用类型是未利用土地，2000年未利用土地面积为1323895km^2，占西北干旱区面积的66.97%，2020年未利用土地面积持续减少，占比降低到65.12%，2000～2020年未利用土地的面积减少了36727km^2，减少速率为1836.35km^2/a，未利用土地主要向耕地和草地转移。同时，低覆盖草地主要向耕地、中覆盖草地和未利用土地转移。建设用地是西北干旱区面积最小的土地利用类型，2000年为5332km^2，2020年建设用地面积剧增到10060km^2，占比增加到0.51%。虽然建设用地是所有土地利用类型中面积最小的，却是2000～2020年间西北干旱区土地利用类型中增长最突出的，其间建设用地面积增加了4728km^2，增长率为88.67%，主要原因是城镇化速度加快所致。耕地作为现代人工绿洲区最重要的土地类型，面积一直呈增加的趋势，2000～2020年耕地面积增加了31817km^2，增长速率为1590.85km^2/a，增长率为46.55%。近10年来，耕地面积增幅为15.19%。

第三节　西北干旱区水–生态系统热点问题分析

西北干旱区特殊的山脉、盆地格局决定了其独特的水文、水资源情势。地表水、地下水频繁转换，受西风环流影响，水汽输入量少，蒸发作用强烈，水循环单一，以降水转化效率低和水分内循环不活跃为特征。气候变化对山区水循环要素的改变将直接影响水资源形成和时空分布，进而影响西北干旱区脆弱生态系统和景观格局的变化，对支撑以绿洲农业为基础的干旱区经济社会发展产生重大影响。

西北干旱区以内陆河流域为特点，所有的水资源被流域内生产、生活、生态所消耗，三者消耗的结构和水资源总量及分布的变化决定了干旱区生态系统的稳定性与脆弱性。因此，气候变化引起的水资源无论在量上还是时空分布上的变化，都会使得西北干旱区资源开发利用过程中生态维护与经济发展的矛盾更加突出。在全球变化背景下，极端水文事件增强，水文波动性加剧。全球气候变化对未来水资源补给与利用结构的影响以及水–生态–经济协调发展等问题是西北干旱区水资源与生态系统可持续管理的核心问题，也是未来的重点研究方向。

一、水循环过程独特，水文情势变化复杂

西北干旱区水资源构成复杂，水循环各环节受陆表和气候影响显著，气候变化正强烈改变着干旱区水循环要素，加剧水循环系统的不稳定性。气候变化导致的降水和温度的较小变化均会引起径流较大幅度的改变，因而，难以沿用现有的流域水循环或其他区域水循环模式和理论描述其内在机理和基本规律，需要将产流与耗散、山地与平原、绿洲与荒漠综合考虑，通过构建有物理机制的山地–绿洲–荒漠耦合的分布式区域水循环模型，实现对这一特殊区域水循环科学规律的认知。

西北干旱区以内陆河封闭型流域为主，水循环过程独特。垂直分异显著的山地生态系统具有水资源形成区和水源涵养区的重要功能，由山区冰雪融水和降水形成的径流量直接决定平原区绿洲和荒漠植被的范围和规模，生态系统具有较大的脆弱性和对水分的依赖性。在全球气候变化背景下，水循环要素的改变将直接影响水资源时空分布的变化，从而影响脆弱生态系统和景观格局的变化，对支撑西北干旱区以绿洲农业为基础的经济社会发展产生重大影响。

西北干旱区的水资源组成与水文情势存在一定关系。发源于高山和中山带的河流，流经低山带，河流既有高山冰雪融水补给，又有中低山的降水和季节性融雪水补给，径流补给由多种来源混合补给。在典型融冰期（7 月和 8 月），降雨对径流的贡献率高于典型融雪期（4 月和 5 月是天山北坡的典型融雪期，3 月和 4 月是天山南坡的典型融雪期），降雨对径流贡献率的变化范围为 9%～23%，而基流对径流的补给往往较大，如乌鲁木齐河、玛纳斯河和南坡的开都河、黄水沟以及阿克苏河的库玛拉克河和托什干河等河的平均贡献率均在 50%以上。天山地区基流对径流的补给约占 30%～75%，其中，基流对天山北坡（57%）的贡献低于天山南坡（63%）；在典型融冰期，基流对天山北坡（52%）的贡献高于天山南坡（44%）。季节性积雪融水或冰川融水对径流的贡献具有显著的空间变异性。在典型融雪期，季节性积雪融水对径流的贡献变化范围为 22%～49%。在典型融冰期，冰川融水对径流贡献的变化范围为 12%～59%。积雪融水对天山北坡（36%）的贡献高于天山南坡（31%）；然而，天山南坡冰川融水对径流的贡献（42%）高于天山北坡（36%）。季节性积雪融水或冰川融水对径流的贡献与流域最大积雪面积占比或流

域冰川面积占比呈正相关关系（陈海燕，2019）。

在西北干旱区，冰雪作用相对较弱的山区以及低山带的河流，河川径流大多由降水补给形成，但水文波动大。天山东部山体较低，南北两侧均为小河，除有少量冰雪融水补给外，雨水是河流的主要补给源；祁连山东部的石羊河水系和黑河水系等各河属降雨补给型河流，其补给比重在60%～80%以上；以雨水补给为主的河流径流年内分配与山区降水年内分配相一致，汛期（5～9 月）径流量可占 70%～80%；北疆地区的水资源则主要由山区积雪融水和降水构成，冰川融水所占份额较小；南疆塔里木盆地的河流冰川融水所占份额较大，达 35%～50%，径流集中发生在夏季气温较高的 6～8 月，年内分配不均，但年际变化较为平稳。同时，研究结果显示，由于不同河流的冰川融水所占份额的差别，径流增加情况也不尽一致，表现为冰川融水所占份额大的河流，径流增加明显；冰川融水补给份额小的河流，径流增加也小。如北疆乌鲁木齐河出山径流中，冰川融水占比 9.10%，出山径流量增加约 3.00%；南疆的库马拉克河冰川融水占比高达 47%，出山径流量增加约 31.20%。然而，值得一提的是，在西北干旱区，气候变化加快了冰川消融，使得冰川水资源的未来变化更为复杂。冰川融水补给较多的河流，可能会在相当长一段时期内，径流量仍处在高位波动。而那些冰川面积小、数量少的流域，会随着温度的进一步升高、冰川退缩和冰川水资源量的减少，出现冰川消融拐点，河川径流或因降水异常的影响而变率增大。

二、极端水文事件频发，水资源不确定性大

西北干旱区的极端水文事件主要包括极端降水、极端洪水和极端干旱等，发生过程独特，成因机理复杂。极端事件对气候变化的响应极为敏感，几乎所有与极端水文事件形成和发展相关的因素都会对气候变化做出响应，甚至出现连锁反应，加大极端水文事件的强度，导致水资源的异变（Wang et al.，2013a，2013b）。西北干旱区地处印度洋暖湿气流和北大西洋气流重叠影响区，水循环各环节受陆表格局和气候影响显著，地形起伏和热量分布的巨大差异，使得水循环过程及极端水文事件在很小尺度上就可能产生时空分布的巨大变化。在西北干旱区，极端水文事件的形成表现为相当复杂的多层次、多途径交叉耦合过程，其形成、发生过程与环境要素和大气环流等可能存在着内在联系。同时，气候变化及其引发的极端水文事件日益加剧了对干旱区水资源供给系统的影响，加大了绿洲农业生产的不稳定性，加剧了重大工程安全运行的风险。

1960～2020 年，西北干旱区的气温上升速率为 0.33～0.39℃/10a，明显高于全国（0.25～0.29℃/10a）和全球平均水平（0.13℃/10a），是在全球变化背景下响应最敏感的地区之一。气候变暖加速了高山区冰川的退缩，改变了水资源的构成，加剧了水资源不确定性和供需水风险，直接影响西北干旱区以灌溉为主的绿洲农业经济健康发展。

在气候变化和人类活动的综合影响下，干旱区以冰雪融水为基础的水资源系统脆弱，温度升高加大了冰川消融速率，引起冰雪融水径流的季节性变化和水资源量的变化。

并且，随着未来气候持续变暖，冰川积雪的进一步萎缩，山区的水资源涵养和调节功能下降，河流水量波动性和不稳定性会进一步增大。

近些年来，伴随全球变暖、水循环增强，西北干旱区极端气候水文事件的频度和强度都表现为增大的趋势。统计结果显示，西北干旱区的极端水文事件发生频率由 20 世纪 80 年代以前的 40 次/10a，增加到 80 年代后期以来的 78 次/10a；河流洪水峰、量和频次均呈增大态势，尤其是高山区冰川湖突发洪水（Chen et al.，2009），而最枯水量出现时间有明显推迟的变化趋势（陈亚宁等，2017）。从空间上分析，极端水文事件的发生频次沿整个天山呈基本对称分布，其中，西天山地区极端水文事件频次最高，其次为阿尔泰山、中天山地区以及喀喇昆仑山。

西北干旱区地处中纬度地带，是全球气候变化响应最敏感的地区之一。在气候变化和人类活动的综合影响下，干旱区以冰雪融水为基础的水资源系统非常脆弱，温度升高引起冰雪融水径流的季节性变化，导致水资源的异变，使得干旱区水资源系统的稳定性和水资源的可再生性降低，不确定性加大，极端气候水文事件发生的频度和强度增加，暴雨洪水和山区冰川湖突发洪水、山洪泥石流灾害的威胁增大。近两年塔里木盆地强降水和暴雨增加明显，这是因为温度升高，使得变暖的大气层在饱和前可容纳更多水汽，从而大大增强了发生极端强降水和暴雨洪水的风险。

三、水–生态–经济系统的协调发展

西北干旱区几乎所有的内陆河流都形成于山区，气候变化对山区水循环要素的改变将直接影响水资源的时空变化，影响西北干旱区经济社会发展，威胁区域生态安全。

西北干旱区的水安全、生态安全及经济社会发展的水资源协同利用成为区域发展的关键。为此，亟须构建实现生态和社会经济协调发展的生态水文学和水资源管理理论体系，深入解析气候变化对未来生产、生活用水和生态耗水的过程与强度的影响，探索未来变化气候条件下的水资源管理应对策略，通过对西北干旱区有限的水资源进行科学高效、合理配置，提升水、土地资源的利用效率和效益，以水定发展，为提高调控能力和管理水平、强化干旱区水资源对社会经济和生态系统持续发展的支撑作用作出贡献。

西北干旱区水–生态–经济的协调发展事关民族和谐与社会稳定大局。系统分析气候变化对水–生态–经济系统的影响，从节水、调水、蓄水、增水等方面进一步挖掘水资源潜力，研究提出干旱区“水–生态–社会经济”复杂系统的水资源分配的合理阈值，评估变化环境下的未来水资源供需风险，探索干旱区水–粮食–能源–生态系统协调发展路径，提出流域未来经济社会发展和国家重大战略布局的水资源利用战略及其路线图，为应对气候变化的水资源可持续利用与科学管理提供有力支撑。

我国西北干旱区毗邻中亚多国，跨境河流众多，水资源形成区与消耗区交叠。随着气候变化，水循环过程发生重大变化，保障水资源安全和生态安全受到各国的强烈关注。因此，需要加快对气候变化下水资源演变趋势和生态水文关键过程研究，为保障国际河流水资源与生态安全、科学管理水资源、合理开发利用国际河流提供决策依据。

随着人口增长和经济社会发展对水资源需求的进一步增加，干旱区水资源问题、生态问题和民生问题等将会更加突出，影响也更加深远。同时，全球气候变化对水循环过程的影响、水系统脆弱性与适应性调控、国际河流水资源与生态安全，以及水–生态–经济协调发展等问题是西北干旱区水资源与生态环境研究和调控管理的核心问题。如何应对和适应未来全球变化背景下可能出现的这些严峻问题，提高水资源、生态系统和经济社会系统应对气候变化的能力，促进干旱区生态安全与经济社会的可持续发展，成为国际社会关注的热点，有诸多科学与技术问题需要研究和回答。

第四节　本 章 小 结

西北干旱区水资源与生态环境的基本概括如下：

（1）西北干旱区水资源赋存形式多样，主要以冰川积雪、径流、湖泊（水库）蓄水以及地下水等形式存在。西北干旱区山、盆相间的地貌格局导致水资源的形成、转化及水循环过程独特：受大气环流系统的强弱变化以及山盆相间的地形影响，降水空间分布不均；水资源形成于山区，散失于平原、绿洲和荒漠地区；水资源主要由高山区冰川积雪融水、中山森林带降水以及低山带基岩裂隙水等组成，山区为径流形成区；出山口以下为平原区，降水稀少，大部分地区基本不产流，是径流散失区和无流区；西北干旱区蒸发潜力较大，而实际蒸发量却受控于地表可供蒸发的水分状况。

（2）西北干旱区是我国水资源最贫乏的地区，水资源总量约 995.57 亿 m^3，占全国的 3.46%。水资源时空分布极不均匀，表现为西部及西南部多，而东部少。水资源集中分布在天山的西部和中部地区，东部的吐鄯托盆地水资源最为贫乏，河西走廊表现为南多北少的特征，且年内分配不均，主要集中于夏季，表现为春旱、夏洪。西北干旱区水资源组分复杂，河流的补给具有明显的垂直地带性。雪线以上的高山地带以冰雪融水为主，是河川径流的重要水源。发源于降水较多的山区和低山带的河流一般大多由降水补给形成。

（3）在西北干旱区，水是连接山地–绿洲–荒漠复合生态系统的纽带。山区降水较丰沛，同时发育有现代冰川，在河川径流构成和稳定方面起着举足轻重的作用；平原区以荒漠为主体，人工绿洲面积不足 10%，承载了约 98%的人口，生产 GDP 达 95%，是西北干旱区人类活动和经济社会发展的主要载体；沙漠戈壁面积约占全国沙漠总面积的 80%，是我国的荒漠大区，生态环境极端脆弱。

（4）气候变化打破了原有的自然平衡，引起的山区冰川/积雪变化和水循环过程改变不仅加剧了西北干旱区水文变率和水资源供给的不确定性，加大了水–生态系统的不稳定性，导致西北干旱区以山区降水和冰雪融水补给为基础的水资源系统更为脆弱，而且，加快了荒漠化过程，导致西北干旱区绿洲经济与荒漠生态两大系统的水资源矛盾更加突出。生产、生活、生态“三生”用水矛盾加剧。

参 考 文 献

陈海燕. 2019. 中国天山典型流域径流组分特征及水汽来源研究. 北京: 中国科学院大学.

陈亚宁. 2010. 新疆塔里木河流域生态水文问题研究. 北京: 科学出版社.

陈亚宁. 2014. 中国西北干旱区水资源研究. 北京: 科学出版社.

陈亚宁, 李稚, 范煜婷, 等. 2014. 西北干旱区气候变化对水文水资源影响研究进展. 地理学报, 69: 1295-1304.

陈亚宁, 李忠勤, 徐建华, 等. 2023. 中国西北干旱区水资源与生态环境变化及保护建议. 中国科学院院刊, 38(3): 385-393.

陈亚宁, 王怀军, 王志成, 等. 2017. 西北干旱区极端气候水文事件特征分. 干旱区地理, 40(1): 1-9.

陈亚宁, 吾买尔江•吾布力, 艾克热木•阿布拉, 等. 2021. 塔里木河下游近 20a 输水的生态效益监测分析. 干旱区地理, 44(3): 605-611.

陈亚宁, 杨青, 罗毅, 等. 2012. 西北干旱区水资源问题研究思考. 干旱区地理, 35: 1-9.

顾西辉, 张强, 孙鹏, 等. 2015. 新疆塔河流域洪水量级、频率及峰现时间变化特征、成因及影响. 地理学报, 70(9): 1390-1401.

李卫红, 吾买尔江•吾布力, 马玉其, 等. 2019. 基于河-湖-库水系连通的孔雀河生态输水分析. 沙漠与绿洲气象, 12(1): 130-135.

刘加珍, 李卫红, 陈亚鹏, 等. 2017. 新疆孔雀河下游退化植被对环境的响应研究. 新疆环境保护, 39(1): 1-7.

秦大河, 2002. 中国西部环境演变评估综合报告. 北京: 科学出版社.

杨莲梅, 张庆云. 2008. 新疆夏季降水年际变化与亚洲副热带西风急流. 应用气象学报, 19: 171-179.

Chen Y N, Xu C C, Hao X M, et al. 2009. Fifty-year climate change and its effect on annual runoff in the Tarim River Basin, China. Quaternary International, 208(1-2): 53-61.

Chen Y N, Zhang X Q, Fang G H, et al. 2020. Potential risks and challenges of climate change in the arid region of northwestern China. Regional Sustainability, 1: 20-30.

Wang H J, Chen Y N, Li W H, et al. 2013a. Runoff responses to climate change in arid region of northwestern China during 1960-2010. Chinese Geographical Science, 23(3): 1-15.

Wang H J, Chen Y N, Shi X, et al. 2013b. Changes in daily climate extremes in the arid area of northwestern China. Theoretical and Applied Climatology, 112(1-2): 15-28.

第二章

西北干旱区气候变化及挑战

IPCC 第六次评估报告（IPCC AR6）指出，自 20 世纪中期以来气候变化已经显著改变了全球水循环过程。在全球变化背景下，西北干旱区温度、降水、蒸散发以及极端天气气候事件等均发生了明显变化，温度升高、降水增加、极端天气气候事件的频率和强度增大。西北干旱区是全球气候变化的敏感区和影响显著区，升温速率明显高于同期全球平均水平（中国气象局气候变化中心，2021），气候要素的变化对西北干旱区的水资源和生态系统势必产生影响，在全球变化背景下，西北干旱区气候变化的风险在加大，未来西北干旱区的水–生态安全将面临严峻的挑战。

第一节　西北干旱区气候要素变化

根据 IPCC AR6 报告，相对于 1850～1900 年，全球平均气温在 21 世纪增加了 0.99℃。1900～2017 年全球陆地平均气温升高速率为（1.00±0.06）℃/100a，高于全球平均的（0.86±0.06）℃/100a（严中伟等，2020）。中国是全球气候变化的敏感区和影响显著区，升温速率明显高于同期全球平均水平（中国气象局气候变化中心，2021）。伴随着温度升高，降水、蒸散发等水资源组分也发生了改变。IPCC AR6 指出，自 20 世纪中期以来气候变化已经显著改变了全球水循环过程。降水强度整体增加，但在时间和空间变化上分布不均。蒸散量受大气需水量（水汽压差）与植被“变绿”影响，自 20 世纪 80 年代起呈现上升趋势（刘俊国等，2022）。西北干旱区对全球气候变化响应敏感，其气候水文要素的变化势必会影响水资源变化。

本节结合西北干旱区 120 余个气象观测站和 40 余个水文观测站数据，重点讨论了与水资源和生态最为密切的温度、降水、蒸发以及极端天气气候事件。

一、西北干旱区气温变化分析

（一）气温的年际变化特征

1960～2020 年，西北干旱区多年平均气温约 7.92℃（站点平均值，下同）。总体而言，新疆南部（以下称南疆）多年平均气温为 10.76℃，高于新疆北部（以下称北疆）的 6.71℃和河西走廊的 6.92℃［图 2.1（a)］。

1960～2020 年，西北干旱区年均气温以 0.316℃/10a 的速率呈显著上升趋势（图 2.2），高于全国平均水平。从空间分布来看，约有 62.6%（77 个）的站点气温上升速率超过 0.10℃/10a［图 2.1（b)］，升温速率最高的站点主要分布在北疆及河西走廊地区，升温速率高达 0.35℃/10a，南疆地区升温速率次之。

在 20 世纪 90 年代末，西北干旱区的温度变化出现了“跃动式”升温过程，升温后较升温前平均气温升高了 1.13℃，由 1960～1997 年的年均温 7.50℃，升高至 1998～2020 年的 8.63℃；其中，北疆地区平均气温由 1960～1997 年的 6.27℃，升高至 1998 年

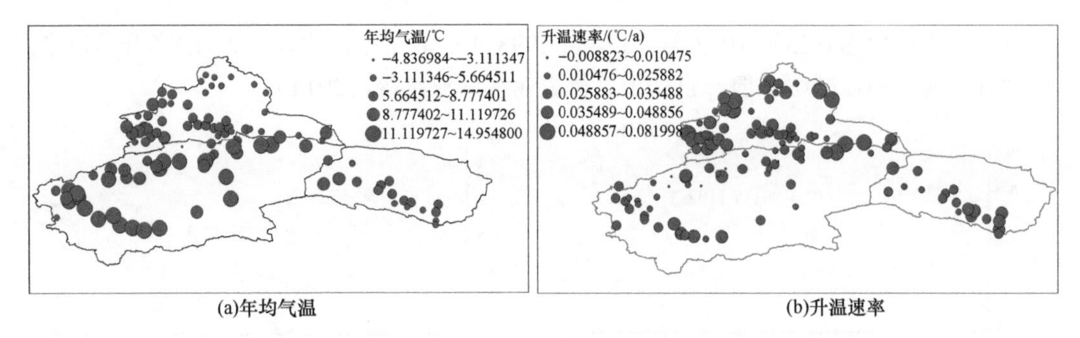

(a)年均气温　(b)升温速率

图 2.1　西北干旱区多年平均气温及其变化速率空间分布图

后的 7.47℃；南疆地区平均气温由 1960～1997 年的 10.30℃，升高至 1998 年后的 11.23℃；河西走廊地区平均气温由 1960～1997 年的 6.28℃，升高至 1998 年后的 7.55℃。北疆和河西走廊地区跃变式升温幅度最大，1998 年之后约比之前年均温升高了 1.20～1.27℃（图 2.2）。

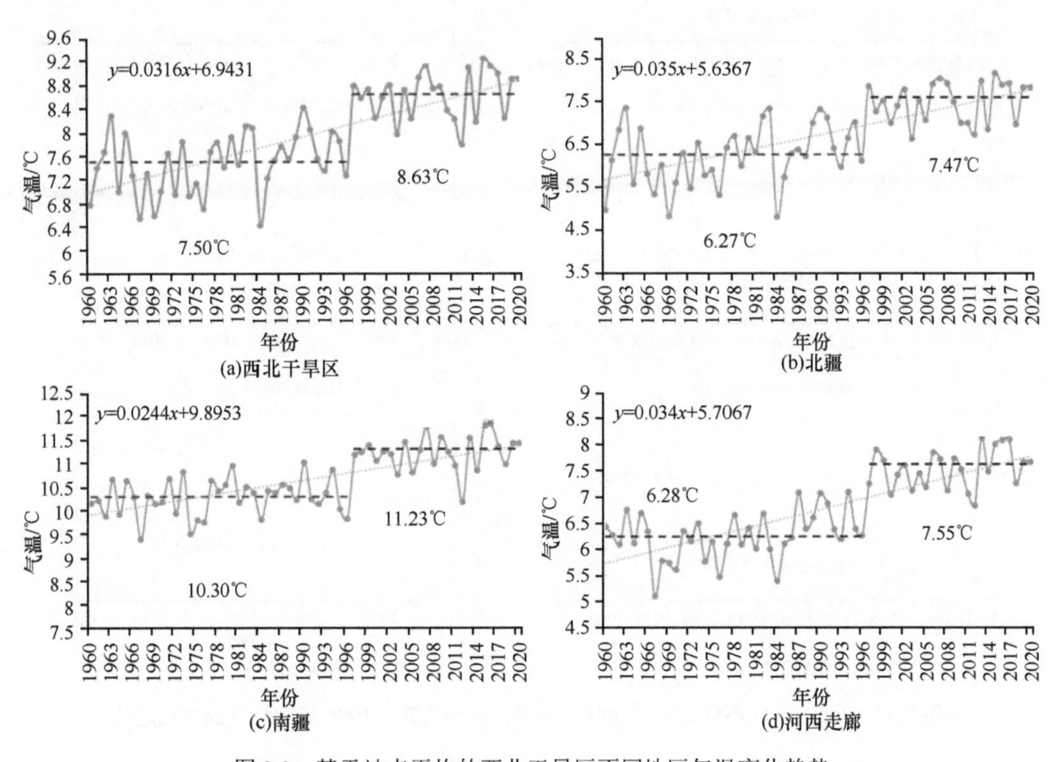

(a)西北干旱区　(b)北疆　(c)南疆　(d)河西走廊

图 2.2　基于站点平均的西北干旱区不同地区气温变化趋势

就升温速率变化而言，西北干旱区在 1998 年以前，气温上升速率为 0.20℃/10a，之后升温速率为 0.14℃/10a，升温速率有所变缓，其中，北疆地区升温速率由 1998 年前的 0.26℃/10a 变为 1998 年之后的 0.16℃/10a；南疆地区升温速率由 1998 年前的 0.10℃/10a 变为 1998 年之后的 0.09℃/10a；河西走廊跃变点之后的升温速率也小于 1998 年以前，由 0.17℃/10a 变为 0.13℃/10a（图 2.3）。自 1998 年西北干旱区出现“跃动式”升温以来，虽然升温速率明显减缓，但一直处于高位震荡（陈亚宁等，2014）。

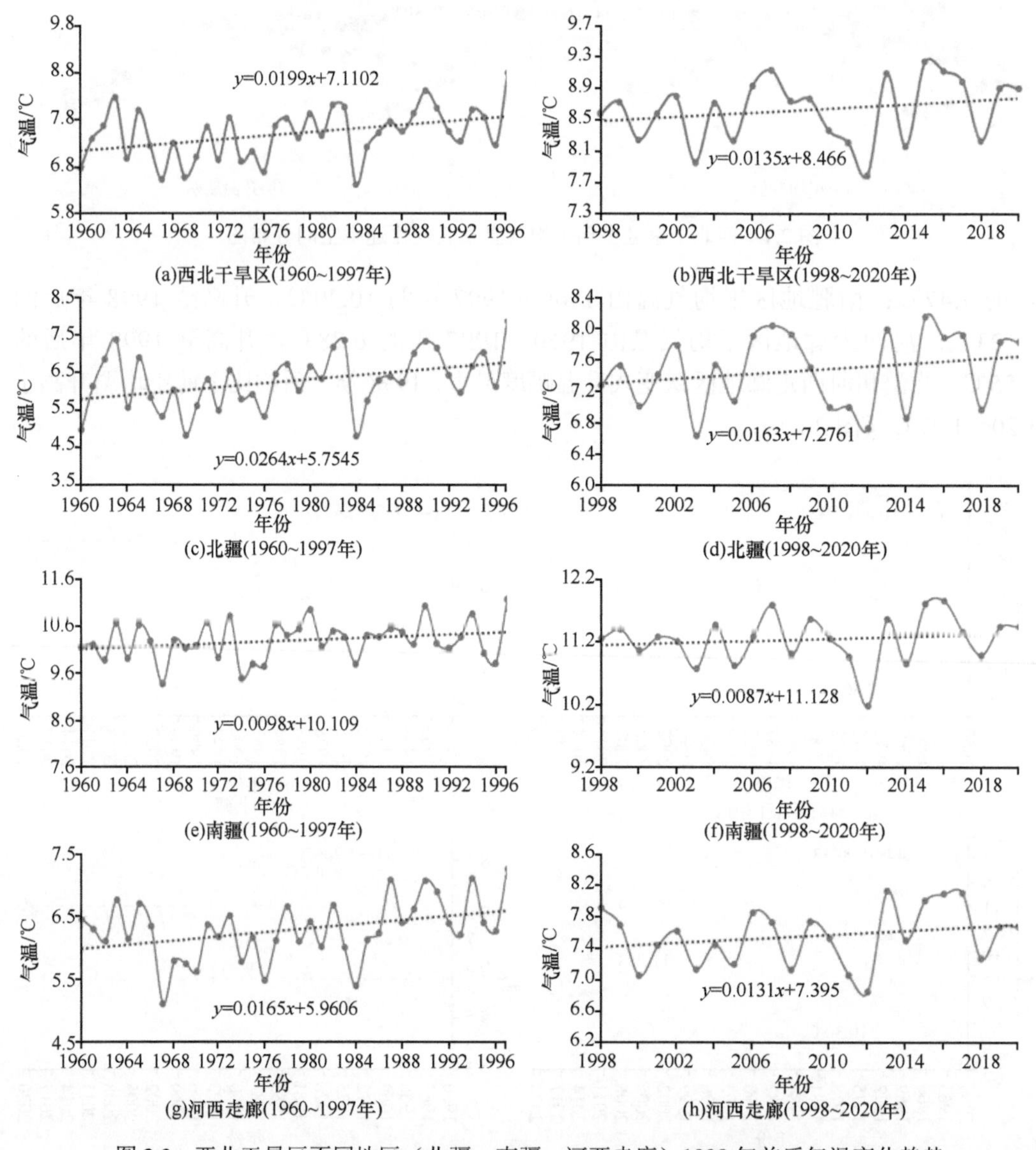

图 2.3　西北干旱区不同地区（北疆、南疆、河西走廊）1998 年前后气温变化趋势

从年代际变化看，西北干旱区每一个 10 年的平均温度均高于上一个 10 年（表 2.1）。20 世纪 60 年代，西北干旱区的年平均气温为 7.25℃，其中，南疆地区的平均气温最高，约为 10.16℃，北疆地区的平均气温最低，为 5.94℃。

比较不同时期气温变化情况可见，不同时期、不同区域具有一定差异。20 世纪 70 年代与 60 年代相比，西北干旱区平均升温 0.15℃，其中，北疆地区的升温幅度最高

表 2.1　西北干旱区不同地区气温的年代际变化　　（单位：℃）

地区	20 世纪 60 年代	20 世纪 70 年代	20 世纪 80 年代	20 世纪 90 年代	21 世纪前 10 年	21 世纪 10 年代
西北干旱区	7.25	7.40	7.64	8.04	8.62	8.67
北疆	5.94	6.11	6.46	6.90	7.48	7.52
南疆	10.16	10.30	10.39	10.63	11.23	11.24
河西走廊	6.09	6.17	6.36	6.91	7.47	7.63

（0.17℃），河西走廊的升温幅度最低，仅有 0.08℃。80 年代与 70 年代相比，西北干旱区平均升温幅度高于 70 年代（0.24℃）。90 年代与 80 年代相比，西北干旱区平均气温呈快速增加特征，平均升温 0.40℃，高于前两个阶段的升温幅度，北疆、南疆和河西走廊地区的增加幅度分别为 0.44℃、0.24℃和 0.55℃。相较于 20 世纪 90 年代，21 世纪前 10 年西北干旱区的平均气温整体呈显著的快速升温变化，平均升温幅度约为 0.58℃。21 世纪 10 年代与 21 世纪前 10 年相比，西北干旱区平均气温呈微弱增加态势，平均增加约 0.05℃。其中，河西走廊地区的升温幅度相对较大（0.16℃），南疆地区仅有微弱上升趋势。

（二）气温的年内变化特征

1960～2020 年，西北干旱区四季均表现为升温态势，其中，冬季和春季升温明显，尤其是春季升温幅度较大。分析结果显示，西北干旱区冬季极端最低气温的大幅升高是拉动年平均气温升高的最主要原因（Li et al.，2012）。

在空间变化上，南疆、北疆及河西走廊均表现为少态势，其中，升温速率最高的主要集中在北疆地区（表 2.2，图 2.4）。

表 2.2　西北干旱区不同区域气温季节变化　　（单位：℃/10a）

地区	春季	夏季	秋季	冬季	全年
西北干旱区	0.36	0.25	0.32	0.34	0.32
北疆	0.39	0.30	0.35	0.35	0.35
南疆	0.31	0.13	0.24	0.30	0.24
河西走廊	0.37	0.32	0.34	0.33	0.34

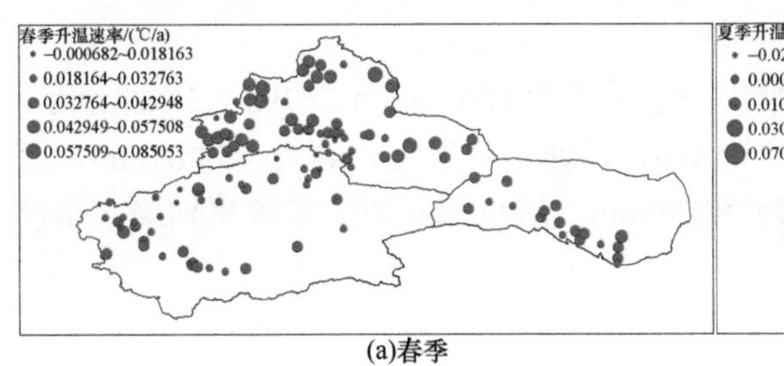

(a)春季

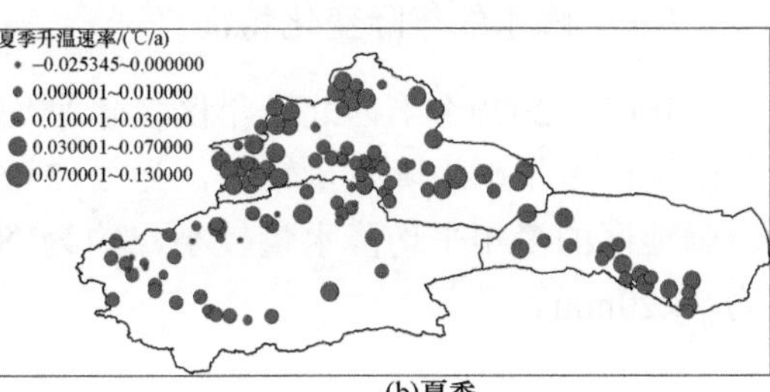

(b)夏季

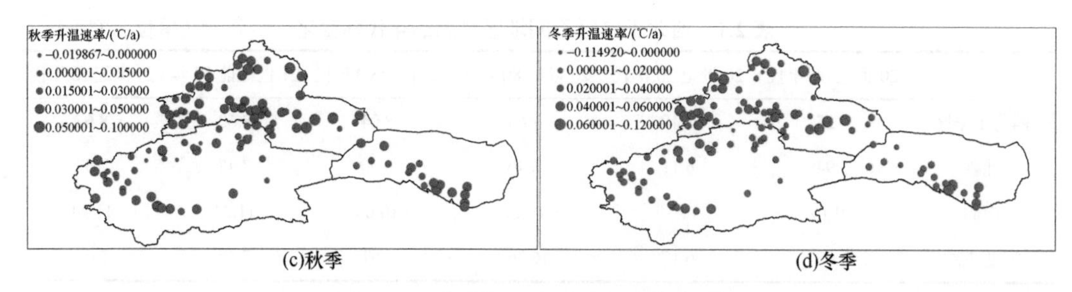

图 2.4　西北干旱区各季节气温变化速率

具体而言，春季，西北干旱区平均气温增加速率为 0.36℃/10a。123 个站点中有 119 个站点的气温呈增加变化，其中，有 23.57%的（29 个）站点升温速率超过 0.4℃/10a。空间上，北疆的气温增加速率最高，为 0.39℃/10a；其次是河西走廊地区，速率为 0.37℃/10a；南疆地区气温增加速率最慢，平均每 10 年增温 0.31℃。

夏季，西北干旱区平均升温速率为 0.13～0.32℃/10a，平均速率为 0.25℃/10a，低于春季的气温上升速率。空间上，河西走廊气温升高速率最大，为 0.32℃/10a，其次是北疆地区，为 0.30℃/10a，而南疆地区气温增加速率最低，为 0.13℃/10a。

秋季，西北干旱区气温变化速率介于 0.24～0.35℃/10a，平均变化速率为 0.32℃/10a。123 个站点中有 117 个站点（95.1%）的气温呈增加变化，47 个站点的升温速率高于 0.35℃/10a，主要分布在新疆，河西走廊地区有少量分布（6 个）。空间上，北疆地区气温升高速率最快，为 0.35℃/10a，其次是河西走廊地区，升温速率约为 0.34℃/10a，南疆地区的温度升高速率最低，为 0.24℃/10a。

冬季，西北干旱区气温变化速率介于 0.30～0.35℃/10a，平均变化速率为 0.34℃/10a。123 个站点中绝大部分（120 个）的气温呈增加变化，其中，30 个站点的升温速率高于 0.46℃/10a，主要分布在北疆（21 个），北疆地区升温速率最大，约为 0.35℃/10a，其次是河西走廊地区，升温速率约为 0.33℃/10a，南疆地区升温的速率最低，为 0.30℃/10a。

二、西北干旱区降水变化分析

（一）降水的年际变化特征

1960～2020 年，西北干旱区多年平均降水量约为 156.36mm。如图 2.5（a）所示，北疆地区多年平均降水量较大，为 212.06mm，河西走廊次之，约为 153.67mm，而南疆地区的多年平均降水量较小，约为 82.89mm，塔里木盆地的多年平均降水量仅为 74.20mm。

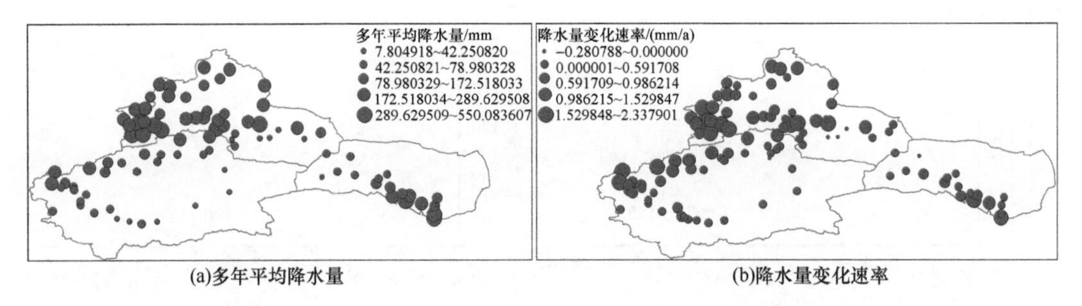

(a)多年平均降水量　　(b)降水量变化速率

图 2.5　西北干旱区多年平均降水量及其变化速率空间分布图

1960～2020 年，西北干旱区降水量整体呈增加趋势，平均每 10 年增加 9.32mm。约有 96%的站点（118 个）降水量呈增加变化，仅有 5 个站点的降水呈下降变化，且降水变化速率具有明显的空间差异性，北疆地区的降水增加量明显高于南疆和河西走廊地区。其中，北疆降水量以 11.26mm/10a 的速率增加，南疆和河西走廊地区降水量增加速率次于北疆地区，增加速率分别为 7.47mm/10a 和 7.7mm/10a（图 2.6）。

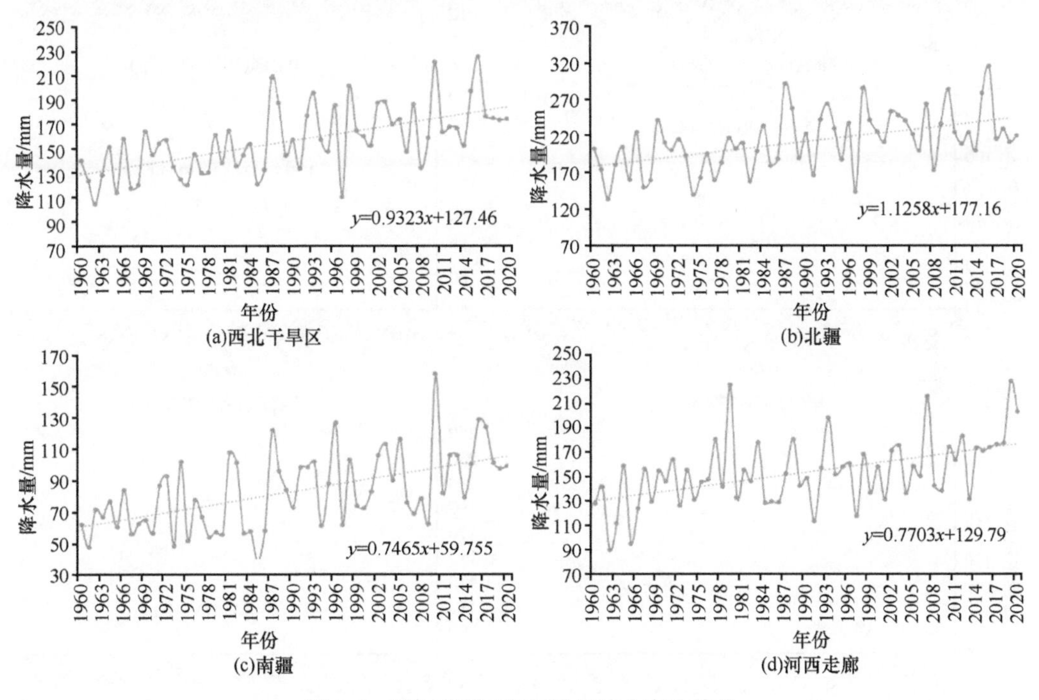

(a)西北干旱区　　(b)北疆

(c)南疆　　(d)河西走廊

图 2.6　西北干旱区不同地区降水变化趋势

西北干旱区不同时期降水量的变化特征有所不同。1990 年以前，西北干旱区降水量以平均每 10 年增加 10.68mm 的速率呈现增加趋势，1990 年以后，西北干旱区的降水量仍呈增加趋势，但其增加速率略低于 1990 年以前，平均每 10 年增加 7.47mm。

西北干旱区不同区域的降水量在 1990 年前后的变化趋势存在一定差异（图 2.7）。1990 年前，北疆的降水以 14.79mm/10a 的速率呈增加变化，且高于西北干旱区的平均增

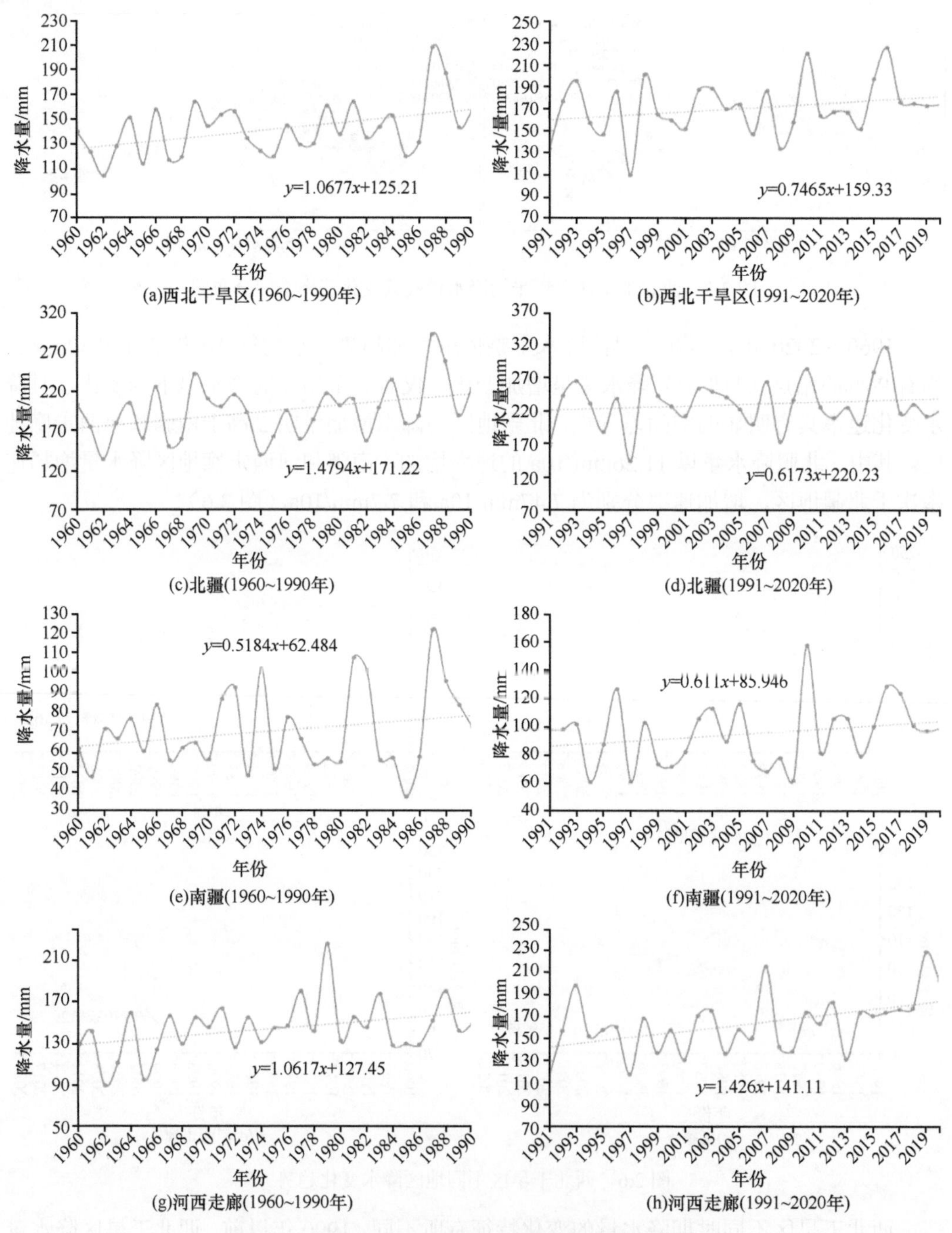

图 2.7　西北干旱区不同地区不同时期降水变化趋势

加速率，1990 年后，以 6.17mm/10a 的速率增加，增幅减缓；在南疆，1990 年前后两个阶段的降水均呈增加趋势，且增加速率差异不大。1990 年以前，南疆降水的增加速率约为 5.18mm/10a，1990 年以后，南疆降水的增加速率略微上升，平均每 10 年增加约

6.11mm；在河西走廊，1990 年前后两个阶段的降水变化与南疆相似。1990 年以前，河西走廊地区的降水以 10.62mm/10a 的速率增加，1990 年以后，增加速率加大，达到 14.26mm/10a（图 2.8）。

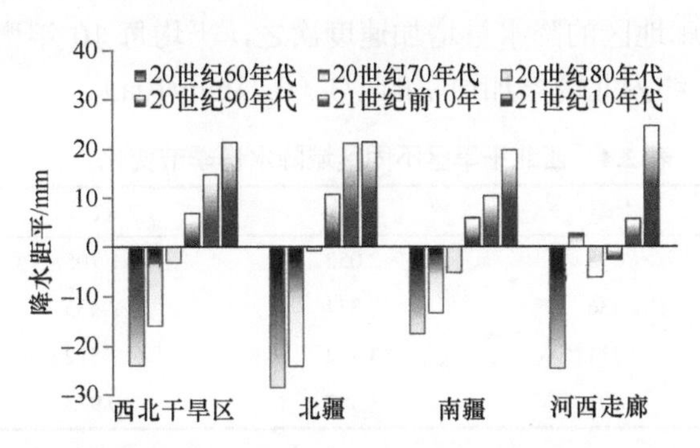

图 2.8　西北干旱区不同地区不同时期降水变化趋势

20 世纪 60 年代，西北干旱区的年平均降水量为 132.21mm，其中，北疆地区的平均降水量较高，为 183.24mm，南疆地区的平均降水量最少，仅有 65.21mm，河西走廊地区多年平均降水量为 129.06mm（表 2.3）。20 世纪 70 年代与 60 年代相比，西北干旱区平均降水量增加了 8.03mm（约 6.07%），北疆和南疆地区平均降水量增加幅度较小，仅有 4mm 左右，河西走廊地区平均降水量增加最多，约为 27.27mm。20 世纪 80 年代与 70 年代相比，西北干旱区的降水量呈微弱增加变化，大约增加 12.70mm。其中，除河西走廊地区表现为减少外，其他两个地区的降水量呈增加趋势，北疆增加明显，平均降水量约增加了 23.34mm（12.44%）。20 世纪 90 年代与 80 年代相比，西北干旱区平均降水量仍呈增加特征（10.05mm）。其中，南疆和北疆地区平均降水量增加了约 11mm（增幅分别为 14.25%和 5.45%），河西走廊地区的增加幅度相对较小（3.55mm）。相较于 20 世纪 90 年代，21 世纪前 10 年西北干旱区的平均降水量整体依然呈现增加变化，三个地区的降水量均表现出增加特征，增幅均约为 5%。21 世纪 10 年代与 21 世纪前 10 年相比，西北干旱区降水量增加幅度相对微弱，平均增加约 6.54mm，其中，北疆地区基本无变化，南疆地区及河西走廊地区的平均降水量都较 21 世纪前 10 年增加了约 10%。

表 2.3　西北干旱区不同地区降水量年代际变化　（单位：mm）

地区	20 世纪 60 年代	20 世纪 70 年代	20 世纪 80 年代	20 世纪 90 年代	21 世纪前 10 年	21 世纪 10 年代
西北干旱区	132.208	140.236	152.934	162.984	170.905	177.444
北疆	183.241	187.651	210.986	222.489	232.831	233.092
南疆	65.210	69.344	77.568	88.623	93.140	102.464
河西走廊	129.055	156.323	147.488	151.039	159.310	178.237

（二）降水的年内变化特征

1960～2020 年，西北干旱区春季平均降水量呈增加态势，线性速率为 1.60mm/10a

（表 2.4）。其中，有 15 个（12.20%）气象站点的降水量呈减少趋势，主要分布在北疆（6 个）和南疆地区（7 个），2 个分布在河西走廊地区。空间上，西北干旱区春季的降水量变化具有明显空间差异性，其中，北疆地区的降水量增加速率最快，平均每 10 年增加约 2.44mm，河西走廊地区的降水量增加速度次之，平均每 10 年增加 1.11mm，南疆降水量增加速率最慢，约为北疆增加速率的 1/3（0.73mm/10a）。

表 2.4　西北干旱区不同区域降水量季节变化　（单位：mm/10a）

地区	春季	夏季	秋季	冬季
西北干旱区	1.598	3.052	1.705	1.294
北疆	2.436	2.374	2.435	2.518
南疆	0.734	3.892	1.512	0.425
河西走廊	1.107	3.387	0.973	0.721

夏季的降水量呈快速增加趋势，增加速率约为 3.05mm/10a。109 个（88.62%）气象站的降水量呈增加变化，有 57 个气象站监测到的降水量增加速率大于 3mm/10a；降水量呈减少变化的气象站有 14 个，主要分布在北疆地区（10 个），河西走廊和南疆地区也有少量分布。空间上，西北干旱区夏季降水量表现出空间差异性。南疆地区的降水量增加速率最快，平均增加约 3.89mm/10a，河西走廊地区降水量增加速率仅次于南疆（3.39mm/10a），北疆地区降水量增加速率最慢，平均增加 2.37mm/10a（表 2.4）。

秋季的降水量均呈增加趋势，增加速率为 1.71mm/10a。有 106 个（86.18%）气象站降水量的增加速率超过 0.2mm/10a，主要集中分布在北疆地区。空间上，北疆地区的降水量增加速率明显高于南疆及河西走廊地区。北疆地区降水量增加速率约为 2.44mm/10a，南疆地区降水量增加速率仅次于北疆地区（1.51mm/10a），而河西走廊地区的降水量增加速率最慢，约为 0.97mm/10a（图 2.9）。

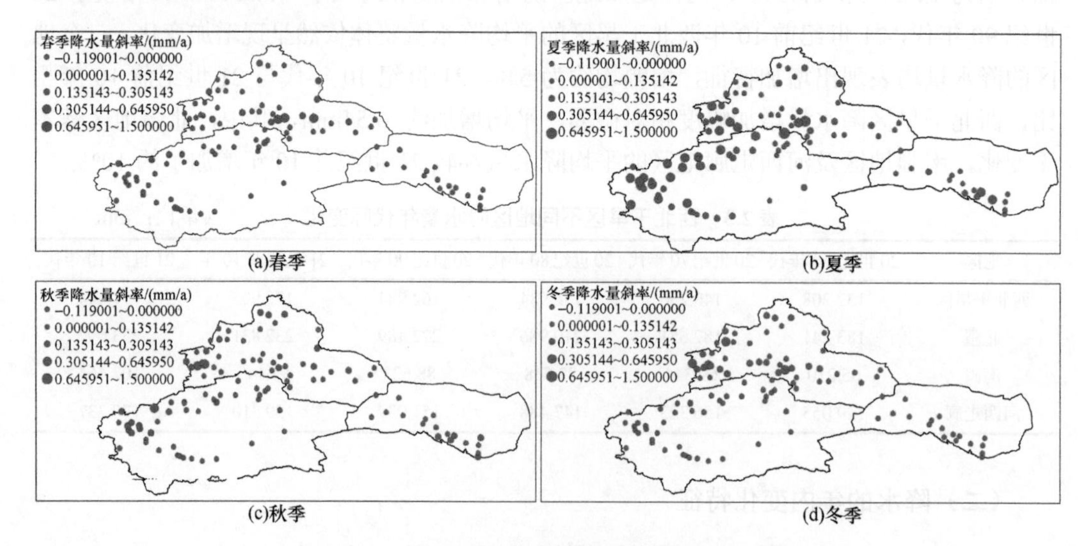

图 2.9　西北干旱区降水量变化速率空间分布图

冬季的降水量变化速率相对其他三个季节相对较慢，约为 1.29mm/10a。虽然低于其他季节，但北疆地区冬季降水增加量高于秋季的增加量。另一方面，研究区内 117 个站点的冬季降水量呈增加变化，增加幅度较大的站点主要分布北疆地区。空间上，北疆地区降水量增加速率最大，为 2.52mm/10a，其次是河西走廊地区，其降水量增加速率约为 0.72mm/10a，而南疆降水量增率最小，仅为 0.43mm/10a。

西北干旱区气候主要受西风环流控制，常年水汽主要来源于中纬度西风输送，同时一些地区如南疆的塔里木盆地也受南部大洋水汽的影响（Zhao et al.，2014；Huang et al.，2015），来自印度洋和阿拉伯海的水汽通过青藏高原和伊朗高原之间的山谷以及青藏高原的后缘输送到新疆（Chen et al.，2019）。外部陆地的水汽蒸发和局部水分循环也对西北干旱区的降水产生强烈影响，在伊犁河谷和哈密地区局部水循环的贡献分别占 40%和70%。新疆夏季降水有 80%以上来自新疆和中亚地区的陆地蒸发，当地水分再循环占 52%（Yao et al.，2022）。

自 20 世纪 90 年代以来，西北干旱区降水增加主要是水汽内循环和外循环两部分的原因，其中，水汽外循环或外部水汽对降水增加的贡献可高达 75%。从水汽外循环方面，不同学者关注的环流系统不同。Huang 等（2015）指出印度夏季风减弱情况下丝绸之路遥相关处于负位相，可以使得印度洋水汽绕青藏高原东北边缘向干旱区输送。Li 等（2016）研究表明西伯利亚高压和北美副热带高压是导致西北地区降水量显著增加的主要原因。也有研究指出，西北干旱区降水增加与来自西北太平洋和北极的偏东水汽输送异常增强密切有关，而偏南的印度夏季风向北输送显著减少或消失（丁一汇，2021；Guan et al.，2019a）。陈发虎等（2021）指出东亚夏季风减弱是诱发我国西北干旱区降水增加的主要原因。西太平洋副热带高压的西伸和蒙古反气旋活动增加（Zhang et al.，2019a），西伸的西太平洋副热带高压促进了来自印度洋和太平洋夏季水汽的向西输送，蒙古反气旋在中国北方产生持续的东风，这一东风可以沿青藏高原北部一直深入到塔里木盆地西部，从而使得向西输送的印度洋和太平洋夏季水汽可以进一步沿着青藏高原北缘输送到西北干旱区，如温宿暴雨、哈密暴雨等（Chen et al.，2019）。近几十年来亚洲夏季副热带西风急流位置发生了显著的南移，致使西北地区上空出现正涡度平流异常，引发局地上升运动增强，为降水的增多提供了有利的动力环境（Peng and Zhou，2017；Peng et al.，2018）。在水汽内循环方面，西北干旱区向下长波辐射增加，致使地表获取的净大气辐射通量增加，蒸发增强，因此大气中的水汽含量升高，有利于降水增加，同时，气温升高导致冰雪融水增多，灌溉面积的扩张等，导致局地蒸散发加强，进一步促进了降水条件的形成（Peng and Zhou，2017；Zhang et al.，2019b）。

三、西北干旱区潜在蒸散发变化分析

西北干旱区气温和降水等气候要素的变化势必会导致潜在蒸散发的变化。根据气象站点观测数据，计算了西北干旱区基于 Penman-Monteith 公式的潜在蒸散发，并分析了其时空变化特征和季节变化特征。

（一）潜在蒸散发的年际变化特征

1960～2020 年间，西北干旱区潜在蒸散发量变化趋势表现为先下降后上升的趋势（图 2.10），以 1993 年为转折点，由之前的下降趋势（–22.47mm/10a）逆转为上升趋势（45.47mm/10a）。在 123 个站点中，1993 年以前约有 93.5%的站点呈下降趋势，6.50%的站点呈上升趋势，而在 1993 年之后，约有 14.60%的站点呈下降趋势，85.40%的站点呈上升趋势（图 2.11）。

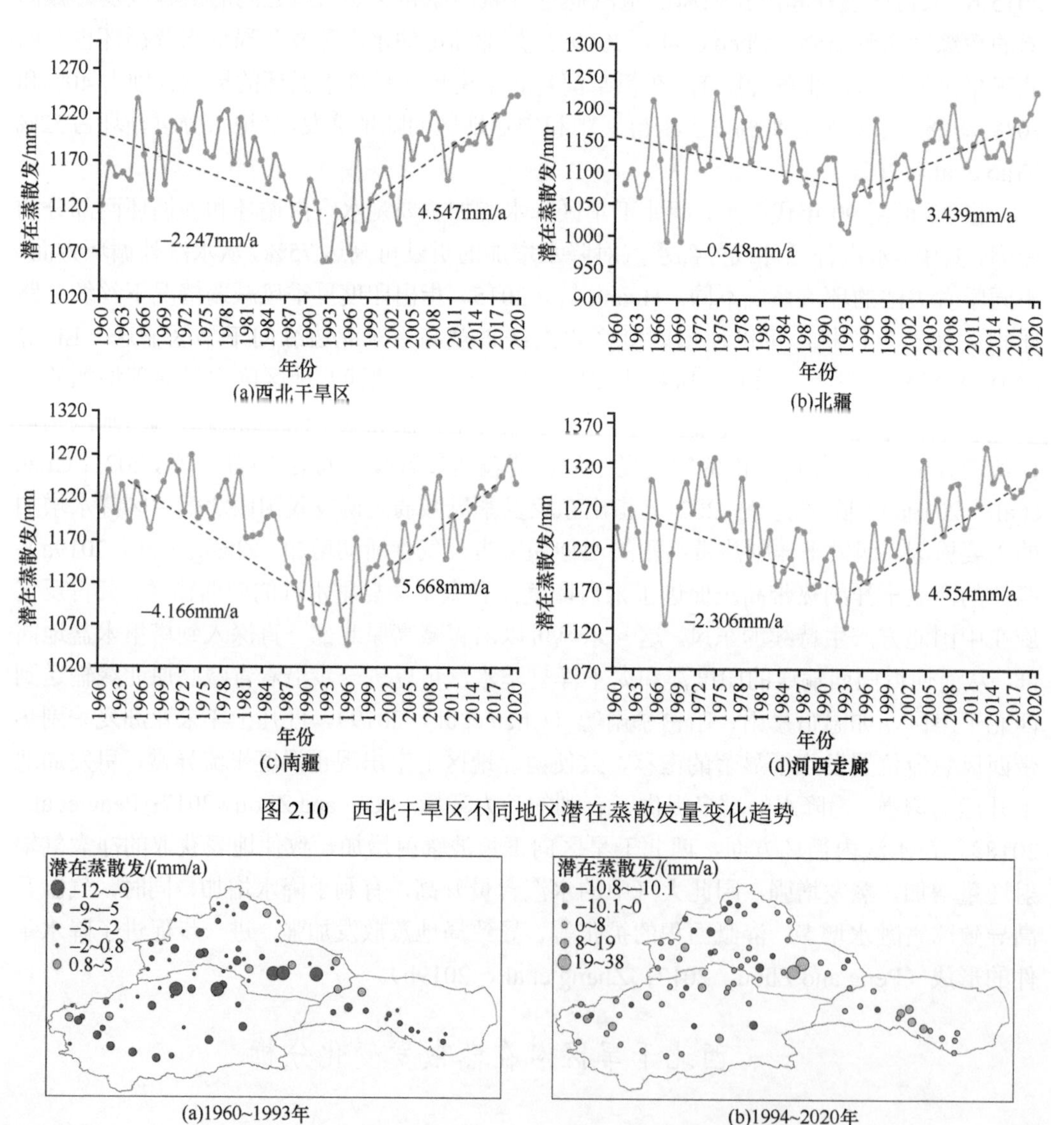

图 2.10　西北干旱区不同地区潜在蒸散发量变化趋势

图 2.11　西北干旱区 1960～2020 年潜在蒸散发变化

就不同区域来看，南疆地区潜在蒸散发量变化速率最为显著。1993 年以前，南疆地区的潜在蒸散发量下降速率最快，约以–41.66mm/10a 的速率下降；河西走廊次之，约以–23.06mm/10a 的速率下降；北疆地区潜在蒸散发量下降速率最慢，约为–5.48mm/10a。在 1993 年之后，仍以南疆变化速率最显著，南疆地区潜在蒸散发量以 56.68mm/10a 的速率逆转为上升趋势；河西走廊次之，约以 45.54mm/10a 的速率上升，北疆地区潜在蒸散发量上升速率最慢，约为 34.39mm/10a。

20 世纪 60 年代，西北干旱区的年平均潜在蒸散发量为 1162.65mm，其中河西走廊地区的平均潜在蒸散发量为 1230.29mm，为西北干旱区三个区域最高，北疆地区的平均潜在蒸散发量最少，约为 1092.47mm。20 世纪 70 年代与 60 年代相比，西北干旱区平均潜在蒸散发量增加了 36.11mm，北疆和河西走廊地区增幅较大。20 世纪 80 年代与 70 年代相比，西北干旱区潜在蒸散发量呈下降变化，平均减少 42.45mm。其中，南疆地区的潜在蒸散发量减少幅度最大（56.64mm），北疆地区的潜在蒸散发量减少幅度最小，为 25.74mm。20 世纪 90 年代与 80 年代相比，西北干旱区平均潜在蒸散发量仍然呈下降变化，平均潜在蒸散发量减少了 47.09mm，南疆地区尤为明显。相较于 20 世纪 90 年代，21 世纪前 10 年西北干旱区的平均潜在蒸散发量整体呈快速增加变化，且三个地区的平均潜在蒸散发量均表现出增加特征，平均增加量约为 63.97mm，南疆仍为变化最明显的地区。21 世纪 10 年代与 21 世纪前 10 年相比，西北干旱区平均潜在蒸散发量仍然呈增加变化，平均增加约 26.20mm，主要发生在南疆及河西走廊地区（表 2.5）。

表 2.5 不同地区潜在蒸散发量年代际变化 （单位：mm）

地区	20 世纪 60 年代	20 世纪 70 年代	20 世纪 80 年代	20 世纪 90 年代	21 世纪前 10 年	21 世纪 10 年代
西北干旱区	1162.647	1198.753	1156.304	1109.215	1173.185	1199.389
北疆	1092.465	1148.796	1123.059	1080.118	1136.557	1150.724
南疆	1217.174	1226.026	1169.391	1105.148	1178.838	1212.826
河西走廊	1230.286	1275.787	1211.663	1193.662	1250.165	1289.997

（二）潜在蒸散发的年内变化特征

西北干旱区潜在蒸散发量在 1993 年之前呈下降趋势，其中，夏季下降速率最大。1993 年之后，各个季节潜在蒸散发量均逆转为上升趋势，春季上升速率最大（图 2.12）。

春季平均潜在蒸散发量在 1993 年以前以 9.57mm/10a 的速率下降，南疆地区潜在蒸散发量下降速率最快，约以–11.61/10a 的速率下降；北疆次之，约以–8.97mm/10a 的速率下降；河西走廊地区潜在蒸散发量下降速率最慢，约为–7.23mm/10a。在 1993 年之后，仍以南疆地区变化速率最显著，潜在蒸散发量以 18.78mm/10a 的速率逆转为上升趋势；河西走廊略微次之，约以 21.98mm/10a 的速率上升，北疆地区潜在蒸散发量上升速率最慢，约为 10.70mm/10a。空间分布来看，1993 年以前约有 77.50%的站点呈现下降趋势，主要分布在北疆地区，21.25%的站点呈现上升趋势；1993 年以后约有 68.75%的站点逆转为上升趋势，主要分布在北疆和南疆地区，11.25%的站点呈现下降趋势。

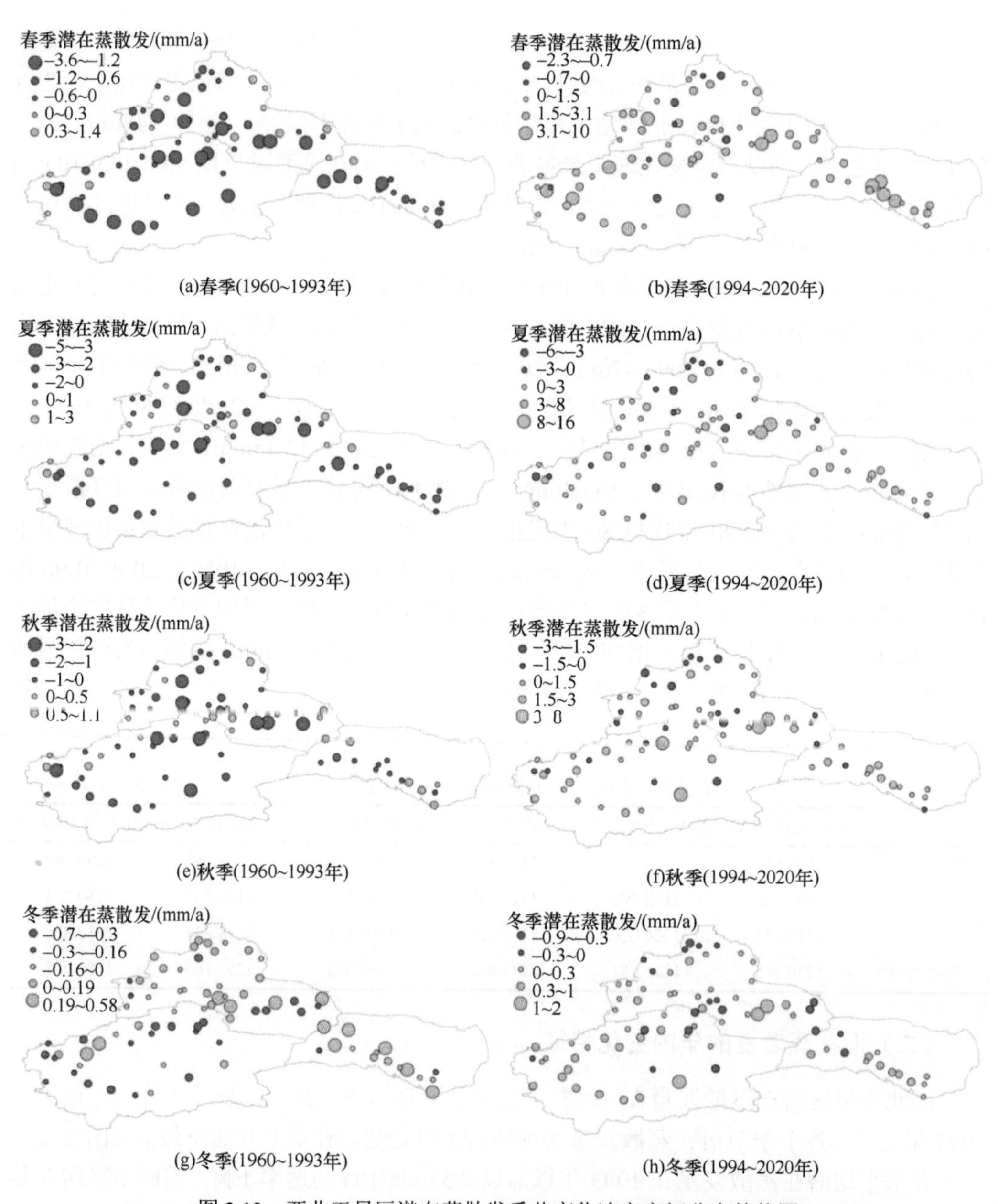

图 2.12 西北干旱区潜在蒸散发季节变化速率空间分布趋势图

夏季平均潜在蒸散发量在 1993 年以前以−16.17mm/10a 的速率下降，南疆地区潜在蒸散发量下降速率最快，为−17.14mm/10a；北疆次之，约以−16.93mm/10a 的速率下降；河西走廊地区潜在蒸散发量下降速率最慢，约为−14.68mm/10a。在 1993 年之后，仍以南疆地区变化速率最显著，潜在蒸散发量以 16.59mm/10a 的速率逆转为上升趋势；北疆次之，约以 14.05mm/10a 的速率上升，河西走廊地区潜在蒸散发量上升速率最慢，约为

13.64mm/10a。空间分布来看，1993 年以前约有 77.5%的站点呈现下降趋势，主要分布在北疆地区，13.1%的站点呈现上升趋势；1993 年以后约有 60%的站点逆转为上升趋势，主要分布在北疆地区，23.75%的站点呈现下降趋势。

秋季平均潜在蒸散发量在 1993 年以前以–5.49mm/10a 的速率下降，南疆和北疆地区潜在蒸散发量下降速率最快，约为–7.63mm/10a；河西走廊地区潜在蒸散发量下降速率最慢，约为–1.12mm/10a。在 1993 年之后，仍以南疆地区变化速率最显著，潜在蒸散发量以 13.54mm/10a 的速率逆转为上升趋势；河西走廊次之，约以 9.57mm/10a 的速率上升，北疆地区潜在蒸散发量上升速率最慢。空间分布来看，1993 年以前约有 67.50%的站点呈现下降趋势，主要分布在北疆地区，31.25%的站点呈现上升趋势；1993 年以后约有 52.50%的站点逆转为上升趋势，主要分布在北疆地区，31.25%的站点呈现下降趋势。

冬季平均潜在蒸散发量在 1993 年以前以–1.28mm/10a 的速率下降，南疆地区潜在蒸散发量下降速率最快，约为–2.44mm/10a；而河西走廊地区潜在蒸散发量以 0.65mm/10a 的速率呈现略微上升趋势。在 1993 年之后，仍以南疆地区变化速率最显著，潜在蒸散发量以 3.84mm/10a 的速率逆转为上升趋势；河西走廊次之，约以 3.56mm/10a 的速率上升，北疆地区潜在蒸散发量上升速率最慢。从空间分布来看，1993 年以前约有 60%的站点呈现下降趋势，主要分布在北疆和南疆地区，38.75%的站点呈现上升趋势；1993 年以后约有 50%的站点逆转为上升趋势，主要分布在北疆地区，26.25%的站点呈现下降趋势。

值得注意的是，1960～1993 年时段，气温日较差呈持续下降趋势，是导致潜在蒸散发下降的主要原因，而日照时数与风速由 1993 年之前的下降趋势逆转为 1994～2020 年的明显上升趋势，是潜在蒸散发逆转的主要原因。

四、西北干旱区实际蒸散发及其组分变化

1980～2020 年，西北干旱区的多年平均实际蒸散发量以 11.91mm/10a 的速率增加。其中，北疆、南疆和河西走廊地区的平均实际蒸散发量增加速率分别为 19.25mm/10a，9.27mm/10a 和 7.69mm/10a，北疆地区增加速率最快（图 2.13）。

分析实际蒸散发的 3 个分量变化可见，西北干旱区多年平均土壤蒸发和植被蒸腾分别约占总蒸散发量的 56.62%和 37.43%。1980～2020 年，西北干旱区土壤蒸发以 4.39mm/10a 的速率呈现上升趋势，其中，河西走廊土壤蒸发上升速率最快，为 4.75mm/10a，南疆次之，为 4.59mm/10a，北疆最慢，为 3.79mm/10a。在天山北坡伊犁河谷部分地区以及天山南坡部分地区存在土壤蒸发下降的趋势（图 2.14）。植被蒸腾以 6.59mm/10a 的速率呈现上升趋势。其中，北疆地区植被蒸腾上升速率最快，为 12.73mm/10a，南疆次之，为 4.4mm/10a，河西走廊植被蒸腾变化速率最慢，上升速率为 3.05mm/10a；植被冠层的截留蒸发也整体呈增加趋势。1980～2020 年，西北干旱区冠层

截留蒸发整体以 0.21mm/10a 的速率呈现微弱上升趋势，其中，北疆地区冠层截留蒸发上升速率最快，为 0.65mm/10a，变化速率最慢的是河西走廊地区（图 2.15 和表 2.6）。

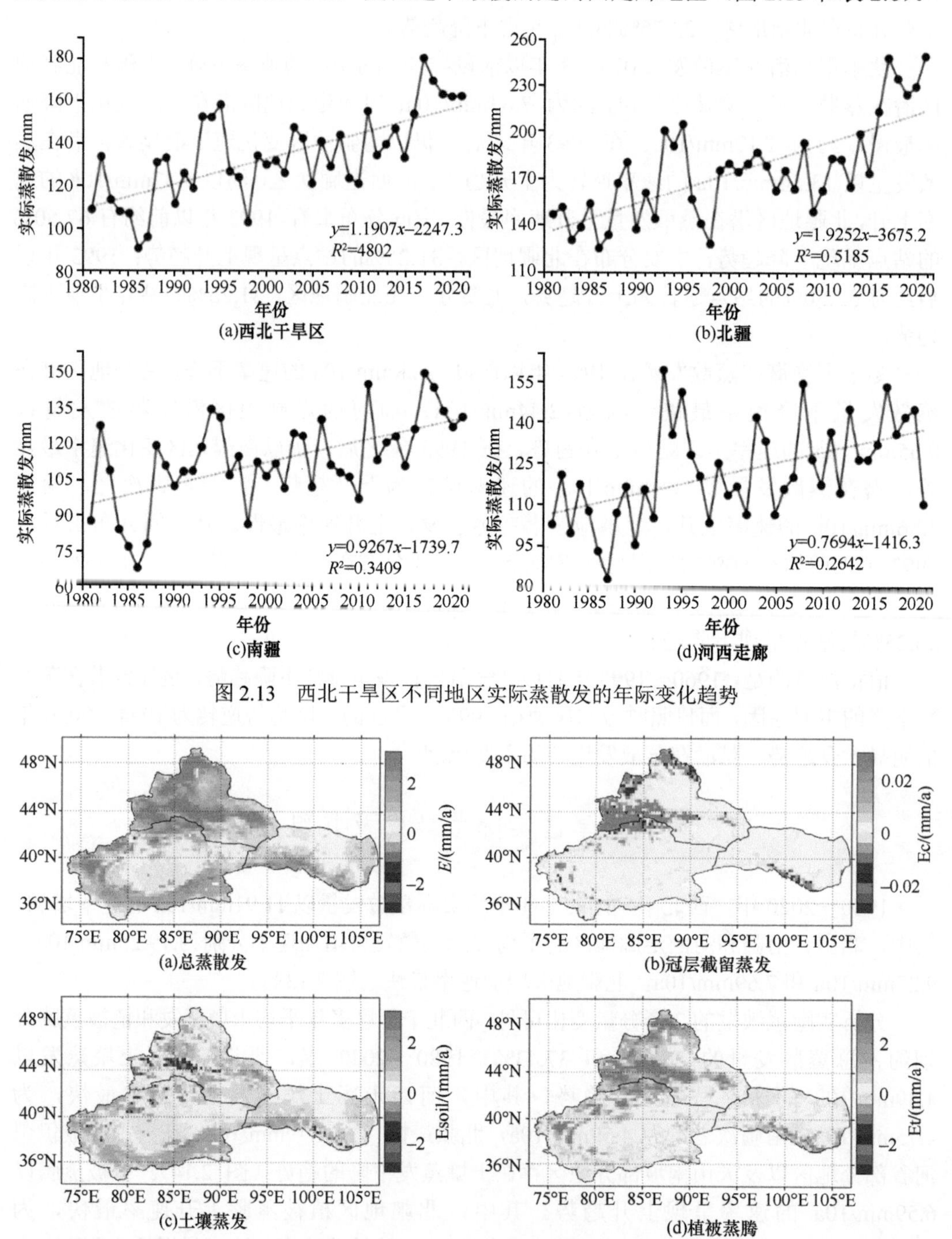

图 2.13　西北干旱区不同地区实际蒸散发的年际变化趋势

图 2.14　1980～2020 年西北干旱区实际蒸散发及其组分空间变化

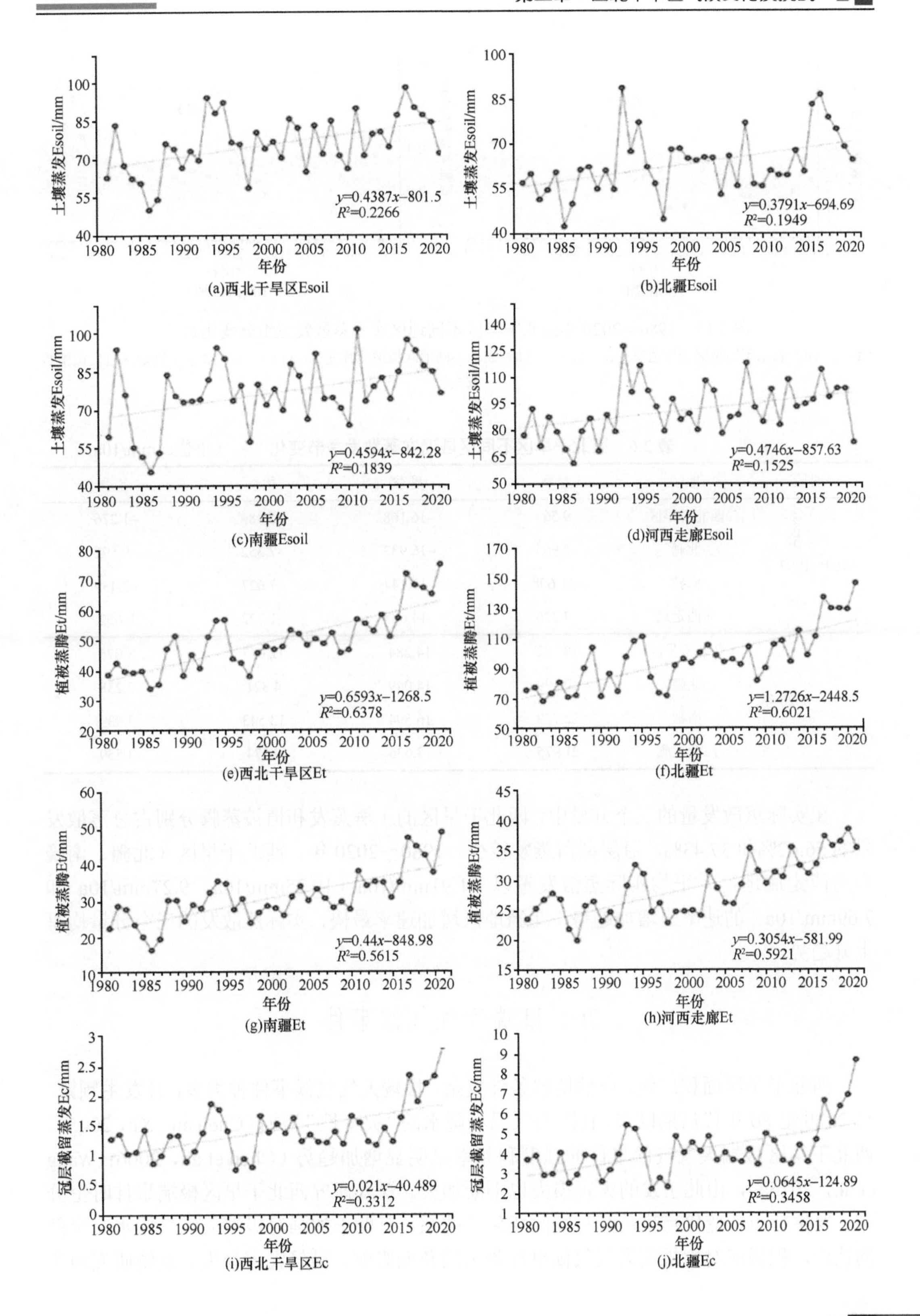
土壤蒸发Esoil/mm
年份
y=0.4387x–801.5
R^2=0.2266
(a)西北干旱区Esoil
y=0.3791x–694.69
R^2=0.1949
(b)北疆Esoil
y=0.4594x–842.28
R^2=0.1839
(c)南疆Esoil
y=0.4746x–857.63
R^2=0.1525
(d)河西走廊Esoil
植被蒸腾Et/mm
y=0.6593x–1268.5
R^2=0.6378
(e)西北干旱区Et
y=1.2726x–2448.5
R^2=0.6021
(f)北疆Et
y=0.44x–848.98
R^2=0.5615
(g)南疆Et
y=0.3054x–581.99
R^2=0.5921
(h)河西走廊Et
冠层截留蒸发Ec/mm
y=0.021x–40.489
R^2=0.3312
(i)西北干旱区Ec
y=0.0645x–124.89
R^2=0.3458
(j)北疆Ec

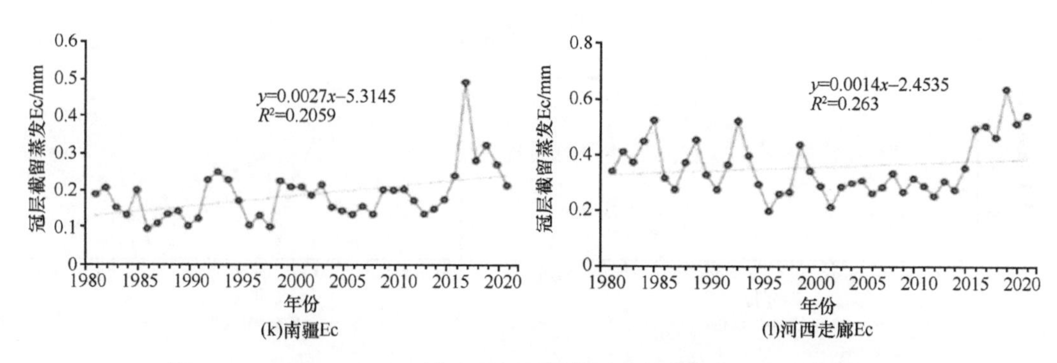

图 2.15　1980～2020 年西北干旱区不同地区实际蒸散发三组分变化趋势

（a）～（d）表示不同地区土壤蒸发变化；（e）～（h）表示不同地区植被蒸腾变化；（i）～（l）表示不同地区冠层截留蒸发变化

表 2.6　西北干旱区不同区域潜在蒸散发季节变化　（单位：mm/10a）

时段	地区	春季	夏季	秋季	冬季
1960～1993 年	西北干旱区	−9.569	−16.168	−5.489	−1.276
	北疆	−8.965	−16.933	−7.352	−0.592
	南疆	−11.608	−17.144	−7.627	−2.439
	河西走廊	−7.226	−14.684	−1.122	0.652
1994～2020 年	西北干旱区	18.782	14.284	12.073	3.075
	北疆	10.699	14.049	4.821	2.238
	南疆	22.779	16.594	13.543	3.839
	河西走廊	21.975	13.636	9.574	3.559

在实际蒸散发量的三个分量中，西北干旱区的土壤蒸发和植被蒸腾分别占总蒸散发量的 56.62%和 37.43%，冠层截留蒸发较少。1980～2020 年，西北干旱区（北疆、南疆和河西走廊地区）平均实际蒸散发量以 11.91mm/10a（19.25mm/10a，9.27mm/10a 和 7.69mm/10a）的速率呈增加趋势，北疆地区增加速率最快，实际蒸散发的三个分量均呈上升趋势。

五、极端天气气候事件

西北干旱区面积广阔，自然地理条件复杂，极端天气气候事件种类多，且发生频繁。自 20 世纪 80 年代后期以来，伴随着气温和降水的“突变性”增加（Chen and Xu，2005），西北干旱区极端天气气候事件的强度和频率呈明显增加趋势（Chen et al.，2006；Wang et al.，2015a），由此引发的灾害损失也不断加大。深入研究西北干旱区极端事件时空分布、发生特点、变化趋势及其与气候变化的关系，有助于加强对极端天气气候水文事件的认识，积极应对由极端天气气候事件带来的负面影响，减轻灾害损失。系统研究西北干旱区极端天气气候事件发生特点、变化规律及未来趋势，以期为西北干旱区减灾防灾、水资源管理和经济社会发展提供科学依据。

（一）极端天气气候事件变化特征

1. 温度极值变化

对极端气候水文事件的极值指标统计分析发现，西北干旱区的冷夜日数和冷昼日数呈显著下降趋势，区域趋势幅度分别为–1.89d/10a 和–0.89d/10a；霜冻日数在持续减少；对暖极值分析发现，暖夜日数和暖昼日数呈增加趋势，变化幅度分别为 2.85d/10a 和 1.37d/10a（Wang et al.，2013a）。日较差呈减少趋势，区域趋势幅度为–0.23℃/10a，具有大的变化幅度的站点沿天山分布，特别是在冬季。日较差下降的主要原因是最低气温的下降幅度比最高气温下降快。日较差的减少可能是空气中水汽和气溶胶增加的结果，日较差的减少将减少白天入射的太阳辐射和从地表发射的夜间长波辐射，从而导致最低温度的升高（Shen et al.，2010）。在西北干旱区，气温极值的变化趋势要大于平均气候态，这同样验证了气候极值比平均态对气候变化响应更为敏感（Alexander et al.，2006；Tank and Können，2003；Williams et al.，2010）。区域最低气温和最高气温（区域内所有站点的平均值），均在 1998 年发生突变。年最低气温在 1982 年发生突变，由之前的–25.76℃升高至–23.44℃，突变前后增加了 2.32℃。对于年内高温，TX90p 在 1998 年前后增加了 0.85℃，增幅低于最低气温的增幅（图 2.16）。

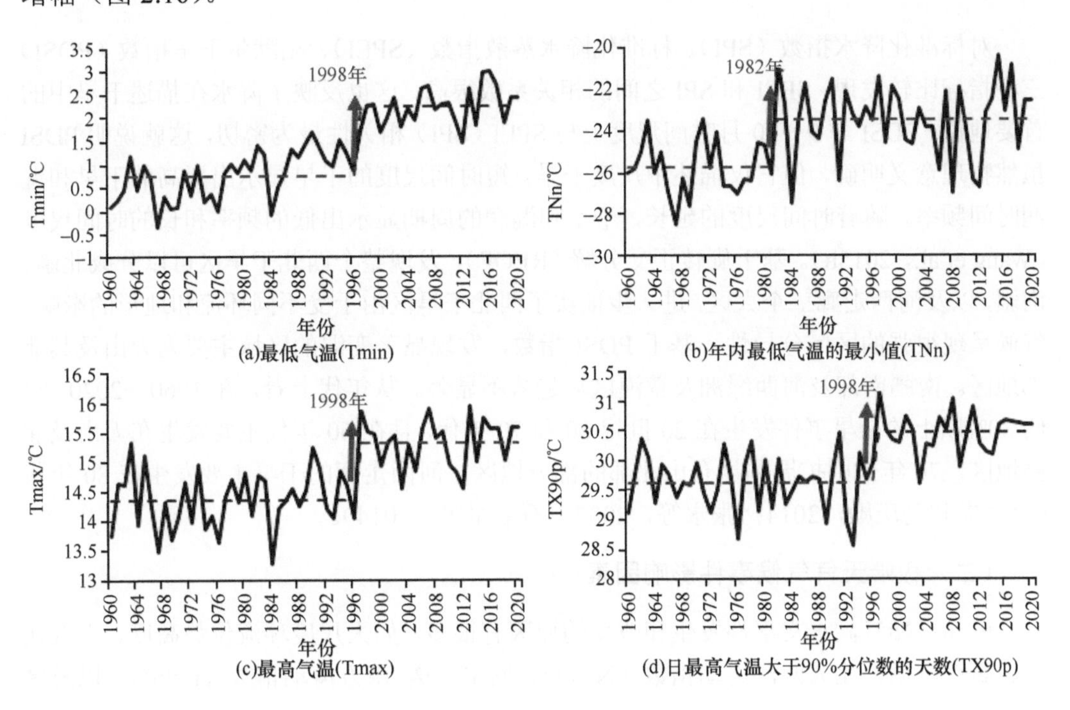

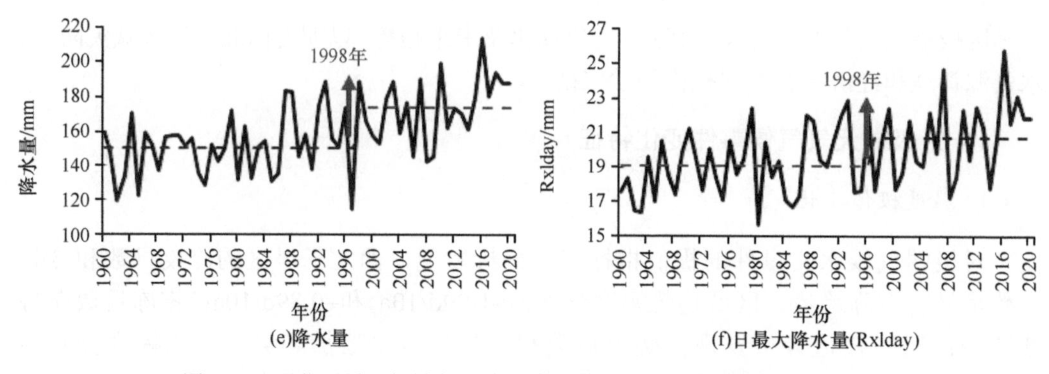

图 2.16 西北干旱区极端气候事件变化特征（蓝线为突变前后均值）

2. 降水极值变化

分析西北干旱区的降水极值变化发现，日降水强度和日最大降水量均表现出增加趋势（图 2.16）。研究结果显示，西北干旱区降水量的增加是降水频率和降水强度共同增加的结果（Wang et al.，2013b）。从空间变化上看，在北疆地区，大的降水量是由于降水频率增加所致，而在伊犁河谷和祁连山区则趋向于由降水频率和强降水时间造成（Wang et al.，2013c）。1961～2010 年新疆年最长连续降水日数出现频次逐渐增多，而无降水日数出现的频次减少（王少平等，2014；李奇虎和马庆勋，2014）。

3. 干旱特征

对标准化降水指数（SPI）、标准化降水蒸散指数（SPEI）、帕默尔干旱指数（PDSI）三种指标比较发现，SPEI 和 SPI 之间的相关系数很高，这也反映了降水在描述干旱中的首要地位。PDSI 与 9～20 月时间尺度上与 SPEI（SPI）相关性最为密切，这就说明 PDSI 虽然物理意义明确，但它仅描述中尺度干旱。短时间尺度的干旱显示出更高的干旱和湿润时间频率，随着时间尺度的延长，干旱和湿润的周期显示出低的频率和长的时间尺度（Wang et al.，2015b）。基于旋转正交分解（REOF），发现整个西北干旱区可以分成北疆、南疆，以及河西走廊三个大区，进一步证实了西北干旱区由于受不同环流和地形的影响，气候呈现很强的区域分异性。基于 PDSI 指数，发现显著变湿的区域主要为天山及其北部地区。南疆南部及河西绿洲及荒漠区域趋势不显著。从年代上看，在 1960～2020 年，约 30%以上的干旱事件发生在 20 世纪 60 和 70 年代，且在 60 年代主要发生在天山及北疆地区，70 年代则扩展到昆仑山北部的部分地区，河西走廊的干旱主要发生在 80 年代（李奇虎和马庆勋，2014；张永等，2007；石彦军等，2014）。

（二）极端天气气候事件影响因素

引起极端气候水文事件发生和改变的原因有很多，如大尺度环流位势高度、水汽通量、高空风场、北大西洋涛动指数（NAO）、厄尔尼诺–南方涛动指数（ENSO）以及区域环境因子等。不仅如此，气温极值的发生还可能与城市化和空气中气溶胶增加等密切相关（Shi et al.，2016）。在多种影响因素中，大气环流是影响气候变化的一个主要因素。

1. 与主要大气环流因子的关系

利用遥相关指数等方法对西北干旱区极端气候水文事件发生的影响因素进行了分析，结果显示，北疆地区50年来的年均温度和冬季温度变化与冬季NAO、北极涛动（AO）呈显著的正相关，NAO和AO指数对降水亦具有一定影响（Yang et al.，2012）。而在对天山南、北坡、昆仑山北坡以及祁连山北坡四个典型区域1960～2020年夏季0℃层高度与径流量的变化分析中发现，河川径流量变化与0℃层高度关系密切。值得指出的是，青藏高原指数是研究西北干旱区气温和降水变化的重要环流因子，对西北干旱区气候有着重要影响（Chen et al.，2014）。在1961～1984年期间，青藏高原指数B表现为减弱趋势，1984年出现最低值，1985年以后开始呈现出由弱变强的趋势；西北干旱区的气温和降水在1961～1984年期间也多为负距平，1984年达到最低点，1985年以后温度迅速升高，降水量增加，而且增加趋势非常显著，变化的时间节点与青藏高原指数B由弱变强基本一致。北非大西洋北美副高脊线和北非副高脊线也是影响西北干旱区局部地区极端降水变化的主要因子（张林梅等，2015）。而径流极值变化与遥相关分析结果则表明，北半球极涡面积指数（VPA）可能是影响塔里木河源流径流的最主要形态（Wang et al.，2015c）。VPA的变化导致中纬度西风带槽脊系统变化，从而影响塔里木河流域的气候。当VPA高时，增强的西北风将会导致流域内气温降低，从而减少了塔里木河流域的径流。这个时候，西风会减弱，从而导致水汽来源减少，使得盆地降雨减少。当VPA很低时，北上的气流将会增强，从阿拉伯海到塔里木河流域的西南风亦会增强，这增加了水汽输送，从而使得降雨增加。

2. 大气环流异常的影响

1961～2019年中国西北干旱区夏季极端降水具有西西伯利亚槽、中亚高原和蒙古高原加深的带状波模式特征。在带状波模式的影响下，西风气流和东风气流异常增强并在中国西北干旱区汇合，将北冰洋、里海、咸海、阿拉伯海和中国东部的大量水汽输送到中国西北干旱区。同时，在上空出现了由深波模式诱发的深层异常气旋中心，从而为本区极端降水事件的发生提供了有利条件（Ning et al.，2021）。You等（2008）的研究结果也表明，在冬季，增强的反气旋环流中心形成在蒙古高原（45°N和110°E附近）和异常气旋环流（60°N和55°E附近）形成在欧亚大陆，反气旋环流和气旋性环流加强了欧亚大陆之间的差异，使得西风得到增强，增强的西风带来了湿润的气候，从而导致最近一段时期降雨增多。

（三）极端天气气候事件未来趋势分析

目前，在求解气候极值的过程中，使用区域气候模式（RCM）对全球气候模式

（GCM）输出降维是最受欢迎的方法。用 GCM 作为边界条件，RCM 可以提供气候参数在不同尺度下的变化（Cooley and Sain，2010；Sylla et al.，2010）。然而，在得到较高分辨率预测资料过程中，模型模拟极值结果往往比自然变率更具有不确定性（Kjellström et al.，2007）。采用最新公布的 CMIP5 39 个气候模式对中国西北干旱区 1960～2005 年平均气温、降水的模拟能力进行了评估，结果表明，多个模式模拟年平均气温与观测值的相关系数达到 0.39，年、季降水量与观测值的相关系数较差，相关系数均不到 0.1（吴晶等，2014）。而利用塔里木河流域 1986～2010 年气温、降水逐日格点数据和 MPI-ESM-LR 模式驱动的 CCLM 区域模式模拟数据，评估 CCLM 模式对塔里木河流域极端气候事件模拟能力的结果表明，该区域气候模式在对塔里木河流域年平均最高气温、最低气温和降水的空间分布方面具有较强的模拟能力，空间相关系数达到 0.98，0.97 和 0.74。在未来 RCP4.5 情景下，塔里木河流域未来（2017～2035 年）极端暖事件（暖期持续指数、气温日较差、暖昼、极端最高气温）有增加的趋势，未来流域中部的干旱可能更严重，而环塔里木盆地山区部分有变湿的趋势。然而，需要指出的是，在大部分情况下，GCM 模拟的降雨以及最高气温、最低气温与实际观测值有较大差异，其中对降雨模拟的不确定性是最大的，尤其对西北干旱区的短历时降水过程，因为西北干旱区的短历时降水发生机制复杂，它不仅受到大尺度气候控制，还受到当地和中小尺度天气过程的控制。

气候变化预估是开展未来气候变化对生态系统可能影响的基础，如何减小预估的不确定性是科学界始终在探索和研究的热点。许多学者在此方面进行过研究，并对气候模式的预估结果进行了比较，发现不同模式在区域的预估能力方面存在较大差异，没有任何一个气候模式可以对所有的气象要素都能模拟得很好。有研究表明（Walsh et al.，2008），多模式集合平均的模拟能力优于单个模式，因为它减少了单个气候模式出现错误的概率。因此，近年来集合模拟是评估模型结构不确定性的主要途径。例如，Zhou 和 Yu（2006）发现 20 世纪气候耦合模型（20C3M）模拟比较计划中的 19 个耦合模式所模拟的 20 世纪中国年平均气温距平变化在 20 世纪 70 年代以前，模式间的差异很大，而 70 年代以后，几乎所有模式的结果都接近观测值。Liu 等（2011）集合 36 个 GCM 模型，对塔里木河流域气候变化对水文影响的研究表明，评估结果取决于 GCM 的输出精度。Chen 等（2014）的研究结果显示，虽然目前的 GCM 结果还存在较大的不确定性，但在未来气候变化情景下，西北干旱区的极端气候水文事件将会持续增加。北半球极涡面积指数（VPA）是影响西北干旱区极端气候的主要模态，VPA 的变化将导致中纬度西风带槽脊系统变化，从而将影响该地区气候的变化。当 VPA 高时，增强的西北风将会导致流域内气温降低，西风减弱，降雨减少，反之亦然。AO 和 NAO 也会对新疆地区的干旱产生影响，而青藏高原指数很可能是影响西北干旱区气温、降水突变的重要因素。

西北干旱区地域广袤，地形十分复杂，已建立的气象台站观测网络分布极不均匀，且多分布在绿洲平原区。因此，未经过加权计算而简单平均各气象台站的计算结果并不能完全概括西北干旱区的气候变化趋势。因此，第一，需要加强在观测资料上的整理分析；第二，极端气候水文事件的遥相关研究大部分集中在统计分析上，而对于机制的研究尚且不足，为此，遥相关物理机制的研究将是今后需要努力的重点；第三，目前对干旱区陆–气相互作用的认识还存在着很多不确定性，造成模拟误差过大的原因可能与模式本身的系统误差和插值方法的不确定性有关。一般全球气候模式（GCMs）只能给出全球尺度的月（季、年）平均状态，对于极端事件特别是与降水相关的由中小尺度环流引起的气候事件，则需要构建更高分辨率气候模式和更为精确的降尺度方法，以提高预估精度，从而为防范极端气候水文事件产生的风险提供科技支撑。

第二节　西北干旱区气候变化特征及影响

西北干旱区的特殊地理位置决定了其气候干燥、降水稀少、生态脆弱、水资源短缺的自然特点。自然资源的相对丰富与生态环境的极端脆弱交织在一起，水资源短缺是制约以新疆为主体的西北干旱区经济社会发展的关键自然因素。近些年，在全球变暖背景下，西北干旱区温度升高、降水增多，西北“暖湿化”问题成为热点。然而，以新疆为主体的西北干旱区是否出现了“暖湿化”？表现形式如何？舆论尤其一些自媒体围绕西北“暖湿化”有很多不同的说法，本节针对该热点问题进行了讨论，并提出基本观点供参考。

一、西北干旱区气候变化特征

（一）升温显著，蒸发强度增大

在 1960～2020 年，西北干旱区气温呈明显的上升趋势，线性倾向率高达 0.316℃/10a，温度的增幅远超全球平均和中国东部区域。自 1998 年以来，西北干旱区出现了“跃动式”升温，较之前的 35 年，温度平均升高了 1.13℃。并且，自此以后一直处于高位震荡状态，21 世纪以来的 20 年是有观测记录以来最暖的 20 年。从年代际变化来看，20 世纪 60 年代至 80 年代初期，气温变化趋势不明显；1998 年出现“跃动式”升温以来，气温增加趋势停滞，升温速率仅为 0.14℃/10a，但依然处在高位震荡（图 2.17）。而气温的高位震荡，加大了蒸发强度（陈亚宁等，2014）。

进入 21 世纪以来，虽然降水也在波动增加，但是，同期潜在蒸散发增量却远高于降水量的增加，干旱指数下降，说明区域湿润化趋势有所放缓。从降水量变化来看，平均降水量呈明显的持续增加趋势，从 1961～1990 年平均降水量的 149mm 增加至 1991～2009 年的 178.60mm，增加了 29.60mm，增加了 20%。从增湿线性倾向率变化来看，

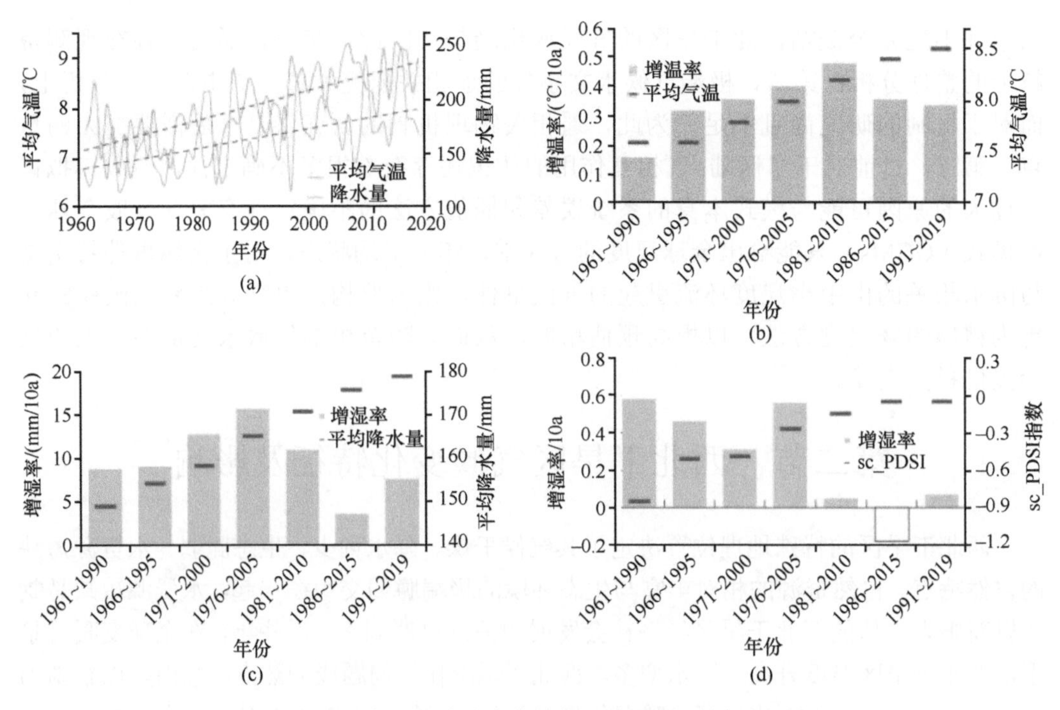

图 2.17 新疆气温和降水变化趋势及增暖增湿的年代际变化

sc_PDSI 指数表示自校准帕默尔干旱指数

从 1961～1990 年的 8.70mm/10a 增加至 1976～2005 年的 15.60mm/10a，而 1981～2010 年气候态时段开始增湿速率有所下降，而 1986～2015 年气候态时段降至有记录以来最低，为 3.60mm/10a。尽管不同气候态时段温度和降水量平均值均呈持续向温度升高、降水增加方向发展，增温趋势持续增加，但降水增加的趋势在 1981～2010 年、1986～2015 年和 1991～2020 年反映出的气候态时段有所下降，趋势减缓，也说明增温趋势有一定的阶段性特征，并不是一直呈线性增加的态势（图 2.17）。值得一提的是，在气温快速升高、降水波动增加条件下，西北干旱区平均实际蒸散发量以 11.91mm/10a 的速率在不断增加。其中，北疆、南疆和河西走廊地区的增加速率分别为 19.25mm/10a，9.27mm/10a 和 7.69mm/10a，蒸发强度一直在加大。

（二）降水增加，但增量较小

降水增加，但主要由短时对流强降水增加所致。观测结果显示，在 1960～2020 年，降水量以 9.32mm/10a 的速度增加；1998 年以来，降水增速有所减缓。从区域降水变化来看，1990 年前北疆降水以 14.79mm/10a 的速率增加，而 1990 年以后以 6.17mm/10a 的速率增加，增速减缓，而在南疆和河西走廊地区降水增加速率增大。从新疆降水量来看，2011～2018 年降水量比 20 世纪 60 年代增多了 43.5mm，增幅为 30%。

然而，详尽分析降水增加的原因发现，西北干旱区降水增加主要是由极端和短时对流强降水的增加所致（图 2.18），表现为历时短、强度大、总量大的特点，降水天数并未增加。西北地区年短时强降水（含极端）降水量（p>25mm）占年降水量的比例平均提高了18.40%；极端降水量增速为6.10mm/10a，占年降水量增速的45.2%。近60年来西北地区年降水日数呈下降趋势，降水量增加的季节主要发生在夏季。夏季降水量的贡献为50%～63%，极端降水日数占全年的69.30%，其中，8月发生极端降水的日数最多（任国玉等，2015）。基于台站的观测数据显示，平均降水、降水强度、极端强降水和连续性强降水呈现出增多趋势，而连续干旱日数呈现减少趋势，有洪涝灾害增多的风险（江洁等，2022）。

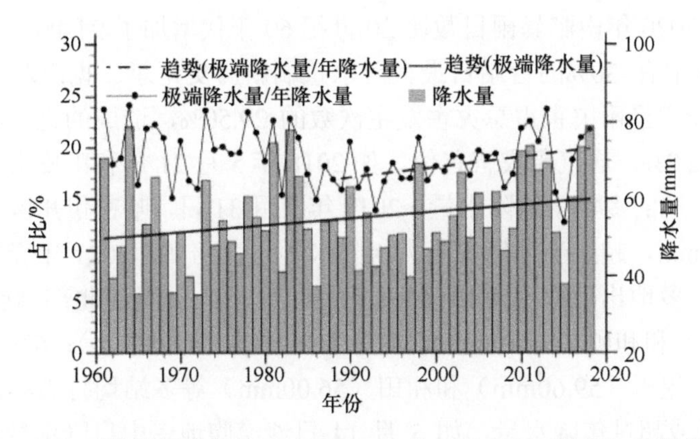

图2.18　1961～2018年西北地区降水量（p>25mm）的年际变化（柱状）及其占年降水量的比例（折线）（王澄海等，2021）

西北干旱区降水基数低，尽管降水增幅大（达26%～33.21%），但是，降水的总量增加十分有限，并且，降水量的微弱增加难以抵消升温引起的蒸发需求。统计资料显示，西北干旱区年平均降水量不足150mm，且分布极不均匀，北部多于南部，西部多于东部，山区多于平原盆地。新疆多年平均年降水量为177.30mm，主要降水区分布在天山、阿尔泰山和昆仑山。其中，天山山区、准噶尔盆地西部山区和阿尔泰山区的年降水量达400～600mm；山区迎风坡降水多于背风坡，北疆大于南疆。新疆北部、天山山区和新疆南部年降水量的多年平均值分别为214.70mm、374.20mm和68.50mm。塔里木盆地年降水量空间差异大，其中盆地北缘和西南缘在50～100mm，东部和南缘不足50mm，若羌和且末等地在20mm左右；吐–哈盆地最少，年降水量为0mm。不同等级降水量所占面积差异明显。100mm以下等级降水量占到总面积的38%，其中50mm以下的极端干旱区占23%。降水量主要分布在50～250mm，占到了近50%。400mm以上等级降水量不及总面积的10%。

（三）极端气候水文事件增加，强度增大

在变暖背景下，西北干旱区西部的新疆极端天气气候事件频率和强度逐渐增大。1960～2020年，新疆极端降水事件持续时间和平均日最大降水量呈明显增加趋势，增加速率为0.90d/10a和0. 86mm/10a。日最大降水量变化趋势有明显的空间差异，其中，新

疆北部增速最大，天山次之，新疆南部增速较小，全区有26%的站点增加显著。最长连续降水日数增加趋势不显著，区域差异与日最大降水量一致；而最长连续无降水日数明显减少，区域差异与日最大降水量相反。年暴雨量和暴雨日数均呈明显增加趋势，增加速率分别为1.82mm/10a和0.05d/10a，其中天山山区增速最大，新疆北部次之，新疆南部增速较小；而年暴雪量和暴雪日数也有明显增加趋势，增加速率分别为0.47mm/10a和0.03d/10a，其中新疆北部增速最大，天山山区次之，新疆南部增速较小。

南疆地区降水增加明显，与极端暴雨事件增加，尤其短时强降水天气增多密切相关。据统计，2011～2020年南疆暴雨日数比20世纪60年代增加了94.4%，暴雨降水量增加了113.30%，其中有30%的台站日最大降水量刷新历史记录。据新疆气象统计数据，2011～2020年新疆暴雨灾害占总灾害发生次数的29.50%，造成的直接经济损失占灾害经济总损失的32.2%，居气象灾害首位。如2018年5月21日和田皮山1小时降水量达53.8mm，接近当地的多年平均降水量；2018年7月31日，哈密伊州区沁城乡暴雨过程降水量达到110mm，超过当地历史最大年降水量的2倍多。2021年春季以来南疆极端暴雨早发多发，多地出现极端暴雨事件，如3月30日南疆北部焉耆（日降水量为62.40mm，下同）和和硕（61.10mm）、4月2日拜城（41.00mm）、6月16日西南部洛浦（74.10mm）、墨玉（59.60mm）和和田（56.00mm）等多站均打破年最大日降水量历史极值，并接近或超过年降水量，如5月14日沙漠腹地塔中日降水量达34mm，是多年平均年降水量的1.40倍；6月16日洛浦日降水量为多年平均年降水量的1.70倍。在河西走廊，2019年发生在酒泉市的降水，6小时内的累计降水达到60mm，而敦煌站的降水达到30mm。宁夏的较强降水则多出现在贺兰山附近，如2017年6月4～5日出现在银川的强降水，银川西夏区最大降水量为26.70mm/h，日降水量达118.40mm；2018年7月22～23日，宁夏全区出现明显的降水过程，其中强降水集中在贺兰山沿山拜寺口站，最大降水量达到74.10mm/h。

二、西北干旱区气候变化的影响

干旱区脆弱的陆地生态系统极易受到气候波动的影响而发生退化和荒漠化，对气候变化更为敏感（Zhang et al.，2010）。在全球变化背景下，西北干旱区升温显著（陈亚宁等，2014），且在1998年出现“跃动式”升温。温度升高，一方面导致山区冰川、积雪消融加速，河川径流补给增加，同时，导致西北干旱区内陆河流域水系统稳定性降低，水文波动和水资源不确定性增大；另一方面，温度升高引发西北干旱区潜在蒸发逆转，由20世纪90年代中期以前的–6mm/a下降趋势，逆转为目前的10.70mm/a上升趋势。温度升高导致的蒸发能力加大，加速了土壤水分耗散损失，一些抗旱性差的天然植被死亡，植被覆盖度降低，荒漠–绿洲过渡带的天然植被NDVI（归一化植被指数）下降，生态屏障功能下降（Chen et al.，2020）。

（一）冰川、积雪变化

冰川在水资源构成和河川径流调节方面发挥着重要作用，西北干旱区25%的水量来自山区冰川融水，冰川的进退变化直接影响水资源未来趋势。在全球变暖背景下，西北干旱区冰川、积雪退缩加剧，固态水资源流失严重。研究结果显示，1975年以来，新疆冰川面积缩小了6397km^2，相当于6个博斯腾湖的水域面积消失；冰川萎缩损失的水量约是新疆总库容（195亿m^3）的25倍。在空间上，天山地区冰川萎缩最为严重，达10%～32%，南部的喀喇昆仑山、昆仑山地区约15%，北部阿尔泰山的额尔齐斯河流域冰川萎缩缓慢，约为5%。值得一提的是，21世纪以来，北天山和东天山地区的冰川的萎缩速度在进一步加快。研究表明，天山地区的冬季积雪面积大幅减少，减少面积高达6720km^2。同时，山区降雪率和水储量表现出下降和减少趋势。2003～2016年期间，西北干旱区水储量平均递减速率约为3.24mm/a，空间上，天山地区陆地水储量减少最为显著，平均减少速率可达10.10mm/a，以每年22.30亿m^{3}的速度在减少，相当于每年有9条乌鲁木齐河（2.40亿m^3）消失（Chen et al.，2016），而新疆阿尔泰山和昆仑山地区的水储量却表现出增加趋势。

（二）水文、水资源变化

西北干旱区几乎所有河流都发源于山区，冰雪融水对河流的补给大。近些年来，伴随气候变暖和冰川萎缩严重，西北干旱区的水文波动性增加，水资源不确定性加大。对水资源的影响日益加剧。①南疆塔里木河流域的一些较大型河流冰川融水比例高，如阿克苏河、叶尔羌河，冰川面积分别为3027km^{2}和5415km^2，冰川融水补给比例达50%左右。气候变暖导致大量冰川融水补给河流，径流量显著增加。阿克苏河流域的库玛拉克河和托什干河的径流量以每年0.21亿m^{3}和0.16亿m^{3}的速度增加，叶尔羌河和提孜那甫河分别以0.22亿m^{3}和0.06亿m^{3}的速度增加。在未来一段时间，塔里木河流域上游冰川规模大、冰川融水所占比例较高的一些河流水量不会减少。②天山北坡地区冰川萎缩严重，径流变化复杂。乌鲁木齐河上游的冰川面积由1964年的48.7km^{2}缩小到2005年的32.10km^2，减少了34.10 %。1987～2000年，基本属于丰水段，2000年以来属于平水阶段。表明随着冰川面积的不断萎缩，乌鲁木齐河的径流已经呈现出持平，甚至降低的变化趋势；奎屯河流域的冰川面积由1964年的200km^{2}减至2015年的135km^2，减少了32.50%，径流量的变化趋势与乌鲁木齐河类似，2000年以后也表现出持平态势。再如头屯河，冰川面积小，仅为12.30km^2，冰川融水所占份额小，径流量总体变化不大。③吐–哈盆地和河西走廊的冰川规模相对较小，冰川退缩非常迅速或消失殆尽，对径流的调节能力减弱，径流变异性增强。例如，头道沟流域和石羊河流域，虽然在气候变暖条件下，冰川融水增加，但是冰川融水的微弱增加量难以弥补温度升高引起的蒸发力加大，径流量不再保持增加趋势，反而呈现出减少态势。

气候变暖导致水系统稳定性减弱，未来水资源风险加大。2000年以来，新疆几乎没有出现过连续枯水年现象，这是因为一方面山区降水处于偏丰状态，另一方面，气温一直处于高位震荡，导致冰川融水补给增多。研究结果显示，在全球升温 2℃情景下，西北干旱区大多数冰川融水径流将在 2040～2070 年达到峰值，随后将快速衰减，水系统稳定性减弱，这无疑将对西北干旱区社会经济用水带来极大影响。吐–哈盆地，冰川规模较小，退缩严重，随着冰川消失，会出现冰川消融拐点，河流水量因无冰川融水补给而迅速减少；天山北坡的一些河流，随着冰川的进一步萎缩，对径流的调节功能降低，甚至丧失，极端降水事件的风险加大；祁连山一些中小型冰川将消失殆尽，水资源稳定性将减弱，保障程度降低；南疆的阿克苏河、叶尔羌河、开都河、渭干–库车河、喀什噶尔河等流域上游冰川发育，未来一段时间仍然维持一个较高水平；昆仑山区的河流，由于受青藏高原的“冷岛”效应，山区来水维持目前水平；伊犁河、额尔齐斯河流域，由于山区降水增加，将继续维持较高水平，建议抓住时机，加快对这两条国际河流的开发。值得一提的是，全球升温打破了原有的自然平衡，引发的高山区冰湖溃决洪水、冰崩、雪崩、冰川跃动以及次生灾害等会加剧，中低山区的暴雨、泥石流等突发性事件的频度、强度也将加大。

（三）生态系统变化

西北干旱区植被 NDVI 在 1982～1998 年呈现增加趋势（Li et al.，2015，2017），但在 1998 年之后，植被覆盖度降低，天然植被的 NDVI 逆转为下降，出现生态逆转现象（图 2.19）。植被指数的下降主要受潜在蒸散发的控制，蒸发通过影响土壤水分和植物蒸腾作用影响植被生长。在干旱地区，潜在蒸散发能力的增大，加剧了土壤水分蒸发，诱导干旱发生，进而导致天然植被退化。塔里木盆地荒漠–绿洲过渡带在 1982～2015 年，面积由 676.42 万 hm^2 减小到 466.13 万 hm^2，减小了 210.29 万 hm^2；植被覆盖度降低，NDVI 由 0.14 下降至 0.13，生态功能显著下降。气温升高，蒸发潜力增大，土壤水分耗散增大，一些浅根系、耐旱性差的植物死亡，从而导致植被覆盖度降低。有些区域甚至出现了草场灌丛化现象。

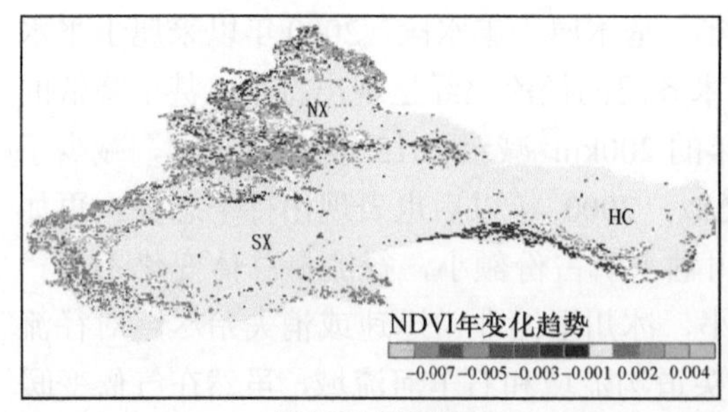

(a) 1982~1998年

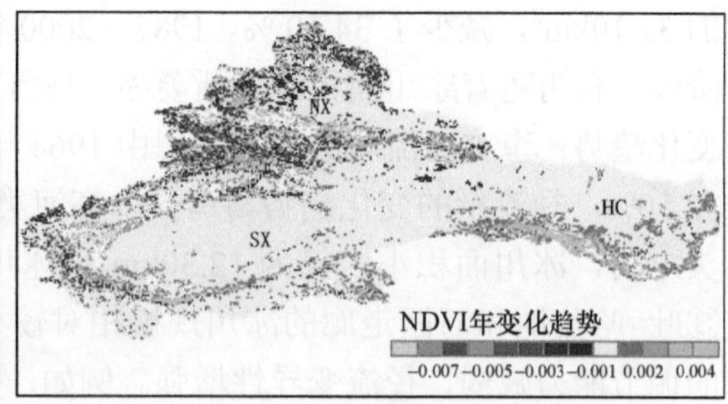

(b) 1999~2015年

图 2.19　1982～1998 年和 1999～2015 年期间西北干旱区天然植被 NDVI 的变化趋势（Chen et al.，2020）

NX、SX 和 HC 分别代表北疆、南疆和河西走廊

土壤湿度是衡量区域干湿程度的重要指标，可以反映气候的干旱程度。土壤湿度对气候变化异常敏感，同时对气候变化亦有重要反馈作用。土壤湿度数据表征的西北干旱区干湿趋势都有发生（Feng and Zhang，2015）。降水对土壤湿度的变化有直接的影响，而温度通过蒸发量影响土壤水分的亏损。20 世纪 80 年代以来，新疆土壤湿度有减少趋势，变化趋势为每 10 年减少 3.80%（P<0.01），在浅层尤为明显；土壤湿度在 1994 年发生了突变型下降，减少趋势显著，突变之后平均土壤湿度减少了 42.20%，其中 1994～1997 年明显下降，1997 年后趋于稳定。温度是影响新疆土壤湿度的主要限制性因子，温度主要通过潜在蒸散发量影响土壤湿度变化；而降水由于量级小、持续时间短等原因，对土壤湿度的影响较小。新疆的蒸发皿蒸发量变化趋势在 1993 年发生转折，由显著下降逆转为显著上升，其中 1993 年之后温度升高了 1.13℃，对蒸发量转折贡献大。即随着温度的急剧增加，加大了潜在蒸发需求和土壤蒸发，导致土壤湿度突变性下降。

全球变暖导致西北干旱区生态效应逆转，负效应凸显。西北干旱区自然植被覆盖度总体上表现出先增加后减少的趋势，裸地面积（沙漠面积）则表现为先减少后微弱增大过程。1982～1998 年裸地面积以每年 0.25%的速度减小，而在 1999～2015 年以每年 0.03%的速度微弱扩张。温度升高加大了蒸发力，导致荒漠区的植被蒸腾和土壤水耗散量加大，物种多样性减少，植被指数和植被覆盖度在 1998 年以后出现生态效应逆转，草场灌丛化现象加剧，沙漠化态势加大，位于塔里木盆地中部的塔克拉玛干沙漠边界的裸露地表面积（NDVI<0.1）在 1982～1997 年是一个萎缩状态，但自 1998 年以来扩大了 7.80%（Chen et al.，2016）。暖干的程度远大于暖湿的程度，持续高温的震荡效应远大于降水增加的影响。1998 年后温度的跃动升高致使区域生态负效应凸显。

（四）植被物候变化

在全球变化背景下，西北干旱区普遍出现春季物候提前现象。最近的研究成果表明，春季物候提前引起的植被动态对气候具有跨季反馈作用（Chen et al.，2020；Lian et al.，2020）。植被春季物候提前可以通过生物物理过程改变陆地水循环和近地表气候，从而激发跨季节的水文响应。春季物候的提前将会引起植被蒸腾增加，加速土壤水分蒸散损失，可能会通过额外的蒸腾耗水加速陆表土壤水分流失。这一扰动过程有可能打破不同季节间陆–气水热交换过程的动态平衡，影响陆地水资源的季节分配。同时，春季物候的提前，可能引起夏季土壤干旱加剧，继而通过改变地表能量收支促进近地表升温，导致夏季高温热浪、干热风事件的风险加大、频率和强度增加，并将直接对干旱区绿洲农业生产造成影响，要特别引起注意。

三、西北干旱区干/湿变化与“暖湿化”问题

随着全球变暖，干旱地区气候干湿变化存在争议，有学者认为“干者更干、湿者更湿”，也有人认为“干湿趋于平衡”（Durack et al.，2012；Trenberth，2011；Li et al.，2019）。

有研究显示，自1950年以来，全球的干旱、半干旱区面积扩张，并可能持续到21世纪末（Huang et al.，2016）。

西北干旱区作为我国最干旱的一隅，“暖湿化”问题受到社会广泛关注。“暖湿化”问题的提出与20世纪90年代以来的降水量增加有关。在全球变暖背景下，西北地区温度升高的同时，降水表现出明显的增加趋势。同时，河川径流增加，断流河道过水，干涸的湖泊“复活”，一些区域“变绿”。然而，就这些现象是否就是“暖湿化”？西北干旱区是“暖干化”还是“暖湿化”尚存在一定争议，成为社会各界和有关政府部门关注的热点。

准确评估干旱/湿润化过程是一个较为复杂的科学问题，它受多重因素影响，其中，除降水外，还受温度、辐射、风速、湿度及下垫面影响。在全球变暖过程中，不同干旱类型（气象干旱、生态干旱、水文干旱）的变化趋势不尽一致，干旱区内陆河流域河川径流因受雨–雪–冰组分变化的影响，呈现更加复杂的变化态势，需要从多角度综合评估和认识西北干旱区的“暖湿化”问题。

（一）干/湿变化取决于降水、蒸发等多个要素

西北干旱区的降水量远低于潜在蒸发量，部分区域甚至相差一个数量级。20世纪90年代以来，西北干旱区温升明显，降水也普遍呈增加趋势，增加幅度达17%～26%，尤其是山区（Li et al.，2013；Yao et al.，2016）。除了降水量外，一些干旱指标也用来描述西北干旱区的干湿变化情况，如标准化降水指数SPI、标准化降水蒸散指数SPEI和帕默尔干旱指数PDSI等，其中，PDSI考虑了大气水分与长期平均的累积偏离量，并结合了降水量、土壤含水量、径流量和蒸散发等（Palmer，1965）。由于SPI单纯考虑降水，因此，采用PDSI和SPEI两个干旱指数进行了分析，结果发现，1960～2020年西北干旱区总体表现为变湿趋势（Liu et al.，2013）。但是，自20世纪90年代中后期以来，SPEI和PDSI指数都表现出降低趋势，以新疆为主体的西北干旱区开始向干旱化方向发展，整体呈现变干趋势（Wang et al.，2015a，2017；Yao et al.，2018；Li et al.，2017）。尽管降水有所增加，但是，温度升高导致蒸发能力增强，潜在蒸发出现逆转，潜在蒸发过程由1993年以前的下降趋势逆转显著上升趋势（蒸发皿蒸发量以10.70mm/a的速率明显上升，潜在蒸散发也以4.55mm/a的速度增加）（Li et al.，2013；陈亚宁等，2014；秦大河，2023）。

详尽分析西北干旱区的干/湿变化可见，进入21世纪以来，西北干旱区约70%以上的站点出现干旱化加重趋势，主要分布在新疆南部、东部和天山山区，而在新疆西北部、塔里木盆地西南部和帕米尔高原表现不明显。分析1961～2020年新疆的平均逐年干旱月（SPEI≤–1）可见，干旱月份有明显的增加趋势。1997年以前干旱月份每年不超过2个月，之后逐渐增加；21世纪以来，年均干旱月份数大于4个月。1997～2020年干旱频率增加明显，且干旱强度越大，频率增加越明显，极端干旱频率从1961～1996年的0.6次/a增加到1997～2020年的2.65次/a。此外，1961～1996年期间以区域性干旱为主，

而 1997～2020 年站次比明显上升，新疆干旱发生范围在 1997 年呈现出明显扩大趋势。

（二）西北干旱区仍以荒漠景观为主基调

1960～2020 年，西北干旱区平均气温总体呈上升趋势，增加速率为 0.32 ℃/10a，并且在 1998 年出现突变型升高，1998～2020 年平均气温相比 1960～1997 年升高了 1.13℃，由此带来的潜在蒸发量在大部分区域也远超降水增幅。因此，降水的微弱增加难以从根本上改变西北地区的干旱、缺水状况，也难以从根本上改变以新疆为主体的西北干旱区荒漠景观的基本格局和非灌不植的农业模式，在可预期的时间内也不可能变为我国南方湿润气候区。

1960～2020 年，西北地区温度升高的同时，降水亦出现增加趋势。温度升高加大了蒸发能力，使得夏季土壤干旱加剧，荒漠区天然植被受干旱胁迫加大。虽然降水也呈增加趋势，但是，西北干旱区降水基数低，南疆平原区大部分区域的年降水量不足 100mm，甚至有些区域低于 50mm，降水总量的增加十分有限，不足以补偿温度升高、蒸发能力加大所致失水量，难以抵消升温的负效应。再者，从降水量组成和结构分析，西北地区降水量虽然有所增加，但降水日数并未显著增加，降水量的增多在很大程度上是因为单场降水强度增大或暴雨所致。研究结果显示，全球气候变暖导致西北干旱区极端气候事件增加，西北地区温度升高的同时，极端气候事件增多、增强。而这种极端降水概率和强度的增大，对一个地区长期的气候不会产生正面的影响，反而会加剧气候灾害，尤其是加大西北地区局地暴雨洪水灾害的风险，这是因为温度升高使得变暖的大气层在饱和前可容纳更多水汽。

第三节　西北干旱区气候变化的风险与挑战

西北干旱区的水文要素对气候变化响应十分敏感，直接影响区域水循环过程和水资源变化。1960 年以来，西北干旱区气温和降水都有不同程度的增加（Chen et al.，2020；IPCC，2021），然而，从近年来升温引起蒸发需求增大和降水增加的水量平衡变化角度看，区域干湿变化十分复杂（Yao et al.，2022）。全球变暖打破了原有自然平衡，加剧了水循环、加大了水资源供给的不确定性和极端气候水文事件的频度和强度，未来西北干旱区的水–生态风险将会进一步增大。

一、西北干旱区气候变化的风险

（一）气候变化加大了西北干旱区气候系统变异的复杂性

西北干旱区的新疆以高大山、盆相间的地貌格局为特点，气候深受青藏高原隆升和西风环流作用的影响，构成了以山地–绿洲–荒漠三大地理单元为基本特征的特殊气候系统，而山盆相间地貌格局加大了西北地区气候系统变异的复杂性。西北干旱区气候系统具有复杂性的同时又表现出明显的区域差异和不确定性。20 世纪 90 年代以来，西北干旱区出现了温度升高和降水增加现象，然而，西北干旱区大部分区域的降水量远低于潜在蒸发量，部分区域甚至相差一个数量级。“暖湿化”是否使得西北干旱风险得以减缓尚需探讨。在全球变暖的影响下，西北地区的升温幅度远超全球平均和东部区域，由此带来的潜在蒸发量在大部分区域也远超降水增幅，进入 21 世纪以来，气候在向“暖干化”还是“暖湿化”转变尚无定论。西北干旱区气候格局是否发生一致性改变，区域分异及归因尚待深入研究。

不仅如此，气候变化加大西北干旱区气候系统变异的同时，还使得西北干旱区极端水文事件发生机制更为复杂。20 世纪 80 年代后期以来，伴随着气温和降水的“突变性”增加，西北干旱区极端气候水文事件的强度和频率呈明显增加趋势。气候变化导致的极端水文事件的发生及冰湖溃决、洪水、干旱等增加的灾害风险正成为西北地区所面临的重大挑战。西北干旱区的绿洲与荒漠为耗水或缺水区，水土异源，绿洲与荒漠生态系统受制于水文过程的影响，绿洲规模由来自山区的冰雪融水和降水形成的径流量所决定，对水文过程和水分条件的变化极为敏感。气候变化及其引发的极端水文事件日益加剧了对干旱区水资源供给系统的影响，加大了绿洲农业生产的不稳定性，极端气候事件及洪旱事件的增强，加大了重大水利工程安全运行的风险，给水资源应急管理的能力带来严峻挑战。气候变化使得极端水文事件发生机制更为复杂，然而，极端气候水文事件机理的解析是开展未来气候变化对水资源和生态系统可能影响研究的基础。目前，极端气候水文事件的遥相关研究大部分集中在统计分析上，对过程、机理的研究和解析还需进一步加强，系统开展未来温升情景下的区域极端事件及社会经济风险变化研究与预估，有助于提高区域对气候变化的综合应对及防范能力。

（二）气候变化对水资源及经济社会发展的影响日益加大

水资源是西北干旱区基本保障性自然资源和战略性经济资源，是制约经济社会发展、生态环境建设的最关键因素。西北干旱区水资源开发利用的特殊性在于平衡维持脆弱生态系统和社会经济系统的协调和可持续发展。西北干旱区社会经济发展的成果建立于牺牲部分自然生态系统功能的基础之上，是水资源的生态服务功能和经济服务功能间的转化与交换。西北干旱区绿洲被荒漠分割且包围，相对丰富的自然资源与极端脆弱的生态环境交织在一起，水资源开发利用中生态保护与重建和发展经济间的矛盾始终是干旱区水资源管理中的核心问题。

水资源短缺及其在时空分布的高度异质性决定了其生态系统的脆弱性。随着人口增长和经济社会发展对水资源需求的进一步增加，干旱区水资源问题、生态问题和民生问题等将会更加突出，影响也更加深远。气候变化引起的水资源无论在量上还是时空分布上的变化，都会使得以新疆为主体的西北干旱区在水资源开发利用过程中生态维持与经济发展的用水矛盾更加突出。一定规模的经济系统对水资源的刚性需求往往挤占用以维持自然植被系统的生态用水，使得生态用水保障难度加大，从而导致河流下游尾闾湖泊萎缩、荒漠河岸林生态系统退化，生态风险加剧。同时，气候变暖加剧了冰川消融，而一旦冰川消亡或冰川面积减小至一定范围，会出现冰川消融拐点，一些主要依靠冰川融水补给的河川径流出现大幅减少状态，引发新的水资源危机，进而加剧生态风险，影响社会经济可持续发展。然而，以往的研究中，自然属性研究与社会属性研究存在一定的脱节，缺乏对不同尺度社会经济发展用水和生态系统需水的综合考虑，缺少对干旱区水资源社会经济服务功能和生态系统服务功能之间联系的研究。

气候变化已经对西北干旱区生态环境和经济社会发展造成影响。西北干旱区是一个资源型缺水大区，水资源是西北干旱区"水–能源–粮食–生态"系统中最为核心的要素，是制约能源开发、粮食生产和生态安全的主要瓶颈。气候变化将进一步影响水资源的数量、质量和空间分布，经济社会发展过程中的水资源需求、能源开发、粮食生产、生态系统等之间的关联特征也将发生变化。水资源安全与能源安全、粮食安全、生态安全之间的相互耦合与作用进一步趋向复杂，使得干旱区经济社会可持续发展的不确定性及风险水平大大增加。同时，随着我国现代化建设的推进和西部大开发战略的深入实施，到2030年，国家拟在以新疆为主体的西北干旱区将建成我国重要的石油天然气开采和加工供应基地、煤炭开发储备和煤层气开发利用基地、战略性矿产资源开发基地以及特色农产品生产加工基地。西北干旱区作为我国丝绸之路经济带建设的核心区，将成为支撑我国经济发展的重要支点，在国家资源安全体系中举足轻重，这对"水–能源–粮食–生态"系统的协调发展提出了更高的要求。然而，针对西北干旱区"水–能源–粮食–生态"系统研究还不多，气候变化对生态环境和经济社会发展的影响机制和机理还不明确，有必要加强西北干旱区"水–能源–粮食–生态"系统的整体研究，提出基于干旱区水资源高效利用的"水–能源–粮食–生态"系统可持续发展模式和绿色发展路径。

（三）气候变化加大了国际河流水–生态风险

中亚内陆干旱区作为国际水冲突的焦点区域之一备受关注。我国西北干旱区毗邻中亚多国，跨境河流众多，水资源形成区与消耗区交叠，仅新疆与中亚国家跨境水量就占新疆水资源总量的1/3以上。我国每年约有280 亿 m^3 水经伊犁河与额尔齐斯河等流入哈萨克斯坦，占该国东部及首都圈（阿斯塔纳）水资源总量的70%；而从吉尔吉斯斯坦流入我国的水量，也占到塔里木河最大源流阿克苏河水量的70%。

在中亚干旱区，跨境河流的水问题十分突出，尤其在全球变暖和人类活动影响下，水循环加剧、极端水文事件强度加大，水资源变化及其引发的河流下游生态环境问题日益突出，保障水资源和生态安全受到该区域各国强烈关注，与区域经济合作之间形成了促进与制约的双重关系。水的问题正成为继石油之后新的社会危机，因水资源而引起的冲突甚至战争，已在亚洲、非洲和中东等水资源短缺地区愈演愈烈。中亚干旱区作为国际水冲突的焦点区域之一，气候变化对该区域水循环关键过程与格局的影响正日益成为国际水问题研究的热点。开展气候变化对干旱区水文循环与水量平衡影响的研究，尤其是径流异变所导致的跨界河流水资源重大变化的相关研究，是我国西北能源基地与中亚能源通道建设迫切需要解决的关键任务之一，将为取得该区域各国相互理解和信任、维护周边稳定、开展科技外交、促进中亚合作和共同发展以及区域和谐产生具有重大意义。

维护国际河流水资源和生态安全是减缓中亚水冲突关键而有效的途径。伊犁河是我国流入哈萨克斯坦水量最大的一条河，产流区在我国，但目前我国境内的水资源年利用率约为25%，使得上百亿方水资源流出境外。针对南疆资源型缺水严重、天山北坡经济社会发展中的水资源瓶颈以及艾比湖地区因水资源匮乏导致的严峻生态问题，我们要加快对伊犁河水资源的开发利用，加大水资源开发强度。对于阿克苏河，是中国和吉尔吉斯斯坦（以下简称吉国）的跨境河流，吉国来水量占了库玛拉克河（阿克苏河的最大支流）出山口水量的83%。在苏联时期，为解决楚河流域和伊塞克湖的水资源问题，遏制伊塞克湖水位下降，吉国计划将萨雷扎兹河（阿克苏河支流库玛拉克河的吉国河段）的水调入伊塞克湖和楚河流域，但是由于自然环境和开发条件，该计划未能实施（郭利丹等，2015）。2014 年 7 月，吉国的副总理 Valery Dil 在国家战略研究会议上提出了萨雷扎兹河流域及其邻近地区的综合开发项目。在 2017 年水利部公布的中国承建的水库大坝中，萨雷扎兹河上拟建设 5 座大型水库。如果吉国对萨雷扎兹河进行开发（包括上游调水和水电站建设），那么吉国将会控制阿克苏河境外来水量，对处于下游的我国阿克苏河流域乃至塔里木河流域的水资源、生态环境、经济产业、水库运行等产生一系列不利影响。为此，需要尽快开展气候变化下水资源演变趋势和生态水文关键过程的研究，评估气候变化和调水对水循环和水资源的影响范围、程度和影响机制，提出应对策略，研究成果不仅可以服务于国家调水工程的实施，而且，为保障国际河流水资源与生态安全、科学管理水资源、合理开发利用国际河流提供决策依据。

二、西北干旱区气候变化的应对

针对气候变化对西北干旱区水资源和生态环境的影响，考虑到西北干旱区水汽来源与水循环过程复杂、水资源形成转化过程独特以及气候变化背景下水风险加大、水危机加剧所带来的挑战，建议深入开展西北干旱区气候变化归因分析，从机理上解读气候变化的原因，深入研究气候变化对水系统、极端事件、生态保护、社会经济发展的影响，从科学研究、工程设计、管理措施等方面破解气候变化对西北干旱区带来的负面影响，为丝绸之路经济带建设和西北干旱区生态安全与经济社会的高质量发展的重大问题决策提供科学依据。

（一）加强气候变化的区域分异及归因研究

针对西北干旱区在大气环流、水汽来源与输送特征等方面受到独特的山盆地形结构和复杂气候系统格局的影响，不同干旱类型发生差异和成因的复杂性，重点开展气候变暖背景下西北干旱区气候干湿格局变化区域差异性及归因研究，揭示不同干旱类型的多变量关系和时空变异规律，厘清不同大气环流模式和水汽来源对区域干湿格局变化的影响机理。针对气候格局变化加剧西北干旱区以冰雪融水补给为主河流的变率和不确定性，重点开展山区降水、雨雪比、积雪、冰川动态变化研究，解析降水、蒸散发、地表径流、基流等关键水文过程及其相互作用机理，发展和构建适合干旱区降雨–融雪–融冰混合产流特点的山区水文过程综合模拟模型，精细刻画水循环转化过程与水资源形成规律，构建基于地空立体监测和分布式水文模型相结合的水文、水资源预估系统，加强西北干旱区水资源未来变化趋势预估研究。

（二）加强水安全保障对策研究

针对气候变暖背景下干旱区极端水文事件加剧、水资源风险加大的严峻现实，对共享社会经济路径（SSPs）下的气候模式数据进行降尺度和偏差校正，开展变化环境下区域极端气候水文事件演变研究。从气候变化、城镇化、产业结构等方面，分析风险特征，提出水资源安全防范方案和对策。预估不同温升情景下西北水资源演变趋势和社会–生态–经济协调发展的水资源开发阈值，揭示自然–社会共同驱动下干旱区水安全风险格局。针对西北干旱区荒漠–绿洲独特的生产、生态用水过程与水资源空间分布格局，加强荒漠–绿洲过渡带的生态保育和重大生态–水利工程配置研究，促进荒漠–绿洲过渡带的自然恢复。结合西北干旱区"水–人–城"相互交织复合的问题分析，按"以水定地、以水定绿、以水定城、以水定发展"原则，研究分析西北干旱区经济社会发展的供需水变化和绿洲农业高效用水技术，研究确定水资源约束下的绿洲适宜发展规模和水资源开发阈值，研发构建"节水、生态、可持续的"新型绿洲农业生产范式，提出基于保障区域经济社会稳定发展与水安全的荒漠–绿洲水资源优化配置的高效联调联控方案。针对西北干旱区水资源空间分布不均，研发提出保障水资源安全的重大工程，提出干旱区内陆河流域河–湖–库水系连通方案，实现丰枯互补、互济，提出地表水、地下水联合运用的生产、生态高效用水方案，研究水资源开发利用风险与重大工程配置问题，优化水资源重大工程配置，确定重大跨流域调水工程战略规划，提升西北干旱区经济社会发展的水资源保障与水安全风险防范的能力。

（三）加强"水–能源–粮食–生态"系统互馈机理及绿色发展研究

针对气候变暖下西北干旱区水资源与生态环境研究薄弱问题，加强气候变暖加剧背景下的水资源变化与生态环境演变评估，揭示气候变暖加剧下的各流域水循环变化与中下游农业灌溉、城市用水和尾闾湖泊生态安全的互制机理，阐明变化环境下流域水循环，尤其大型水电工程及土地利用覆被变化的影响、河源水塔与中下游农业种植、城市用水及尾闾湖泊的水系统作用关系，分析阐明荒漠–绿洲水循环联系的水量–水质–水生态–绿洲发展相互作用的多尺度互馈机制，预估未来气候变化对水资源可持续利用的影响，基于包容性发展视角，统筹提出跨境河流流域水资源协同管理及我国的应对策略。同时，在综合分析干旱区典型内陆河流域“水–能源–粮食–生态”系统的现状、存在问题基础上，结合西北干旱区资源型缺水、生态脆弱、风光能资源相对丰富的自然特点，探讨气候变化对粮食安全、能源开发、生态安全的影响，解析西北干旱区内陆河流域与生态密切相关的“水–能源–粮食–生态”系统的纽带关系，构建基于耦合水文模型的“水–能源–粮食–生态”系统的评估方法与指标体系，评估并回答干旱区可持续发展中“水–能源–粮食–生态”的关联及未来趋势，寻求“以能补水”“抽水蓄能”“水–能源–粮食–生态”共赢方案，提出基于干旱区水资源高效利用的“水–能源–粮食–生态”系统的可持续发展模式和绿色发展路径。

第四节　本 章 小 结

本章采用西北干旱区 120 余个气象观测站和 40 余个水文观测站数据，系统分析了西北干旱区气温、降水、蒸发等气候水文要素的时空变化，解析了西北干旱区水资源变化特征及未来趋势，探讨了西北干旱区的“暖湿化”问题。研究结果显示，在气候变化背景下，西北干旱区温度升高、降水增加、极端水文事件增强，未来的经济社会发展和生态安全保障将面临巨大的挑战。

（1）在全球变暖背景下，西北干旱区升温明显，年均气温以 0.316℃/10a 的速率显著上升，是全国平均水平的 2.5 倍，并在 1998 年出现了“跃动式”升温，升温后较升温前的平均气温升高了 1.13℃，年平均气温由 1960～1997 年的 7.50℃，升高至 1998～2020 年的 8.63℃。与此同时，西北干旱区的降水量也表现为明显增加趋势，每 10 年平均增加了 9.32mm，其中，北疆地区的降水增加量明显高于南疆和河西走廊地区。但温度升高导致蒸发能力加大，实际蒸散发量以 11.91mm/10a 的速率增加。

（2）西北干旱区的气温极值总体上向暖趋势变化，表现为与冷极值相关的指标显著减少，与暖极值相关的指标显著增加，基于最低气温的极值变化幅度比基于最高气温的变化幅度大，日较差减少的速率高于全球及其他地区。研究结果显示，西北干旱区冷极值减少更为明显，而暖极值增加不是很显著。干旱指数在新疆地区表现为增加趋势，这可能与近期气候变化加速了欧亚大陆反气旋环流和气旋性环流的差异，使得西风增强，从而导致最近一段时期降雨增多有关。相一致，最近一段时期的河川径流量亦表现为增多趋势。而在河西走廊，干旱指数则表现为下降趋势，这可能是近些年来河西走廊受东亚季风减弱影响所致。

（3）气候变暖加剧了冰川萎缩，水系统稳定性减弱，冰川退缩加剧，固态水资源流失严重，同时，水文波动性增加，水资源不确定性加大，水资源系统稳定性减弱，未来水资源风险加大。伴随着极端水文事件的强度加大以及冰川积雪的消融，天山、昆仑山一些冰川作用发育的河流，来水量仍将处于高位震荡，而吐–哈盆地一些小冰川补给的河流会因冰川消融殆尽而出现冰川消融拐点，来水量骤减风险进一步增加。

（4）伴随温度升高、降水量增多，20 世纪 90 年代以来，西北干旱区出现的“暖湿化”现象不能从根本上改变本区荒漠景观的基本格局和非灌不植的绿洲农业模式，更改变不了以新疆为主体的西北地区干旱缺水状况。温度升高导致蒸发能力加大，未来西北干旱区的夏季高温热浪风险会进一步加大，荒漠生态系统的变化存在较大不确定性。极端气候水文事件的强度会进一步加大，未来中–低山带将面临更严重的极端暴雨洪水和暴雨–融水洪水，这是因为温度升高使得变暖的大气层在饱和前可容纳更多水汽。

参考文献

陈发虎, 陈婕, 黄伟. 2021. 东亚夏季风减弱诱发我国西北干旱区降水增加. 中国科学: 地球科学, 51(5): 824-826.

陈亚宁, 李稚, 范煜婷, 等. 2014. 西北干旱区气候变化对水文水资源影响研究进展. 地理学报, 69: 1295-1304.

丁一汇. 2021.全球气候变化的影响: 西北暖湿化趋势. 北京: 2021 年度学术年会暨第十九届气候系统模式研讨会(特邀报告).

郭利丹, 周海炜, 夏自强, 等. 2015. 丝绸之路经济带建设中的水资源安全问题及对策. 中国人口•资源与环境, (5): 114-121.

江洁, 周天军, 张文霞. 2022. 近 60 年来中国主要流域极端降水演变特征. 大气科学, 46(3): 707-724.

李奇虎, 马庆勋. 2014. 1960～2010 年西北干旱区极端降水特征研究. 地理科学, 34(9): 1134-1138.

刘俊国, 陈鹤, 田展. 2022. IPCC AR6 报告解读: 气候变化与水安全. 气候变化研究进展, (4): 405-413.

秦大河. 2023. 新疆气候变化科学评估报告//白春礼. 新疆可持续发展研究系列报告. 北京: 科学出版社.

任国玉, 战云健, 任玉玉, 等. 2015. 中国大陆降水时空变异规律——I. 气候学特征. 水科学进展, 26(3): 299-310.

石彦军, 任余龙, 李耀辉, 等. 2014. 标准化降水指数在新疆极端干旱事件中的应用. 兰州大学学报(自然科学版), 50(4): 523-528.

王澄海, 张晟宁, 李课臣, 等. 2021. 1961～2018 年西北地区降水的变化特征. 大气科学, 45(4): 713-724.

王少平, 姜逢清, 吴小波, 等. 2014. 1961～2010 年西北干旱区极端降水指数的时空变化分析. 冰川冻土, 36(2): 318-326.

吴晶, 罗毅, 李佳, 等. 2014. CMIP5 模式对中国西北干旱区模拟能力评价. 干旱区地理, 37(3): 499-508.

严中伟, 丁一汇, 翟盘茂, 等. 2020. 近百年中国气候变暖趋势之再评估. 气象学报, 78(3): 370-378.

张林梅, 苗运玲, 李健丽, 等. 2015. 新疆阿勒泰地区近 50a 夏季极端降水事件变化特征. 冰川冻土, 37(5): 1199-1208.

张永, 陈发虎, 勾晓华, 等. 2007. 中国西北地区季节间干湿变化的时空分布——基于 PDSI 数据. 地理学报, 11: 1142-1152.

中国气象局气候变化中心. 2021. 中国气候变化蓝皮书(2021). 北京: 科学出版社.

Alexander L V, Zhang X, Peterson T C, et al. 2006. Global observed changes in daily climate extremes of temperature and precipitation. Journal of Geophysical Research, 111(D5): D05109.

Chen F, Chen J, Huang W, et al. 2019. Westerlies Asia and monsoonal Asia: Spatiotemporal differences in climate change and possible mechanisms on decadal to sub-orbital timescales. Earth-Science Reviews, 192: 337-354.

Chen Y, Deng H, Li B, et al. 2014. Abrupt change of temperature and precipitation extremes in the arid region of Northwest China. Quaternary International, 336: 35-43.

Chen Y, Takeuchi K, Xu C, et al. 2006. Regional climate change and its effects on river runoff in the Tarim

Basin, China. Hydrological Processes: An International Journal, 20(10): 2207-2216.
Chen Y, Xu Z. 2005. Plausible impact of global climate change on water resources in the Tarim River Basin. Science in China Series D: Earth Sciences, 48(1): 65-73.
Chen Y, Li W, Deng H, et al. 2016. Changes in central Asia's water tower: Past, present and future. Scientific Reports, 6: 35458.
Chen Y, Zhang X, Fang G, et al. 2020. Potential risks and challenges of climate change in the arid region of northwestern China. Regional Sustainability, 1(1): 20-30.
Cooley D, Sain S R. 2010. Spatial hierarchical modeling of precipitation extremes from a regional climate model. Journal of Agricultural, Biological, and Environmental Statistics, 15(3): 381-402.
Deng H, Chen Y, Shi X, et al. 2014. Dynamics of temperature and precipitation extremes and their spatial variation in the arid region of Northwest China. Atmospheric Research, 138: 346-355.
Durack P J, Wijffels S E, Matear R J. 2012. Ocean salinities reveal strong global water cycle intensification during 1950 to 2000. Science, 336(6080): 455-458.
Feng H H, Zhang M Y. 2015. Global land moisture trends: Drier in dry and wetter in wet over land. Scientific Reports, 5: 6.
Guan X, Yang L, Zhang Y, et al. 2019. Spatial distribution, temporal variation, and transport characteristics of atmospheric water vapor over Central Asia and the arid region of China. Global and Planetary Change, 172: 159-178.
Huang J, Yu H, Guan X, et al. 2016. Accelerated dryland expansion under climate change. Nature Climate Change, 6(2): 166.
Huang W, Feng S, Chen J H, et al. 2015. Physical mechanisms of summer precipitation variations in the Tarim Basin in northwestern China. Journal of Climate, 28 (9): 3579-3591.
IPCC. 2021. Climate change 2021: The physical science basis. Contribution of working group I to the sixth assessment report of the intergovernmental panel on climate change. Cambridge: Cambridge University Press.
Kjellström E, Bärring L, Jacob D, et al. 2007. Modelling daily temperature extremes: Recent climate and future changes over Europe. Climatic Change, 81(1): 249-265.
Li B, Chen Y, Chen Z, et al. 2016. Why does precipitation in Northwest China show a significant increasing trend from 1960 to 2010? Atmospheric Research, 167: 275-284.
Li B F, Chen Y N, Shi X. 2012. Why does the temperature rise faster in the arid region of Northwest China? Journal of Geophysical Research, 117:D16115.
Li Y P, Chen Y N, Li Z. 2019. Dry/wet pattern changes in global dryland areas over the past six decades. Global and Planetary Change, 178: 184-192.
Li Y, Chen Y, Wang F, et al. 2020. Evaluation and projection of snowfall changes in High Mountain Asia based on NASA's NEX-GDDP high-resolution daily downscaled dataset. Environmental Research Letters, 15: 104040.
Li Z, Chen Y N, Shen Y J, et al. 2013. Analysis of changing pan evaporation in the arid region of Northwest China. Water Resources Research, 49(4): 2205-2212.
Li Z, Chen Y, Fang G, et al. 2017. Multivariate assessment and attribution of droughts in Central Asia. Scientific Reports, 7: 1316.
Li Z, Chen Y, Li W, et al. 2015. Potential impacts of climate change on vegetation dynamics in Central Asia. Journal of Geophysical Research: Atmospheres, 120(24): 12345-12356.
Li Z, Chen Y, Li Y, et al. 2020. Declining snowfall fraction in the alpine regions, Central Asia. Scientific Reports, 10(1): 1-12.
Lian X, Piao S, Li L Z X, et al. 2020. Summer soil drying exacerbated by earlier spring greening of northern vegetation. Science Advances, 6(1): eaax0255.
Liu T, Willems P, Pan X L, et al. 2011. Climate change impact on water resource extremes in a headwater

region of the Tarim Basin in China. Hydrology and Earth System Sciences, 15(11): 3511-3527.

Liu X, Zhang D, Luo Y, et al. 2013. Spatial and temporal changes in aridity index in Northwest China: 1960 to 2010. Theoretical and Applied Climatology, 112(1): 307-316.

Ning G, Luo M, Zhang Q, et al. 2021. Understanding the mechanisms of summer extreme precipitation events in Xinjiang of arid Northwest China. Journal of Geophysical Research: Atmospheres, 126: e2020JD034111.

Palmer W C. 1965. Meteorological drought. Washington. D C: Weather Bureau.

Peng D, Zhou T, Zhang L, et al. 2018. Human contribution to the increasing summer precipitation in Central Asia from 1961 to 2013. Journal of Climate, 31(19): 8005-8021.

Peng D, Zhou T. 2017. Why was the arid and semiarid Northwest China getting wetter in the recent decades? Journal of Geophysical Research: Atmospheres, 122(17): 9060-9075.

Shen Y, Liu C, Liu M, et al. 2010. Change in pan evaporation over the past 50 years in the arid region of China. Hydrological Processes, 24(2): 225-231.

Shi P, Yang T, Zhang K, et al. 2016. Large-scale climate patterns and precipitation in an arid endorheic region: Linkage and underlying mechanism. Environmental Research Letters, 11(4): 044006.

Sylla M B, Gaye A T, Jenkins G S, et al. 2010. Consistency of projected drought over the Sahel with changes in the monsoon circulation and extremes in a regional climate model projections. Journal of Geophysical Research, 115(D16): D16108.

Tank A K, Können G P. 2003. Trends in indices of daily temperature and precipitation extremes in Europe, 1946-99. Journal of Climate, 16(22): 3665-3680.

Trenberth K E. 2011. Changes in precipitation with climate change. Climate Research, 47(1-2): 123-138.

Walsh J E, Chapman W L, Romanovsky V, et al. 2008. Global climate model performance over Alaska and Greenland. Journal of Climate, 21(23): 6156-6174.

Wang H, Chen Y, Chen Z, et al. 2013a. Changes in annual and seasonal temperature extremes in the arid region of China, 1960-2010. Natural Hazards, 65(3): 1913-1930.

Wang H, Chen Y, Chen Z. 2013b. Spatial distribution and temporal trends of mean precipitation and extremes in the arid region, northwest of China, during 1960-2010. Hydrological Processes, 27(12): 1807-1818.

Wang H, Chen Y, Li W. 2015c. Characteristics in streamflow and extremes in the Tarim River, China: trends, distribution and climate linkage. International Journal of Climatology, 35(5): 761-776.

Wang H, Chen Y, Pan Y, et al. 2015a. Spatial and temporal variability of drought in the arid region of China and its relationships to teleconnection indices. Journal of Hydrology, 523: 283-296.

Wang H, Chen Y, Pan Y. 2015b. Characteristics of drought in the arid region of northwestern China. Climate Research, 62(2): 99-113.

Wang H, Chen Y, Xun S, et al. 2013c. Changes in daily climate extremes in the arid area of northwestern China. Theoretical and Applied Climatology, 112(1): 15-28.

Wang H, Pan Y, Chen Y. 2017. Comparison of three drought indices and their evolutionary characteristics in the arid region of northwestern China. Atmospheric Science Letters, 18(3): 132-139.

Williams C J R, Kniveton D R, Layberry R. 2010. Assessment of a climate model to reproduce rainfall variability and extremes over Southern Africa. Theoretical and Applied Climatology, 99(1-2): 9-27.

Yang Y, Chen Y, Li W, et al. 2012. Climatic change of inland river basin in an arid area: A case study in northern Xinjiang, China. Theoretical and Applied Climatology, 107(1): 143-154.

Yao J, Chen Y N, Guan X F, et al. 2022. Recent climate and hydrological changes in a mountain-basin system in Xinjiang, China. Earth-Science Reviews, 226: 103957.

Yao J, Zhao Y, Chen Y, et al. 2018. Multi-scale assessments of droughts: A case study in Xinjiang, China. Science of the Total Environment, 630: 444-452.

Yao J, Yang Q, Mao W, et al. 2016. Precipitation trend-elevation relationship in arid regions of the China. Global and Planetary Change, 143: 1-9.

You Q, Kang S, Pepin N, et al. 2008. Relationship between trends in temperature extremes and elevation in the eastern and central Tibetan Plateau, 1961-2005. Geophysical Research Letters, 35(4): L04704.

Zhang H, Wen Z, Wu R, et al. 2019a. An inter-decadal increase in summer sea level pressure over the Mongolian region around the early 1990s. Climate Dynamics, 52(3): 1935-1948.

Zhang M, Luo G, Cao X, et al. 2019b. Mountain-oasis-desert systems in the Central Asia arid area. Journal of Geophysical Research: Atmospheres, 124(23): 12485-12506.

Zhang X, Goldberg M, Tarpley D, et al. 2010. Drought-induced vegetation stress in southwestern North America. Environmental Research Letters, 5(2): 024008.

Zhao Y, Huang A, Zhou Y, et al. 2014. Impact of the middle and upper tropospheric cooling over Central Asia on the summer rainfall in the Tarim Basin, China. Journal of Climate, 27 (12): 4721-4732.

Zhou T, Yu R. 2006. Twentieth-century surface air temperature over china and the globe simulated by coupled climate models. Journal of Climate, 19(22): 5843-5858.

西北干旱区冰川、积雪水资源及其变化

冰川、积雪作为冰冻圈的两个主要要素，是西北干旱区重要的水资源(秦大河，2021)。冰川主要分布在新疆的塔里木内流水系、准噶尔内流水系、吐鲁番–哈密盆地内流水系、伊犁河、额尔齐斯河等水系以及甘肃祁连山的河西内流水系(包括疏勒河、黑河和石羊河)(图 3.1，表 3.1)。

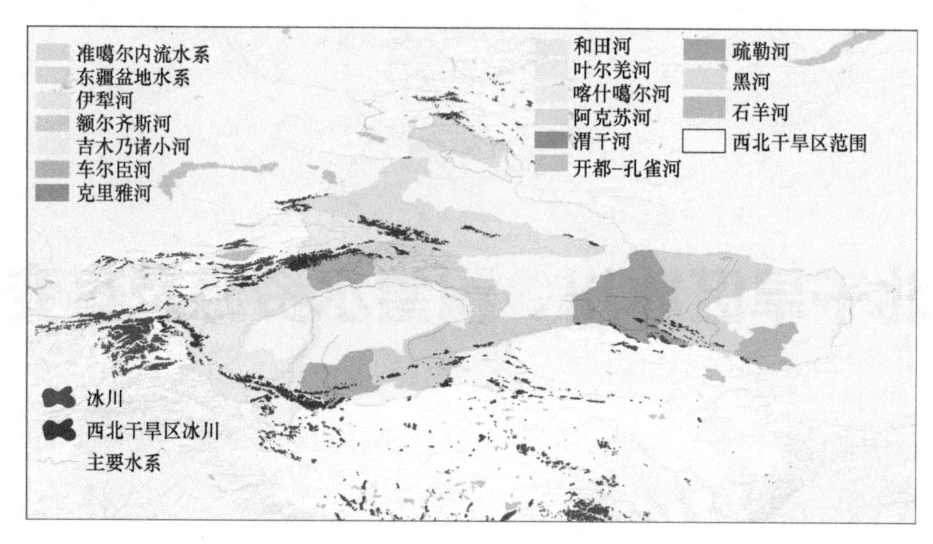

图 3.1　西北干旱区冰川及其所在的主要四级流域分布图

表 3.1　西北干旱区的冰川统计

三级流域名称	条数	面积/km^2	冰川储量/km^3
准噶尔内流水系	3406	2251	137
塔里木内流水系	11665	19878	2313
吐鲁番–哈密盆地内流区	446	253	13
伊犁河	2373	2023	142
额尔齐斯河	403	289	16
河西内流水系	2194	1335	62
科布多河	6	3	<1
柴达木内流水系	1581	1856	128
哈拉湖	12	25	2

注：根据张九天等(2012)结合第一次冰川编目统计(施雅风，2005)。

自 20 世纪 50 年代中后期至 2010 年左右，西北干旱区冰川面积减小了 18%，新疆境内的冰川面积缩小了 11.7%。气候变暖导致冰川、积雪加速消融，冰川对水资源的调蓄功能下降。而像塔里木河流域的阿克苏河、和田河和叶尔羌河，冰川融水占比大，冰川融水径流仍将呈现持续稳定的增加趋势，对河川径流的补给和调节作用也会进一步增强。

第一节 天山冰川、积雪水资源及其变化

一、冰川分布与变化

天山是亚洲中部最大的山脉，全长 2500km，也是世界上山地冰川数量和规模较大的山系之一，被誉为“中亚水塔”（陈亚宁等，2022）。中国境内的天山全长 1700km，横亘于新疆全境，在 2007～2009 年共有冰川 7934 条，面积 7179.77km^2，冰储量约为（707.95±45.05）km^3，折合成水当量约为（6371.5±405.45）亿 m^3。单条冰川平均面积约为 0.90km^2，以面积＜1.0km^2 的小冰川为主。蔡兴冉等（2021）基于 78 景 2019～2021 年（2020 年影像占 65%）的 Landsat 8 系列遥感影像解译发现，天山地区 2020 年冰川总面积为 7072.18km^2，总储量约为（690.76±43.96）km^3，折合成水当量约为（5871.46±373.66）亿 m^3。托木尔峰–汗腾格里峰和哈尔克他乌山是天山最大的冰川作用中心，冰川规模大，表碛覆盖广泛。天山冰川分属于塔里木河流域、伊犁河流域、准噶尔内流水系和吐鲁番–哈密内流水系，其中塔里木河流域的冰川水资源最为丰富，冰储量占整个天山的 69.9%，其次为伊犁河流域，吐鲁番–哈密盆地内流水系冰川水资源最少。

李忠勤等（2010）利用高分辨率遥感影像（SPOT-5）与地形图对比等方法，研究了中国天山地区 1543 条冰川的变化特征，结果显示 1962～1976 年至 2002～2006 年，冰川总面积缩小了 11.4%，平均每条冰川缩小 0.22km^2，末端退缩速率为 5.3m/a。冰川在不同区域的缩减比率为 8.8%～34.2%。研究表明，2010～2018 年，天山冰川面积又缩小了 107.59km^2（1.5%），冰川储量亏损（36.00±62.11）km^3（5.1%）；除了＜0.1km^2 和 15～20km^2 规模的冰川外，其他规模的冰川面积均呈缩小趋势。面积缩小值最大的是东朝向（东、东北和东南）的冰川。从海拔分布看，冰川在海拔 4400m 以下（特别是海拔 3800～4000m）的区域退缩较明显（蔡兴冉等，2021；Wang et al.，2020a）。2001～2016 年，天山冰川粒雪线高度平均为 4255m，其中，东天山为 4140m，西天山为 4360m，东天山上升速率（5.16m/a）高于西天山（4.64m/a）（王晓茹等，2020）。实测资料显示，位于天山东部的乌源 1 号冰川粒雪线在 1959～2020 年的变化范围为 3946～4484m，平均高度为 4070m，在 2010 年达到最高值，超过该冰川顶部。

二、冰川变化对径流的影响

由于天山各水系中的冰川分布和融水径流所占比例不同，冰川变化引发的水资源变化亦不相同。以下根据冰川特征及其对水资源的重要性，以及冰川未来变化预测，分别阐述天山北麓诸河、伊犁河流域和东疆吐鲁番–哈密盆地水系的冰川水资源及其变化特征。

（一）天山北麓诸河

天山北麓诸河属准噶尔盆地水系，区内共发育冰川 3090 条，面积 1736.66km^2，分

布在博格达山北坡、天格尔峰以及依连哈比尔尕山北坡，成为近百条大小河流的源头。这些河流是包括首府乌鲁木齐市和诸多北疆重镇在内的天山北坡经济带的主要水源。估算该区冰川融水年径流量约为16.90亿m^3，占河川径流总量的13.5%。天山北麓河流按其冰川的融水量可分两类，一类是以面积小于1km^2的小冰川为主，个别冰川面积达到2～5km^2，冰川融水占径流量6.50%～20%的河流，包括博格达山北坡河流、乌鲁木齐河、头屯河、三屯河、塔西河、精河等；另一类是玛纳斯河、霍尔果斯河、安集海河等，流域中发育了许多面积在5km^2以上的大冰川，冰川融水占到径流量的35%～53%。由气候变化引发的冰川变化对这两类河流的影响在未来有明显差异，需要分别加以分析研究（李忠勤，2019）。

（二）伊犁河流域

流域内共发育有冰川2121条，面积1554.18km^2（平均面积0.73km^2），冰储量113.73km^3，与天山其他地区冰川相比，属中等规模，对气候变化亦较为敏感。丰沛的降水与高山冰雪融水形成了巩乃斯河、喀什河、特克斯河及其支流库克苏河等河流。估算的河流径流量约为193亿m^3，其中冰川融水径流量约为37.1亿m^3，冰川融水补给率为19.2%。研究表明该区冰川退缩处于天山各区域的中等水平，冰川对径流的贡献和影响不容忽略。根据两次冰川编目资料，1959～1976年至2007～2009年，该流域冰川面积减小了468.48km^2（23.20%），单条冰川的平均面积由0.85km^2缩减至0.73km^2。

（三）东疆吐鲁番–哈密盆地水系

东疆吐鲁番–哈密盆地属资源性缺水地区。该区地处新疆东部极端干旱区，四周为低山荒漠戈壁，降水稀少，水资源供需矛盾突出。区内共发育冰川378条，面积178.16km^2，冰储量8.63km^3。冰川以数量少、规模小为特点。根据哈密水文局的观测资料，在近年气温升高、降水稍有增加的背景下，该地区无冰川融水补给的河流，如头道沟河等，出现了径流量减少的趋势，表明降水的增加未能补偿气温的升高；对于冰川融水补给较少的河流，如故乡河等，径流量在2000年以前是增加的，之后出现了减少或增加减缓的趋势，而且径流的变幅加大，洪枯季节水量悬殊，枯水季节延长，这些很可能缘于冰川调节作用的减弱；对于冰川融水补给较大的河流，如榆树沟河等，径流量虽仍然维持着增加趋势，但增幅已开始减小。这些径流变化过程反映了该区冰川变化对水文、水资源的影响及这种影响的不同阶段，且以冰川水资源的减少为主要特征。

庙尔沟冰帽是本区观测时间较长的冰川，始于2004年，观测内容包括冰川物质平衡、冰川厚度、温度、面积和运动速度等（李忠勤等，2010）。该冰帽位于天山最东段哈尔里克山南坡，2005年面积为3.28km^2，海拔范围在3840～4512m，东西向较长，属非规则冰帽形态。冰川表面平整，坡度极缓，少见裂隙与冰面河道，末端无表碛覆盖，冰川温度低（末端底部冰温为–8.3℃）。冰川地处新疆东部极端干旱区，四周多为低山荒漠戈壁。哈密地区共有冰川179条，其中81.4%为面积在1km^2以下的小冰川，形态上多为悬冰川；大于 $2km^2$ 的冰川有 9 条，平均面积为 $3.58km^2$，因此庙尔沟冰帽对该区域大冰川具有一定代表性。另外，1972～2005 年间哈密地区冰川面积缩减率为 10.5%，庙尔沟冰帽的面积减少 9.9%，低于同期新疆其他地区冰川的面积变化率。

三、流域冰川径流模拟研究典型案例

西北干旱区冰川水文在流域尺度上的研究最为深入的当属天山乌鲁木齐河流域。20 世纪 60 年代初，天山冰川站围绕该流域建立的冰川水文观测系统及其研究成果，奠定了我国内陆河流域水文研究的基础（李忠勤，2011b）。这一观测系统包括在乌鲁木齐河上游建立的四个水文、气象观测断面（图 3.2 和表 3.2），旨在对不同径流组分的产、汇流特征和过程进行系统观测，并形成高寒山区水文学研究的试验基地。为深入阐述气候变化对干旱区冰川水资源的影响，有必要在此对这一样板流域近期开展的“冰川–河源区–流域”完整、系统的水文模拟研究工作做一简单介绍。

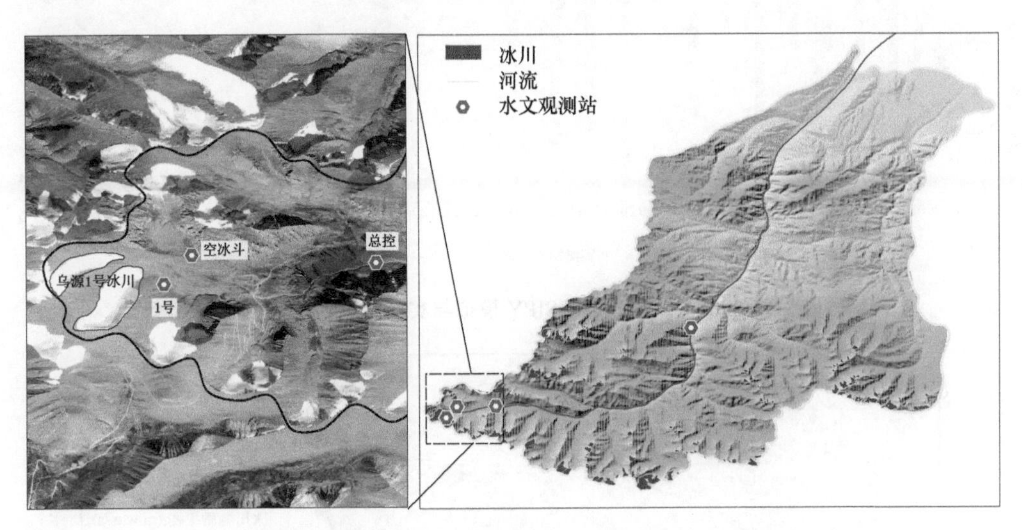

图 3.2　乌鲁木齐河流域冰川与水文观测站点分布图

表 3.2　乌鲁木齐河流域水文观测站

水文站名称	断面海拔/m	流域面积/km^2	冰川面积/km^2（占比/%）	观测类型
1 号冰川水文站	3695	3.34	1.6（47.9）	**乌源 1 号冰川径流观测**。下垫面：冰川、积雪、岩漠带
空冰斗水文站	3805	1.68	0（0）	**高山区积雪、多年冻土径流观测**。下垫面：积雪、冻土、苔藓和地衣等
总控水文站	3408	28.9	5.7（19.7）	**河源区产汇流观测**。下垫面：冰川、积雪、岩漠、冻土苔原、苔藓和地衣、高山草甸等
后峡水文站	2148	381	23.7（6.2）	**流域上游水文观测**。下垫面：冰川、积雪、岩漠、冻土苔原、苔藓和地衣、高山草甸、云杉林等
英雄桥水文站	1920	1088	33.29（3.1）	**流域出山口水文观测**。下垫面：同上

（一）乌源 1 号冰川水文站径流模拟

乌源 1 号冰川水文站控制流域冰川覆盖率为 48%，是研究模拟冰川及其融水径流的良好断面。Thiel 等（2020）、Wang 等（2020b）和李宏亮等（2021）利用 COSIMA/COSIPY（coupled snowpack and ice surface energy and mass balance model/ coupled snowpack and ice surface energy and mass balance model in python）模型，对乌源 1 号冰川物质平衡进行模拟研究。该模型由表面能量平衡模型和表层下雪冰模型耦合形成。模拟结果显示，2001～2017 年模拟与实测冰川物质平衡分别为（–680±315）mm w.e./a 和（–676±373）mm w.e./a，很好地反映该冰川的物质平衡的变化（图 3.3）。物质平衡空间变化（图 3.4）显示，最大的物质损失位于冰川末端，物质损失随海拔的增加而减少，其中西支冰川更为显著。受坡度和坡向的影响，东支消融区和积累区的界线不甚明显。

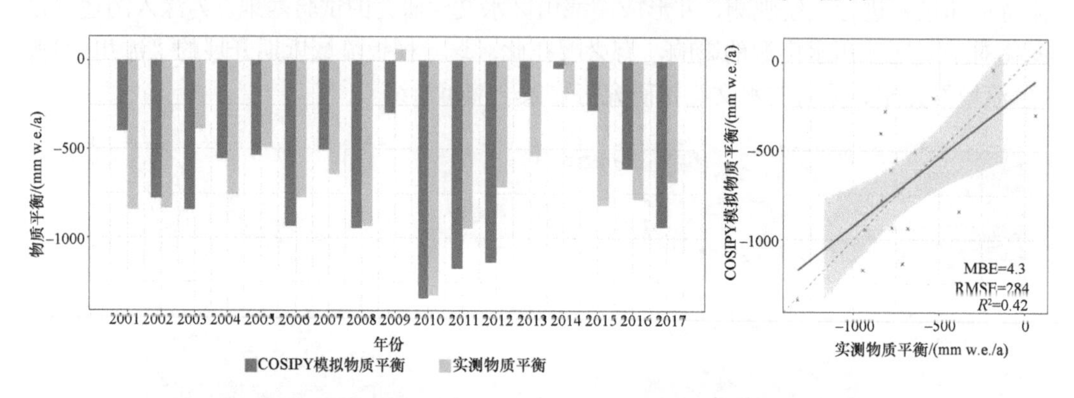

图 3.3　2001～2017 年 COSIPY 模拟与实测累积物质平衡比较

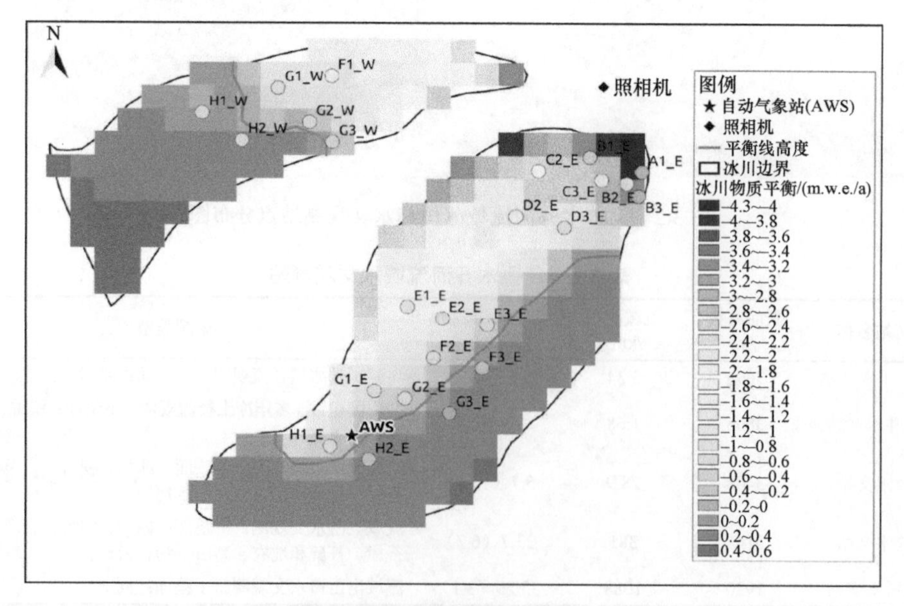

图 3.4　2018 年消融期乌鲁木齐河源 1 号冰川物质平衡空间分布

1 号冰川水文站径流实测值接近（但低于）利用 COSIMA/COSIPY 模型模拟的 1 号冰川径流与流域降水径流之和（图 3.5）。冰川径流产生于夏季（6～9 月）开始的消融初期，冬季径流量可忽略。贾玉峰等（2020）基于 1959～2018 年实测水文、气象数据，采用水量平衡模型，模拟了 1 号冰川水文站各径流组分的长期变化及其与气候变化的关系（图 3.6），结果表明，1959～2018 年，1 号冰川水文站的平均径流量为 206.96 万 m^3，其中冰川径流量为 146.45 万 m^3，约占总径流量的 70%，其中冰川区降水径流和冰川融水径流分别占 44%和 26%，其余的 30%来自非冰川区降水径流。1959～2018 年，1 号冰川水文站控制流域的径流及其各组分均呈上升趋势，其中总径流、冰川径流和冰川融水

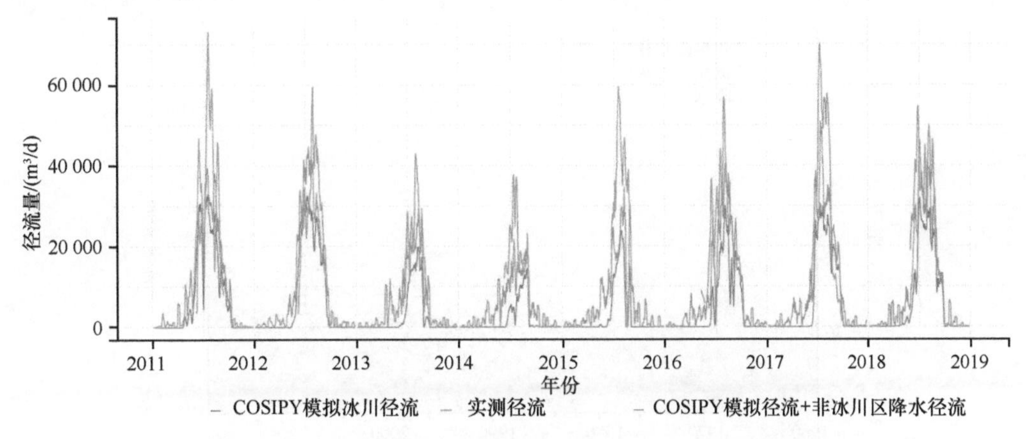

图 3.5 2011～2019 年模拟和实测的日径流 7 天滑动平均曲线

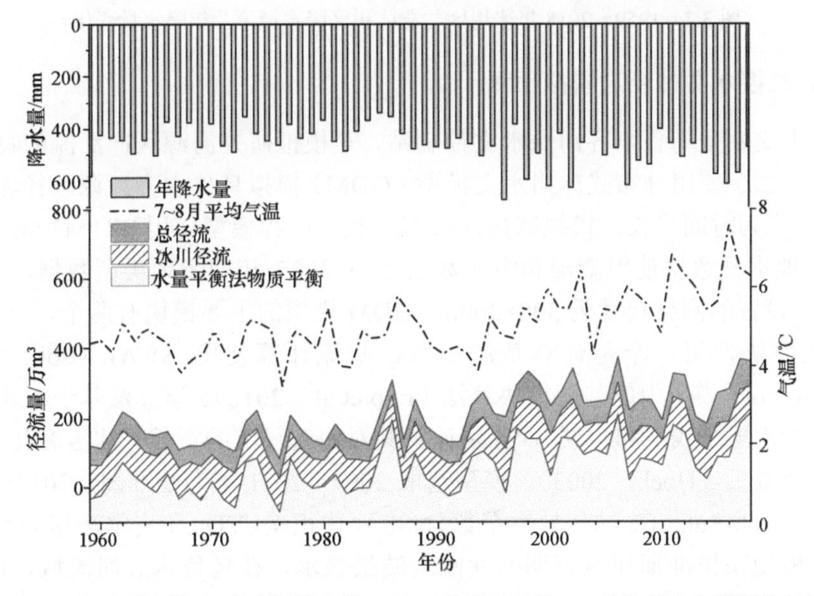

图 3.6 1959～2018 年大西沟气象站年降水量，7～8 月平均气温，1 号冰川水文断面总径流、冰川径流和模拟物质平衡变化

径流与7～8月冰川消融盛期的平均气温在年际尺度变化上有较好的相关性，同时也受到降水影响，1992年之后出现了一个阶梯式的上升，与降水增加和气温的大幅度升高有关。模拟的物质平衡在1960～2020年呈负增长趋势，与气温负相关。降水对物质平衡的影响相对比较复杂，较多的固态降水能减缓冰川消融，使物质平衡趋于正平衡，而液态降水增多会加速冰川消融，使物质趋于负平衡。

冰川区和非冰川区降水径流量取决于降水量的多寡，1996年之后出现阶梯式上升。而随着冰川面积的减小，冰川区的降水径流呈相对减小趋势、非冰川区的降水径流呈相对增大趋势（图3.7）。

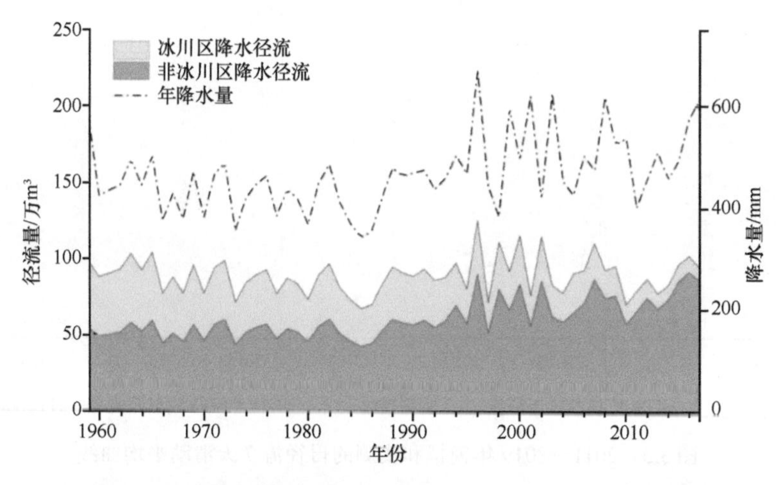

图3.7　1959～2018年冰川区与非冰川区降水径流及年降水量变化

（二）总控水文站径流模拟预测

总控水文站是乌鲁木齐河源水文控制站，是模拟研究河源区产汇流的良好场所。Yang等（2022）使用分布式冰川水文模型（GDM）模拟乌鲁木齐河源区径流的变化。GDM以日作为时间步长，模拟冰川区径流。数字高程模型使用SRTM30m分辨率的DEM，土地类型数据使用新疆和中亚数据中心2005年的土地类型数据，分辨率为30m。研究设置的网格尺寸为300×300m。GDM模型的主要模块有两个，一个是计算冰雪融化模块，另一个是计算基流模块。基流计算使用SWAT（soil and water assessment tool）模型中的基流模块算法（Luo et al.，2012）。该算法基于双水库系统，包含两个含水层（浅层和深层），分别计算其对河流径流的贡献。冰雪融化模块用于计算冰雪消融量（Hock，2003）。模型选取2007～2011年为校准期，2012～2018年为验证期。Nash-Sutcliffe纳什效率系数（NSE），体积差（VD）和皮尔逊相关系数（CC）用于评价模型在校准期和验证期的性能。结果显示，在乌鲁木齐河流域，除了有强降水事件发生时外，模型能较好地模拟径流。模型在模拟径流总量的同时，对径流各个成分（融雪、融冰、降雨、基流）也进行了模拟。

（三）乌鲁木齐河流域冰川物质平衡变化及对径流的影响

英雄桥水文站为乌鲁木齐河流域出山口水文站。Peng 等（2022）基于实测乌鲁木齐河流域气象水文数据和 1 号冰川物质平衡数据，建立了日步长和 30m 空间分辨率的分布式度日模型，以此重建了 1980～2020 年乌鲁木齐河流域冰川物质平衡（图 3.8），并估算了冰川融水在流域不同断面对径流的贡献。结果表明，1980～2020 年乌鲁木齐河流域冰川的物质损失和物质平衡线高度均呈增加趋势，平均值为（–0.85±0.32）m w.e./a，略大于天山山区平均冰川物质损失值。近 20 年来流域冰川的物质损失显著加剧，1999～2020 年［(–1.04±0.32）m w.e./a］年均冰川物质平衡几乎是 1980～1998 年［(–0.62±0.32）m w.e./a］的 1.7 倍，主要原因是气温升高和消融季节延长。

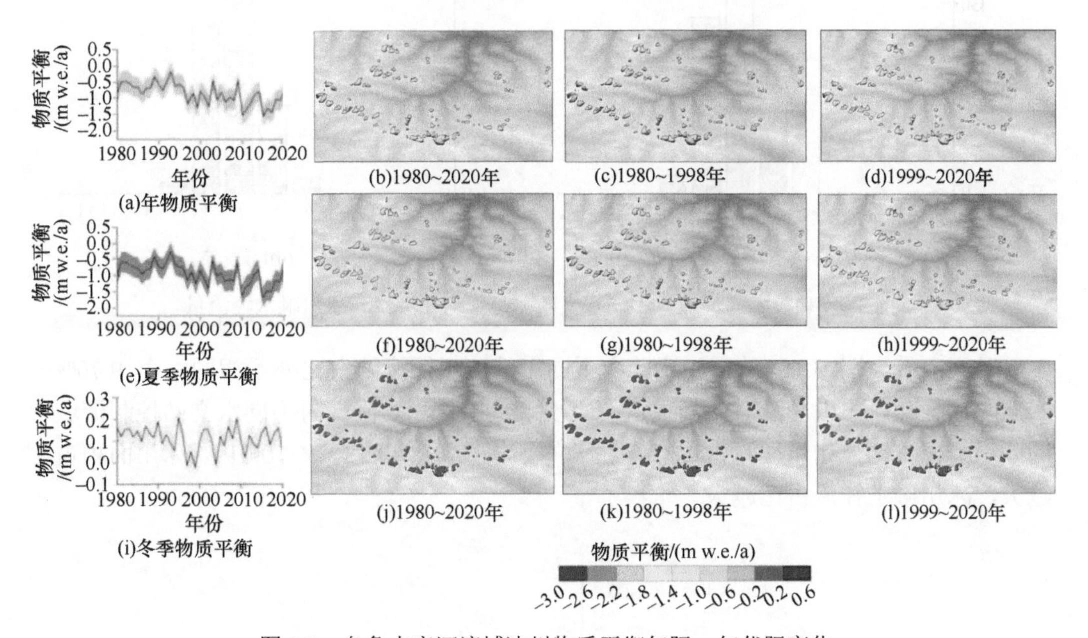

图 3.8　乌鲁木齐河流域冰川物质平衡年际、年代际变化

在 1980～2020 年间，乌鲁木齐河流域夏季冰川物质平衡年际变化较大，表现为明显的下降趋势，而冬季物质平衡的年际变化较小，春季表现为增加。冰川物质在 5 月积累最多，6～8 月亏损最大，年内物质平衡变化呈现出“弱积累、强消融”的变化特征，导致物质平衡年均值为负。

乌鲁木齐河流域不同水文断面冰川径流和地表径流均集中在夏季，尤其是 7～8 月（图 3.9），与冰川物质平衡变化具有显著相关性（R^2=0.98）。在 1980～2011 年间，乌鲁木齐河流域的英雄桥水文站（出山口径流站）年平均径流量为 2.59 亿 m^3，冰川径流为 0.48 亿 m^3，约占地表总径流量的 18.60%。该断面上游的后峡水文站，冰川径流所占比例明显增加，约占径流组分的 22.20%，总控断面冰川径流占比约为 46.10%，1 号断面冰川径流占比约为 72.7%。

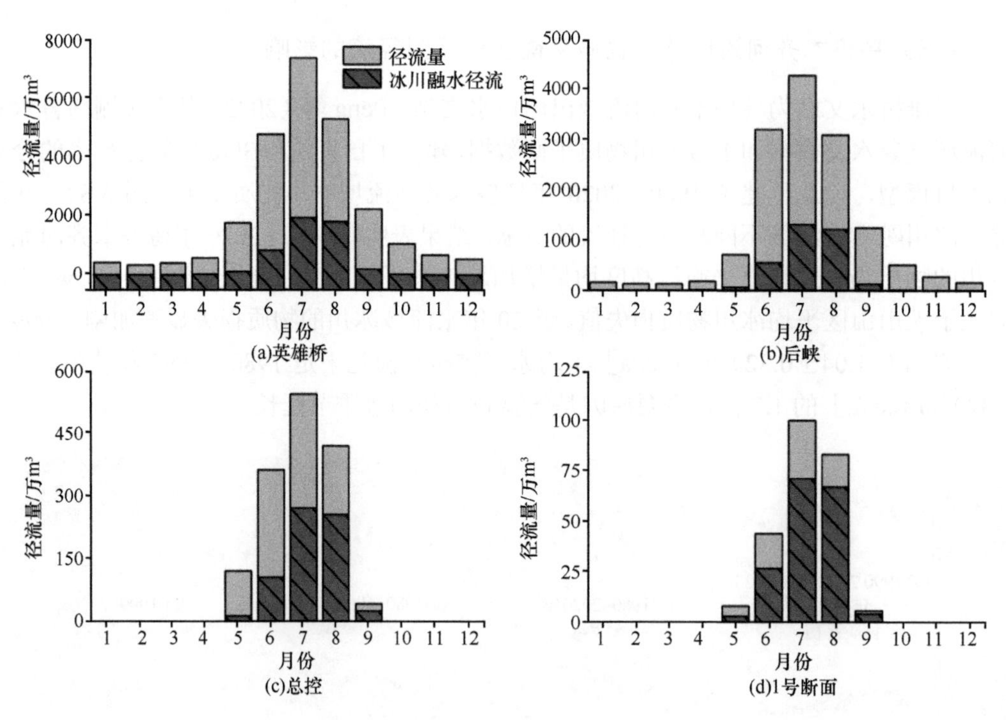

图 3.9　乌鲁木齐河流域不同水文断面月平均径流量和冰川融水径流量

时间上看，图 3.10 显示，流域中不同年份冰川径流的占比亦不相同，在 9.70%～29.40%内变化，冰川径流对河川径流有重要的调节作用。流域内不同水文站控制流域中的冰川面积占比与冰川径流占比存在显著的正相关（R^2=0.98，P<0.01），冰川面积占比越大，冰川融水径流占比越大。

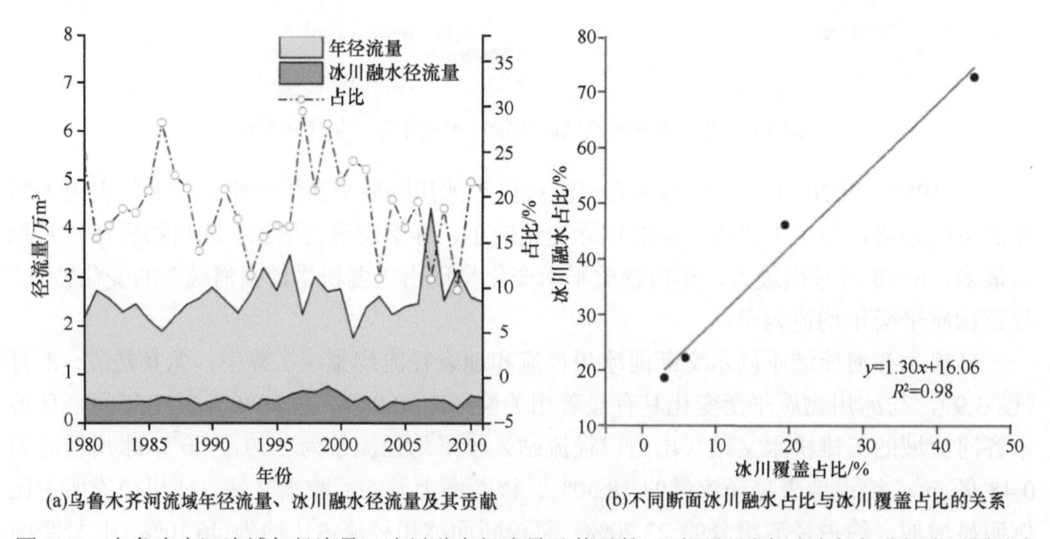

图 3.10　乌鲁木齐河流域年径流量、冰川融水径流量及其贡献，不同断面冰川融水占比与冰川覆盖占比的关系

四、天山积雪水资源评估

遥感数据显示天山山区积雪面积和积雪深度分布的趋势表现为自西向东、自北向南减少，2012 年天山山区年最大积雪面积为 37.69 万 km^2；积雪深度最大的是在天山北部的博格达峰、河源峰附近，可以达到 80cm 以上，最小在哈密地区的天山最东段，积雪深度仅在 10cm 左右（任艳群等，2015）。伊犁河、玛纳斯河、乌鲁木齐河、开都–孔雀河、渭干–库车河、阿克苏河等众多流域均发源于天山，积雪融水为这些流域提供了充足的径流来源。

（一）积雪融水资源现状

天山地区多年平均（1951～2020年）年积雪融水资源量约为172.00亿 m^3，在空间分布上呈现中部高，两边低的空间格局，南坡整体小于北坡［图3.11（a)］，高海拔地区远高于低海拔地区。天山地区的积雪融水年内自1月开始，随温度上升逐渐增加，并于5月达到峰值；随后随着降雪减少，积雪融水逐渐降低；秋季降温后降雪逐渐增加，融水量在9月增加，进入秋冬季后，气温降低，融雪量减少［图3.11（b)］。

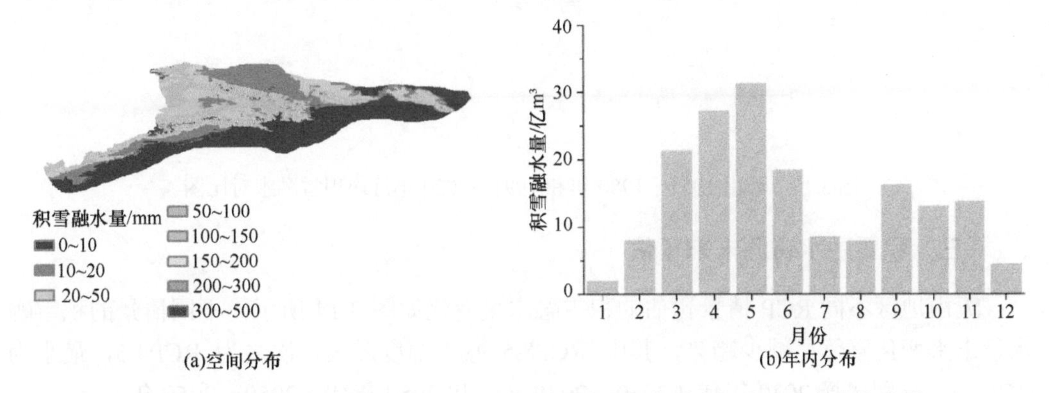

图3.11　天山多年平均（1951～2020 年）年积雪融水量空间分布及年内分布图

（二）积雪融水资源过去变化

1951～2020 年，天山地区年积雪融水资源量呈微弱增加趋势，增加速率约为 0.49 亿 m^3/10a［图 3.12（a)］，增加趋势不具备统计学显著性意义。大部分地区的变化趋势并不显著，显著增加的地区主要在伊犁河谷、天山中部、南部和东部的少数地区；仅在西部和东部有很少数地区呈显著减少趋势［图 3.12（b)］。

分别选择 1951～1980 年和 1991～2020 年各 30 年的平均月积雪融水分析月尺度的积雪融水变化（图 3.13），12 月、1 月和 2 月的天山地区积雪融水增加，说明气候变暖导致冬季积雪融水增加；3 月的积雪融水减少可能是由于冬季积雪已提前消融；夏季 6～8 月积雪融水变小的原因可能在于升温导致的降雪减少；秋季 10 月和 11 月积雪融水增加可能是由于升温导致更多的积雪消融。

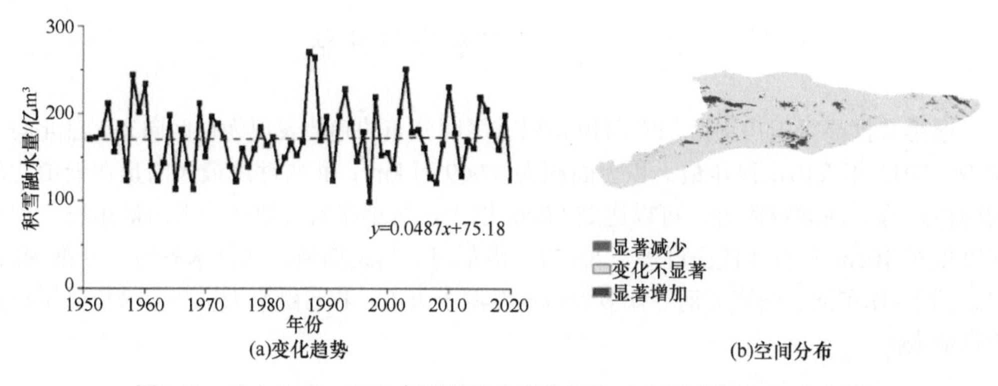

图 3.12　天山 1951～2020 年积雪融水变化趋势（a）及空间分布（b）图

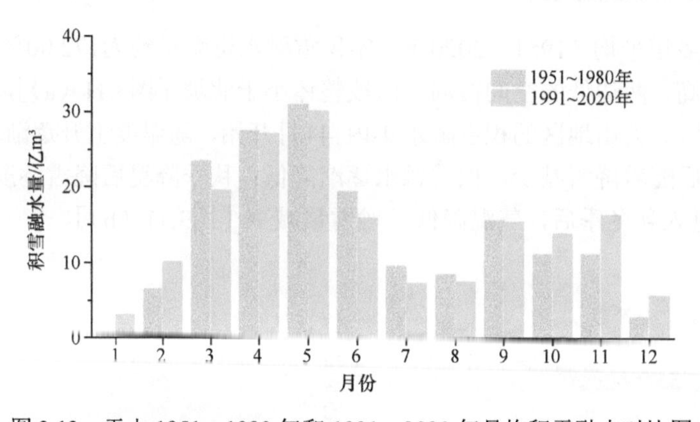

图 3.13　天山 1951～1980 年和 1991～2020 年月均积雪融水对比图

（三）积雪融水资源未来预估

天山地区不同 RCP 情景预估的积雪融水量变化如图 3.14 所示，不同情景的积雪融水量未来变化整体呈减少趋势，其中 RCP8.5 减少幅度最大，次之为 RCP4.5，最小为 RCP2.6。分别选择 2030 年代（2030～2039 年）和 2050 年代（2050～2059 年），计算天山地区不同 RCP 情景下积雪融水量 10 年平均值，如表 3.3 所示。

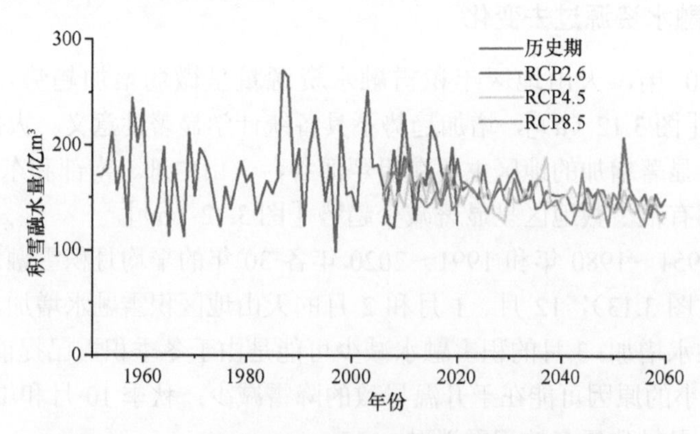

图 3.14　天山地区不同 RCP 情景下年积雪融水量预估变化图

表 3.3　不同 RCP 情景下不同未来时期天山平均积雪融水量及其相对历史期（2010 年代）变化率

情景	2030 年代		2050 年代	
	平均值/亿 m^3	变化率/%	平均值/亿 m^3	变化率/%
RCP2.6	156.50	−14.20	152.90	−16.20
RCP4.5	156.80	−14.00	141.40	−22.50
RCP8.5	152.00	−16.70	141.20	−22.60

第二节　塔里木河流域冰川、积雪水资源及其变化

一、冰川分布与变化

塔里木河地处新疆南部，北依天山，南靠昆仑山，西接帕米尔高原，是我国丝绸之路经济带建设的核心区，具有自然资源相对丰富和生态环境极端脆弱的双重性特点（陈亚宁等，2021）。流域在 2009～2010 年间共发育有冰川 12664 条，总面积为 17649.94km^2，总冰储量为（1841.27±97.98）km^3，分别占我国相应总量的 26.10%、34.10%和 41.00%，是我国冰川数量最多、面积和储量最大的水系，也是大型冰川的集中发育区，面积大于 100km^2 的 22 条冰川有 14 条发育于此，总面积 2681.49km^2，占流域冰川总面积的 15.2%。而面积大于 300km^2 的音苏盖提冰川和托木尔冰川均分布在塔里木河流域。流域内冰川形态类型多样，包括悬冰川、冰斗–悬冰川、冰斗冰川、山谷冰川和冰帽等。其中，冰川面积最大的为山谷型冰川，其次为冰斗冰川。

流域冰川主要分布在米兰–车尔臣河、克里雅河、和田河、叶尔羌河、喀什噶尔河、阿克苏河、渭干–库车河和开都–孔雀河等 8 个四级流域（表 3.4 和图 3.15）。其中，阿克苏河流域冰川数量虽少，但单条冰川面积高达 2.23km^2，面积≥10km^2 的冰川面积占冰川总面积的 69.40%，有 3 条冰川面积超过 100km^2，特别是托木尔峰地区，形成了天山

表 3.4　基于第二次中国冰川编目的塔里木水系各子流域冰川分布

四级流域	条数/条	占比/%	面积/km^2	占比/%	冰储量/km^3	占比/%
米兰–车尔臣河	1081	8.54	806.99	8.54	50.37	2.73
克里雅河	1022	8.07	1382.13	8.07	91.52	4.97
和田河	3801	30.01	5041.43	30.01	516.12	28.03
叶尔羌河	3247	25.64	4870.75	25.64	513.56	27.89
喀什噶尔河	1168	9.22	1837.87	9.22	159.67	8.67
阿克苏河	773	6.10	1721.75	6.10	271.92	14.77
渭干–库车河	878	6.93	1656.97	6.93	222.61	12.09
开都–孔雀河	694	8.54	332.05	5.48	15.50	0.84
合计	12664	100	17649.94	100	1841.27	100

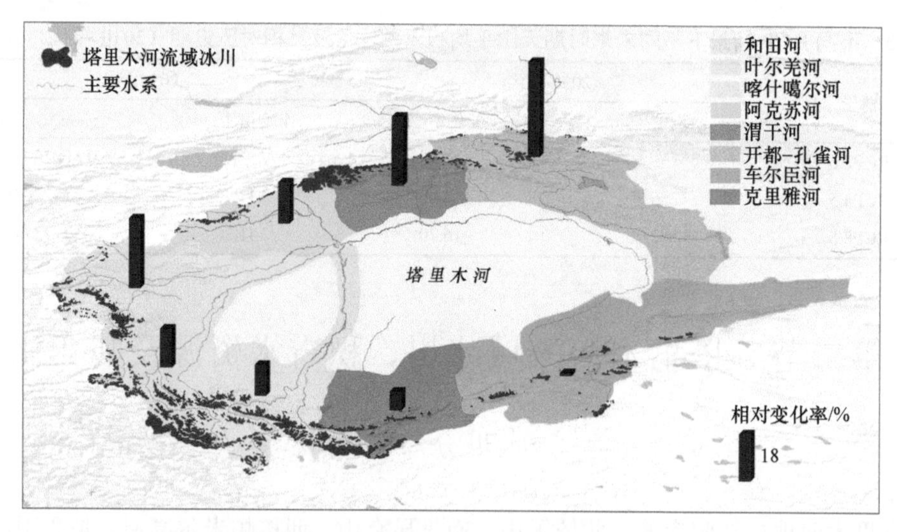

图 3.15　基于第二次中国冰川编目的塔里木河流域冰川分布及其相对于第一次冰川编目的变化

最大的冰川作用中心，发育天山地区最大规模的冰川——托木尔冰川，面积仅次于音苏盖提冰川，居全国第二。喀什噶尔河流域冰川主要分布盖孜河、库山河和玛尔坎苏河等流域，单条冰川平均面积 1.57km²，仅次于阿克苏河流域（图 3.16）。叶尔羌河流域主要分布在克勒青河，面积≥10km² 的冰川总面积占冰川总面积的 46.5%，有 4 条冰川面积超过 100km²，包括中国境内面积最大的音苏盖提冰川（2010 年面积 359.05km²）（图 3.17）。和田河流域冰川主要分布在玉龙喀什河和喀拉喀什河，面积＞20km² 的冰川有 33 条，面积＞100km² 的冰川有 4 条，占流域总面积的 10.30%（图 3.18）。

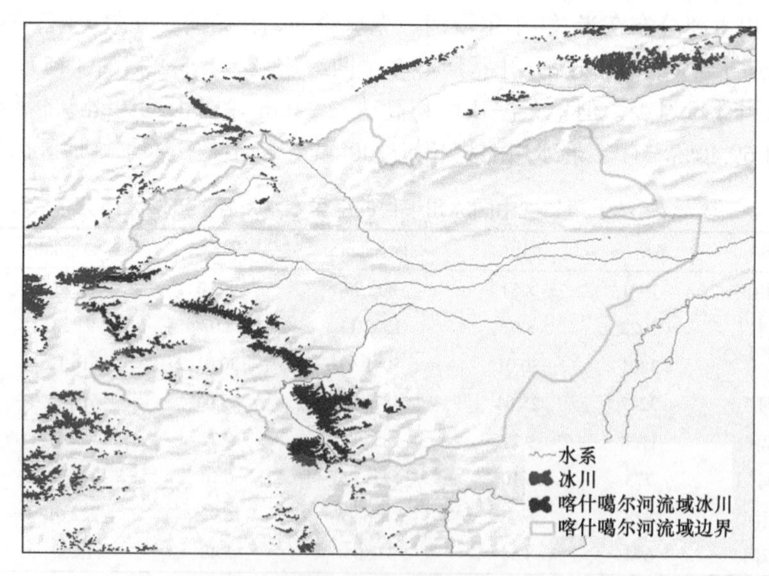

图 3.16　喀什噶尔河流域各水系冰川分布

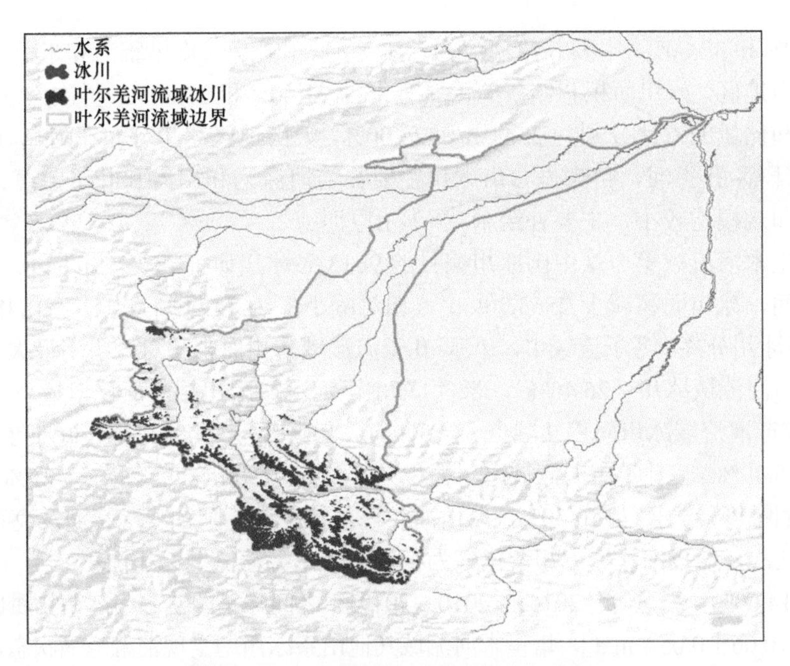

图 3.17　叶尔羌河流域各水系冰川分布

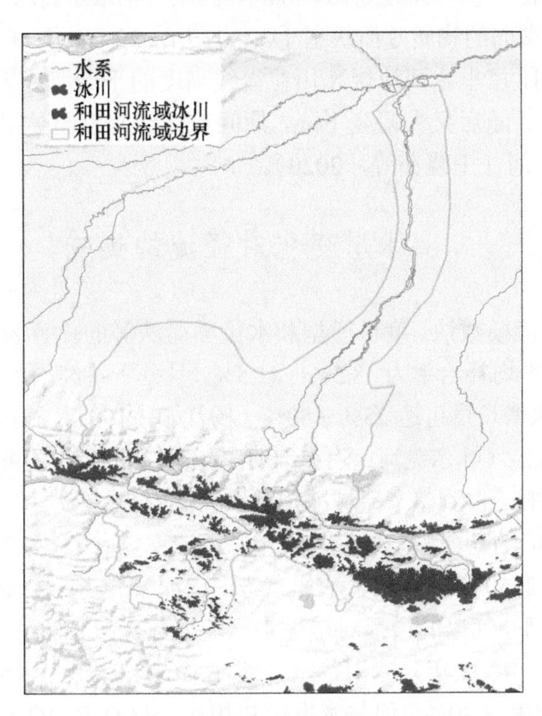

图 3.18　和田河流域各水系冰川分布

流域的冰川主要分布在天山、东帕米尔高原、喀喇昆仑山、昆仑山和阿尔金山等 5 座山系。其中，昆仑山冰川资源最为丰富，冰川面积和储量分别占塔里木河流域相应总量的 43.40%和 37.60%，主要补给河流为叶尔羌河、和田河、克里雅河和米兰–车尔臣河。其次为天山地区，冰川面积和储量的占比分别为 21.50%和 27.80%，再次为喀喇昆仑山，冰川面积和储量的占比分别为 23.00%和 25.00%，天山地区冰川分布在阿克苏河、渭干–库车河和开都–孔雀河，喀喇昆仑山冰川主要补给河流为和田河和叶尔羌河。阿尔金山冰川数量和规模均较小，主要补给米兰–车尔臣河。

对塔里木河流域第一次中国冰川编目的 9613 条冰川研究表明（Su et al.，2022），两次编目期间，冰川面积减少 2563.30km^2，相对减小率为 15.90%。其中，1348 条冰川消失，592 条冰川分离。各子流域中，开都–孔雀河流域冰川面积相对减小率最大（36.10%），其次为和田河流域冰川（26.40%），米兰–车尔臣河流域冰川相对变化率最小（1.30%）。其中，阿克苏河流域冰川面积共减少 387.09km^2，变化率为–24.0%；储量减小了 15.79km^3，变化率为–5.49%。喀什噶尔河流域冰川面积共减少 609.24km^2，变化率为–25%，依格孜牙河冰川退缩幅度最大，达 10.60%，库山河、玛尔坎苏河、阿依嘎尔特河及克孜勒苏河退缩幅度居其次，盖孜河流域冰川变化最为稳定。叶尔羌河流域冰川面积减少 14.70%，冰储量亏损 14.60%（冯童等，2015）。2010～2019 年之间除了西昆仑山冰川物质出现略微增加之外［(+0.06±0.05）m/a］，塔里木河流域其他山系冰川均呈现消融退缩状态，其中东昆仑山冰川物质亏损量最大［(–0.47±0.10）m/a］，其次为帕米尔高原［(–0.23±0.05）m/a］，喀喇昆仑山冰川呈现微弱的物质亏损状态［(–0.07±0.02）m/a］（Jakob et al.，2021）。

2001～2016 年间，塔里木河流域冰川粒雪线高度的平均海拔为 5300m，年际波动较大，2008 年出现峰值，随后又大幅度下降。期间粒雪线高度整体呈上升趋势，速率介于 0.44m/a 和 3.09m/a 之间（王晓茹等，2020）。

二、冰川变化对径流的影响

基于冰川融水径流模数法、度日模型和水量平衡法等的估算表明，1960～2010 年冰川融水对塔里木河的平均补给率为 38.5%～41.5%，且处于持续增加态势，预期 2050 年前较 20 世纪初冰川融水增长量可达 25%～50%（杨针娘，1991；施雅风，2001；高鑫等，2010）。塔里木河四源流（叶尔羌河、阿克苏河、和田河和开都–孔雀河）冰川融水对河流径流的补给率为 43.5%，占到整个流域冰川融水径流的 69.3%（高鑫等，2010）。利用冰川系统对气候变化响应的功能模型研究发现年升温速率在 0.02～0.03K 情况下，塔里木河流域冰川融水径流到 2050 年一直处于增加态势，增加量介于 0.22 亿～0.34 亿 m^3 之间。

在全球变化背景下，气温的增幅对塔里木河流域冰川融水拐点的影响很大（Huss and Hock，2018）。相对于 2022 年，冰川融水径流在 RCP2.6、RCP4.5 和 RCP8.5 情景下会减少 26.70%、20.80%和 8.30%。但与本世纪初相比，只有 RCP2.6 情景下冰川融水径流出现小幅度减小（7%），其他情景下均呈增加状态。可见，塔里木河流域冰川融水径流虽然会在未来 10～30 年可能出现径流的拐点，但径流量会维持在一定水平，主要是流域内冰川规模普遍较大，在稳定升高影响下，冰川巨大的冰舌在消融后退情况下，还会保持一定的冰量维持径流稳定（丁永建等，2020）。

三、塔里木河流域积雪水资源评估

塔里木河流域积雪融水资源丰富，遥感数据显示其主要河流源区的平均积雪覆盖率均为 20%以上，其中积雪覆盖率最大的木扎尔特河源区，高达 59.40%，其次是第一大补给源流阿克苏河的支流库玛力克河源区和台兰河源区，分别是 46.60%和 45.10%。积雪深度则是天山托木尔峰南坡的阿克苏河山区流域最大，多年平均积雪深度约 10cm（李晶等，2014）。流域远离海洋，地处中纬度欧亚大陆腹地，四周高山环绕，东部是塔克拉玛干大沙漠，形成了干旱环境中典型的大陆性气候，高山区的冰雪融水成为流域径流的重要补给。

（一）积雪融水资源现状

塔里木河流域多年（1951～2020 年）平均年积雪融水资源量约为 117 亿 m^3，在空间分布上呈现北部天山和东南部阿尔金山的高海拔山区较高、流域中部低海拔地区较低的空间格局［图 3.19（a)］，年积雪融水在高海拔地区远高于低海拔地区。在年内变化上，2 月，塔里木河流域的积雪融水在低海拔处的积雪开始融化，略高于 1 月和 3 月，进入 4 月后，中高海拔积雪逐渐开始消融，积雪融水逐渐增加，并于 5 月达到峰值；随后进入夏季随着降雪减少，积雪融水逐渐降低；秋季降温后降雪逐渐增加，融水量在 9 月增加，进入秋冬季后，气温降低，融雪量减少［图 3.19（b)］。

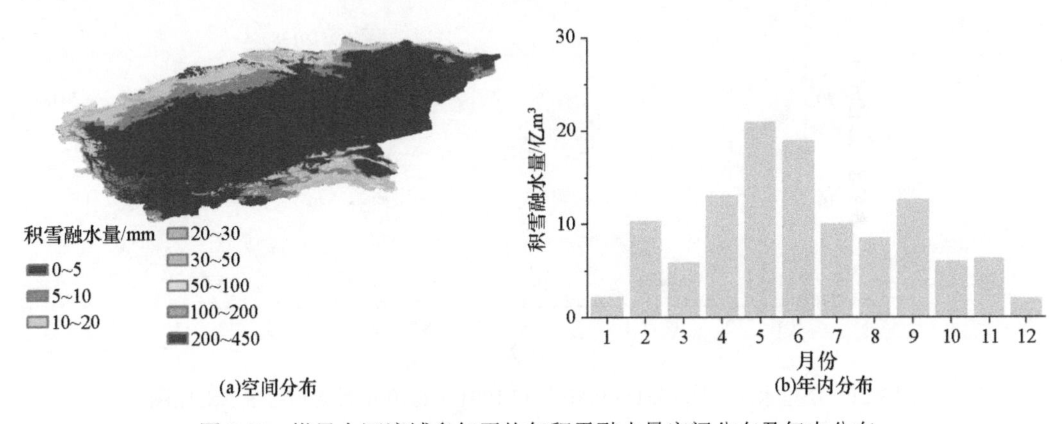

图 3.19　塔里木河流域多年平均年积雪融水量空间分布及年内分布

（二）积雪融水资源过去变化

统计 1951～2020 年的积雪融水资源可见，塔里木河流域年积雪融水资源量呈微弱增加趋势，增加速率约为 0.48 亿 m^3/10a［图 3.20（a)］，增加趋势不具备统计学显著性意义。在空间分布上，西北干旱区大部分地区的变化趋势并不显著，显著增加的地区主要在昆仑山地区和天山的部分地区；在靠近阿尔金山的若羌县和鄯善县部分地区呈显著减少趋势［图 3.20（b）］。

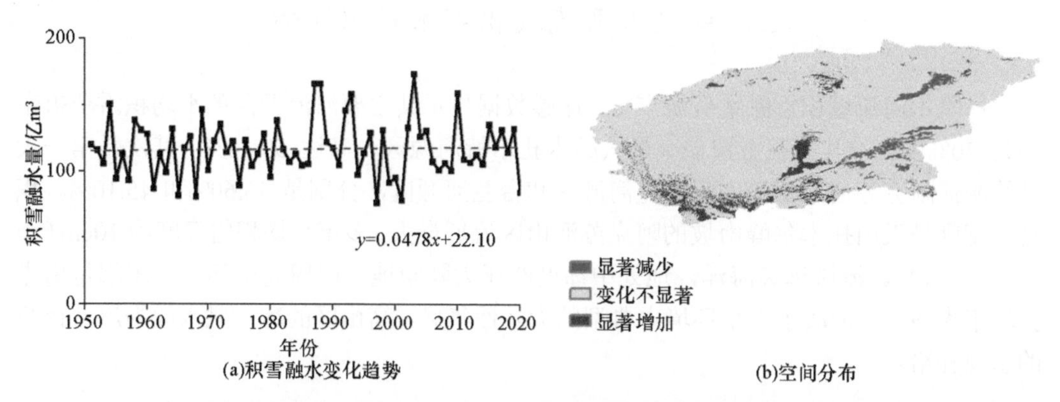

图 3.20　塔里木河流域 1951～2020 年积雪融水变化趋势及空间分布

分别选择 1951～1980 年和 1991～2020 年各 30 年的平均月积雪融水分析月尺度的积雪融水变化（图 3.21），结果显示，在塔里木河流域，12 月、1 月和 2 月的积雪融水增加，说明气候变暖导致冬季积雪融水增加；3 月的积雪融水出现减少趋势，分析可能是由于冬季积雪提前消融所致；春季 4 月和 5 月的融水增加主要在于降水的增加；夏季 6～8 月积雪融水变小的原因可能在于升温导致的降雪减少；秋季 10 和 11 月积雪融水增加可能是由于升温导致更多的积雪消融。

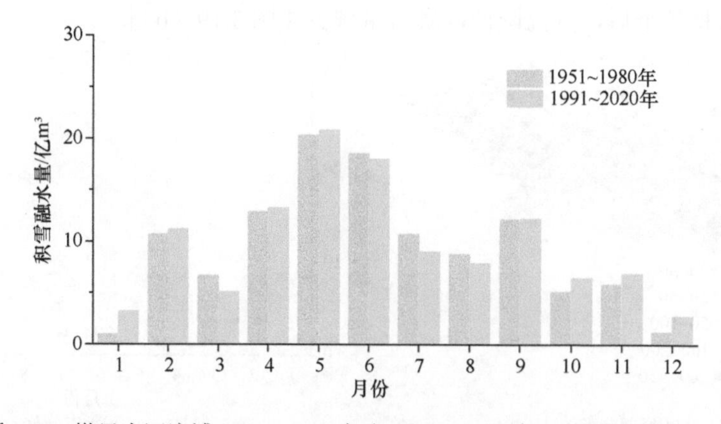

图 3.21　塔里木河流域 1951～1980 年和 1991～2020 年月均积雪融水对比图

（三）积雪融水资源未来预估

塔里木河流域不同 RCP 情景预估的积雪融水量变化如图 3.22 所示，不同情景的积雪融水量未来变化整体呈减少趋势，其中 RCP8.5 减少幅度最大，RCP4.5 次之，最小为 RCP2.6。分别选择 2030 年代（2030～2039 年）和 2050 年代（2050～2059 年），得出了塔里木河流域不同 RCP 情景下的积雪融水量 10 年平均值（表 3.5）。

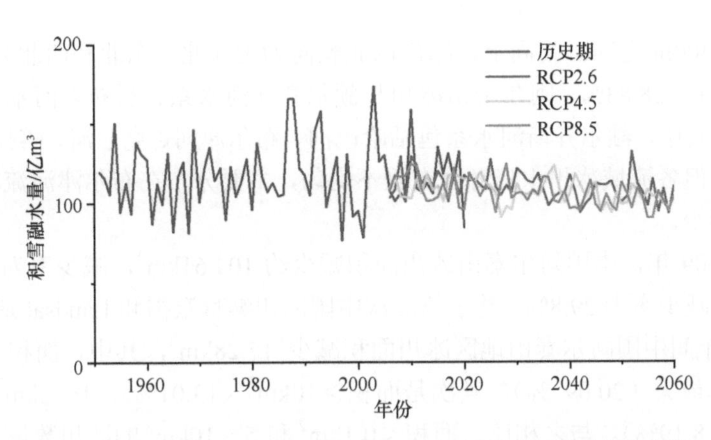

图 3.22　塔里木河流域不同 RCP 情景下年积雪融水量预估变化图

表 3.5　塔里木河流域不同 RCP 情景下不同未来时期平均积雪融水量及其相对历史期（2010 年代）的变化率

情景	2030 年代		2050 年代	
	平均值/亿 m^3	变化率/%	平均值/亿 m^3	变化率/%
RCP2.6	110.80	−9.60	106.50	−13.10
RCP4.5	109.60	−10.60	103.40	−15.70
RCP8.5	106.90	−12.80	101.30	−17.40

第三节　中国境内阿尔泰山冰川、积雪水资源及其变化

一、冰川分布与变化

阿尔泰山脉斜跨中国、哈萨克斯坦、俄罗斯、蒙古国四国，绵延 2000 余千米。根据世界冰川编目（Randolph Glacier Inventory，RGI）数据，整个阿尔泰山共发育冰川 2243 条，冰川面积 1135km^2。中国境内阿尔泰山为中段南坡，西北延伸至俄罗斯境内，东至蒙古国西部，南邻准噶尔盆地，山体长约 500km，最高峰为友谊峰（海拔 4374m），是中国纬度最高、末端海拔最低的冰川分布区，在气候上受西风带与北冰洋气团交替影响。根据第二次中国冰川编目，中国境内的阿尔泰山发育冰川 273 条，冰川面积为 178.8km^2，单条冰川平均面积为 0.65km^2，低于中国冰川平均面积（1.07km^2）。Cai 等（2022）基于 2020 年的 Landsat 8 系列遥感影像，通过人工目视解译的方法发现中国阿尔泰山地区 2020 年冰川总面积为 161.50km^2，总储量约为（9.33±0.59）km^3，折合成水当量约为（79.30±5.10）亿 m^3。根据阿尔泰山冰川总体分布情况，将冰川面积分为 7 个等级（<0.1km^2，0.1～0.5km^2，0.5～1km^2，1～2km^2，2～5km^2，5～10km^2，>10km^2），其中以面积介于 2～5km^2 的冰川居多，面积<0.1km^2 占比非常少。阿尔泰山地区冰川随海拔分布近似呈正态分布，主要分布在海拔 3000～3200m 之间，其次是海拔 2800～3000m 和

海拔 3200～3400m 之间。朝向上，冰川以北朝向为主（北、东北和西北），北朝向冰川面积占总面积的 58.83%。阿尔泰山冰川是额尔齐斯河水系、科布多河水系和乌伦古河水系的源头。其中，额尔齐斯河水系包括哈巴河、布尔津河、克兰河、喀拉额尔齐斯河、喀依尔特河。但各流域冰川水资源分布极不均匀，主要分布在布尔津河流域，其余各流域冰川分布很少。

1960～2009 年，中国阿尔泰山冰川面积减少约 104.61km^2，减少率为 36.9%；条数减少 116 条，减少率为 29.8%。基于第二次中国冰川编目数据和 Landsat 遥感影像解译，2007～2020 年间中国阿尔泰山地区冰川面积减少 17.28km^2，其中，面积介于 2～5km^2 的冰川减少率最大（20.09 %），其次是面积＞10km^2（13.01%），1～2km^2（9.50%）和 0.1～0.5km^2（8.19%）。与之相比，面积＜0.1km^2 和 5～10km^2 的冰川数量有所增加，这主要是大冰川消融分离所致。2010～2020 年间，北朝向（北、东北和西北）冰川面积减小量最大（6.90km^2），其次是南朝向，冰川在西朝向也表现出较明显的退缩。海拔分布上，在海拔 3000m 以下的冰川退缩最为显著，其中海拔 2400～2600m、2600～2800m、2800～3000m 冰川面积分别减小 24.52%、41.67%和 26.22%。空间上，喀拉额尔齐斯河流域冰川相对变化率最大，面积和储量变化率分别为 14.01%和 32.58%，其次为大青河、克兰河、喀拉额尔齐斯河、喀依尔特河，这些流域冰川数量非常少且规模小，因而具有较高的相对变化率。布尔津河流域冰川相对变化率低，绝对变化量大，面积和储量分别减少了 16.00km^2 和（1.08±0.07）km^3（图 3.23）。

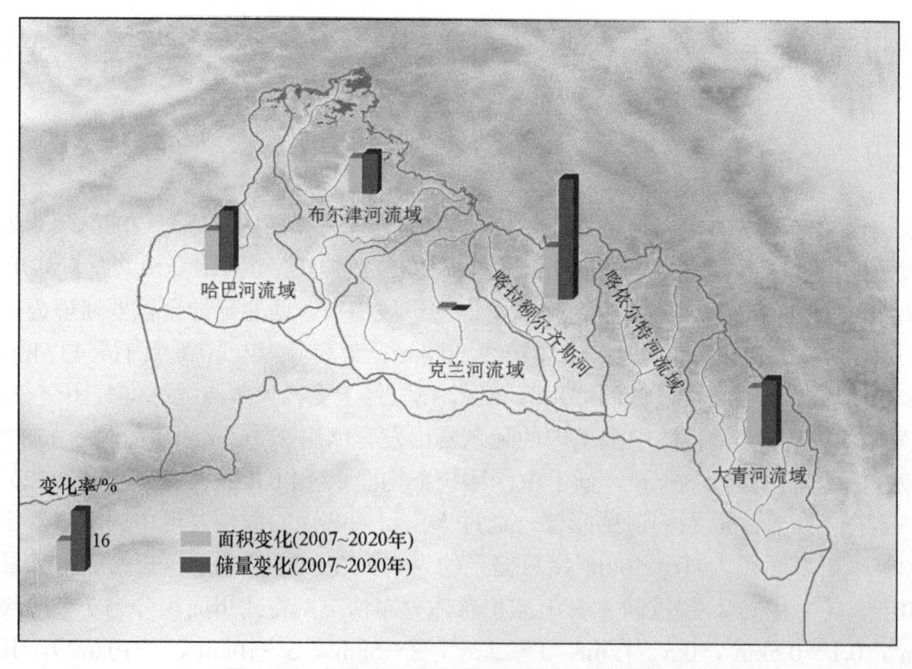

图 3.23　中国阿尔泰山冰川面积和储量变化率

2001～2016 年，阿尔泰山冰川的粒雪线高度平均海拔为 3575m，总体亦呈现波动上升的趋势，速率较低，为 1.93m/a（王晓茹等，2020）。进一步对区域内 12 条冰川分析发现，单条冰川雪线高度差异较大，其雪线高度差最高可达 940m，1989～2019 年间不同冰川雪线高度上升 31m 到 302m 不等（Guo et al.，2021）。

二、冰川变化对径流的影响

布尔津河流域现有冰川 236 条，冰川总面积为 165.79km^2。布尔津河属融雪和雨水混合补给性河流，以季节性积雪融水补给为主，其中冰川融水径流量约为 7.70 亿 m^3，仅占总径流量比例 7.70%，因此，流域冰川的消失，会削弱冰川对径流的调节功能，但不会对径流总量造成太大影响。

该区其他流域大多为冬春季的积雪融水和夏季雨水补给性河流，其特点是冬季降水以积雪形式保存在流域内，为枯水期，径流以地下水为主，流量稳定。年最大流量发生在 5 月下旬和 6 月，水量集中，以春汛的形式出现。随着气候变暖，积雪消融提前，春汛提前且水量增多。

三、阿尔泰山积雪水资源评估

阿尔泰山为积雪高值区，山区年最大积雪深度可达 100cm 以上，积雪日数可超过 150 天。融雪径流不仅为阿勒泰及其周边地区提供了充足的水资源，也是额尔齐斯河春季洪水的重要组成部分。阿尔泰山地区河流以高山积雪融水为主，而高比例的融雪径流是阿尔泰山区流域的一个重要水文特征（Wu et al.，2021a）。

（一）积雪融水资源现状

阿尔泰山地区多年平均年积雪融水资源量约为 23 亿 m^3，在空间分布上呈现北高南低的空间格局［图 3.24（a)]。积雪融水年内出现两个峰值，一般在 4 月和 10 月。冬季

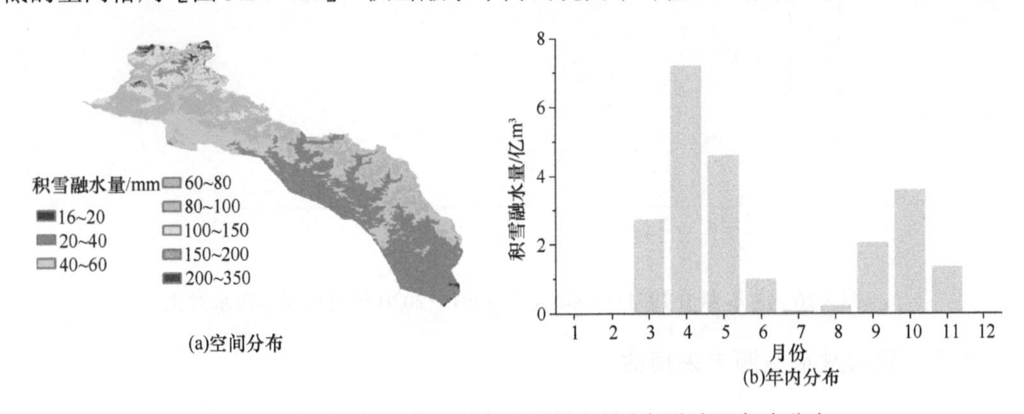

图 3.24 阿尔泰山多年平均年积雪融水量空间分布及年内分布

气温较低，积雪难以消融，导致 12 月、1 月和 2 月几乎无积雪融水量；夏季主要以降雨为主，积雪融水也较少［图 3.24（b）］。

（二）积雪融水资源过去变化

1951～2020 年，阿尔泰山地区年积雪融水资源量呈微弱减少趋势，减少速率约为 0.07 亿 $m^3/10a$［图 3.25（a）］，减少趋势不具备统计学显著性意义。在空间分布上，大部分地区的变化趋势并不显著，显著减少的地区主要在西南低海拔地区；东南高海拔地区及中部地区有少数地区呈显著增加趋势［图 3.25（b）］。

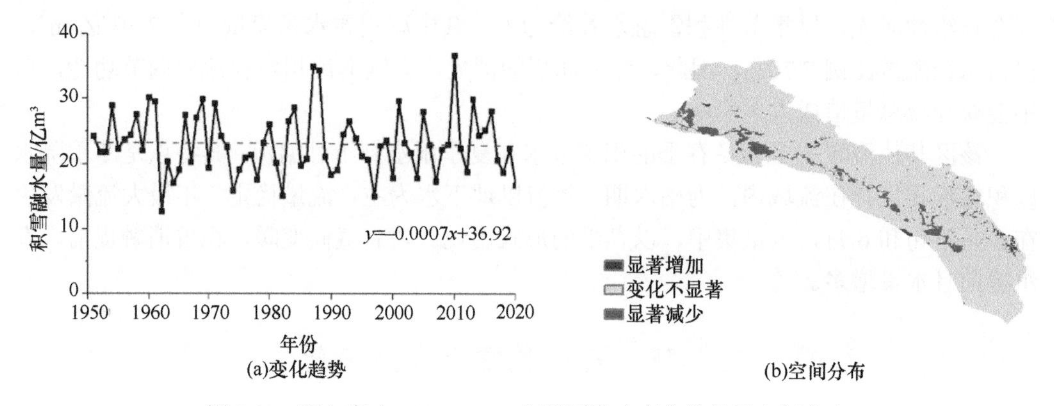

图 3.25　阿尔泰山 1951～2020 年积雪融水变化趋势及空间分布

分别选择 1951～1980 年和 1991～2020 年各 30 年的平均月积雪融水分析月尺度的积雪融水变化（图 3.26），3 月的积雪融水显著增加，而 4～6 月的融水减少，说明随着全球变暖融雪开始时间提前；10 月和 11 月的融水增加，原因在于秋季温度升高可能消融更多的积雪。

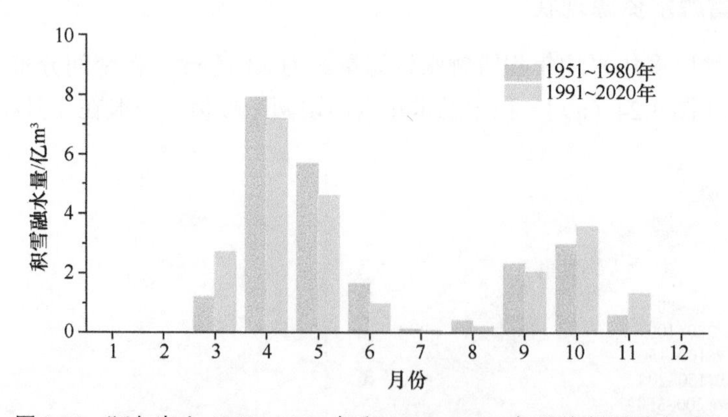

图 3.26　阿尔泰山 1951～1980 年和 1991～2020 年月均积雪融水对比

（三）积雪融水资源未来预估

阿尔泰山地区不同 RCP 情景预估的积雪融水量变化见图 3.27，不同情景的积雪融水量未来变化整体呈减少趋势。分别选择 2030 年代（2030～2039 年）和 2050 年代（2050～2059 年），计算出阿尔泰山地区不同 RCP 情景的积雪融水量 10 年平均值（表 3.6）。不同未来时期的积雪融水量均小于历史期 2010 年代（2010～2019 年）。此外，在积雪融水资源减少和社会经济发展需求的双重推动下，中国西部积雪损失的未来经济价值在加速（Wu et al.，2021b）。

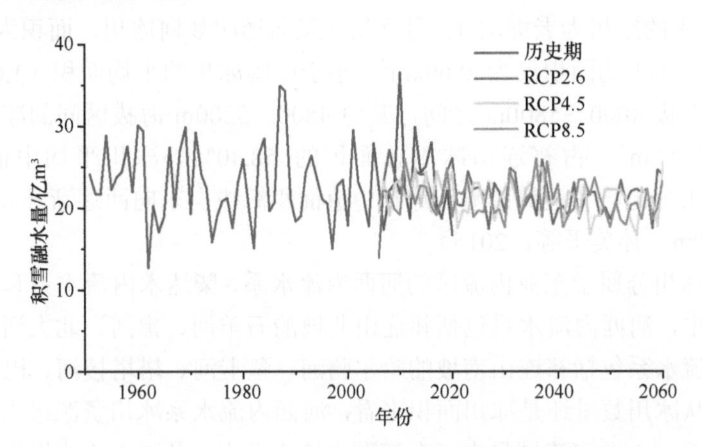

图 3.27　阿尔泰山在不同 RCP 情景下年积雪融水量预估变化图

表 3.6　不同 RCP 情景下不同未来时期阿尔泰山平均积雪融水量及其相对历史期（2010 年代）的变化率

情景	2030 年代		2050 年代	
	平均值/亿 m³	变化率/%	平均值/亿 m³	变化率/%
RCP2.6	21.60	−12.50	21.40	−13.30
RCP4.5	22.30	−9.70	20.50	−16.70
RCP8.5	21.80	−11.40	19.50	−20.80

第四节　祁连山冰川、积雪水资源及其变化

一、冰川分布与变化

祁连山地处青藏高原东北缘，东起乌鞘岭，西至当金山口，北临河西走廊，南靠柴达木盆地，总长度约 800km，宽约 300km，海拔为 1988～5827m。祁连山及其所孕育的中下游地区是丝绸之路经济带的咽喉地段。在我国“两屏三带”（即“青藏高原生态屏障”“黄土高原–川滇生态屏障”和“东北森林带”“北方防沙带”“南方丘陵山地带”）生态安全战略中，祁连山同时发挥了青藏高原生态屏障和北方防沙带的作用，是我国重点生态功能区中的水源涵养重要区，发育了石羊河、黑河、疏勒河等诸多内流河（李新等，2019）。

根据第二次中国冰川编目统计，截至 2010 年，祁连山共发育冰川 2683 条，面积 1597.81km^2，储量约（84.48±3.13）km^3，分别占中国冰川总量的 5.50%、3.10%和 1.90%。祁连山冰川的显著特点是冰川规模较小与分布海拔偏高，面积小于 1km^2 的冰川有 2300 条，占祁连山冰川总条数的 85.70%，略高于全国冰川中面积小于 1km^2 的冰川所占比例（80%）。随着冰川面积等级的增大，冰川数量急剧减少，面积在 10km^2 以上的冰川仅有 13 条，面积最大的冰川为老虎沟 12 号冰川（又名透明梦柯冰川，面积为 20.40km^2）。整个祁连山区冰川平均面积仅为 0.60km^2，小于中国冰川的平均面积（1.07km^2）。冰川垂直分布介于海拔 4000～5800m 之间，其中 4800～5200m 海拔区间的冰川较为发育，总面积达 926.06km^2，占祁连山冰川总面积的 58.40%。冰川平均中值面积海拔为 4972.70m，受山脉走势和地势影响，冰川中值面积海拔自东向西逐渐升高，由 4483.8m 上升为 5234.10m（孙美平等，2015）。

祁连山区冰川分属于东亚内流区的河西内流水系、柴达木内流水系和黄河流域的大通河水系。其中，河西内流水系包括祁连山北坡的石羊河、黑河、北大河、疏勒河和党河；柴达木内流水系包括祁连山南坡的哈尔腾河、鱼卡河、塔塔棱河、巴音郭勒河和布哈河等。无论从冰川数量还是冰川面积来看，河西内流水系冰川资源最为丰富，其次是柴达木内流水系，大通河流域最少。在河西内流水系中，约 1/3 的冰川集中在疏勒河流域，规模相对较大，平均面积为 0.77km^2。黑河和党河流域的冰川虽然数量接近，但是冰川规模相差悬殊。党河流域的冰川规模与整个祁连山区冰川接近，平均面积为 0.64km^2。黑河流域冰川规模最小，平均面积仅为 0.21km^2。

第一次和第二次中国冰川编目对比得出，1956～2010 年期间，祁连山冰川面积减少 420.81km^2（20.88%）（孙美平等，2015）。在不同区域，冰川总面积的缩小比率为 5.50%～48.50%，单条冰川缩小量的平均值为 0.05～0.42km^2。面积小于 1.0km^2 的冰川急剧萎缩是祁连山区冰川面积减少的主要原因。海拔 4000m 以下冰川已完全消失，海拔 4350～5100m 区间冰川面积减少量占冰川面积总损失量的 84.24%。冰川数量和面积在各个朝向均呈减少态势，其中北朝向冰川面积减少绝对值最大（210.34km^2），东朝向冰川面积减少比率最高（32.72%），而西北朝向冰川变化最为缓慢。从空间分布来看，冰川面积变化率从东到西逐渐减小。位于祁连山东中段南坡的大通河流域冰川面积变化最大，黑河流域次之，位于祁连山西段的塔塔棱河冰川面积变化率较小。而单条冰川平均缩小量则出现相反的变化规律，位于祁连山西段的哈尔腾河单条冰川平均缩小量最大，位于东中段的黑河流域和石羊河流域则相对较小。

Cai 等（2022）最新的研究结果表明，2007～2020 年间祁连山冰川面积减小 42.75km^2，除面积小于 0.1km^2 的冰川，不同规模的冰川均呈退缩趋势。其中，面积为 5～10km^2 的冰川减少率最大（13.44%）。海拔分布上，4800m 以下的区域，特别是在海拔 4400～4600m 之间，冰川退缩明显。冰川补给高度对冰川的发育至关重要，低海拔地区气温相对较高，从而加速了冰川末端退缩。

2000～2018 年，祁连山冰川年物质平衡的平均值为（–0.28±0.07）m w.e./a，其中，

2000～2016年间，冰川年物质平衡平均值为（–0.29±0.08）m w.e./a，相当于储量变化率为（–0.5±0.1）Gt/a（Rounce et al.，2020），2003～2009年，冰川年物质平衡平均值亦为（–0.29±0.33）m w.e./a（Gardner et al.，2013）。2001～2016年，祁连山冰川粒雪线高度位于海拔5080～5250m，均值约为5140m，呈现微弱上升趋势，速率约为2.26m/a，阳坡的粒雪线高度上升速率快于阴坡（王晓茹等，2020）。

二、冰川变化对径流的影响

祁连山各水系中的冰川分布和融水径流所占比例不同，冰川变化引发的水资源变化亦差异较大。根据西北干旱区的边界划定，祁连山所属的3个三级流域中，河西内流水系中的黑河（包括北大河）、疏勒河和石羊河属于西北干旱区，以下分别进行研究论述。

（一）黑河流域

黑河流域是祁连山区现代冰川集中发育的地区之一，它东至石羊河水系西大河源头，西以黑山与疏勒河水系为界，上游流域东西几乎横跨整个河西走廊，平均海拔3738m。在此需要说明的是，根据1985～1986年我国绘制的黑河流域图，整个流域被划分为三个水文平衡区，分别为黑河干流水系平衡区、北大河干流水系平衡区和马营–丰乐山前水系平衡区。广义上认为黑河流域包括北大河流域，而冰川编目将黑河流域和北大河流域单独列出，前人的研究将黑河与北大河分开，并不成体系。在此，为求完整性，将北大河流域也纳入黑河流域的冰川空间分布状况及其变化的分析中，来探求广义上整个黑河流域冰川水资源变化情况。

截至2017年，黑河流域共有冰川770条，面积253.88km^2，储量9.89km^3，平均面积仅为0.33km^2，规模较小（高永鹏等，2018）。通过对比1∶5万地形图和近期遥感影像，对20世纪60年代黑河流域967条冰川研究的结果表明，至2010年，区域内冰川数量已减少为800条，面积共减少130.51km^2，退缩率为36.1%，平均每条冰川面积缩减0.14km^2；其中，黑河冰川退缩率较北大河高16%左右（Huai et al.，2014）。

1961～2006年，黑河流域冰川融水径流量为10.6亿m^3，各支流的融水补给率在5%～15%之间；同期，北大河流域冰川融水径流量为18.8亿m^3，占河流径流量的22.90%（高鑫等，2011）。1960～2013年，黑河流域内冰川的快速消融导致冰川融水径流增加9.80%，对流域径流增加的贡献率为3.5%（Chen et al.，2018）。天山冰川站以实测数据为基础，以能量平衡模型为模拟手段，获取黑河葫芦沟子流域2011年冰川实际径流数据为260万m^3，占河川径流量的18%，如果根据杨针娘（1991）水量平衡的方法和参数，葫芦沟冰川覆盖度为5%，冰川产流占河川径流量值应小于10%，说明冰川单位面积上的产流量较过去有明显增加，这很可能是缘于冰川反照率降低，破碎化加剧等因素，利用过去的冰川径流系数容易低估冰川产流量。然而，冰川消融增加是以冰川固态水资源量的减少为代价的，随着冰川面积的不断减小，融水也会随之迅速减少。

（二）疏勒河流域

疏勒河流域位于祁连山西段，是河西走廊内流河水系仅次于黑河的第二大河。截至2017年，流域内共发育冰川590条，面积480.07km^2，冰储量28.22km^3，是祁连山地区大冰川发育的集聚区，其中，面积大于5km^{2}的冰川有23条，占整个祁连山区一半左右，流域内冰川的平均面积为0.81km^2（高永鹏等，2018）。

1956～2017年，疏勒河流域冰川面积减少132.5km^2，冰川面积变化速率为–2.17km^2/a，冰川储量损失8.70km^3，其中，2000～2010年间冰川厚度平均减薄（9.42±3.21）m，冰川储量亏损（4.08±1.39）Gt，平均物质平衡为（–0.80±0.27）m w.e./a（高永鹏等，2018）。

1961～2006年，疏勒河冰川融水径流量为47.9亿m^3，对河川径流量的贡献量超过30%（高鑫等，2011）。1971～2015年，由于流域内气温升高导致的冰川加速消融，对流域径流增加的贡献率达到48%（李洪源等，2019）。

（三）石羊河流域

石羊河流域位于祁连山东段北麓，乌鞘岭以西。流域内冰川资源较少，仅发育冰川90条，总面积24.76km^2，储量0.86km^3，单条冰川平均面积为0.28km^2，低于整个祁连山区冰川的平均面积（0.6km^2），以小冰川为主。

通过对比第一次和第二次冰川编目资料，发现20世纪60年代至2010年前后，石羊河流域冰川数量减小44条，面积减小37.3km^2，冰川面积退缩率约为48.5%，单条冰川平均面积缩小量为0.27km^2。

1961～2006年间石羊河流域冰川融水径流量为6.10亿m^3，融水补给率小于10%（高鑫等，2011），由于流域内小于1km^{2}的冰川快速退缩，冰川径流自21世纪初持续减少（Zhang et al.，2015）。

三、祁连山积雪水资源评估

祁连山地区的积雪空间分布极不均匀，表现为西段积雪显著高于东段。分析结果显示，自东向西，自冷龙岭、走廊南山、大雪山、托勒南山、疏勒南山、野马南山、党河南山至土尔根达坂山，积雪频次逐渐增高。高海拔地区积雪覆盖频率在60%以上，主要分布在山体北坡（Jiang et al.，2016）。祁连山区具有典型的大陆性气候和高原气候特征，年平均气温为5℃，山区东段年降水量约500mm，向西北逐渐递减，至柴达木盆地西部年降水量已不足20mm，高山区的冰川积雪融水是各流域的重要补给来源（孙美平等，2021）。

（一）积雪融水资源现状

祁连山地区多年（1951～2020年）平均年积雪融水资源量约为100.90亿m^3，在空间分布上，呈现中部高、四周低的空间格局，积雪融水量较大的地方主要分布在高海拔地区，高海拔地区的积雪融水量远高于低海拔地区［图3.28（a）］。祁连山地区冬季积雪融水很少，一般自3月开始消融，随温度上升逐渐增加，并于5月达到峰值；随后随着降雪减少，积雪融水逐渐降低；秋季降温后降雪逐渐增加，融水量在9月达到另一个峰值，进入秋冬季后，气温降低，融雪量减少［图3.28（b）］。

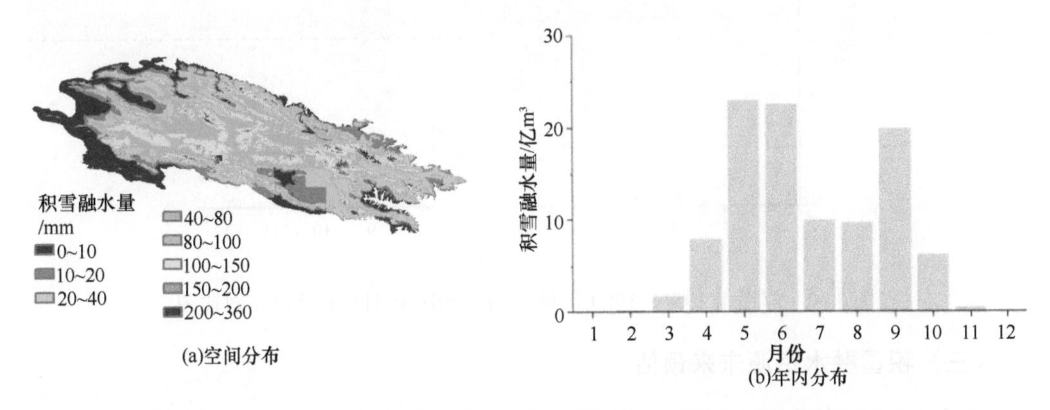

图3.28　祁连山多年平均（1951～2020）年积雪融水量空间分布及年内分布

（二）积雪融水资源过去变化

对祁连山地区过去70年（1951～2020年）积雪融水资源的变化分析表明，祁连山地区年积雪融水资源量呈显著增加趋势，增加速率大约在2.96亿m^3/10a［图3.29（a）］。在空间分布上，存在一定差异性，表现为祁连山地区的中部高海拔地区为显著增加区；东南和西北低海拔地区少数地区呈显著减少趋势；中海拔的大部分地区的变化趋势并不显著［图3.29（b）］。

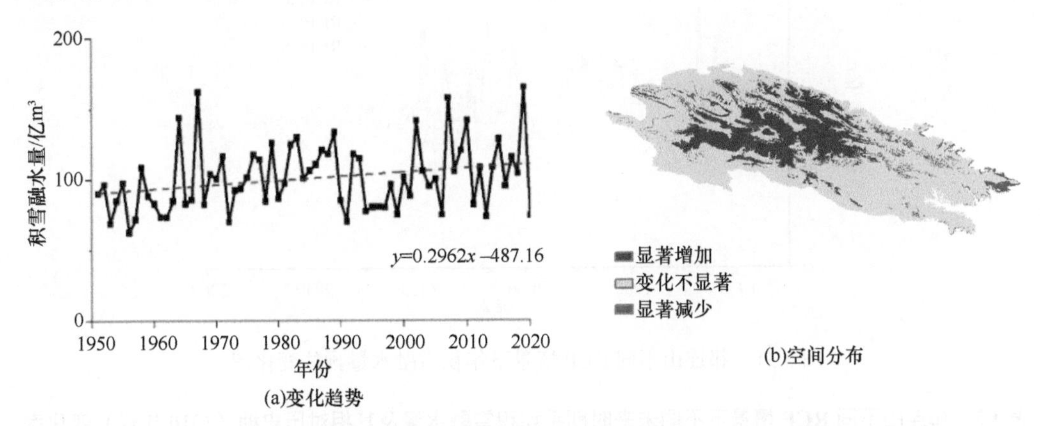

图3.29　祁连山1951～2020年积雪融水变化趋势及空间分布

分别选择1951～1980年和1991～2020年各30年的平均月积雪融水分析月尺度的积雪融水变化（图3.30），祁连山区积雪融水除夏季7～8月外，其余大部分月份的后30年的积雪融水均大于前30年，主要原因在于该区降水降雪增加，导致积雪消融量增加，说明除气温外，降水的变化也会强烈影响积雪融水量。

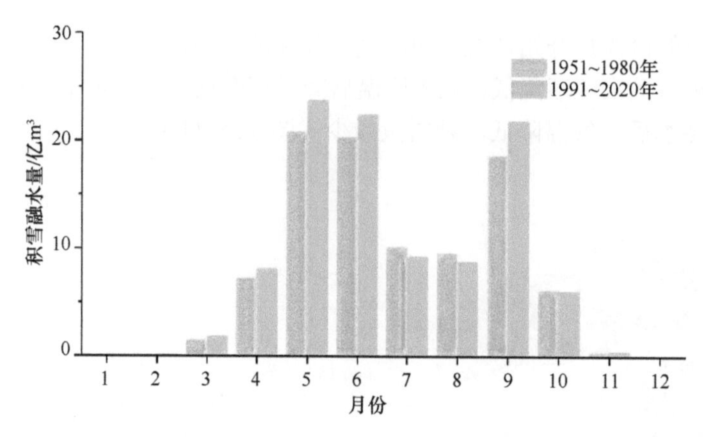

图 3.30　祁连山 1951～1980 年和 1991～2020 年月均积雪融水对比图

（三）积雪融水资源未来预估

祁连山地区不同 RCP 情景预估的积雪融水量变化如图 3.31 所示，不同情景的积雪融水量未来变化整体呈减少趋势，其中 RCP8.5 减少幅度最大，RCP4.5 次之，最小为 RCP2.6。2030 年代（2030～2039 年）和 2050 年代（2050～2059 年），祁连山地区不同 RCP 情景下积雪融水量 10 年平均值如表 3.7 所示。不同未来时期的积雪融水量与历史期 2010 年代（2010～2019 年）相比，均小于历史期，其中减小幅度最小的是 RCP8.5 的 2030 年代，减小比例约为 19.50%（表 3.7）。

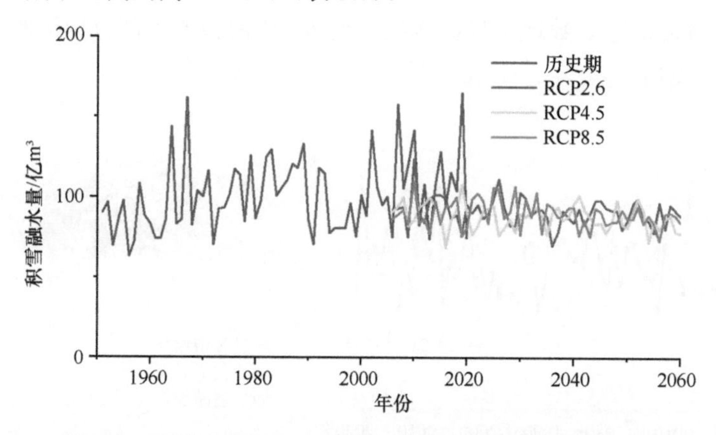

图 3.31　祁连山不同 RCP 情景下年积雪融水量预估变化图

表 3.7　祁连山不同 RCP 情景下不同未来时期平均积雪融水量及其相对历史期（2010 年代）变化率

情景	2030 年代		2050 年代	
	平均值/亿 m³	变化率/%	平均值/亿 m³	变化率/%
RCP2.6	89.2	−20.6	89.6	−20.2
RCP4.5	88.5	−21.1	85.4	−24.0
RCP8.5	90.4	−19.5	86.5	−23.0

第五节　冰雪响应气候变化的热点问题

一、小冰川消失及潜在影响

（一）小冰川未来变化预测

我国冰川平均面积约为1.07km^2，以小于1km^{2}的冰川为主，占到总数的83%（Guo et al.，2015）。未来随着小冰川的不断消亡，其影响也日益凸显，因此，有必要在此进行简要探讨分析。

根据冰川学理论，冰川的规模一是取决于该区域水热物（物质–能量状况）状况，二是地形要素。冰川物质平衡受控于冰川区物质–能量状况，决定了冰川的整体规模。在同一个区域，单条冰川规模的差异主要是由于地形地势所造成的。研究表明，在气候变暖条件下，未来冰川能够继续存在的时间和变化幅度很大程度上取决于冰川的补给高度和冰川的末端位置。冰川补给高度（可视为冰川顶部高度），决定了冰川的固态降水丰度和温度环境，补给高度越高，可接收的固态降水就越多，冰川得以维系的时间也就越长。冰川末端高度决定了冰川在未来的变化幅度，这是因为冰川"减薄后退"的变化方式从末端开始，较低的冰川末端，会有较大的变幅（李忠勤，2019）。

（二）不同气候情景对小冰川未来变化的影响

假定气候条件不变的情景下，小冰川是如何变化的呢？以天山乌鲁木齐河源1号冰川的模拟预测为例，假定气候要素在1998～2008年平均状况的基础上不再发生变化，模拟预测结果显示冰川未来将持续退缩，冰川面积和体积到2170年达到稳定状态，长度却从2163年开始就几乎不再变化，之后7年当中，冰川的主要变化形式为减薄、变窄。达到平衡之后的冰川的规模十分有限，长度约为295m，冰川面积和体积仅为2006年相应值的6.3%和1.3%（图3.32）。

气候条件不变的情景在冰川变化研究中有重要物理含义，作这种假设是为了研究冰川怎样通过调整自身几何形态来完成对某种气候状态的响应。乌源1号冰川的研究结果充分说明，凭直觉会认为假如气候变化停止了，冰川也就随之稳定不变了，但事实并非如此，因为冰川的几何形态变化是对过去气候变化的综合和叠加反映，即便现在气候条件不发生变化了，但响应过程并未结束，会一直变化下去，直至冰川与气候之间达到平衡，即便是这种平衡在现实当中很难看到。大多数山地冰川的规模，都未与气候状况相匹配，冰川处在不稳定状态，需要继续调整自身几何形态来完成对全球近期升温响应。因此，即便气候条件维持现状不再发生变化，冰川现存规模仍然不适应当前的气候状况，将继续退缩，直至达到平衡，这一过程中，许多小冰川会消失，而平衡之后的较大冰川，规模也会减小很多。

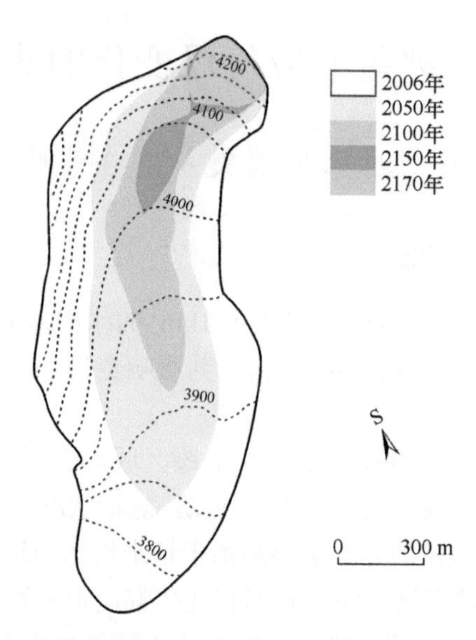

图 3.32 假定气候要素不再发生变化，乌源 1 号冰川（东支）未来几何形态变化过程

西北干旱区未来降水的增加和变湿是否对小冰川有保护作用呢？以祁连山十一冰川的模拟研究为例来说明这一问题。在 RCP4.5 情景下冰川变化模拟试验的结果表明，当维持气温不变，降水增加幅度为 100%时，冰川可以达到稳定状态（图 3.33）。本实验中降水大幅提升后冰川顶端积累明显增加，但对冰川中下部的作用不明显。冰川对降水的敏感性随温度上升而降低，在我国干旱区冰川上这种现象尤为显著。因为该区域的冰川大多属于“夏季积累”型冰川，降水有 70%以上集中于气温高于零度的消融季，降水中有相当一部分为液态，且气温越高固态降水所占比重越小，冰川积累也随之减少。海拔越高的区域对降水变化越敏感（李忠勤，2019）。

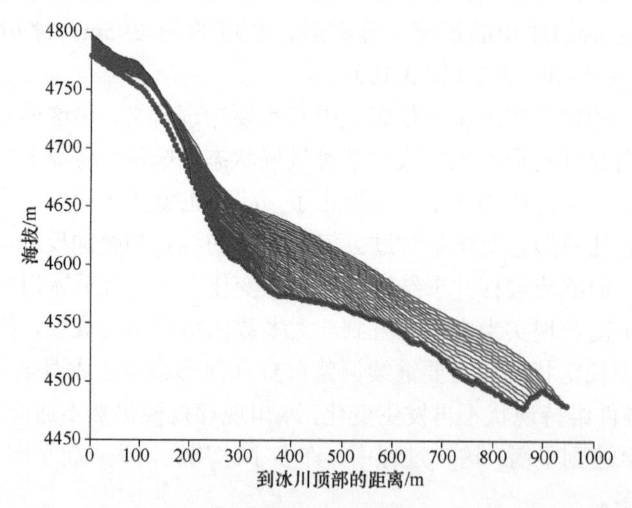

图 3.33 十一冰川西支纵剖面未来变化模拟结果(RCP4.5 情景下，假定气温每升高 1℃降水增加 100%)

红色曲线为到达稳定状态后的冰川规模

降水增加对于冬季积累型冰川具有保护作用。图 3.34 给出在 RCP4.5 情景下，每升高 1℃，降水增加 10%情景下，中国境内的十一冰川和乌源 1 号冰川体积变化与国外 12 条参照冰川平均体积变化（按参照冰川平均，每条冰川有相同权重）对比，从图中看出，降水对中国境内的冰川影响相对较小。而对于全球范围以冬季积累、夏季消融为特征的冰川来说，降水的增加，意味着冬季降雪的增加，冰川积累增大，对冰川具有明显保护作用。

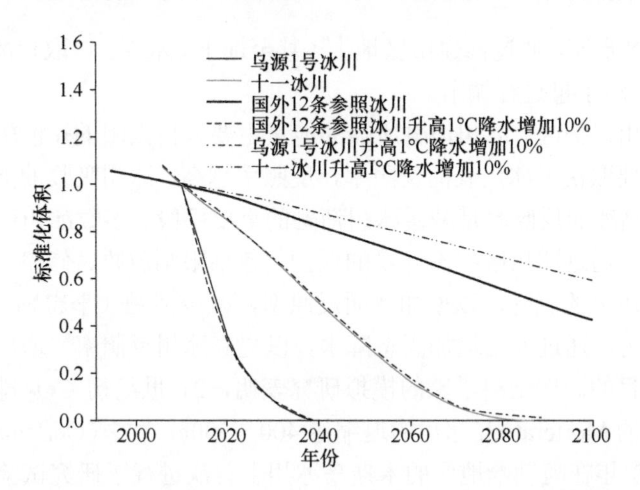

图 3.34 RCP4.5 情景不同降水条件下国内外参照冰川平均体积变化对比

（三）小冰川消失的影响和应对

小冰川大量消失的潜在影响体现在以下四个方面。

1. 对河川径流量的影响

小冰川的储量小，其变化对水文、水资源的影响有限，通常情况下，在西北干旱区以小冰川为主的河流出山口径流中，冰川融水占比不足 10%（李忠勤等，2010）。

2. 对径流调节作用的影响

冰川径流无论在年际尺度和年内尺度对河流都有较强的调节作用，在冰川这一“固体水库”调节之下，西北干旱区河流水资源稳定，径流年际变化幅度小，变差系数（CV）一般为 0.10～0.50，随冰川融水比例的增加而减小，最小为 0.10～0.20（杨针娘，1991）。

3. 对气候反馈作用的影响

通常在小尺度上，高耸山脉上若有冰川存在，冰川和云层相互作用可以造成降水的增加。在较大尺度，冰川作为冷源可能对降水量产生影响。总之，作为下垫面的冰川变化而造成的地表能量和物质的变化，会引起对气候系统反馈作用的变化，这方面还有待进一步定量研究。

4. 对景观和旅游资源的影响

冰川作为珍稀旅游资源一直受到广大民众的推崇。由于冰川难以接近，大多景区的冰川旅游目的地是小冰川，冰川往往是景区的核心。

针对小冰川的大量消失，国内外根据实际情况制定了一些应对措施，主要包括以下四个方面。

（1）修建山区水库。通过修建山区地上（甚至地下）水库，以取代冰川这一天然“固体水库”，对下游河水量进行调节。

（2）设立冰川保护区。冰川消融所需的能量主要来自太阳的短波辐射，而冰川对短波辐射的吸收主要取决于冰川表面反照率，反照率越高，冰川吸收的能量越少，消融越缓慢。因此，提高冰面反照率是减缓冰川消融的重要手段。多数冰川保护方案的提出便是基于这一原理。通过冰川区生态环境的保护，包括限制放牧、修路、建设等，可以减少风尘物质在冰川上的沉降，以增加冰面反照率，减少消融（李忠勤，2019）。

（3）人工降雪。通过人工增加固态降水，以提高冰川反照率，增加冰川积累，从而达到保护冰川的目的。瑞士科学家的模拟研究表明，21 世纪初 CO_2 排放情境下，人工降雪可减缓瑞士的 Morteratsch 冰川的退缩达 400～500m 之多（Oerlemans et al.，2017）。这一研究于 2018 年在阿勒泰地区的木斯岛冰川上首次进行了研究试验（Wang et al.，2020），该研究利用 AgI 烟雾发生器在冰川区实施人工降雪，通过多个自动气象站数据的对比分析，甄别出试验期（2018 年 8 月 18～24 日）的人工降雪占总降雪的 79%以上，而这期间的冰川物质平衡较实验之前的对比期（2018 年 8 月 12～18 日）有明显升高，融化总量减少了 42%～54%（图 3.35）。

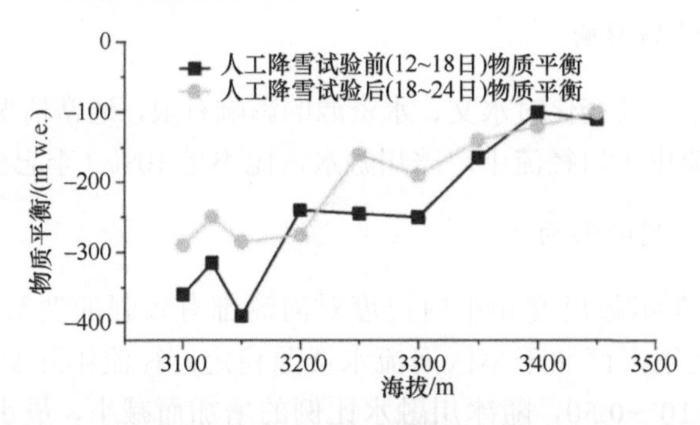

图 3.35　人工降雪试验前后冰川物质平衡变化（2018 年 8 月 12～24 日）

（4）覆盖反光隔热材料。国外对于一些具有高旅游价值的冰川，实施了在冰川表面铺设覆盖物（起到隔热反光的作用）等工程措施加以保护。近年来有国内学者在乌源 1 号冰川和四川达古冰川也进行了相关的研究试验（谢宜达等，2021）（图 3.36）。结果表明，铺设覆盖物确实可以起到延缓冰川消融的作用，但不同覆盖材料对冰川的保护作用有明显差异，采用廉价、可重复利用并且效果良好的覆盖材料是冰川保护的关键，而这一保护措施主要适用于具有旅游经济价值的小冰川。

(a)纳米材料在2021年7月1日保护效果　(b)纳米材料在2021年7月9日保护效果

图 3.36　乌源 1 号冰川覆盖区与非覆盖区的消融对比

另外，国外对有些无法进行保护而又在迅速消失的冰川，则加大了旅游开发，以求在冰川消失之前，让更多民众观赏到冰川这一自然奇观。总体上，人们对大量小冰川消失所产生的潜在影响研究不足，也缺乏系统科学的应对措施。

二、冰川径流拐点

根据 IPCC 第六次评估报告（IPCC AR6）和中国气候变化蓝皮书的研究结果，在未来百年尺度，西北干旱区的气温还将持续升高，对冰川的影响还会增强。气候变暖对水资源的总体影响是随着气温的不断升高，冰川加速消融，冰川融水径流量普遍增加，在降水量增加的双重作用下，形成了近年来动态水资源量明显增加态势。然而，冰川径流的增加是以消耗冰川固体冰为代价的，随着未来冰川储量的不断减少，即便温度再有升高，冰川融水径流也会减少，形成所谓的冰川径流减少的拐点，在国际上被称为“water peak”。拐点的形成因素包括以下几点。

（一）径流拐点与升温速率

不同升温速率下 1 号冰川径流演变的模拟预测结果显示，不同气候情景下冰川融水径流变化存在显著差异。在 RCP4.5、RCP6.0 和 RCP8.5 排放情景下，冰川径流将会稳定至 2050 年，之后快速下降，并未出现明显的拐点，而在急速升温的大西沟升温情景（DXG2）下，融水径流出现上升趋势，并在 2030 年出现拐点后迅速下降。这是因为在强烈升温情景下，消融强度急剧增大，导致融水径流呈上升趋势；同时，随着冰川规模变小造成产流面积不断减小，冰川融水也会随之减小。二者平衡时径流达到峰值，形成拐点，之后径流快速减少。这说明径流拐点是否出现与升温速率有直接的关系。只有在升温剧烈的情景下，增加的消融量才能抵消由于冰川面积减小造成的产流减少，形成由升至降的径流拐点。如果升温幅度不大，径流便不会出现显著的增加，不会出现拐点。

（二）径流拐点与冰川规模

毫无疑问，是否出现冰川径流拐点是由升温速率决定的，但拐点何时出现，以及径流变化过程取决于更多因素。从理论上分析，在一个区域范围内，温度升高，会造成该区所有冰川的径流增加，无论冰川的大小。但何时达到峰值，取决于每条冰川面积的减小程度。而冰川面积的减小与冰川的大小有关，通常在相同温升和时间内，大冰川面积的绝对量变化大，小冰川的相对值变化大，这些变化如何影响径流拐点尚需深入分析。Huss 和 Hock（2018）的研究结果表明，在 RCP4.5 排放情景下，有大型冰川发育和冰川覆盖度高的汇流区往往会在 21 世纪末达到峰值水位，以较小冰川为主的汇流区（如加拿大西部、中欧和南美洲），峰值水位已经过去或预计将在未来 10 年内出现。

（三）实测的径流拐点

图 3.37 显示，1996～2019 年，乌鲁木齐河源夏季气温升高了 15%，在冰川面积变化条件下，利用冰川水文模型模拟的融冰径流却下降了 16%。如果保持面积不变，则模拟的融冰径流会增加 3%，说明在这一阶段，升温对融冰径流产生的正向作用与面积减小的负向作用可以相互抵消。冰川径流拐点在这段时间内已经出现，分析表明很可能是 2010 年前后（贾玉峰等，2020）。

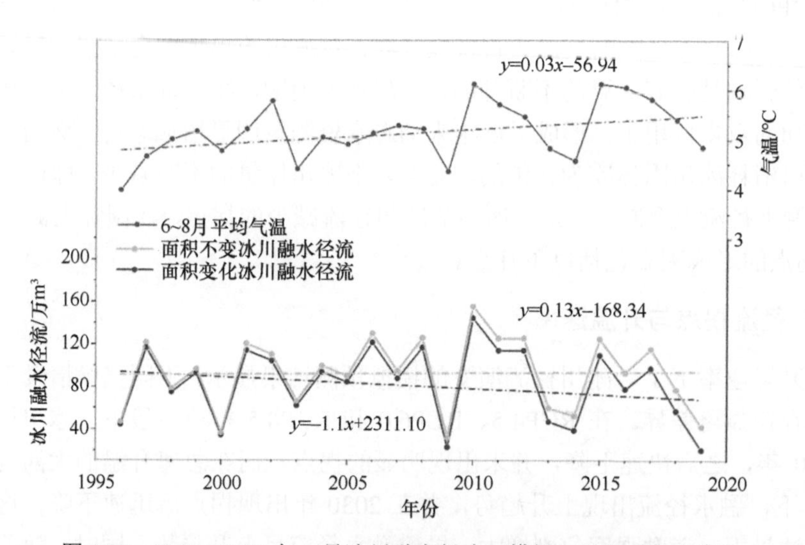

图 3.37　1996～2019 年 1 号冰川融水径流（模拟）及夏季气温变化

简而言之，对于单条冰川而言，冰川融水拐点是否出现和出现的时间与升温速率和冰川规模有关。升温速率对冰川融水拐点的影响很大，相同大小的冰川，升温速率不同，融水出现拐点的时间不一，甚至不会出现显著的拐点。在流域尺度上，众多冰川分布其中，冰川面积大小不一，对气候的响应程度各异，出现峰值的时间也前后不一。因此，在流域尺度上是否出现冰川融水的峰值，情况较为复杂。根据已有的结果，可以得出以下基本认识：冰川覆盖率低、以小冰川为主的流域（流域平均冰川面积小于 1km^2，且最大的冰川面积小于 2km^2），其冰川融水径流“先增后减”的拐点已经出现，如天山的乌鲁木齐河、头屯河、三屯河、库车河、呼图壁河、吐–哈盆地诸小河流、祁连山的石羊河和黑河等；冰川规模较大的流域（流域平均冰川面积超过 2km^2，且流域内有一定数量的面积超过 5km^2 的大型冰川），冰川融水拐点出现较晚，预估到 2050 年融水径流显示出持续稳定的增加趋势，如塔里木河流域的阿克苏河、和田河和叶尔羌河等；冰川规模介于二者之间的流域，冰川融水在未来 10～20 年会出现冰川融水径流拐点，如天山和祁连山的玛纳斯河、霍尔果斯河、安集海河、木扎尔特河、疏勒河等（李忠勤，2019；陈仁升等，2019；丁永建等，2020）。

第六节 本 章 小 结

本章以天山、塔里木河、阿尔泰山和祁连山的冰川为研究对象，基于航空相片绘制的历史地形图、多源卫星遥感影像以及冰川编目数据，分析判别流域/区域尺度冰川变化，系统分析了冰川、积雪的分布、变化及未来趋势、冰川积雪变化对水资源的影响以及冰川、积雪响应气候变化的热点问题等，主要结论如下：

（1）西北干旱区现有冰川主要分布在新疆的塔里木内流水系，天山山脉的准噶尔内流水系、吐鲁番–哈密内流水系、伊犁河，阿尔泰山脉的额尔齐斯河等水系以及甘肃祁连山的河西内流水系（包括疏勒河、黑河和石羊河）。1950 年代中后期至 2010 年前后，由于全球气候变暖，西北干旱区新疆境内的冰川总面积缩小 11.7%，不同区域的缩减比率为 8.8%～34.2%，其中阿尔泰山冰川退缩最显著。祁连山冰川在不同区域的缩小比率为 5.5%～48.5%。干旱区冰川粒雪线（融雪期末雪线）高度以平均 3.3m/a 的速率上升。1960～2020 年，干旱区大多山区的积雪略有增加。气候变暖会导致融雪时间提前，未来干旱区积雪呈总体减少趋势。

（2）在未来百年尺度，西北干旱区的冰川还将持续退缩，冰川加速消融变化首先使得径流增加，在一些大冰川作用地区形成冰川灾害，随后由于冰川面积的减少而出现冰川径流拐点，且冰川径流对气温的依赖更强。冰川加速消融，大量小冰川消融殆尽，冰川径流拐点出现，将对干旱区水文水资源产生不可逆转的深刻影响。研究表明，冰川覆盖率低、以小冰川为主的流域，其冰川融水径流拐点已经出现，如天山的乌鲁木齐河、头屯河、三屯河、库车河、呼图壁河、吐–哈盆地诸小河流、祁连山的石羊河和黑河等。冰川规模较大的流域，拐点出现较晚，预估在 2050 年前，融水径流仍将呈现持续稳定的增加趋势，如塔河流域的阿克苏河、和田河和叶尔羌河等。而冰川规模介于二者之间的流域，会在未来 10～20 年会出现冰川融水径流拐点，如天山玛纳斯河、霍尔果斯河、安集海河、木扎尔特河，祁连山的疏勒河等。

（3）未来无论哪种气候情景，降水量是否增加，西北干旱区面积小于 0.50km^2 的冰川在本世纪中叶会因为消融而消亡，而到本世纪末，面积小于 2.00km^2 的冰川也会消亡，面积小于 10km^2 的冰川剩余冰量很可能低于 30%。小冰川大量消失的潜在影响体现在对河川径流的贡献和调节作用、对气候的反馈作用的影响和对景观和旅游资源的影响几个方面。对冰川的保护与冰川消失的应对包括修建山区水库和设立冰川保护区。对旅游区价值高的冰川可以采用人工降雪和覆盖反光隔热材料的方法加以保护。

气候变化加剧了冰川和积雪的消融和不稳定性，使得包括冰湖溃决洪水、冰川跃动、冰崩在内的冰川灾害急增，以及包括雪灾和冰雪洪水在内的雪灾频次和强度有增加的趋势，因此加强关键地区冰川的监测研究，建立冰川灾害的预测、预报、预警体系十分必要和紧迫。

参考文献

蔡兴冉, 李忠勤, 张慧, 等. 2021. 中国天山冰川变化脆弱性研究. 地理学报, 76(9): 2253-2268.

陈仁升, 张世强, 阳勇, 等. 2019. 冰冻圈变化对中国西部寒区径流的影响. 北京: 科学出版社.

陈亚宁, 李稚, 方功焕. 2022. 中亚天山地区关键水文要素变化与水循环研究进展. 干旱区地理, 45(11): 1-8.

陈亚宁, 吾买尔江•吾布力, 艾克热木•阿布拉, 等. 2021. 塔里木河下游近 20a 输水的生态效益监测分析. 干旱区地理, 44(3): 605-611.

丁永建, 张世强, 吴锦奎, 等. 2020. 中国冰冻圈水文过程变化研究新进展. 水科学进展, 31(5): 690-702.

冯童, 刘时银, 许君利, 等. 2015. 1968～2009 年叶尔羌河流域冰川变化——基于第一、二次中国冰川编目数据. 冰川冻土, 37(1): 1-13.

高鑫, 叶柏生, 张世强, 等. 2010. 1961～2006 年塔里木河流域冰川融水变化及其对径流的影响. 中国科学: 地球科学, 57(5): 654-665.

高鑫, 张世强, 叶柏生, 等. 2011. 河西内陆河流域冰川融水近期变化. 水科学进展, 22(3): 344-350.

高永鹏, 姚晓军, 安丽娜, 等. 2018. 2000～2010 年祁连山冰川冰储量变化. 干旱区研究, 35(2): 325-333.

贾玉峰, 李忠勤, 金爽, 等. 2020. 1959～2017 年天山乌鲁木齐河源 1 号冰川流域径流及其组分变化. 冰川冻土, 41(6): 1302-1312.

李宏亮, 王璞玉, 李忠勤, 等. 2021. 天山乌鲁木齐河源 1 号冰川东支能量–物质平衡模拟研究. 冰川冻土, 43(1): 24-35.

李洪源, 赵求东, 吴锦奎, 等. 2019. 疏勒河上游径流组分及其变化特征定量模拟. 冰川冻土, 41(4): 907-917.

李晶, 刘时银, 魏俊锋, 等. 2014. 塔里木河源区托什干河流域积雪动态及融雪径流模拟与预估. 冰川冻土, 36(6): 1508-1516.

李新, 勾晓华, 王宁练, 等. 2019. 祁连山绿色发展: 从生态治理到生态恢复. 科学通报, 64(27): 2928-2937.

李忠勤. 2011a.天山乌鲁木齐河源 1 号冰川近期研究与应用. 北京: 气象出版社.

李忠勤. 2011b. 中国冰川定位观测研究 50 年. 北京: 气象出版社.

李忠勤. 2019.山地冰川物质平衡和动力过程模拟. 北京：科学出版社.

李忠勤, 李开明, 王林. 2010. 新疆冰川近期变化及其对水资源的影响研究. 第四纪研究, 30(1): 96-106.

秦大河. 2021. 中国气候与生态环境演变: 2021. 北京：科学出版社.

任艳群, 刘海隆, 包安明, 等. 2015. 基于SSM/I和MODIS数据的天山山区积雪深度时空特征分析. 冰川冻土, 37(5): 1178-1187.

施雅风. 2001. 2050 年前气候变暖冰川萎缩对水资源影响情景预估. 冰川冻土, 23(4): 333-341.

施雅风. 2005. 简明中国冰川目录. 上海：上海科学普及出版社.

孙美平, 刘时银, 姚晓军, 等. 2015. 近 50 年来祁连山冰川变化——基于中国第一、二次冰川编目数据. 地理学报, 70(9): 1402-1414.

孙美平, 马维谦, 姚晓军, 等. 2021. 祁连山冰川服务价值评估及其时空特征. 地理学报, 76(1): 178-190.

王晓茹, 唐志光, 王建, 等. 2020. 基于MODIS积雪产品的高亚洲融雪末期雪线高度遥感监测. 地理学报, 75(3): 470-484.

王璞玉,李忠勤,周平,等. 2014.近期新疆哈密代表性冰川变化及对水资源影响. 水科学进展,25(4): 518-525.

谢宜达, 王飞腾, 黄仕海, 等. 2021. 应用人工干预措施减缓冰川消融试验研究——以达古冰川为例. 冰川冻土, 43(6): 1878-1887.

杨针娘. 1991. 中国冰川水资源. 兰州：甘肃科学技术出版社.

张九天,何霄嘉,上官冬辉,等.2012.冰川加剧消融对我国西北干旱区的影响及其适应对策.冰川冻土,34(4): 848-854.

Cai X, Li Z, Xu C. 2022. Glacier wastage and its vulnerability in the Qilian Mountains. Journal of Geographical Sciences, 32(1): 117-140.

Chen R, Wang G, Yang Y, et al. 2018. Effects of cryospheric change on alpine hydrology: Combining a model with observations in the upper reaches of the Hei River, China. Journal of Geophysical Research: Atmospheres, 123(7): 3414-3442.

Gardner A S, Moholdt G, Cogley G, et al. 2013. A reconciled estimate of glacier contributions to sea level rise: 2003 to 2009. Science, 340: 852-857.

Guo W, Liu S, Xu J, et al. 2015. The second Chinese glacier inventory: Data, methods and results. Journal of Glaciology, 61(226): 357-372.

Guo Z, Geng L, Shen B, et al. 2021. Spatiotemporal variability in the glacier snowline altitude across high mountain asia and potential driving factors. Remote Sensing, 13: 425.

Hock R. 2003. Temperature index melt modelling in mountain areas. Journal of Hydrology, 282(1-4): 104-115.

Huai B, Li Z, Wang S, et al. 2014. RS analysis of glaciers change in the Heihe River Basin, Northwest China, during the recent decades. Journal of Geographical Sciences, 24(6): 993-1008.

Huss M, Hock R. 2018. Global-scale hydrological response to future glacier mass loss. Nature Climate Change, 8(2): 135-140.

Jakob L, Gourmelen N, Ewart M, et al. 2021. Spatially and temporally resolved ice loss in High Mountain Asia and the Gulf of Alaska observed by CryoSat-2 swath altimetry between 2010 and 2019. The Cryosphere, 15(4): 1845-1862.

Jiang Y, Ming J, Ma P, et al. 2016. Variation in the snow cover on the Qilian Mountains and its causes in the early 21st century. Geomatics, Natural Hazards and Risk, 7(6): 1824-1834.

Luo Y, Arnold J, Allen P, et al. 2012. Baseflow simulation using SWAT model in an inland river basin in Tianshan Mountains, Northwest China. Hydrology and Earth System Sciences, 16(4): 1259-1267.

Oerlemans J, Haag M, Keller F.2017. Slowing down the retreat of the Morteratsch glacier, Switzerland, by artificially produced summer snow: A feasibility study. Climatic Change, 145(1): 189-203.

Peng J, Li Z, Xu L, et al. 2022. Glacier mass balance and its impacts on streamflow in a typical inland river basin in the Tianshan Mountains, northwestern China. Journal of Arid Land, 14: 455-472.

Rounce D R, Hock R, Shean D E. 2020. Glacier mass change in High Mountain Asia through 2100 using the open-source python glacier evolution model(PyGEM). Frontiers in Earth Science, 7: 331.

Su B, Xiao C, Chen D, et al. 2022. Glacier change in China over past decades: Spatiotemporal patterns and influencing factors. Earth-Science Reviews, 226: 103926.

Thiel K, Arndt A, Wang P, et al. 2020. Modeling of mass balance variability and its impact on water discharge from the Urumqi Glacier No. 1 Catchment, Tian Shan, China. Water, 12(12): 3297.

Wang F, Yue X, Wang L, et al. 2020. Applying artificial snowfall to reduce the melting of the Muz Taw Glacier, Sawir Mountains. The Cryosphere, 14(8): 2597-2606.

Wang P, Li Z, Li H, et al. 2020a. Glaciers in Xinjiang, China: Past changes and current status. Water, 12(9): 2367.

Wang P, Li Z, Schneider C, et al. 2020b. A test study of an energy and mass balance model application to a site on Urumqi Glacier No. 1, Chinese Tian Shan. Water, 12(10): 2865.

Wu X, Wang X, Liu S, et al. 2021a. Snow cover loss compounding the future economic vulnerability of western China. Science of the Total Environment, 755: 143025.

Wu X, Zhang W, Li H, et al. 2021b. Analysis of seasonal snowmelt contribution using a distributed energy balance model for a river basin in the Altai Mountains of northwestern China. Hydrological Processes, 35(3): e14046.

Yang M, Li Z Q, Anjum M N, et al. 2022. Projection of streamflow changes under CMIP6 scenarios in the Urumqi River head watershed, Tianshan Mountain, China. Frontiers in Earth Science, 597: 1-14.

Zhang S, Gao X, Zhang X. 2015. Glacial runoff likely reached peak in the mountainous areas of the Shiyang River Basin, China. Journal of Mountain Science, 12(2): 382-395.

第四章

西北干旱区水资源变化及未来趋势

西北干旱区的河流水源大多由高山区冰川积雪融水、中山森林带降水和低山带基岩裂隙水等多元构成，其中，冰川积雪融水约占河川径流总量的30%～40%（陈亚宁，2014）。因此，从河流水文情势分析，气候变暖加剧了冰川消融，西北干旱区一些冰川和积雪融水补给大的河流出现了冰川和积雪消融期提前、汛期消融量增加现象，并且，在未来一段时间仍将保持一个高位震荡过程，而一些小型河流由于其上游冰川规模小、衰退严重，对河川径流的调节功能降低，水文波动性加剧。西北干旱区水资源均来自山区降水和冰雪融水，而这部分水资源对全球气候变化的响应十分敏感，存在较大的不确定性。从长远来看，在全球变暖背景下，随着气温的进一步升高，这些受冰雪融水补给为主的河流，会由于冰川退缩和冰川储水量的减少，出现冰川消融拐点，届时，夏季的水量将减少，地表可用水资源量出现锐减，或因降水异常的影响而径流变率增大。

第一节　西北干旱区水资源变化特征

西北干旱区以内陆河为主（除额尔齐斯河外），几乎所有的河流都发源于山区，由高山区冰川积雪融水、中山森林带降水和低山带基岩裂隙水等多元组成，受气候变化影响强烈。在气候变化和人类活动的综合影响下，西北干旱区以冰雪融水径流为基础的水资源系统非常脆弱，温度升高引起冰雪融水径流的季节性改变，从而导致水资源系统发生变化。

一、地表径流的年际变化

西北干旱区水系统脆弱，在气候变化影响下，山区降水量、降水形式、冰川积雪的积累/消融过程等变化导致水文过程异变，水文波动性增强、极端水文事件强度加大，水循环系统的稳定性进一步下降。为了便于对比，将西北干旱区划分为5大典型河流区——天山北坡、天山南坡、昆仑山北坡、阿尔泰山南坡和祁连山北坡河流区。1960～2020年，西北干旱区各河流区径流量均呈显著（$P<0.05$）增加趋势（图4.1）。其中，祁连山北坡径流量增加速度最快，为4.65亿m^3/10a；昆仑山北坡和天山南坡次之，分别为3.62亿m^3/10a和3.58亿m^3/10a；而天山北坡和阿尔泰山南坡径流量增加速度较慢，仅为0.51亿m^3/10a和0.66亿m^3/10a。径流变化区域差异的原因包括：一是各河流区的气候变化状况不同，二是各河流径流量的基值差异性大，三是不同河流区冰川融水的比重大小不同。各河流区径流量变异系数为0.133～0.264，均属中等变异性。

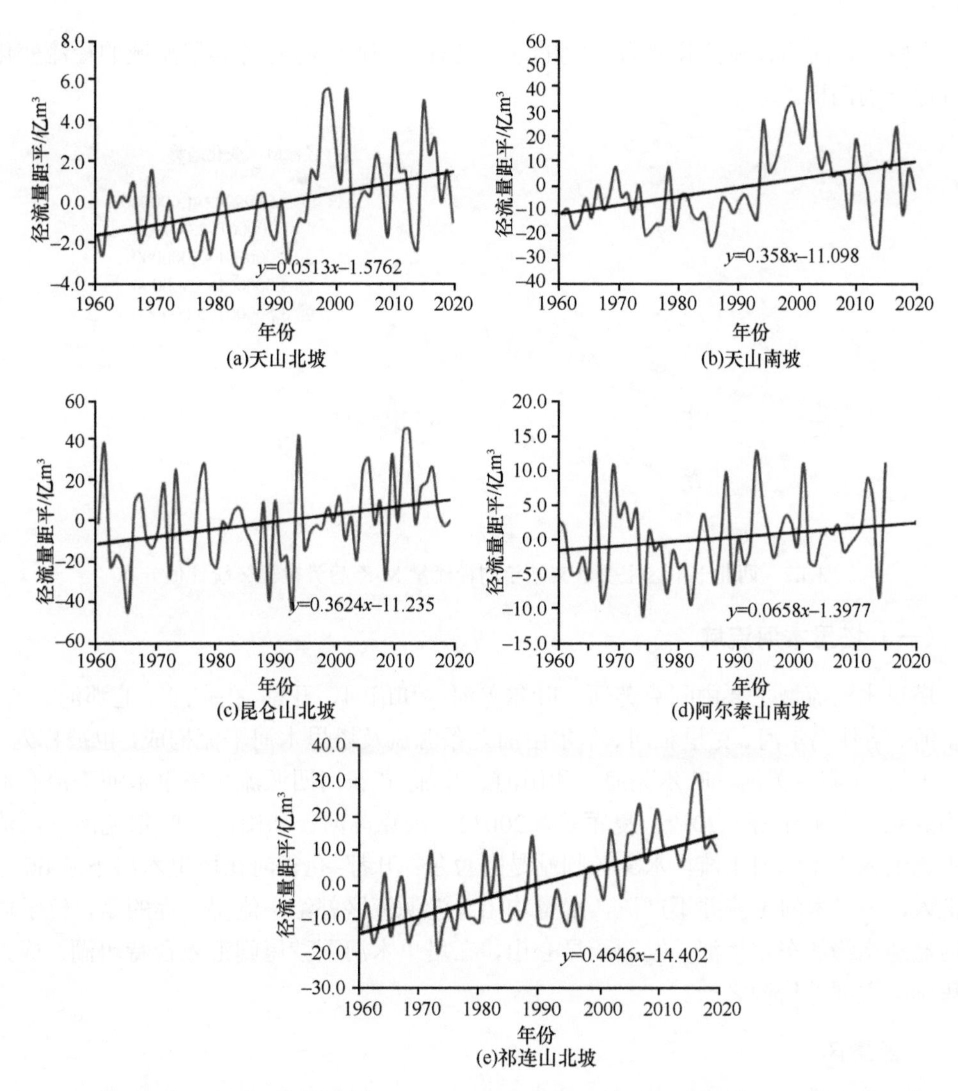

图 4.1　基于出山口站点观测数据的 1960～2020 年西北干旱区不同典型河流区地表径流变化

从西北干旱区河流区的主要水文控制站（共 40 个）实测径流变化发现（图 4.2），西北干旱区大部分流域的径流表现出上升趋势，其中玛纳斯河、提孜那甫河、克孜河、阿克苏河、渭干–库车河、开都–孔雀河、党河、疏勒河、黑河等河流 13 个出山口水文控制站径流增加趋势极为显著（$P<0.01$），博尔塔拉河、四棵树河、呼图壁河、库山河、清水河等 5 个出山口水文控制站径流变化增加趋势较为显著（$P\leqslant0.05$），特克斯河、精河、奎屯河、乌鲁木齐河、克兰河、车尔臣河、克里雅河、玉龙喀什河、喀拉喀什河、叶尔羌河、开都河等 13 个水文站点径流呈现出不显著的增加趋势（$P>0.05$），而剩余 9 个水文站径流量均呈减少趋势，其中祁连山北坡的石羊河干流和马营河水文站径流减少趋势极为显著。由于西北干旱区地形复杂，每个流域受环流影响也不尽相同，且径流组成差别较大，河川径流变化具有一定的地域特性，因此，将对各典型流域的径流变化过程进行分别剖析。

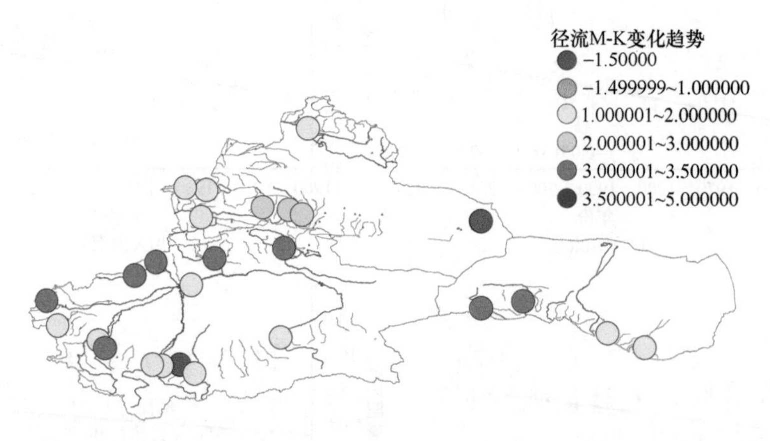

图 4.2　西北干旱区主要水文站年均径流量 M-K 趋势检验 *Z* 统计值分布

（一）塔里木河流域

塔里木河流域主要由阿克苏河、叶尔羌河、和田河、开都–孔雀河、迪那河、渭干–库车河、喀什噶尔河、克里雅河、车尔臣河九条源流及塔里木河干流构成，也被称为“九源一干”。仅阿克苏河、叶尔羌河、和田河、开都–孔雀河四源流与塔里木河干流有地表水力联系（陈亚宁等，2012；夏军等，2003）。阿克苏河、和田河、叶尔羌河三源流在肖夹克汇入塔里木河干流，水文控制站是阿拉尔。开都–孔雀河在塔里木河下游 66 分水闸汇入，塔里木河干流并不产流，水量均由上游源流区补给。值得一提的是，位于塔里木河盆地南缘的车尔臣河，发源于昆仑山，在塔里木河下游尾闾汇入台特玛湖，成为台特玛湖的主要补给源之一。

1. 源流区

在过去的半个多世纪（1957～2021 年），塔里木河流域四源流（阿克苏河、叶尔羌河、和田河、开都–孔雀河）的来水量呈明显增加趋势。其中，阿克苏河、叶尔羌河、和田河、开都–孔雀河分别以 2.06 亿 m^3/10a、2.11 亿 m^3/10a、1.12 亿 m^3/10a 和 2.56 亿 m^3/10a 的速率上升（图 4.3）。详尽分析塔里木河流域四源流来水量变化可见，阿克苏河、叶尔羌河、和田河和开都–孔雀河的来水量分别在 1993 年、1994 年、2010 年和 1996 年出现“跃动式”增加趋势。增加前，四源流的多年平均径流量为 230.21 亿 m^3，增加后的多年平均径流量为 270.90 亿 m^3，四源流合计增加了 40.69 亿 m^3，增加幅度高达 18%。其中，阿克苏河、叶尔羌河、和田河和开都–孔雀河分别增加 11.23 亿 m^3、10.11 亿 m^3、9.71 亿 m^3 和 9.65 亿 m^3（表 4.1），阿克苏河、叶尔羌河和开都–孔雀河水量增加较为明显，开都–孔雀河与和田河增幅较大，分别为 27%和 22%。

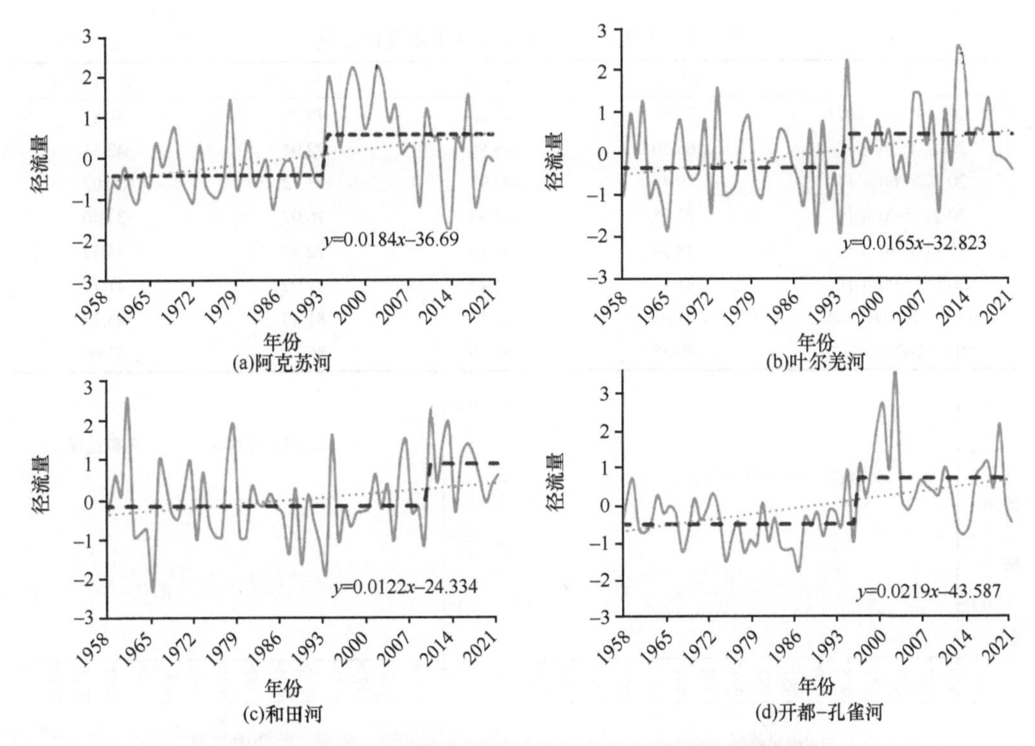

图 4.3　塔里木河流域“四源流”标准化后的径流量变化

表 4.1　塔里木河流域“四源流”径流量变化分析

指标	阿克苏河	叶尔羌河	和田河	开都–孔雀河	合计
地表来水量突变年份	1993	1994	2010	1996	
增加前径流量/亿 m^3	77.80	73.39	43.83	35.18	230.21
增加后径流量/亿 m^3	89.03	83.50	53.54	44.83	270.90
径流量增量/亿 m^3	11.23	10.11	9.71	9.65	40.69
径流量相对变化/%	14.4%	13.8%	22.1%	27.4%	17.7%

注：表中个别数据因数值修改，略有误差。下同。

塔里木河源流径流量有明显的年代际阶段性变化特征（表 4.2）。阿克苏河径流量在 20 世纪 60 年代至 70 年代末有增加趋势（5.28 亿 m^3/10a，$P<0.05$），之后明显减少，80 年代变化较小，90 年代至 21 世纪初急剧增加（16.02 亿 m^3/10a，$P<0.05$），但 21 世纪以来显著减少（–23.81 亿 m^3/10a，$P<0.01$），最近几年径流量有所回升，表明 21 世纪以来，径流量年际波动加大。和田河径流量在 70 年代末至 90 年代初有减少趋势（–9.56 亿 m^3/10a，$P<0.05$），而 90 年代中期至今有明显增加趋势（6.68 亿 m^3/10a，$P<0.05$）。叶尔羌河径流量有增加趋势（2.11 亿 m^3/10a，$P<0.1$）。塔里木河干流径流量以年际波动为主，且年际变率较大，无较明显阶段性特征，其中 21 世纪以来干流径流量年际变率明显增大，CV 从 2000 年以前的 0.23 增加到 2001 年以后的 0.36（图 4.4）。

表 4.2 塔里木河四源流山区来水量的变化 （单位：亿 m³）

时段	阿克苏河	和田河	叶尔羌河	开都–孔雀河
多年平均（1957～2021 年）	82.64	45.63	77.75	39.81
20 世纪 50 年代	68.30	45.56	72.94	42.51
20 世纪 60 年代	79.45	43.97	73.12	36.02
20 世纪 70 年代	77.75	45.84	76.02	34.40
20 世纪 80 年代	78.54	41.74	72.89	34.34
20 世纪 90 年代	91.47	41.43	77.92	41.73
2001～2010 年平均	91.66	47.89	81.48	45.20
2011～2020 年平均	80.55	52.56	86.73	42.66

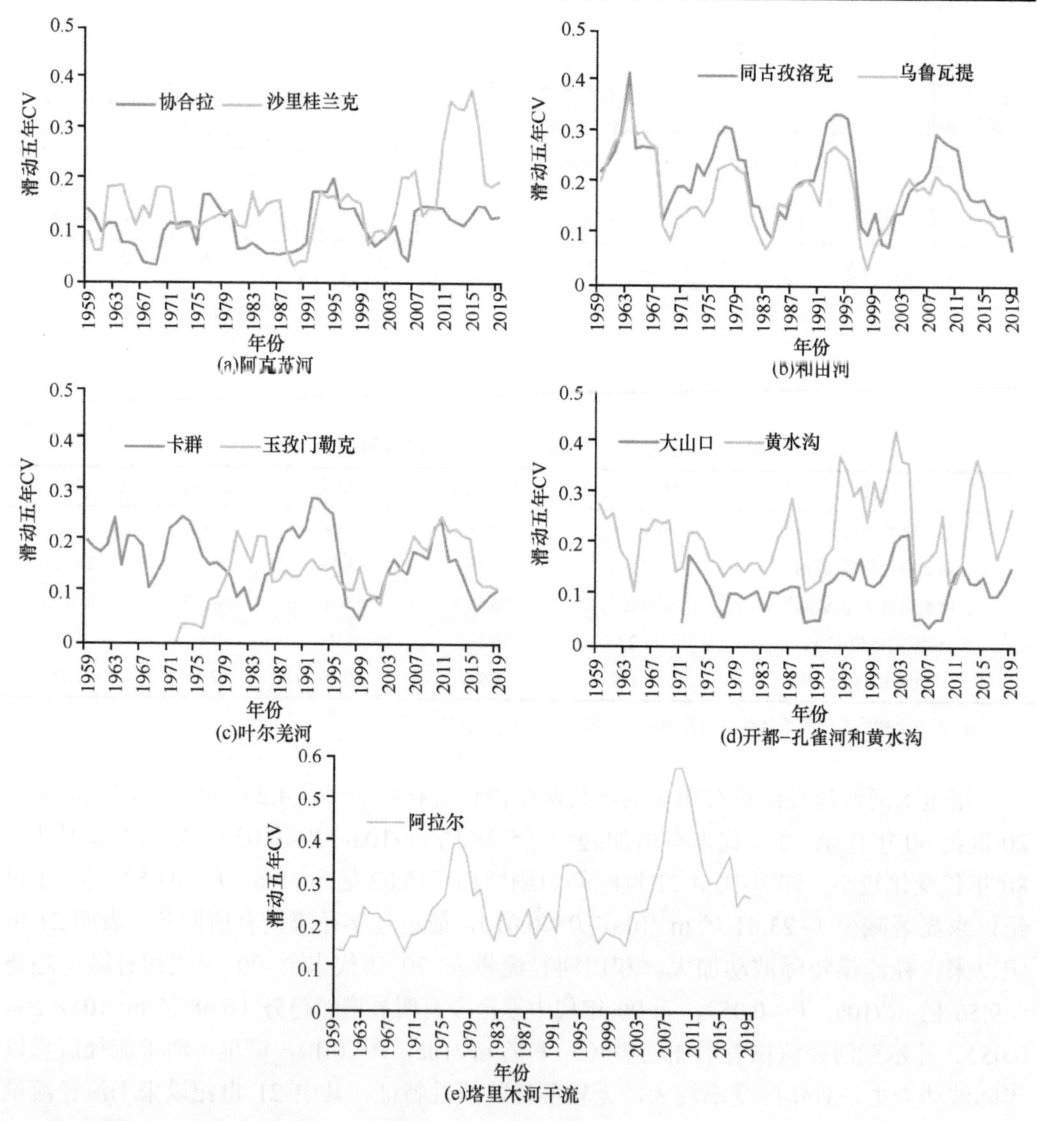

图 4.4 塔里木河流域“四源流”与干流径流量的年际波动（滑动五年 CV）变化

径流年际变化与径流补给来源有着密切的关系，它不仅受降水量与气温年际变化制约，还受下垫面条件（如冰川、植被）和流域面积大小的影响。径流离差系数（CV）反映其年际变化的强弱，和田河、叶尔羌河、阿克苏河、开都–孔雀河和阿拉尔的 CV 分别为 0.21、0.17、0.14、0.18 和 0.26。和田河源头分布着大量的现代冰川，而冰川对径流起着很好的年际调节作用，所以河川径流量 CV 较小；叶尔羌河流域冰川、永久积雪融水补给占重要地位，高山固体水库的年际调节作用明显，气候干燥的年份降水少、融水多，而冷湿的年份降水多、融水少，高山带的融水与中、低山带的雨水补给起互相补偿的作用，因而叶尔羌河径流 CV 相对较小；阿克苏河是以高山冰雪融水补给为主的河流，径流年际变化较小，水量较稳定。但是，阿克苏河上游冰川湖存在突发溃决洪水的威胁。

塔里木河流域的车尔臣河、克里雅河、渭干–库车河和喀什噶尔河出山径流也均呈增加趋势（图 4.5）。车尔臣河和克里雅河径流增加速率分别为 0.17 亿 m^3/10a 和 0.27 亿 m^3/10a（$P>0.05$）；渭干–库车河和喀什噶尔河出山径流增加速率分别为 1.53 亿 m^3/10a 和 1.47 亿 m^3/10a（$P<0.01$）。车尔臣河、克里雅河、渭干–库车河、喀什噶尔河出山口径流离差系数（CV）分别为 0.23、0.20、0.16、0.14，其中，车尔臣河和克里雅河径流离差系数较大，说明其离散程度最为强烈，丰枯变化较大。从年代变化来看，渭干–库车河和

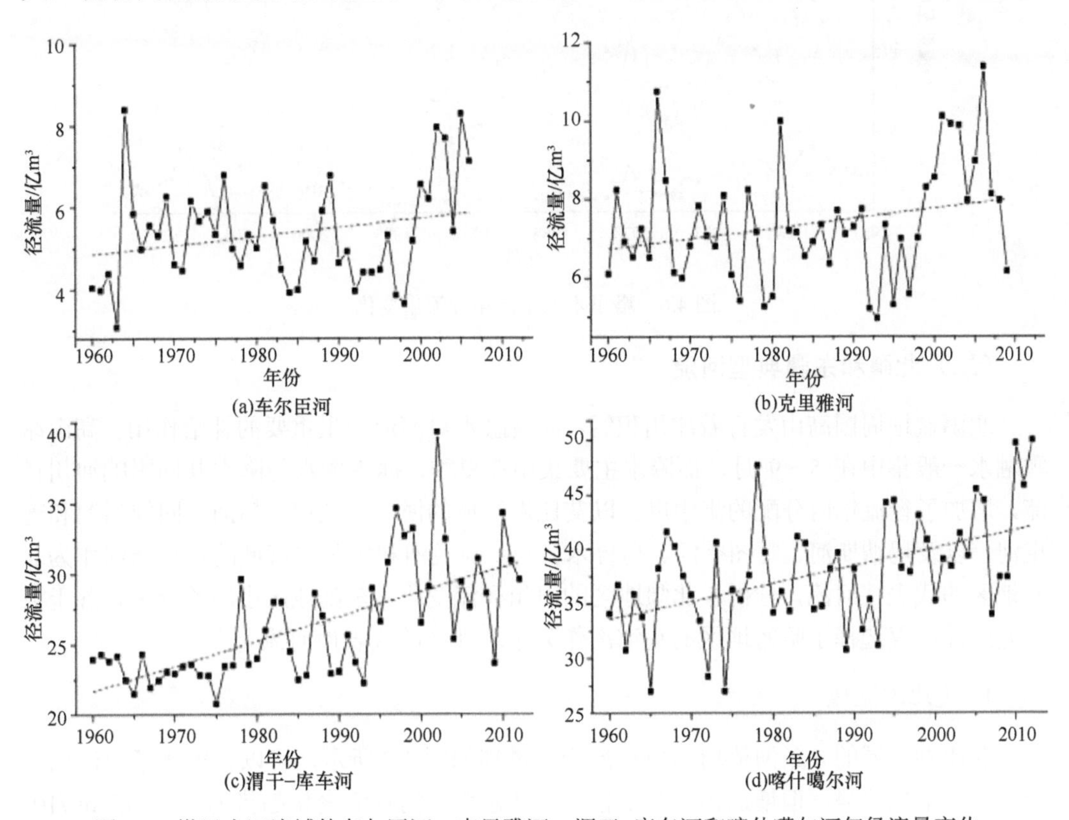

图 4.5 塔里木河流域的车尔臣河、克里雅河、渭干–库车河和喀什噶尔河年径流量变化

喀什噶尔河流域出山径流自 1960 年代始一直呈增加趋势，2000 年代与 1960 年代相比，分别增加了 6.21 亿 m^3 和 3.68 亿 m^3；车尔臣河径流呈现增—减—减—突增的变化趋势；克里雅河径流各年代之间丰枯交替比较明显，1970 年代比 1960 年代减少了 0.41 亿 m^3，1980 年代比 1970 年代增多了 0.31 亿 m^3，1990 年代是克里雅河明显的枯水期，平均径流量为 6.58 亿 m^3，2000 年代突增到 8.91 亿 m^3，进入丰水期。以上河流具有一个共同点，即在 2000 年代平均径流量达到最大值。

2. 干流区

在过去的半个多世纪（1957～2021 年），塔里木河干流径流量总体呈现出减少的趋势。其中阿拉尔、英巴扎和恰拉水文站的径流量减少速率分别为 0.50 亿 m^3/10a、1.55 亿 m^3/10a 和 0.72 亿 m^3/10a（图 4.6）。塔里木河干流径流变化与源流区径流补给来源和上游灌区的用水量有着密切的关系。

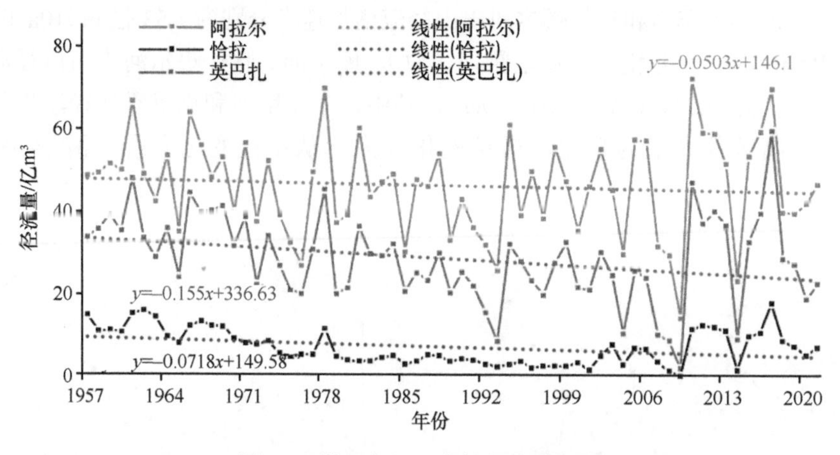

图 4.6　塔里木河干流年径流量变化

（二）北疆和东疆典型河流

北疆盆地周围高山发育着冰川积雪，冰雪融水对河流产生重要的补给作用。高山冰雪融水一般集中在 5～9 月，而降水主要集中在夏季，冰雪融水与降水共同影响河川径流，增加了径流年内分配的集中度。以艾比湖流域的博尔塔拉河、精河、四棵树河和奎屯河，以及玛纳斯河、呼图壁河、乌鲁木齐河、克兰河和伊犁河流域的特克斯河作为北疆地区的代表性河流，分析了北疆地区的河川径流变化。东疆地区小河流众多，鉴于数据完整性，仅选择了哈密地区的头道沟作为东疆地区的代表性河流。

1. 艾比湖流域

艾比湖流域的 4 条河流出山口径流变化过程如图 4.7 所示，可以看出 4 条河流出山径流均呈增加趋势，但增加幅度差别较大。博尔塔拉河径流变化趋势为 0.07 亿 m^3/10a

（$P<0.05$）；四棵树河出山径流变化速率为 0.12 亿 $m^3/10a$（$P<0.01$）；而奎屯河径流变化速率较小，为 0.10 亿 $m^3/10a$；博尔塔拉河、精河、四棵树河、奎屯年河径流离差系数（CV）分别为 0.129、0.118、0.164、0.133，在这四条河流中四棵树河径流离差系数最大，说明其离散程度最为强烈，丰枯变化较大。除了奎屯河的径流 CV 从 2000 年以前的 0.127 增加到 2001 年以来的 0.171 外，其余三条河流的径流 CV 没有明显变化趋势。

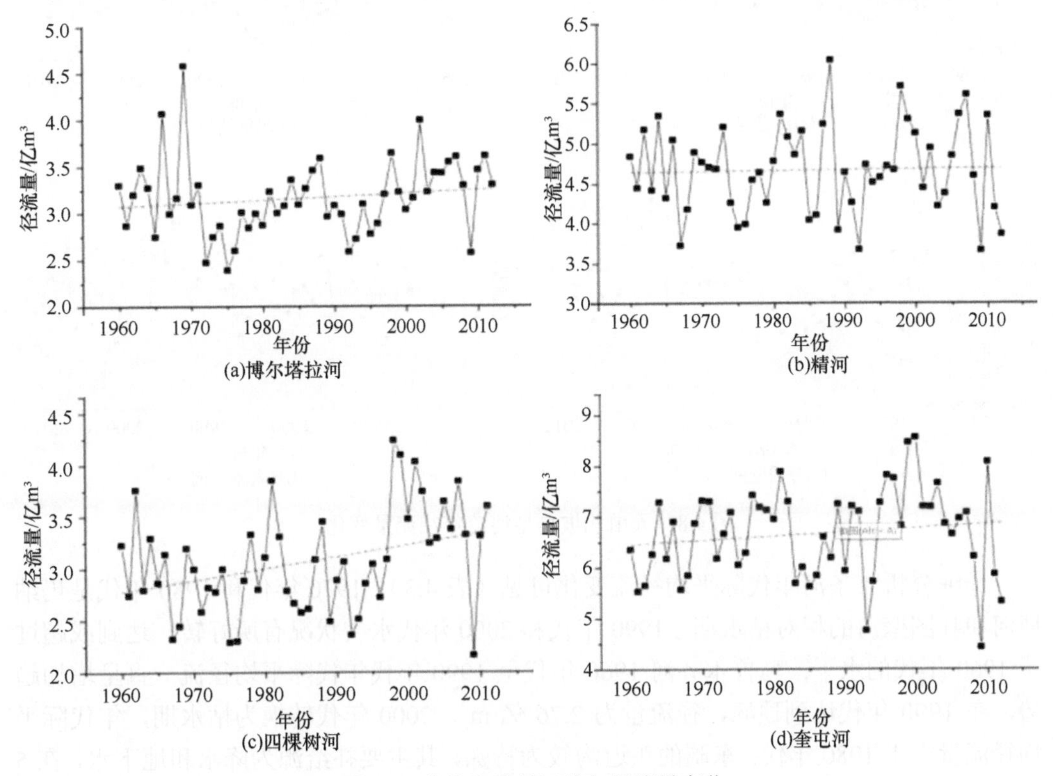

图 4.7 艾比湖流域河流年径流量变化

2. 天山北坡诸河流域

图 4.8 显示了头道沟、玛纳斯河、呼图壁河和乌鲁木齐河的年径流量的变化过程，可以看出除东疆地区哈密头道沟外，其余三条河流在研究时段内均呈不同程度的增加趋势。运用 M-K 非参数趋势检验方法对其变化趋势进行显著性检验，结果表明：玛纳斯河和呼图壁河出山径流增加趋势通过了 0.05 的显著性水平，变化率分别为 0.56 亿 $m^3/10a$ 和 0.14 亿 $m^3/10a$；尽管乌鲁木齐河出山径流也呈增加趋势，但并不显著，变化率为 0.04 亿 $m^3/10a$；头道沟径流减少趋势微弱。处在内陆干旱区的北疆河流大多有着稳定的补给来源（冰雪融水、地下水等），因而径流离差系数（CV）较小，玛纳斯河、呼图壁河、乌鲁木齐河的 CV 分别为 0.18、0.15、0.15；东疆的头道沟径流以降水补给为主，CV 较大，约为 0.45。

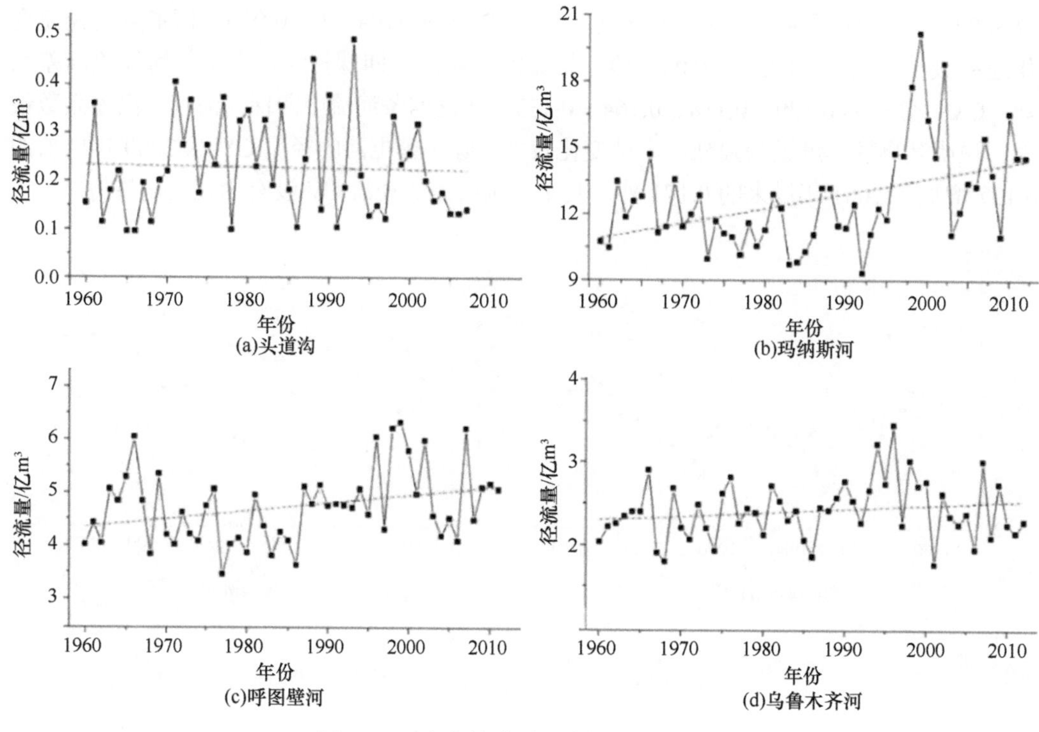

图 4.8 天山北坡典型河流年径流量变化

详细分析 4 条河年代际平均径流变化可见（表 4.3），1970 年代和 1980 年代是玛纳斯河和呼图壁河的相对枯水期，1990 年代和 2000 年代水文状况有所好转，达到或超过了 1960 年代的水平；乌鲁木齐河 1960 年代至 1990 年代年代际平均径流一直呈增加趋势，在 1990 年代达到顶峰，径流量为 2.76 亿 m³，2000 年代转换为枯水期，年代际平均径流量少于 1980 年代；东疆的头道沟较为特殊，其主要补给源为降水和地下水，在 5 个年代中，1970 年代和 1980 年代为相对丰水期，1960 年代和 2000 年代为相对枯水期，与其余河流整体变化趋势相反。

表 4.3 天山北坡各时段河流径流量变化 （单位：亿 m³）

河流名称	1960 年代	1970 年代	1980 年代	1990 年代	2000 年代
玛纳斯河	12.27	11.23	11.53	13.57	13.98
呼图壁河	4.78	4.26	4.40	5.16	4.99
乌鲁木齐河	2.30	2.34	2.41	2.76	2.39
头道沟	0.17	0.27	0.26	0.23	0.19*

*头道沟 2000 年代数据年份为 2000～2007 年。

3. 伊犁河流域和阿尔泰山南坡流域

伊犁河流域的特克斯河和阿尔泰山南坡的克兰河径流量均呈增加趋势，增加速率分别为 1.68 亿 m^3/10a 和 0.17 亿 m^3/10a（图 4.9）尺度上，两条河流在 20 世纪 70 年代和 80 年代的径流量较低，而 2000 年以来，径流量呈现大幅增加趋势。

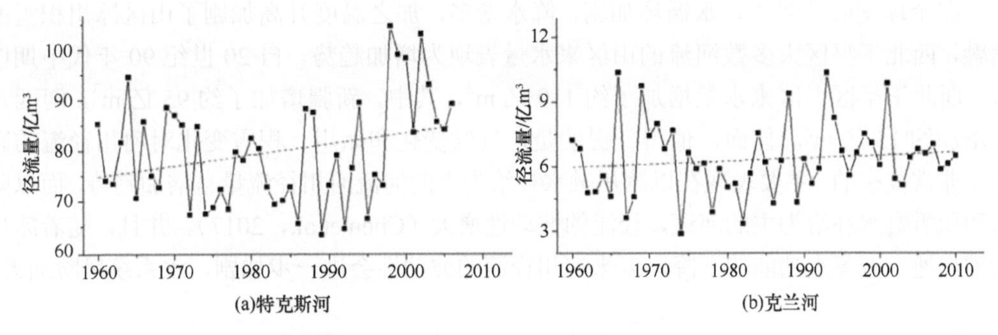

图 4.9　特克斯河和克兰河年径流量变化

（三）河西走廊诸河流域

河西内陆河主要发源于祁连山北麓，河流按自西向东分为疏勒河水系、黑河水系和石羊河水系。在黑河流域主要选择了讨赖河、梨园河、黑河、洪水河、丰乐河、马营河等 6 条河流，其出山径流之和代表整个流域的产流状况，以及黑河下游来水控制站正义峡；疏勒河出山径流为疏勒河干流和一级支流党河出山径流之和；石羊河流域出山径流为源区 8 条河合成数据，同时为剖析人类活动的影响，还选择了下游来水控制站蔡旗水文站的实测径流数据进行分析。

1960～2010 年，由河西走廊三大内陆河的径流变化可见，黑河流域和疏勒河的出山径流呈增加趋势，而石羊河流域出山径流表现出不同程度的下降趋势。M-K 趋势检验结果表明，在 1960～2010 年期间，黑河流域上游的出山径流变化率为 0.99 亿 m^3/10a，径流整体增加趋势显著；而在 1960～2012 年，黑河中游段的正义峡站径流变化率为–0.15 亿 m^3/10a，虽减少趋势不明显，但足以说明出山口至正义峡不足 200km 的中游河段是重要的耗水区，这与中游地区的居民生产和日常生活用水密切相关；1960～2010 年疏勒河流域出山径流变化率为 1.15 亿 m^3/10a，径流整体增加趋势极为显著；而在 1960～2010 年期间，石羊河流域出山径流变化率为–0.10 亿 m^3/10a，径流整体呈减少趋势，但并不显著，而下游控制站蔡旗水文站径流变化率为–0.72 亿 m^3/10a，减少趋势极为显著，说明径流自出山口至下游控制断面之间耗损极为严重。此外，从离差系数（CV）可以看出疏勒河流域（0.218）、黑河流域（0.143）、石羊河流域（0.132）出山径流的离散程度依次减小，说明疏勒河流域径流丰枯变化相对较大，而石羊河流域丰枯变化最小，这与三个流域的径流变化过程线所示结果是一致的。

西北干旱区各典型河流区径流量均呈显著（P<0.05）增加趋势。其中，祁连山北坡径流量增加速度最快，为 4.65 亿 m^3/10a；昆仑山北坡和天山南坡次之，分别为 3.62 亿 m^3/10a 和 3.58 亿 m^3/10a；而天山北坡和阿尔泰山南坡径流量增加速度较慢，仅为 0.51 亿 m^3/10a 和 0.66 亿 m^3/10a。对南疆塔里木河流域“四源流”径流变化分析可见，阿克

苏河、叶尔羌河、和田河和开都–孔雀河的径流变化趋势分别为 2.06 亿 m^3/10a、2.11 亿 m^3/10a、1.12 亿 m^3/10a 和 2.56 亿 m^3/10a，径流量增幅较大。

在全球变暖背景下，水循环加剧，降水增多，加之温度升高加剧了山区冰川积雪的消融，西北干旱区大多数河流的山区来水量表现为增加趋势。自 20 世纪 90 年代中期以来，西北干旱区山区来水量增加了约 110 亿 m^3，其中，新疆增加了约 95 亿 m^3，河西走廊增加约 15 亿 m^3。然而，值得一提的是，气候变化和冰川、积雪变化对河川径流的影响是非常复杂的，主要表现在以冰川融水补给为主的河流河川径流量呈增加趋势，而以降水和积雪融水补给为主的河流，径流的波动性增大（Chen et al.，2017）。并且，随着冰川萎缩加速、调蓄水功能的下降，未来河川径流的波动性会进一步加剧，水系统风险加大。

二、地表径流的年内变化

（一）塔里木河流域

径流的年内分配主要取决于径流的补给来源。和田河、叶尔羌河、阿克苏河和干流阿拉尔水文站月平均径流量占全年径流的比例如图 4.10 所示，径流量主要集中在 7 月和 8 月，其中，和田河 7 月比例最大，为 30.76%，叶尔羌河、阿克苏河和阿拉尔 8 月径流量所占比例最高，分别为 39.93%、25.43%和 36.38%；和田河、叶尔羌河和阿克苏河径流所占比例最小的月份均为 2 月，比例分别为 1.21%、1.85%和 1.29%，而阿拉尔径流的年内分配主要受源流的来水过程和源流灌区用水时间的影响，径流所占比例最小月份为 4 月，比例为 1.43%，这说明 3～4 月塔河三源流（阿克苏河、叶尔羌河和和田河）已开始春灌，出山径流部分被消耗，导致到达阿拉尔的径流量减少。同时，可以看到和田河、叶尔羌河、阿克苏河和干流阿拉尔连续最大四个月径流量均出现在 6～9 月，最大四个月径流量占全年的比例分别为 82.96%、79.60%、75.86%和 76.18%；在冬半年，由于降水较少、温度较低，河流径流主要靠地下水补给，径流所占比例较小，这是冰川融水径流补给为主的河流共性。

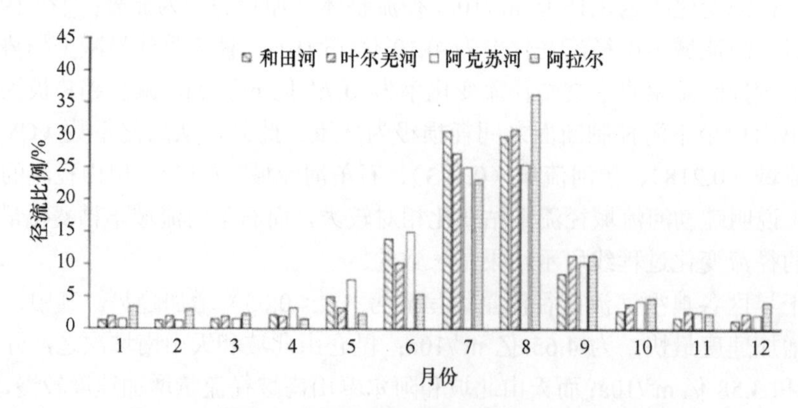

图 4.10　塔里木河三源流和阿拉尔月径流所占比例变化

从季节分配来看，阿克苏河以冰川积雪融水和降雨为主要补给来源，而高温和降雨主要集中在夏季，所以夏季水量所占比例最大，冬季主要为地下水补给，水量占年径流量比例最小且变化稳定，其支流托什干河集水面积大，平均高程较低，高山冰川面积小，冬季积雪多，春汛比较明显，春季水量与秋季相当，春季水量占年总量比例较库玛拉克河大，而由于库玛拉克河水源多冰川永久积雪，其夏季水量占年总量比例反而比托什干河多 8%；叶尔羌河流域气候干旱，四季分明，河流径流量随季节转换而发生变化，由于冰川融水的补给类型使得河流夏季水量比较集中，冰川融水加剧了径流年内分配的不均匀性；和田河径流量以高山永久积雪和冰川融水补给为主，河川径流与气温的变化具有较密切的关系，因此径流年内分配极不均衡，其四季分配大致情况是，春季径流量占年径流量的 8%、夏季占 76%、秋季占 12.50%、冬季占 3.50%；阿拉尔径流年内分配极不均衡，春季径流量占年径流量的5.60%、夏季占64.20%、秋季占18.50%、冬季占11.70%，这缘于阿拉尔径流的年内分配主要受源流的来水过程和源流灌区用水时间的影响。开都河径流年内分配较其他河流相对均匀，径流最大连续四个月发生在 5～8 月，占全年的 56.40%，最大月在 7 月，径流量占全年的 16.40%；最小月在 2 月，约占 3.20%。在四季中，春秋两季径流量各占近 22%，夏季径流量占 45%多，冬季径流量约占 10%，地下水补给比较丰富，枯水期流量较大，有利于焉耆盆地绿洲农业发展。

1960～2012 年和田河、叶尔羌河、阿克苏河和塔里木河干流月径流序列变化趋势如图 4.11 所示，三源流冬半年（10 月至翌年 3 月）径流增加趋势远大于夏半年（4～9 月），其中和田河、阿克苏河月径流变化在 12 月最显著，叶尔羌河出现在 1 月，三源流流域在 8 月变化最不显著，且和田河 8 月径流呈现不明显的减少趋势。尽管冬半年出山径流变化程度大于夏半年，但必须清楚地认识到，冬半年径流所占比例较小，其增量有限。

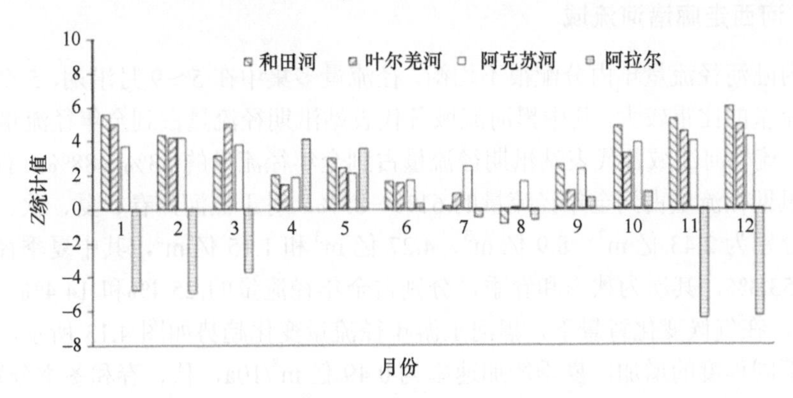

图 4.11　塔里木河三源流和阿拉尔月径流量 M-K 趋势检验结果

（二）北疆典型流域

以克兰河、特克斯河、玛纳斯河和乌鲁木齐河为例分析径流的年内分配情况。由图 4.12 可以看出，这 4 条河流径流量主要集中在 5～9 月，这一时段约占全年径流的比例分别为82.98%、74.04%、80.95%和85.73%，但克兰河径流最高值出现在5月，而特克斯河、玛纳斯河和乌鲁木齐河径流最高值出现在7月，这种差异与径流补给源密切相关。冰川和积雪是北疆重要的水资源，在阿勒泰地区积雪融水对河川径流影响最大，而天山地区径流受高山冰雪融水影响较大。阿尔泰山季节性积雪主要分布在海拔1500～2400m的山区，积雪深厚且存留时间较长，一般可达6个月以上，每年春季气温回升，积雪融化补给河川径流，形成春汛，其洪峰出现时间与高山冰雪融水和降雨形成的洪峰明显不同，积雪融水形成的汛期一般较高山冰雪融水汛期提前约一个月。因而，位于阿勒泰地区的克兰河积雪融水形成的春汛出现在5月、6月，而天山地区的特克斯河、玛纳斯河、乌鲁木齐河高山冰雪形成的汛期出现在7月、8月。在这个过程中，气温和冰雪性质是至关重要的因子，相对于冰川来说，相同温度下积雪对气温的响应更加迅速。

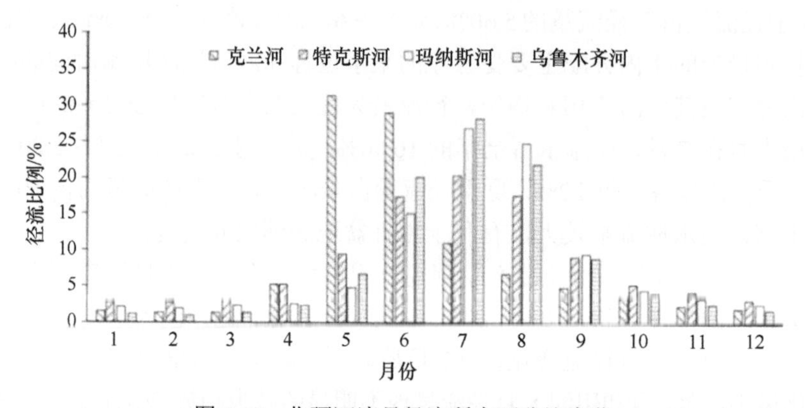

图4.12 北疆河流月径流所占百分比变化

（三）河西走廊诸河流域

河西内陆河径流量年内分配很不均衡，径流量多集中在5～9月汛期，5个月的径流量占年径流量的比重较大，其中黑河流域各代表站汛期径流量占到全年径流量的60%～95%不等；疏勒河流域各代表站汛期径流量占到全年径流量的53%～88%；石羊河流域各代表站汛期径流量占到全年径流量的61%～85%。对于黑河，春、夏、秋、冬四季平均径流量分别为2.43亿m^3、8.9亿m^3、4.27亿m^3和1.15亿m^3，其中夏季径流量最大占全年的53.3%，其次为秋季和春季，分别占全年径流量的25.4%和14.4%，冬季最少仅占6.9%。在气候变化背景下，黑河上游年径流量变化趋势如图4.13所示，四季年径流量均有不同程度的增加，夏季增加速率为0.49亿m^3/10a，秋、春和冬季分别为0.38、0.11和0.07亿m^3/10a（刘琴等，2021）。

对于融雪和冰川融水混合补给的河流，河流的汛期是在夏季，随着气温的上升，增加的河流径流依然是集中在夏季（沈永平等，2013）。对于以融雪径流为主的河流，如额尔齐斯河支流克兰河、开都河及托什干河上游等，气温上升使得最大径流月提前，春

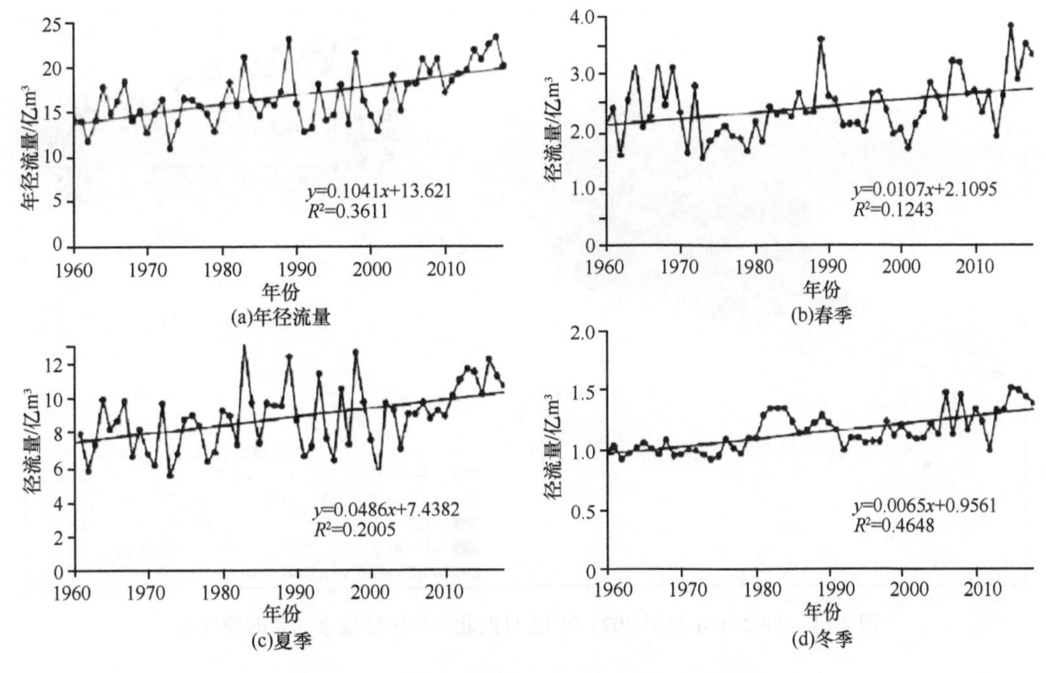

图 4.13　黑河莺落峡水文站径流量的季节变化

季径流增加，在一定程度上缓解了春季需水压力，同时，这类河流在秋季的径流也有一定增加，总体增加的径流缓解了需水压力，平衡了年内的水资源分配。

三、陆地水储量变化

陆地水储量（TWSA）包括地下水、河流水、湖泊水、沼泽水、土壤水、冰川水、生物水等，准确量化陆地水储量变化，探明其时空特征和气候及人为驱动机制，对降低变化环境下的水资源安全风险，制定水灾害防治对策，保障粮食和生态安全意义重大。

（一）水储量空间变化

2002 年 4 月至 2021 年 12 月，西北干旱区的 TWSA 总体呈显著下降趋势（$P<0.01$），平均减少速率为 3.24mm/a。空间上，西北干旱区水储量的变化存在明显的空间差异（图 4.14 和图 4.15），约有 79.22%的区域 TWSA 呈现减少趋势，尤其以西部中国天山地区水储量减少最为明显，TWSA 减少速率为 12.12mm/a（表 4.4）。在阿尔泰山的西部、额尔齐斯河流域的西北部、塔里木盆地南部的昆仑山地区，以及祁连山西段，水储量均呈现不同程度的增加，尤其是新疆东南角的东昆仑–库木库里盆地增加最为明显。季节特征上，西北干旱区四季 TWSA 均表现显著下降趋势（$P<0.01$），其中，春季、夏季、秋季和冬季 TWSA 减少速率分别为 3.21mm/a、3.39mm/a、3.36mm/a 和 2.92mm/a。

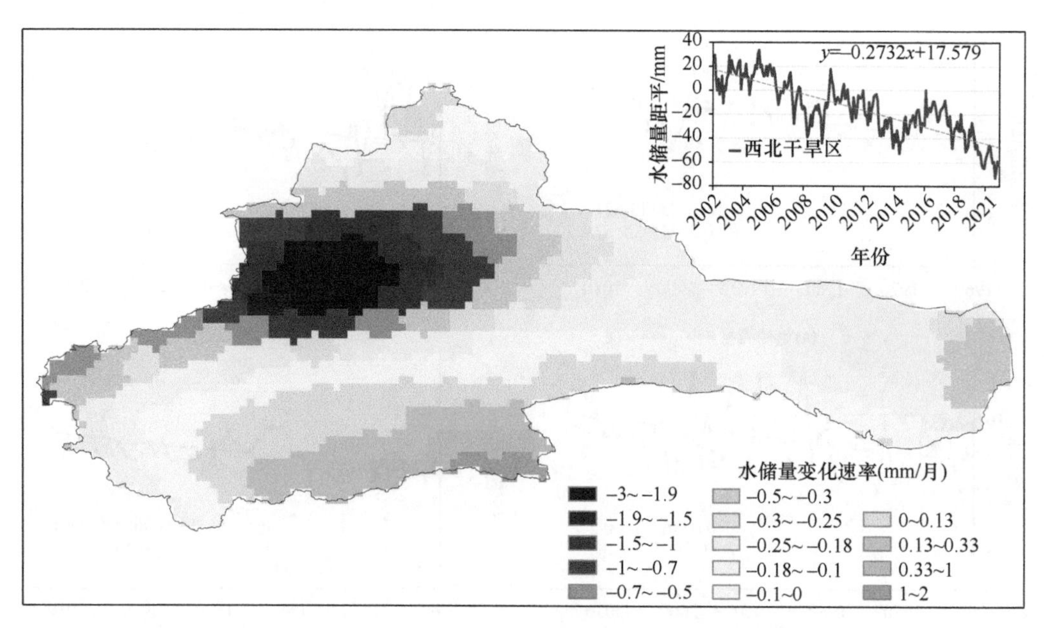

图 4.14　2002 年 4 月至 2021 年 12 月西北干旱区陆地水储量时空变化

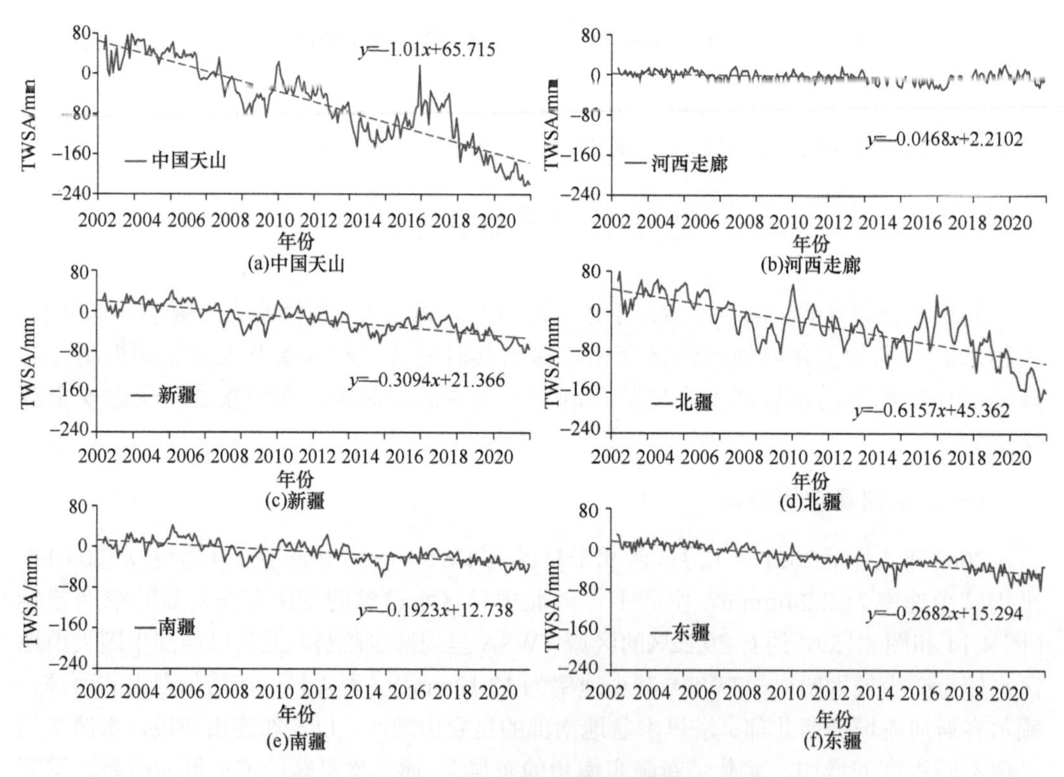

图 4.15　西北干旱区各地区陆地水储量年际变化

表 4.4　2002～2021 年西北干旱区各地区陆地水储量变化特征

流域	TWSA 变化速率/（mm/a）	Z 值（M-K 趋势检验的统计量值）
西北干旱区	−3.24	−4.77
中国天山	−12.12	−5.03
河西走廊	−0.56	−2.37
北疆	−7.39	−4.38
南疆	−2.31	−4.25
东疆	−3.22	−5.22

（二）典型流域的水储量变化

2002～2021 年，西北干旱区各典型流域的陆地水储量总体表现为减少态势（图 4.16）。北疆地区的额敏河、额尔齐斯河流域 TWSA 多年平均下降速率分别达 2.43mm/a 和 0.48mm/a。值得注意的是，伊犁河流域的 TWSA 减少最为显著，年减少速率高达 21.57mm/a（$P<0.01$）。河西走廊的石羊河、黑河流域、疏勒河流域 TWSA 的年均递减速率分别达 0.98mm/a、1.40mm/a 和 0.58mm/a。

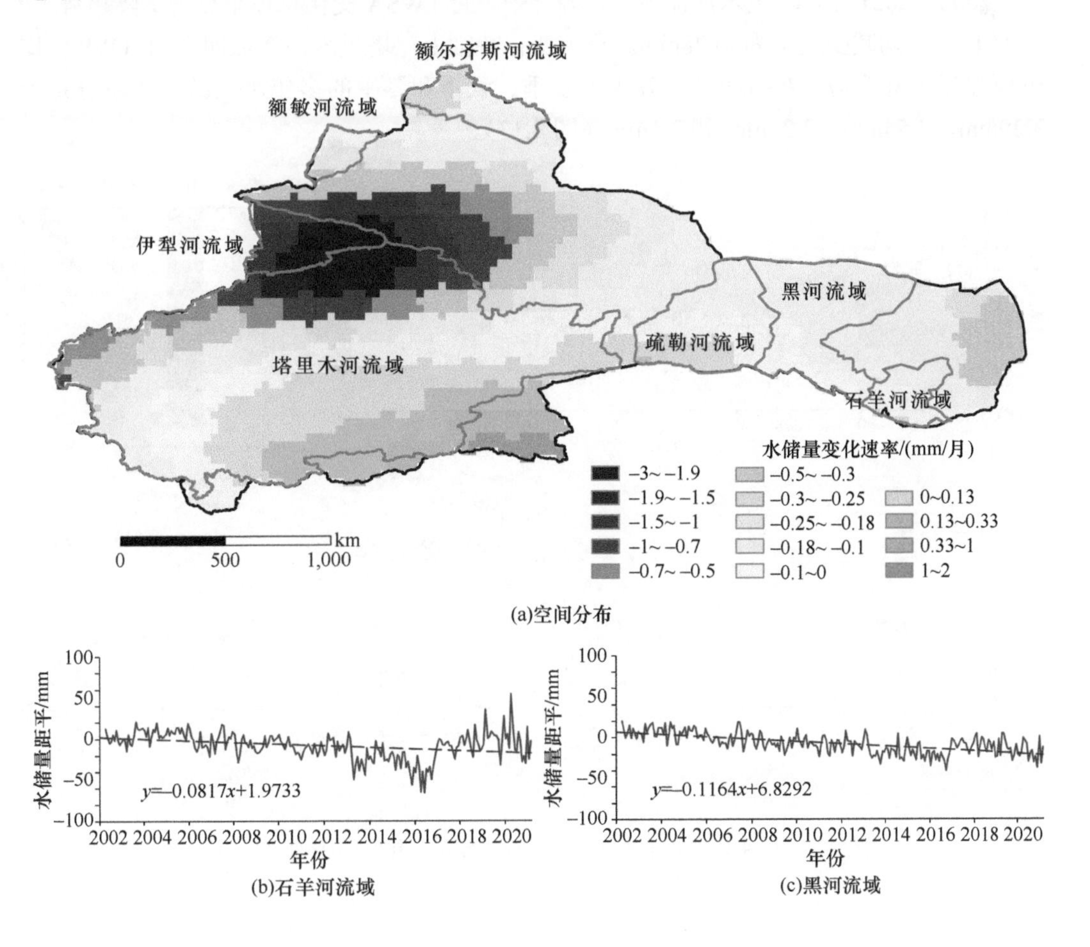

(a)空间分布

(b)石羊河流域

(c)黑河流域

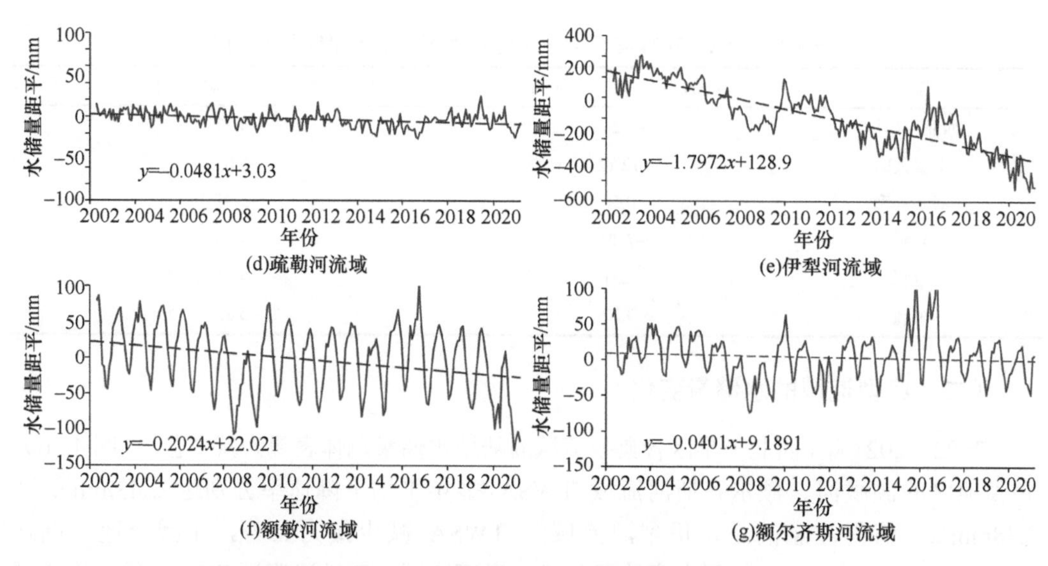

图 4.16　西北干旱区典型流域陆地水储量变化时间序列

2002～2021 年，塔里木河流域“九源一干”的 TWSA 变化总体呈显著下降趋势（$P<0.01$），年均减少速率为–0.28mm。季节变化特征上，塔里木河流域四季的 TWSA 均表现强烈下降趋势（$P<0.01$），春季、夏季、秋季和冬季的多年平均减少速率分别为 3.29mm、3.54mm、3.35mm 和 3.1mm（图 4.17）。

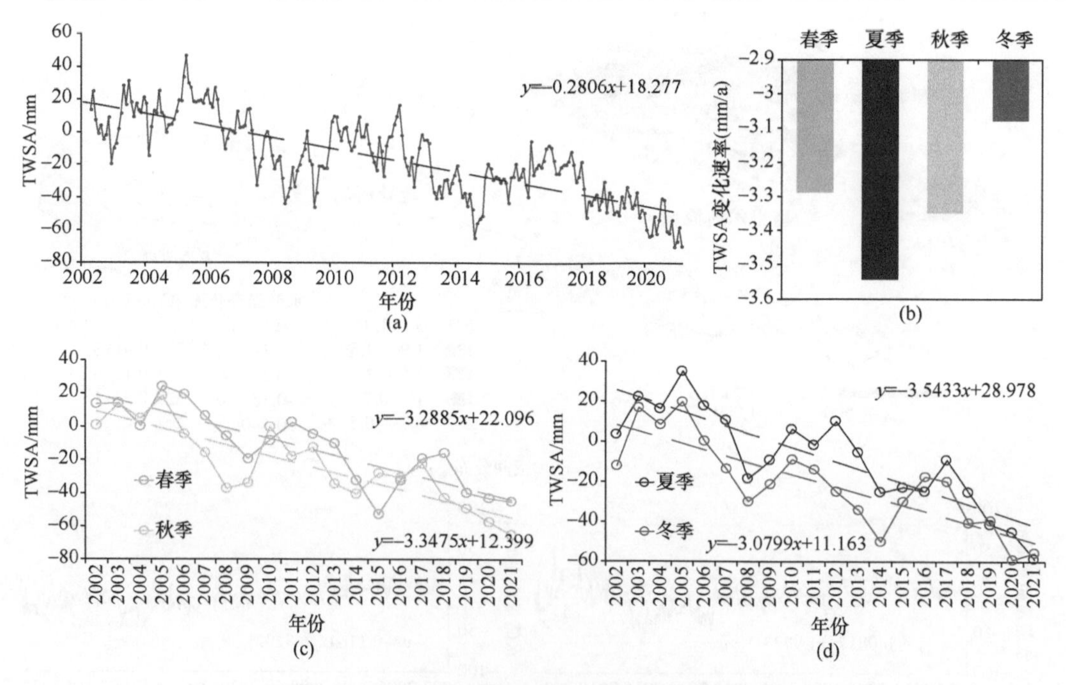

图 4.17　塔里木河流域陆地水储量变化时间序列

塔里木河流域的水储量变化具有明显的空间差异（图 4.18），表现为北部天山地区的 TWSA 减少较为明显，而南部昆仑山地区的 TWSA 呈现不同程度的增加态势。详细分析 2002～2021 年塔里木河流域水储量空间变化可见，流域北部源流区的水储量呈明显减少趋势，年均减少速率高达 36mm/a。开都–孔雀河、迪那河、渭干–库车河和阿克苏河流域 TWSA 多年平均减少速率分别达 12.63mm/a、20.07mm/a、19.12mm/a 和 7.49mm/a；西部的喀什噶尔河流域的 TWSA 年均减少速率达 4.89mm/a；叶尔羌河流域的 TWSA 的年均减少速率为 1.83mm/a；塔里木河流域西南部的和田河流域 TWSA 整体上无明显变化，但其流域下游地区 TWSA 减少明显；塔里木河流域南部和东南部克里雅河和车尔臣河流域的 TWSA 表现为增加态势，年增加速率分别为 1.65mm/a 和 2.63mm/a；2000～2021 年，塔里木河干流 TWSA 表现为显著下降态势（$P<0.01$），年均减少速率达 7.25mm/a（表 4.5）。

2002～2021 年，西北干旱区的 TWSA 总体呈显著下降趋势（$P<0.01$），年平均下降速率为–3.24mm/a。在空间上，西北干旱区水储量的变化存在明显的空间差异，中国

表 4.5　2002～2021 年塔里木河“九源一干”陆地水储量变化特征

序号	流域	TWSA 变化速率/（mm/a）	Z 值（M-K 检验的统计量值）
1	开都–孔雀河	–12.63	–5.26
2	迪那河	–20.07	–5.42
3	渭干–库车河	–19.12	–4.90
4	阿克苏河	–7.49	–4.32
5	喀什噶尔河	–4.89	–3.67
6	叶尔羌河	–1.83	–2.56
7	和田河	0.03	0.42
8	克里雅河	1.65	3.41
9	车尔臣河	2.63	4.96
10	塔里木河干流	–7.25	–5.09
11	塔里木河流域	–3.37	–4.51

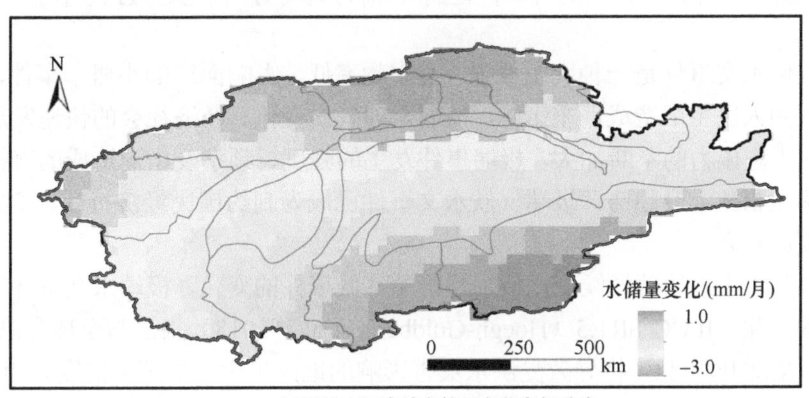

(a)塔里木河流域水储量变化空间分布

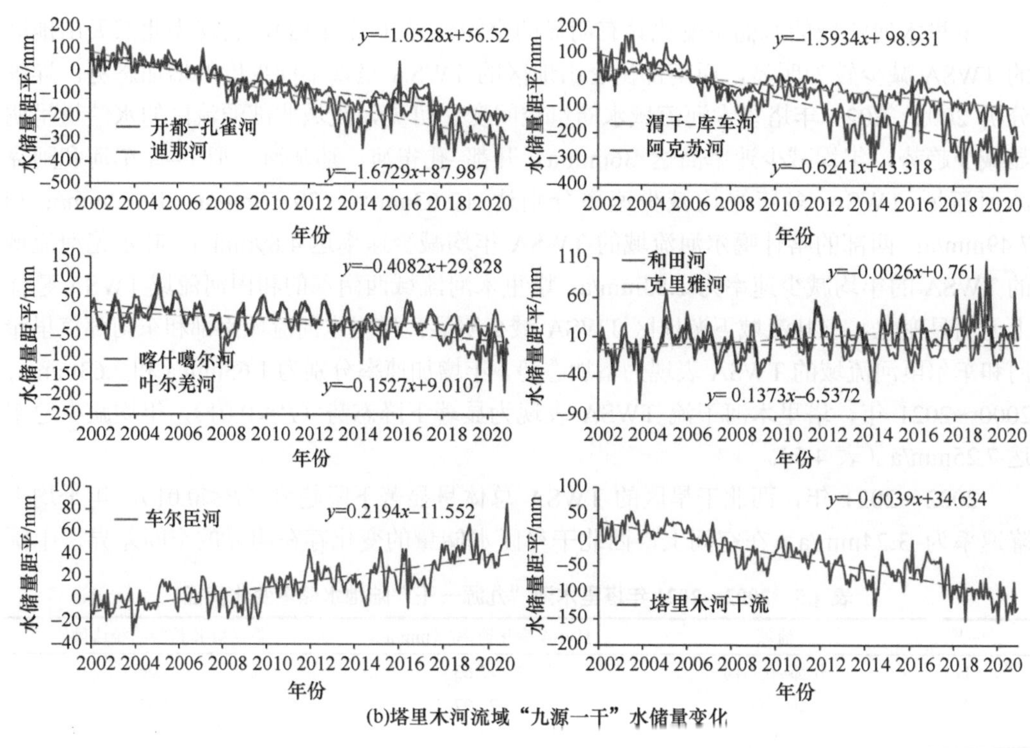

图 4.18　塔里木河流域“九源一干”陆地水储量变化

天山地区水储量减少最为明显，TWSA 的年均下降速率高达−12.12mm。在阿尔泰山的西部、额尔齐斯河流域的西北部以及祁连山西段，水储量均呈现不同程度的增加，尤其塔里木盆地南部的克里雅河、车尔臣河流域以及塔里木盆地东南角的东昆仑−库木库里盆地等，TWSA 呈明显增加趋势。

第二节　西北干旱区极端水文事件变化特征

极端气候水文事件是一种突发性强、发生频率低、影响面广的小概率事件，常对经济社会发展和人民生活造成严重影响。随着全球气候变化、经济社会的快速发展以及资源、环境和生态压力的不断加大，极端事件发生的强度、频率及由此造成的直接经济损失和死亡率呈指数上升趋势。极端气候水文事件已成为制约国民经济持续、稳定、健康发展的重要因素之一。

在全球尺度上，随着气候变化特别是极端气候事件的变化，极端水文事件也随之呈现出不同的变化。IPCC SR1.5（Hoegh-Guldberg et al.，2018）指出与全球升温 1.5℃的情况相比，全球升温 2℃ 将导致受洪水灾害影响的地区扩大（中等可信度）。IPCC AR5（Jiménez Cisneros，2014）和 IPCC SROCC（Pörtner et al.，2019）认为，春季融雪洪水会更早发生（高信度），春季融水引发的洪水危害将逐渐减弱，特别是在低海拔地区（中等置信度）。IPCC AR6 WGI 第 8 章和第 11 章总结指出，由于变暖，洪水普遍增加（中等信度），但存在显著的区域和季节差异。同时，不同类型的洪水表现出不同的变化趋势，强降雨引起的洪水呈现出显著的上升趋势，由土壤含水量盈余引起的洪水呈现出非显著的上升趋势，而融雪引起的洪水及雨雪混合引起的洪水呈现出下降趋势（Zhang et al., 2022a）。然而，鉴于有限的证据和过程的复杂性，气候变化下冰川相关洪水的变化尚不明确。

中国西北干旱面积广阔，自然地理条件复杂，生态环境脆弱，极端气候水文事件种类多且发生频繁，几乎所有的极端气候事件引发的灾害，如水灾、旱灾、热浪、雪灾、山体滑坡、泥石流等都有发生。尤其是 20 世纪 80 年代后期以来，伴随着气温和降水的“突变性”增加（Chen and Xu，2005），西北干旱区极端气候水文事件的强度和频率呈明显增加趋势（Chen et al.，2006；Yao et al.，2022；Zhang et al.，2022b），由此引发的灾害损失也不断加大。近 30 年来，新疆洪水峰、量和频次均呈增大态势，尤其是高山区冰川湖突发洪水（Chen，et al.，2010；Zheng et al.，2021）。从空间上分析，极端水文事件的发生频次沿整个天山呈对称分布，其中，西天山地区极端水文事件频次最高，其次为阿勒泰山、中天山地区以及喀喇昆仑山，在准噶尔和塔里木盆地呈均匀分布。吐鲁番盆地和昆仑山是极端水文事件的低发区，仅仅占到整个区域极端水文事件的 3%。研究结果显示，在西北干旱区，暴雨洪水在 20 世纪 70 年代以后增加趋势显著，这与西北干旱区气候变暖密切相关（孙桂丽等，2011）；冰雹一般伴随暴雨而生，20 世纪 50 年代以后发生频率迅速增加，并于 20 世纪 80 年代达到最多；雪灾发生频率于 20 世纪 80 年代迅速增加；突发洪水包括冬季冰凌洪水和冰川湖突发洪水，其增加趋势相对而言较为平缓。泥石流由于其发生在特定地形地貌条件，发生频率由 20 世纪 50 年代的 6 次/10a 增长到 21 世纪的 81 次/10a。在天山地区，干旱和洪涝的风险呈增加趋势。因此，深入研究西北干旱区极端事件时空分布、发生特点、变化趋势及其与气候变化的关系，有助于我们加强对极端气候水文事件的认识，积极应对由极端气候水文事件带来的负面影响，减轻灾害损失。本文重点讨论了西北干旱区极端气候水文事件发生特点，分析了极端气候的区域差异性，探讨了西北干旱区极端事件的遥相关机制，以期为西北干旱区减灾防灾、水资源管理和经济社会发展提供科学依据。

一、极端径流的年际变化

西北干旱区河流水资源主要来源于山区，水源机制复杂、补给多源、观测资料稀缺，并且空间分异性强，河流的水文效应各不相同，水系统脆弱，其水文过程和极端水文事件的变化对气候变化响应敏感。气候变暖引起的山区冰川/积雪变化和水循环改变直接影响河川水文过程，进而改变西北干旱区的极端水文事件的变化趋势和发生规律。由于极端水文事件的研究对观测资料要求较高，需要有长时间序列的日时间尺度的数据，因此，本节以最大和最小月径流深为指标，探讨中国西北干旱区的极端径流的变化趋势，并以塔里木河流域为例，分析了塔里木河 30 条源流的洪水事件的大小、发生时间和频率的变化趋势，探讨了洪水大小和洪水发生时间变化的驱动因素。

针对西北干旱区以融雪洪水、融冰洪水、暴雨洪水及混合型洪水多元洪水类型，利用中国天然径流量格点数据集 CNRD V1.0（Gou et al.，2021；Miao et al.，2022），分析了西北干旱区的最大和最小月流量的变化。该径流数据产品基于 VIC（the variable infiltration capacity）分布式水文模型、模型参数不确定分析框架和翔实的水文气象资料重建得到。模型敏感参数使用基于自适应的替代模型优化算法 ASMO（the adaptive surrogate modeling-based optimization）自动率定。在此基础上，该数据集采用了多尺度参数区域化 MPR（multiscale parameter regionalization）方法来估算无资料地区的模型参数。该数据集基于丰富水文站点观测资料进行有资料流域参数率定和无资料流域参数交叉验证，并与其他全球径流格点数据集进行了比较，发现 CNRD v1.0 数据集的径流空间分布上过渡更加连续，且在表示中国复杂地形和气候变化下的水资源空间分布方面优于全球径流数据集。由于本数据集在日尺度上的模型效果尚未得到验证，因此，本节仅考虑最大和最小月径流深的变化。

西北干旱区径流深的高值区主要分布在天山、阿尔泰山、祁连山山区，径流深最高可达 500mm 以上，在昆仑山和喀喇昆仑山的南坡，径流深也比较高，为 100mm 以上。总体上，CNRD 数据集可以较好地模拟出天然状态下的西北干旱区径流深的变化（图 4.19）。

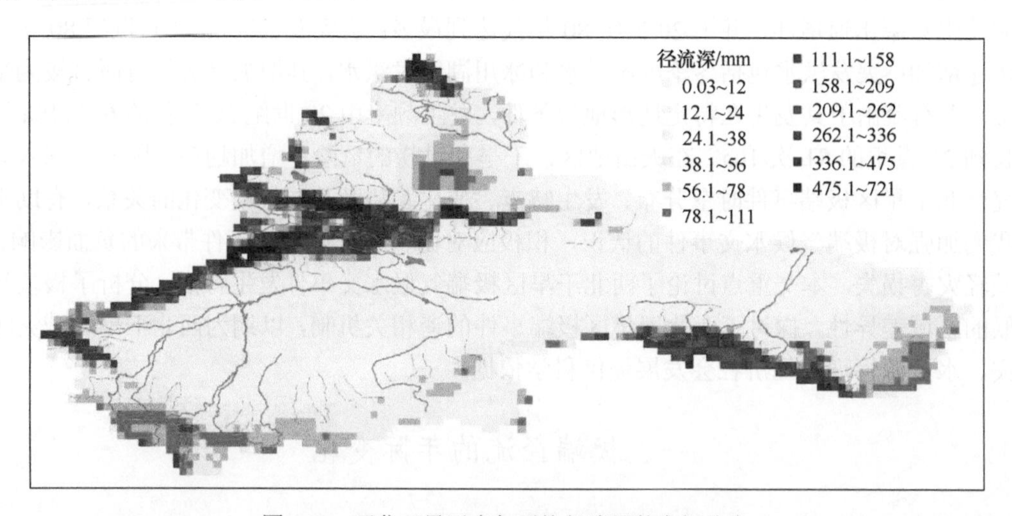

图 4.19　西北干旱区多年平均径流深的空间分布

对于极端径流事件，以最大和最小月径流深来代表。1961～2018 年，西北干旱区的最大月径流深总体表现为增加趋势，特别是在伊犁河谷、阿尔泰山山区、昆仑山和喀喇昆仑山北坡以及河西走廊的祁连山地区。同时，注意到，对于伊犁河谷地区，虽然径流深的增幅较大，普遍在 0.21mm/a 以上，但是却未通过显著性检验（$P>0.01$）。对于北疆地区以及南疆的部分平原地区，最大月径流深呈现出显著增加趋势。对于最小月径流深，1961～2018年，除了部分荒漠地区，整个西北干旱区几乎全部呈现出增加显著趋势（图4.20）。

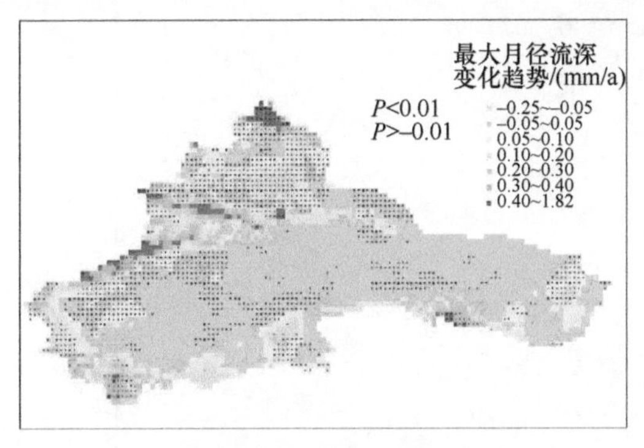

(a)最大月径流深变化趋势

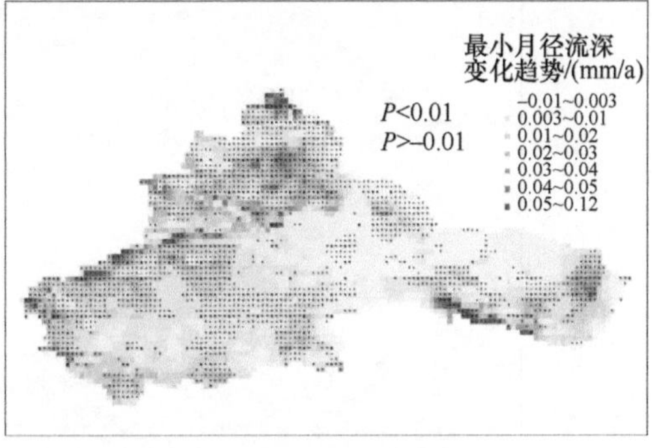

(b)最小月径流深变化趋势

图4.20　基于Sens' slope的西北干旱区最大和最小月径流深的变化趋势

二、塔里木河流域洪水变化趋势

在全球变暖背景下，山区由于其高海拔积雪、反照率和水热收支等相关的反馈作用，会放大气候效应，对气候变化变得特别敏感（Haeberli et al.，2007）。由冰川和融雪水补给的河流面临更高的洪水风险，因为它们不仅受到极端气候因素的影响，而且还受到融化率和相关过程变化的影响（Veh et al.，2020）。气候变化改变了已知的河流补给水源组合，从而产生了复杂的洪水状况。因此，需要深入研究高山冰川流域洪水趋势的变化，以了解气候变化对洪水的影响。

（一）塔里木河源流区

塔里木河位于西北干旱区西南部，由发源于周边天山、帕米尔高原、喀喇昆仑山和昆仑山的数十条支流组成。本节不仅分析了塔里木河四源流，即开都河、阿克苏河、和田河和叶尔羌河的洪水变化特征，同时也分析了一些较小的源流的洪水变化特征，这些流域均发源于山区，很少受到人类活动的影响，可以为气候变化背景下中纬度高山区以冰川、积雪融水补给为主的河流的洪水变化提供参考。

本节选择塔里木河流域的30个源流来分析其洪水变化，洪水用年最大日流量来表示（Wasko et al.，2020a）。30个源流的面积、径流深、平均海拔和平均坡度各异。超过70%的流域集水区面积在500～2000km^{2}之间（大流域），超过70%的流域年平均径流深在50～250mm之间。流域海拔为2500～5300m、坡度在5°～25°范围内分布较为均匀（图4.21和表4.6）。

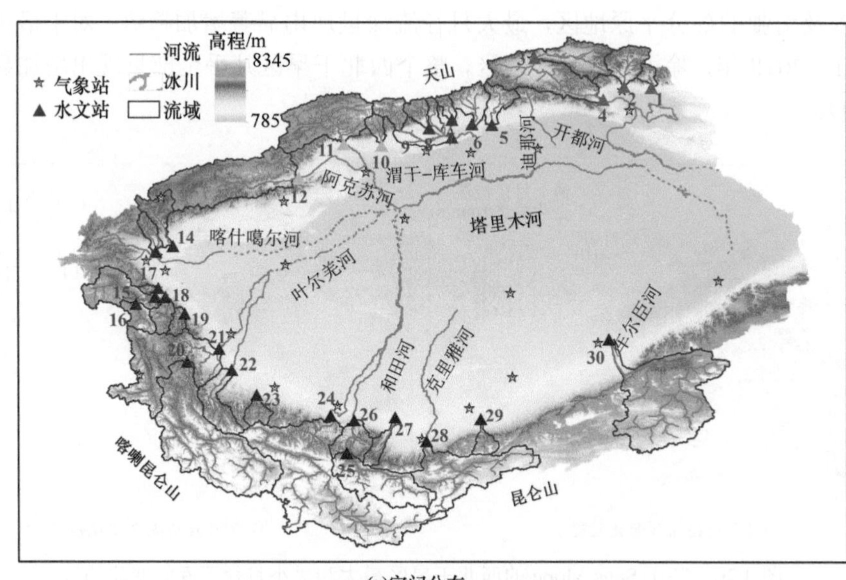

(a)空间分布

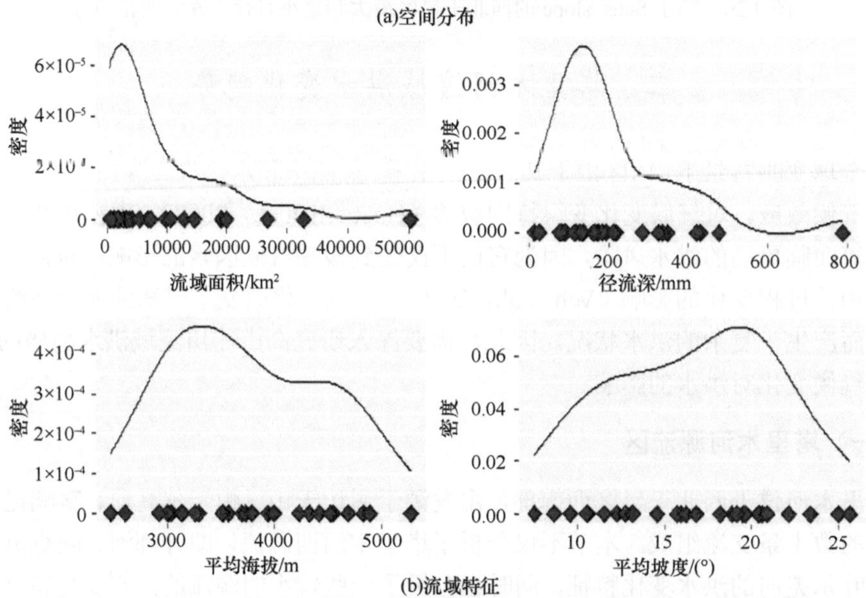

(b)流域特征

图 4.21　塔里木河流域的 30 个源流的空间分布和流域特征

表 4.6　塔里木河流域 30 个源流的基本信息

序号	河流	出山口水文站	汇流面积/km²	平均年流量/（m³/s）	径流量/亿 m³	冰川面积占比/%
1	清水河	克尔古提	1016	6.4 （5～11 月）	1.16	0.31
2	黄水沟	黄水沟	4311	12	3.79	0.28
3	开都河	巴音布鲁克	6833	37	11.69	1.11
4	开都河	大山口	19022	132	41.65	1.21
5	库车河	兰干	3118	16	5.05	0.52
6	克孜勒河	黑孜	3342	12	3.79	0.79

续表

序号	河流	出山口水文站	汇流面积/km^2	平均年流量/（m^3/s）	径流量/亿 m^3	冰川面积占比/%
7	卡拉苏河	卡拉苏	1114	10	3.16	3.81
8	卡木斯浪河	卡木鲁克	1834	25	7.89	12.40
9	木札特河	破城子	2845	43	13.57	44.13
10	台兰河	台兰	1324	33	10.41	38.60
11	库玛拉克河	协合拉	12816	171	53.96	18.49
12	托什干河	沙里桂兰克	19166	117	36.92	3.43
13	恰克马克河	恰其噶	3788	9	2.84	0.02
14	卡浪沟吕克河	卡浪沟吕克	1954	5	1.58	0.02
15	维它克河	维它克	497	6	1.89	15.22
16	盖孜河	克勒克	9753	28	8.84	5.59
17	喀拉库里河	喀拉库里	2170	12	3.79	22.61
18	库山河	沙曼	2169	23	7.26	11.45
19	艾格牙孜河	克孜勒塔克	1340	5	1.58	0.31
20	叶尔羌河	库鲁克栏干	32880	170	53.65	13.06
21	叶尔羌河	卡群	50248	215	67.85	1.45
22	提孜那甫河	玉孜门勒克	5389	36	11.36	5.31
23	皮山河	皮山	2227	13	4.10	3.65
24	喀拉喀什河	乌鲁瓦提	19983	71	22.41	9.02
25	玉龙喀什河	黑山	10712	41	12.9	26.07
26	玉龙喀什河	同古孜洛克	14575	75	23.67	19.30
27	策勒河	策略	2032	5	1.58	3.77
28	克里雅河	努努买买提兰干	7358	31	9.78	6.01
29	尼雅河	尼雅	675	10.63 （4～10月）	1.93	3.97
30	车尔臣河	且末	26822	21	6.63	1.98

（二）洪水指标选取

本文采用块最大值方法提取每个流域的洪水数据，以分析洪水强度、时间和频率的变化。洪水由年度/季节最大日流量表示。块最大值方法将最大日流量作为每个“块”内唯一的洪峰，其中“块”表示整年或特定季节（Feyen and Dankers，2009；Mallakpour and Villarini，2015）。

基于长期日流量序列，采用年最大流量（AMF）和春季最大流量（AMFSp）、夏季最大流量（AMFSu）、秋季最大流量（AMFAu）和冬季最大流量（AMFWi）五个洪水指数衡量洪水强度。洪水的发生日期用 Φ 表示，也就是洪水事件峰值流量的发生日期，以儒略日表示（Burn，1997）。十年重现期洪水（RP10）用于分析洪水频率的变化（表 4.7）。采用非参数 Theil-Sen 斜率估计检测洪水强度和时间的变化趋势（Sen，1968；Wasko et al.，2020b）。与线性回归相比，Theil-Sen 斜率估计量受异常值和非正态分布数据的影响较小（Duethmann et al.，2015）。

表 4.7 洪水指标

洪水指标	说明	洪水特征
AMF/（m^3/s）	年最大日流量	量级
Φ（date）	年最大日流量发生的儒略日	日期
AMFSp/（m^3/s）	春季（3～5 月）最大日流量	量级
AMFSu/（m^3/s）	夏季（6～8 月）最大日流量	量级
AMFAu/（m^3/s）	秋季（9～11 月）最大日流量	量级
AMFWi/（m^3/s）	冬季（12 月至翌年 2 月）最大日流量	量级
RP10	等于或高于十年重现期的洪水事件	频率

（三）洪水大小、发生时间和频率的变化

1961～2015 年，塔里木河流域所有 30 个高山流域中有 24 个站点（由于有三个站点仅记录夏季流量，因此，仅分析了 27 个流域）的最大洪峰流量呈现出增加趋势，其中 5 个站点显示出显著增加趋势，10 个站的洪水增加速率达到每十年 10mm 以上。只有 3 个站点显示出减少的趋势，但它们的变化并不显著。夏季最大洪水呈现出类似的空间变化模式，因为对于塔里木河流域，大多数年最大洪水事件发生在夏季。对于春季最大洪水，大约一半的站点表现出增加趋势。对于秋季最大洪水，27 个站点中有 20 个站点表现出洪水大小的增加，其中 10 个站点显示出显著增加。对冬季最大洪水，27 个台站中的 23 个显示洪水大小增加，其中 15 个站点显示出显著增加的趋势（图 4.22）。

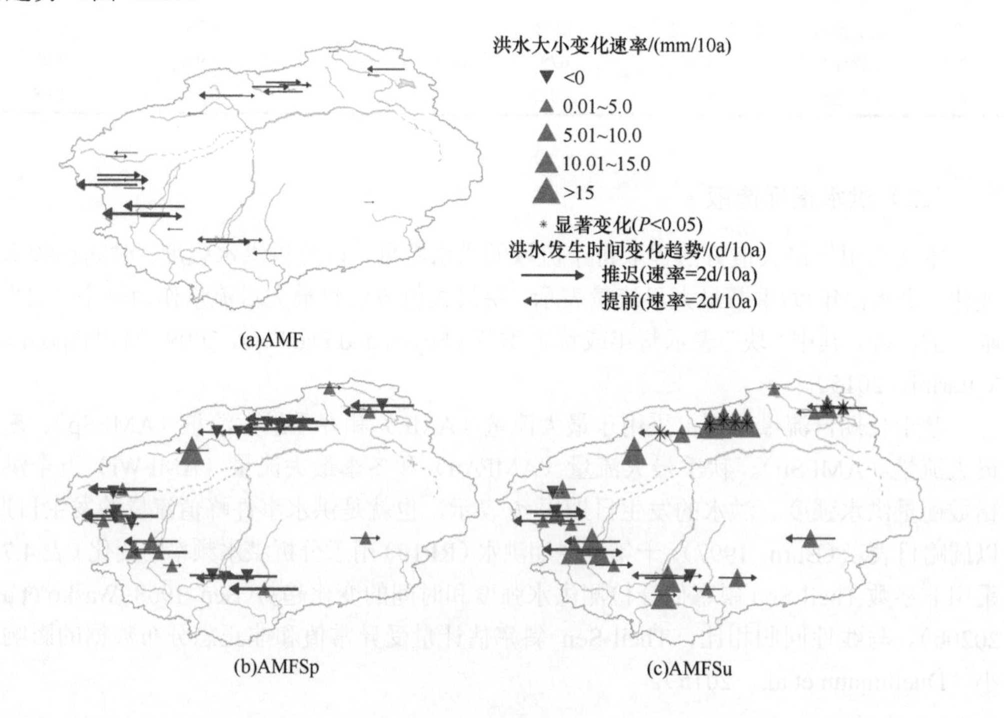

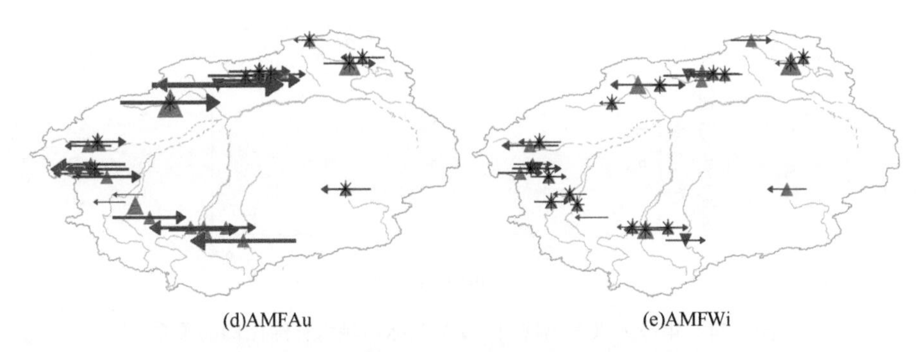

图 4.22 1961～2015 年塔里木河流域年洪峰（AMF）和季节洪峰（AMFSp、AMFSu、AMFAu 和 AMFWi）及其发生时间（ΔΦ）的变化

标有星号的站点表示洪水强度在 $P<0.05$ 水平上显著变化

在季节上，与夏季相比，春季洪水在 1980 年代出现了更高的峰值。然而，在 1961～2015 年里，夏季和冬季出现了高洪峰（图 4.23）。

AMF 的平均洪水发生时间 Φ 为第 199 天（7 月 18 日），介于第 147 天（5 月 27 日，流域 3）到第 219 天（8 月 7 日，流域 20）之间。对于有大量冰川融水补给的集水区（如集水区 11 和 20），AMF 的 Φ 往往出现时间较晚，而对于那些主要由融雪和降雨补给的集水区（如集水区 3），其 Φ 往往出现时间较早（图 4.24）。

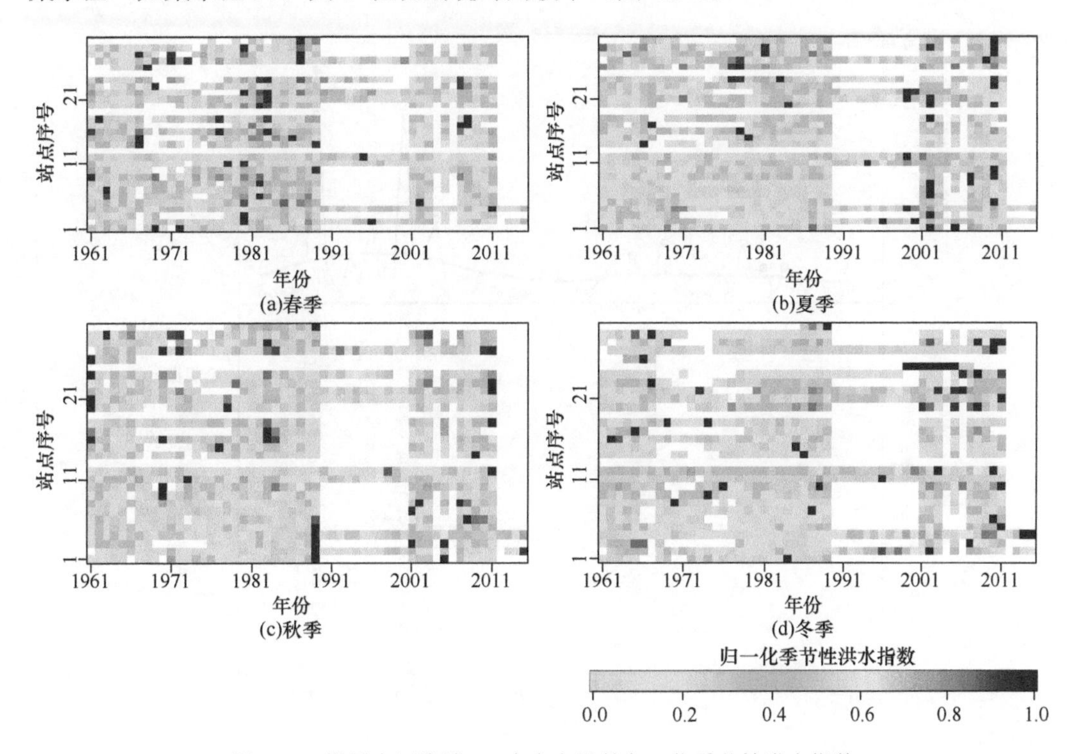

图 4.23 塔里木河流域 30 个水文站的归一化季节性洪水指数

归一化方法采用离差标准化即（$X-X_{min}$）/（$X_{max}-X_{min}$）

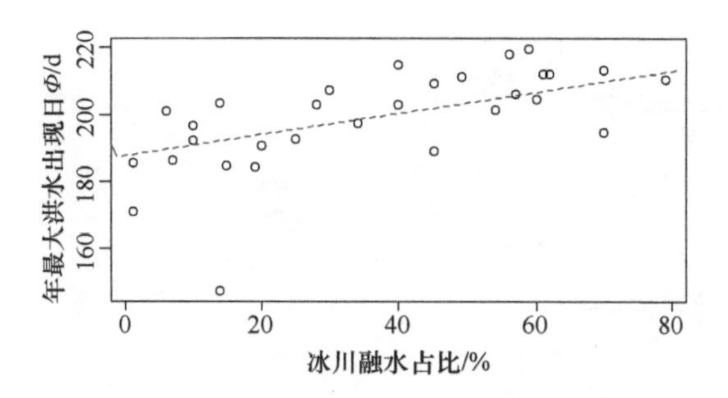

图 4.24　年最大洪水出现日（Φ）与冰川融水补给比例的关系

洪水发生时间的变化表现出明显的空间差异性，分别有 14 个和 13 个站点显示延迟和提前的趋势。季节性洪水时间变化的最显著特征是春季洪峰以 1.38d/10a 的速度提前，秋季洪峰以 0.72d/10a 的速度推迟。值得注意的是，春季洪峰提前的同时，洪水大小也在变小。塔里木河流域的 AMFSu 和 AMFWi 的发生时间没有一致的变化。

在洪水发生频率上，10 年重现期的洪水事件（RP10）的发生频率从 1961～1970 年期间的 10 次/10a 事件增加到 21 世纪初的 48 次/10a 事件（图 4.25）。尽管 1990 年代缺少某些数据，但近几十年来洪水频率有所增加，这意味着这些高山集水区的洪水风险急剧增加。洪水通常是集群发生的，即同一时期多个相邻流域 RP10 事件是集中发生。

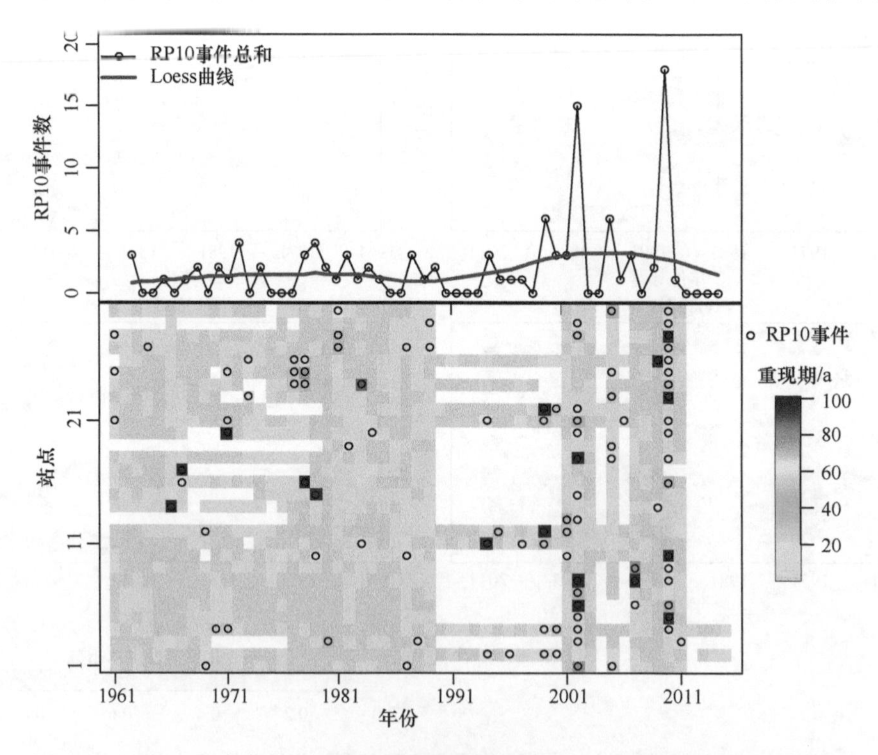

图 4.25　1961～2015 年 30 个流域洪水重现期的变化及 RP10 事件总量的年际变化

圆圈表示 RP10 事件（洪水强度≥RP10），白色区域表示无法观测

值得注意的是，2002 年和 2010 年分别有 15 个和 18 个站点发生了 RP10 事件。2002 年和 2010 年的特大洪水与塔里木河流域的强降雨和相对高温密切相关，夏季降水量分别偏高了 21.9%和 28.8%，气温偏高了 0.168℃和 0.206℃。

三、塔里木河流域洪水变化驱动因素分析

为了探究塔里木河流域洪水变化的驱动因素，基于随机森林模型（RF 模型）和数值实验方法，以洪水大小或洪水发生时间作为响应变量，分析了气候因素对洪水变化的贡献。

（一）洪水变化与气候因素的相关分析

利用统计分析方法分析洪水与气象变量之间的相关性。影响洪水量级的因素包括 1 天、3 天、7 天前期降水量（P1、P3、P7），1 天、3 天、7 天、15 天前期气温（T1、T3、T7、T15）和 7 天和 15 天前期零度层高度（MLH7、MLH15），而影响洪水时间的因素主要包括流量的季节性、温度（≥0℃积温）、降水和 MLH（6～8 月的夏季月份）。这里的季节性使用“中心时间”表示，即达到一年总流量一半的日期（Court，1962；Wasko et al.，2020b）。将 MLH 作为一个影响因素，因为近地表气候变化与高空气候变化的趋势并不一致，而高空气候影响高山山区的积雪和冰川融化（Prein and Heymsfield，2020）。

图 4.26 显示了洪水大小和发生时间与各气候因子之间的 Spearman 相关系数。P1 是

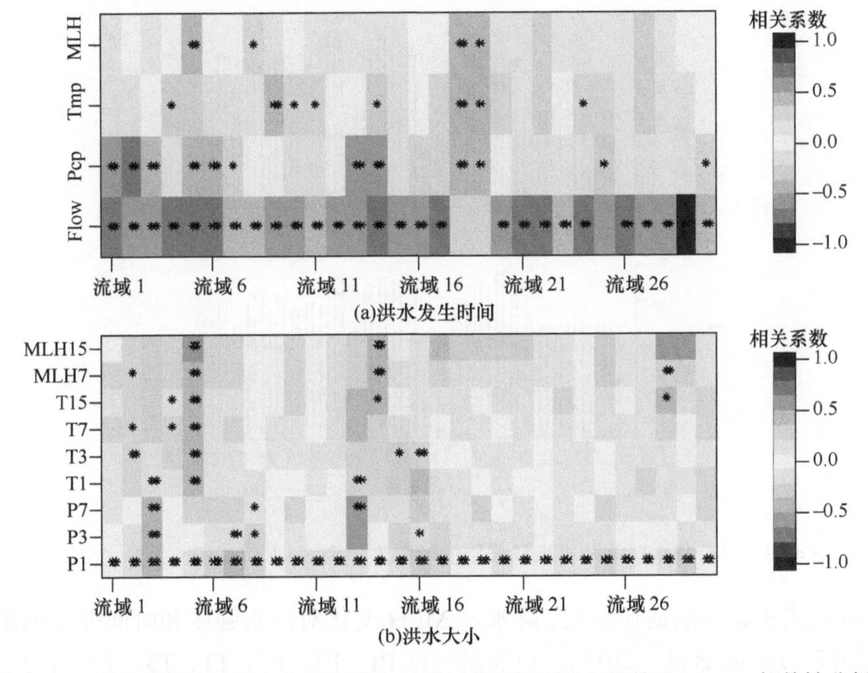

图 4.26 塔里木河流域洪水大小和发生时间与各气候因子之间的 Spearman 相关性分析

图中给出了洪水大小与气候因子（P1，P3，P7，T1，T3，T7，T15，MLH7，MLH15）的关系以及洪水发生时间与流量（Flow）、降水（Pcp）、温度（Tmp）、MLH 的中心时间之间的相关系数。显著相关的由星号给出：*$P<0.05$，** $P<0.01$

与洪水强度最相关的变量，这意味着洪水强度的变化可归因于最大单日降水量变化，这也可以从洪水和降水之间的相似模式中推断出来。对于位于天山东南部和帕米尔东部的少数流域（流域 2～5 和流域 13～16），T1，T3，T7，T15 等温度因子与洪水量级显著相关。对于洪水发生时间，洪水和流量中心时间关系紧密，因为洪水会影响年内流量分布。对于天山南坡中部和东部的大部分流域（流域 1～7），降水中心与洪水时间的平均相关系数为 0.40。对于大多数流域，近地表温度和 MLH 与洪水发生时间的相关性类似，而对于发源于喀喇昆仑山脉的一些流域（流域 9、流域 13～16、流域 24），近地表温度和 MLH 与洪水的相关性不同，表明近地表和高空气候具有不同的变化趋势。

（二）基于数值模拟的洪水变化驱动因子分析

利用数值实验结合随机森林模型来检测洪水变化的驱动力。对于每个集水区，使用逐日流量作为响应因子（*Y*），并使用 P1、P3、P7、T1、T3、T7、T15、MLH7 和 MLH15 作为独立因子（*X*）构建随机森林模型。在本研究中，使用 Breiman（2001）推荐的方法来设置参数值：mtry（每次拆分时随机抽取的候选变量数）设置为 $p/3$，其中 p 是 X 中的变量数，ntree（要生长的树数）设置为 100。samplesize（样本的大小）和 nodesize（终端节点的最小值）使用默认值设置，前者为 0.632×nrow（*X*），后者为 5。删除所有缺失值，通过 10 倍交叉验证技术评估随机森林模型的性能。模型的平均解释方差为 74.8%（30.9%～93.6%），Nash Sutcliffe 系数为 0.78（0.44～0.94）（图 4.27）。

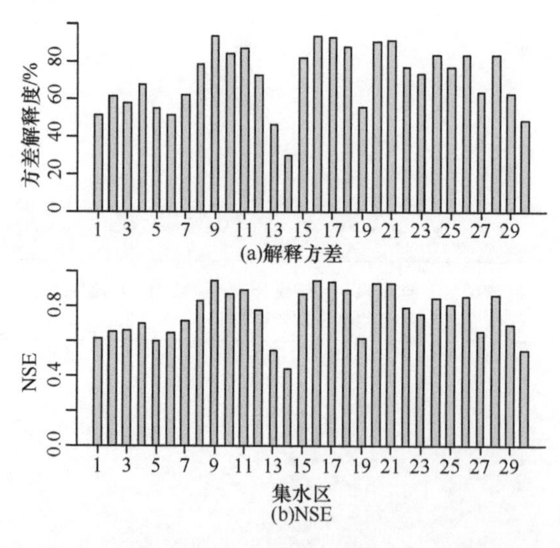

图 4.27 每个集水区的随机森林模型的解释方差和 Nash Sutcliffe 系数（NSE）

采用数值实验方法估计温度、降水和 MLH 变化对洪水强度和时间变化的影响（Li et al.，2017；Zhang et al.，2016）。自变量包括 P1、P3、P7、T1、T3、T7、T15、MLH7 和 MLH15。首先，应用去趋势技术以形成包含所有气候因素的新气候序列，进行随机森林模型的模拟。对于洪水强度，使用线性回归方法去除了气候因素的趋势。对于洪水时间，使用 10 天分位数映射方法来消除温度、降水或 MLH 的时间变化（Fang et al., 2022）。理想情况下，如果构建的随机森林模型效果满意，那么在 base case 下模拟的洪水强度/时间的变化趋势应接近于零。然后，设计了 5 个数值实验，每个实验关注一个气候变量，即 base case（去除所有气候因素的趋势）、tmp case（去除除温度以外的所有变量的趋势）、pcp case（去除除降水以外的所有变量的趋势）、MLH case（去除除 MLH 以外的所有气候因素的趋势）和 obs case（保留观测到的所有变量的趋势）。例如，在 tmp case77 中 7，洪水强度是响应因子，而观测的 T1、T3、T7 和 T15 以及去趋势的 P1、P3、P7、MLH7 和 MLH15 作为自变量。因此，如果仅保留与温度相关的变量（T1、T3、T7 和 T15）的趋势，而去除其他变量的趋势，则温度的贡献可以反映在随机森林模型模拟的洪水变化趋势中。obs case 与 tmp/pcp/MLH case 的距离越近，对应的驱动变量对洪水变化的影响越大。对于每个实验，随机森林模型运行 50 次模拟以消除采样误差。

在随机森林模型对洪水大小和洪水发生时间变化趋势的模拟能力方面，可以发现随机森林模型可以重现观测到的趋势，洪水大小和洪水发生时间的相关系数分别为 0.82 和 0.67，在 27 个和 25 个集水区中可以获得可靠的洪水变化趋势（图 4.28）。

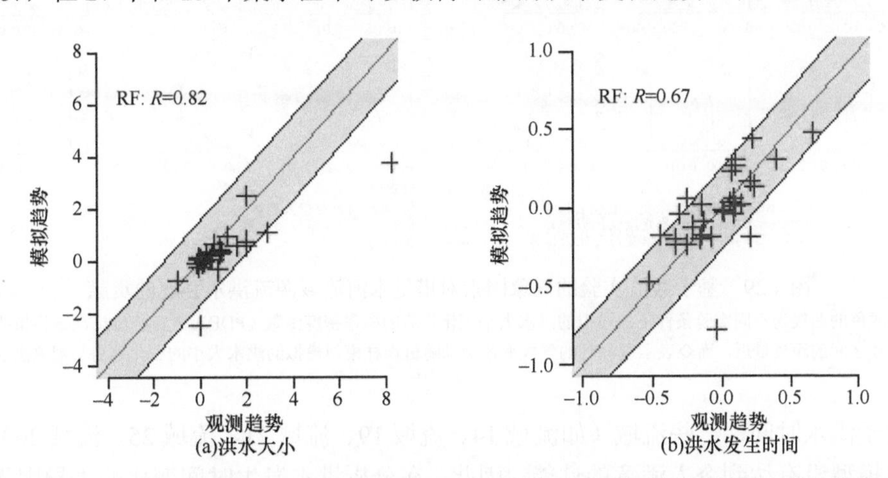

图 4.28　塔里木河流域 30 条源流的洪水强度和洪水发生时间的观测趋势和模拟趋势

阴影区域显示了观测到的洪水趋势的标准偏差（mean±std）

图 4.29 显示了数值实验结合随机森林方法检测的导致洪水强度变化的主导因素。“obs case”和“tmp/pcp/MLH case”的距离越近，相应变量在洪水变化中的重要性就越大。对于一些流域（如流域 3、流域 16、流域 17、流域 23、流域 24、流域 27），base case 没有取得令人满意的结果（即模拟的洪水变化趋势的绝对值不是所有实验中最小的），并且 obs case 模拟的洪水变化趋势不是最接近观测洪水大小变化趋势，这意味着这些流域的随机森林模型具有较低的可靠性。对于流域 1、流域 4、流域 6、流域 7、流域 8、流域 10、流域 11、流域 13、流域 25，洪量增加的主要原因是流域降水量增加，这些流域集中在天山南坡，与昆仑山北坡相比，降水量相对较大。对于流域 2、流域 5、流域 9、

流域 19、流域 23、流域 26 和流域 30，洪水大小的增加也可能是由于温度升高引起的。对于极少数流域（如流域 12、流域 20、流域 21），洪水大小的增加主要与 MLH 相关。

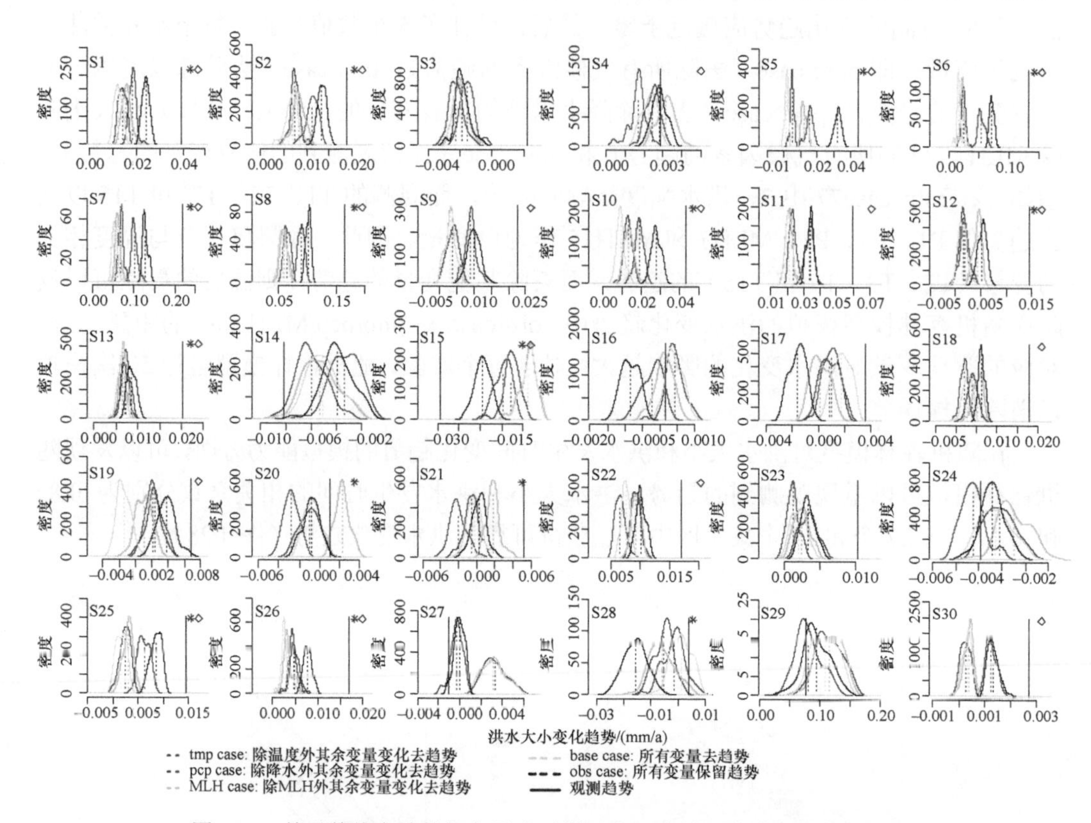

图 4.29　基于数值实验的气象因素对塔里木河流域源流洪水强度的贡献

图中不同颜色的曲线为不同实验条件下的模拟的洪水大小变化趋势的概率密度函数（PDF）。*表示 base case 模拟的洪水变化趋势与 0 之间的距离最近，而◇表示观测到的气候变量驱动随机森林模型模拟的洪水大小的变化趋势与观测洪水大小的趋势一致

对于洪水时间，一些流域（如流域 14、流域 19、流域 21、流域 25、流域 26）的随机森林模型没有达到令人满意的性能，因此，在分析洪水发生时间变化的主导因素时予以排除。从图 4.30 可以看出，MLH 是流域 4、流域 5、流域 6、流域 12、流域 16、流域 17、流域 22 和流域 23 洪水时间变化的主导因素。

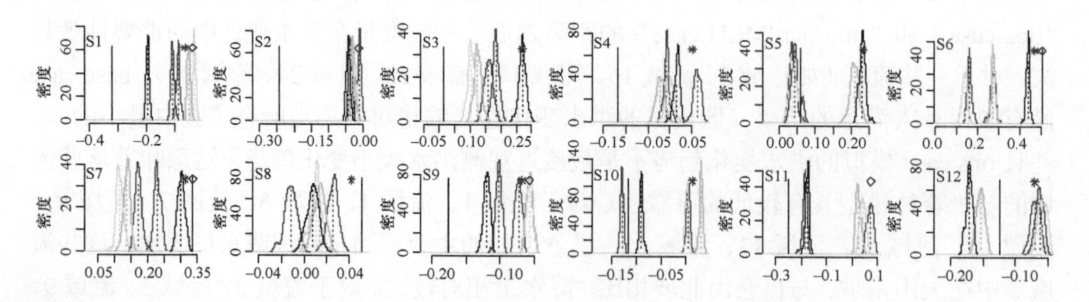

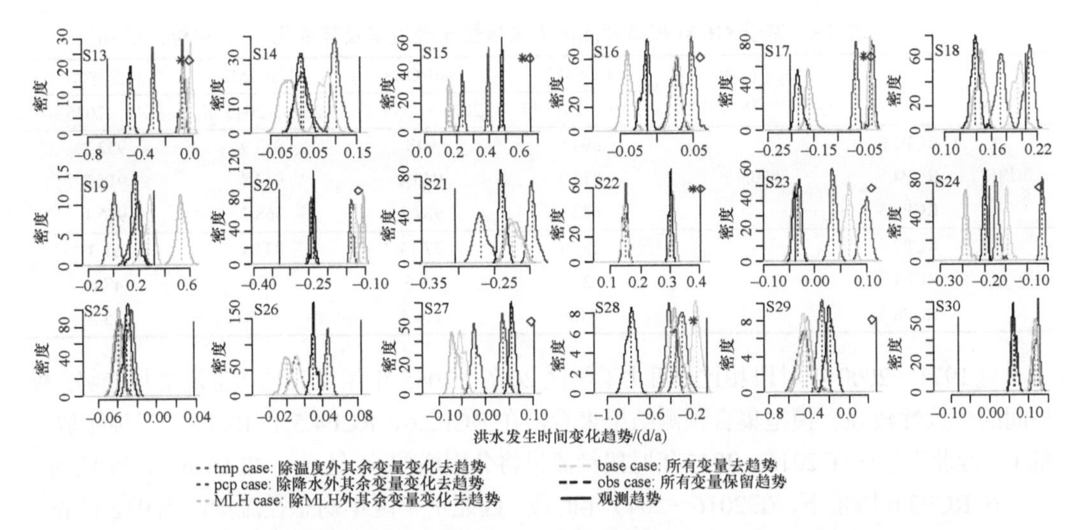

图 4.30　基于数值实验的气候因素对塔里木河流域源流洪水发生时间变化趋势的贡献

第三节　西北干旱区河川径流未来趋势

西北干旱区地形复杂，水循环过程独特，产汇流机理复杂，水资源构成多元，气候变化将进一步加剧西北干旱区水资源供给的不确定性，加大西北干旱区生态用水和经济用水的竞争。为此，系统分析气候变化对西北干旱区水系统的影响，解析不同情景下的径流过程变化，准确预估未来水资源变化趋势，对提高流域水资源科学管理和调配能力，科学布局生产力具有重要的现实意义。本节将利用水资源敏感性和地球系统模式–水文模型两种方法分析西北干旱区的水资源未来变化趋势，并以塔里木河流域和河西走廊地区为例，重点讨论以冰川融水补给为主的流域的未来水资源变化趋势。

一、不同气候变化情景下水资源变化趋势

基于地球系统模式的水资源量变化趋势分析可见，在未来气候变化条件下，地表径流和地下水都将受到影响，从而影响未来水资源量。CMIP5 对全球环流模式与陆面模型进行了耦合，可实现对径流的模拟，但是在区域尺度上存在偏差，尤其是在西北干旱区。因此，需要对模型模拟的径流量进行校正。

将水资源公报中各三级流域的历史时段径流量作为径流量，利用 delta 方法［即 CMIP5 中的全球环流模式与陆面模型模拟的未来时段相对于历史时段（1971～2000 年）的径流变化量作为径流量的变化量］，获得未来不同情景下的径流量预测值，模拟了西北干旱区 2016～2045 年三种不同排放情景下不同模型的径流预测值（表 4.8）。

表 4.8　基于 GCM 模型预测的未来情景年径流量及其变化　（单位：亿 m³）

	情景	历史时期（1971～2000 年）	CCSM4	MIROC5	CanESM2	模型平均
			2016～2045 年	2016～2045 年	2016～2045 年	2016～2045 年
年均值	RCP2.6	870.9	894.6	948	953.9	932.2
	RCP4.5		872.9	940.4	942.8	918.7
	RCP8.5		882.4	987.3	968.7	946.1
变化值	RCP2.6		23.74	77.14	83.04	61.3
	RCP4.5		2.0	69.5	71.9	47.8
	RCP8.5		11.5	116.4	97.8	75.2

与 1971～2000 年时段相比，西北干旱区 2016～2045 年年径流量均呈现增加趋势，模型间的一致性较强。模型集合预测结果来看，在 RCP2.6、RCP4.5 和 RCP8.5 三种排放情景下，西北干旱区在 2016～2045 年时段径流量将分别增加 61 亿 m³、48 亿 m³ 和 75 亿 m³。

在 RCP2.6 情景下，在 2016～2045 年时段，西北干旱区年均总径流量达到 932 亿 m³，比 1971～2000 年的 871 亿 m³，增加了 61 亿 m³。从空间上来看，未来时段南疆径流量比历史时段增加量较大，而北疆和河西地区增加量较小（图 4.31）。以 RCP2.6 情景为例，2016～2045 年时段，南疆、北疆和河西地区比历史时段径流的增加量分别为 43 亿 m³、8 亿 m³ 和 10 亿 m³，增加比例分别为 12%、2%和 15%，河西走廊的径流增加幅度相对较大。

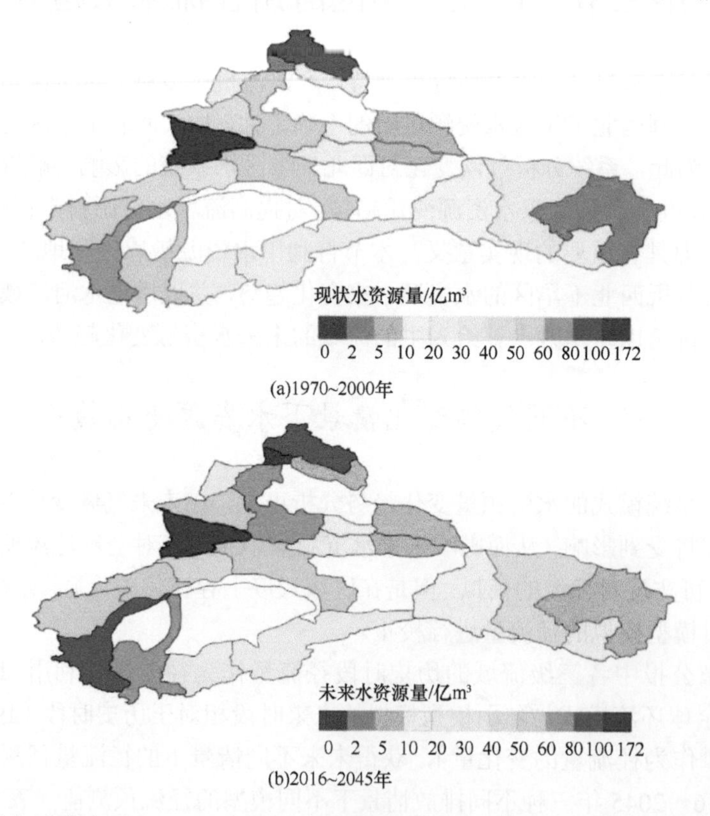

图 4.31　西北干旱区 1971～2000 年及 RCP2.6 情景下 2016～2045 年各流域水资源量分布图

模拟结果显示，在未来时段不同排放情景下，径流增加比例在10%以上的流域包括北疆的艾比湖水系和额敏河流域，南疆的叶尔羌河流域、和田河流域、喀什噶尔河流域、车尔臣河诸小河和克里雅河诸小河以及河西走廊的黑河流域和疏勒河流域。径流呈现减少趋势的流域主要为额尔齐斯河流域和石羊河流域。同时，水资源系统的脆弱性和风险表现出强烈的空间变异性，在河西走廊、北天山和塔里木河等地区水资源脆弱性较高（Xia et al.，2017）。表4.9列出了未来气候情景下西北干旱区典型流域径流预测值及其相对于1971～2000年时段的变化量。

表4.9 未来气候情景下典型流域径流量预测值及其相对于1971～2000年时段的变化量

（单位：亿 m^3）

情景	时段	开都–孔雀河	阿克苏河	和田河	叶尔羌河	天山北麓	伊犁河	黑河	石羊河
径流量	1971～2000年	50.1	49.6	53.7	75.2	69.5	164.1	37.2	17.8
RCP2.6	2016～2045年	52.1	52.8	61.8	83.9	72.0	172.1	41.2	17.6
RCP4.5	2016～2045年	51.5	53.2	63.2	86.8	73.1	172.7	41.8	15.4
RCP8.5	2016～2045年	52.8	52.4	56.2	76.1	74.2	172.2	40.7	17.6
变化量									
RCP2.6	2016～2045年	2.0	3.3	8.1	8.7	2.5	8.1	4.0	–0.1
RCP4.5	2016～2045年	1.4	3.6	9.5	11.6	3.6	8.7	4.6	–2.4
RCP8.5	2016～2045年	2.7	2.8	2.5	0.8	4.7	8.1	3.5	–0.2

二、未来径流变化趋势的案例分析

单向松散耦合气候模式和物理水文模型是预估未来径流变化趋势的重要工具。由于全球环流模式的分辨率较低，无法反映高山区复杂地形下的气候变化特征，因此，采用世界气候研究计划（World Climate Research Programme，WCRP）的重要子计划CORDEX计划在中亚地区的试验结果作为气候变化数据。一方面，CORDEX的数据空间分辨率高（22～44km）；另一方面，CORDEX选取的气候变化模式的驱动场边界为中亚，更能体现出中亚内陆地区的气候变化特征。共选择了6种全球环流模式–区域气候模式的组合（CNRM-CERFACS-CNRM-CM5-ALARO-0，MOHC-HadGEM2-ES-REMO2015，MPI-M-MPI-ESM-LR-REMO2015，NCC-NorESM1-M-REMO2015，MOHC-HadGEM2-ES-RegCM4-3，MPI-M-MPI-ESM-MR-RegCM4-3），来获取未来塔里木河流域在RCP4.5和RCP8.5情景下的气候变化信息。基于CORDEX的高分辨率气候数据集，通过偏差校正，来驱动含有冰川动态模块的分布式水文模型SWAT_Glacier（包括历史时期1976～2005年、和模拟时期2006～2035年、2036～2065年），预估了未来塔里木河四源流的来水情况。

（一）塔里木河流域

1. 模型构建与发展

SWAT是美国农业部研究中心（USDA-ARS）开发的流域分布式水文模型（Arnold

et al.，1998）。SWAT 模型分别计算蒸散发、融雪、地表径流、下渗、地下回归流以及河道损失等。由于 SWAT 模型的正式版本不包括冰川动态过程，导致 SWAT 不适合应用在冰川融水补给较大的河流。结合西北干旱区水资源组分构成，在 SWAT 模型的基础上，加入了融冰模块，构建了 SWAT_Glacier 分布式水文模型。该模型考虑 SWAT 模型中的冰川融化，并引入四个用户自定义的参数（即 Gmtmp，Gmfmx，Gmfmn，Gla_timp）。图 4.32 显示了 SWAT_Glacier 模型的示意图。冰川融化速率主要受空气温度、冰川表面温度和融化速度这三个变量控制。模型在各个子流域上计算冰川消融量，再通过流域河网对子流域进行有机连接以模拟冰川融水径流（Fang et al.，2018）。

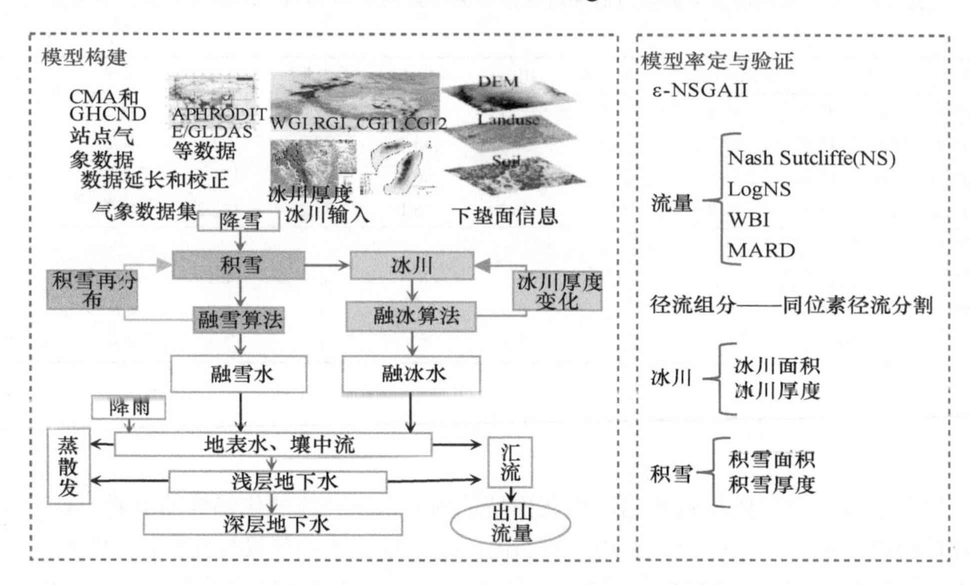

图 4.32　扩展的 SWAT 模型产汇流计算示意图

基于多目标率定的 SWAT_glacier 可以很好地模拟大多数流域的观测到的峰值和低值流量。观测气象数据驱动的 SWAT_Glacier 模型可以获得非常好的模拟效果（图 4.33 和表 4.10）。可以看出，除了和田河的乌鲁瓦提和阿克苏河流域的托什干河外，其余 5 条支流的月尺度的 NSE 均在 0.65 以上，说明构建的 SWAT_Glacier 水文模型在塔里木河四源流的模拟效果总体满意。当采用校正后的 GCM-RCM 气象数据驱动 SWAT_Glacier 模型时，模拟效果略有下降。在月尺度上，仍有 4 条支流的 NSE 在 0.63 以上，托什干河、喀拉喀什河和玉龙喀什河的 NSE 偏低，均在 0.50 以下。在冰川融水占比方面，不管是用观测的气象数据驱动，还是用校正后的模式数据驱动，模型效果普遍较好，误差在 0.10 以内。

2. 未来气温、降水变化

温度和降水是引起塔里木河流域径流变化的关键要素和驱动力。在 RCP8.5 情景下，

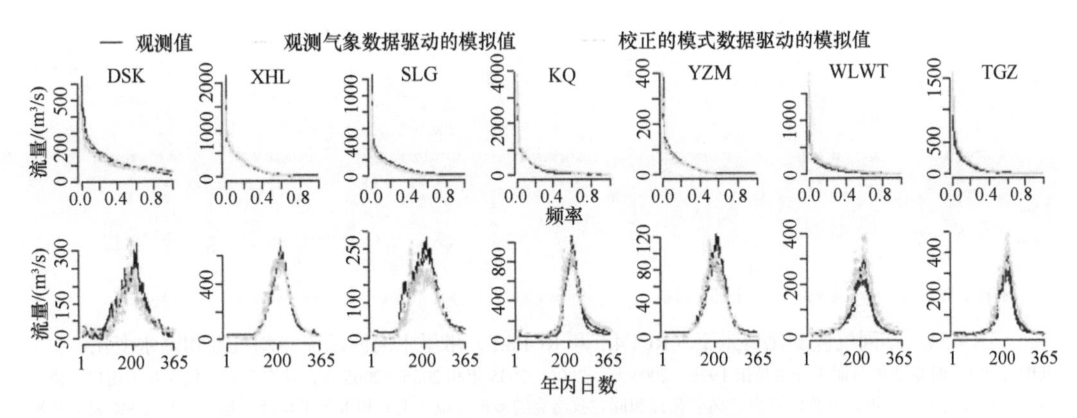

图 4.33　塔里木河四源流流量的模拟效果

从左向右，依次是大山口、协合拉、沙里桂兰克、卡群、玉孜门勒克、乌鲁瓦提和同古孜洛克的流量的频率曲线（上）和年内变化曲线（下）

表 4.10　塔里木河四源流流域特征与月尺度水文模拟效果

源流	支流	出山口水文站	流域面积/km²	多年平均径流量/亿 m³	观测气象数据驱动 SWAT_Glacier		校正后的 GCM-RCM 气象数据驱动 SWAT_Glacier	
					NSE（日）	BIAS_G	NSE（月）	BIAS_G
开都–孔雀河	开都河	大山口（DSK）	19，022	41.65	[0.63，0.60]	[0.07，0.07]	[0.63，0.20，]	[0.10，0.11]
阿克苏河	库玛拉克河	协合拉（XHL）	12，816	53.96	[0.81，0.66]	[0.00，0.00]	[0.76，0.66，]	[0.00，0.14]
	托什干河	沙里桂兰克（SLG）	19，166	36.92	[0.35，0.35]	[0.00，0.00]	[0.44，0.34，]	[0.06，0.10]
叶尔羌河	叶尔羌河	卡群（KQ）	50，248	67.85	[0.89，0.83]	[0.00，0.20]	[0.76，0.53，]	[0.04，0.13]
	提孜那甫河	玉孜门勒克（YZM）	5，389	11.36	[0.71，0.70]	[0.00，0.00]	[0.72，0.56]	[0.00，0.00]
和田河	喀拉喀什河	乌鲁瓦提（WLWT）	19，983	22.41	[0.23，0.23]	[0.00，0.00]	[–0.35，–1.01]	[0.04，0.15]
	玉龙喀什河	同古孜洛克（TGZ）	14，575	23.67	[0.63，0.55]	[0.00，0.30]	[0.09，–1.18]	[0.00，0.33]

注：NSE 和 BIAS_G 分别为流量的纳什效率系数和模拟的冰川融水占比的偏差。

塔里木河流域未来气温将呈持续上升态势。相对于历史时期（1976～2005 年），2006～2035 年，塔里木河流域气温将增加（1.22±0.72）℃，其中，天山南坡升温幅度高于昆仑山北坡，开都河流域和阿克苏河流域的温度升高幅度平均为 1.39℃，而叶尔羌河和和田河流域的升温幅度为 1.21℃。到 21 世纪中叶（2036～2065 年），塔里木河流域气温将增加（2.59±1.81）℃。

在降水方面，相对于 1976～2005 年，塔里木河流域降水量呈现出总体增加趋势，而且，降水量的变化幅度也在增大。在 2006～2035 年，塔里木河流域的降水平均增加（3.81±14.72）mm，其中，叶尔羌河流域降水增加幅度最大，开都河流域降水增加最少。到 2036～2065 年，塔里木河流域的降水平均增加（12.61±31.33）mm。到 21 世纪末期，降水变化幅度将达到（20.52±27.66）mm（图 4.34）。降水的变化存在很大季节差异，

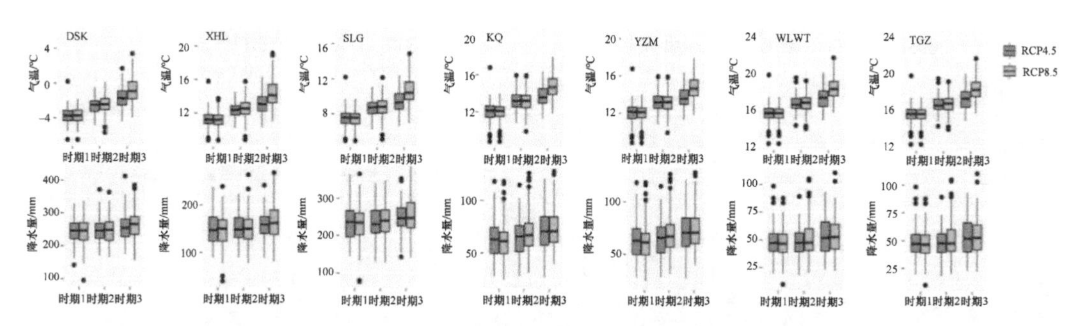

图 4.34　不同气候变化情景下（RCP4.5 和 RCP8.5）塔里木河四源流年均气温和降水变化

其中时期 1、时期 2 和时期 3 分别是指 1976～2005 年、2006～2035 年和 2036～2065 年，从左向右，依次是大山口、协合拉、沙里桂兰克、卡群、玉孜门勒克、乌鲁瓦提和同古孜洛克的多年气温（上）和多年平均降水量（下）；DSK 表示开都河流域以大山口为出山口水文站的集水区域，XHL 和 SLG 为阿克苏河流域的两条支流库玛拉克河和托什干河的集水区域，KQ 和 YZM 为叶尔羌河的两条支流叶尔羌河和提孜那甫河流域，WLWT 和 TGZ 为和田河的两条支流喀拉喀什河和玉龙喀什河流域

干季（10 月至翌年 3 月）降水量增加幅度很大（18%～78%），而在湿季（4～9 月）降水量增加微弱，甚至呈现下降趋势（–2%～16%）。需要注意的是，干季降水量的相对增加高于湿季，而不是指绝对增量。

3. 未来径流变化趋势

由于塔里木河源流的冰川分布、积雪变化以及未来气候变化趋势各有不同，塔里木河流域各个源流的径流量变化趋势差别很大。

对于开都河流域，相对于控制期的多年平均径流深 194mm，RCM 预测的 21 世纪径流量呈增加趋势，在 RCP4.5 和 RCP8.5 下径流量变化–1%～18%和 4%～20%（图 4.35）。另外，分析了 RCM 预测的 RCP4.5 和 RCP8.5 下地表径流（R_s）、地下径流（R_g）和蒸散量（ET）的变化。总体而言，各水文要素在 RCP8.5 下的变化幅度要比在 RCP4.5 下的明显偏大。

地表径流（R_s）的年变化不显著（P＜5%），但具有明显的季节特征。在 RCP8.5 下 R_s 在湿季的变化范围为–22%～2%，干季为 4%～78%。地下径流（R_g）在 RCP4.5 和 RCP8.5 下的变化幅度为–0.7%～17%和 4%～18%，与年径流量的变化趋势类似。ET 在 21 世纪持续增加，平均增加幅度为 2%～10%和 7%～24%。

对于阿克苏河流域，流域的冰川储量丰富，冰川面积 13567km^2，未来径流呈现出先增加后减少的趋势。对于库玛拉克河，在 2010～2050 年，径流量将变化 29%和 4%，而托什干河呈现出稳定的增加趋势，增加幅度在 11%～24%之间（表 4.11）。在季节上，春季和初夏（4～6 月）的径流量增加较多，但是夏末时，径流量呈现出减少趋势，并且存在非常大的不确定性（Duethmann et al., 2016）。这与基于 BPANN 神经网络模型（Wang et al., 2018）的预测结果一致。

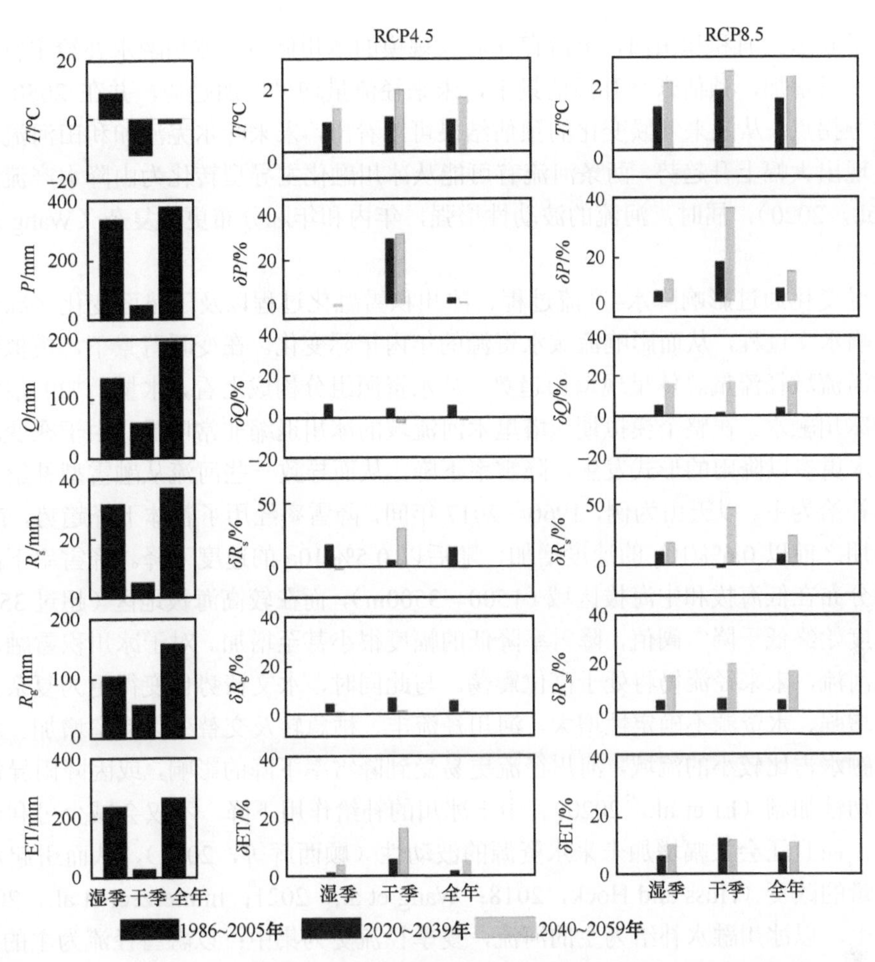

图 4.35 在 RCP4.5 和 RCP8.5 下，RCM 模拟未来气候变化下水文要素对气候变化的响应

水文要素（径流量 Q、地表径流 R_s、地下径流 R_g 和蒸散发 ET）；Q、R_s、R_g 均用径流深表示；1986～2005 为控制期，所有气象水文因子都分为湿季、干季和全年进行统计

表 4.11 阿克苏河不同气候模式和水文模型模拟的中值（5%和 95%百分位数）

指标	降水量	融雪量	融冰量	实际蒸散发	径流量
库玛拉克河					
控制期/mm	207（192/225）	224（201/264）	179（148/192）	215（208/227）	395（371/434）
Δ2020 年代/%	18（3/40）	7（−5/17）	39（−7/87）	10（5/14）	29（7/44）
Δ2050 年代/%	26（−6/60）	6（−11/21）	−23（−63/14）	13（4/22）	4（−39/26）
托什干河					
控制期/mm	202（187/229）	178（158/225）	26（15/29）	271（253/295）	147（134/175）
Δ2020 年代/%	21（−5/57）	1（−18/12）	53（19/99）	7（−4/20）	24（−5/57）
Δ2050 年代/%	28（−6/72）	−8（−20/13）	−40（−68/38）	10（−6/29）	16（−35/34）

注：控制期 1971～2000 年和模拟期 2010～2039 年（2020 年代）和 2040～2069 年（2050 年代）阿克苏河流域的年降水、融雪、融冰、实际蒸散发和径流量变化。

对于叶尔羌河和和田河，上游存在着大规模的冰川储量，冰川融水补给丰富，加上未来降水量增加，预估未来升温情景下，未来径流量均呈增加趋势，并在2050年前后出现消融拐点。从未来气候变化的预估结果可以看出，未来叶尔羌河和和田河流域的降水量呈现出大幅上升趋势，两条河流有可能从冰川融化主导型转化为由降水产流主导型（Li et al.，2020），届时，河流的波动性增强，年内和年际分布更为复杂（Wang et al.，2021）。

气候变化通过影响降水–产流过程、冰川积雪融化过程以及下垫面变化（冻土、冰川）影响水文过程，从而影响流域水资源的年内年际变化。在变暖背景下，模拟预估的塔里木河流域径流量总体呈现增加趋势，从水资源组分构成上看，水量增加的很大一部分来自冰川融水。在整个模拟期，塔里木河流域的冰川退缩非常明显。由于在变暖条件下，降水更多以降雨的形式发生，降雪率下降，从而导致一些河流从融雪型补给为主转为降雨补给为主。以天山为例，1960～2017年间，降雪率经历了整体下降趋势，在1990年代中期之前以0.6%/10a的速度增加，随后以0.5%/10a的速度下降。降雪率下降的区域主要分布在低海拔和中海拔区域（1500～3500m），而在较高海拔地区（超过3500m），由于温度始终低于降雪阈值，降雪率降低的幅度很小甚至增加。对于冰川积雪融水补给较大的河流，未来径流仍将处于高位震荡。与此同时，水文情势也变得更为复杂，水文波动性增强、水资源不确定性增大，河川径流丰、枯急转及交替变化频率增加。对于冰川积雪融水占比较小的流域，河川径流更易受到降雪率下降的影响，或因降雨异常引起水文波动性加剧（Li et al.，2020）。由于冰川的补给作用下降，不仅会减少可利用的水资源量，而且还会大幅增加未来水资源的波动性（顾西辉等，2015），从而引起水资源可利用量的改变（Huss and Hock，2018；Wang et al.，2021；Immerzeel et al.，2020）。在季节上，以冰川融水补给为主的河流，夏季径流更为集中；以融雪径流为主的河流，春季径流提前，而夏季径流减少；对于冰雪融水和降水混合补给的河流，夏季径流增加明显（Chen et al.，2020）。从预估结果可以看出，塔里木河四源流未来水资源变化趋势和年内分布各不相同，因此需要对流域进行统一管理，实施全流域水量统一调度，打破行政地域界限，丰枯互济、科学调度、合理配置，以保障塔里木河下游生态安全与经济社会长期稳定发展。

综上结果显示，对于塔里木河流域以冰川、积雪融水为主的塔里木河流域，通过单向耦合气候模式数据、区域气候模型以及偏差校正方法和含有冰川融水模型的水文模块，预估了塔里木河四源流的未来径流变化趋势。对于开都河流域，相对于控制期的多年平均径流深194mm，预测的21世纪径流量呈增加趋势，在RCP4.5和RCP8.5下径流量变化–1%～18%和4%～20%。对于阿克苏河流域，流域的冰川储量丰富，未来径流呈现出“先增加后减少”的趋势。对于库玛拉克河，在2010～2039和2040～2069年间，径流量将变化29%、4%和–22%，而托什干河呈现出稳定的增加趋势，增加幅度在11%～24%之间。在季节上，春季和初夏（4～6月）的径流量增加较多，但是夏末时，径流量呈现出减少趋势。对于叶尔羌河和和田河，上游存在着大规模的冰川储量，冰川融水补给丰富，加上未来降水量增加，预估未来升温情景下，未来径流量均呈增加趋势，并在2050年前后出现消融拐点。

（二）河西走廊诸河流

利用气候模式数据的月径流数据，对未来河西走廊地区疏勒河流域、黑河流域、石羊河流域2006～2011年、2012～2022年、2023～2049年三个阶段的径流特征及变化趋势展开分析。选择的气候模式基本信息如表4.12所示。

表4.12　气候模式基本信息

模式名称	所属国家	分辨率	模式名称	所属国家	分辨率
BNU-ESM	中国	2.80°×2.80°	IPSL-CM5A-MR	法国	1.25°×2.50°
CanESM2	加拿大	2.80°×2.80°	IPSL-CM5B-LR	法国	1.86°×3.75°
CESM1-BGC	美国	0.94°×1.25°	MPI-ESM-LR	德国	1.86°×1.88°
FIO-ESM	中国	2.79°×2.81°	MPI-ESM-MR	德国	1.86°×1.88°
inmcm4	俄国	1.50°×2.00°	NorESM1-M	挪威	1.90°×2.50°

在RCP4.5和RCP8.5情景下疏勒河、黑河和石羊河流域2006～2011年、2012～2022年、2023～2049年三个阶段的径流量变化如图4.36所示。在RCP4.5情景下，疏勒河流域2006～2011年、2012～2022年、2023～2049年径流量的年均值分别为14.12亿m^3、13.28亿m^3和12.03亿m^3。RCP8.5情景下，疏勒河流域2012～2022年，2023～2049年

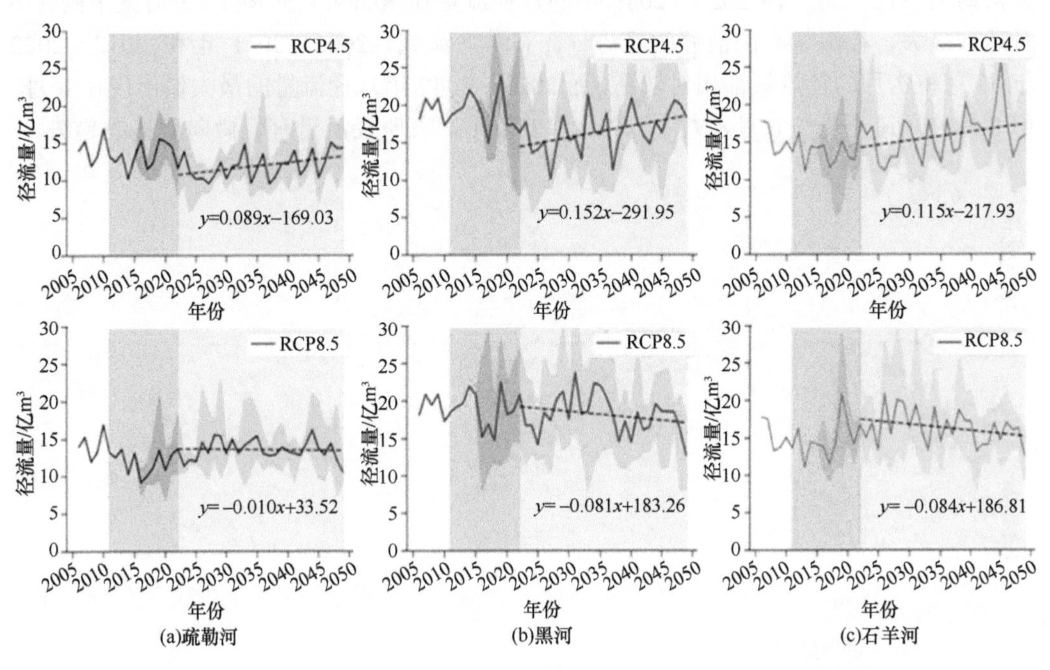

图4.36　RCP4.5和RCP8.5情景下疏勒河、黑河和石羊河径流量变化

径流量的年均值分别为 11.90 亿 m^3 和 13.56 亿 m^3。RCP4.5 情景下，黑河流域 2006～2011 年，2012～2022 年，2023～2049 年径流量的年均值分别为 19.21 亿 m^3、19.10 亿 m^3 和 16.52 亿 m^3。RCP8.5 情景下，黑河流域 2012～2022 年，2023～2049 年径流量的年均值分别为 18.99 亿 m^3 和 18.07 亿 m^3。RCP4.5 情景下，石羊河流域 2006～2011 年，2012～2022 年，2023～2049 年径流量的年均值分别为 15.18 亿 m^3、13.95 亿 m^3 和 15.78 亿 m^3。RCP8.5 情景下，石羊河流域 2012～2022 年，2023～2049 年径流量的年均值分别为 14.93 亿 m^3 和 16.34 亿 m^3。

在 RCP4.5 情景下，2023～2049 年疏勒河流域、黑河流域和石羊河流域的年径流量变化趋势分别为 0.089 亿 m^3/a、0.152 亿 m^3/a 和 0.115 亿 m^3/a。RCP8.5 情景下，2023～2049 年疏勒河流域、黑河流域和石羊河流域的年径流量变化趋势分别为–0.010 亿 m^3/a、–0.081 亿 m^3/a 和–0.084 亿 m^3/a。综合来看，在 RCP4.5 情景下，三大内陆河流域 2023～2049 年的径流总量均呈增加趋势，其中黑河流域的径流增量最大，石羊河流域次之，疏勒河流域最小。在 RCP8.5 情景下，三大内陆河流域 2023～2049 年的径流总量均呈减小趋势，其中石羊河流域的径流减小幅度最大，黑河流域次之，疏勒河流域最小。

RCP4.5 和 RCP8.5 情景下径流量的年内分布比较相似，夏季的径流量均高于其他季节。就不同的阶段而言，2023～2049 年三大内陆河流域春季径流量在不同的情景下均高于前两个阶段，夏季径流量降低（图 4.37）。在疏勒河流域，径流量在各个时间阶段均在 7 月达到最大。在黑河流域，月径流量在 2006～2011 年和 2012～2022 年的最大值均出现在 7 月，而 2023～2049 年的月径流量在 RCP4.5 和 RCP8.5 情景下则在 6 月达到最大，径流量有向前移的趋势。在石羊河流域，2006～2011 年和 2012～2022 年，6 月和 7 月的径流量都相对较高，而 2023～2049 年月径流量的最大值出现在 8 月，但 8 月的月径流量与 6 月、7 月和 9 月相差较小，表明径流量有轻微向后移的趋势。

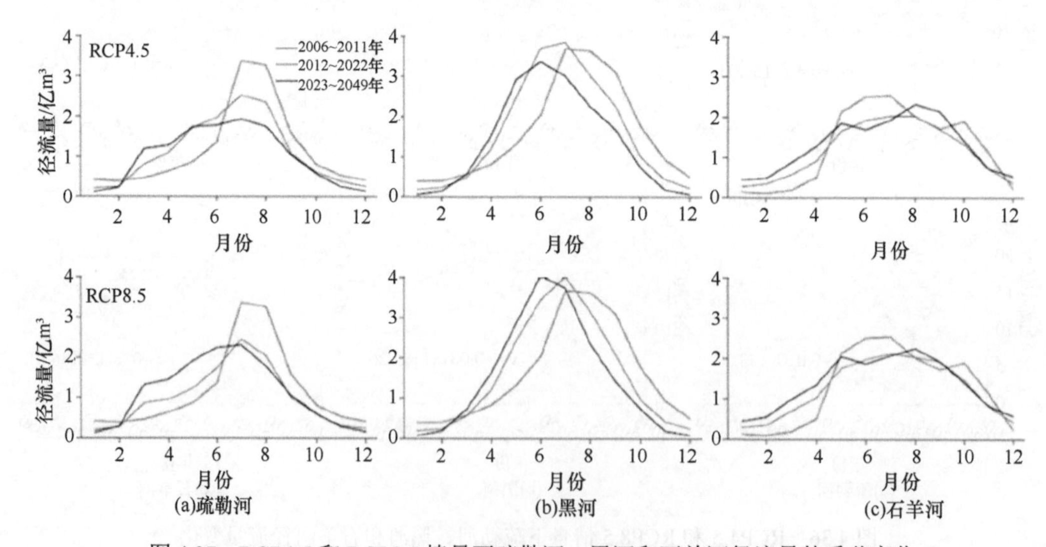

图 4.37　RCP4.5 和 RCP8.5 情景下疏勒河、黑河和石羊河径流量的季节变化

在全球升温情景下，2040 年以前，西北干旱区的天山、昆仑山地区的一些大型河流的径流量仍将处于高位波动，大多数河流的冰川融水径流将在二三十年后达到峰值。东疆地区，冰川规模较小，退缩严重，随着冰川消失，会出现冰川消融拐点；天山北坡的一些河流，随着冰川的进一步萎缩，对径流的调节功能降低，极端降水事件的风险加大；塔里木河流域未来一段时间仍然维持一个较高水平，并在 21 世纪中叶达到峰值；伊犁河、额尔齐斯河流域，由于山区降水增加，将继续维持较高水平；河西走廊的疏勒河、黑河将继续维持平偏丰状态，石羊河伴随一些小规模冰川的消融和消失，河川径流的波动性会进一步加大。

综上结果显示，无论是从区域尺度还是全球尺度来讲，气候基本都在向暖化趋势演变，但降水变化更为复杂多样。在西北干旱区气候向暖湿方向发展的情景（气温增加 0.5℃，降水增加 30～50mm）下，阿克苏河、开都河和叶尔羌河径流增加量较大，介于 3.80 亿～6.50 亿 m^3 之间，其次是黑河和疏勒河，径流增量介于 1.90 亿～2.70 亿 m^3 之间，和田河径流增量小于 1 亿 m^3；而石羊河径流变化不大。在气候向暖干化发展的情景（气温增加 0.5℃，降水减少 30～50mm）下，阿克苏河径流增量约为 1.30 亿～2.30 亿 m^3，和田河径流会略有增加，其他河流径流量则将出现减少趋势。

利用 CMIP5 的全球环流模式和陆面过程模式对西北干旱区未来 2016～2045 年和 2046～2075 年两个时段三种不同排放情景下径流预估结果表明，西北干旱区未来两个时段的年径流量均呈现增加趋势，模型间的一致性较强。在 RCP2.6、RCP4.5 和 RCP8.5 三种排放情景下，与 1971～2000 年时段相比，在 2016～2045 年时段，西北干旱区的径流量增加量分别为 61 亿 m^3、48 亿 m^3 和 75 亿 m^3，到 2046～2075 年时段，径流量的增加量为 85 亿 m^3、54 亿 m^3 和 55 亿 m^3。由于气候模式本身与 delta 方法计算的未来径流量变化的不确定性，未来西北干旱区未来年径流量的预估结果仍然存在一定的不确定性。

第四节　本 章 小 结

20 世纪 70 年代以来，西北干旱区气温和降水都有不同程度的增加，然而，从近年来升温引起蒸发需求和降水增加的水量平衡变化角度看，区域水资源变化十分复杂。本章详细探讨了西北干旱区水资源变化特征、水储量、极端水文事件及未来趋势，为掌握水资源变化特征、应对未来气候变化、提升水资源管理水平提供科学依据。主要研究结论如下：

（1）西北干旱区以内陆河封闭型流域为主，水循环过程独特。受西风环流影响，西北干旱区水汽输入量少，蒸发作用强烈，水循环单一，以降水转化效率低和水分内循环不活跃为特征。气候变化对山区水循环要素的改变将直接影响水资源形成量和时空分布的变化，从而影响脆弱生态系统和景观格局的变化，对支撑以绿洲农业为基础的干旱区经济社会发展产生重大影响。同时，气候变化将进一步加剧西北干旱区水资源供给的不确定性，导致极端水文事件和洪旱灾害增加。

（2）在年际变化上，西北干旱区大多数河川径流表现为增加的趋势，自20世纪90年代中期以来，西北干旱区山区来水增加了约110亿m^3，其中，新疆增加了约95亿m^3，河西走廊增加约15亿m^3，其中，塔里木河“四源流”增加了40.7亿m^3，这主要与流域内降水增加、冰川融水增加有关。对不同排放情景下径流预估结果显示，在2040年以前，西北干旱区天山、昆仑山地区一些大型河流的径流量仍将处于高位波动，大多数河流冰川融水径流将在二三十年后达到峰值。2002～2020年，西北干旱区的陆地水储量总体呈显著下降趋势（$P<0.01$），平均下降速率为–3.24mm/a。在空间上，中国天山地区水储量减少最为明显，而在阿尔泰山的西部、祁连山西段以及昆仑山北坡部分区域，水储量均呈现不同程度的增加，尤其在塔里木盆地南部的克里雅河、车尔臣河流域以及塔里木盆地东南角的东昆仑–库木库里盆地等，陆地水储量增加最为明显。

（3）在年内分配方面，西北干旱区以积雪融水为主要补给源的河流，表现为最大径流峰值前移，春季径流增加，而夏季径流减少；以冰川和积雪融水补给为主的河流，气候变暖加剧了山区冰川、积雪消融和萎缩，一方面表现为6～9月汛期径流量明显增大，冰川融水径流增加，夏季径流增加明显，增大了流域的洪水压力。对于主要以冰川融水为主的河流，增加的径流在夏季和秋季，加大了汛期的洪水风险。同时，随着冰川退缩、冰川调节功能的下降以及降水变率的增大，河流水文过程会因极端气候水文事件频度和强度的增大而变得更为复杂。

（4）1961～2018年间，西北干旱区最大和最小月径流深几乎均呈增加趋势。最大月径流深增加的区域主要分布在伊犁河谷、阿尔泰山山区、昆仑山和喀喇昆仑山北坡以及河西走廊的祁连山地区。对于最小月径流深，除了部分荒漠地区，整个西北干旱区几乎全部呈现出增加显著趋势。以塔里木河流域30个源流为例，分析了其洪水特征（包括大小、频率和发生时间）的长期变化，研究发现1961～2015年大多数站点（89%的站点）的年最大洪峰呈现增加趋势。春季洪水的发生时间提前，以每十年1.38天的速度提前；对于其他季节，洪峰出现时间的变化表现出强烈的空间差异性。降水是导致天山南坡大部分流域洪水大小增加的主导因素，昆仑山北部流域的洪水增加受温度影响更大。洪水时间变化影响最大的因素是零度层高度和降水量。

（5）在全球升温情景下，2040年以前，西北干旱区的天山、昆仑山地区的一些大型河流的径流量仍将处于高位波动，大多数河流的冰川融水径流将在2040～2070年达到峰值，随后可能会衰减。东疆地区，冰川规模较小，退缩严重，随着冰川消失，会出现冰川消融拐点，河流水量因无冰川融水补给而迅速减少；天山北坡的一些河流，随着冰川的进一步萎缩，对径流的调节功能降低，甚至丧失，极端降水事件的风险加大；塔里木河流域未来一段时间仍然维持一个较高水平，并在21世纪中叶达到峰值；伊犁河、额尔齐斯河流域，由于山区降水增加，将继续维持较高水平；河西走廊的疏勒河、黑河将继续维持平偏丰状态，石羊河伴随一些小规模冰川的消融和消失，河川径流的波动性会进一步加大。

参考文献

陈发虎, 陈婕, 黄伟. 2021. 东亚夏季风减弱诱发我国西北干旱区降水增加. 中国科学: 地球科学, 51(5): 824-826.

陈亚宁. 2014. 中国西北干旱区水资源研究. 北京: 科学出版社.

陈亚宁, 李稚, 范煜婷, 等. 2014. 西北干旱区气候变化对水文水资源影响研究进展. 地理学报, 69(9): 1295-1304.

陈亚宁, 杨青, 罗毅, 等. 2012. 西北干旱区水资源问题研究思考. 干旱区地理, 35(1): 1-9.

丁一汇. 2021. 全球气候变化的影响: 西北暖湿化趋势. 2021 年度学术年会暨第十九届气候系统模式研讨会(特邀报告).

顾西辉, 张强, 孙鹏, 等. 2015. 新疆塔里木河流域洪水量级, 频率及峰现时间变化特征, 成因及影响. 地理学报, 70: 1390-1401.

刘俊国, 陈鹤, 田展. 2022. IPCC AR6 报告解读: 气候变化与水安全. 气候变化研究进展, 18(4): 405-413.

刘琴, 沈天成, 程鹏. 2021. 1960～2018 年黑河上游径流量变化特征分析. 甘肃科学学报, 33(4): 26-33.

沈永平, 苏宏超, 王国亚, 等. 2013. 新疆冰川, 积雪对气候变化的响应(I): 水文效应. 冰川冻土, 3: 513-527.

孙桂丽, 陈亚宁, 李卫红. 2011. 新疆极端水文事件年际变化及对气候变化的响应. 地理科学, 31(11): 1389-1395.

王国庆, 王云璋, 康玲玲. 2002. 黄河上中游径流对气候变化的敏感性分析. 应用气象学报, 13(1): 117-121.

夏军, 刘昌明, 丁永健, 等. 2011. 中国水问题观察(第一卷): 气候变化对我国北方典型区域水资源影响及适应对策. 北京: 科学出版社.

夏军, 左其亭, 邵民诚. 2003. 博斯腾湖水资源可持续利用(理论•方法•实践). 北京: 科学出版社.

中国气象局气候变化中心. 2021. 中国气候变化蓝皮书(2021). 北京: 科学出版社.

Arnold J G, Srinivasan R, Muttiah R S, et al. 1998. Large area hydrologic modeling and assessment part I: Model development. Journal of the American Water Resources Association, 34(1): 73-89.

Breiman L. 2001. Random forests. Machine Learning, 45: 5-32.

Burn D H. 1997. Catchment similarity for regional flood frequency analysis using seasonality measures. Journal of Hydrology, 202(1-4): 212-230.

Chen F, Chen J, Huang W, et al. 2019. Westerlies Asia and monsoonal Asia: Spatiotemporal differences in climate change and possible mechanisms on decadal to sub-orbital timescales. Earth-Science Reviews, 192: 337-354.

Chen Y, Li Z, Li W, et al. 2017. Water and ecological security: Dealing with hydroclimatic challenges at the heart of China's Silk Road. Environmental Earth Sciences, 75(10): 10.

Chen Y, Zhang X, Fang G, et al. 2020. Potential risks and challenges of climate change in the arid region of northwestern China. Regional Sustainability, 1(1): 20-30.

Chen Y, Xu C, Chen Y, et al. 2010. Response of glacial-lake outburst floods to climate change in the Yarkant River basin on northern slope of Karakoram Mountains, China. Quaternary International, 226(1-2): 75-81.

Chen Y, Xu Z. 2005. Plausible impact of globe climate change on water resources in the Tarim River Basin, China. Science in China, 48(1): 65-73.

Chen Y, Takeuchi K, Xu C, et al. 2006. Regional climate change and its effects on river runoff in the Tarim Basin, China. Hydrological Processes, 20(10): 2207-2216.

Court A. 1962. Measures of streamflow timing. Journal of Geophysical Research, 67(11): 4335-4339.

Duethmann D, Bolch T, Farinotti D, et al. 2015. Attribution of streamflow trends in snow and glacier melt-dominated catchments of the Tarim River, Central Asia. Water Resources Research, 51(6): 4727-4750.

Duethmann D, Menz C, Jiang T, et al. 2016. Projections for headwater catchments of the Tarim River reveal glacier retreat and decreasing surface water availability but uncertainties are large. Environmental Research Letters, 11(5): 054024.

Fang G, Li Z, Yang J, et al. 2022. Changes in flooding in the alpine catchments of the Tarim River Basin, Central Asia. Journal of Flood Risk Management, 16(1): e12869.

Fang G, Yang J, Chen Y, et al. 2018. How hydrologic processes differ spatially in a large basin: Multisite and multiobjective modeling in the Tarim River Basin. Journal of Geophysical Research: Atmospheres, 123: 7098-7113.

Feyen L, Dankers R. 2009. Impact of global warming on streamflow drought in Europe. Journal of Geophysical Research: Atmospheres, 114: 17.

Gou J, Miao C, Samaniego L, et al. 2021. CNRD v1. 0: a high-quality natural runoff dataset for hydrological and climate studies in China. Bulletin of the American Meteorological Society, 102(5): E929-E947.

Guan X, Yang L, Zhang Y, et al. 2019. Spatial distribution, temporal variation, and transport characteristics of atmospheric water vapor over Central Asia and the arid region of China. Global and Planetary Change, 172: 159-178.

Haeberli W, Hoelzle M, Paul F, et al. 2007. Integrated monitoring of mountain glaciers as key indicators of global climate change: The European Alps. Annals of Glaciology, 46: 150-160.

Hoegh-Guldberg O, Jacob D, Taylor M, et al. 2018. Impacts of 1.5 C global warming on natural and human systems Global warming of 1.5℃: An IPCC Special Report. IPCC Secretariat, 175-311.

Huang J, Yu H, Guan X, et al. 2016. Accelerated dryland expansion under climate change. Nature Climate Change, 6(2): 166.

Huss M, Hock R. 2018. Global-scale hydrological response to future glacier mass loss. Nature Climate Change, 8: 135-140.

Immerzeel W W, Lutz A, Andrade M, et al. 2020. Importance and vulnerability of the world's water towers. Nature, 577: 364-369.

IPCC. 2021. Climate change 2021: The physical science basis. Contribution of working group I to the sixth assessment report of the intergovernmental panel on climate change. Cambridge: Cambridge University Press.

Jiménez Cisneros B E. 2014. Freshwater resources//Field C B, Barros V R, Dokken D J, et al. Impacts, adaptation, and vulnerability part A: Global and sectoral aspects contribution of working group II to the fifth assessment report of the intergovernmental panel of climate change. Cambridge: Cambridge University Press.

Li Y, Chen Y, Wang F, et al. 2020. Evaluation and projection of snowfall changes in High Mountain Asia based on NASA's NEX-GDDP high-resolution daily downscaled dataset. Environmental Research Letters, 15(10): 104040.

Li Z, Chen Y, Fang G, et al. 2017. Multivariate assessment and attribution of droughts in Central Asia. Scientific Reports, 7: 1316.

Li Z, Chen Y, Li Y, et al. 2020. Declining snowfall fraction in the alpine regions, Central Asia. Scientific Reports, 10(1): 1-12.

Mallakpour I, Villarini G. 2015. The changing nature of flooding across the central United States. Nature Climate Change, 5: 250-254.

Miao C, Gou J, Fu B, et al. 2022. High-quality reconstruction of China's natural streamflow. Science Bulletin, 67(5): 547-556.

Peng D, Zhou T, Zhang L, et al. 2018. Human contribution to the increasing summer precipitation in Central Asia from 1961 to 2013. Journal of Climate, 31(19): 8005-8021.

Peng D, Zhou T. 2017. Why was the arid and semiarid Northwest China getting wetter in the recent decades? Journal of Geophysical Research: Atmospheres, 122: 9060-9075.

Pörtner H-O, Roberts D C, Masson-Delmotte V, et al. 2019. The ocean and cryosphere in a changing climate//IPCC. IPCC special report on the ocean and cryosphere in a changing climate. Cambridge: Cambridge University Press.

Prein A F, Heymsfield A J. 2020. Increased melting level height impacts surface precipitation phase and intensity. Nature Climate Change, 10(8): 771-776.

Sen P K. 1968. Estimates of the regression coefficient based on Kendall's tau. Journal of The American Statistical Association, 63(324): 1379-1389.

Veh G, Korup O, Walz A. 2020. Hazard from Himalayan glacier lake outburst floods. Proceedings of the National Academy of Sciences, 117(2): 907.

Wang C, Xu J, Chen Y, et al. 2018. A hybrid model to assess the impact of climate variability on streamflow for an ungauged mountainous basin. Climate Dynamics, 50(7): 2829-2844.

Wang H, Chen Y, Li W. 2014. Hydrological extreme variability in the headwater of Tarim River: Links with atmospheric teleconnection and regional climate. Stochastic Environmental Research and Risk Assessment, 28(2): 443-453.

Wang H, Chen Y, Pan Y, et al. 2015. Spatial and temporal variability of drought in the arid region of China and its relationships to teleconnection indices. Journal of Hydrology, 523: 283-296.

Wang T, Zhao Y, Xu C, et al. 2021. Atmospheric dynamic constraints on Tibetan Plateau freshwater under Paris climate targets. Nature Climate Change, 11: 219-225.

Wasko C, Nathan R, Peel M C. 2020a. Changes in antecedent soil moisture modulate flood seasonality in a changing climate. Water Resources Research, 56(3): 1-12.

Wasko C, Nathan R, Peel M C. 2020b. Trends in global flood and streamflow timing based on local water year. Water Resources Research, 56(8): e2020WR027233.

Xia J, Ning L, Wang Q, et al. 2017. Vulnerability of and risk to water resources in arid and semi-arid regions of West China under a scenario of climate change. Climatic Change, 144(3): 549-563.

Yao J, Chen Y N, Guan X F, et al. 2022. Recent climate and hydrological changes in a mountain-basin system in Xinjiang, China. Earth-Science Reviews, 226: 103957.

Zhang H, Wen Z, Wu R, et al. 2019a. An inter-decadal increase in summer sea level pressure over the Mongolian region around the early 1990. Climate Dynamics, 52(3): 1935-1948.

Zhang J, Sun F, Xu J, et al. 2016. Dependence of trends in and sensitivity of drought over China (1961～2013) on potential evaporation model. Geophysical Research Letters, 43(1): GL067473.

Zhang M, Luo G, Cao X, et al. 2019b. Mountain-oasis-desert systems in the Central Asia arid area. Journal of Geophysical Research: Atmospheres, 124(23): 12485-12506.

Zhao Y, Huang A, Zhou Y, et al. 2014. Impact of the middle and upper tropospheric cooling over Central Asia on the summer rainfall in the Tarim Basin, China. Journal of Climate, 27 (12): 4721-4732.

Zheng G, Allen S K, Bao A, et al. 2021. Increasing risk of glacial lake outburst floods from future Third Pole deglaciation. Nature Climate Change, 11(5): 411-417.

Zhang S, Zhou L, Zhang L, et al. 2022a. Reconciling disagreement on global river flood changes in a warming climate. Nature Climate Change, 12: 1160-1167.

Zhang X, Chen Y, Fang G, et al. 2022b. Observed changes in extreme precipitation over the Tienshan Mountains and associated large-scale climate teleconnections. Journal of Hydrology, 606: 127457.

第五章

西北干旱区水资源利用及供需情景模拟

高山与盆地相间的地貌格局，造就了西北干旱区独特的水文地理系统。在这个系统中，内陆河是联系山区、平原盆地、绿洲及荒漠的纽带。所有河流发源于山区，出山后流经平原盆地，最后汇于河流尾闾湖泊或消失于沙漠地带；西北干旱区水资源组分多样，主要依靠山区的冰川积雪融水和降水形成；平原区域基本不产水，但水资源的消耗与利用主要发生在平原绿洲区。平原绿洲区面积虽小，不足整个区域的10%，但它却是人类社会经济活动最为集中的地带。

西北干旱区降水稀少、气候干旱，但光照充足、日照时间长、作物生长季节热量充足、昼夜温差大，十分有利于作物营养物质积累，由此也造就了其独特的农业产业的优势，特别适合粮食、棉花、甜菜、瓜果、蔬菜、大麦、油料等农作物的种植。西北干旱区水资源自然禀赋的基本特征是水资源有限，空间分布不均，产水区与用水区分离。社会经济发展高度依赖于水资源，“非灌不植、地尽水耕”是西北干旱区农业经济活动的共同特征。在当今全球变化的背景下，气候变暖加剧了西北干旱区水资源的不确定性（陈亚宁等，2012，2022），增加了水资源利用风险。在这种背景下，如何科学地配置西北干旱区水资源、实现人–水–生态协调和高质量发展，亟待新的思路与对策。本章分析了西北干旱区水资源利用现状、趋势及存在的问题；通过多情景动态模拟，解析了水资源供需关系；从可持续发展的视角分析了水资源利用风险，并提出了减轻和规避风险的对策。

第一节　水资源利用现状与趋势及问题

一、新疆水资源利用现状与趋势

（一）水资源利用现状

据《中国水资源公报》和《新疆维吾尔自治区水资源公报》，统计2016～2020年新疆的水资源利用状况（表5.1），可以看出，第一产业用水的比例最高。这是因为新疆是农业大省，而且“非灌不植”是其农业经济活动的基本特点，所以其农业用水的占比最高。

表5.1　2016～2020年新疆用水结构

年份	第一产业用水占比/%	第二产业用水占比/%	生活及第三产业用水占比/%	生态用水占比/%
2016	94.32	2.24	2.29	1.15
2017	93.12	2.37	2.66	1.85
2018	89.45	2.30	2.70	5.56
2019	92.26	2.24	2.67	2.83
2020	86.99	1.88	3.03	8.10

注：表中的数据根据《中国水资源公报》及《新疆维吾尔自治区水资源公报》发布的数据计算得出。

2020年新疆用水总量为570.4亿m^3，占该年度新疆水资源总量的71.21%。其中，农业用水约496.2亿m^3，占用水总量的86.99%；工业用水约10.7亿m^3，占用水总量的 1.88%；生活及第三产业用水 17.30 亿 m^3，约占用水总量的 3.03%；生态环境用水 46.2 亿 m^3，占用水总量的 8.1%。

2020 年新疆农田灌溉亩[①]均用水量为 547m^3，明显高于全国平均指标（356m^3），这是因为新疆地处西北干旱区，降水稀少而蒸发量大，其地均灌溉需水量自然高于全国。由于新疆是农业大区，农业用水量大，人口较少，所以从用水指标来看，新疆的人均综合用水量（2127m^3）明显高于全国平均指标（412m^3），万元 GDP 用水量（413m^3）也明显高于全国平均指标（57.2m^3）。但新疆的万元工业增加值用水量 2020 年仅为 30m^3，低于全国平均水平（32.9m^3）。与全国平均水平比较，新疆的生活用水指标较高，存在着一定的压缩空间，2020 年新疆城镇人均生活用水量为 225L/d，高于全国平均水平（207L/d）；农村人均生活用水量为 138 L/d，也远高于全国平均水平。

从用水的区域分布来看，伊犁地区、准噶尔地区、吐–哈盆地和南疆塔里木地区，近年来的平均用水总量分别为 52.89 亿 m^3、145.23 亿 m^3、26.15 亿 m^3 和 328.13 亿 m^3，在全疆用水总量中所占的比例分别为 9.61%、27.16%、3.87%和 59.36%。

从水资源开发利用程度来看，伊犁河谷的水资源开发利用程度最低，其用水量占水资源总量的比例为 23%；吐–哈盆地最高，其用水量占水资源总量的比例高达 98.6%；准噶尔地区和塔里木地区的水资源开发利用率居中，分别为 48%和 67%。

图 5.1 给出了 2020 年各类用水在用水总量中所占的比例，比较直观地展示新疆四个不同区域的用水结构。从图 5.1 可以看出，南疆塔里木地区的农业用水占比最高，达 93%，吐–哈盆地最低，但也超过 80%。在全疆四个区域中，农业用水所占的比例都是最高的，这是因为每一个区域都有各自的优势特色农业，农业用水量占比高。

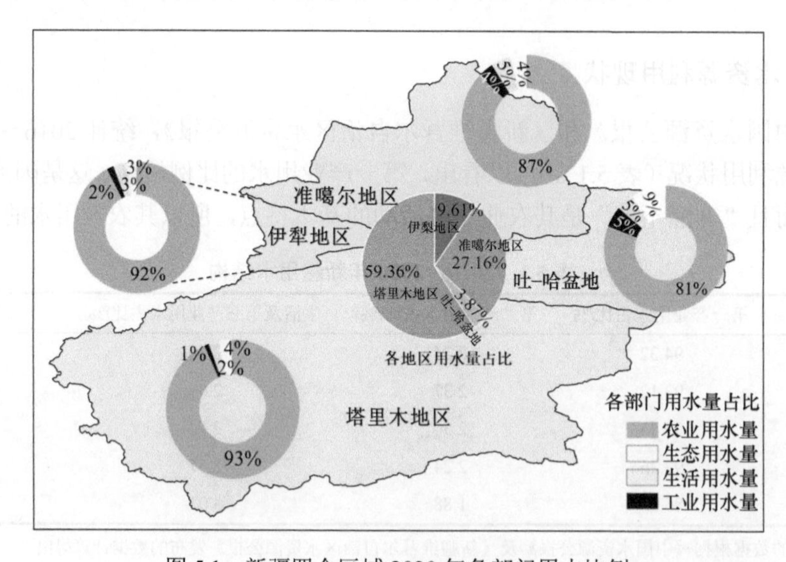

图 5.1　新疆四个区域 2020 年各部门用水比例

① 1 亩≈667m^2，全书同。

（二）用水量变化趋势

分析新疆用水总量变化可见（图 5.2），2001 年用水总量为 487.20 亿 m^3，2005 年为 508.30 亿 m^3，2010 年为 535.08 亿 m^3，2015 年为 577.16 亿 m^3，2019 年为 587.70 亿 m^3，2020 年为 570.40 亿 m^3。尽管各年度的用水总量波动，但总体呈现出了明显的上升趋势。

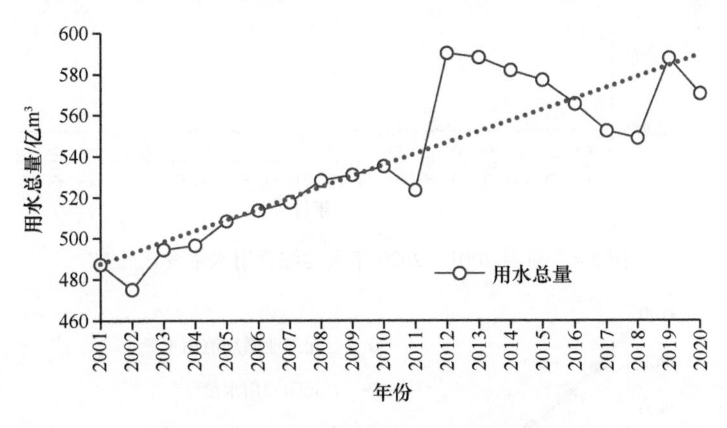

图 5.2　新疆 2001～2020 年用水总量变化趋势

因为新疆是农业大区，农业特色鲜明，所以农业用水所占比例一直较高（图 5.3）。2001 年农业用水为 463.89 亿 m^3，占用水总量的比例 95.22%；2005 年农业用水为 470.88 亿 m^3，占用水总量的比例 92.64%；2010 年农业用水为 495.13 亿 m^3，占用水总量的比例 92.53%；2015 年农业用水为 546.40 亿 m^3，占用水总量的比例 94.67%；2020 年农业用水为 496.20 亿 m^3，占用水总量的比例 86.99%。

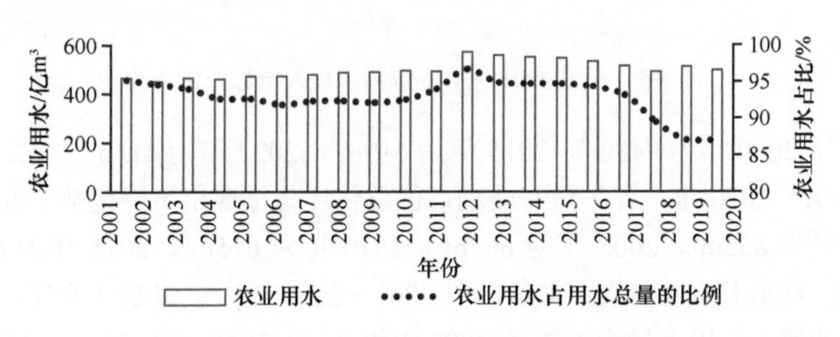

图 5.3　新疆 2001～2020 年农业用水量及其占比

从人均用水指标来看，新疆人均综合用水量呈微弱的下降趋势（图 5.4）。2001 年人均综合用水量为 2597m^3，2005 年为 2528m^3，2010 年为 2453m^3，2015 年为 2446m^3，2020 年为 2218m^3。

从用水投入指标来看，新疆万元 GDP 用水量、农田灌溉亩均用水量和万元工业增加值用水量，均呈现出持续下降趋势（图 5.5）。2001 年万元 GDP 用水量为 3281m^3，2005

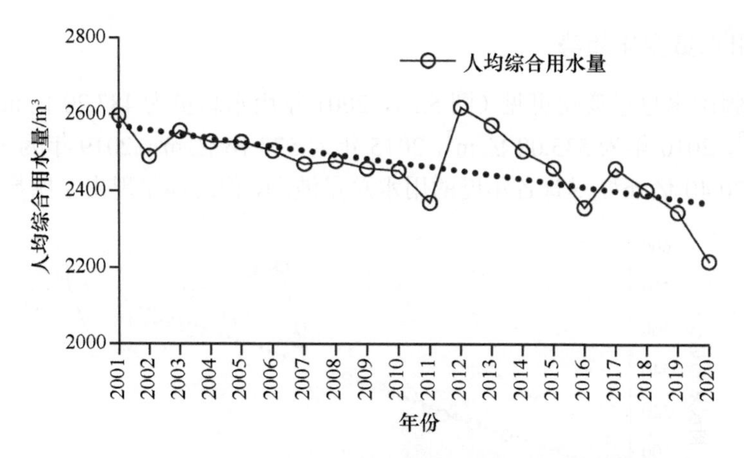

图 5.4　新疆 2001～2020 年人均综合用水量变化趋势

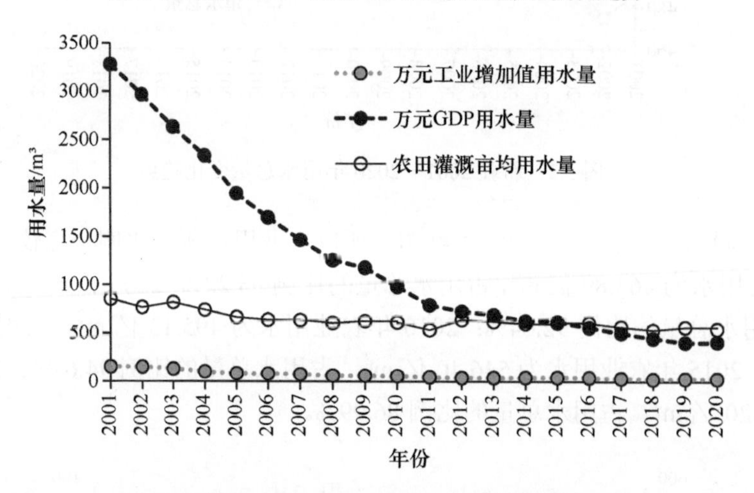

图 5.5　新疆 2001～2020 年用水投入指标变化趋势

年为 1948m^3，2010 年为 948m^3，2015 年为 619m^3，2020 年为 413m^3。农田灌溉亩均用水量，在 2001～2020 年，各年虽有波动，但总体还是呈现出下降趋势。2001 年农田灌溉亩均用水量为 852m^3，2005 年为 667m^3，2010 年为 615m^3，2015 年为 610m^3，2020 年为 547m^3。万元工业增加值用水量，在 2001～2020 年，下降趋势明显。2001 年，新疆的万元工业增加值用水量为 153m^3，2005 年为 86m^3，2010 年为 59m^3，2015 年为 43m^3，2020 年为 29.5m^3。

特别需要强调的是，近 10 年来，新疆的水资源节约利用成绩显著，用水结构不断优化，用水效率不断提高。农业用水的比例由 2012 年的 96.72%下降到 2021 年的 91.98%，农田灌溉亩均用水量由 2012 年的 642m^3 下降至 2021 年的 545m^3，万元 GDP 用水量由 2012 年的 728m^3 下降至 2021 年的 359.1m^3，万元工业增加值用水量由 2012 年的 39m^3 下降至 2021 年的 23.9m^3。

二、河西走廊地区水资源利用现状与趋势

（一）水资源利用现状

甘肃河西走廊地区，包括疏勒河、黑河与石羊河三大内陆河流域，总面积 27 万 km^2。2020 年本区总人口为 479 万人，国内生产总值（GDP）为 2252 亿元，工业增加值 720 亿元，农田实灌面积 1156.53 万亩。

据《甘肃省水资源公报》数据，2020 年河西内陆河流域用水总量为 72.23 亿 m^3，其中，疏勒河、黑河与石羊河流域的用水量分别为 15.51 亿 m^3、32.49 亿 m^3 和 24.23 亿 m^3。按用水类别统计，2020 年全区农业用水为 59.27 亿 m^3，占总用水量的比例为 82.06%，在农业用水中，农田灌溉用水为 54.72 亿 m^3，占农业用水总量的 92.32%；工业用水为 2.67 亿 m^3，占用水总量的比例为 3.70%；居民生活用水为 1.60 亿 m^3，占用水总量的比例为 2.22%；城镇公共用水为 0.65 亿 m^3，占用水总量的比例为 0.89%；生态环境用水为 8.04 亿 m^3，占用水总量的比例为 11.13%。

由于河西走廊地处西北干旱区，降水稀少而蒸发量大，地均灌溉用水量高于全国。2020 年该地区的农田灌溉亩均用水量为 473m^3，明显高于全国平均水平（356m^3），但低于新疆（547m^3）。正是由于该地区地均灌溉用水量高，农业产业占据明显的优势，农业用水量高，所以从用水指标来看，人均综合用水量为 1669m^3，明显高于全国平均水平（412m^3），但低于新疆（2127m^3）；万元 GDP 用水量为 298m^3，明显高于全国平均水平（57.2m^3），但低于新疆（413m^3）。由于该地区工业生产水平相对落后，其万元工业增加值用水量（37m^3）高于新疆（30m^3）和全国平均水平（32.9m^3）。相比之下，本地区人均生活用水指标则相对较低，其城镇综合人均生活用水量为 173L/d，低于新疆（225L/d）和全国平均水平（207L/d）；农村人均生活用水量为 75L/d，低于新疆（138L/d）和全国平均水平（100L/d）。

从部门用水来看，农业用水所占的比例，嘉峪关市最低，为 25.42%；而酒泉、张掖、金昌和武威 4 个市都较高，分别为 75.03%、95.54%、77.81%和 85.59%。工业用水占比最高的是嘉峪关市，为 47.00%；金昌市次之，为 7.01%；而其他 3 个市的工业用水占比都低于 3%。生态用水占比，酒泉市和嘉峪关市较高，分别为 19.84%和 18.47%；金昌市和武威市较低，分别为 10.68%和 8.75%；而张掖市的生态用水占比最低，仅有 1.24%。表 5.2 给出了甘肃河西地区 2020 年各市部门用水量及其占比。由于河西走廊地区是甘肃重要的农业区，它提供了甘肃省 2/3 以上的商品粮、绝大多数棉花、9/10 的甜菜、2/5 以上的瓜果、蔬菜、大麦、油料等，其农业特色鲜明，产业优势明显，所以在 5 个市中，除工业城市嘉峪关市外，其他 4 个市的农业用水所占比例都是最高的。

表 5.2 甘肃河西走廊地区 2020 年各市部门用水量及其占比

行政区	农业用水		工业用水		居民生活与公共事业用水		生态用水	
	用水量/亿 m^3	占比/%	用水量/亿 m^3	占比/%	用水量/亿 m^3	占比/%	用水量/亿 m^3	占比/%
酒泉市	19.29	75.03	0.74	2.89	0.58	2.25	5.10	19.84
嘉峪关市	0.58	25.42	1.07	47.00	0.21	9.12	0.42	18.47
张掖市	19.08	95.54	0.19	0.94	0.46	2.28	0.25	1.24
金昌市	5.56	77.81	0.50	7.01	0.32	4.51	0.76	10.68
武威市	14.76	85.59	0.21	1.24	0.76	4.41	1.51	8.75
合计	59.27	81.88	2.71	3.75	2.33	3.21	8.04	11.15

注：表中的数据根据《甘肃省水资源公报》发布的数据计算得出。

（二）用水量变化趋势

根据《甘肃省水资源公报》数据，进行统计分析，可以发现，在 2001～2020 年，河西走廊地区的用水总量呈现出微弱的波动下降趋势（图 5.6）。2001 年，河西走廊地区的用水总量为 73.60 亿 m^3，2005 年为 76.53 亿 m^3，2010 年为 75.21 亿 m^3，2015 年为 77.14 亿 m^3，2020 年为 72.23 亿 m^3。近 20 年来，最大用水量出现在 2013 年，为 79.02 亿 m^3；最小用水量出现在 2019 年，为 68.93 亿 m^3，相差 10.09 亿 m^3。

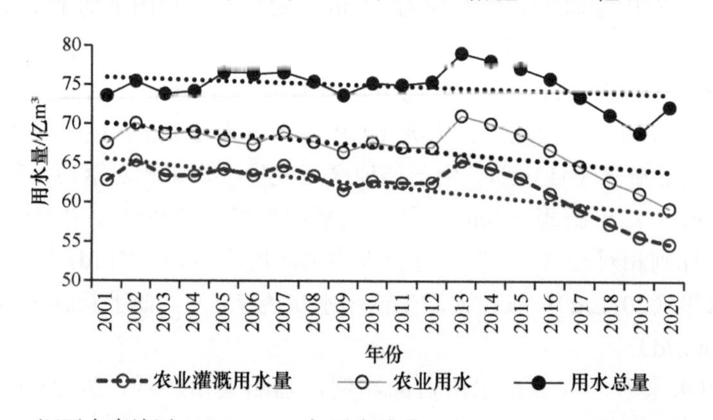

图 5.6 河西走廊地区 2001～2020 年用水总量、农业用水与灌溉用水变化趋势

从用水结构来看，河西走廊地区占比最高的是农业用水。从图 5.6 可以看出，2001～2020 年，农田灌溉用水与农业用水的变化趋势基本一致，二者均呈现出下降趋势。2001 年，农业用水为 67.56 亿 m^3，其中，农田灌溉用水为 62.83 亿 m^3；2005 年，农业用水为 67.89 亿 m^3，其中，农田灌溉用水为 64.27 亿 m^3；2010 年，农业用水为 67.66 亿 m^3，其中，农田灌溉用水为 62.73 亿 m^3；2015 年，农业用水为 68.72 亿 m^3，其中，农田灌溉用水为 63.13 亿 m^3；2020 年的农业用水最少，为 59.27 亿 m^3，其中，农田灌溉用水为 54.72 亿 m^3。在 2001～2020 年，农业用水最多的年份是 2013 年，农业用水量为 71.08 亿 m^3，其中，农田灌溉用水为 65.36 亿 m^3。

从人均用水指标来看，河西走廊地区各年度人均综合用水虽有波动，但趋势并非十分明显（图 5.7）。2001 年，人均综合用水量为 1578.47m³；2005 年为 1645.92m³；2012 年为 1593.93m³；2015 年为 1613.03m³；2018 年为 1483.33m³；2020 年为 1408.00m³。

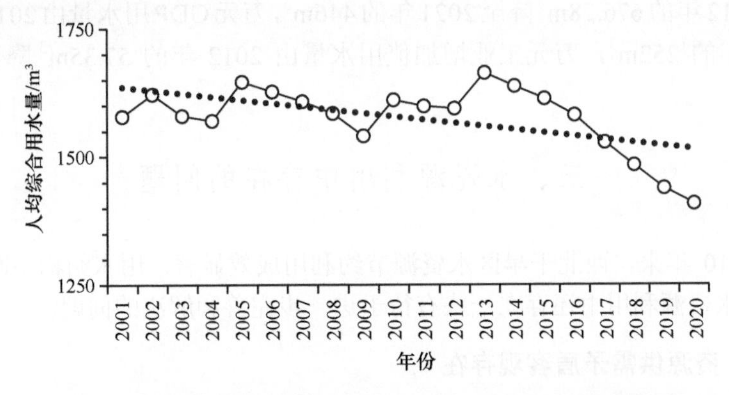

图 5.7　河西走廊地区 2001～2020 年人均综合用水量变化趋势

从用水投入指标来看，河西走廊地区万元 GDP 用水量、农田灌溉亩均用水量和万元工业增加值用水量，均呈现出下降趋势（图 5.8）。2001 年万元 GDP 用水量为 2574.27m³，2005 年为 1516.23m³，2010 年为 608.46m³，2015 年为 449.74m³，2020 年为 320.73m³。农田灌溉亩均用水量，在 2001～2020 年期间，各年虽有波动，但整体呈现出下降趋势。2001 年农田灌溉亩均用水量为 728.29m³，2005 年为 699.90m³，2010 年为 688.82m³，2015 年为 549.90m³，2020 年为 473.10m³。万元工业增加值用水量，近 20 年来，下降趋势明显。2001 年，万元工业增加值用水量为 430.44m³，2005 年为 195.37m³，2010 年为 64.32m³，2015 年为 92.52m³，2020 年为 37.03m³。

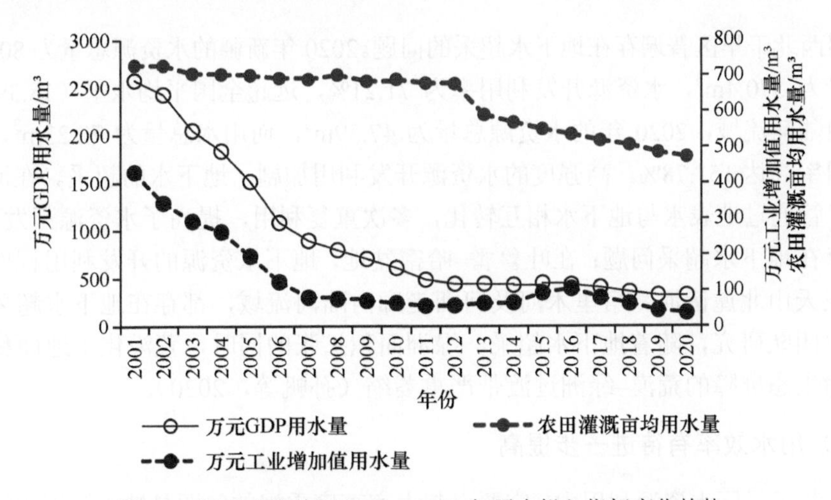

图 5.8　河西走廊地区 2001～2020 年用水投入指标变化趋势

特别需要强调的是，2012～2021 年，由于河西走廊各地先后进行了流域综合治理，农业灌溉推行高效节水，水资源节约利用成效显著，用水结构不断优化，用水效率不断提高。农业用水的比例由 2012 年的 88.92%降至 2021 年的 82.55%，农田灌溉亩均用水量由2012年的676.28m^3降至2021年的446m^3，万元GDP用水量由2012年的441m^3降至 2021 年的 252m^3，万元工业增加值用水量由 2012 年的 57.35m^3降至 2021 年的 29m^3。

三、水资源利用中存在的问题

尽管近 10 年来，西北干旱区水资源节约利用成效显著，用水结构不断优化。但是应当看到，水资源利用中还存在一些有待于进一步完善和解决的问题。

（一）水资源供需矛盾客观存在

资源性缺水是导致西北干旱区水资源供需矛盾的客观原因。由于资源性缺水，新疆与河西走廊地区的水资源供需矛盾都比较突出。尽管新疆的水资源总量和人均水资源量在全国的排名比较靠前，但是其总面积约占全国的 1/6，而水资源总量约仅占全国的 4%。从人均量来看，河西走廊地区，人均水资源量仅有 993m^3，不但低于新疆，而且还低于甘肃（1628.7m^3）和全国水平（2239.8m^3）。目前，在西北干旱区的大部分地区，缺水问题已经比较突出。据本报告分析与估算，新疆与河西走廊地区未来都存在着一定程度的缺水风险。特别是，如果继续按照传统模式发展，那么在枯水年情景下，未来新疆与河西走廊地区的缺水率将高达 20% 以上。

（二）存在地下水超采现象

我国西北干旱区普遍存在地下水超采的问题。2020 年新疆的水资源总量为 801 亿 m^3，用水总量为 570.4m^3，水资源开发利用率为 71.21%，远超全国平均水平（18.39%）。河西走廊内陆河流域，2020 年的水资源总量为 47.59m^3，而用水总量为 72.23m^3，水资源开发利用率高达 151.78%。高强度的水资源开发利用加剧了地下水的超采。在河西走廊地区，尽管通过地表水与地下水相互转化，多次重复利用，提高了水资源开发利用率，但仍然存在地下水超采问题；在吐鲁番–哈密盆地，地下水资源的开发利用程度已接近极限；在天山北麓诸河、塔里木河及河西走廊内陆河流域，都存在地下水超采问题。据陈亚宁团队研究，随着地下水超采、绿洲面积扩张的同时，荒漠化土地面积也在扩张，作为生态屏障的荒漠–绿洲过渡带严重萎缩（孙帆等，2020）。

（三）用水效率有待进一步提高

在西北干旱区水资源利用中，需要引起大家高度重视的问题是缺水与用水浪费现象并存（邓铭江，2018，2021）。一方面是水资源短缺，另一方面是用水效率低、存在浪费现象。从用水投入指标来看，2020 年，新疆万元 GDP 用水量为 413m^3，河西走廊地区为 321m^3，均高于全国平均水平（57.2m^3）；新疆地均灌溉用水量为 8205m^3/hm^2，河西走廊地区为 7097m^3/hm^2，远高于全国平均值（5340m^3/hm^2）。从用水效率指标来看，2020 年新疆的农田灌溉水有效利用系数为 0.57，河西走廊地区为 0.588，尽管略高于全国平均水平（0.565），但低于全国大部分地区，与国际同类地区先进水平（0.8～0.9）的差距更大，仍然存在一定的提升空间。

（四）水质污染不容忽视

由于企业排污、工程破坏及面源污染，造成了部分水资源的污染，使西北干旱区水资源短缺与供需矛盾进一步加剧。据《新疆统计年鉴》公布，2020 年，全区工业废水排放量达 9705.25 万 t，工业废水中化学需氧量排放量达 6177.44t，工业废水中氨氮排放量达 298.29t，有相当数量的河流/湖泊/水库的水质处于中度污染水平。据《甘肃省水资源公报》统计，2020 年河西走廊内陆河流域，排污口 35 个，入河污水总量 0.667 亿 t，入河主要污染物中化学需氧量 1.684 万 t，氨氮 0.307 万 t。

第二节　水资源供需变化分析及未来情景模拟

水资源的“供给”与“需求”之间的差值，反映了水资源的短缺状况。供需差越大，用水安全越能够得到保障。在西北干旱区，水资源的需求量，即需水量，不但包括人类社会经济发展的用水需求，而且还包括生态需水量。植被是生态系统的重要组成部分，它是生态系统中物质循环与能量流动的中枢，要维持良好的生态环境和恢复退化的生态系统，必须考虑生态用（需）水。因此，需水量除了包含人类活动（一、二、三产业、居民生活等用水）的用水需求，还包括生态需水量，即植被生态系统的用水需求。

根据水资源供需平衡关系，可以给出缺水量计算公式：

$$W_{缺水量} = W_{人类用水需求量} + W_{生态需水量} - W_{水资源总量} \tag{5.1}$$

式中，缺水量（$W_{缺水量}$）越大，表示缺水状况越严重。

由于西北干旱区的水资源主要来源于降水以及山区的冰雪融水，这些水资源只有流出山区，流入盆地（平原）区域，才能被人类加以利用。也就是说，对于山区来说，由于它是受人类活动干扰相对较少的生态系统，其植被生态用水与人类用水不存在竞争关系。在西北干旱区，水资源的消耗与利用主要发生在平原区域，涉及生产、生活、生态等方面。鉴于此，本章只针对水资源利用矛盾突出的盆地（平原）区域，进行水资源供需分析，计算生态需水和人类活动需水量。

为了进一步分析水资源短缺风险，在缺水量概念的基础上，引入缺水率的概念，其计算公式为

$$R_s = \frac{W_{缺水量}}{W_{人类用水需求量} + W_{生态需水量}} \tag{5.2}$$

式中，R_s为缺水率。

如果缺水率小于零，说明不会出现水资源短缺风险，其值越小则表示水资源短缺风险越小。反之，如果缺水率大于零，预示着将会出现水资源短缺风险，其值越大，则表示水资源短缺风险越高。

下面以缺水量与缺水率为抓手，定量解析西北干旱区水资源供需关系，并对其未来变化进行情景模拟。

一、新疆水资源供需分析及未来情景模拟

（一）水资源总量与人均水资源量

新疆是一个资源型缺水大区。根据《新疆维吾尔自治区水资源公报》提供的多年数据统计，新疆丰水年（25%保证率）的水资源总量为1013亿m^3；平水年（50%保证率）的水资源总量为903亿m^3；枯水年（100%保证率）的水资源总量为726亿m^3。新疆人口总量不多，若以人均统计，新疆多年平均的人均水资源量为3860m^3。

在全球气候变化影响下，在2000～2020年期间，新疆的水资源总量呈现出波动增加变化趋势；同时，随着人口的增加，人均水资源量表现出一定的下降趋势（图5.9）。

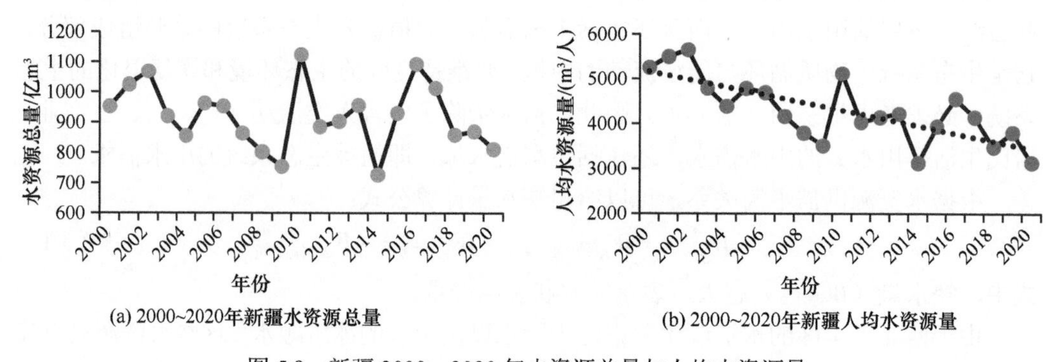

图5.9　新疆2000～2020年水资源总量与人均水资源量

从水资源的区域分布来看，伊犁地区、准噶尔地区、吐–哈盆地和塔里木地区，近年来的平均水资源总量分别为172.42亿m^3、257.55亿m^3、21.68亿m^3和469.01亿m^3，分别占全疆水资源总量的9.46%、26.94%、4.41%和59.19%。从人均水资源量来看，伊犁地区最多，为6638.86m^3；吐–哈盆地最少，为1801.29m^3。准噶尔地区和塔里木地区居中，分别为3462.55和4252.84m^3。图5.10给出了四个区域2020年的水资源总量及人均水资源量，比较直观地展示了新疆不同区域的水资源差异状况。

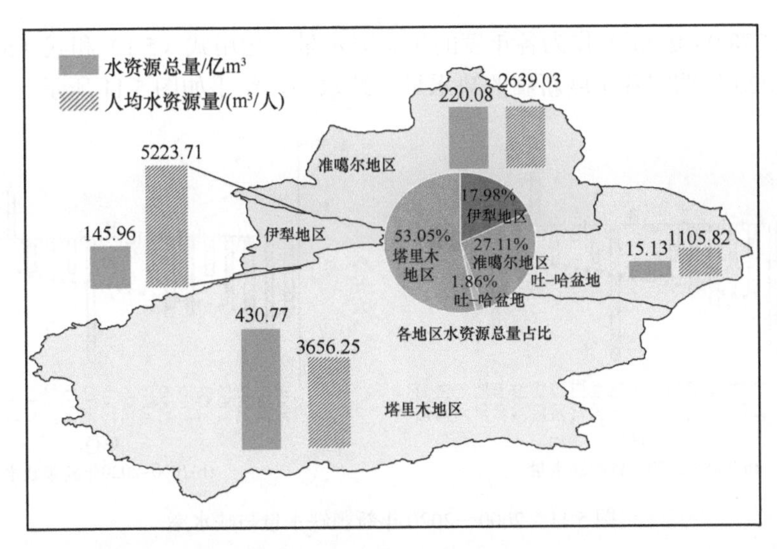

图 5.10　新疆四个区域 2020 年的水资源总量与人均水资源量

（二）生态需水量估算

为了分析新疆水资源供需变化与缺水状况，需要估算生态需水量。从水资源产生与利用角度来看，山区是产水区，山区生态系统是相对封闭、自给自足的生态系统，很少直接受到人类开发活动的影响；平原区是用水区，其水资源主要来自山区的冰雪融水及降水，而冰雪融水只有流出山区，流经平原区，当地居民才能加以利用。也就是说，只有在盆地（平原）地区，才会产生人类活动用水和生态用水的矛盾。

本书运用面积定额法（陈亚宁等，2008；冯起等，2015）和改进的彭曼公式（Allen，1998；陈亚宁等，2008；冯起等，2015），进行计算、比较和综合分析，给出了新疆四个区域（准噶尔地区、伊犁地区、吐–哈盆地和塔里木地区）的生态需水量，结果如表 5.3 所示。

表 5.3　新疆四个区域典型年份生态需水量估算结果　　（单位：亿 m³）

区域	2000 年	2005 年	2010 年	2015 年	2018 年	多年平均
准噶尔地区	145.17	144.23	143.86	142.85	141.61	143.54
吐–哈盆地	15.79	15.61	15.59	15.59	17.35	15.99
伊犁地区	17.48	16.92	16.88	16.55	14.64	16.49
塔里木地区	107.96	104.87	104.36	101.26	96.11	102.91
全疆（不包含山区）	286.4	281.63	280.69	276.25	269.71	278.93

（三）缺水状况分析及未来情景模拟

1. 过去与现在的缺水状况

将各年度的生产用水和生活用水相加，作为当年人类活动需水；并以表 5.3 中的多年平均值（278.93 亿 m^3）作为各年度的生态需水量；运用式（5.1）和式（5.2）分别计算 2000～2020 年期间各年度新疆的缺水量与缺水率，结果如图 5.11 所示。

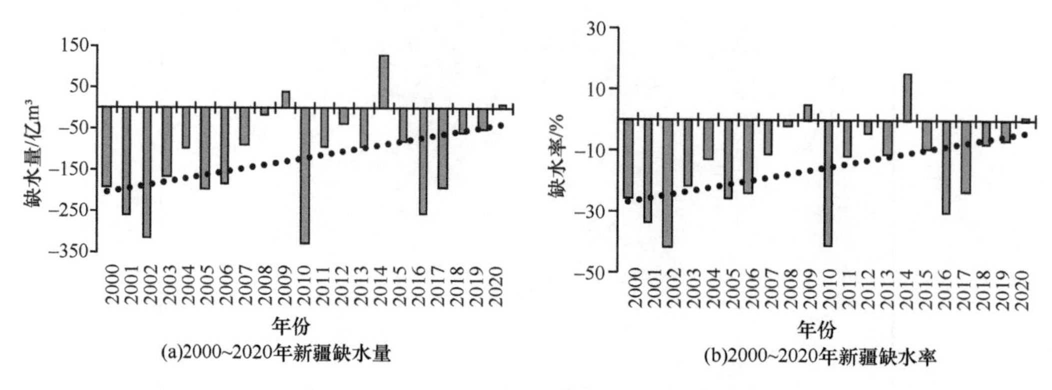

图 5.11　2000～2020 年新疆缺水量与缺水率

从总体来看，在 2000～2020 年期间，新疆的缺水量与缺水率均呈现出波动变化趋势。从图 5.11 可以看出，新疆出现缺水的年份是 2009 年、2014 年及 2020 年。其中，2009 年缺水量为 39.04 亿 m^3，缺水率为 4.92%；2014 年缺水量高达 128.57 亿 m^3，缺水率为 15.03%；2020 年缺水量为 2.14 亿 m^3，缺水率为 0.27%。在其余年份，需水量小于供给量，水资源量能满足人类活动用水和生态需水的需求，不存在缺水量。

2. 缺水变化的未来情景模拟

下面设置两个情景模式（传统发展模式与改进的发展模式），通过构建系统动力学（System dynamics）模型（Forrester，1971，1994），进行情景模拟，进一步分析未来（2021～2050 年）新疆的水资源供需变化趋势。

1）传统发展模式情景

传统发展模式的情景参数设置是：用水定额指标（生活用水定额、农业灌溉用水定额、万元工业增加值需水量），与现状（2020 年）相同；对于人口增长、城镇化水平、农作物播种面积增长、工业产值增长、生态用水增长，基于 2000～2020 年的数据，进行趋势递推，得到其未来各年份的取值。依据这些参数设置，构建系统动力学模型，在传统发展模式情景下，模拟新疆未来各年度的各类需水量，并依此统计人类活动需水量、生态需水量和需水总量，结果如图 5.12 所示。

从图 5.12 可以看出，如果按照传统模式发展，新疆的人类活动需水量与需水总量均呈现出明显的上升趋势。到 2030 年，人类活动用水量和需水总量将分别达到 667.60 亿 m^3 和 712.02 亿 m^3，到 2040 年将分别达到 746.48 亿 m^3 和 810.02 亿 m^3；到 2050 年将分别达到 844.85 亿 m^3 和 918.96 亿 m^3。

在传统发展模式下，按照丰水年、平水年和枯水年三种水资源供给情景，用式（5.2）计算新疆未来各年的缺水率，结果如图 5.13 所示。

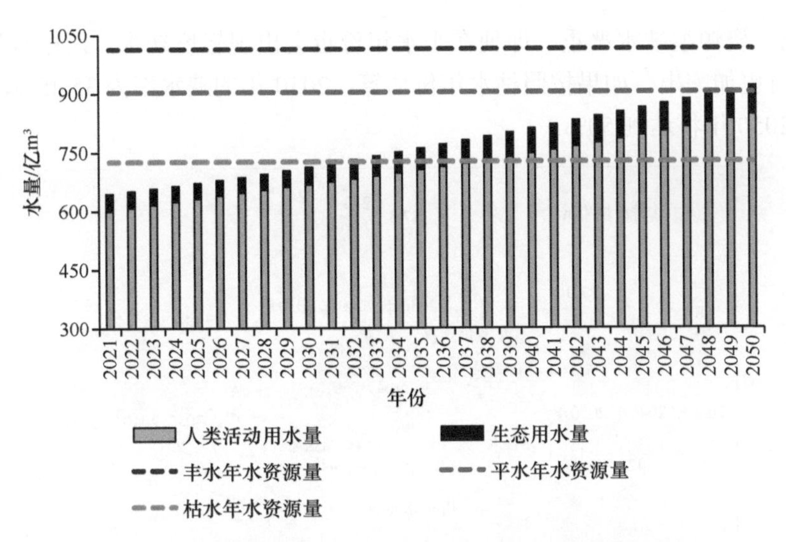

图 5.12　传统发展模式情景下新疆 2021～2050 年需水量

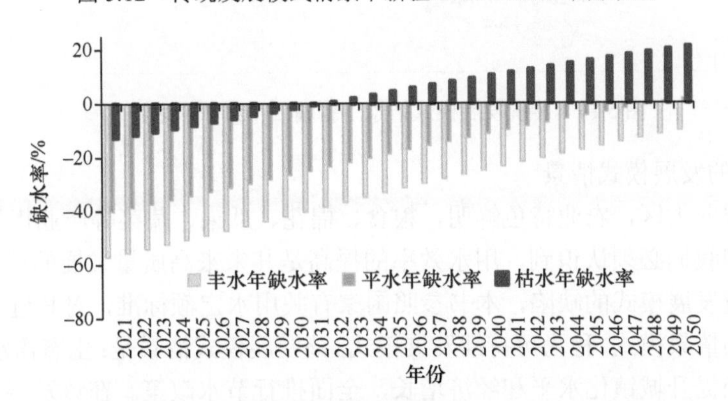

图 5.13　传统发展模式情景下新疆 2021～2050 年缺水率

从图 5.13 可以看出，如果按照传统模式发展，只有在丰水年（保证概率仅有 25%）情景下，才不会缺水（各年度的缺水率均小于零）。如果按照平水年情景（保证概率为 50%）估算，则到 21 世纪 40 年代后期，就会出现缺水；到 2050 年时，缺水率将达到 1.74%。如果按照枯水年（保证概率为 100%）情景估算，则缺水现象将更加严重，21 世纪 30 年代初期就会缺水；2040 年，缺水率将达到 10.37%；2045 年，缺水率将达到 15.83%；到 2049 年时，缺水率将大于 20%；到 2050 年时，缺水率将达到 21%。也就是说，如果按照传统模式发展，那么在未来，只有在以 25%的概率保障的丰水年估算，新疆才不会缺水；而在平水年和枯水年，缺水现象将不可避免。

图 5.14 给出了传统发展模式情景下新疆四个区域的未来用水量。在传统模式发展下，在平水年份和枯水年份，伊犁地区未来都不会出现缺水。准噶尔地区和塔里木地区，未来如果出现平水年份，则水资源量基本可以维持供需平衡；如果出现枯水年份，则会出现缺水。特别是塔里木河流域，如果按照枯水年份估算，2050 年的缺水率将达到 15%。

吐–哈盆地，资源型缺水严重，即使在平水年份也会出现轻度缺水，而枯水年份的水资源供需矛盾更加突出，如果按照枯水年份估算，2030 年的缺水率为 35.45%，2040 年为 43.26%，2050 年将达到 50%。

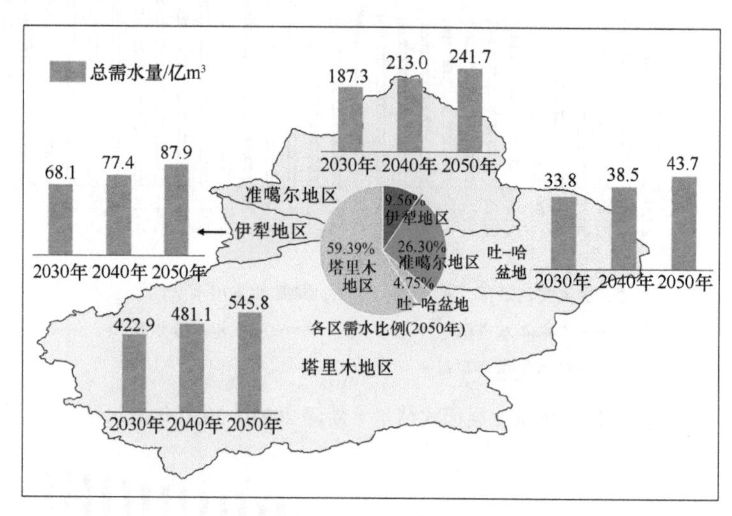

图 5.14　传统发展模式情景下新疆四个区域未来需水量

2）改进的发展模式情景

新疆是农业大区，农业特色鲜明，粮食、棉花、瓜果、蔬菜等产业优势明显，发展潜力巨大，但我们必须认识到，用水效率的提高是其未来高质量发展的保证。

鉴于传统发展模式的缺陷，本书参照国家有关用水定额标准，对其进行改进，提出了一个改进的情景模式，称为可持续发展模式。该发展模式情景是：生态需水量得到 80% 的保证，适当提升城镇化水平和经济增长，全面推行节水政策。在该发展模式情景中，城镇化率、农作物播种面积增长率、工业产值增长率、城镇生活用水定额、农村生活用水定额、农业灌溉用水定额和万元工业增加值用水量如表 5.4 所示；其他参数与现状相同。

表 5.4　新疆改进的发展模式情景的参数设置

参数变量		参数变量取值		
		2030 年	2040 年	2050 年
生活	城镇化率/%		比现状提升 5%	
	人口增长率/%		与现状相同	
	城镇生活用水定额/[L/（人·d）]	125	110	100
	农村生活用水定额/[L/（人·d）]	80	75	70
工业	万元工业增加值用水量/m³	35	33	30
	工业产值增长率/%		比现状提升 5%	
农业	农业灌溉用水定额/m³	466.67	400	366.67
	农作物播种面积增长率/%		比现状提升 3%	
生态	生态用水多年平均值计算，保证 80%		详见表 5.3	

根据上述情景参数，构建系统动力学模型，在改进的发展模式情景下，预测新疆未来各年度的各类需水量，并依此统计人类活动需水量、生态需水量和需水总量，结果如图 5.15 所示。

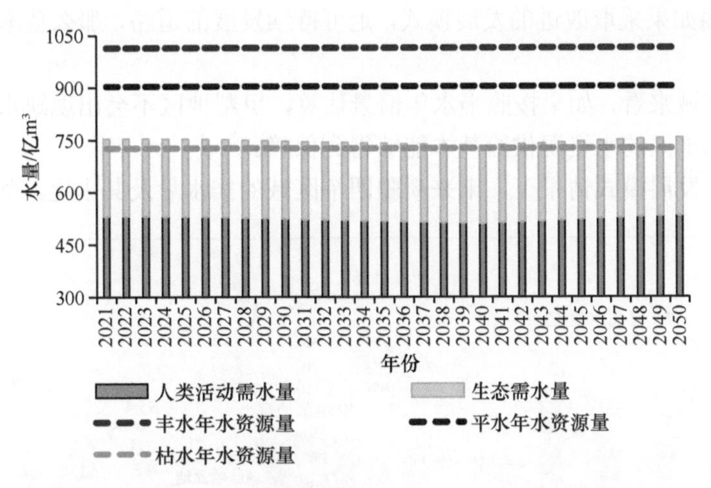

图 5.15　改进的发展模式情景下新疆 2021～2050 年需水量

从图 5.15 可以看出，如果按照改进的模式发展，新疆的人类活动需水量与需水总量的变化趋势明显减缓。到 2030 年，人类活动需水量和需水总量将分别为 522.65 亿 m^3 和 745.80 亿 m^3；到 2040 年，将分别为 478.57 亿 m^3 和 732.28 亿 m^3；到 2050 年，将分别为 533.32 亿 m^3 和 756.47 亿 m^3。该模式一个显著的特点是，比较好地兼顾了生态用水需求，其中，生态用水约占用水总量的 30%。在该情景模式下，到 2030 年、2040 年和 2050 年生态用水占用水总量的比例将分别达到 29.56%、30.47%和 29.50%。

在改进的发展模式下，按照丰水年、平水年和枯水年三种水资源供给情景，用式(5.2)计算新疆未来各年度的缺水率，结果如图 5.16 所示。

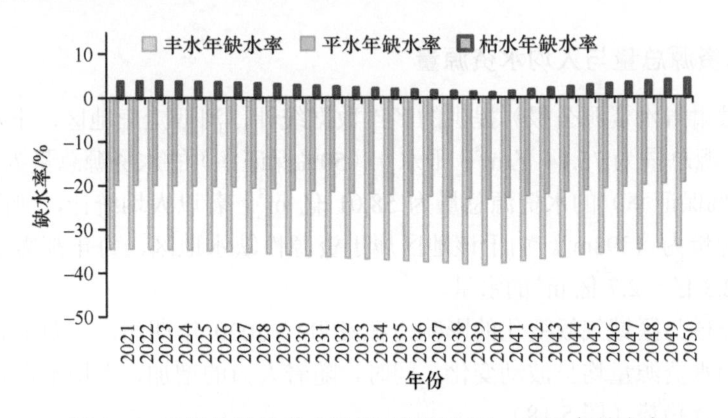

图 5.16　改进的发展模式情景下新疆 2021～2050 年缺水率

从图 5.16 可以看出，如果按照改进的模式发展，在丰水年份和平水年份，新疆都不会缺水（各年度的缺水率均小于零）。如果按枯水年情景估算，那么各年度的缺水率不会高于 4%。这就是说，该发展模式基本可以解决新疆的缺水问题。也就是说，在未来 30 年里，新疆如果采取改进的发展模式，走可持续发展的道路，那么基本不会出现缺水情况。

从用水区域来看，如果按照平水年情景估算，伊犁地区不会出现缺水现象，塔里木地区和准噶尔地区的水资源供给基本能够得到保障。

在改进的发展模式情景下，未来新疆四个区域的需水量及其占比，如图 5.17 所示。

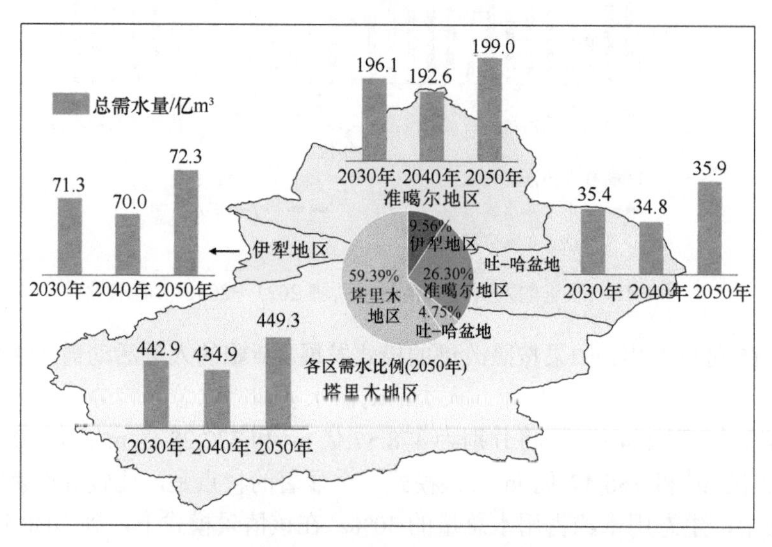

图 5.17　改进的发展模式情景下新疆四个用水区域未来需水量

二、河西走廊地区水资源供需分析及未来情景模拟

（一）水资源总量与人均水资源量

根据《甘肃省水资源公报》提供的多年数据统计，河西走廊地区，丰水年（25%保证率）的水资源总量为 75.14 亿 m^3；平水年（50%保证率）的水资源总量为 66.37 亿 m^3；枯水年（100%保证率）的水资源总量为 58.01 亿 m^3。若以人均统计，河西走廊地区多年人均水资源量为 1398m^3。由于该地区属于资源性缺水地区，每年都需要从黄河流域跨流域调入 2.3 亿～2.7 亿 m^3 的水量。

由于受全球与区域气候变化的影响，在 2000～2020 年期间，河西走廊地区的水资源总量与人均水资源量均呈波动变化；同时，随着人口的增加，人均水资源量则呈现出轻微的波动下降趋势（图 5.18）。

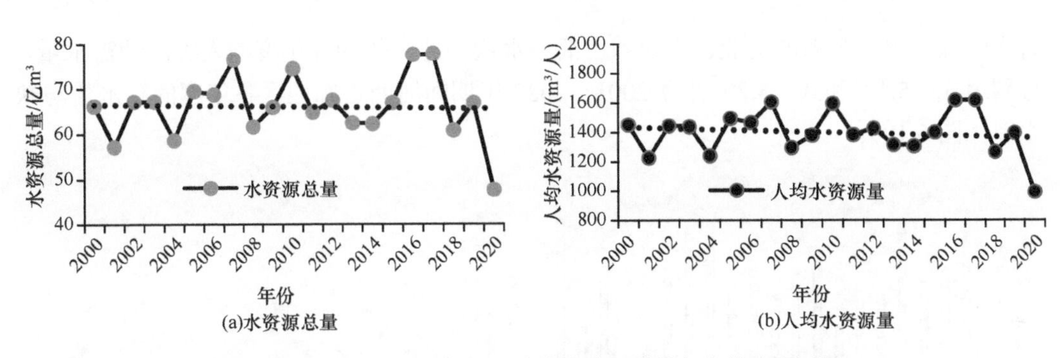

图 5.18　2000～2020 年河西走廊水资源总量与人均水资源量

（二）生态需水量估算

与新疆类似，在河西内陆河流域，平原区降水稀少，基本不产流，水资源主要来源于上游山区的冰雪融水和降水。从水资源产生与利用角度来看，山区是产水区；而平原区则是主要的用水区，是水资源利用矛盾突出的地区。为了进一步分析河西走廊地区水资源供需变化与缺水状况，运用改进的彭曼公式和面积定额法（Allen，1998；陈亚宁等，2008；冯起等，2015），计算了该区域三大流域用水矛盾突出的平原地区（非山区）的植被生态需水量，结果如表 5.5 所示。

表 5.5　河西走廊地区（不含山区）典型年份植被生态需水量估算结果　（单位：亿 m^3）

流域	1995 年	2000 年	2005 年	2010 年	2015 年	平均
疏勒河流域	7.49	8.56	8.55	8.57	8.57	8.35
黑河流域	1.85	2.11	2.11	2.11	2.11	2.06
石羊河流域	1.81	2.06	2.06	2.07	2.07	2.01
合计（不含山区）	11.15	12.73	12.72	12.75	12.75	12.42

（三）缺水状况分析及未来情景模拟

1. 过去与现在的缺水状况

《甘肃省水资源公报》公布了 2015～2020 年河西走廊内陆河流域水资源平衡分析结果。其平衡分析的依据和方法是：供水量为本年度的实际供水量，需水量采用不同行业的设计保证率标准、本年度的社会经济指标及现阶段正常定额进行分析计算，得出的 2015 年、2016 年、2017 年、2018 年、2019 年和 2020 年的生态需水量分别为 2.12 亿 m^3、3.19 亿 m^3、3.86 亿 m^3、3.69 亿 m^3、3.34 亿 m^3 和 9.33 亿 m^3，缺水量分别为 6.99 亿 m^3、6.89 亿 m^3、6.69 亿 m^3、6.48 亿 m^3、7.02 亿 m^3 和 7.62 亿 m^3。

分析认为，《甘肃省水资源公报》给出的水资源平衡分析结果，低估了生态需水量。鉴于此，以表 5.5 中的多年平均值（12.42 亿 m^3）作为各年度的生态需水量，将《甘肃省水资源公报》公布的工业、农业和生活用水量合计，作为各年度的人类活动需水量，分别用式（5.1）和式（5.2）计算2001～2020年期间河西走廊地区各年度的缺水量与缺水率（图5.19）。

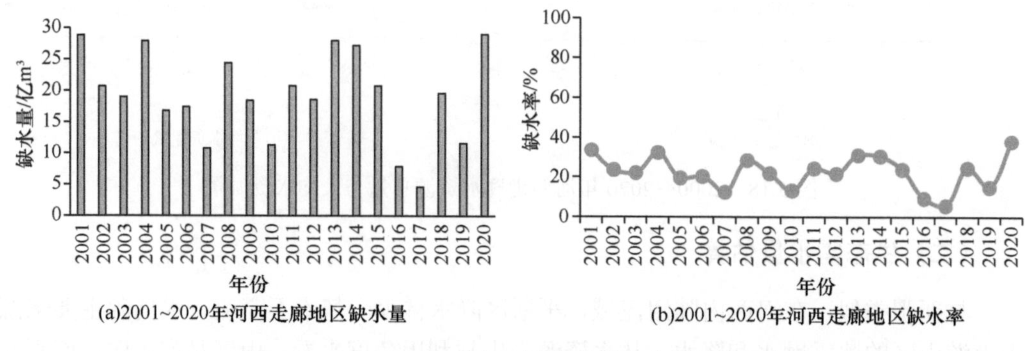

(a)2001~2020年河西走廊地区缺水量　(b)2001~2020年河西走廊地区缺水率

图5.19　2001～2020年河西走廊地区缺水量与缺水率

从图5.19可以看出，在2001～2020年期间，河西走廊地区几乎每年都处于缺水状态。其中，在两个丰年份，2016年和2017年缺水量较小，分别为7.85亿m^3和4.56亿m^3，缺水率分别为9.20%和5.54%；在六个枯水年份，2001年、2004年、2008年、2013年、2014年和2020年，缺水量较大，缺水量分别为28.83亿m^3、27.88亿m^3、24.39亿m^3、27.96亿m^3、27.15亿m^3和29.02亿m^3，缺水率分别33.52%、32.22%、28.35%、30.94%、30.38%和37.88%。

2. 缺水变化的未来情景模拟

下面设置两个情景模式（传统发展模式与改进发展模式），通过情景模拟，进一步分析未来（2021～2050年）河西走廊地区水资源供需变化趋势。

1）传统发展模式情景

传统发展模式的情景参数设置是：用水定额指标（生活用水定额、农业灌溉用水定额、万元工业增加值需水量），与现状（2020年）相同；对于人口增长、城镇化水平、农作物播种面积增长、工业产值增长、生态用水增长，基于2001～2020年的数据，进行趋势递推，得到其未来各年份的取值。依据这些参数设置，构建系统动力学（system dynamics）模型，在传统发展模式下，模拟河西走廊地区未来各年度的各类需水量，并依此统计人类活动需水量、生态需水量和需水总量，结果如图5.20所示。

从图5.20可以看出，如果按照传统模式发展，河西走廊的人类活动需水量与需水总量均呈现出明显的上升趋势。到2030年总需水量将达到74亿m^3，到2040年将达到80亿m^3，到2050年将达到84亿m^3。在该模式下，人类活动用水量占总用水量的比例高达95%以上，而生态用水量占总用水量比例不足5%。

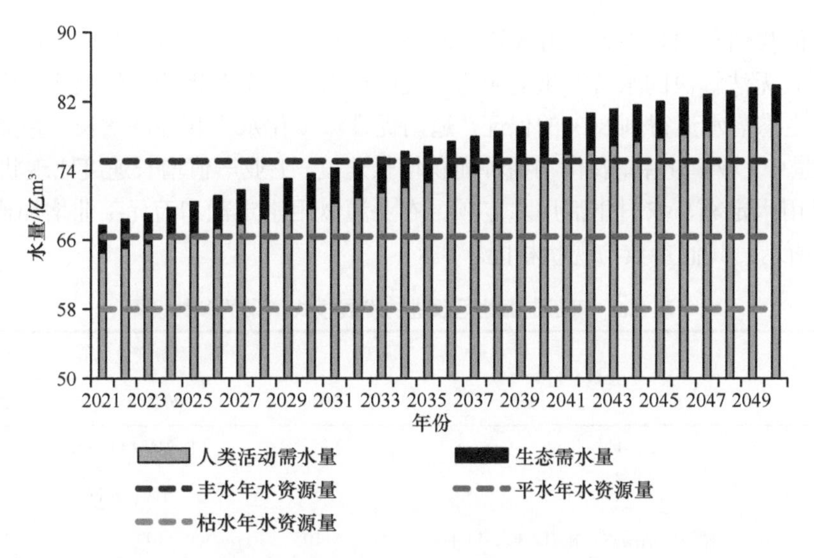

图 5.20　传统发展模式情景下河西走廊地区 2021～2050 年需水量

在传统发展模式下，按照丰水年、平水年和枯水年三种水资源供给情景，计算河西走廊地区未来各年的缺水率，结果如图 5.21 所示。

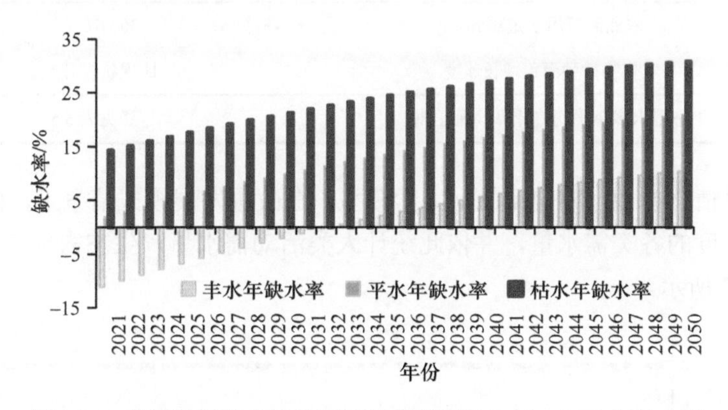

图 5.21　传统发展模式情景下河西走廊地区 2021～2050 年缺水率

从图 5.21 可以看出，如果按照传统模式发展，即使在以 25%的概率保证的丰水年情景下，从 2033 年开始就会缺水（各年度的缺水率均大于零）；到 2040 年和 2050 年，缺水率将分别达到 4.44%和 10.40%。如果按照 50%的概率保证的平水年情景估算，从 2021 年就已经开始缺水（各年度的缺水率大于零）；到 2030 年、2040 年和 2050 年，缺水率将分别达到 9.87%、16.60%和 20.85%。如果按照 100%的概率保证的枯水年情景估算，缺水情况更加严重，2021 年缺水率就已高达 14.26%；到 2030 年、2040 年和 2050 年，缺水率将分别高达 21.22%、27.11%和 30.82%。

2）改进发展模式情景

河西走廊地区，农业特色鲜明，粮食、棉花、瓜果、蔬菜等产业优势明显，发展潜力巨大，但我们必须认识到，用水效率的提高是其未来农业高质量发展的保证。鉴于传统发展模式无法解决的水资源供需矛盾，我们构造了一个改进的情景模式。该发展模式情景是：生态需水量得到80%的保证，适当提升城镇化水平和经济增长，并推行节水政策。该情景中，城镇化率、农作物播种面积增长速度、工业产值增长速度比现状提升5%；城镇生活用水定额、农村生活用水定额、农业灌溉用水定额和万元工业增加值用水量，如表5.6所示；其他参数与现状相同。

表5.6　河西走廊地区改进的发展模式情景的参数设置

参数变量		参数变量取值		
		2030年	2040年	2050年
生活	城镇化率		比现状提升5%	
	人口增长率		与现状相同	
	城镇生活用水定额/[L/（人·d）]	105	100	95
	农村生活用水定额/[L/（人·d）]	70	65	60
工业	万元工业增加值用水量/m^3	35	33	30
	工业产值增长速度		比现状提升5%	
农业	农业灌溉用水定额/m^3	400	366.67	333.33
	农作物播种面积增长速度		比现状提升5%	
生态	生态用水多年平均值计算，保证80%		详见表5.5	

依据上述情景参数，构建系统动力学模型，在改进发展模式情景下，模拟河西走廊地区未来各年度的各类需水量，并依此统计人类活动需水量、生态需水量和需水总量，结果如图5.22所示。

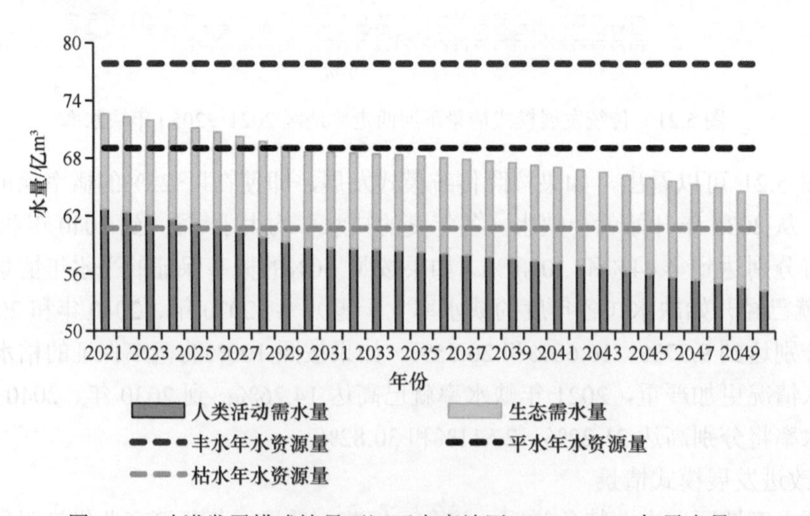

图5.22　改进发展模式情景下河西走廊地区2021～2050年需水量

从图 5.22 可以看出，如果按照改进模式发展，未来河西走廊的人类活动需水量与需水总量呈现出减缓趋势。到 2030 年，人类活动用水量和需水总量将分别为 58.74 亿 m^3 和 68.68 亿 m^3；到 2040 年，将分别为 57.34 亿 m^3 和 67.28 亿 m^3；到 2050 年，将分别为 54.27 亿 m^3 和 64.20 亿 m^3。

在改进发展模式下，按照丰水年、平水年和枯水年三种水资源供给情景，计算河西走廊地区未来各年度的缺水率（图 5.23）。

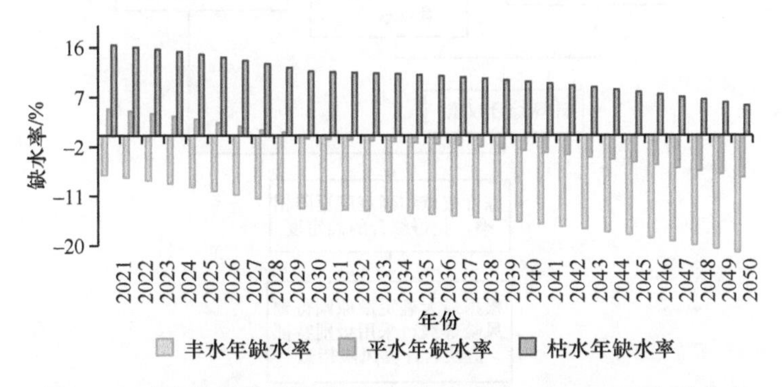

图 5.23　改进发展模式情景下河西走廊地区 2021～2050 年缺水率

从图 5.23 可以看出，如果按照改进模式发展，在丰水年份情景下，河西走廊地区不会缺水（各年度的缺水率均小于零）。如果按照平水年情景估计，也基本不缺水，只有在 2030 年以前会出现缺水（缺水率大于零），但最大缺水率不超过 4.9%；此后，在 2030～2050 年期间，就不再缺水（各年度的缺水率均小于零）。如果按枯水年情景估算，尽管会出现缺水，但从 2021 年开始，缺水率就逐渐下降；到 2030 年、2040 年、2050 年时，缺水率将从 2021 年的 16.42%，分别下降到 11.62%、9.78%和 5.45%。

上述结果表明，改进的发展模式，极大地减缓了河西走廊地区水资源供需矛盾。在丰水年与平水年情景下，未来通过跨流域调水，再加本区水资源量，基本可以保证人类活动需水和 80%的生态需水。

模拟结果表明，如果按照传统模式发展，缺水将不可避免。因此，改进传统发展模式，走可持续发展之路，实现水资源的可持续利用，是解决水资源供需矛盾的根本途径。

第三节　水资源利用风险分析

随着气候变化与人类活动的加剧，西北干旱区水资源利用风险已经成为一个不可忽视的问题。本节拟在前面两节分析的基础，进一步从供需矛盾与可持续发展的视角，通过构建指标体系，综合运用层次分析（analytic hierarchy process）、熵权法与云模型相结合的方法，针对西北干旱区两大典型的用水区域，即新疆和甘肃河西走廊地区，对其水资源利用风险进行综合评估。评估的思路与方法，如图 5.24 所示。

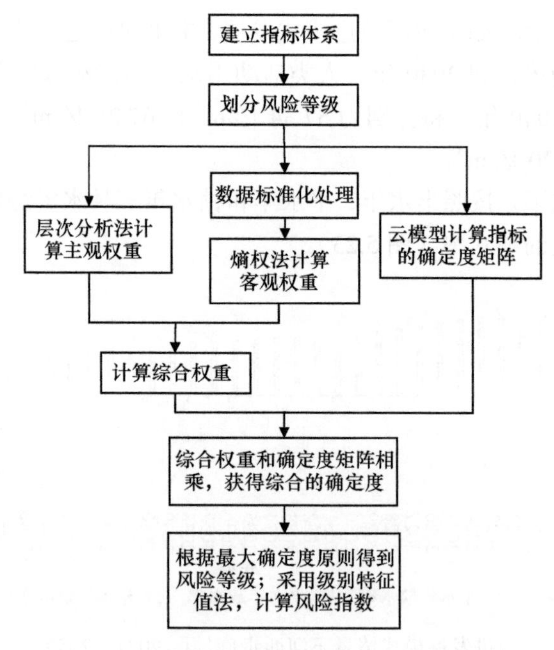

图 5.24　水资源利用风险评估的基本思路

一、水资源风险评估指标体系及模型构建

（一）指标体系及模型构建

西北干旱区水资源利用风险评估指标体系构建的基本原则是：①能够体现水资源的自然禀赋状况；②能够比较全面地体现自然–社会经济复合系统的用水需求；③能够体现水资源供需矛盾；④有数据支持，可以进行定量化地比较计算；⑤指标有针对性和互补性，同时也要保证指标独立性，避免指标之间的相互干扰，从而使指标体系成为一个有机的整体。

根据上述原则，参考他人相关研究（姜秋香等，2017；张中旺和常国瑞，2016；左其亭等，2008），本报告构建了一套由目标层、状态层和指标层组成的 3 级指标体系，它包括 1 个目标因子，4 个状态因子，12 个具体指标，如表 5.7 所示。

1. 水资源状况

水资源状况反映区域水资源量的丰沛程度及水资源的背景，是水资源可持续利用的基础。人均水资源占有量和产水模数直观地反映了水资源当前的状况，降水量则是最常见的气象指标，年降水量影响总水量的供给，因此也是影响可持续利用风险的主要因素之一。当人均水资源占有量、产水模数和年降水量越高时，水资源利用风险越低，可持续利用程度越高，所以这三个指标都是正向指标。

表 5.7　水资源利用风险评价指标体系

目标层	状态层	指标层	计量方法
水资源利用风险指数	A. 水资源状况	A1. 人均水资源占有量	水资源总量/总人口
		A2. 产水模数	水资源总量/土地面积
		A3. 年降水量	
	B. 社会经济发展因素	B1. 人口密度	总人口/土地面积
		B2. 人均 GDP	地区生产总值/总人口
		B3. 城镇化率	城镇人口/总人口
	C. 人类活动用水需求	C1. 水资源开发利用率	用水量/水资源总量
		C2. 万元 GDP 用水	用水量/地区生产总值
		C3. 农业灌溉地均用水量	农业灌溉用水/农业灌溉面积
		C4. 万元工业增加值用水	工业用水/工业增加值
		C5. 人均生活用水	生活用水/总人口
	D. 生态用水需求	D1. 生态水供需比	生态用水/生态需水

根据《2021 中国统计年鉴》及 2020 年度《中国水资源公报》计算可知，2020 年全国人均水资源占有量为 2239.8m^3/人，多年平均值约为 2063.5m^3/人。由于新疆地广人少，其人均水资源量 2020 年为 3092.7m^3/人，略高于全国水平；但河西走廊地区仅为 992.8m^3/人，水资源较为紧缺。从产水模数（地均水资源量）来看，全国 2020 年的产水模数为 32.9 万 m^3/km^2，多年平均值为 28.8 万 m^3/km^2，新疆和河西走廊地区多年平均产水模数分别为 5.5 万 m^3/km^2 和 2.5 万 m^3/km^2，远远低于全国水平。从降水量来看，全国 2020 年的降水量为 706.5mm，多年平均降水量为 642.3mm；而地处西北干旱区的新疆多年平均降水量为 173.1mm，河西走廊为 127.1mm，明显低于全国平均水平。由此看来，水资源短缺是西北干旱区的基本特征。

2. 社会经济发展因素

水资源供给是社会经济发展的重要保障，同时社会经济发展也对水资源系统产生反作用（李林汉等，2018）。随着人口密度的不断提高，社会对水资源的需求不断增大，可能造成水资源短缺，所以人口密度为负向指标；另一方面，随着人均 GDP 和城镇化率的提高，经济发展，科学技术进步，节水技术也跟着进步以及节水观念的进步，也有可能使供水压力得到缓解。由此可见，社会经济发展水平与水资源利用效率密切相关。

与全国水平相比，新疆与河西走廊地区的人口密度低于全国，社会经济发展水平也略低于全国平均水平，但从过去到现在，其社会经济发展也十分迅速。2020 年，新疆的人口密度为 15.6 人/km^2，人均 GDP 为 53272.5 元/人，城镇化率为 56.5%；河西走廊人口密度为 19.6 人/km^2，人均 GDP 为 46981.2 元/人，城镇化率为 54.3%。可以预见，未来西北干旱区的社会经济发展水平将进一步提高。

3. 人类活动用水需求

西北干旱区在经济社会高速发展的同时，各行各业对水资源的需求与日俱增。人类活动用水需求因子，主要归纳了人类活动各方面的用水结构及用水效率，以反映西北干旱区不同地区对水资源的需求程度与节约用水的潜力。

鉴于西北干旱区特殊的地理环境与气候条件，不能将其水资源开发利用率与全国水平及国际警戒线进行简单地比较。但是，从用水投入指标来看，西北干旱区的用水效率仍然存在一定的提升空间。2020 年，西北干旱区万元 GDP 用水量为 361.1m^3/万元，农业灌溉地均用水量为 7830m^3/hm^2，农田灌溉水有效利用系数，新疆为 0.57，河西走廊为 0.588，与世界同类发达地区相比，仍存在一定的提升空间。

4. 生态用水需求

生态需（用）水是一把双刃剑。如果人类不顾及生态需水，过度地挤占生态用水，必然导致生态退化，生态系统的水源涵养功能受损，从而使可利用的水资源越来越少。反过来，在水资源量有限的条件下，如果生态用水过多，也会挤压人类社会经济发展用水需求。因此，人类在利用水资源，发展经济的同时，必须兼顾生态需水，以保持自然生态系统的稳定，保护水资源。可见，生态水供需比，是一个适中效果测度指标。经过研究，我们认为，对于资源性缺水的西北干旱区，比较适宜的生态水供需比为60%～80%。

根据 2000～2020 年《中国水资源公报》、2001～2020 年《新疆维吾尔自治区水资源公报》、2001～2020 年《甘肃省水资源公报》发布的数据，经过比较分析，本报告将上述 4 个状态因子的 12 个具体指标，划分为 5 个等级，1 级表示轻度风险，2 级表示低风险，3 级表示中度风险，4 级表示中高风险，5 级表示高风险。

（二）评估模型与计算

1. 权重的确定

指标权重的确定，在各类综合评价模型中至关重要。在计算指标权重时，以往的计算方法大都是由专家的主观判断决定，且不同的文献中由于评价因素的复杂性以及人为因素的干扰，结果差别很大。本报告采用客观计算和主观判断相结合的方法，计算综合性权重。即：首先用熵权法，对每一个指标数值的差距，进行统计分析，得到客观权重；然后用层次分析法（Saaty，1980）对各评价指标之间的相对重要性，进行比较和主观判断，得到主观权重；最后再计算主观和客观权重的平均值，作为综合权重。具体步骤如下。

（1）首先用熵权法计算指标的客观权重。该方法是一种客观赋权方法，熵值反映的是信息的无序化程度，可以用于度量信息量的大小。如果一个评价指标的原始数据的值差异越大，则该指标所携带的信息量越大，熵值越小，在决策中起的作用也就越大，即权重值越小；反之，数据差异越小，指标携带的信息量也就越小，熵值越大，在决策中起的作用越小，权重值越小。所以，熵权法可以根据评价指标的原始数据构成的矩阵来计算指标权重，消除人为因素的干扰，使结果更客观、更符合实际。

（2）用层次分析法，比较各指标的相对重要性，计算各指标的主观权重。结合西北干旱区水资源特点及水资源利用状况，构建判断矩阵，确定权重。

（3）计算主观和客观权重的平均值，得到各指标的综合性权重。

通过上述三个步骤，计算 12 个具体指标的权重，结果如表 5.8 所示。

表 5.8 水资源利用风险评价指标权重

指标	状态层权重				指标层权重
	0.4002（A）	0.2087（B）	0.3351（C）	0.0561（D）	
A1	0.437				0.1749
A2	0.3208				0.1284
A3	0.2422				0.0969
B1		0.389			0.0812
B2		0.2669			0.0557
B3		0.3441			0.0718
C1			0.3723		0.1247
C2			0.1541		0.0516
C3			0.1641		0.055
C4			0.1544		0.0517
C5			0.1552		0.052
D1				1	0.0561

2. 云模型

云模型，是李德毅院士结合随机性和模糊性，提出的一个在定性概念和定量数值进行不确定性转化的模型（李德毅和刘常昱，2004；李德毅和杜鹢，2005）。其中，相较于概率密度函数和隶属函数，云是由无数个云滴组成的，是一个一对多的数学映射图像，且具有伸缩性和无边界性，和自然中的“云”有很多的共同特点。

本书基于云模型的基本原理，针对每一个评价指标，计算某一风险等级的确定度，从而得到确定度矩阵。计算过程如下：

（1）基于表 5.8，计算云模型特征参数（Ex、En、He）。期望 Ex 是云滴在空间分布中的期望值，它反映了对于这个定性概念来说代表性最强的点。熵 En 既能够反映云滴亦此亦彼的裕度，又能反映云滴的离散程度。超熵 He（=0.01）是对熵的不确定性度量，即 En 的熵，它能反映云滴的凝聚程度。

$$\mathrm{Ex}_{ij}=\left(x_{ij}^{1}+x_{ij}^{2}\right)/2 \tag{5.3}$$

$$\mathrm{En}_{ij}=\left(x_{ij}^{1}-x_{ij}^{2}\right)/2.355 \tag{5.4}$$

式中，x_{ij}^1、x_{ij}^2分别为某一个风险等级区间$\left[x_{ij}^1, x_{ij}^2\right]$的上下限值；He 为云滴的离散程度，根据经验取值。

（2）根据熵 En 和超熵 He，生成正态随机数$\mathrm{En}' = \mathrm{norm}\left(\mathrm{En}, \mathrm{He}^2\right)$，norm()表示正态分布函数。

（3）计算确定度。

$$\mu_i = \mathrm{e}^{-\left(x_i - \mathrm{Ex}\right)^2 / \left(2\mathrm{En}'^2\right)} \tag{5.5}$$

式中，μ_i为各指标数据x_i相对于某一风险等级i的确定度，得到确定度矩阵U，当指标数据超过（低于）1 级（5 级）风险的期望值时，该数据相对于 1 级（5 级）风险的确定度为 1。

（4）基于上述计算获得的综合权重$\omega=[\omega_1, \omega_2, \cdots, \omega_{13}]$（表 5.8）和各评价区域确定度$U$，利用综合确定度$V=\omega^T$计算获得$V=[V_1, V_2, \cdots, V_5]$。结合最大确定度原则，获得水资源利用风险等级。

（5）采用级别特征值法计算样本级别特征值作为风险指数。

$$G_i = \frac{V_i - \min V}{\max V - \min V} \tag{5.6}$$

$$K = \frac{\sum_{i=1}^{s} i g_i}{\sum_{i=1}^{s} g_i} \tag{5.7}$$

式中，i为风险等级；K为风险指数。K的范围为[1，5]，K越高，说明风险程度越高，可持续利用程度越低，相反，K越低，风险程度越低，可持续利用水平越高，该指标可用于分析同一区域水资源利用风险随时间变化的趋势。

二、新疆水资源利用风险分析

基于上述模型，进行计算，可以得出 2001～2020 年新疆水资源利用综合风险指数，如图 5.25 所示。从理论上说，风险指数的范围为[1,5]；风险指数越大，就表示水资源利用风险程度越高。

在图 5.25 中，综合风险指数显示了 2001～2020 年，新疆水资源利用风险程度的变化情况。从中可以看出，2001 年新疆水资源利用的风险程度最高，而 2010 年的风险程度最低。

将综合风险指数和缺水率相比较，可以看出，风险指数的变化趋势与缺水率的变化趋势相似，这说明上述模型的评价结果比较客观地反映了新疆水资源利用风险的程度。

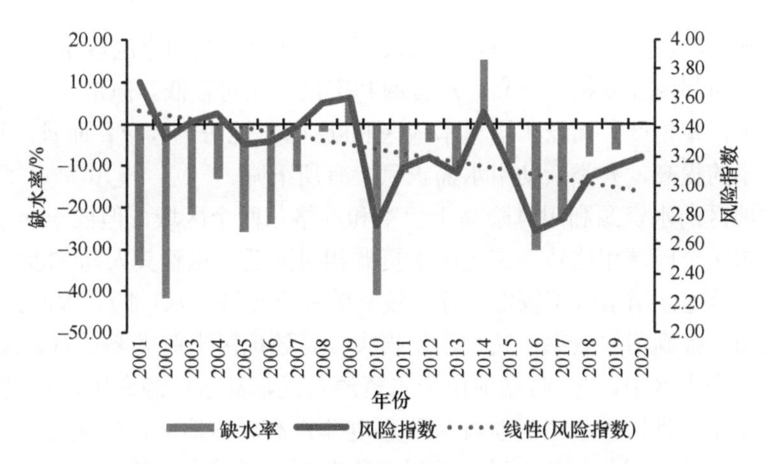

图 5.25　2001～2020 年新疆水资源利用风险指数与缺水率

可以看出，2010 年和 2016 年的风险程度最低，因为 2010 年的水资源总量处于 20 年中的最高水平，水资源总量达到了 1124 亿 m^3，2016 年的水资源较为丰沛的同时，降水量是 20 年的最高值，这几年的风险指数较低。2001 年和 2002 年水资源同样丰沛，且人口更少，所以这两年的人均水资源占有量更高，2002 年达到 5608.9m^3/人。2008 年、2009 年、2014 年和 2018～2020 年的水资源状况风险都相对较高，这几年水资源总量较为紧缺，其中 2014 年水资源总量仅 726.9 亿 m^3，2020 年人均水资源占有量为 3092.7m^3/人，仅为 2002 年的 1/2 左右。2016～2020 年水资源量逐年减少，水资源状况风险程度逐渐增高，也导致综合风险程度不断提高。

从社会经济发展的角度看，新疆一直处于稳定发展的状态，虽然人口密度有所增加，但人均 GDP 和城镇化率也不断提高，风险程度逐年降低，前期较高的风险也导致了 2001～2009 年综合风险程度较高。

人类活动用水需求风险变化幅度较大，主要是因为 2001～2020 年新疆的用水效益稳定提升，但水资源开发利用率和人均生活用水也不断增加。为了减少新疆的水资源利用风险，未来需要继续提高用水效率，同时尽可能减少用水总量，优化用水结构，实现高效用水。

2001～2017 年新疆生态用水供需比不到 10%，2018～2020 年略有提高，为了维持植被生态系统的基本功能，未来还需要增加人工生态补水。

在新疆四个区域中，伊犁地区的水资源利用风险程度最低，尚有开发潜力；准噶尔地区较低；塔里木地区较高，但昆仑山北坡区域有一定潜力；吐–哈盆地最高。伊犁地区水资源条件优越，是四个区域中人均水资源占有量最高的地区，其水资源利用风险为低风险。尽管伊犁河谷的人均生活用水量在 2006～2020 年一直在增加，但综合用水效率一直在提高，人类活动用水需求风险也逐渐减小。虽然说伊犁地区有着优越的水资源，但从未来农业发展的需求来看，仍需进一步改进节水技术，进一步提高用水效率，方能保证水资源利用的零风险。

准噶尔地区，包含乌鲁木齐和克拉玛依两个地级市，是四个区域中经济最发达的地区，水资源集约利用程度相对较高，水资源利用风险相对较低。但是，该地区的水资源状况风险高于伊犁地区，而低于塔里木地区和吐–哈盆地两个区域。而且，近 20 年来，随着用水效率的提高，人类活动用水需求风险有所下降。

塔里木地区的水资源利用风险高于伊犁和准格尔两个区域，但低于吐–哈盆地。与伊犁和准格尔两个区域相比较，该地区水资源相对匮乏。尽管其人均 GDP 和城镇化率较低，但由于该地区用水效率较低，存在较高的社会经济用水风险。因此，加强水资源的集约化利用，提高用水效率，减少用水损失，是该地区当前需要着力解决的问题。

在新疆四个大区中，吐–哈盆地由于水资源贫乏，其水资源利用风险最高。是四个区域中的严重干旱地区，水资源状况风险程度非常高。该地区地广人稀，但人均 GDP 和城镇化率都较高，因此，社会经济发展风险在四个区域中最低。吐–哈盆地的水资源开发利用率几乎达到 100%，在部分年份甚至需要依靠外部调水，人类活动用水需求风险程度较高，但总体上，用水效益在不断提高，所以该风险也逐渐降低。由于吐–哈盆地水资源条件恶劣，提高用水技术，加强节水意识对水资源可持续利用尤为重要。

从整体来看，新疆未来只有进一步提高用水效率，降低损耗，才能避免水资源利用风险，为实现生态安全与经济社会高质量发展提供水资源保障。

二、河西走廊地区水资源利用风险分析

经过计算得到了 2001～2020 年河西走廊地区水资源利用的综合风险指数，将其与缺水率相比较，结果如图 5.26 所示。

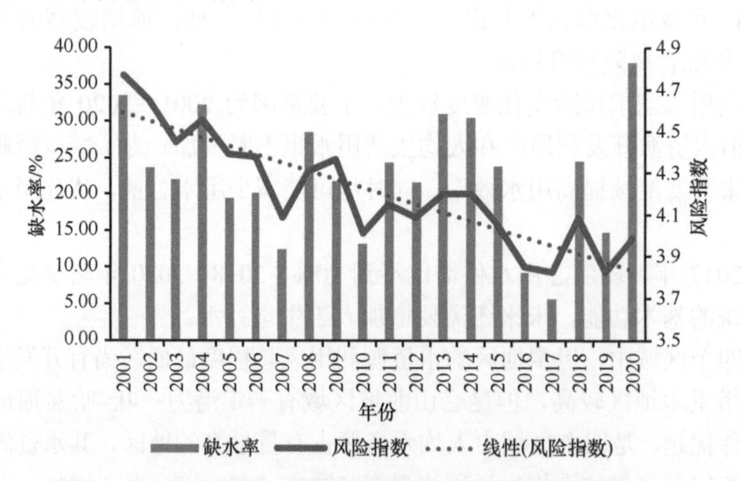

图 5.26　2001～2020 年河西走廊水资源利用风险指数与缺水率

可以看出，河西走廊地区水资源利用的综合风险指数明显高于新疆，这是因为，与新疆相比较，河西走廊的水资源更为紧缺，缺水率较高。进一步比较分析综合风险指数

与缺水率，可以发现，河西走廊地区在 2001～2020 年，尽管缺水率呈现波动变化，但水资源利用的风险综合指数呈明显的下降趋势。

从水资源状况来看，2001～2020 年，河西走廊地区 2020 年的水资源量最少，仅为 47.59m^3，而用水总量为 72.23m^3，用水缺口高达 24.64m^3；2017 年水资源量最多，为 77.74m^3，而用水总量为 73.51m^3，用水量基本得到了保证。另外，2007 年、2010 年和 2016 年，河西走廊地区水资源量也比较多，水资源短缺风险较低，而其他各年份的缺水风险都较高。

从人类社会经济发展视角来看，虽然河西走廊的社会经济水平处于稳定的发展中，经济效益逐步提高，源于社会经济发展的水资源利用风险也在逐步降低；但是其人类活动用水危机十分严峻，用水量超过水资源总量，需要从外部调水，用水效率也较为低下，人类活动用水需求风险程度较高。从总体趋势来看，从过去到现在，河西走廊地区的用水总量逐渐减少，用水效率也逐渐提高，源于社会经济发展的水资源利用风险得到了一定的缓解。

综合来看，近年来，社会经济发展因素、人类活动用水需求因素和生态用水需求因素这三个因子的优化，是河西走廊水资源利用风险程度显著降低的主要原因。2020 年虽然缺水严重，但由于这三个因子维持了较低的风险水平，所以综合的风险程度维持得较好。河西走廊的水资源条件总体上较为匮乏，必须坚持经济发展，提高科学技术，减少水资源浪费，优化用水效益和用水结构，实现水资源可持续利用。

需要强调指出的是，如果按照现状模式发展，那么未来河西走廊的水资源利用风险将不可避免。在未来 30 年，气候变化将进一步增加水资源供给的不确定性，水资源利用风险不可忽视。为此，保持经济发展和生态建设的需求，必须进一步提高用水效率、减少用水总量，同时还要进一步谋划如何从外流域（黄河流域）调水方案。

四、减轻水资源利用风险的对策

上述评价结果表明，如果按照现状模式发展，无论是新疆还是甘肃河西走廊地区，水资源利用风险不可避免。因此，必须从应对气候变化及制度建设、水利工程建设、水资源集约利用、节水技术的研发与推广等方面全方位发力，采取积极的应对措施，以确保其高质量发展，以及粮食、棉花、蔬菜、瓜果等名优特产业优势。

（一）气候变化的适应性对策

由于西北干旱区水资源补给来源单一，均来自山区降水和冰雪融水，而这部分水资源对全球气候变化的响应十分敏感。随着温度的进一步升高，这些受冰雪融水补给为主的河流，会由于冰川退缩和冰川储水量的减少，出现冰川消融拐点，届时，地表可用水资源量出现锐减，或因降水异常的影响而变率增大，加大水资源风险（Li et al.，2020）。

面对气候变化影响下水资源供给的不确定性风险，为了减轻西北干旱区的水资源利用风险，必须采取相应的适应性对策。

1. 加强水利工程建设，积极应对气候变化

西北干旱区现行的水利工程未能考虑气候变化对水资源供给的影响。未来要进一步配套完善现有水利设施，并通过跨流域水利工程的规划与建设，形成一批能够应对气候变化影响的水资源调度工程体系，形成遇旱有水可调、遇涝能排的强有力的水资源调度能力。要从时空统筹的角度，实现西北干旱区水资源的实时监控、统一分析、联合调度和科学管理，要进一步提高水资源调度管理和实时监控能力。

2. 改变传统的水资源利用模式，建设节水型社会

要改变传统的水资源利用模式，建设节水型社会。要通过制度建设，形成以经济手段为主的节水机制。进一步推动经济增长方式的转变，通过经济杠杆大力提高工农业生产和城乡生活等各个领域水的利用率，降低损耗。要推动整个社会走上水资源节约和环境友好的道路，要使水危机的意识深入人心，养成人人爱护水，时时、处处节水的局面。

（二）制度建设与节水对策

从深层来看，导致西北干旱区水资源利用风险（缺水）的原因，既有资源性缺水，也有结构性缺水、管理性缺水、技术性缺水等原因。因此，必须进一步完善水资源管理制度，加强水资源集约利用，大力开发与应用节水技术。

1. 完善水资源管理的法律与制度体系

总体来说，西北干旱区是水资源管理工作还是滞后，需要尽快成立按流域统一的、有权威的水利管理机构，健全各级灌区水管理所（站），统一管理水利工程，协调用水，监督各用水户遵守水法与用水规章制度，实行全流域水资源统一调度。要切实加强用水定额管理，实际工作中需将定额管理与计划用水管理、规划或建设项目评价、重点用水户监控、取水许可审批、延续取水等基础管理工作紧密结合。在水资源管理中，要利用物联网、大数据、云计算等技术，构建水资源利用的立体监测体系；要建立智慧化水资源管理与调配系统，推进水资源管理数字化、智能化和精细化。

2. 加强水资源集约利用

要针对西北干旱区资源性缺水的刚性约束，在“以水定城、以水定地、以水定人、以水定产”的思想指导下，通过政策措施、工程措施、非工程措施和经济措施等的实施，健全水资源集约利用体系。各行各业，要从政策制定、规划，到实施执行、维护、监督监测、反馈、再调整的循环过程（邓铭江，2021），全面贯彻水资源集约利用的思想。要通过宣传、参与或组织相关活动，提高全社会水资源集约利用意识，要从政策的制定者到农民、工人、市民、学生，培养全民水资源集约利用意识。

3. 大力研发与应用节水技术

近年来，推广和应用节水技术，在西北干旱区已经形成共识。但由于在技术设备的研发、推广和应用中还存在诸多问题，由此导致一些先进、高效的节水技术应用，与国内外发达地区存在一定的差距。鉴于这种情况，必须引起国家和相关地方政府的高度重视。要花大力气，因地制宜地开发、推广应用喷灌、滴灌、渗灌和微灌等农田节水灌溉技术，要加强田间灌溉用水管理，降低耗水，提高灌溉水的利用效率。要研发、推广和应用雨水处理和回收利用技术，要普及污水处理技术，进一步研发、推广中水循环利用技术，城市生态绿化要优先使用中水、雨洪水。

第四节　本章小结

本章分析了西北干旱区水资源利用现状及存在的问题；通过多情景动态模拟，解析了水资源供需关系；并从可持续发展的视角分析了水资源利用风险，提出了减轻和规避风险的对策。基本结论如下：

（1）西北干旱区水资源量有限，但开发利用程度高。2020 年新疆的水资源总量为 801 亿 m^3，用水总量为 570.4m^3，水资源开发利用率为 71.21%；而对于河西走廊地区，即使按照 20 年以来水资源量最多的 2017 年计算，其水资源开发利用率也高达 94.56%，开发利用程度已接近极限。

（2）西北干旱区光照充足、日照时间长、夏季热量充足、昼夜温差大、十分有利于作物营养物质积累，由此造就了其独特的农业优势，农业用水所占比例较高。需要强调指出的是，近 10 年来，西北干旱区水资源节约利用成效显著，用水结构不断优化，用水效率不断提高。农业用水比例由 2012 年的 95.84%下降到 2021 年的 90.94%，其中，新疆由 96.72%下降到 91.98%，河西走廊地区由 88.92%下降到 82.55%。农田灌溉亩均用水量，新疆由 2012 年的 642m^3 下降至 2021 年的 545m^3，河西走廊由 676.28m^3 下降至 446m^3；万元 GDP 用水量，新疆由 2012 年的 728m^3 下降至 2021 年的 359.1m^3，河西走廊地区由 441m^3 下降至 252m^3；万元工业增加值用水量，新疆由 2012 年的 39m^3 下降至 2021 年的 23.9m^3，河西走廊地区由 57.35m^3 下降至 29m^3。

（3）如果继续按照传统模式发展，水资源短缺风险不可避免。在未来 30 年，新疆若按传统模式发展，只有丰水年才不会缺水；如果按照平水年情景估算，则在 21 世纪 40 年代后期，会出现缺水；到 2050 年时，缺水率将达到 1.74%；若以枯水年情景估算，2030 年以后将出现缺水，2039 年的缺水率为 9.24%，2040～2050 年的缺水率将高达到 10%～21%。在未来 30 年，河西走廊地区若按传统模式发展，以丰水年情景估算，则从 2033 年开始就会出现缺水，到 2040 年和 2050 年，缺水率将分别达到 4.44%和 10.40%；若以平水年情景估算，2040 年以后，缺水率将达 10%以上，2050 年的缺水率将高达 21%；若以枯水年情景估算，缺水情况将更加严重，到 2030 年、2040 年和 2050 年，缺水率将分别高达 21.22%、27.11%和 30.82%。

（4）降低生产与生活用水定额、提高用水效率并兼顾生态用水需求的改进的发展模式，可以在很大程度上缓解西北干旱区水资源供需矛盾。若按改进的模式发展，在未来 30 年，丰水年和平水年都不会缺水；即使以枯水年情景估算，缺水率也不会超过 4%。河西走廊地区若按照改进的模式发展，在未来 30 年，丰水年不会缺水；若以平水年情景估算，只有在 2030 年以前会出现缺水现象，但缺水率在 4.9%以下，而在 2030 以后就不再缺水；若以枯水年情景估算，尽管会出现缺水现象，但缺水率逐渐下降，到 2050 年时缺水率将下降到 5.5%。

（5）如果按照传统模式发展，未来西北干旱区水资源利用风险将不可避免。实施可持续发展战略，走绿色发展的道路，是其减轻水资源利用风险的必然选择。为了确保西北干旱区高质量发展，发挥粮食、棉花、蔬菜、瓜果等名优特产业优势，必须从应对气候变化及制度建设、水利工程建设、水资源集约利用、节水技术的研发与推广等方面全方位发力，采取积极的应对措施。一是要进一步配套完善现有的水利设施，并通过跨流域水利工程的规划与建设，形成一批能够应对气候变化影响的水资源调度工程体系，形成遇旱有水可调、遇涝能排的强有力的水资源调度能力。二是要进一步完善水资源管理的法律与制度体系，加强水资源集约利用，大力研发、推广应用节水技术。三是要改变传统的水资源利用模式，全面建设节水型社会。

参 考 文 献

拜振英. 2015. 河西内陆河流域水资源开发利用现状及合理利用途径探讨. 甘肃水利水电技术, 51(1): 1-3.

陈亚宁, 郝兴明, 李卫红, 等. 2008. 干旱区内陆河流域的生态安全与生态需水量研究——兼谈塔里木河生态需水量问题. 地球科学进展, 23(7): 732-738.

陈亚宁, 李玉朋, 李稚, 等. 2022. 全球气候变化对干旱区影响分析. 地球科学进展. 37(2): 111-119.

陈亚宁, 杨青, 罗毅, 等. 2012. 西北干旱区水资源问题研究思考. 干旱区地理, 35(1): 1-9.

邓铭江. 2018. 破解内陆干旱区水资源紧缺问题的关键举措——新疆干旱区水问题发展趋势与调控策略. 中国水利, (6): 14-17.

邓铭江. 2021. 旱区水资源集约利用内涵探析. 中国水利, (14): 8-11, 14.

冯起, 司建华, 席海洋, 等. 2015. 黑河下游生态水需求与生态水量调控. 北京: 科学出版社.

姜秋香, 周智美, 王子龙, 等. 2017. 基于水土资源耦合的水资源短缺风险评价及优化. 农业工程学报, 33(12): 136-143.

李德毅, 杜鹢. 2005. 不确定性人工智能. 北京: 国防工业出版社.

李德毅, 刘常昱. 2004. 论正态云模型的普适性. 中国工程科学, 6(8): 30-32.

李林汉, 田卫民, 岳一飞. 2018.基于层次分析法的京津冀地区水资源承载能力评价. 科学技术与工程, 18(24): 139-148.

孙帆, 王弋, 陈亚宁. 2020. 塔里木盆地荒漠–绿洲过渡带动态变化及其影响因素. 生态学杂志, 39 (10): 3397-3407.

岳东霞, 陈冠光, 朱敏翔, 等. 2019. 近 20 年疏勒河流域生态承载力和生态需水研究. 生态学报, 39(14):

5178-5187.
张中旺, 常国瑞. 2016. 中线调水后汉江生态经济带水资源短缺风险评价. 人民长江, 47(6): 16-21.
左其亭, 张云, 林平. 2008. 人水和谐评价指标及量化方法研究. 水利学报, (4): 440-447.
Allen R G. 1998. Crop Evapotranspiration-Guideline for computing crop water requirements. Irrigation and Drainage, 56: 300.
Forrester J W. 1971. World dynamics. Cambridge: Wright-Allen Press.
Forrester J W. 1994. System dynamics, systems thinking, and soft OR. System Dynamics Review, 10(2-3): 245-256.
Li Z, Chen Y N, Wang Y, et al. 2016. Drought promoted the disappearance of civilizations along the ancient Silk Road. Environmental Earth Sciences, 75: 1116.
Li Z, Fang G H, Chen Y N, et al. 2020. Agricultural water demands in Central Asia under 1.5℃ and 2.0℃ global warming. Agricultural Water Management, 231: 106020.
Saaty T L. 1980. The analytic hierarchy process. Landon: Mc Graw-Hill Company.

第六章

西北干旱区绿洲农业用水安全分析

西北干旱区是我国重要的粮食、棉花和优质果蔬的主产区。但由于降水稀少，农业主要依赖于灌溉。在气候变化、人口增长和社会经济发展的背景下，农业用水引发了区域水资源供需矛盾等问题，影响了区域农业进一步增产提质。因此，针对西北干旱区绿洲农业用水演变及高效利用对策和调控途径的研究对于该区域水资源的可持续利用及农业的高效发展具有重要意义。

本章从区域农业生产发展、农业灌溉发展和农业用水效率变化等方面，分析了西北干旱区农业生产和农业用水的演变过程，利用模型模拟的方法，定量分析区域农业水资源供需的变化特征。研究结果显示，在过去的10年间，西北干旱区农业生产发展迅速，节水灌溉面积不断扩大，农业水生产效率显著提高。

第一节　西北干旱区农业生产与农业用水的演变过程

一、西北干旱区农业生产发展概况

原始的种植业是我国农耕文化的起点，农业让人类成功定居下来，中华文化也由此真正开始形成。中华民族的发展一直伴随着农业的发展。农业与中华民族一样，创造了光辉的篇章，是中国长久繁荣昌盛、处于世界前列的基础。西北干旱区自然条件虽有其严酷一面，风沙频发、冷热骤变、干燥少雨，但冰川资源量大、地下水资源相对丰富、光热资源丰富，具有良好的农业生产优势。

西北干旱区的农业生产历史最早可追溯到距今六七千年的新石器时代。20世纪70年代，新疆和河西走廊等地区出土了新石器时代的石刀、石锄等农具，在一些遗址中还发现了小麦籽粒，是中国迄今最早的栽培小麦遗存之一。西汉时期，西北干旱区农业得到大规模开发，汉朝在河套和河西走廊设立武威、酒泉、张掖、敦煌四郡，把中原农区和天山以南的农区连接起来，并实行耕战、移民戍边、鼓励屯垦耕田、兴修水利等政策。魏晋南北朝，因中原战乱大量汉人流入高昌等西域诸国，引水灌田，在种植大麦、小麦和瓜果的同时，还在当地种植水稻，并开始生产棉花。河西地区农耕民族与游牧民族交替入驻，土地开垦相对较少。唐宋时期，在中原日益繁荣的经济带动下，新疆地区各民族的农耕生产也进一步发展。原从事游牧业的民族，有的逐步走向半耕半牧，有的则转向定居，促进了以种植业为主的农业生产系统的发展。伊犁河、开都河、叶尔羌河等内陆河地区有许多农田和村庄，形成了优美的绿洲。河西走廊的农业发展也达到历史顶峰，如天宝八年（749年），朝廷采收河西粮37万余石，占全国总籴粮额1/3，于是有“天下富庶者无如陇右”之说。元明清时期，西北干旱区农耕经济在经济活动中的比例进一步增加，新疆已出现完全转化为以农耕为主体的民族。同时，水利设施也随之发展。康熙四十五年（1706年），河西肃州一地已有坝渠60处，分渠数百道；宣统三年（1911年），新疆共有干渠944条，支渠2303条，灌溉农田1119万亩。

1949～1976年，数十万转业官兵、荣军战士、内地青年、城市知青、干部和科技人员，奔赴祖国边疆各地，投身农垦事业，边开荒，边生产，边积累，边建设。经过半个多世纪的艰苦创业，农垦事业得到快速发展。在新疆天山南北和甘肃河西走廊，戈壁荒漠变成了郁郁绿洲。1979年党的十一届四中全会通过了《中共中央关于加快农业发展若干问题的决定》，西北干旱区农业调整以往单一的种植结构，扩大经济作物种植比例，并使农副产品向基地化、规模化和商品化发展。1982年，国家进一步提出"兴河西之利，济中部之贫"的方针。1990年，国家对新疆生产建设兵团（以下简称"兵团"）国民经济和社会发展实行计划单列，为兵团经济发展创造了良好的外部环境（任继周，2019）。

20世纪80年代以来，西北干旱区农业呈现飞速发展之势，耕地面积、种植面积和产量迅速增加。耕地面积由20世纪80年代末的7850万亩增加到了2010年的9127万亩，近10年，耕地面积不断扩大，由2012年的10695万亩增加到了2021年的12320万亩。播种面积由20世纪80年代末的5294万亩增加到了2010年的8271万亩，到2020年，增加至10950万亩，占我国农作物总播种面积的6.25%。其中，新疆农作物播种面积占西北干旱区总播种面积的83%以上。近30年，新疆播种面积呈现出持续增加趋势，由1989年的4403万亩增加到了2020年的9425万亩。

西北干旱区农作物以小麦、玉米、棉花、油料、甜菜及蔬菜为主，六种主要作物播种面积占到了总播种面积的80%以上。六种主要作物的播种总面积由20世纪80年代末的4185万亩增加到了2010年的6437万亩，到2020年，增加至8552万亩。其中，播种面积增加速度最快的作物类型为棉花，由1989年的551万亩增至2020年的3753万亩，增加速率达103万亩/a。到2020年，棉花成为播种面积最大的作物，在六种主要作物中的占比由1989年的13.15%增至2020年的43.88%。小麦的播种面积在2003年之前呈显著减少趋势，由1989年的2216万亩减少到了2003年的1134万亩；2003年之后，显著增加，到2020年增加至1778万亩；但小麦在六种主要作物播种面积的占比明显减少，由1989年的52.89%下降到了2020年的20.79%。玉米播种面积在近30年显著增加，增速为47万亩/a，占比由17.52%增加至22.81%。油料播种面积由1989年的489万亩增加到2010年的512万亩，随后有所减少，到2020年减少到317万亩，占比从1989年的11.67%降至2020年的3.70%。甜菜播种面积，1989年为83万亩，2010年为113万亩，2020年减少至93万亩，占比由1.97%降至1.09%。蔬菜的种植面积不断增加，由1989年的111万亩增至2020年的662万亩，占比由2.80%增加至7.73%（图6.1）。在经济利益的驱动及农业机械化推广的影响下，1989～2020年，西北干旱区作物种植结构发生了很大变化。棉花的种植比例由13.15%增加到了43.88%，小麦的种植比例则由52.89%下降至20.79%（图6.1）。

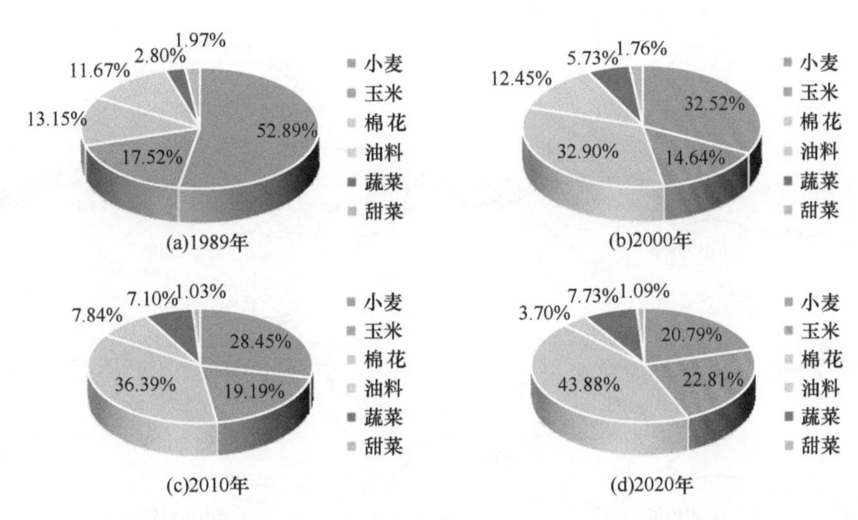

图 6.1　西北干旱区主要农作物结构变化（1989～2020 年）

从作物的区域占比来看，1989～2017 年，新疆六种主要作物的播种面积占到西北干旱区六种作物播种面积的 83%～87%，河西地区占比 13%～17%。新疆粮食作物小麦和玉米的总播种面积从 1989 年的 2436 万亩增加到了 2020 年的 3180 万亩。其中，小麦在六种作物播种面积的占比由 1989 年的 40%降至 2020 年的 17%，播种面积在 2003 年之前呈显著减少趋势，由 1989 年的 1785 万亩减少到了 2003 年的 939 万亩；2003 年之后，又呈现快速增加的趋势，到 2020 年增至 1604 万亩。玉米播种面积在近 30 年间呈显著增加趋势，增速为 28 万亩/a，但种植面积的占比变化不大，一直维持在 15%～22%之间。由于新疆棉花的优良品质和较高的经济产值，棉花在新疆的种植面积迅速增加，到 2020 年末达 3752 万亩，成为新疆播种面积最大的作物，种植面积占全国棉花总种植面积的 78.9%，以新疆天山北坡以及塔里木盆地边缘绿洲一带增加最为明显，奎屯、石河子以及阿克苏等地棉花播种面积占到了当地总播种面积的一半以上。同时，新疆甜菜、蔬菜播种面积也呈增加趋势，油料作物面积显著减少。河西走廊玉米、蔬菜播种面积显著增加，小麦以及油料呈减少趋势，在酒泉、武威等地蔬菜种植面积占比逐渐增大，甚至超过小麦（图 6.2）。

伴随种植规模的扩大、作物品质的提升以及水肥利用效率的提高，西北干旱区农作物总产量呈现显著增加趋势，总产量由 1989 年的 1249 万 t 增加到了 2010 年的 5138 万 t，到 2020 年增至 6178 万 t，比 1989 年增加了 3.9 倍。其中，粮食作物产量从 1989 年的 827 万 t 增加到 2010 年的 1449 万 t，到 2020 年，增加至 1940 万 t。六种主要作物中，小麦 2020 年的播种面积与 80 年代相近，产量却增加了 1 倍。玉米产量增加 6 倍、棉花产量增加近 18 倍，占全国棉花总产量的 87.30%，蔬菜产量增加 12 倍，甜菜产量增加 3 倍，油料产量有所减少。

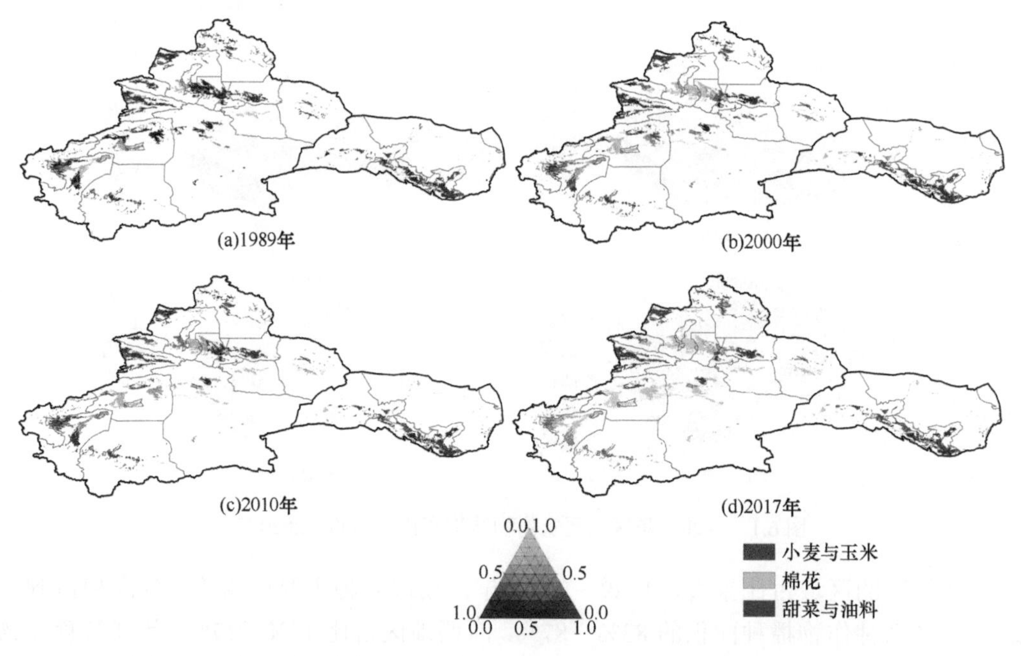

图 6.2 西北干旱区农作物播种面积的空间分布及其变化（1989～2017 年）

二、灌溉农业发展与用水效率

西北干旱区农业是以灌溉农业为特色的绿洲农业类型，经历了大水漫灌、沟畦灌、膜上灌、膜下滴灌等发展阶段。从汉代开始，西北地区就开始通过修筑水渠等水利设施改变地表水资源分布，进行农业灌溉。渠道防渗技术也首先出现于西北干旱地区。除采取开渠引地表河水灌溉农田的方法外，还在降水量最少的吐鲁番等地开凿独特的坎儿井，引取地下潜水。坎儿井自流引水，可不用动力，水量稳定、水质好；同时，坎儿井还具有地下引水蒸发损失少、风沙危害少、施工工具简单、技术要求不高、管理费用低等优点，便于个体农户分散经营，深受当地人民喜爱，为地方经济社会发展发挥了重要作用。2013 年仅吐鲁番地区饮水安全工程将坎儿井作为水源工程，受益人口就有 5 万余人，控制灌溉面积达 13.6 万亩。但随着地下水位的下降及管理不到位，坎儿井的数量急剧减少。利用沟灌、畦灌等方式的自流灌区的灌溉水利用效率较低，2010 年新疆这些自流灌区的平均灌溉水利用系数为 0.368，其中，南疆为 0.341，北疆为 0.409。东疆由于坎儿井的灌溉水利用效率较高，灌溉水利用系数可达 0.456（阿依努尔·米吉提，2019）。

20 世纪 80 年代末，兵团首创的膜上灌技术（膜上灌是利用地膜栽培，在灌溉地灌水时，通过水在地膜上的流动过程中，利用其自身的重力，从放苗孔或膜缝慢慢地流到作物根部土层，进行局部浸润灌溉，防止土壤无效渗漏，以满足作物各生育期最优需水要求的节水灌溉技术）开始推广。1989 年，全疆推广膜上灌 12 万亩，收到了良好的节水效益和经济效益，之后面积逐年增加。到 1992 年，全疆膜上灌面积发展到 200 万亩。

之后，新疆开始引进低压管道灌溉、喷微灌等高效节水灌溉技术，至“十五”期间基本形成了以膜下滴灌技术为主的田间高效节水建设模式（张娜，2018）。膜下滴灌技术是一种结合了以色列局部浸润滴灌技术和国内作物覆膜栽培技术优点的新型节水灌溉技术，属于局部灌溉技术，两者的有效结合使得膜下滴灌技术在节水增产、减少地表水的深层渗漏的同时还能够保墒增温、减少作物棵间的无效蒸发。据统计，膜下滴灌较传统地面灌溉可节约用水量的7/8，较喷灌可节水1/2，较普通滴灌节水30%，大幅度提高了作物水分利用效率；同时膜下滴灌技术还能够有效地改善农田小气候，促进土壤水、气、热、肥协调运移。据研究，膜下滴灌技术能够降低作物根区土壤的盐分浓度，形成淡化的脱盐区，防止土壤次生盐碱化。

“十二五”期间，国家将微灌作为西北地区重点节水灌溉技术进行推广，取得了显著效果（蔺宝军等，2019）。北疆是新疆最早发展滴灌技术的区域，渠道防渗率及灌溉水平均较高。大部分地区已经由粗放式的大水漫灌方式向高科技的节水灌溉方式转变，采用地下管道灌溉、喷灌、膜下滴灌等先进的节水灌溉技术。同时，防渗渠道的维护、更新工作也逐渐完善。部分灌区已实现滴灌的自动化控制与信息化管理，并带动全疆智能滴灌技术推广应用。一系列举措使得灌溉水利用效率显著提高，2010年，北疆低压管道灌溉的灌溉水利用系数可达0.810，喷灌为0.825，微灌为0.865；南疆低压管道灌溉、喷灌、微灌的灌溉水利用系数分别为0.785，0.786，0.835（阿依努尔·米吉提，2019）。党的十八大以来，水利工程设施不断完善，灌溉定额降低，灌溉保证率显著提高，灌溉面积由2012年的8721万亩增加到了2021年的11412万亩。新的节水灌溉技术的投入使用大幅提高了区域灌溉水利用效率，新疆和河西地区灌溉水有效利用系数分别由2012年的0.480和0.520提高到了2021年的0.575和0.588。近年来随着国家政策的推广，各地方政府都已经认识到发展节水农业的重要性，在逐步增加农业节水方面的投资。根据双控方案的目标，2030年，新疆灌溉水利用系数将提高到0.590。

随着国家最严格水资源管理制度的实施，节水灌溉技术大面积推广应用，大幅提高了区域的节水效率，而节水技术的普及应用对于提高区域整体的灌溉水利用效率非常重要。新疆节水灌溉面积从2012年的3890万亩增加到了2021年的4589万亩。14个地州中，塔城地区节水灌溉面积最大，为703万亩，其次为阿克苏地区和昌吉回族自治州，分别为654万亩和653万亩。全疆高效节水灌溉面积为4000万亩，占水浇地总面积的39.1%。高效节水灌溉面积中，滴灌占95.36%，喷灌占1.37%，低压管道灌占3.27%。南疆和北疆、东疆高效节水发展差异也较大。其中，北疆和东疆高效节水灌溉面积占全疆高效节水面积的61.7%，南疆占38.3%。

河西地区农业高效节水技术引进推广较晚，但发展较快。河西地区节水灌溉面积由2000年的565万亩增加到了2012年的671万亩，到2021年，增至988万亩，其中，微灌面积达354万亩，低压管灌242万亩，渠道防渗202万亩，其他节水面积175万亩，喷滴灌面积15余万亩。张掖节水灌溉面积最大，为315万亩，酒泉293万亩，武威市278万亩，金昌88万亩，嘉峪关14万亩。

第二节　西北干旱区农业水资源供需变化

党的十八大以来，滴灌等高效节水灌溉面积增加迅速，农业用水效率有很大程度提高。通过构建区域农业需水模型，对西北干旱区 1989～2017 年农业需水状况进行模拟重建，分析西北干旱区农业水资源供需的时空变化特征，明确农业供需水变化的影响因素，为西北干旱区未来农业高效用水策略的制定提供基础。

一、农业需水模型的构建

基于 Penman-Monteith 公式，引入有效降水量、灌溉水利用系数等要素，构建了作物灌溉需水模型。模型利用气象要素估算参考作物蒸散量，利用作物系数法估算主要作物类型的作物需水量，结合有效降水量和作物种植面积来估算区域不同作物的灌溉需水量，灌溉水利用系数可以反映不同灌溉方式和不同节水技术下的水分利用效率。具体公式如下：

$$\mathrm{IWR}_i = S_i \cdot (\mathrm{CWR}_i - P_\mathrm{e})/I_\mathrm{c} \cdot 10^{-3} \tag{6.1}$$

式中，IWR_i 是第 i 种作物的灌溉需水量，$\mathrm{m^3}$；S_i 为该作物的播种面积，$\mathrm{m^2}$；CWR_i 为某地区第 i 种作物的需水量，mm；P_e 为有效降水量，mm；I_c 为灌溉水利用系数。其中，作物需水量 CWR_i 的计算公式如下：

$$\mathrm{CWR}_i = K_\mathrm{c} \cdot \mathrm{ET}_0 \tag{6.2}$$

式中，ET_0 为参考作物蒸散量，mm/d；K_c 为作物系数，主要作物不同生育期的作物系数利用《北方地区主要农作物灌溉用水定额》中的 FAO 分段单值平均法来计算（刘钰，2004）。参考作物蒸散量 ET_0 的计算公式如下：

$$\mathrm{ET}_0 = \frac{0.408\Delta(R_\mathrm{n} - G) + \gamma \dfrac{900}{T+273} u_2 (e_\mathrm{s} - e_\mathrm{a})}{\Delta + \gamma(1 + 0.34u_2)} \tag{6.3}$$

式中，R_n 为作物表层净辐射，MJ/（$\mathrm{m^2 \cdot d}$）；G 为土壤热通量 MJ/（$\mathrm{m^2 \cdot d}$）；u_2 为 2m 高度 24h 内的平均风速，m/s；e_s 为饱和水汽压，kPa；e_a 为实际水汽压，kPa；Δ 为饱和水汽压曲线斜率，kPa/℃；γ 为干湿表常数，kPa/℃（Er-Raki et al.，2007）。

有效降水量 P_e 的计算公式如下：

$$P_\mathrm{e} = P \times \delta \tag{6.4}$$

式中，P_e 为有效降水量；P 为降水量；δ 为降雨有效利用系数，此处取值 0.52（徐小波等，2010）。

利用以上方法计算西北干旱区各气象站点的作物灌溉需水量，根据各气象站点所在的地理位置，以西北干旱区水资源二级区划边界为底图，对各个子流域分别建立泰森多边形，用多边形内所包含的唯一的气象站点代表整个区域内的作物需水量（朱求安和张万昌，2005；朱求安等，2005；杨玮和韦宏鹄，2006），从而得到西北干旱区农作物灌溉需水量的空间分布。采用的数据包括西北干旱区 77 个气象站点的气温、降水量、风速、日照时数和相对湿度的日值数据，来源于各省、市和地区统计年鉴的各县市耕地面积、灌溉面积及农作物播种面积，以及 1km 分辨率的土地利用数据。并利用土地利用数据中的农田分布及各县市不同作物的播种面积，完成了西北干旱区不同年份主要农作物类型播种面积的空间化（图 6.1）。

二、西北干旱区农业需水时空变化

（一）作物需水量的时空变化

作物需水量 ET_c 反映了作物的需水强度，即单位面积的需水量。西北干旱区农作物主要以粮食作物小麦、玉米，经济作物棉花、油料和甜菜为主，五种作物播种面积占到了总面积的 80%以上。其中，甜菜的作物需水量最高，平均值为 710mm，其次为棉花，平均值为 670mm，作物需水量最低的作物是油料，平均值为 352mm。五种作物的年均作物需水量的空间分布如图 6.3 所示。作物需水量较高的地区主要位于阿拉善盟以及南疆东部部分地区，而阿尔泰山北部、伊犁河谷及河西走廊边缘地区由于较高的降水量增加了农田相对湿度，改善了区域小气候，从而减少了作物蒸散发，导致这些地区作物需水量小于其他地区。就各个作物的 ET_c 而言，玉米 ET_c 空间差异比较明显，北疆、南疆、河西存在显著的差异，表现为河西＞北疆＞南疆。这主要是由于北疆和河西地区以春玉米为主，南疆以夏玉米为主，春玉米的生育期较长，ET_c 较大。在 1989～2017 年，五种主要农作物年需水量呈增加趋势，尤其以油料和甜菜需水量的增加趋势最为明显。自 1989 年以来，西北干旱区气温升高、参考作物蒸散量的增加导致西北干旱区主要作物需水量增加。其中，北疆农作物需水量增加趋势要明显小于南疆以及河西走廊地区，这主要是因为北疆地区年参考作物蒸散量变化并不大，使得该地区作物需水量变化不明显。

新疆的作物播种面积占到西北干旱区总播种面积的 83%以上，这里重点分析了 1989～2017 年新疆作物需水量的时空变化。除了西北干旱区主要的 5 种作物类型，1989～2017 年，新疆还增加了辣椒、番茄等特色作物的种植。一些优质的特色作物的种植，用水量较少，但收益明显增加。这里重点分析新疆七种作物需水量的时空变化特征。1989～2017 年，年均 ET_c 由大到小依次为：辣椒、甜菜、棉花、玉米、小麦、番茄和油料。其中辣椒、甜菜和棉花的年均作物需水达 700mm 以上，而油料作物需水量最小，为 380mm。通过对 1989～2017 年各作物 ET_c 的 M-K 趋势检验发现，新疆小麦、玉米、棉花、油料和甜菜五种主要农作物年需水量均呈显著增加趋势（表 6.1）。从影响 ET_c 变化的因素来看，由于气候变暖，1989～2017 年新疆气温升高，参考作物蒸散量的增加是导致主要作物需水强度增加的主要因素。

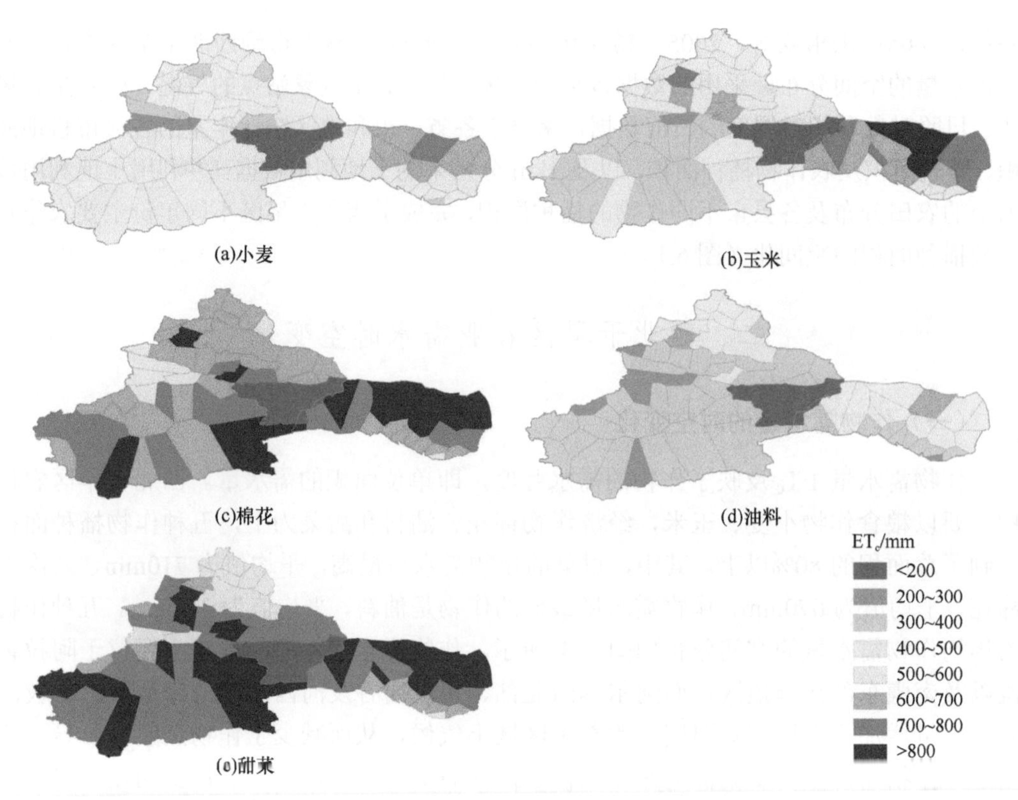

图 6.3　西北干旱区主要作物需水量 ET_c 空间分布

表 6.1　新疆多年平均作物需水量 ET_c 及其趋势检验（1989～2017 年）　（单位：mm）

作物	北疆		南疆		东疆		新疆	
	ET_c	M-K 检验	ET_c	M-K 检验	ET_c	M-K 检验	ET_c	M-K 检验
小麦	464	1.688	527	4.202**	552	1.613	451	3.189**
玉米	536	3.339*	442	1.988**	654	3.452**	482	2.889**
棉花	640	3.414**	708	2.026*	831	3.301**	701	4.089**
油料	272	1.838	405	3.527**	452	3.677**	380	3.264**
甜菜	732	2.214*	776	2.814**	827	0.266	722	2.814**
番茄	415	1.732	419	2.969**	500	1.732	416	0.495
辣椒	623	2.227*	738	1.980*	860	1.980*	724	0.990

*通过了信度 95%的显著性检验。
**通过了信度 99%的显著性检验。

由于新疆各区域地理和气候特征的差异，作物需水量（ET_c）在空间分布上也存在明显的差异（图 6.4）。ET_c 较高的地区主要位于南疆东部和东疆，北疆的伊犁河谷和阿尔泰山北部作物需水量小于其他区域。在靠近山区的绿洲区域，作物需水量也相对较低，尤其是在北疆北部的塔城、阿勒泰地区比较低。就不同种作物的需水强度而言，玉米需水强度的空间差异比较明显，北疆、南疆、东疆存在显著的差异，表现为东疆＞北疆＞南疆。这主要是由于春、夏玉米生育特征以及各地区生育期内气候环境存在差异所致。北疆以春玉米为主，而春玉米生育期较夏玉米要长 50 天左右，北疆、南疆、东疆玉米全生育期需水量分别为 536mm、442mm、654mm。除了玉米，棉花、甜菜和辣椒的空间差异也比较大。

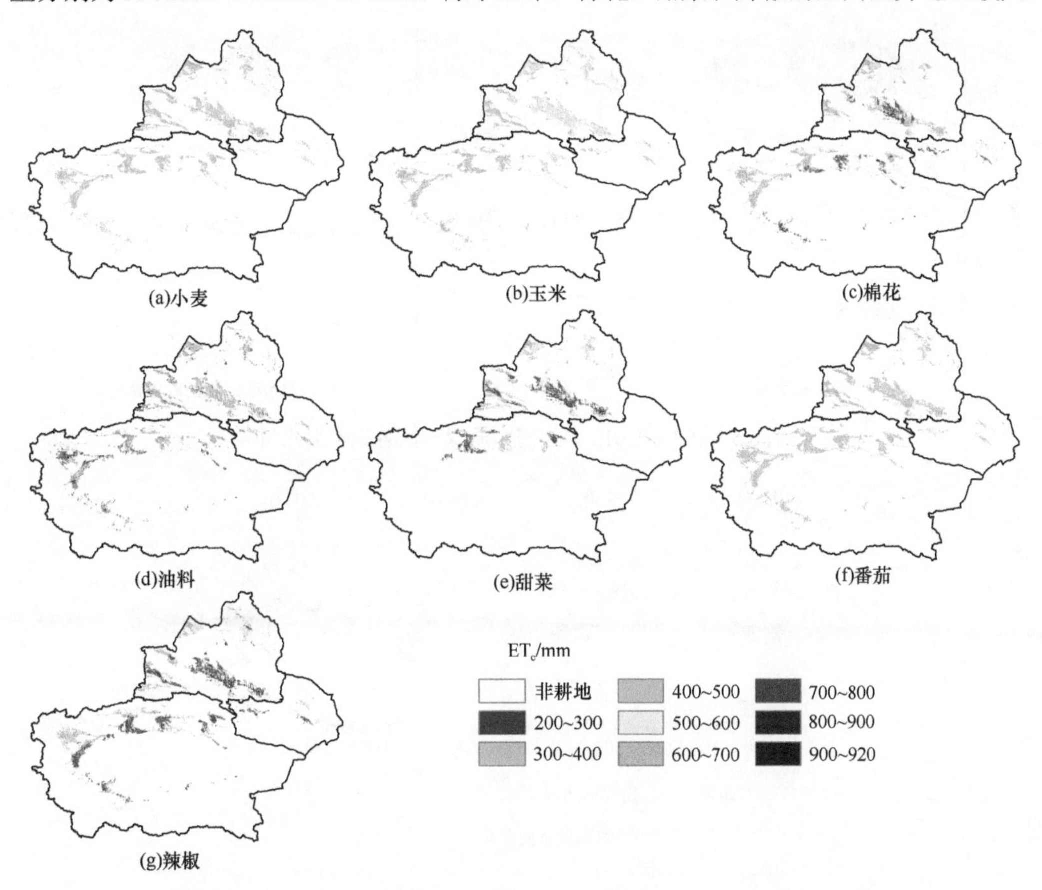

图 6.4　新疆主要作物年均作物需水量 ET_c 空间分布（1989～2017 年）

黑河中游绿洲是河西地区典型的绿洲农业区。1989～2013 年，黑河中游绿洲作物需水量也呈现显著增加趋势［图 6.5（a）］，从 1986 年的 8.38 亿 m^3 增加到 2013 年的 14.71 亿 m^3，增加速率约为 0.28 亿 m^3/a。不考虑面积变化的影响，单位面积的作物需水量在气候变化与种植结构调整的影响下依然呈现显著增加趋势［图 6.5（b）］。1986～2013 年，作物年需水量从 519.15mm 增至 624.94mm。黑河中游绿洲区主要农作物为春玉米、蔬菜与春小麦。20 世纪八九十年代，这三种作物占据了耕地面积的 83%，进入 21 世纪后，其比例超过了 90%。其中，春玉米、蔬菜生育期内单位面积需水量较大，多年平均需水量分别为 571.47mm 与 728.85mm，春小麦需水量次之，多年平均需水量为 413.75mm。近 30 年，随着农作物种植结构的调整，玉米、蔬菜种植比例增加，小麦种植比例减小，导致单位面积作物需水量显著增加。棉花、薯类、油料、甜菜占耕地面积比例较小，其面积变化对单位面积作物需水量的影响不大，多年平均单位面积需水量分别为 707.84mm、584.22mm、482.77mm 与 715.69mm。黑河中游绿洲主要沿河流分布，农田需水量占据绿洲需水量的 90%以上。随着耕地面积的扩大，需水范围扩大［图 6.6（a)]，需水强度也明显增大［图 6.6（b)]。

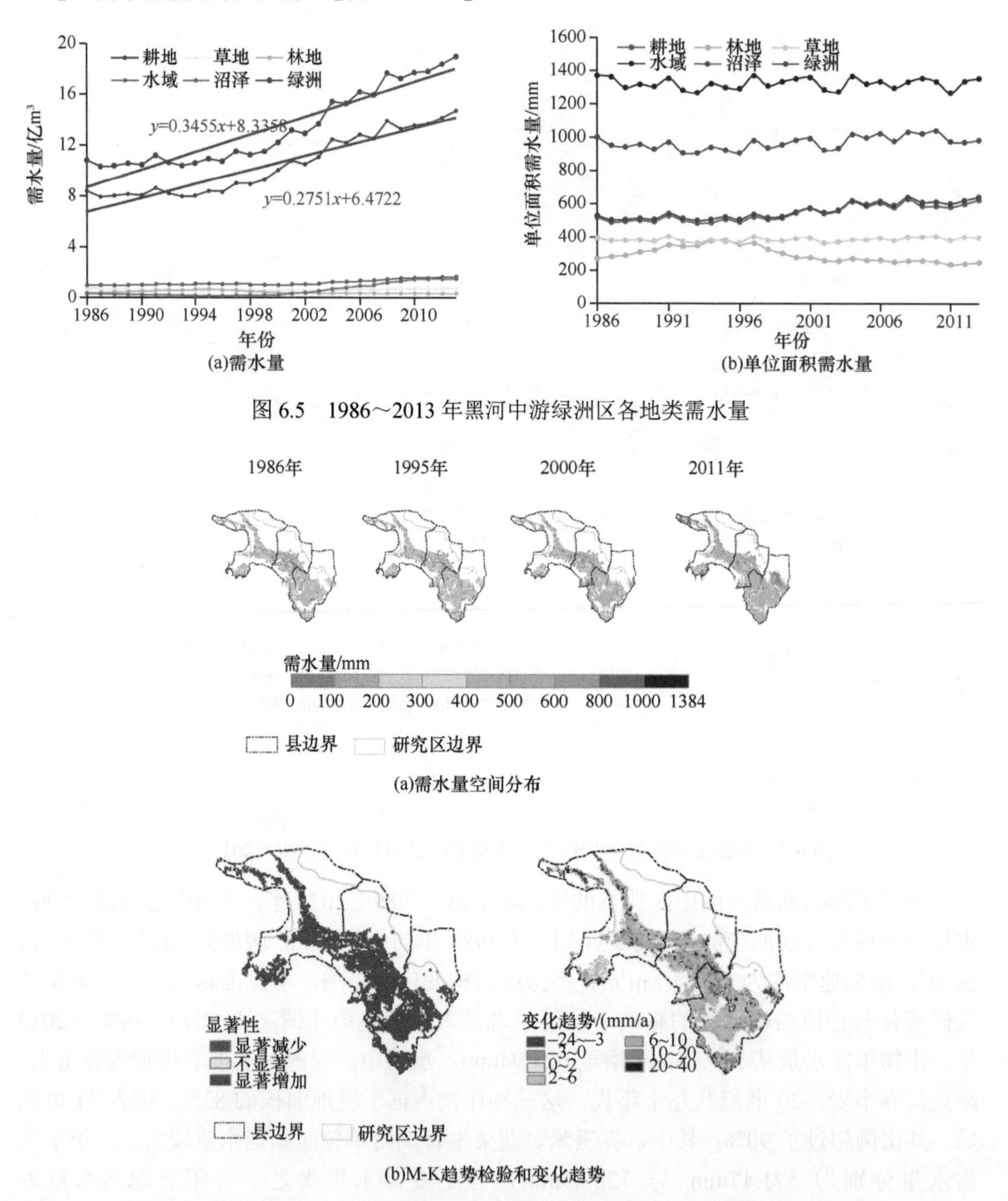

图 6.5 1986～2013 年黑河中游绿洲区各地类需水量

图 6.6 黑河中游绿洲区 1986 年、1995 年、2000 年、2011 年需水量空间分布图（1km×1km）及 1986～2013 年绿洲需水量 M-K 趋势检验和变化趋势分布图

（二）灌溉需水量的时空变化

西北干旱区灌溉需水量由1989年的280亿 m^3 增加到了2017年的601亿 m^3，其中，最高值为2014年的710亿 m^3（图6.7）。党的十八大以来，国家最严格水资源制度的实施，农业用水效率提高，在2014年之后，农业灌溉需水量显著减少。从1989～2017年的变化来看，2017年北疆、南疆和河西分别比1989年增加了90亿 m^3、188亿 m^3 和41亿 m^3，东疆变化不大。灌溉需水量较高的地区主要集中在奎屯、石河子以及阿克苏等地，而这些地区，棉花播种面积占到了当地总播种面积的一半以上。而灌溉需水量增加明显的地方主要是天山南北绿洲以及南疆喀什等地区，如图6.8所示。河西地区主要以粮食作物

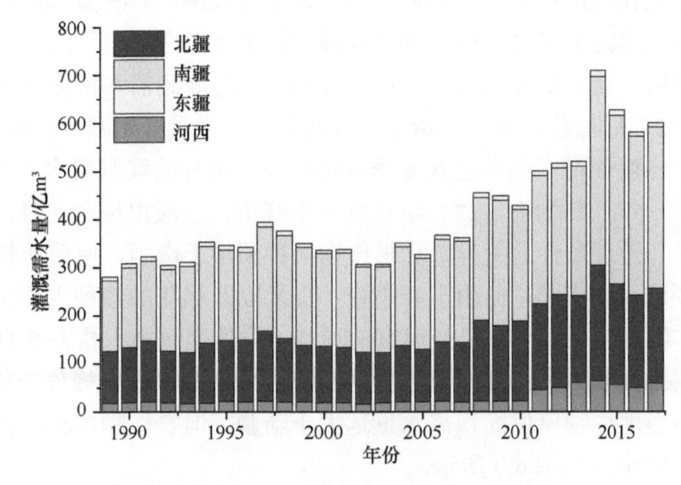

图6.7　西北干旱区灌溉需水量多年变化

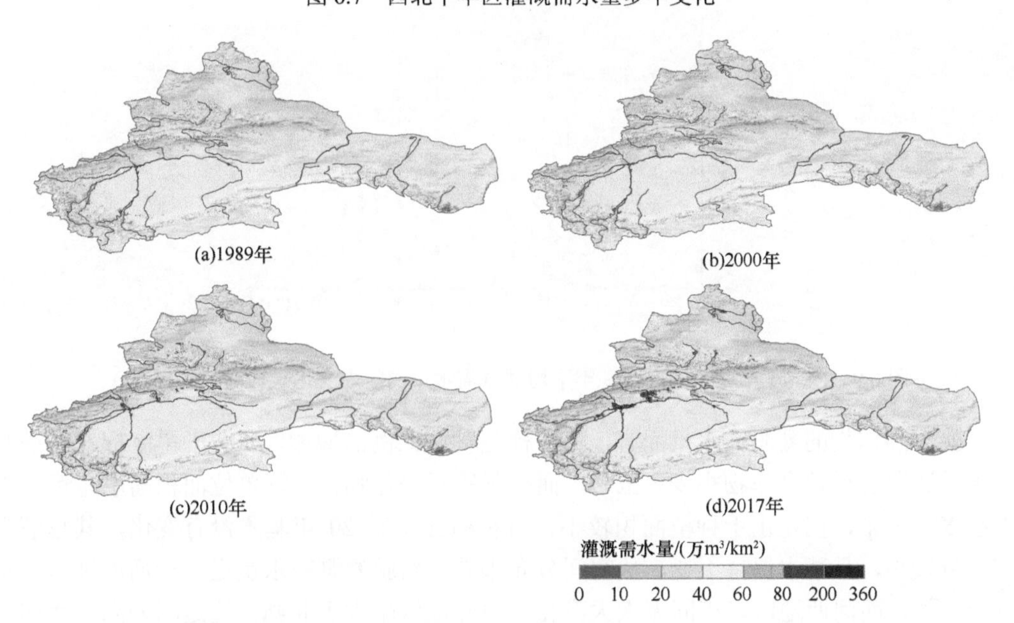

图6.8　西北干旱区1989年、2000年、2010年和2017年灌溉需水量的时空变化

为主，作物单位面积需水量较小，且播种面积较小，因此灌溉需水量也较低。河西走廊东部以及伊犁地区，尽管当地作物播种面积也较大，但由于气候相对湿润，农田蒸散发相对较小，加上当地降雨对灌溉的补给，使得这些地区灌溉需水量要小于其他灌溉区。

整体来看，西北干旱区灌溉需水量季节分配不均，需水高峰主要集中在夏季，且不同区域灌溉需水量的年内分布具有明显的差异。从不同区域多年平均灌溉需水量的年内变化来看（图 6.9），南疆地区灌溉需水量的年内分布有一个近似双峰的表现，在 8 月达到最大值，这是因为南疆地区种植制度主要以冬小麦复播夏玉米和一年一季的棉花为主。5 月，南疆地区冬小麦逐渐进入拔节、抽穗期，需水量迅速上升，年均可达 29 亿 m^3，此时作为主要作物的棉花正处苗期，到 6 月小麦收割，灌溉需水量的增加趋势有所减缓。6 月之后南疆需水主要以棉花以及复播的夏玉米为主，8 月南疆棉花正值裂铃、开花期，复播油料、夏玉米等也进入需水高峰期，此时灌溉需水量达到一年最大值，约为 49 亿 m^3。8 月以后棉花、玉米开始进入成熟期，需水量开始减少，进入 10 月后，冬小麦开始播种，冬灌使得南疆在进入冬季后仍存在一部分的灌溉需水。北疆以春小麦、春玉米、棉花等一年一熟为主，故一年只有一个峰值，一般出现在 7 月，可达 40 亿 m^3 之多。由于气候和地理条件的差异，北疆作物播种期早于南疆，使得北疆灌溉需水量最大值出现时间要略早于南疆，而由于春小麦、玉米以及棉花的播种主要集中在 4 月，播种以后，随着作物的生长发育，以及温度的增加，导致灌溉需水量在 5 月和 6 月迅速增加。东疆由于耕地面积较小，灌溉需水量明显小于北疆和南疆。峰值一般出现在 7 月。河西地区，虽然当地作物单位面积需水量远大于新疆，但农作物播种面积较小，所以当地总灌溉需水量较小，如图 6.9 所示。

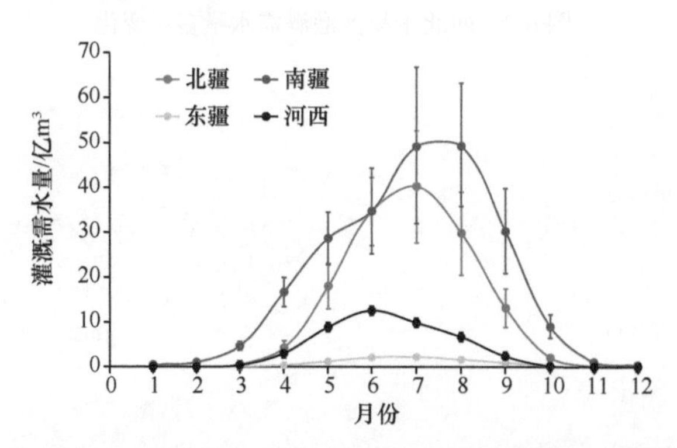

图 6.9　西北干旱区不同区域多年平均灌溉需水量的年内变化（1989～2017 年）

就不同作物的灌溉需水量而言，随着棉花种植比例的增加，西北干旱区棉花总灌溉需水量逐渐超过粮食作物小麦、玉米，而甜菜等经济作物，尽管单位面积需水量远远大于小麦、玉米，但是由于种植面积较小，且种植面积近 20 年基本没有变化，其总灌溉需水量较小，且基本保持不变。从空间分布来看，新疆灌溉需水量远大于河西地区，且逐年增加，而河西地区多年间无太大变化。南疆地区略大于北疆，这是因为高耗水作物棉花在南疆的播种面积大于北疆，且南疆棉花单位面积需水量大于北疆，约为708mm。

1989～2017年，新疆灌溉需水量呈显著增加趋势，增加速率达9.65亿m^3/a。2014年以来，灌溉需水量显著减少。2017年，新疆小麦、玉米、棉花、甜菜、油料、辣椒和番茄七种作物的灌溉总需水量为542亿m^3，其中北疆、南疆、东疆分别为197亿m^3、336亿m^3和9亿m^3。与1989年相比，总灌溉需水量增加了279亿m^3，北疆、南疆和东疆分别增加90亿m^3、188亿m^3和1亿m^3；与2000年相比，总灌溉需水量增加了223.5亿m^3，北疆、南疆和东疆分别增加79亿m^3、143亿m^3和1.5亿m^3；与2010年相比，总灌溉需水量增加了近135亿m^3，北疆、南疆和东疆分别增加31亿m^3、104亿m^3和0.4亿m^3［图6.10（a)］。

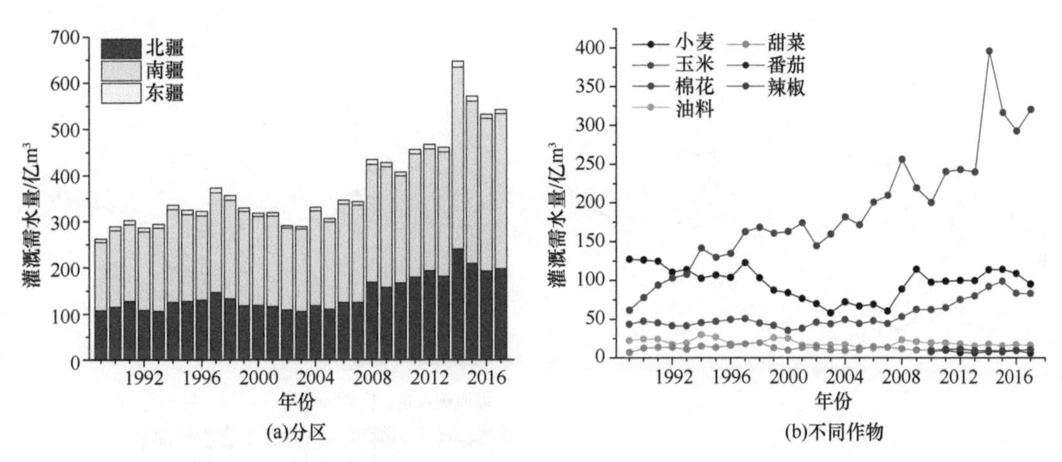

图6.10　新疆不同分区及不同作物灌溉需水量变化图（1989～2017年）

从新疆不同作物灌溉需水量的变化［图6.10（b)］来看，棉花和玉米灌溉需水量呈显著增加趋势，棉花灌溉需水量从1989年的62亿m^3增加到了2017年的320亿m^3；玉米灌溉需水量从1989年的44亿m^3增加到了2017年的83亿m^3。小麦的灌溉需水量呈现波动变化，自1989年的127亿m^3减少到了2003年的58亿m^3，之后又呈现增加趋势，到2017年增加到了95亿m^3。其他作物的灌溉需水量变化不大。而不同作物灌溉需水量变化的原因，除了由于气温升高等气候因素的变化引起的作物需水强度的增加，主要受到种植规模变化的影响。例如，1989～2017年，棉花的种植面积增加了2775万亩，增加了5.2倍；玉米面积增加了719万亩，增加了1.1倍；小麦面积从1989年的1785万亩减少到2003年的939万亩，2003年以后又有所增加，到2017年，增加到了1793万亩。虽然小麦种植规模又恢复到了1989年的水平，但是由于灌溉水利用效率的提高，灌溉需水量比1989年有所下降。

从空间分布来看，南疆灌溉需水量总体上高于北疆。灌溉需水量较高的地区主要集中在南疆的喀什、阿克苏、巴音郭楞州和北疆的石河子、精河等地（图6.11)，这些地区都是新疆农业较为发达的地区，并且棉花播种面积占到了当地总播种面积的一半以

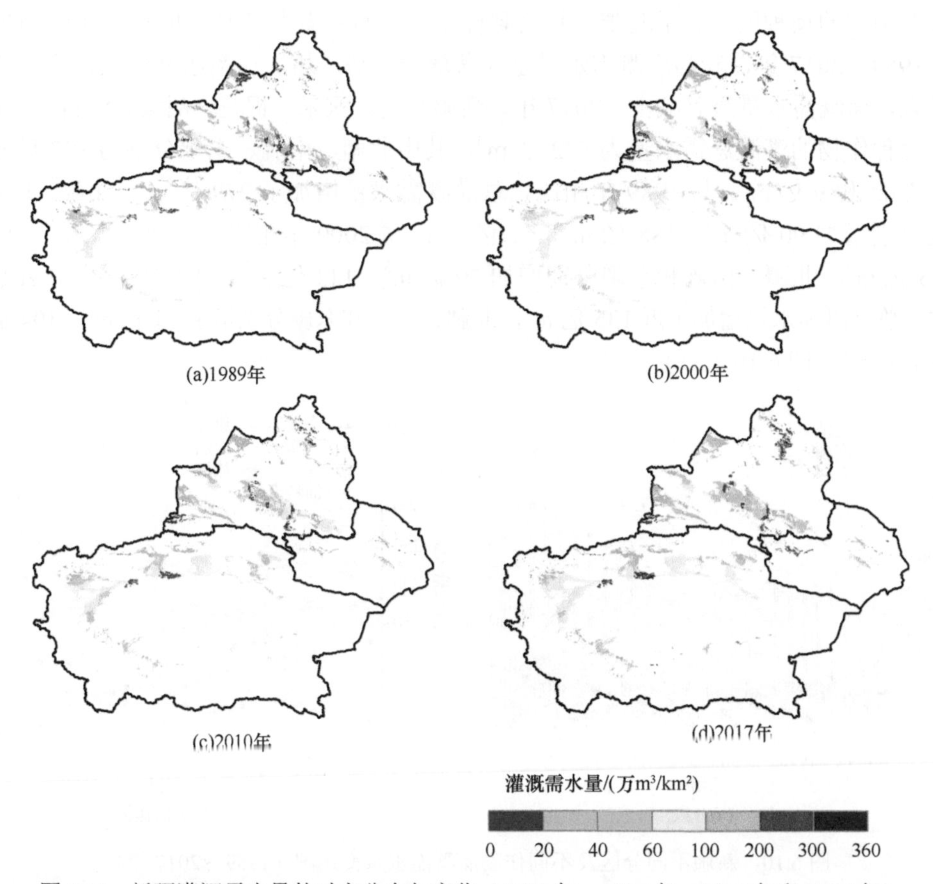

图 6.11　新疆灌溉需水量的时空分布与变化（1989 年、2000 年、2010 年和 2017 年）

上。北疆的伊犁地区、阿勒泰地区灌溉需水量较低，主要是由于这些地区气候相对湿润，农田蒸散发相对较小，使得灌溉需水量要小于其他灌溉区。尤其是伊犁地区，尽管当地作物播种面积较高，但由于降水量较高，有效地减少了灌溉需水量。

从灌溉需水量变化趋势来看（图 6.12），新疆灌溉需水量增加明显的区域主要分布在天山南北绿洲以及南疆喀什绿洲，包括北疆的昌吉州、博尔塔拉州的精河县，南疆的巴音郭楞州、阿克苏地区和喀什地区。这与近 30 年棉花分布增加明显的区域基本吻合，说明近 30 年来新疆种植结构的变化，尤其是棉花面积的扩大导致了新疆灌溉需水量的大幅增加。而北疆的伊犁河谷、石河子、乌鲁木齐等地以及南疆的和田等地灌溉需水量有减少趋势。其中，伊犁河谷和和田地区主要是由于近些年降水的显著增加，使灌溉需水量有所下降。乌鲁木齐、石河子等地由于城市建设占用部分耕地或者绿洲边缘耕地的荒漠化和弃耕导致耕地面积的减少，使得该地区部分区域灌溉需水量有所减少。

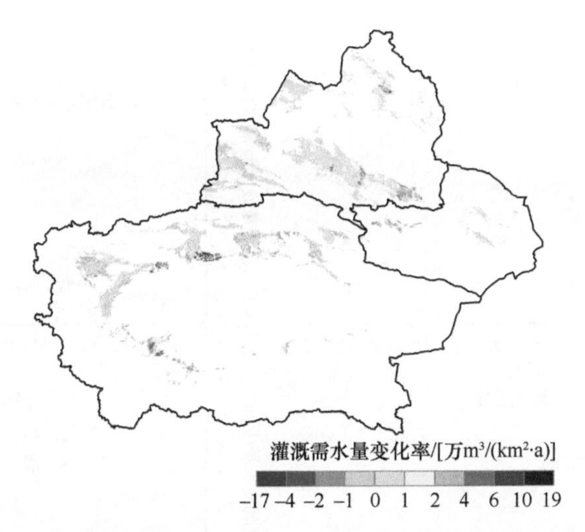

图 6.12 新疆灌溉需水量线性变化趋势分布图（1989～2017 年）

三、西北干旱区农业水资源供需状况

（一）年平均径流量与灌溉需水量对比分析

西北干旱区河流径流量的最大值一般出现在 7 月和 8 月，此时的灌溉需水量也达到最大值，但河流径流量要远大于灌溉需水量，因此，在汛期并不存在缺水问题。而在春季作物关键需水期的 5 月，春玉米、棉花进入苗期，冬小麦进入拔节、抽穗期，灌溉需水量增加明显，此时的河流主要靠融雪补给，山区气温仍未升高，径流量较小，往往会出现水资源的短缺，从而对作物产量产生重大影响。图 6.13 显示了三个流域多年平均的逐月径流量和灌溉需水量，除开都–孔雀河流域平均月径流都可满足灌溉需水以外，其他两个流域均存在不同程度的季节性缺水。从逐年 5 月各流域径流量和灌溉需水量变化对比来看，叶尔羌河和黑河的径流量基本不能满足灌溉需求。由于黑河流域大力推行节水灌溉措施，其 5 月的灌溉需水量在不断下降。开都–孔雀河流域因为天山融雪补给丰沛，在 5 月基本不存在缺水问题。

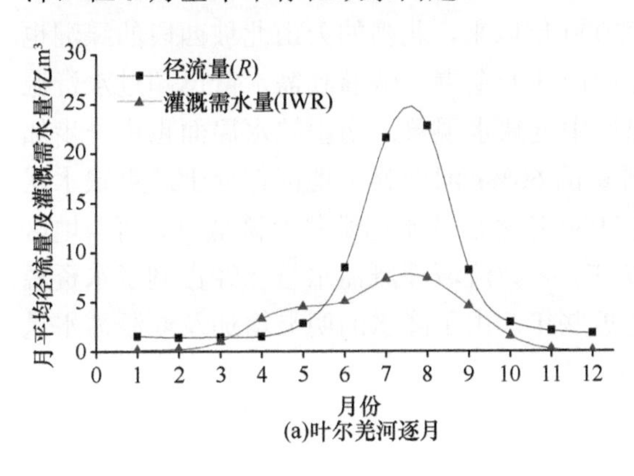

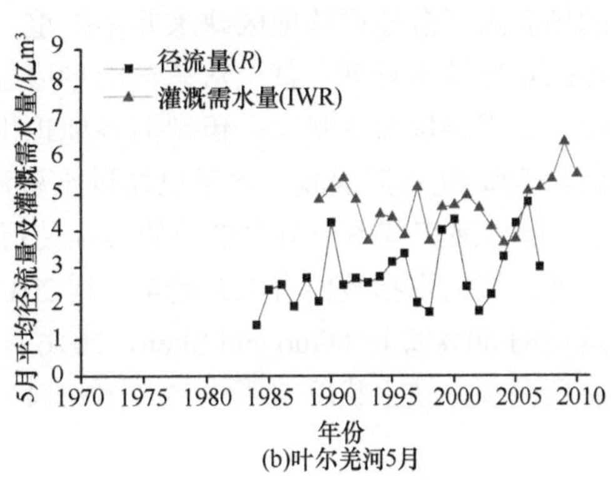

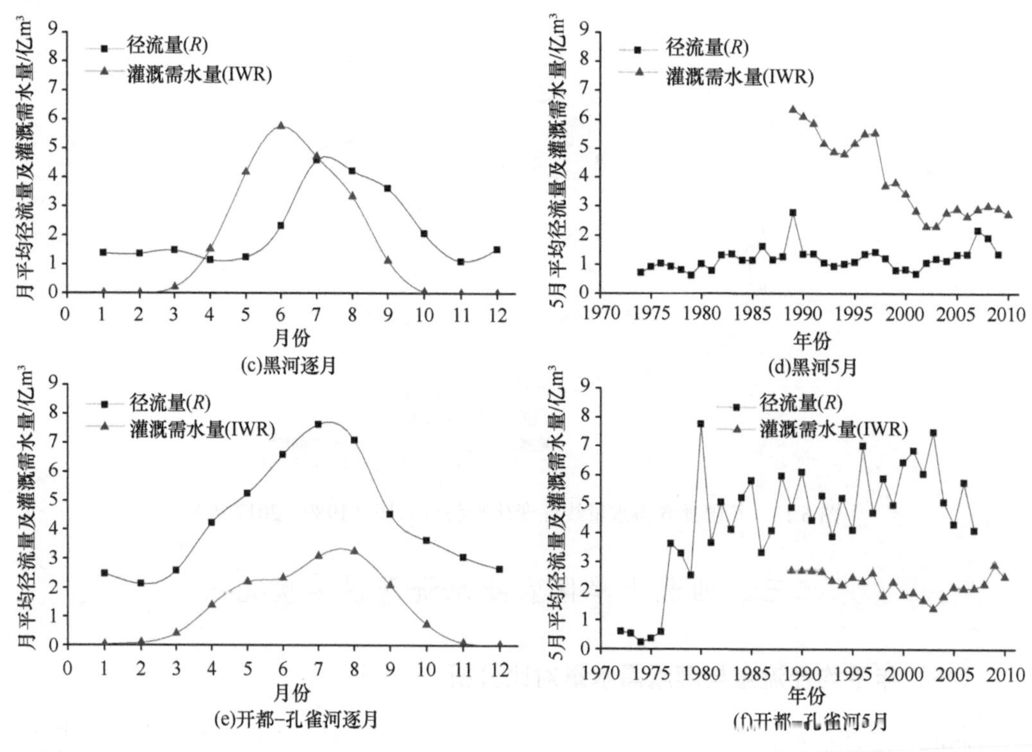

图 6.13　西北干旱区典型流域多年平均逐月径流量及灌溉需水量以及逐年 5 月灌溉水供需变化

（二）西北干旱区农业水资源供需的时空变化特征

20 世纪 80 年代，西北干旱区多数流域灌溉需水量超过水资源量的 40%，属重度缺水。天山北麓东部与石羊河流域，由于地表水资源量相对较少，农业灌溉需水量已经远远大于水资源量，在 90 年代就已经属于极度缺水状态，需大量抽取地下水以满足灌溉用水需求。缺水程度较低的地区主要为伊犁河流域以及阿勒泰北部。阿勒泰北部地区由于耕地面积较少，灌溉需水量也较少，伊犁地区尽管耕地面积较大，但是丰沛的地表水资源使得该地区缺水并不严重。2000 年以来，北疆的天山北坡西段的绿洲也加入重度缺水行列，甚至从东部的阜康至中西部的奎屯一带灌溉需水量已超过水资源量，呈现极度缺水状况，伊犁河谷地也出现中度缺水现象；南疆缺水局面也进一步加剧，开都–孔雀河灌溉需水量已超过水资源量的 60%；河西整个地区都处于严重缺水状态，除黑河流域由于节水措施的实施使得 2000 年之后缺水指数稍有降低外，河西地区其他流域缺水指数仍有上升趋势。到 2017 年，多数流域灌溉需水量已经占到了水资源总量的 60%以上（Guo and Shen，2016）。近些年，由于降水的明显增加及灌溉需水量有所减少，缺水状况有所改善（图 6.14）。

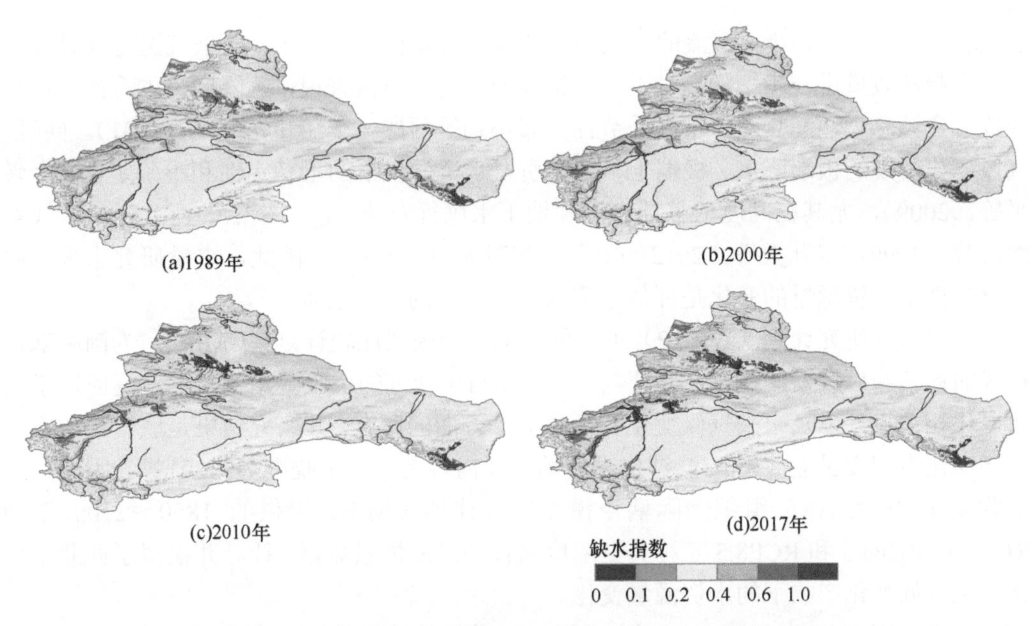

图 6.14　西北干旱区不同流域农业水资源缺水程度分布图

第三节　未来发展情景下的农业水安全

农业是对气候变化响应最为敏感的部门，大量的研究结果表明，气候变暖导致作物生育期内潜在蒸散增加，土壤水分有效利用系数降低，农田灌溉需水量增加。同时，人类农业生产活动也在极大程度上影响着农业用水的变化。自 1989 年以来，西北干旱区由于种植规模的扩大和种植结构的改变，使农业灌溉用水急剧增加。同时，由于气候变化和人类活动引发的降水、径流的改变，影响了水资源的形成，造成水资源供给的不稳定性（张春等，2009）。因此，揭示气候变化和人类农业生产活动对区域水资源供给和农业用水的影响机理，预估未来气候变化条件下不同社会经济发展情景下农业水资源的供需变化及农业用水安全的风险，是实现西北干旱区农业用水高效管理、粮食产能提升和水资源可持续利用的基础。本节将基于 CMIP5 的未来气候情景数据，对未来气候变化条件下不同农业发展情景下的水资源量变化、农业需水变化及农业水资源供需变化进行预测，对未来农业用水安全风险进行评估，为绿洲农业高效用水对策的提出提供科学依据和支撑。

一、未来气候变化情景下的水资源量变化

气候变化通过改变水循环从而影响着区域的水资源，包括降水、径流和地下水等（Haddeland et al.，2014）。尤其是在西北干旱区，自 1989 年以来，气温的升高加速了冰川消融，使降水、蒸散和径流均有所增加。然而未来冰川消失后，以冰川消融为补给源

的地表水量将逐渐减少，河流的可利用水资源量也将会持续减少；未来气温持续升高还可能引起蒸散量进一步增加，对于降水稀少的西北干旱区来说，蒸降比可能升高，也将导致水资源总量逐渐衰减、年内季节性分布不均等问题（李江和龙爱华，2021）。同时，气候变化引发的极端降水、极端干旱还会引发水资源供给的不稳定性和不确定性（金兴平等，2009），尤其在高度依赖地表水和地下水进行农业生产、生活的西北干旱区（刘潮海等，1999；张九天等，2012；王玉洁和秦大河，2017）。因此，定量研究未来气候变化条件下水资源量的变化是评估未来水安全风险的重要基础。

世界气候研究计划（WCRP）组织的国际耦合模式比较计划（CMIP），为国际耦合模式的评估和后续发展提供了重要的平台。参与该计划的实验数据资料被广泛应用于气候变化相关机理以及未来气候变化特征预估等方面的研究，其研究结果是联合国政府间气候变化专门委员会（IPCC）评估报告的重要内容之一（辛晓歌等，2012）。因此，本书收集了 IPCC-AR5 组织国际耦合模式比较计划 CMIP5 提供的 1850～2100 年的 RCP2.6、RCP4.5 和 RCP8.5 三种典型浓度路径的排放情景数据，计算并模拟了西北干旱区未来气候变化影响下的水资源量变化。

CMIP5 的 RCP2.6、RCP4.5 和 RCP8.5 三种排放情景是针对未来人口增长、技术发展和社会响应等条件下到 2100 年温室气体排放浓度对应辐射强迫分别为 2.6 W/m^2、4.5 W/m^2 和 8.5 W/m^2 情景下，利用多个全球气候模式对未来气候要素和径流变化的模拟试验。目前，全球气候模式在区域尺度上存在较大的模拟系统偏差和空间分辨低的缺陷，在不同区域的精度也存在差异（王林和陈文，2013）。本书首先选择了在 1901～2005 年 CMIP5 数据序列比较完整的七个模型的气候模拟值进行了精度评价。通过对比 1901～2005 年 CMIP5 模拟值与 CRU 观测的年气温和降水量的均方根偏差（RMSD）和相关系数（R），对七个模型的精度进行了评价，选择了与观测值空间吻合最佳的四个模型 CanESM2、CCSM4、CESM1（CAM5）、MIROC5 用于西北干旱区未来气候情景研究。虽然通过对比模拟值与观测值的均方根偏差及相关系数对模型进行了优选，但是部分气候要素的均方根偏差还是比较大，相关系数也不够高。因此，有效去除模拟结果的系统误差是非常必要的。本书利用 pseudo-global warming 方法，将 CMIP5 模型模拟的未来时段的气温、降水和径流数据与历史时段模拟值的差值作为未来相对过去的变化量，加上历史时段的观测值，作为 CMIP5 各模型未来情景的气候和径流预测值，从而实现对模型模拟值的校正。

基于校正后的未来气候和水资源的预测结果，研究分析发现，在 RCP2.6、RCP4.5 和 RCP8.5 三种排放情景下，西北干旱区气温呈现增加趋势。区域年平均气温分别从 1970～2000 年的 6.1℃增加到 2025～2049 年的 7.9℃、8.0℃和 8.3℃，且高排放情景比低排放情景增温更显著。月尺度上，气温在不同季节均有所升高，尤其以夏季和冬季最为显著。其中，7 月升温最为显著，在 RCP8.5 高排放情景下，年均增温可达 2.4℃以上[图 6.15（a）（c）（e）]。空间上，西北干旱区总体均呈现增温趋势，但北疆和东疆增温

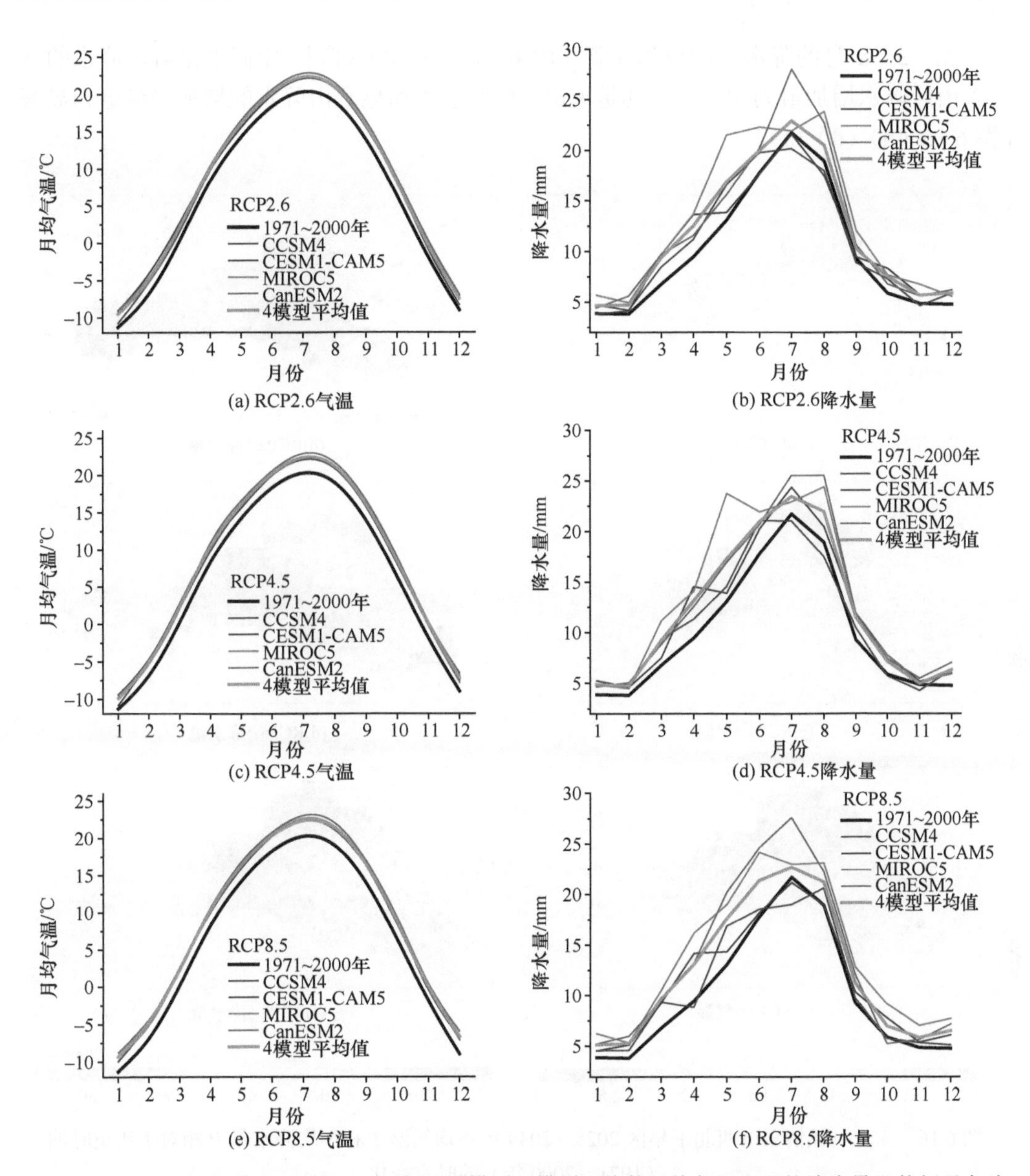

图 6.15　未来气候情景下 2025～2049 年不同模型及模型平均的月均气温和月均降水量及其与历史时期（1971～2000 年）的对比

更显著，到 2025～2049 年不同排放情景下，南疆和河西地区增温达 1～2℃，北疆增温可达 2～3℃［图 6.15（a）（c）（e）］。

在不同排放情景下，2025～2049 年的年均降水量相对于 CRU 历史观测（1971～2000 年）也呈现增加趋势，且高排放情景比低排放情景增加更显著。RCP2.6、RCP4.5 和 RCP8.5 三个排放情景下，区域年平均降水量分别从 1970～2000 年的 120mm 增加到 2025～2049 年的 141mm、145mm 和 148mm。从季节变化上来看，降水在不同季节均有所增加，3～8 月的降水增加更为显著［图 6.15（b）（d）（f）]。空间上来看，降水的增加以山区降水增加最为明显，尤其是天山、塔河上游和昆仑山降水的增加趋势更为显著［图 6.16（b）（d）（f）]。

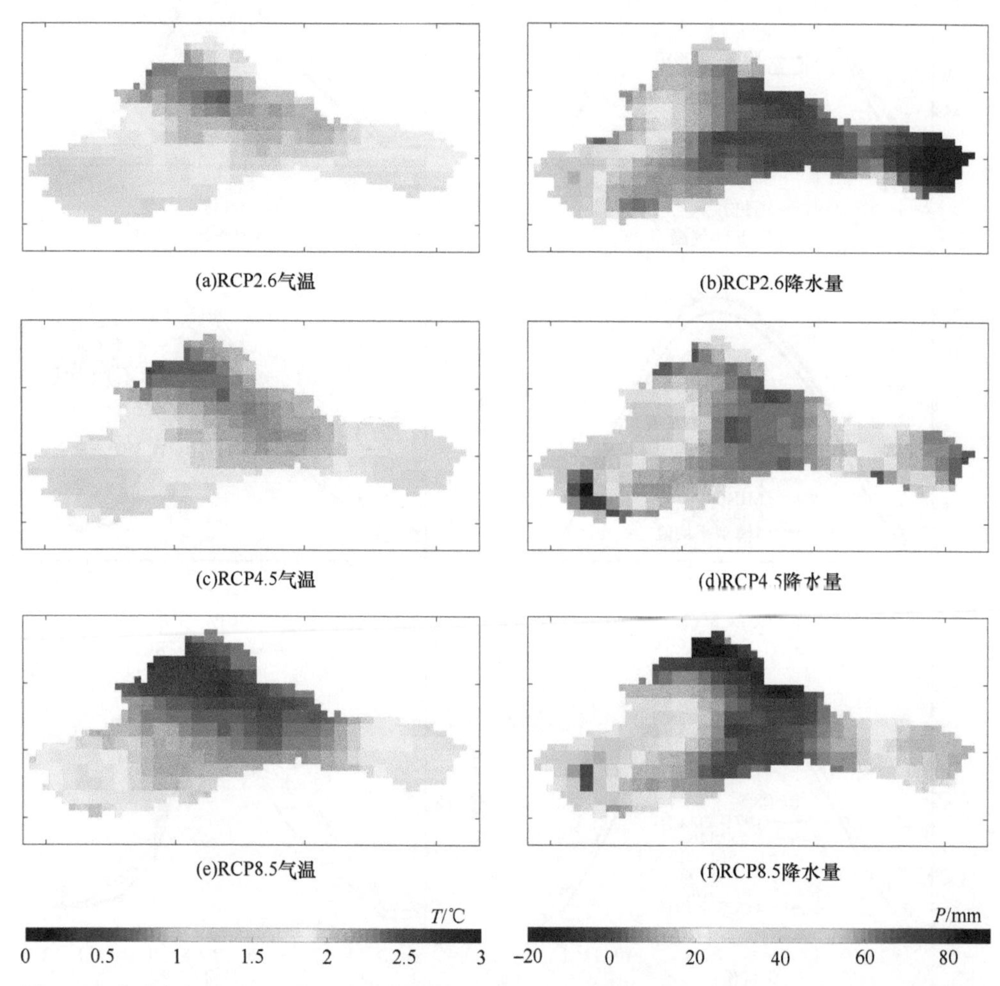

图 6.16 未来气候情景下西北干旱区 2025～2049 年年均气温 T 和年均降水量 P 相对于历史时期（1971～2000 年）的时空变化

在未来气候变化的影响下，西北干旱区水资源量也将有所变化。基于修正后的三个排放情景下不同模型的径流预测值（表 6.2）分析发现，未来 2025～2049 年时段径流量与 1971～2000 年时段相比，有所增加；且各模型的预测结果均显示径流为增加趋势。从模型平均的集合预测结果来看，RCP2.6、RCP4.5 和 RCP8.5 三个排放情景下径流的增加量分别为 61 亿 m^3、48 亿 m^3 和 75 亿 m^3。其中，RCP4.5 情景比 RCP2.6 和 RCP8.5 情景下的径流增加量都小。

表 6.2　未来气候情景下年径流量及其变化的预测　（单位：亿 m³）

情景	CCSM4			MIROC5		CanESM2		模型平均	
	H	F	Δ	F	Δ	F	Δ	F	Δ
RCP2.6	870.9	894.6	23.74	948	77.14	953.9	83.04	932.2	61.3
RCP4.5	870.9	872.9	2	940.4	69.5	942.8	71.9	918.7	47.8
RCP8.5	870.9	882.4	11.5	987.3	116.4	968.7	97.8	946.1	75.2

注：H 为 1971～2000 年；F 为 2025～2049 年；Δ 为未来时段相对于历史时段（1971～2000 年）的变化量。

在 RCP2.6 情景下的 2025～2049 年时段，西北干旱区年均总径流量将达到 936 亿 m³，比 1971～2000 年的 871m³ 增加了 61 亿 m³。其中，新疆年均总径流量达 805 亿 m³，比 1971～2000 年增加了 47 亿 m³；河西地区年均总径流量达 131 亿 m³，比 1971～2000 年增加了 14 亿 m³。从空间上来看，未来时段南疆径流量比历史时段的增加量较大，而北疆和河西地区比历史时段增加量较小（图 6.17）。以 RCP2.6 情景为例，2025～2049 年时段，南疆、北疆和河西地区比历史时段径流的增加量分别为 44 亿 m³、8 亿 m³ 和 10 亿 m³，增加比例分别为 12%、2%和 15%。在未来时段不同排放情景下，径流增加比例在 10%以上的流域包括北疆的艾比湖水系和额敏河流域，南疆的叶尔羌河流域、和田河流域、喀什噶尔河流域、车尔臣河诸小河和克里雅河诸小河以及河西地区的黑河流域和疏勒河流域。径流有所减少的流域为额尔齐斯河流域和石羊河流域。

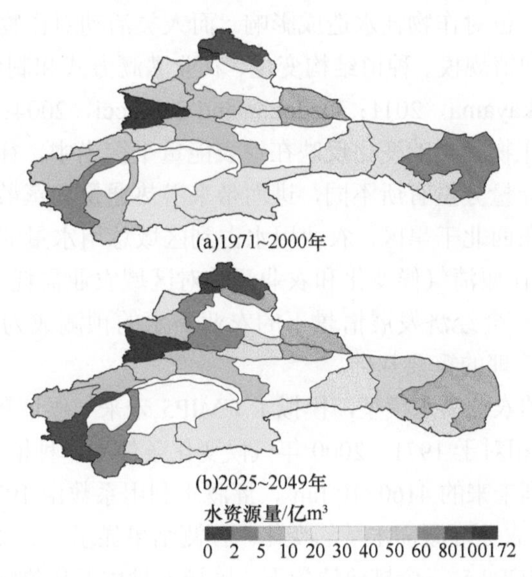

图 6.17　西北干旱区 1971～2000 年及 RCP2.6 情景下 2025～2049 年各流域年均水资源量分布图

表 6.3 列出了未来气候情景下西北干旱区典型流域径流预测值及其相对于 1971～2000 年时段的变化量。

表 6.3　未来气候情景下西北干旱区典型流域径流预测值及其相对于 1971～2000 年时段的变化量

（单位：亿 m^3）

情景	时段	开都–孔雀河	阿克苏河	和田河	叶尔羌河	天山北麓	伊犁河	黑河	石羊河
径流量	1971～2000 年	50.1	49.6	53.7	75.2	69.5	164.1	37.2	17.8
RCP2.6	2025～2049 年	52.1	52.8	61.8	83.9	72.0	172.1	41.2	17.6
	Δ	2.0	3.3	8.1	8.7	2.5	8.1	4.0	–0.1
RCP4.5	2025～2049 年	51.5	53.2	63.2	86.8	73.1	172.7	41.8	15.4
	Δ	1.4	3.6	9.5	11.6	3.6	8.7	4.6	–2.4
RCP8.5	2025～2049 年	52.8	52.4	56.2	76.1	74.2	172.2	40.7	17.6
	Δ	2.7	2.8	2.5	0.8	4.7	8.1	3.5	–0.2

注：Δ 为未来时段相对于历史时段（1971～2000 年）的变化量。

二、未来气候变化和社会经济情景下农业需水量变化

气候变化和人类农业活动均对农业需耗水有着很大的影响。气候要素的变化直接影响着作物耗水。气温和日照时数的变化直接影响着决定能量供给的净辐射，从而对地表能量平衡、水平衡均产生影响，导致水循环的变化；气温的变化还直接影响感热通量，同时引起蒸发能力的改变，进而影响实际蒸散量；风速、相对湿度决定着水汽的输送条件，从而影响蒸发能力，对作物蒸散产生影响（宋晓猛等，2013）。气候变化对流域径流、土壤水分的影响，也对作物耗水造成影响。而人类活动对作物需耗水的影响主要表现为土地利用变化、种植规模、种植结构变化、农业灌溉方式和制度的差异等（Mao and Cherkauer，2009；Nakayama，2011；Ozdogan and Salvucci，2004；Randhir，2003）。农田种植面积的变化，作物种类的变化反映在地表能量平衡当中，往往使潜热通量、感热通量、土壤热通量等能量分量有所不同，进而带来潜热通量和蒸散发的不同，从而影响区域的农业需耗水。在西北干旱区，农业用水占到区域总用水量的近 90%，是该区域耗水最大的部门。因此，在厘清气候变化和农业活动对区域农业需耗水影响规律的基础上，开展未来气候变化和社会经济发展情景下的农业需水的预测成为实现西北干旱区水资源可持续利用和科学管理的重要基础。

本研究基于构建的农业需水模型，模拟了 CMIP5 未来气候情景 RCP2.6、RCP4.5 和 RCP8.5 三种排放情景相对于 1971～2000 年气候变化条件下，种植规模由 1971～2000 年的 2996×10^{3}hm^2 增加到未来的 4160×10^{3}hm^2，灌溉水利用系数由 1971～2000 年的 0.42 提高至未来 0.57 情景下农业灌溉需水量的变化。预测结果显示，到 2025～2049 年时段，RCP2.6、RCP4.5 和 RCP8.5 三个排放情景下，区域五种主要作物（春小麦、春玉米、棉花、甜菜和油料作物）年均灌溉需水量可达 525 亿 m^3、522 亿 m^3 和 526 亿 m^3，比 1971～2000 年历史时期增加了 195 亿～198 亿 m^3（表 6.4），高排放情景比低排放情景增加更为显著。从空间变化来看，灌溉需水量总体为增加趋势，但在绿洲边缘区域有所减少（图 6.18）。

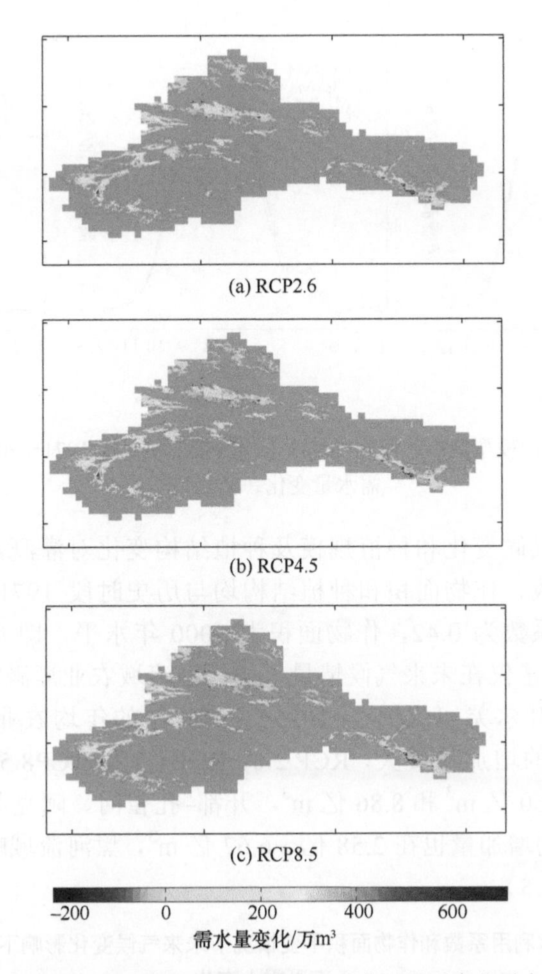

图 6.18　未来气候变化和农业活动情景下西北干旱区农业需水空间变化

表 6.4　未来气候情景下的年灌溉需水量的模拟值　　（单位：亿 m^3）

情景		CCSM4		CESM1-CAM5		MIROC5		CanESM2		模型平均	
年均值	H	F	Δ	F	Δ	F	Δ	F	Δ	F	Δ
RCP2.6	327.5	531.1	203.7	528.5	201	516.8	189.2	523.5	196	525	197.5
RCP4.5	327.5	535.3	207.8	520.4	192.9	512.9	185.4	520.3	192.7	522.2	194.7
RCP8.5	327.5	541.1	213.6	530.6	203.1	514	186.5	516.9	189.4	525.7	198.2

注：H 为 1971～2000 年，F 为 2025～2049 年，Δ 为 H 和 F 时段变化量。

从季节分布上看，灌溉需水量在整个生长季均为增加趋势。由于夏季气温的显著增加，使作物在夏季的蒸散能力增强。因此，灌溉需水量在夏季 6～9 月增加更为显著，最大增加量出现在 7 月。在 RCP8.5 排放情景下，到 2025～2049 年，西北干旱区 7 月的年均月灌溉需水量将比 1971～2000 年同期增加 15 亿 m^3 左右（图 6.19）。

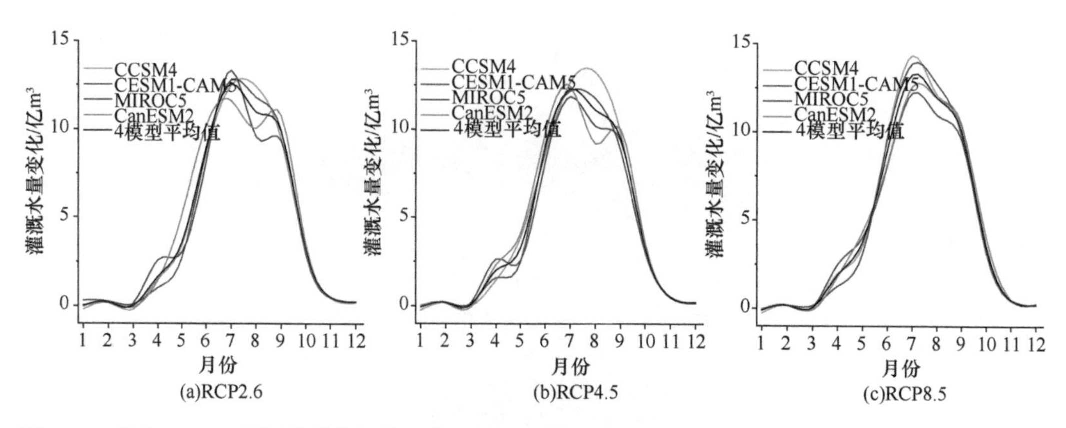

图 6.19 基于 CMIP5 不同模型模拟的西北干旱区未来情景下相对于 1971～2000 年历史时段的年灌溉需水量变化（亿 m^3）

为了区分未来气候变化和种植规模及种植结构变化对灌溉需水量的影响，本书假设灌溉水利用系数、作物面积和种植结构均与历史时段 1971～2000 年相同的情况下（灌溉水利用系数为 0.42，作物面积为 2000 年水平，即五种主要作物面积为 299.6 万 hm^2），模拟了仅在未来气候情景下的典型流域农业灌溉需水，发现仅在未来气候变化影响下，叶尔羌河流域在 2025～2049 年的年均农业灌溉需水量相比于 1971～2000 年时段的增加量最大，RCP2.6、RCP4.5 和 RCP8.5 三种排放情景下分别为 8.92 亿 m^3、8.60 亿 m^3 和 8.86 亿 m^3，开都–孔雀河、阿克苏河、和田河、天山北麓和伊犁河流域的增加量也在 2.58 亿～6.67 亿 m^3，黑河流域略有减少，石羊河流域增加不明显（表 6.5）。

表 6.5 假设灌溉水利用系数和作物面积不变情况下未来气候变化影响下的典型流域的农业灌溉需水变化（单位：亿 m^3）

情景	时段	开都–孔雀河	阿克苏河	和田河	叶尔羌河	天山北麓	伊犁河	黑河	石羊河
历史时期	1971～2000 年	14.90	25.03	14.97	37.55	49.10	20.27	16.74	14.69
RCP2.6	2025～2049 年	18.12	30.64	17.55	46.47	55.49	24.39	15.97	15.94
RCP4.5	2025～2049 年	18.14	30.37	17.58	46.15	55.39	24.02	15.57	15.64
RCP8.5	2025～2049 年	18.21	30.52	17.59	46.41	55.77	24.19	15.75	15.89

当假设灌溉水利用系数不变，种植规模和种植结构均由 2000 年水平（299.6 万 hm^2）变为 2010 年水平（416.0 万 hm^2）时，从典型流域的农业灌溉需水的模拟来看，在未来气候变化和种植规模、种植结构改变的影响下，开都–孔雀河、阿克苏河、叶尔羌河、天山北麓和伊犁河流域在三种排放情景下的灌溉需水量增加量均达到历史时期的 50%以上，甚至超过了 1 倍，且增加量均在 17 亿 m^3 以上，天山北麓增加量达 35.71 亿～36.25 亿 m^3，和田河、黑河和石羊河流域增加不明显（表 6.6）。因此，未来气候变化和作物规模的扩大对西北干旱区的灌溉需水量均有较大的影响。

表 6.6　假设灌溉水利用系数不变、作物面积为 2010 年水平的未来气候影响下的典型流域农业灌溉需水变化　（单位：亿 m^3）

情景	时段	开都–孔雀河	阿克苏河	和田河	叶尔羌河	天山北麓	伊犁河	黑河	石羊河
历史时期	1971～2000 年	14.90	25.03	14.97	37.55	49.10	20.27	16.74	14.69
RCP2.6	2025～2049 年	32.69	49.41	17.44	57.71	84.97	37.85	18.86	16.63
RCP4.5	2025～2049 年	32.72	48.99	17.48	57.33	84.81	37.28	18.44	16.33
RCP8.5	2025～2049 年	32.88	49.28	17.47	57.64	85.35	37.52	18.62	16.58

新疆作物种植面积占到西北干旱区总种植面积的 83%以上，是西北干旱区最大的粮棉生产区，为了揭示未来气候变化、种植规模变化和种植结构变化对其灌溉需水的影响，本书以新疆为典型区，重点分析了新疆未来农业灌溉需水对气候和农业种植规模等变化的响应。模拟了未来 2025～2049 年不同气候变化、作物面积、作物种类和灌溉水利用效率组合情景下的新疆灌溉需水量（表 6.7）。其中，气候变化情景包括典型浓度路径情景 RCP2.6、RCP4.5 和 RCP8.5；种植规模情景设置为 1990 年、2000 年和 2010 年的 7 种主要作物（小麦、玉米、棉花、油料、甜菜、辣椒和番茄）的种植面积，分别为 239.4 万 hm^2、260.0 万 hm^2 和 375.3 万 hm^2。种植结构情景设置为 1990 年、2000 年和 2010 年的实际种植结构以及调整为北疆种春玉米和南疆种棉花的种植结构。根据新疆灌溉水利用效率的变化历史将灌溉水利用系数设置为 0.42、0.46、0.48、0.52、0.55 和 0.8，其中，0.42～0.55 代表 2000 年到 2019 年灌溉水利用系数的变化范围，0.8 为高效节水灌溉技术实施下的灌溉水利用系数（张娜，2020）。

表 6.7　未来气候情景下不同种植规模、种植结构和灌溉水利用效率下的新疆总灌溉需水量　（单位：亿 m^3）

种植结构	情景（2025～2049 年）		
	RCP2.6	RCP4.5	RCP8.5
Ac2010+Ic0.42	481.45	479.44	482.38
Ac2000+Ic0.42	334.17	332.76	334.74
Ac1990+Ic0.42	267.92	266.78	268.09
Ac2010+Ic0.46	439.58	437.75	440.44
Ac2010+Ic0.48	421.27	419.51	422.09
Ac2010+Ic0.52	388.86	387.24	389.62
Ac2010+Ic0.55	367.65	366.12	368.37
Ac2010+Ic0.80	252.76	251.71	253.25
Cct+Ac1990+Ic0.42	242.70	241.32	243.70
Cct+Ac1990+Ic0.46	244.63	243.58	244.77
Cct+Ac1990+Ic0.48	234.43	233.43	234.58
Cct+Ac1990+Ic0.52	216.40	215.48	216.53
Cct+Ac1990+Ic0.55	204.60	203.72	204.72
Cct+Ac2000+Ic0.42	327.00	325.61	327.55

续表

种植结构	情景（2025～2049 年）		
	RCP2.6	RCP4.5	RCP8.5
Cct+Ac2000+Ic0.46	298.57	297.29	299.07
Cct+Ac2000+Ic0.48	286.13	284.91	286.61
Cct+Ac2000+Ic0.52	264.12	262.99	264.56
Cct+Ac2000+Ic0.55	249.71	248.65	250.13
Cct+Ac2000+Ic0.80	142.16	141.33	142.73
Cct+Ac2010+Ic0.42	469.92	467.94	470.81
Cct+Ac2010+Ic0.46	429.06	427.25	429.87
Cct+Ac2010+Ic0.48	411.18	409.45	411.96
Cct+Ac2010+Ic0.52	379.55	377.95	380.27
Cct+Ac2010+Ic0.55	358.85	357.34	359.53
Cct+Ac2010+Ic0.80	208.11	206.98	208.93

注：Ac 表示采用的作物面积的年份；Ic 表示灌溉水利用系数；Cct 表示作物类型调整为北疆种植春玉米，南疆种植棉花。

当假设新疆未来种植规模保持为 2000 年的 2600×10^{3}hm^2，种植结构也保持在 2000 年的结构（即小麦占比 32.3%、玉米占比 14.7%、棉花占比 38.9%、油料占比 11.9%和甜菜 2.1%），灌溉水利用系数保持为 0.42 的情景下，仅考虑未来气候变化的影响下，相比于 1971～2000 年，在未来两个时段及三种排放情景下，灌溉需水量将增加 42 亿～59 亿 m^3。

当灌溉水利用系数保持 0.42 不变，种植规模设为 2010 年的 3753×10^{3}hm^2 的情景下，灌溉需水量将比 1971～2000 年（种植规模为 2000 年的 2600×10^{3}hm^2）增加 189 亿～214 亿 m^3；如果在此情景下再改变种植结构，假设南疆全部种棉花，北疆全部种春玉米（即棉花种植面积为 175.6 万 hm^2，春玉米种植面积为 199.7 万 hm^2，占比分别为 46.8%和 53.2%），灌溉需水量将减少 11.5 亿～12.1 亿 m^3；如果再将种植规模缩减到 1990 年的 239.4 万 hm^2，即作物种植规模减少 135.9 万 hm^2（包括小麦面积增加 2 万 hm^2、玉米面积减少 21.1 万 hm^2、棉花面积减少 102.5 万 hm^2、番茄面积减少 11.3 万 hm^2 以及辣椒面积减少 5.7 万 hm^2）的影响下，作物需水量将再减少 226 亿～236 亿 m^3。在种植规模为 1990 年的 239.4 万 hm^2，种植结构为南疆全部棉花、北疆全部春玉米，灌溉水利用系数为 0.42 的情景下，灌溉需水量为 241 亿～257 亿 m^3，相比于 1971～2000 年，减少了 35 亿～49 亿 m^3。

当假设种植规模和种植结构为 2010 年水平，灌溉水利用系数提高至 0.55 时，作物需水量仍然比 1971～2000 年增加 76 亿～95 亿 m^3；如果仅考虑灌溉水利用系数由 0.42 提高至 0.55 的影响，灌溉需水量的减少量为 113 亿～119 亿 m^3；在此基础上，改变种植结构，南疆全部种棉花，北疆全部种春玉米（即棉花种植面积为 1756×10^{3}hm^2，春玉米种植面积为 199.7 万 hm^2，占比分别为 46.8%和 53.2%），灌溉需水量将再减少 8.8 亿～9.2 亿 m^3。在种植规模为 2010 年的 375.3 万 hm^2，种植结构为南疆全部棉花、北疆全部春玉米，灌溉水利用系数为 0.55 的情景下，灌溉需水量为 357 亿～376 亿 m^3，相比于 1971～2000 年，仍然高出 35 亿～49 亿 m^3（图 6.20）。

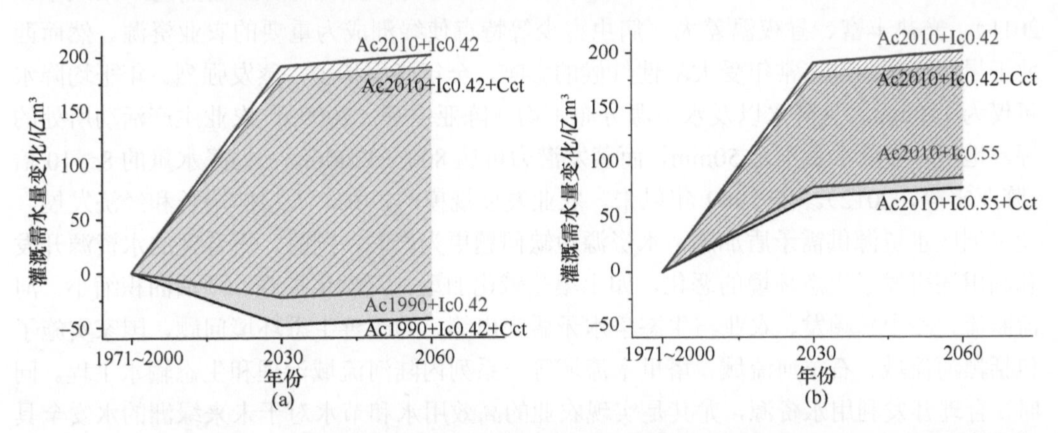

图 6.20　不同种植规模、种植结构和灌溉水利用效率情景下作物需水量相对于 1971～2000 年的变化

灌溉水利用系数 Ic 为 0.42 和 0.55，种植规模 Ac 为 1990 年的 239.4 万 hm^2 和 2010 年的 375.3 万 hm^2，种植结构 Cct 为南疆全部种棉花，北疆全部种春玉米；（a）灌溉水利用系数不变，种植规模和种植结构变化对作物需水的影响；（b）种植规模不变，灌溉水利用系数和种植结构变化对作物需水的影响

从气候变化、种植规模、种植结构和灌溉水利用效率几种要素变化对灌溉需水量的影响来看，种植规模的影响最大，在相同的气候变化和灌溉水利用系数条件下，种植规模增加 $206\times10^3hm^2$ 可增加 66 亿～70 亿 m^3 的灌溉需水量，种植规模增加 $1359\times10^3hm^2$ 可增加 213 亿～224 亿 m^3 的灌溉需水量。而种植规模的影响中离不开种植结构的影响，由于不同作物的需耗水强度存在差异，当耗水高的作物面积增加时，作物的灌溉需水量增加程度更为显著。例如，在相同的气候变化和灌溉水利用效率条件下，种植规模保持为 2010 年水平，种植结构由小麦 31%、玉米 19%、棉花 37%、油料 7%、甜菜 2%、番茄 3%和辣椒 1%变化为玉米 47%、棉花 53%的影响下，灌溉需水量将增加 11.5 亿～12.1 亿 m^3；在相同的气候变化和灌溉水利用效率条件下，种植规模保持为 1990 年水平，种植结构由小麦 49%、玉米 18%、棉花 18%、油料 11%和甜菜 3%变化为玉米 47%、棉花 53%的影响下，灌溉需水量将增加 24.4 亿～26.3 亿 m^3。另外，灌溉水利用效率对灌溉需水量也存在较大的影响。在相同的气候变化条件下，种植规模保持为 2010 年水平，种植结构保持玉米 47%、棉花 53%的假设下，当灌溉水利用系数从 0.42 提高到 0.55 时，灌溉需水量可减少 110.6 亿～116.3 亿 m^3；当灌溉水利用系数从 0.42 提高到 0.80 时，灌溉需水量可减少 261 亿～273 亿 m^3。通过前面的分析可知，当种植规模、种植结构和灌溉水利用效率不变时，未来气候变化的影响也可增加 42 亿～59 亿 m^3 的灌溉需水量（Guo and Shen，2016）。

三、未来绿洲农业水安全风险评估

绿洲是山盆系统中物质、能量和信息流动最频繁、生物产出量最高、承载力最大的系统，其不仅可以得到山区水分的滋润，还得到荒漠增温效应的热量熏陶（张凤华，2011）。光热丰富、昼夜温差大、病虫害少等特点使绿洲成为重要的农业资源。然而西北干旱区深居内陆，常年受大陆性气候的影响，全年降雨稀少，蒸发强烈。年平均降水量仅为130mm，且降水以及水资源分布不均（陈亚宁等，2009）。农业生产活动所处的绿洲地区，年降水量不足50mm，而蒸发潜力可达800～3200mm，为降水量的8～10倍（陈亚宁等，2012）。自1989年以来，农业发展规模的扩大，人口的增长和经济发展，使绿洲区水资源供需矛盾加剧，水资源短缺问题更为严峻，同时，不合理的水资源开发和利用还引发了生态环境的恶化，如土壤盐碱化加重、荒漠化扩张，湖泊面积缩小，河流断流、沙尘暴频发、农业与生态争水矛盾突出等。为改善生态环境问题，国家实施了包括黑河流域、石羊河流域、塔里木流域等一系列内陆河流域治理和生态输水工程。同时，合理开发利用水资源，尤其是实现农业的高效用水和节水对于未来绿洲的水安全具有重要意义。

通过对自1989年以来西北干旱区农业水资源供需变化的研究发现，在气候变化背景下，农业种植规模的扩大和高耗水作物种植比例的增加及区域水资源的波动变化，使区域农业水资源供需矛盾增大，由农业用水引发的缺水状况进一步加剧。区域多数流域的农业水资源供需比增大，农业用水的保证率降低，农业用水安全面临风险。为了保证区域未来农业水资源的可持续利用，对西北干旱区未来绿洲农业用水安全面临的风险评估成为亟须解决的问题。本书针对未来气候变化情景下不同的农业发展规模和农业结构情景下的水资源供需和可能的缺水状况进行了预测与评估，将为绿洲农业高效用水对策与调控途径的提出提供科学基础。

未来气候情景下，水资源量为增加趋势，但增幅很小。从低排放到高排放情景下，区域水资源的增加量分别为61亿m^3、48亿m^3和75亿m^3。但在种植规模和种植结构变化及灌溉水利用效率增加到0.48的条件下，农业灌溉需水量在三种排放情景下的增加量分别为198亿m^3、195亿m^3和198亿m^3，远远大于水资源的增加量。从不同流域的供需来看，天山北麓、伊犁河流域、开都–孔雀河流域、阿克苏河流域和叶尔羌河流域农业需水增加显著，增加量可达历史时期需水量的1倍以上（表6.6）。径流量虽然比历史时期有所增加，但增加量远小于需水量（表6.3），石羊河流域和额尔齐斯河流域径流还出现减少的趋势，造成西北干旱区未来水资源供需矛盾加剧，呈现严重缺水的状态。为了更好地分析未来情景的缺水状况，这里仍然用灌溉需水量与总径流量来反映流域农业缺水状况。通过对比RCP8.5情景下2025～2049年时段和历史时期1971～2000年的全区域缺水指数的分布情况（图6.21）来看，28个流域中，除了5个流域缺水程度没有加剧，其他23个流域的缺水程度均呈现加剧的态势。并且到2025～2049年，有14个流域缺水指数均在 0.4 以上，属于重度缺水。缺水最严重的区域包括天山北麓东段和中段、额敏河流域、哈密盆地、阿克苏河、喀什噶尔河流域和石羊河流域，这些流域缺水指数超过 0.8，其中，天山北麓东段和中段、阿克苏流域和石羊河流域的缺水指数超过 1，达极度缺水状态，说明本流域的水资源量已无法满足本流域的农业用水量（表 6.8）。这不仅造成西北干旱区未来的水资源危机，还会带来生态环境进一步恶化的问题。并且随着温室气体排放的增加、气温升高的影响，部分流域的缺水状况还将加剧。

表 6.8　西北干旱区典型流域未来 RCP2.6 情景相对于现状缺水指数的变化

年份	石羊河	黑河	巴里坤–伊吾盆地	哈密盆地	吐鲁番盆地	伊犁河	天山北麓东段	天山北麓中段	叶尔羌河	阿克苏河	渭干–库车河
1985	1.01	0.51	0.29	0.56	0.43	0.13	1.48	0.96	0.51	0.55	0.51
2010	1.28	0.69	0.37	1.50	0.67	0.23	2.13	1.44	0.62	0.88	0.73
2025～2049	1.08	0.45	0.30	0.90	0.34	0.24	2.06	1.38	0.66	1.04	0.77

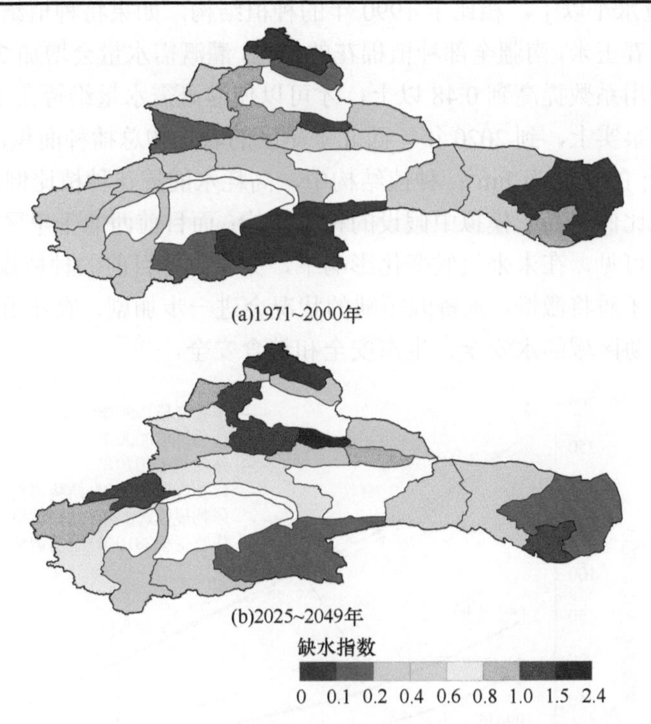

图 6.21　西北干旱区 1971～2000 年时段及 RCP8.5 情景下 2025～2049 年时段各流域缺水指数分布图

为了预估未来气候变化和不同农业发展情景下西北干旱区水安全风险，本书模拟了未来 2025～2049 年不同气候情景、种植规模、种植结构和灌溉水利用效率组合情景下的区域灌溉需水量。其中，气候变化情景包括典型浓度路径情景 RCP2.6、RCP4.5 和 RCP8.5；种植规模情景设置为 1990 年、2000 年和 2010 年的 5 种主要作物（小麦、玉米、棉花、油料、甜菜）的种植面积，分别为 270 万 hm^2、300 万 hm^2 和 440 万 hm^2；种植结构情景设置为 1990 年、2000 年和 2010 年的实际种植结构以及调整为北疆种春玉米和南疆种棉花的种植结构；灌溉水利用系数设置为 0.42、0.46、0.48、0.52、0.55 和 0.8。

基于不同组合情景的模拟结果（图 6.22）分析发现，在未来气候变化情景下：①当种植规模和种植结构维持 2010 年的水平时，只有当灌溉水利用系数提高到 0.73 以上，才可以保持灌溉需水在 1971～2000 年的需水量以下。相比于 2010 年的种植结构，如果将种植结构调整为北疆和河西地区均种植春玉米，南疆全部种植棉花的结构，灌溉需水量还会略有下降。②当种植规模和种植结构控制到 2000 年的水平时，灌溉水利用系数只要在 0.48 以上，可以保持灌溉需水在 1971～2000 年的需水量水平以下。相比于 2000 年的种植结构，如果将种植结构调整为北疆和河西地区均种植春玉米，南疆全部种植棉花的结构，灌溉需水量会增加 20 亿～50 亿 m^3，需要将灌溉水利用系数提高到 0.57 以上，才可以使灌溉需水量维持在 1971～2000 年的需水量以下。③当种植规模和种植结构控制到 1990 年的水平时，灌溉水利用系数只要在 0.42 以上，均可以保持灌溉需水在 1971～2000 年的需水量水平以下。相比于 1990 年的种植结构，如果将种植结构调整为北疆和河西地区均种植春玉米，南疆全部种植棉花的结构，灌溉需水量会增加 20 亿～55 亿 m^3，需要将灌溉水利用系数提高到 0.48 以上，才可以使灌溉需水量维持在 1971～2000 年的需水量以下。而事实上，到 2020 年，西北干旱区的农作物总播种面积已达 730 万 hm^2，远超过了 2010 年的 440 万 hm^2；种植结构中，高耗水的棉花种植比例已超过 50%，其他高耗水作物的比例也高于模拟中假设的种植结构；而目前西北干旱区总体的灌溉水利用系数为 0.57。可见，在未来气候变化影响下，如果维持目前的种植规模和种植结构，农业水资源供需矛盾将激增，水资源短缺的状况会进一步加剧，农业用水将面临巨大的风险，将严重威胁区域的水安全、生态安全和粮食安全。

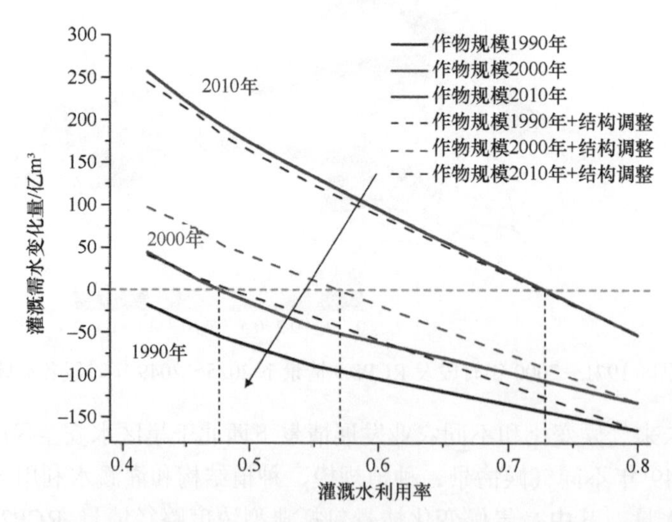

图 6.22　未来气候情景下西北干旱区在不同灌溉水利用率、不同种植规模和种植结构下灌溉需水量与 1971～2000 年时段的变化量

第四节　绿洲农业高效用水对策与调控途径

党的十八大以来，西北干旱区农业种植规模扩大、产量大幅提升，节水灌溉技术也得到了快速发展，农业生产取得了伟大成就。粮食连续 7 年实现丰产增产，棉花总产在全国占比超过 90%，果品产量超过 1300 万 t。2022 年，新疆粮食总产 1813.5 万 t，比上年增加 77.7 万 t，占全国增量的 1/5，为保障国家粮食安全做出了新贡献。粮食安全是“国之大者”。2023 年是贯彻党的二十大精神的开局之年，也是加快建设农业强国的起步之年，确保粮食和重要农产品稳定安全供给具有特殊重要意义。我国将以新一轮千亿斤粮食产能提升行动为抓手，全力以赴端牢端稳中国饭碗。面对新发展形势，农业工作的重点是两稳两扩两提，即稳面积、稳产量；扩大豆、扩油料；提单产、提自给率。要确保全国粮食面积稳定在 17.7 亿亩以上、力争有增加，确保粮食产量继续保持在 1.3 万亿斤以上，力争多增产。而西北干旱区，尤其是新疆作为我国优质的粮棉果生产区，为保障国家粮食安全，2023 年将力争粮食产量达到 1850 万 t 以上，大豆种植面积 100 万亩、油料作物种植面积 190 万亩；促进棉花产业稳产提质增效，支持扩大长绒棉种植面积，确保棉花产量稳定在 500 万 t 以上，巩固在全国的优势主导地位；深入实施林果业提质增效工程。为了实现新形势下农业增产提质的目标，提高绿洲农业用水的可持续性和高效益具有重要意义。

基于本章前三节对西北干旱区农业生产的发展历程、农业水资源供需的变化及其影响因素、未来发展情景下农业用水安全风险的研究分析发现，西北干旱区的农业用水效率大幅提升，但水资源的供给存在波动性。气候变化、种植规模的迅速扩张、高耗水作物种植比例的提高给区域农业水安全带来了风险。为了实现绿洲农业的增产提质和区域水–经济–粮食–生态的协同与可持续发展，本节主要从种植规模控制、结构调整、高效节水技术推广应用及绿洲农业水安全保障等几方面提出对西北干旱区绿洲农业高效用水的对策与调控途径。

一、不同发展目标下的适宜种植规模和种植结构调整方向

由于新疆农业种植面积占到西北干旱区总种植面积的 83%以上，农业用水量也占到西北干旱区总农业用水的 86%以上，这里以新疆为重点区域，基于线性规划法对节水、粮食安全和节水兼顾经济效益最佳三种发展目标下适宜的种植规模和种植结构进行了模拟分析，为实现区域未来农业高效用水提供种植规模和种植结构调整的阈值范围和理论支撑。

（一）以节水优先为目标的适宜种植规模和种植结构

以 2017 年为现状年，在现状年七种作物的种植规模、种植结构及用水量的基础上，模拟分析了通过控制总的种植规模不变（7609 万亩），仅调整种植结构以及缩减种植规

模和调整种植结构相结合的两种策略下，可减少的农业用水量和相应的经济产值。通过线性规划法计算分析得到：①仅调整种植结构的策略，主要对种植规模大且耗水较高的作物进行调整。如果将棉花的种植比例由现状年的43%减少到30%，小麦和玉米的种植比例由现状年的26%和21%分别提高到32%和27%，那么灌溉用水量可由542亿m^3减少到442亿m^3，但经济产值会减少78亿元。②在种植结构调整的基础上，对总的种植规模进行缩减，可进一步减少灌溉用水量，即在以上种植比例调整的基础上，将七种作物的种植规模总体缩减到90%，种植规模控制到6849万亩，灌溉用水量可再减少44亿m^3，但经济产值也将进一步降低，比现状年减少138亿元（表6.9）。

表6.9　不同发展目标下的七种作物种植规模与种植结构的调整对策及用水量和产值

目标	对策	不同作物面积/万hm^2							总面积/万hm^2	用水量/亿m^3	产值/亿元
		小麦	玉米	棉花	油料	甜菜	番茄	辣椒			
现状		133.5	106.6	218.2	25.5	7.7	8.7	6.9	507.2	542	1528
节水	仅种植结构调整	161.1	138.6	152.8	33.2	5.4	11.3	4.9	507.2	442	1450
	种植规模+结构调整	145.0	124.7	137.5	29.9	4.9	10.1	4.4	456.5	398	1305
粮食安全	种植规模+结构调整	149.2	117.7	167.1	19.4	6.0	6.5	5.2	471.1	417	1334
兼顾节水和经济效益	仅种植结构调整	134.7	118.6	185.5	35.7	10.8	12.1	9.7	507.2	449	1856
	种植规模+结构调整	121.2	106.7	167.0	32.2	9.7	10.9	8.8	456.5	404	1670

（二）以粮食安全为目标的适宜种植规模和种植结构

将小麦面积由现状年的2003万亩调整到2238万亩，玉米面积由现状年的1599万亩调整到1766万亩，作为粮食安全的适宜种植规模。棉花种植面积由现状年的3273万亩减少到2506万亩，油料、甜菜、番茄和辣椒四种作物面积由现状年的734万亩减少到557万亩，总种植面积减少到7067万亩，在保障粮食安全的前提下，可实现节水125亿m^3，使灌溉用水总量减少至417亿m^3，但经济产值将比现状年减少194亿元。调整后的种植比例如表6.9所示。

（三）兼顾节水和经济效益目标的适宜种植规模和种植结构

新疆是我国最大的优质棉基地、重要的甜菜糖料基地、闻名遐迩的瓜果之乡，这些特色农业产业为新疆的经济发展做出了很大的贡献。因此，在节水的同时，还要兼顾经济效益，为新疆的经济和水资源的协同优化提出适宜的种植规模和种植结构。以现状年为基础，保持总的种植规模不变，保持粮食作物的比例不变，将高耗水的棉花比例适当调低，由现状年的43%减少到37%，即由3273万亩减少到2783万亩，增加特色作物的种植面积，油料、甜菜、番茄和辣椒四种作物的面积由734万亩增加到1026万亩。在此种植结构的调整下，将比现状年节水93亿m^3，同时七种作物的产值将提高328亿元。为了进一步减少农业灌溉用水量，可对总的种植规模进行缩减。总种植面积调整到现状年的90%，小麦和玉米面积基本保持不变，棉花种植面积由现状年的3273万亩减少到

2506 万亩，油料、甜菜、番茄和辣椒四种作物面积由现状年的 734 万亩增加到 925 万亩。在种植规模和种植结构的综合调整下，可比现状年节水 138 亿 m^3，产值比现状年增加 143 亿元（表 6.9）。

黑河中游绿洲是河西地区典型的农业区，以黑河中游绿洲为例，对三种未来气候情景下不同种植规模和不同种植结构组合下农业需水量进行了模拟分析，情景设置见表 6.10，即在现状年（2013 年）T0 种植结构基础上，根据历史年份不同作物的种植比例，以及近些年种植结构的变化特征，设定了未来可能的五种种植结构情景。其中，情景 T1 近似 1986 年的种植结构，小麦的种植比例最高，达 50%，玉米为 30%；情景 T2 近似 2002 年的种植结构，玉米种植比例增加到 50%，小麦减少到 20%，蔬菜为 20%，其他作物比例均不到 5%；情景 T3 近似现状年 2013 年的种植结构，玉米增加到 60%，蔬菜比例增加到 30%；情景 T4 是在情景 T3 的种植结构基础上，保持玉米的种植比例不变，减少耗水高的蔬菜种植比例到 10%，适当增加小麦的种植比例，增加到 30%；情景 T5 是根据当地制种玉米产业的发展趋势，将玉米种植比例增加到 75%，蔬菜种植比例调整为 25%，其他作物种植比例设为 0。

在未来气候变化条件下，黑河绿洲中游未来时段农田需水量与现状年相比，均呈现增加趋势，增加量在 1.54 亿～5.22 亿 m^3（图 6.23）。调整种植规模在 2000 年的水平（1835km^2，比 2013 年减少 22%），保持 2013 年种植结构，农田需水量可减少 0.23 亿～0.46 亿 m^3，而在五种种植结构调整方案下，情景 T1 可减少农田需水量 0.88 亿～1.1 亿 m^3。其他 4 种情景，农田需水量仍呈现增加趋势，增加量在 0.08 亿～1.77 亿 m^3。调整种植规模在 1986 年的水平（1610km^2，比 2013 年减少 32%），保持 2013 年种植结构，农田需水量可减少 1.93 亿～2.13 亿 m^3，而在五种种植结构调整方案下，除了情景 T5 的作物需水量仍会增加 0.03 亿～0.28 亿 m^3。其他 4 种情景，农田需水量均会减少，减少量可达 0.01 亿～2.24 亿 m^3。从五种种植结构调整后的农田需水量比较来看，情景 T1 的节水效果是最佳的，其次是情景 T4，而情景 T5 即使在种植规模减少 32%的条件，也无法达到节水效果。可见，当高耗水的玉米和蔬菜比例较高时，农田需水量增加明显。未来气候变化情景下，种植规模的缩小可明显减少黑河中游绿洲区的农田需水量，当种植规模减少 30%时，作物需水量可减少 1.93 亿～2.13 亿 m^3，种植结构调整也可有效减少农田需水量，尤其是减少高耗水的玉米和蔬菜比例。因此，控制种植规模、合理调整种植结构是实现黑河中游农业水资源可持续利用的有效途径。

表 6.10　未来种植结构情景不同作物的种植面积比例　（单位：%）

情景	玉米	小麦	薯类	棉花	油料	蔬菜	甜菜
情景 T1	30	50	0	0.	10	10	0
情景 T2	50	20	2	1	5	20	2
情景 T3	60	10	0	0	0	30	0
情景 T4	60	30	0	0	0	10	0
情景 T5	75	0	0	0	0	25	0

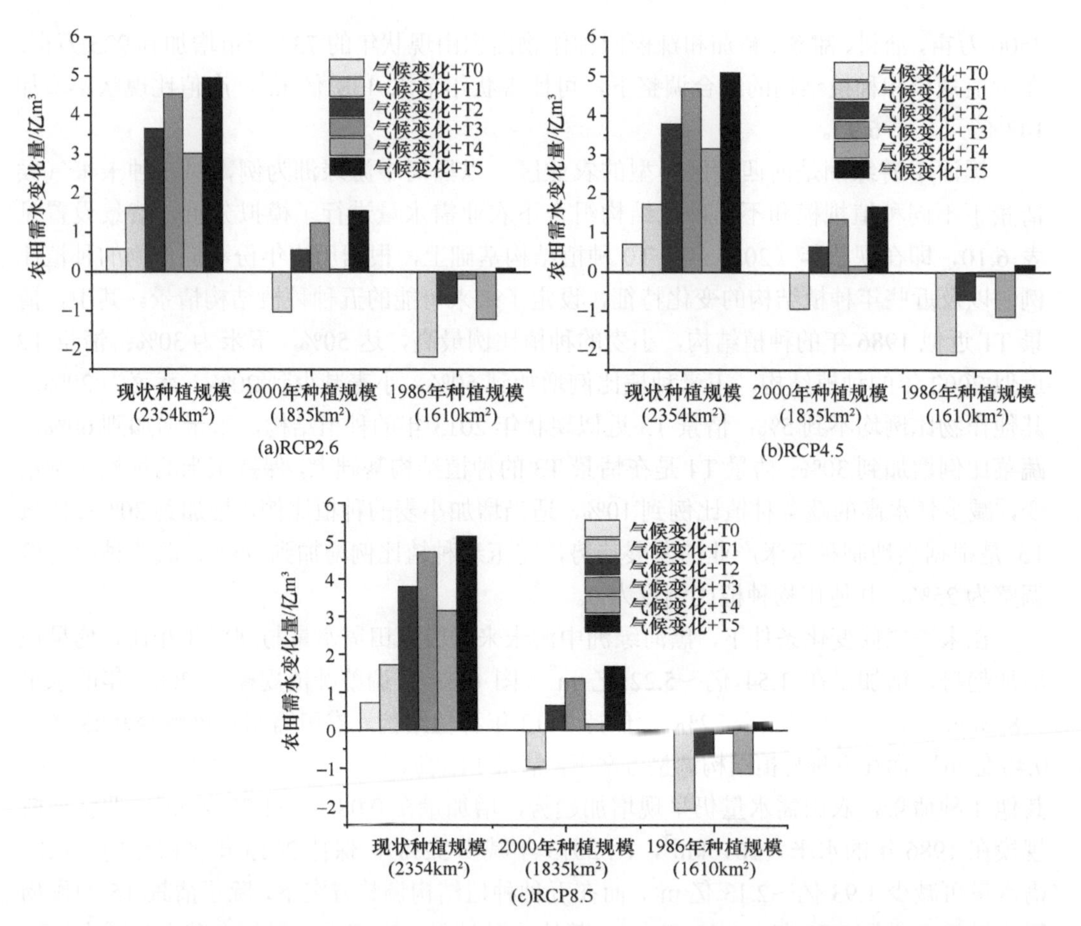

图 6.23　三种气候情景 RCP2.6、RCP4.5 和 RCP8.5 下 3 种种植规模及不同种植结构（T0～T5）组合下的 2025～2049 年时段年均农田需水量相对于 1986～2013 年时段的变化量

二、农业节水技术推广应用的效应

自 1989 年以来，西北干旱区的节水灌溉经历了渠道防渗、沟畦灌、膜上灌、低压管道灌、喷灌和微灌等技术应用的发展历程。节水灌溉技术水平不断提高，农业水资源利用效率得到了有效提高。“十二五”期间，国家将西北地区作为节水灌溉技术研究推广的重点区域，建立了甘肃内陆河区制种玉米和温室作物及南疆绿洲灌区主要作物的节水灌溉技术试验示范区（蔡焕杰等，2017）。一些高效节水技术在西北干旱区得到发展和应用，并取得了显著成果。主要实施的工程节水技术包括以下几种：渠道防渗技术、低压管道输水灌溉技术、喷灌技术、微灌技术（包括滴灌、微喷灌和涌泉灌）。截至 2020 年，喷灌和微灌在新疆和甘肃的推广面积占有效灌溉面积的比例均超过全国平均水平。新疆节水灌溉面积达到全区域农作物播种面积的 47.20%，主要分布在北疆地区。河西

地区微灌和渠道防渗技术推广比重分别占甘肃省的43.64%和34.15%，喷滴灌、低压管灌和其他节水占比总计22.13%。据水资源公报统计，2020年武威市的农田高效节水灌溉面积为277.33万亩，占全省总节水灌溉面积的17.07%；微滴灌面积分布最多，为117.87万亩，喷滴灌、低压管灌和渠道防渗节水灌溉面积分别为6.17万亩、49.29万亩以及96.23万亩。这些节水技术的应用，一方面大大减少了亩均耗水量，有效提高了灌溉水利用系数，增加了肥料利用率，也节省了人工投入，提高了农业综合生产能力。例如，新疆的棉花种植区使用膜下滴灌技术与常规灌棉花相比节水40%，此外，肥料等都可以随着滴灌进入农作物的根部，大大提高施肥的效率和效果。农业高效节水灌溉技术已经得到了较大面积的应用，但农田综合节水技术和措施仍有提升空间，节水技术的推广普及率还有待进一步提高。一些高效的工程节水技术已得到有效发展，但在耕作技术、田间节水栽培技术、抗旱高产作物品质的研发和应用、高效精准灌溉技术，以及农田水分信息化管理等多学科多维度的综合节水技术研究等方面还有待提高。

三、绿洲农业水安全保障策略和调控途径

西北干旱区是我国水资源最短缺的地区之一，属于资源性缺水。农业生产主要依赖于灌溉，大量取用地表和地下水。同时，节水工程设施建设力度不足，存在灌渠老旧、防渗性能差等问题仍然需要解决。水资源综合管理和能力建设薄弱。水资源监测、计量等手段落后，水价、水权、水市场等改革尚未全面推进，区域之间、城乡之间、行业之间供用水缺乏统筹调配，主要河流控制性工程的防洪、发电与供水之间矛盾较为突出，流域水资源监控预警系统尚未建立（李江和龙爱华，2021）。区域的水安全、生态安全和粮食安全面临着巨大风险（陆芬，2020）。因此，本书通过构建“气候–水–生态–经济”协同需/用水模型，揭示了1989～2017年西北干旱区农业水资源供需和缺水程度的变化及其影响因素，预测和评估了未来气候变化和不同发展情景下农业水资源的供需变化及农业用水安全风险。为了实现西北干旱区农业增产提质的目标，需要合理调整种植结构，提高农业水资源利用效率，提高灌溉保证率，在产量相同甚至更高的情况下使灌溉用水量有所减少。基于此，提出如下西北干旱区绿洲农业高效用水的对策与调控途径。

（一）调整种植结构，控制农业耗水

合理的种植结构是保证粮食安全、经济效益的同时，实现农业高效用水的首要对策与途径。由于过去对种植结构调整的难度理解不深刻，压减耗水作物易，调结构增效益难；制度建设没有及时跟进，长效机制不健全。本书已通过多目标优化算法预估了粮食安全、节水优先及兼顾节水和经济效益不同发展目标下的适宜种植规模和种植结构。未来需要根据不同区域的水资源、农业生产和经济发展的特点，确定合理的发展目标，制定科学有效的种植规模和种植结构调整政策，提高农业用水效率，真正实现西北干旱区农业稳产增产的目的，同时保证经济效益的稳定增长，保障西北干旱区绿洲农业水安全

与生态安全。

（二）广泛推广农业节水技术的应用

农业节水技术的推广和应用是实现西北干旱区农业高效用水的重要举措。针对西北干旱区目前农业节水技术的推广与应用普及率不足的问题，建议从以下几方面来提高其应用率：

（1）大力推行田间综合节水的应用，实质性提高田间耗水的生产效率，具体措施包括：①加强转基因、基因重组、育种等现代生物技术研发，培育节水、高产、抗旱性强的农作物新品种，提高作物本身的水分利用效率；②改善作物的耕作和栽培技术，提高作物的水分利用效率；③加强非常规水的利用，包括对雨水等的收集和存储以及咸水、污水等的回收利用，补充可利用的水资源；④充分利用信息技术和智能技术，对作物生长、水分需求和灌溉、土壤盐碱状况开展精准的模拟和管控。

（2）加强高效节水灌溉建设工程的质量。明确高效节水灌溉工程建成之后的管理责任，落实工程管理维护经费。建立专业的县乡级专业维修队伍，对高效节水农业设备及时维护，保证设备不丢失、不损坏。建立覆盖全疆范围的排障检修服务平台，方便基层管理人员相互交流学习。

（3）针对农民节水意识淡薄，要加强科技宣传教育活动，节水的宣传活动要做到浅显易懂，宣传活动要深入农民群众，提高农民节水意识，为更好地建设和实施高效节水灌溉工程奠定坚实的群众基础（冯仁海，2020）；全面有效提高农业高效节水技术的推广和应用，为西北干旱区农业用水安全提供保障，为区域水资源的可持续利用和经济的快速发展提供基础。

（三）合理配置水资源，调整用水结构，科学管理水资源

全面推进水资源的统一管理。推进区域行政管理与流域管理相结合，行政强制节水与鼓励引导节水相结合。对流域的水情、水量进行统一分配，做到统一调配和统一使用相结合。行政主管部门要有效地调配和管理地表水、地下水。流域上下游、左右岸以及社会各部门的用水要合理分配。要建立以流域为单元的水资源统一管理体系，确保流域内各行业的用水，合理配置水资源。同时，要促进各行业的节约用水和水环境保护，避免由于流域内各单位之间经济实力的差异，造成抢占水资源、滥采地下水，导致水多浪费多，水少发展受制约，生态环境被破坏的情况。要建立健全各级专业和群众的灌排管理组织，让农户参与用水管理。建立一整套完整的灌水管理体系是灌区科学管理、科学用水的有效措施。制定科学的灌溉制度，如地下水开发、盐碱地治理和高效节水相结合的三位一体灌溉模式。严格执行用水计划、做到“增产不增地，增地不增水”。推行供水到户，实行干、支、斗三级渠道由灌区管理处负责，并逐级定额量水、配水、计费。科学严密的用水管理体系可避免管理上的用水浪费，促进节约用水。

（四）强化水资源开发利用与保护的规划和监督管理，加强水利基本建设，保证区域水、农业和生态的协调发展

为了满足大规模的农业灌溉用水，近些年西北干旱区过度开采地下水，引发各灌区土壤盐碱化现象严重，新疆耕地盐碱化程度占总耕地面积的75.9%，河西走廊为50%左右（冯保清等，2019）。未来需要在大力推进高标准农田建设和农业节水工程建设的前提下，开展长期的综合规划治理。合理规划地下水的使用，适当压减地下水开采量，有效控制地下水位，避免引起土壤次生盐碱化及影响农田质量和作物产量。通过地表水–地下水联合调度实现粮食安全保障。针对水资源时空分布不均的状况，可建设必要的调水工程，将部分水资源从富裕地区调往贫水区，或将优质水调往劣质水区，改善缺水区的生态环境。需要反思西北干旱区发展过程中水资源利用的教训，认真贯彻落实习近平总书记“绿水青山就是金山银山”的生态保护理念，切实保护好西北灌区生态环境。更要高度重视西北干旱区天然绿洲退化防控的关键是有效管控灌溉农田规模过大，有序重建流域水生态平衡，开展水、土、生态与人类活动相适应的国土空间规划编制和精准管控，基于自然水资源承载能力，规划农田耕地开发利用规模和自然生态修复保护规模，探讨水资源和生态维持双重约束下适宜的产业结构布局，优先保护生态，适度推进城镇化，约束农业生产规模。

（五）进一步推进农业用水水价、水权制度的实施和完善

2008年以来，西北地区已在新疆呼图壁县、温泉县、哈密市、鄯善县、玛纳斯县和沙雅县六个国家级、省级农业水价综合改革试点实行了农业用水和水价的综合改革。通过改革，新疆维吾尔自治区和试点县建立了由终端水价、差异化分类水价、超定额累进加价等构成的“立体式”水价体系，并完善了水权交易、节水补贴和经济奖励等一系列配套措施。取得了一些经验，包括：①通过完善农业水价形成机制，促进了农业节水和增收，完成了成本测算、终端水价的确定，实施了超定额累进加价制度以及分类差异化农业水价；②基于“水资源开发利用控制、用水效率控制和水功能区限制纳污”三条红线和农业灌溉用水定额明晰了农业初始水权，探索了水权交易；③建立了农业用水补贴机制及农业节水奖励机制，结合水权交易平台，建立了节余水量政府回购机制；④强化了用水在线监测和计量，提高了水资源管理水平。

已实施的农业水价综合改革在试点区域已经取得了初步的成效，但也存在一些问题，需要进一步完善。主要存在的问题包括：①现状农业水价明显偏低，水价调整不到位，导致区域进展不平衡；②用水计量和监控设施条件不完善，难以支撑农业水价综合改革和用水精细化管理。因此，需要进一步对水权水价制度进行完善和推进：①分类推进农业综合水价的改革，政府加强补贴支持。政府要发挥引导作用，考虑农民承受能力、保障重要农作物的用水需求，制定精细化的水价政策。统筹考虑国家政策要求和用水主体的差异性，分类调整水价；进一步完善作物分类水价；进一步完善

超定额累进加价制度；国家应对经济发展落后的地州农业用水给予一定的水价补贴资金。②加快计量设施的建设和改造，强化灌溉系统信息化管理。加强末级农业水价综合改革专栏级渠系改造，完善斗渠以下计量点和量测水设施，改进量测水断面，为科学配水、精准计量和水价改革奠定坚实基础。加快推广灌溉机井安装 IC 卡和电磁流量计，建立远程监控系统，实现地下水实时监测和水量水位双控制。完善水资源信息化管理平台，实现用水信息在线采集，做到水资源科学监控和管理。③深入探索“精准节水”的水权水价改革措施。严格执行水电双控、加强开采计量管理等行政手段，实现对地下水全过程的有效监管；通过制定地表水和地下水之间的差异化水价、水权改革等经济手段，不断提高地下水利用成本，并鼓励节约获得收益，从而激发内生节水动力；探索精细化的农业用水管控制度，完善终端用水管理模式，编制年度用水计划，实现农业计划用水；积极运用审批论证、计量监控等手段，落实灌溉用水总量控制，完善定额管理，合理确定灌溉用水定额，明确用户初始水权；逐步建立易于操作、用户普遍接受的农业用水“精准奖补”机制和措施；通过制定差异化水价和征收水资源税（费）等方式，精准调控农民用水行为；根据节水量给予奖励，节水奖励方式可选择现金返还、水权回购、节水设施购置奖补、优先用水等多种形式，充分调动用水户节水积极性（水利部发展研究中心调研组，2018）。通过推进农业用水水价、水权制度的实施和完善，促进农业节水与增收。

第五节　本 章 小 结

西北干旱区是我国重要的粮食、棉花和优质果蔬的主产区。自 1989 年以来，农作物种植规模不断扩大，高耗水作物种植比例的提高，导致灌溉用水量急剧增加，农业用水占到总用水量的近 90%。同时，不合理的灌溉模式、水利基础设施的不完善等问题致使农业用水效率较低，并引发土壤盐碱化等生态环境问题，制约了区域的社会经济发展。本章从区域农业生产发展、农业灌溉发展和农业用水效率变化等方面揭示了自 1989 年以来西北干旱区农业用水面临的问题；总结了党的十八大以来，西北干旱区农业生产迅速发展，节水灌溉面积不断扩大，农业水生产效率显著提高的重大变化。主要研究结果如下：

（1）针对西北干旱区农业占比最大的新疆，基于线性规划法对节水、粮食安全和节水兼顾经济效益最佳三种发展目标下适宜的种植规模和种植结构进行了模拟分析，提出了三种发展目标下的适宜种植规模与种植结构。并对区域农业节水技术推广情况及应用效应进行了分析与评估，在此基础上，提出了西北干旱区绿洲农业高效用水和高质量发展的对策和实现途径：缩减种植规模，调整种植结构，减少农业耗水；广泛推广节水技术的与应用；合理配置水资源，调整用水结构，科学管理水资源；强化水资源开发利用与保护的规划和监督管理，加强水利基本建设，保证区域水和农业与生态的协调发展；进一步推进农业用水水价制度的实施和完善。

（2）通过区域农业需水模型的构建与模拟，对西北干旱区自 1989 年以来农业需水状况进行了重建分析。发现 1989～2017 年，在气候变化的背景下，由于农业种植规模迅速扩大，高耗水作物种植比例显著增加，西北干旱区农业灌溉需水量迅速增加，增加了水资源供需矛盾。多数流域缺水指数由 1989 年的 0.4 以上增加到了 2017 年的 0.6 以上。同时，由于水资源季节分配和作物需水的不匹配，水资源存在波动变化，造成水资源供给的不稳定性增大，增加了区域农业用水安全的风险，使农业水资源的可持续利用面临挑战，需要重点关注。

（3）基于 CMIP5 计划的 RCP 排放情景，预估了未来气候变化和水资源的变化特征，模拟分析了未来气候变化情景和农业发展情景下农业需水量和水资源供需的变化。在 RCP2.6、RCP4.5 和 RCP8.5 三个排放情景下，未来气温将显著升高，年降水量也呈现增加趋势，水资源量也有所增加，但农业灌溉需水的增加远超过水资源量的增加，未来缺水状况将更加严峻。基于不同气候情景、种植规模、种植结构和灌溉水利用效率组合情景下的灌溉需水量的模拟研究分析发现，若维持目前的种植规模和种植结构，在未来气候变化和社会经济发展的影响下，农业水资源供需矛盾将激增，水资源短缺的状况会进一步加剧，农业用水将面临巨大的风险，将严重威胁区域的水安全、生态安全和粮食安全。因此，未来必须通过种植规模缩减，种植结构调整和农业用水效率的提高来实现西北干旱区农业水资源的高效利用，为区域水–经济–粮食–生态的协同发展提供基础。

（4）党的十八大以来，西北干旱区农业生产取得了迅速发展和伟大的成就。农作物种植规模扩大、作物品质提升、水肥利用效率提高，耕地面积由 10695 万亩增加到了 2021 年的 12320 万亩，农作物总产量增加 20%；节水灌溉技术得到质的飞跃，水利工程设施不断完善，灌溉定额降低，新疆和河西地区的灌溉水利用系数分别由 2012 年的 0.480 和 0.520 提高到了 2021 年的 0.575 和 0.588；灌溉保证率显著提高，灌溉面积由 2012 年的 8721 万亩增加到了 2021 年的 11412 万亩。随着国家最严格水资源管理制度的实施和节水灌溉技术的大面积推广应用，新疆和河西走廊地区的节水灌溉面积分别从 2012 年的 3890 万亩和 671 万亩增加到 2021 年的 4589 万亩和 988 万亩。但在自然条件、地理位置的制约及社会经济发展的影响下，西北干旱区农业水资源供需还面临着一定的风险，因此，定量估算农业水资源供需变化及其影响因素成为预估未来农业用水供需及水安全形势，研究绿洲农业高效用水的对策和调控途径的基础，对实现西北干旱区水资源可持续利用和农业的高效发展具有重要的科学意义和现实意义。

参考文献

阿依努尔•米吉提. 2019. 新疆灌区灌溉水利用系数变化分析. 陕西水利, 9(1): 70-72,77.

蔡焕杰, 赵西宁, 孙世坤. 2017. 西北典型农区高效节水灌溉技术与集成应用. 中国环境管理, 9(1): 113-114.

陈亚宁, 徐长春, 杨余辉, 等. 2009. 新疆水文水资源变化及对区域气候变化的响应. 地理学报, 64(11): 1331-1341.

陈亚宁, 杨青, 罗毅, 等. 2012. 西北干旱区水资源问题研究思考. 干旱区地理, 35(1): 1-9.
邓铭江. 2019. 三层级多目标水循环调控理论与工程技术体系. 干旱区地理, 42(5): 961-975.
冯保清, 崔静, 吴迪, 等. 2019. 浅谈西北灌区耕地盐碱化成因及对策. 中国水利, 9: 43-46.
冯仁海. 2020. 新疆干旱区农业高效节水灌溉技术应用研究. 南方农机, 51(19): 69-70.
龚晓水. 2018. 农业节水技术的推广与发展. 种子科技, 38(13): 118, 120.
金兴平, 黄艳, 杨文发, 等. 2009. 未来气候变化对长江流域水资源影响分析. 人民长江, 40(8): 35-38.
李江, 柳莹, 马军, 等. 2020. 基于"漫而不溃"理念的新疆小型水库土石坝应对洪水风险新策略. 水利水电技术, 51(12): 78-85.
李江, 龙爱华. 2021. 近 60 年新疆水资源变化及可持续利用思考. 水利规划与设计, (7): 1-5,72.
蔺宝军, 张芮, 高彦婷, 等. 2019. 西北地区高效节水灌溉技术发展现状及对策. 水利规划与设计, (3): 29-33.
刘潮海, 康尔泗, 刘时银, 等. 1999. 西北干旱区冰川变化及其径流效应研究. 中国科学: 地球科学, 29(S1): 55-62.
刘钰. 2004. 北方地区主要农作物灌溉用水定额研究. 北京: 中国农业科学技术出版社.
陆芬. 2020-12-21. 探寻西北干旱区水生态平衡之道. 中国自然资源报.
任继周. 2019. 中国农业系统发展史. 南京: 江苏凤凰科学技术出版社.
舒鸿霄. 2022. 新时期农业种植高效节水灌溉技术应用探讨. 智慧农业导刊, 2(11): 94-96.
水利部发展研究中心调研组. 2018. 新疆农业用水及农业水价综合改革成效、问题及对策建议. 水利发展研究, 18(12): 1-5.
宋晓猛, 张建云, 占车生, 等. 2013. 气候变化和人类活动对水文循环影响研究进展. 水利学报, 44(7): 779-790.
王红梅, 刘新华. 2018. 南疆高效节水灌溉面临的问题及应对措施. 水利规划与设计, (10): 72-74, 107.
王晶, 肖海峰. 2018. 2000～2015 年新疆粮食生产时空演替与驱动因素分析. 中国农业资源与区划, 39(2): 58-66.
王林, 陈文. 2013. 误差订正空间分解法在中国的应用. 地球科学进展, 28(10): 1144-1153.
王玉洁, 秦大河. 2017. 气候变化及人类活动对西北干旱区水资源影响研究综述. 气候变化研究进展, 13(5): 483-493.
向燕芸, 陈亚宁, 张齐飞, 等. 2018. 天山开都河流域积雪、径流变化及影响因子分析. 资源科学, 40(9): 1855-1865.
辛晓歌, 吴统文, 张洁. 2012. BCC 气候系统模式开展的 CMIP5 试验介绍. 气候变化研究进展, 8(5): 69-73.
徐小波, 周和平, 王忠, 等. 2010. 干旱灌区有效降雨量利用率研究. 节水灌溉, (12): 44-46, 50.
杨玮, 韦宏鹄. 2006. 利用泰森多边形法分析汾河流域中段降水量. 山西水利, (2): 72-73.
余潇枫, 周章贵. 2009. 水资源利用与中国边疆地区粮食安全——以新疆为例. 云南师范大学学报(哲学社会科学版), 41(6): 24-30.
张春, 刘苏峡, 靳英华. 2009. 西北干旱区近十年农业用水和作物产量关系研究//水系统与水资源可持续管理——第七届中国水论坛论文集. 北京: 中国水利学会, 中国自然资源学会: 313-316.
张凤华. 2011. 干旱区绿洲、山地、荒漠系统耦合效应及其功能定位——以玛纳斯河流域为例. 干旱区资源与环境, 25(5): 52-56.
张九天, 何霄嘉, 上官冬辉, 等. 2012. 冰川加剧消融对我国西北干旱区的影响及其适应对策. 冰川冻土, 34(4): 848-854.
张娜. 2018. 新疆农业高效节水灌溉发展现状及"十三五"发展探讨. 中国水利, (13): 36-38, 45.

张娜. 2020. 提高新疆灌溉水利用系数的探讨. 水资源开发与管理, (5): 65-69.

朱求安, 张万昌, 赵登忠. 2005. 基于PRISM和泰森多边形的地形要素日降水量空间插值研究. 地理科学, 25(2): 233-238.

朱求安, 张万昌. 2005. 流域水文模型中面雨量的空间插值. 水土保持研究, 12(2): 11-14.

Er-Raki S, Chehbouni A, Guemouria N, et al. 2007. Combining FAO-56 model and ground-based remote sensing to estimate water consumptions of wheat crops in a semi-arid region. Agricultural Water Management, 87(1): 41-54.

Guo Y, Shen Y. 2016. Agricultural water supply/demand changes under projected future climate change in the arid region of northwestern China. Journal of Hydrology, 540: 257-273.

Haddeland I, Heinke J, Biemans H, et al. 2014. Global water resources affected by human interventions and climate change. Proceedings of the National Academy of Sciences, 111(9): 3251-3256.

Mao D Z, Cherkauer K A. 2009. Impacts of land-use change on hydrologic responses in the Great Lakes region. Journal of Hydrology, 374(1-2): 71-82.

Nakayama T. 2011. Simulation of the effect of irrigation on the hydrologic cycle in the highly cultivated Yellow River Basin. Agricultural and Forest Meteorology, 151(3): 314-327.

Ozdogan M, Salvucci G D. 2004. Irrigation-induced changes in potential evapotranspiration in southeastern Turkey: Test and application of Bouchet's complementary hypothesis. Water Resources Research, 40(4): W04301.

Randhir T. 2003. Watershed-scale effects of urbanization on sediment export: Assessment and policy. Water Resources Research, 39(6): 1169.

第七章

西北干旱区非常规水资源开发潜力分析

加大非常规水源开发利用是缓解水资源供需矛盾、提高区域水资源利用效率、统筹解决水资源问题的重要举措，国际社会对此高度重视。本章针对西北干旱区资源型缺水严重这一特点，结合对非常规水资源的分布、利用现状的分析，对西北干旱区微咸水、矿井疏干水、再生水水资源的开发潜力及开发利用模式进行了系统分析和评估。研究结果显示，西北干旱区的非常规水资源开发利用量呈逐年增加趋势，从 2013 年 5.1 亿 m^3 增加到 2020 年 15.4 亿 m^3，并且仍有较大开发利用潜力。为此，提出积极开发利用非常规水是解决西北内陆区水资源短缺的重要途径，要加快开展对非常规水资源开发利用的研究，为后续非常规水资源的利用提供基础数据和科技支撑。

第一节　微咸水的开发利用现状与潜力

一、西北干旱区微咸水水资源概况

一般来讲，含盐量 1～5g/L 的水称低盐度咸水，包括微咸水（矿化度 1～3g/L）和半咸水（矿化度 3～5g/L）；5～10g/L 为中盐度咸水；10～50g/L 以上为高盐度咸水；含盐量 50～200g/L 称之为卤水；超过 200g/L 称为浓卤水。我国地下微咸水资源约 200 亿 m^3/a，其中可开采量为 130 亿 m^3，绝大部分存在于地面下 10～100m 处，宜于开采利用。因此开发利用微咸水资源，可以有效地缓解我国水资源的缺乏。全国地下水资源新一轮调查摸清了地下水天然补给源和可采潜水资源。按内陆河流域和黄河上游分别统计（表 7.1 和表 7.2）。西北干旱区内陆河流域盆地平原每年有微咸水 60 亿 m^3，半咸水 75 亿 m^3，可采微咸的潜水约 9 亿 m^3。还有一些微咸水湖的资源，就青海内陆盆地就有 5000 多平方千米，储水 2000 多亿立方米。黄河上游 5 省区内约有微咸水 56.50 亿 m^3，半咸水 13.08 亿 m^3；可采微咸潜水 12.82 亿 m^3。现也已在甘肃、内蒙古和宁夏利用有价值的微咸水 12 亿 m^3，半咸水约 1 亿 m^3。

表 7.1　内陆河流域各盆地平原天然地下水补给源和可采潜水资源统计　（单位：亿 m^3）

地区	地下水天然补给资源			可采潜水资源		
	淡水	微咸水	半咸水	淡水	微咸水	半咸水
准噶尔盆地	139.48	10.39	8.21	89.19	—	—
塔里木盆地	226.07	36.28	10.71	148.14	—	—
柴达木盆地	30.91	5.82	55.53	16.71	—	—
河西走廊	48.97	2.76	0.51	42.08	6.02	0.50
内蒙古东部内流区	28.70	5.40	0.26	17.26	2.87	0.20
额尔齐斯河外流区	26.48	—	—	13.45	—	—
合计	500.61	60.65	75.22	326.83	8.89	0.70

表 7.2 黄河上游各省（自治区）的地下水补给源与可采潜水统计（单位：亿 m^3）

省（自治区）	地下水天然补给资源			可采潜水资源		
	淡水	微咸水	半咸水	淡水	微咸水	半咸水
青海	81.89	—	—	29.54	—	—
甘肃	26.82	3.64	1.61	12.43	—	—
四川	23.46	—	—	7.50	—	—
宁夏	17.14	10.75	2.63	13.65	7.12	2.15
内蒙古	—	42.11	8.84	22.58	5.70	—
黄河上游合计	149.31	56.50	13.08	85.70	12.82	2.15

我国微咸水主要分布于易发生干旱的华北、西北以及沿海地带（刘友兆和付光辉，2004）。如今我国缺水的地区除了充分利用微咸水进行农田灌溉和发展养殖业以外，还可以通过淡化技术处理，用于人畜饮用，以减少对深层地下淡水的开采。微咸水灌溉以抗旱作物为主，不宜进行全生长期灌溉，并要控制好灌溉量和灌溉次数（徐秉信等，2013）。目前，微咸水的灌溉方式主要有直接灌溉、咸淡水混灌和咸淡水轮灌。对于淡水资源十分紧缺的地区，可直接利用微咸水进行灌溉，来保障作物的产量，但必须要防止灌溉后土壤中的盐分积累达到限制作物生长的水平（王艳娜等，2007）。在干旱时用微咸水给作物浇关键水，较不灌的增产 1.2～1.6 倍（龙秋波等，2010）。咸淡水混灌方式是在有碱性淡水的地区将其与咸水混合，克服原咸水的盐危害及碱性淡水的碱危害。混灌将低矿化度的淡水和高矿化度的微咸水合理配比后，比用 4～6g/L 的咸水灌溉增产 20%，比不灌的增产 163%（郭永辰等，1992）。咸淡水轮灌是根据水资源分布、作物种类及其耐盐特性和作物生育阶段等交替使用咸水灌溉的一种方法（吕烨和杨培岭，2005；Ai-Sulaimi et al.，1996）。试验证明，在同样盐分的水平下，咸淡水轮灌的作物产量高于咸淡水混灌的产量。对于淡水资源严重缺乏的地区，可采用咸水淡化工艺技术可将含盐量 3～5g/L 的咸水，通过脱盐、降氟、净化，变成小于 1g/L 的淡水，达到国家规定的饮用水标准。实践表明，利用咸水、微咸水养殖是一种投资大，但收益高、周期短、见效快的开发模式（藺海明，1996）。尤其发展利用植物、动物、微生物之间相互利用、相互依存、相互促进、共同生长的高效生态模式，实现微咸水的最佳经济效益、社会效益和生态效益。在排水不畅，不宜种植作物的盐碱洼地上，微咸水养殖效益更加明显。

我国目前对微咸水的利用还处于探索研究阶段，有一些研究成果并没有普遍地推广利用。通过对宁南、甘肃民勤等地区的微咸水灌溉研究，认为由于土壤盐渍化程度的不同，用不同水质的微咸水对农田进行灌溉时，生产实践中可以根据灌溉所用微咸水矿化度的不同来决定微咸水利用的方式（吴忠东，2008）。宁夏利用微咸水灌溉已有 40 多年的历史，试验结果表明：用咸水灌溉的大麦、小麦比旱地增产 3～4 倍；用矿化度 3.0～6.0g/L 的咸水灌溉枸杞树生长良好；用矿化度 3.0～7.0g/L 的咸水灌溉韭菜、芹菜、甘蓝等。新疆利用微咸水和咸水灌溉碱茅草，说明微咸水灌溉在当地是可行的（王卫光等，2004）。

多年实践证明，咸水灌溉的成败与水质、土壤、气候、灌溉技术和所种作物密切相关。矿化度1～2g/L水可以间断地用于灌溉；>3g/L的矿化水，只能偶尔使用，即使是耐盐的水稻也难以忍受。咸水灌溉最好在透水性良好的砂质地上进行，并应特别注意灌水技术，作物生长期的几次灌水不能相距过长。

二、西北干旱区微咸水水资源开发利用与潜力评估

西北干旱区由于特殊的地理位置和极端干旱的环境，广泛存在大量的微咸水资源，据统计，西北地区地下微咸水天然补给量大约为80.19亿m^3/a，其中新疆地区微咸水储量最为丰富，微咸水天然补给量占西北地区57.6%，为46.21亿m^3/a，具有较大的开采潜力。西北地区淡水资源紧缺，淡水在农业灌溉用水中仍占有过大的比例，而干旱区赋存的大量微咸水资源未得到大规模的开采，目前微咸水虽已初步用于农业灌溉和荒漠植被保育，但微咸水的开采量相比天然补给量比例极小，并未得到充分利用。西北干旱区微咸水现状开采量为12.36亿m^3/a，其中甘肃微咸水现状开采量最高，达到8.01亿m^3/a；而新疆土地辽阔，农业种植面积和荒漠植被覆盖面积广阔，灌溉用水和生态需水紧缺，淡水资源尤为紧张，地下微咸水的现状开采量仅为2.62亿m^3/a，微咸水资源利用程度极低。这说明微咸水和咸水资源具有很大的开发潜力和利用前景。

西北干旱区微咸水资源主要分布区域主要包括：

（1）新疆塔里木盆地和田河流域低山丘陵区（矿化度为2～3g/L，Cl^--SO_4^{2-}-Na^+-Mg^{2+}型水）。

（2）宁夏贺兰山北部、银川平原中部、腾格里沙漠、盐池北部、牛首山、青龙山、大罗山、南华山、月亮山及六盘山边的隆德—固原一带、彭阳、孟塬等地区（矿化度为1～3g/L，部分地区小于1g/L）。

（3）陕西关中的乾县、礼泉及泾河以东渭河以北的富平、蒲城、澄城，大荔及陕北的延安以北的黄土梁峁区。

（4）准噶尔盆地阿勒泰、塔城及木垒—北塔山以东的低山丘陵区、天山北麓冲洪积平原中下游及沙漠区边缘的承压水及深层承压水区（矿化度为0.8～1.5g/L）。

（5）宁夏酒堡—盐池一带、南部海原、西吉、彭阳等地（矿化度为1～3g/L）。

西北干旱区咸水资源主要分布区域包括：

（1）准噶尔、塔里木、柴达木三大盆地的中心地带，以及阿拉善高原北部、宁南和甘肃中南部，包括新疆和田、阿勒泰、塔城、木垒、北塔山、巴里坤地区的丘陵残丘区（矿化度大于2g/L，Cl^--SO_4^{2-}-Na^+和SO_4^{2-}-Cl^--Na^+、HCO_3^--SO_4^{2-}-Ca^{2+}-Na^+型水）。

（2）宁夏陶乐、同心、王乐井、惠安—麻黄山及三合镇—田家坪一带，（矿化度为3～5g/L或大于5g/L）。

（3）陕西的定边及吴起、子长的局部（氟、氯化物、硫酸盐超标，矿化度为 1～5g/L 及 5～10g/L）。

（4）内蒙古阿拉善高原和北部高平原的中西部，固阳盆地、乌拉特中旗的海流图盆地的局部地段（矿化度大于 5g/L）。

（5）青海柴达木盆地中心地带（矿化度大于 1g/L 的咸水、卤水及油田水）。

据资料分析青海地下水化学成分的区域性变化，一般受控于地貌景观的分带性，东部地区的中高山地带，潜水均属重碳酸盐性和重碳酸–硫酸盐型钙、镁和钙镁水，矿化度小于 0.5g/L，pH 多在 7.5～9.0 之间，属弱碱性水；低山丘陵地带矿化度大多不超过 1g/L；河谷平原地带，第四系冲洪积层潜水亦属溶滤成因，受山区基岩裂隙水、降水及河水补给，大都属于重碳酸盐型和重碳酸盐–硫酸盐钠钙型水。青东地区，大多以河谷潜水为供水水源，矿化度大都小于 1g/L，总硬度在 5～20 德国度之间，各项水化学指标大都符合标准要求。柴达木盆地属封闭型盆地，环绕盆地呈现有明显的水化学分带性。一般戈壁带巨厚层潜水，补给径流条件好，水化学于初期矿化阶段，矿化度小于 0.5g/L；进入细土带下部，地下水变为微咸水至咸水，其水化学类型演变为氯化物硫酸盐纳镁型水和氯化物钠型水。可以发现青海微咸水资源量较少。

西北干旱区微咸水量概况如表 7.3 所示。新疆微咸水天然补给量为 46.21 亿 m^3/a，可开采量为 17.24 亿 m^3/a，现状开采量仅为 2.62 亿 m^3/a，开采程度为 15.2%，仍有 14.62 亿 m^3/a 未被开采，约占新疆微咸水可开采量的 85%，新疆的微咸水开发利用潜力仍有较大空间；甘肃微咸水天然补给量为 24.32 亿 m^3/a，可开采量为 9.49 亿 m^3/a，现状开采量仅为 8.01 亿 m^3/a，开采程度为 84.4%，仅有 1.48 亿 m^3/a 未被开采，约占甘肃省微咸水可开采量的 15%，甘肃省微咸水开发利用潜力相对较小；内蒙古（西部）阿拉善盟地区微咸水天然补给量为 9.66 亿 m^3/a，可开采量为 5.14 亿 m^3/a，现状开采量仅为 1.73 亿 m^3/a，开采程度为 33.7%，仍有 3.41 亿 m^3/a 未被开采，约占内蒙古（西部）阿拉善盟地区微咸水可开采量的 66%，内蒙古（西部）阿拉善盟地区微咸水开发利用潜力仍较大。

表 7.3　西北干旱区微咸水量表

省（自治区）	天然补给量 /（亿 m^3/a）		可开采量 /（亿 m^3/a）		现状开采量 /（亿 m^3/a）		开采程度 /%	
	<1g/L	1～5g/L	<1g/L	1～5g/L	<1g/L	1～5g/L	<1g/L	1～5g/L
新疆	629.55	46.21	234.87	17.24	51.35	2.62	21.9	15.2
内蒙古（西部）	87.84	9.66	46.72	5.14	18.22	1.73	39.0	33.7
甘肃	108.47	24.32	42.34	9.49	18.21	8.01	43.0	84.4
青海	265.82	—	98.29	—	5.40	—	5.5	—
合计	1091.68	80.19	422.22	31.87	93.18	12.36	109.4	133.3

总体而言，西北干旱区微咸水天然补给量共 80.19 亿 m^3/a（图 7.1），可开采量为 31.87 亿 m^3/a（图 7.2），现状开采量为 12.36 亿 m^3/a（图 7.3），其中新疆微咸水天然补给量和可开采量最高，但现状开采量较低，具有很大的开发潜力，可以得出总的开采程度为 38.78%，微咸水储量较大的新疆的开采程度仅为 15.2%，内蒙古（西部）阿拉善盟地区为 33.7%，甘肃为 84.4%，可以看出微咸水利用具有非常大的潜力，同时合理利用微咸水进行灌溉，对安全有效利用微咸水、合理开发微咸水资源，修复退化的生态植被，推动地区"沙产业"经济的良性发展，提高人们植树造林的积极性，确保农作物及周围环境的生态安全、对促进农业的可持续发展、实现农业节水、解决水资源危机、维持绿洲生态与会和谐发展具有非常重要的意义。

西北干旱区微咸水现状开采量共 12.36 亿 m^3/a，其中甘肃最高，为 8.01 亿 m^3/a，占西北内陆区微咸水现状开采量的 64.8%，新疆为 2.62 亿 m^3/a，内蒙古（西部）阿拉善盟地区为 1.73 亿 m^3/a，总的看来西北内陆区微咸水开发程度不高，现状开采量小（图 7.4）。

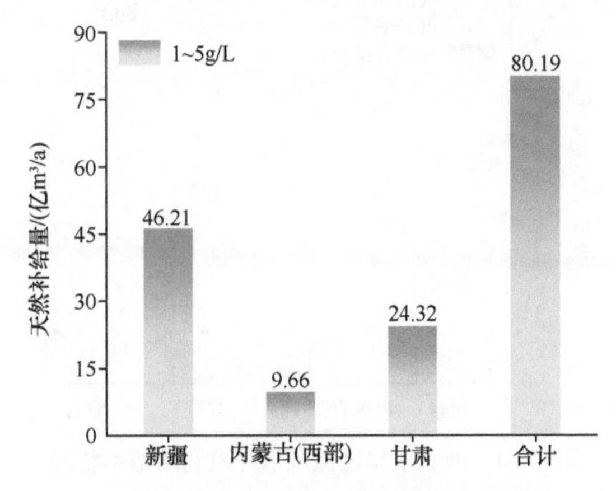

图 7.1　西北干旱区微咸水天然补给量

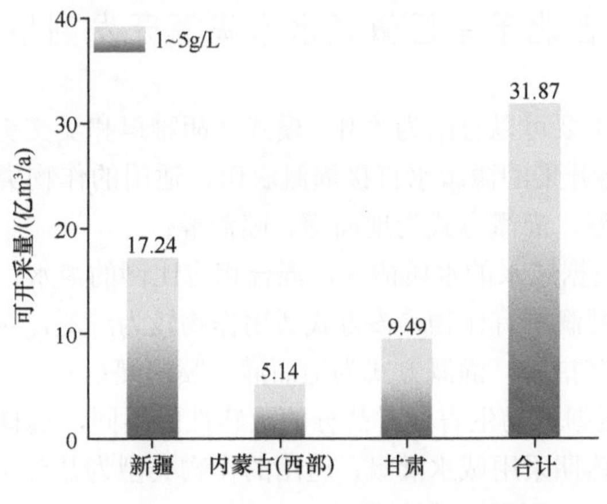

图 7.2　西北干旱区微咸水可开采量

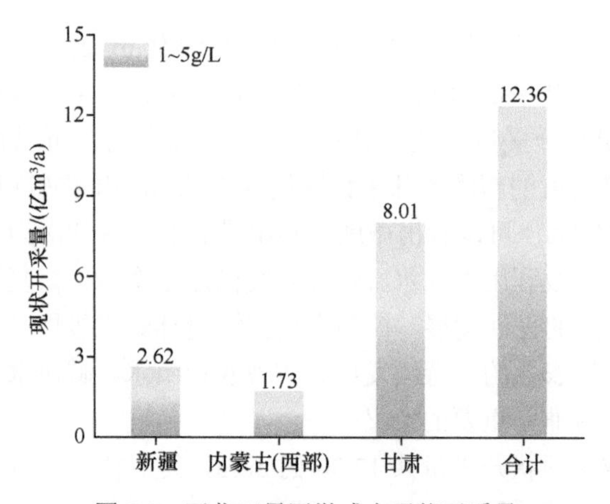

图 7.3　西北干旱区微咸水现状开采量

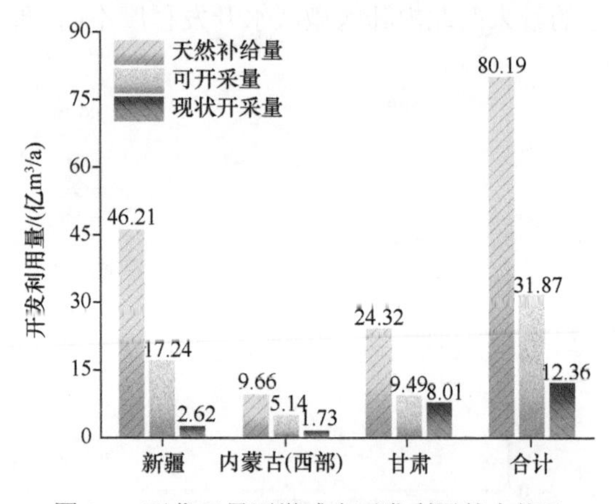

图 7.4　西北干旱区微咸水开发利用基本状况

三、西北干旱区微咸水水资源开发利用模式

微咸水灌溉方式主要可以总结为“3I”模式（胡雅琪和吴文勇，2018），包括：

（1）DI 模式，将开采的微咸水直接灌溉农田，适用的作物类型为耐盐类植物，土壤要求为土壤渗透性好，灌溉方式为地面灌、喷滴灌；

（2）MI 模式，根据咸水的水质情况，混合相应比例的淡水，使得混合后的淡水符合灌溉水质标准，可灌溉所有作物，该方式适用作物较为广泛，对土壤要求为土壤渗透性好并且需要结合农艺措施，灌溉方式为地面灌、喷滴灌；

（3）AI 模式，根据作物生育期对盐分的敏感性的不同，选择在作物盐分敏感期采用淡水灌溉，在非敏感期采用咸水灌溉，适用的作物类型为盐分敏感的作物，需要结合农艺措施，灌溉方式为地面灌、喷滴灌。

微咸水灌溉作物分类：①耐盐植物，耐盐阈值为 6.0dS/m≤EC_e<10.0dS/m。可以利用中度或重度微咸水进行灌溉；②中等耐盐植物，耐盐阈值为 3.0dS/m≤EC_e<6.0dS/m。可利用轻度或中度微咸水进行灌溉，在淋洗分数≥36%的排水控盐条件较好灌区可利用重度微咸水进行灌溉；③中等盐分敏感植物，耐盐阈值为 1.3dS/m≤EC_e<3.0dS/m。可利用轻度微咸水灌溉，在淋洗分数≥50%的排水控盐条件较好灌区可利用中度微咸水进行灌溉，不得利用重度微咸水进行灌溉；④盐分敏感植物，耐盐阈值为 EC_e<1.3dS/m。在淋洗分数≥80% 的排水控盐条件较好灌区可利用轻度微咸水进行灌溉，不得利用中度或重度微咸水进行灌溉。

选择恰当灌溉方式是利用微咸水灌溉的重点环节之一。目前我国微咸水灌溉方式主要有地面灌溉、滴灌、喷灌等（王喜和谭军利，2016）。

（1）地面灌溉技术。传统地面灌溉方式，包括畦灌、沟灌等。传统地面灌溉方法虽然耗水量大，但在很长一段时间内，我国传统地面灌溉仍是各个灌区主要的灌溉方法。在内蒙古河套地区通过沟灌灌水方式大田试验表明：利用不同水质沟灌比传统地面漫灌种植玉米平均产量可提高 15.1%。先进的地面灌溉技术，主要包括波涌灌、膜上灌等。目前，波涌灌和膜上灌是最具推广价值的改进地面灌水技术。波涌灌具有灌水均匀、省水节能、和田间水利用率高等特点。在畦田灌溉中采用波涌灌也是避免土壤次生盐渍化趋势的有效途径之一。膜上灌是一种新灌水技术，是在地面覆膜的基础上，改膜侧水流引为膜上流，用地膜输水，通过膜孔和膜侧给作物灌溉。膜上灌对水分而言，使下渗减少、灌水均匀度提高，水主要集中于作物主根区，提高了水分利用率；对土壤而言，膜上灌水增加了土壤的热量、温度和透气性；对作物而言，创造了良好的生长环境，并且投资少、易推广和见效快，特别适合在恶劣的气候地区应用。

（2）滴灌技术。滴灌技术最早是由以色列人发明的，并在 40 多年前运用到农业，能及时将作物所需生长的水分、养分适量地输送到作物的根部土壤，以起到节水、节肥效果，被认为是微咸水灌溉的较好方式。滴头下面土壤在滴灌淋洗作用下盐分向湿润锋靠近，使作物土壤含盐量明显比较小，促进了作物生长。但是长期滴灌很容易在土壤表层积盐，灌溉或降雨时盐分进入主根区，影响作物正常代谢。因而，应用少量、高频率的滴灌方式或采用地下滴灌方式可以减少这种积盐现象。覆盖地膜在我国西北等干旱地区已得到广泛推广，可保墒、抑盐、增温和减少病虫害，是一种很具发展前景的微咸水利用技术。如果使覆膜栽培与滴灌相结合，可大大减少水资源的消耗，降低盐害，获得更高的产量。

（3）喷灌技术。喷灌属于一种节水型灌溉方式，是将压力水喷洒到空中形成细小水滴，并均匀地降落到田间的灌水方法。但利用微咸水进行喷灌时，一方面作物会受到土壤盐分的胁迫；另一方面易引起植物叶片表面积盐，造成叶片脱水灼伤，共同制约作物生长。喷液灼伤程度由气候、灌溉次数等因素影响。应当采用灌水量大、灌水时间短的方法，选择在植物吸收能力最低的时段（夜间、黄昏）来进行微咸水喷灌。

膜下滴灌技术在 1996 年开始被利用，我国已经有 10 多年的膜下滴灌技术应用发展，已经在西北干旱区进行大面积的推广应用。膜下滴灌技术优于传统的灌溉技术，覆膜使土壤水分散发减少，膜下滴灌技术更能节约灌溉用水，多年实践证明，膜下滴灌技术具有节约灌溉用水和增加作物产量等优点。将微咸水和咸水滴灌技术和覆膜技术相结合，对于微咸水和咸水的开发利用具有重要作用。微咸水和咸水膜下滴灌系统能将水均匀缓慢地运送到植物的根部边缘，给农作物的生理生长提供所需要的水分，能最大程度地提高作物的产量，具有非常大的经济利用价值；微咸水和咸水膜下滴灌能够最大限度地降低土壤中盐分积累，使土壤盐渍化的风险降低，但同时要注意长期的微咸水和咸水灌溉会导致土壤的盐分积累，并危害和抑制农作物的生长发育。大量的微咸水和咸水灌溉试验研究表明，合理利用微咸水和咸水膜下滴灌技术灌溉农作物，会使农业得到持续发展。

在新疆绿洲棉田，以河水为对照（CK），利用咸水与河水混合方式，设置矿化度为 3.5g/L 的微咸水，研究微咸水滴灌对棉田水盐运移特征及棉花产量的影响。结果表明：矿化度为 3.5g/L 处理的土壤含水量、含盐量在整个生育期呈上升趋势，且随矿化度增加而增大，盛花期（7 月 21 日）前土壤含水量差异不显著，CK 的土壤含盐量最高，盛花期后土壤含盐量 5g/L＞3g/L＞CK，差异显著（$P<0.05$）。垂直方向，土壤深度增加土壤含水量增大，且随着微咸水矿化度增加土壤含水量呈增大趋势，不同处理在盛花期以后差异显著；随土壤深度的增加土壤含盐量呈下降趋势，滴灌次数越多处理间差异越大，至盛铃期（8 月 4 日）达显著水平。水平方向，距离滴头越远土壤含水量越小，且随着矿化度增加土壤含水量逐渐增大；3.5g/L 土壤含盐量在盛花期前低于 CK，盛花期后距离滴头越远土壤含盐量下降越小，且与矿化度呈正相关。与 CK 相比，3g/L 皮棉产量下降 2.1%，差异不显著，5g/L 则下降 9.6%，差异显著，产量下降主要原因是单株结铃数和单铃重显著下降，而对衣分影响不显著。因此，棉花盛花期前可利用微咸水进行滴灌，且微咸水矿化度不宜超过 3g/L（郭仁松等，2017）。

微咸水资源是水资源总量的组成部分，同样需要合理开发才能保证长期使用。微咸水在西北一些地区是主要饮用水来源，所以微咸水与淡水资源一样需要规划使用和开采。因此，在浅层微咸水分布区，如条件适宜，要全面推广微咸水淡化。深层微咸水必须慎重、合理地规划才可以开采使用，应鼓励开采地下浅层微咸水。一方面是因为取水方便，另一方面，开采浅层地下咸水不会导致地面下沉，同时有利于恢复地下水水质，改善地面土壤环境。本着“先淡后咸、先浅后深”的原则，采取灵活多样的形式，为广大咸水地区提供健康的水资源（张笑，2017）。

微咸水灌溉的技术关键是如何使土壤积盐不超过作物耐盐度，因此，需要通过试验研究制定合理的咸水灌溉制度，包括咸水灌溉量、灌溉次数、灌溉时期、灌溉水盐分浓度等。优化灌溉方式结合根层土壤盐分管理需要考虑蒸散、盐分含量、土壤类型、降水、地下水位、作物类型和水分管理的交互作用，针对微咸水或者咸水灌溉土壤盐分积累规律来因地制宜地制定合理的灌溉制度。目前，咸淡水混灌轮灌已被广泛利用。

该技术不仅可以实现微咸水资源充分高效利用，同时能较好地控制根层盐分表聚，保持作物根层水盐平衡并保障作物生产安全。作物不同生育时期对水分和盐胁迫表现不同。可因地制宜地制定后期漫灌措施，以便淋洗土壤中积累的盐分。作物收获后一次大的漫灌可有效减少土壤中盐分的累积，该措施比在生育期灌溉同样量的水在土壤控盐方面更有效。由于淡水资源的匮乏，淋盐排盐措施在有条件的地区才能进行（牛君仿等，2016）。

第二节　矿井疏干水的开发利用与潜力

随着我国经济进入新常态，经济发展对煤矿的要求逐渐提高，煤矿因低产能、高消耗及矿井资源枯竭到达生命周期面临关闭问题日益严重，同时，在供给侧结构性改革的背景下，因产能过剩关闭的煤矿数量也大幅提升。面对逐渐增加的废弃及关闭矿井，其内部的大量矿井水也被积聚、污染，严重造成了水资源的巨大浪费，而且还对矿区生态环境产生重大威胁。我国的煤炭资源和水资源呈“逆向分布”，北方地区缺水问题相对突出。对废弃矿井水进行有效处理及资源化利用是缓解水资源紧张及矿业生态文明建设的重要途径。

一、矿井疏干水水资源概况

根据国家煤矿安全监察局调查统计，我国开采 1t 煤炭约产生 2t 矿井水，近年全国煤矿每年实际排水量约 71 亿 t，但平均利用率仅为 35%。针对废弃矿井水综合开发与资源化利用，近年来国内外开展了大量的研究工作，国外对废弃矿井水处理和资源化利用技术的研究应用较早，美国制订了矿井水排放标准，已将许多成熟的方法应用于生产与处理，20 世纪 80 年代废弃矿井水的利用率已经达到 81%；俄罗斯通过将一半以上的煤矿废弃矿井水用于选煤等工业用水进行资源化利用；英国煤矿年排水量 36 亿 t，经处理后，其中 15%用于工业用水，其余 85%外排到地表水系；德国和日本通过立法的形式推动废弃矿井水资源化利用，经处理达标后，部分矿井水排放至地表，剩余则供选煤工业和矿井生产用水。

我国约 1/3 矿井为水资源丰富矿井，但我国煤矿废弃矿井水资源化利用起步相对较晚，整体上我国废弃矿井水资源化利用水平不到 25%，发展不平衡，高排放、低利用的现象依旧存在。我国 14 个大型煤炭基地中有 11 个存在不同程度的缺水问题，尤其是山西、陕西、内蒙古、宁夏、甘肃等西部地区煤炭产量占全国煤炭产量的 70%以上，而水资源占有量不足全国总量的 3.9%。因此，只有更好地保护与利用矿井水资源，能为我国矿区发展提供有力保障（李庭等，2021）。针对以上问题近年来我国学者对废弃矿井水资源化利用也开展了很多研究，袁亮等（2018）提出了考虑关闭/废弃矿井水文地质条件，分析地下水系统和环境特征并基于应力场–裂隙场–渗流场的耦合演化规律，实现对矿井水进行智能精准开发；针对我国煤矿高矿化度矿井水的特点，总结了主要的处理工艺并进行技术对比，同时结合矿区本身、周围企业及矿区生态用水特点提出了分质资源化综合利用途径；基于煤–水双资源型矿井建设与开发的理念，提出矿井水控制、处理、利用、回灌与生态环保优化组合、井下洁污水分流、井上下联合疏排等“煤–水”双资源型矿井开采的技术和方法；通过对矿井水水质进行分析，提出了分质供水梯级利用等4种矿井水资源化利用的新模式及矿井水资源化利用新技术。因此，开辟出一条矿井废水资源化和矿井废水零排放的道路，实现煤矿的绿色开采、有效缓解我国区域水资源紧张局面，对我国矿业绿色可持续发展和生态环境保护具有重要意义（孙文洁等，2022）。

二、矿井疏干水水资源的分布与特性

经计算，甘肃矿井水总储量约为90.86亿m^3，青海矿井水总储量约为44.01亿m^3，内蒙古矿井水总储量约为12054亿m^3，新疆矿井水总储量约为936.90亿m^3。

矿井水的水质优良，矿区煤层开采主要含水层有烧变岩潜水含水层、基岩裂（孔）隙潜水含水层、松散层潜水含水层、奥陶纪灰岩裂隙（溶洞）承压含水层；矿井水主要来源于这些含水层中的水和极少量的井下生产废水，因此矿井水水质与当地地下水质特征基本一致，其水质是比较好的。大多数矿井水中以煤粉岩粉为主的悬浮物较多，其他指标均正常，而悬浮物主要为无机物，不同于生活污水主要为有机物，因此处理起来相对比较容易。对于矿化度高、酸度大的矿井水都可以用相应的水处理技术将其处理成适合生产生活的用水。矿井水作为水资源开发是可行的，也是必要的。

煤矿矿井疏干水中含有各种各样的污染物。据全国煤矿矿井疏干水水质调查资料表明，矿井疏干水中普遍含有由煤粉和岩粉形成的悬浮物（含量多在500mg/L以下）及硫酸盐、重碳酸盐、氯化物等可溶性无机盐类（含量多在1000mg/L以上），还含有一定的石油成分，化学需氧量（COD）多在10mg/L以上，而一般地下水仅在2～5mg/L。矿井疏干水浑浊，色度明显，硬度大，总硬度一般多在30个德国度以上，属极硬水范畴。一些矿井疏干水中还含有有毒物质以及放射性元素等。研究区内矿井疏干水主要是含悬浮物矿井疏干水、高矿化度矿井疏干水、含氟有害物质矿井疏干水。

三、矿井疏干水开发潜力分析

西北内陆区煤炭资源丰富，且相对集中，是国家大型煤炭基地集中分布区，未来发展潜力巨大，具备接替煤炭战略西移的能力。在新疆、甘肃、青海和内蒙古中，预测保有煤炭资源总计达3.12万亿t，占全国的53.6%。根据资料统计分析，研究区矿井疏干水涌水量22.67亿m^3/a，其中新疆矿井疏干水涌水量为12.08亿m^3/a，甘肃为4.02亿m^3/a，青海为3.63亿m^3/a，内蒙古为2.94亿m^3/a，如图7.5所示。

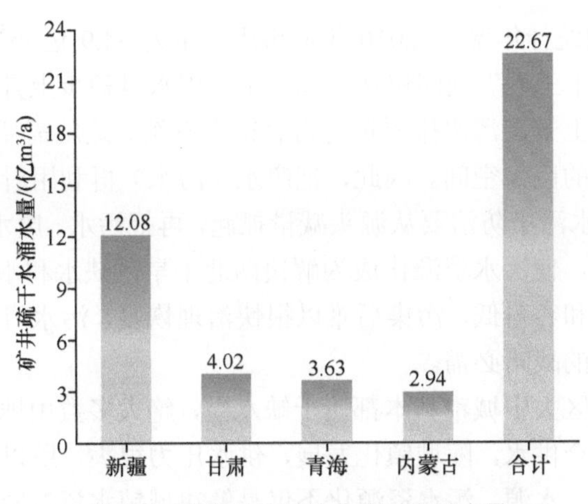

图 7.5　西北干旱区矿井疏干水涌水量

2019 年，我国煤矿矿井水资源量达 57 亿 m^3。全国 75%以上的矿井水来自缺水地区和严重缺水区的大型煤炭基地，区域水资源供需矛盾十分尖锐，水资源短缺已经成为煤炭资源富集区生态文明建设和经济社会可持续发展的瓶颈。矿井水处理利用不仅对缓解区域水资源供需矛盾具有重要意义，而且可以避免对地下水造成污染，具有经济效益，利于促进煤炭行业健康发展矿井疏干水既是一种具有行业特点的污染源，又是一种宝贵的水资源，未经处理直接排放，会造成大量水资源的浪费，并且污染环境。而将其开发利用，不仅可减少废水排放量，避免交排污费，能够节省大量自来水，节约资源费和提升电费，为矿区创造明显的经济效益。矿井疏干水开发利用开辟了新水源，减少淡水的开采量；实现“优质水优用，差质水差用”的原则，解决矿区乃至西北地区的用水难题，缓解城市供水压力，也使矿井疏干水的利用更加经济合理；矿井疏干水开发利用将会减除其对地表水系的污染，保护和美化矿区环境，保护地表水资源。因此，矿井疏干水的资源化是解决煤矿缺水和矿井疏干水污染环境的最佳选择，可以达到社会效益、环境效益和经济效益三方面效益的统一。

第三节　再生水水资源利用潜力

一、西北干旱区污水再生水水资源现状

西北内陆河与黄河流域上游地区工业用水量已达到 50 亿 m^3，污水排放总量达 35 亿 m^3，污水处理率近 20%；西北地区生态环境极为脆弱和环境容量有限，污染较为严重，在一些大型工矿基地和城市附近污染突出；河流污染情况也不乐观：尽管内陆河源头位于高大山区，仍可保持在Ⅰ类至Ⅲ类水质，但进入平原城镇和灌溉绿洲区，出现有Ⅳ类到Ⅴ类水质，而且劣Ⅴ类的河段占总监测河段的 6%以上；黄河上游污染支流重于干流，监测河段总长 6606km，Ⅳ到Ⅴ类水质河段超过 23%，属于劣Ⅴ类水质河段达

20%。按《2011 中国统计年鉴》，2010 年城市用水量为 54.9 亿 m^3，污水排放量快速增长，工业用水量在“十三五”期间快速增加，生活用水量稳步上升，生态用水总量也将随生态建设加强逐步上升，污水排放量将占有很大份额。这就需要通过相关技术创新，来挖掘出水资源开发的巨大空间。因此，把废水（污水）再利用看作为水资源开发利用的蓝海，必须认识到水污染防治要从源头减量抓起，再把污水、废水看作为可贵的资源，努力实现污水资源化。使污水资源化成为解决西北干旱区缺水和水体污染的有效途径，由于干旱区环境封闭和容量低，污染后难以很快治理恢复，污水资源化是西北干旱区有限水资源可持续发展的战略必需。

由于在西北干旱区大中城市基本都属于缺水型，绝大多数由地表水担负供水，少数为地表水和地下水联合供水，随城镇化发展，供水压力很大。所以，污水回收处理可以为城镇开发稳定的第二水源，污水资源化不仅是解决城镇水资源紧缺的重要途径，用再生水取代自来水，可为城市开拓几乎一半甚至一倍的用水量；而且污水资源化本身就是改善城镇生态环境的客观需要，既可缓解环境污染问题，减少对下游地表水和城区浅层地下水的污染，又可通过中水回灌绿色林草，为绿洲城市建设提供水源，可从根本上治理污染、提高环境质量、保障人民身体健康；而且污水资源化也是建设经济效益型城市的必要措施，既减少排污量又减缓市政排水系统压力，社会经济效益明显，成为城市生态文明建设的一项重要指标。同时，污水资源化也是进行水资源养蓄行之有效的途径，不仅在资源量上，节约了优质水，少取新水，使水源得到保养调蓄，水质上可减少排出有害污染物质的废水，治理了污染源，减轻和消除废水对水体的污染，使水环境得到改善，保护了水源，对增加水源、提高水质都有重大作用。同时将处理的污染可以直接回补给地下水位下降区、或作为地下水回补的一个重要源。

由于污水产生的途径和组成不同，污水的性质差异很大。生活污水主要含碳水化合物、蛋白质、氨基酸、脂肪及氨氮等有机物，具有一定肥效，不含有害物质，但含有大量细菌和寄生虫卵，在卫生上具一定危害；城市生活污水成分比较稳定，BOD（生物需氧量）、COD（化学需氧量）、SS（悬浮物）、NH_4^+-N（氨氮）等含量高；生产污水成分复杂，在生产过程中使用的液体和洗废水，不仅水质复杂而且有害物质浓度高，需要从源头管控好，尽可能回收添加剂或循环使用；工业废水有的 COD、BOD 高达 10^3～10^4mg/L，碱性废水的 pH 值大于 7，有的含有特殊污染物，如酚、氰、铬、铅、汞等有毒有害物质，常把食品加工，各类化工厂、染织、制革、造纸等废水排放分类处理，而占有量大的冷却水相对水质较好，可以循环使用或用作清洁水；城市雨水污水一般水质较好，但流经垃圾、废物堆或被污染的地表面，就带有有害物质，在初期排放的水质相对复杂，简单处理时可把初雨径流与工业和生活污水并列，作为污水的重要部分。由于污水都含有或多或少有毒有害物质，作为污水处理最后处置的废水，并且需要分门别类，按照城镇污水排放标准和工业废水的处理办法，按其达到预定水质要求进行加工处理。现行的污水处理分两个层次，第一是工矿企业排污进入地下水管道以前处理，是属一种污染源治理，要使排入下水管道污水水质符合国家排放标准，这是我国实施的强制性水环境保护措施。第二是进入下水管道的污水，国家要求地方政府建立专门污水处理厂，进行严格处理。

污水处理厂采用收集并集中方式来处理，现代化污水处理主要有物理、化学、生物、理化和理化生物处理等方法，一般采用三级处理，目前污水处理厂主要侧重于除去或转化污水的油类、悬浮物、重金属和妨碍污水厂运行物质或高残留有机物，以及调整 pH，这样废水处理可以达到无害化的水，成为可用的再生水资源。各地污水处理厂需要根据污水的利用和排放去向，同时考虑到水体自然净化和污水利用过程中的净化作用，用来确定污水的处理程度和相应的工艺。我国现在采用生活污水作为水源就地回收、并经过处理后达到水质标准，称中水处理产生的中水，再重新用于城市杂用水的二次供水系统，可作为一定范围内重复使用的非饮用水。当然也可从废水中获得有机污染物，转化为能源，或从废水中吸取氮、磷、钾、镁等重要的肥源和化工原料，不过目前通过废水回收有机物、化工原料和肥料成本还是相当贵，但可以看到污水的价值。处理后的污水，无论用于工业、农业或回灌地下，均须符合国家颁布的有关水质标准。污水处理回用或再生回用需要严格按照各类水质标准，再生污水回用范围比较广泛，涉及到淡水资源利用的可用于工业、城市生活、绿化、农业、环境、建筑等用水和水源补水等。需要根据不同用途建立不同回用系统，并加强管理；特别是污水再生后用于生活用水，必须经过三级处理，使水质严格达到《生活饮用水卫生标准》（GB 5749—2022）才能饮用，目前已有一些污水处理厂通过处理后可作为饮用水。可见污水资源化在今后不仅有较大的资源潜力，而且也是作为水资源开发利用和环境治理的一个重要方面。

参考各省水资源公报及统计年鉴，统计 2004～2018 年甘肃、青海、内蒙古、宁夏和新疆的废污水总量，可知西北五省区废污水总量整体表现为先增后减趋势，但仍然存在波动（图 7.6）。在 2004～2007 年逐年增长，从 32.29 亿 m^3 增长至 33.74 亿 m^3，之后在 2008 年及 2009 年略有降低，但在 2010 年废污水总量骤增至最大值（36.87 亿 m^3），随后在 2010～2016 年整体表现为缓慢减少状态，2016～2018 年又从 34.2 亿 m^3 增长至 35.99 亿 m^3。在 2004～2018 年，西北五省区平均废污水总量为 34.14 亿 m^3，其中各省份平均废污水总量从高到低依次为新疆 9.84 亿 m^3(28.83%)、内蒙古 8.79 亿 m^3(25.76%)、甘肃 8.2 亿 m^3（24.02%）、青海 3.75 亿 m^3（10.98%）、宁夏 3.55 亿 m^3（10.41%）。但各省区在 2001～2018 年之间的变化趋势差异较大（图 7.7），其中新疆废污水总量呈现波动上升的状态，在 2005 年取最小值（7.17 亿 m^3），而在 2017 年可达 12.14 亿 m^3，增长速率高达 69.32%；类似的，内蒙古在 2004 年废污水量较小，仅为 5.26 亿 m^3，在 2001～2011 年逐年递增，在 2011 年达到 10.25 亿 m^3 之后趋于稳定，2011～2018 年废污水量浮动范围为 10.24 亿～11.19 亿 m^3。但在 2004～2018 年，甘肃废污水量整体表现为下降趋势，其中在 2004 年达到最大值 11.32 亿 m^3，随后波动减少，在 2017 年达到最低值 6.23 亿 m^3，变化率为–44.96%。青海则表现为先增后减并最后趋于稳定，在 2004～2007 年，青海从 5.31 亿 m^3 增长到 7 亿 m^3，随后在 2008 年废污水量即锐减至 3 亿 m^3，之后在 2009～2018 年，废污水量在 2.47 亿～3.28 亿 m^3 之间小幅度波动。宁夏废污水平均排放量最小，变化幅度也较小，2004～2018年间仅在1.96亿～4.13亿m^3波动。

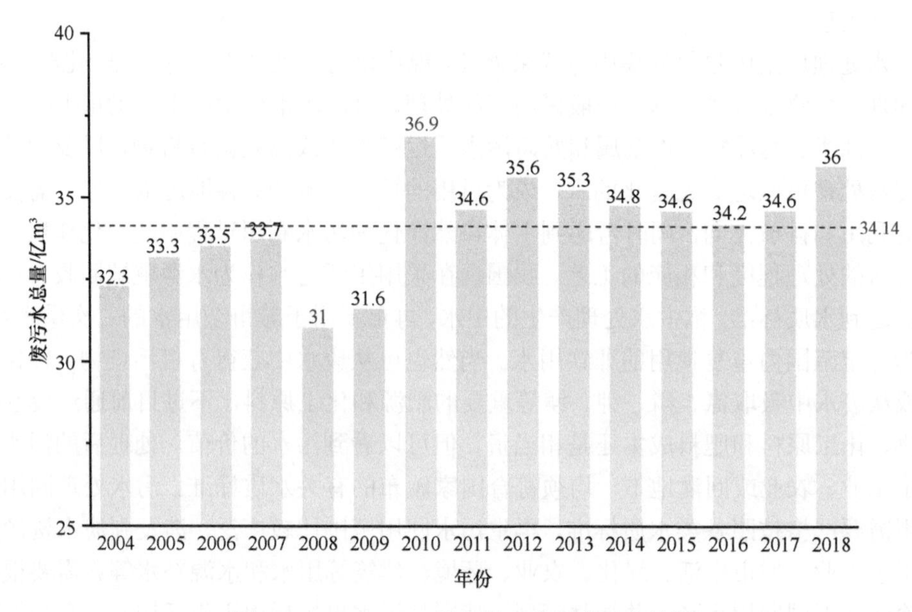

图7.6　2004～2018年西北五省区废污水总量

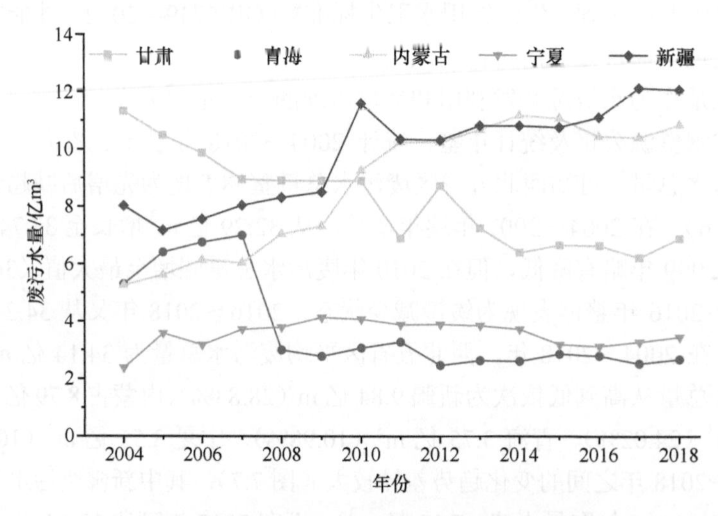

图7.7　2004～2018年西北各省区废污水量

二、西北干旱区污水再生水水资源利用率

西北干旱区地处中国丝绸之路经济带核心区，也是生态安全战略格局中的重点区域。区域包括新疆、内蒙古、甘肃和青海四省区的内陆河部分，气候干旱，降水量少，再加上近年来经济社会快速发展，水资源供需矛盾突出，水资源污染加剧，经济社会用水挤占生态用水严重，已经出现了绿洲退化、沙漠扩张等严重的生态环境问题。在新时

期国家发展战略布局下，西北内陆区经济社会发展与生态环境稳定的水资源安全保障问题突出。在有限的水资源条件下，再生水在缓解城市供水压力，弥补经济社会用水挤占的生态用水量，维持生态安全方面有显著作用，逐渐受到重视。根据2016年《中国水资源公报》，2016年西北内陆区诸河的水资源总量为1619.8亿m^3；供水总量677亿m^3，其中非常规水资源（主要是再生水）供水量为2.4亿m^3，仅占到供水总量的0.35%。由于再生水主要用于城市杂用项，因此现状调查时的目标为各省城市水资源供需和用量。通过对《2016中国城市建设统计年鉴》中西北各省关于水资源供给、利用、污水处理和再生水回用等数据进行汇总分析，对西北内陆区再生水回用特征和现状进行研究。

（一）污水处理现状

西北内陆区各地污水年处理量大部分为500万m^3以下，新疆首府乌鲁木齐为西北地区污水处理量最大的城市，达到10000万m^3以上，其次是新疆的克拉玛依、库尔勒、昌吉等地区以及甘肃省武威市和青海部分地区，污水处理量可以达到1000万m^3以上。

在实地调查过程中发现，西北地区陕西和甘肃的污水处理方式主要为污水厂集中处理，而由于地广人稀的地理特点以及基础设施建设程度不够完善等原因，其他三省区存在分散式简易污水处理设施，因此集中处理率低于污水总处理率。2016年西北地区五省区污水处理情况汇总（图7.8）显示，甘肃总污水处理率、污水集中处理率和二、三级处理率三项均高于全国平均水平，分别为93.82%、93.82%和83.44%（全国平均值分别为93.44%、89.8%和78%）；其次是宁夏，总污水处理率达到93.69%，但是污水集中处理率和二、三级深度处理率较低；总污水处理率最低的是青海，仅为77.79%，远低于全国平均水平；陕西和新疆总污水处理率略低于全国平均水平，有一定的发展潜力。

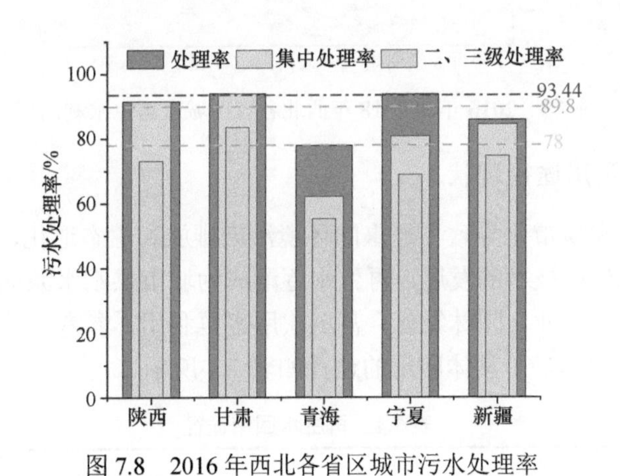

图7.8　2016年西北各省区城市污水处理率

（二）污水再生水利用现状

与污水处理量分布特点相似，污水处理量大的区域再生水利用量大。然而新疆乌鲁木齐市再生水利用量不足 500 万 m^3，仅占污水处理量的百分之五左右，西北内陆区再生水利用量整体偏低，新疆西南部、内蒙古片区和青海东部等地区尚未进行再生水回用。对于西北地区干旱缺水的现状来说，再生水是未来水资源结构的重要部分，有很大的利用潜力。

2016 年西北地区各省区的再生水利用率比较如图 7.9 所示，其中，陕西和新疆的再生水利用量达到了 8499 万 m^3 和 9036 万 m^3，再生水利用率超过全国再生水利用率的平均值 7.8%；而甘肃、青海和宁夏的再生水利用率远低于全国平均水平，有待于进一步开发。

2018 年西北地区各省区的再生水利用率比较如图 7.9 所示，西北各省区再生水利用率均远低于全国平均值（16.40%），有待于进一步推广和开发。其中，陕西最低，仅为 5%左右，考虑到陕西境内有河流水系较多，缺水程度不高，且总用水量大，因此再生水利用率小。西北内陆区的各省区再生水利用率存在区别，且具有较大的发展潜力。

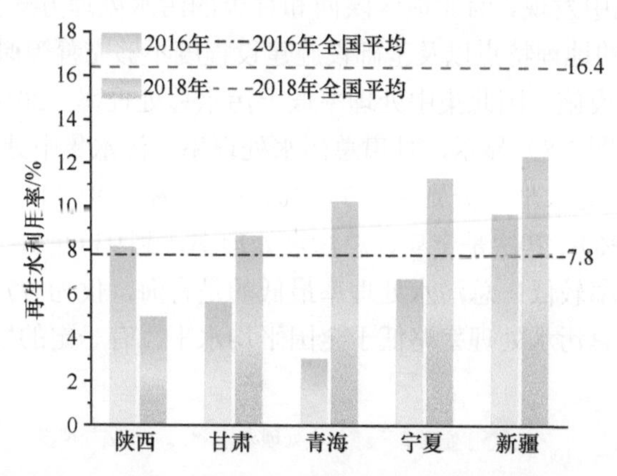

图 7.9　2016 年和 2018 年西北各省区城市再生水利用率

（三）再生水利用途径现状

快速的工业化和城市化导致了严重的环境污染排放和生态退化，导致淡水资源的供应减少。随着污水处理技术的发展，再生水逐渐成为城市供水水源的重要组成部分，现已被广泛用于工业、农业、园林绿化，甚至饮用水再利用，参考《城市污水再生利用分类》（GB/T 18919—2002），具体回用的途径如表 7.4 所示。

表 7.4　再生水回用途径

分类	范围	示例
农、林、牧、渔业用水	农业灌溉	种子与育种、粮食与饲料作物、经济作物
	造林育苗	种子、苗木、苗圃、观赏植物
	畜牧养殖	畜牧、家禽、家畜
	水产养殖	淡水养殖

续表

分类	范围	示例
城市杂用水	城市绿化	公共绿地、住宅小区绿化
	冲厕	厕所便器冲洗
	道路冲洗	城市道路冲洗及喷洒
	车辆冲洗	各种车辆冲洗
	建筑施工	施工场地清扫、浇洒、混凝土制备与养护、建筑物冲洗
	消防	消火栓、消防水炮
工业用水	冷却用水	直流式、循环式
	洗涤用水	冲渣、冲灰、消烟除尘、清洗
	锅炉用水	中压、低压锅炉
	工艺用水	溶料、水浴、蒸煮、漂洗、水力开采、水力输送、稀释、搅拌、选矿、油田回注
	产品用水	浆料、化工制剂、涂料
环境用水	娱乐性景观环境用水	娱乐性景观河道、景观湖泊及水景
	观赏性景观环境用水	观赏性景观河道、景观湖泊及水景
	湿地环境用水	恢复自然湿地、营造人工湿地
补充水源	补充地表水	河流、湖泊
	补充地下水	水源补给、防止海水入侵、防止地面沉降

（1）城市杂用及生态环境补水。为了保证城市居民的健康，再生水回用于城市杂用项前应该经过严格的紫外照射等消毒过程；考虑到再生水运输需要区别于常规水源供水管道，为了节约成本，应该在城市内合理设置取水点，供环卫车辆补水，供水范围应涵盖风景区、森林公园、城市主要绿地、人员密集街道等；从保护环境质量的角度看，景观用水需要满足氮磷等指标，防止水体蓝绿藻的产生，在城市河道景观内可以种植一些具有净水能力的植物，以使水质达标和水体生态稳定。

（2）工业回用。在城市用水中，工业占比很大。面对需水量大、水价上涨的现实，工业企业除了提高水循环利用率以外，还要逐步将城市污水再生后回用，其优势在于：①紧邻供水源，就近取用避免长距离引输；②水源稳定，枯水期变动不大；③城市污水厂出水达到一级 A 标准后稍加补充处理，即可满足许多工业部门水质要求，成本低。

城市污水处理后回用于工业的主要途径有冷却用水、锅炉补充水和部分工艺用水。其中，冷却用水对水质要求低，且其需求量占工业用水的 80%左右，是再生水工业利用时的主要用户；对于一般锅炉补充用水和高压锅炉用水，水质要求高，一般需要经过软化、脱盐等工艺处理，经济欠发达的西北地区不建议使用；由于工业用水水质要求会根据不同的工业工艺而存在较大差异，不便统一配置，因此在人口稀少的西北地区不建议进行工业工艺过程的回用。

（3）农业用水。与城市杂用类似，农牧渔业用水水质主要考虑生态风险；运输方面，从城市集中性污水处理厂或再生水厂到农灌区距离长，管道建设成本高，再生水回用于农业的实际操作性不强。

目前再生水利用还不完善，主要体现在再生水利用率低、污水处理工艺不完善及政策法规不完善等方面。鉴于此，应从各方面出发，保证再生水的高效利用，从而节约水资源。

三、推进再生水利用的措施与建议

为推进我国及西北干旱区再生水利用，李肇桀和刘洪先（2021）提出了推进再生水利用的措施与建议，主要包括：

（一）建立和完善再生水利用的相关法规制度

加快制订出台有关再生水利用的专门性法规，或修改完善相关的法规，将再生水利用从管理体制、利用规划、工程建设、设施运维、监测监督等方面，明确在相应的法规制度里，作出再生水利用法规制度的顶层设计，为各地开展再生水利用立法、规范推进再生水利用工作等提供指导。同时，各地要以国家再生水利用有关法律法规文件为指南，结合本地实际需要，因地制宜推进再生水利用立法工作，不断健全相关法规制度。

（二）健全再生水利用技术规范与标准

制订健全包括设施设计、工程施工、运行管理、污水处理、水质监测等在内的一系列再生水利用技术规范，完善再生水利用技术规范体系。同时，结合再生水推广使用情况，开展针对不同用途的再生水水质标准修订工作，明确不同用途再生水水质的重点监测指标与指标范围，特别是要根据生态功能区和河湖水功能区的管理要求，对再生水水质指标作进一步细化和明晰。

（三）科学制定再生水利用规划

组织编制再生水利用专项规划，并与当地水资源综合规划、城市总体规划、土地利用规划、城市排水与污水处理规划等相协调。再生水利用规划应明确再生水利用的目标（重点是再生水的利用率）、再生水厂建设布局、输配管网布置方案、再生水供应安全保障、规划实施相关措施等。尤其在再生水厂建设、再生水管网建设、再生水用户的预估等方面都要预留足够的发展余量。明确再生水利用的重点领域，与其他水资源形成合理分工、优势互补的供水格局，鼓励园林绿化、水景观、道路冲洗、车辆清洗、热电企业等优先使用再生水。鉴于居民家庭使用再生水存在较大的安全风险且监管难度大，在制定再生水利用规划时，不建议将居民家庭作为再生水用水户。

（四）加快推进再生水厂与输配管网建设

由于西北内陆区地形限制，城市污水处理厂大多建于海拔低处，导致再生水利用难度加大，需要扬水；其次是受气候限制，再生水资源可灌溉的绿化植被等，冬季不需要灌溉，因此需考虑再生水资源的冬季储存问题。

因此，各地应因地制宜开展再生水厂建设布局，通过对现有污水处理厂进行提标升级改造或新建再生水厂，进一步加快再生水厂建设。同时，要根据再生水利用规划和再生水重点配置领域，全面推进再生水输配管网配套建设，打通再生水输配管网断头路，特别是要疏通再生水管路的“最后一公里”，使再生水直接通达现有工业企业、园林绿化等用水户。对于新建工业园区，要将再生水利用纳入园区建设规划，在布局建设再生水厂时，要根据再生水利用远景规划，配套建设再生水输配水管网。

（五）制定出台再生水利用有关激励政策

一是完善再生水的供给优惠政策。对投资建设再生水利用设施的企业和个人提供贴息、低息贷款以及土地、城市开挖等方面的支持；确保再生水生产企业能够享受到优惠电价、税费减免、财政补贴、资金补助与奖励等激励政策。二是出台再生水的消费刺激政策。对于使用再生水的用户，由政府给予一定补贴。科学制定再生水价格，使再生水与自来水保持合理价差，发挥价格对再生水利用的促进作用。

（六）加强对再生水利用工作的监督检查

建立包括政府、社会等在内的再生水利用安全监管体系，完善生产、输配与使用等环节的再生水安全监管制度，规范对再生水及管网设施的使用，强化对再生水水质、水量与水压的监测管理，防范再生水利用风险。同时，由水利（务）、住房和城乡建设、生态环境等有关部门建立污水处理与再生利用联合执法队伍，开展污水处理与再生利用综合执法，定期或不定期对再生水利用的有关政策落实、法规制度贯彻、规范标准执行、项目规划实施、设施建设推进、生产运营管理，以及再生水的生产与使用等情况进行检查，及时发现问题，督促整改落实，推动再生水利用的健康可持续发展。

四、再生水资源化应用的环境风险防控建议

在选用水源时，为了保障后续污水再生处理系统进行正常、高效、稳定的运行，必须使进入城市污水收集系统的污水达到一定的水质标准，从而获得高质量的再生水。再生水水源主要以使用生活污水为主，减少对工业废水的使用。当工业废水和医药废水进入污水收集系统时，需要选用合适的处理方法对其进行预处理，从而使得工业废水和医药废水的水质满足相关排放标准，达标后才可进入污水收集系统（陈卓等，2019）。

再生水中含有大量营养物质和多种微生物，包含各种致病菌，为了防止环境污染，有必要选择合理的灌溉方式，还可以实现营养物质的有效利用。国外曾有研究表明，地表滴灌和地下滴灌可以有效降低再生水灌溉时引起的土壤污染。因此，对于不同污水类型、不同土壤条件下，为了更好地保证再生水在农业灌溉上的长足发展，必须选用适合农作物的污灌方式、次数、最佳灌溉时间及灌溉定额；为了防止再生水中的重金属离子

对土壤造成污染，尽量采用生活污水作为再生水的来源；为了保障再生水在农业灌溉中的利用安全，需要检测必要的指标。在进行间接食用农作物灌溉用水中，需要重点检测重金属、有毒有害有机物、病原微生物、TDS 等指标。在进行非食用农作物农田灌溉时，应重点监测病原微生物和 TDS 等指标（仵丽洋，2021）。

第四节　可被开发利用的其他非常规水资源

一、深层地下水和干旱盆地地下水

西北干旱区山前平原有巨厚的沉积层，为储存地下水提供了极有利的条件，初步估算几个大型的山前平原，第四纪含水层净储存水量达 5 万亿～8 万亿 m^3。除之而外，因地形和地质条件，在许多山前平原，大型盆地断陷凹地的第四系松散层和第三系中生界地层中，埋藏有浅层和深层承压自流水，这是更新世几次多水期形成的产物。准噶尔盆地北部、柴达木盆地、河西走廊、塔里木盆地的天山南麓和喀什—和田凹陷中皆露有第四系自流水层，在 50～300m 深度内至少有一个含水层，甚至多达 6 层，水头可高出地面 1～5m，水质多数属淡水，局部地区为 1～3g/L，出水量高达 2～3L/s；另外在黄河流域的银川平原、河套平原、乌兰布和沙漠、伊犁谷地等也有自流水盆地存在。

西北干旱区大型盆地大多为广大沙漠所占据，尽管沙漠降水在 50～100mm 之间，但多以暴雨形式降落，并在干沙层较薄的部位入渗补给地下水，有时呈淡水透镜体形式存在。由于沙漠沙层较厚，水分极易渗漏和保存，成为西北干旱区良好的储水构造。初步估算沙漠地区天然降水对潜水补给量可达 45 亿 m^3 以上，在沙丘下伏的 100～200m 范围的地下水含水层中，还蓄积有大量的储水量（冯起等，1997）。

二、河流洪水和雨洪资源化

西北干旱区河流洪水主要形成于山区，有高山带冰川洪水、中山带季节性融雪洪水和中低山暴雨洪水之分，往往带有大量泥沙迅猛下泄出山，常造成各种大小洪水灾害。但是洪水又具有资源、环境、生态等多种功能。由于以夏洪为特点，夏汛期径流量占年径流总量 60%～80%，甚至更多些，洪水总量与年径流量密切相关，而且洪水也是山前平原绿洲与人类生存的淡水源和主要能量物质源泉，要在防洪安全前提下，实现洪水资源化。将洪水资源转化为地下水，由于洪水补给，地下水水质较好，可作为城乡主要生活水源，而且还可回补超采的地下水位，控制水位下降，更可以在山前修建地下水库，蓄积山区河道的夏汛洪水，作为平原稳定供水水源，还可减少蒸发损失，增加可利用性；可用洪水输送水库和河道中的泥沙，用洪水调沙，或引水拉沙或冲沙，在山谷淤积成田；还可引导洪水作为荒漠绿化和生态建设的补给水源，或直接引洪淤灌林草。这样通过工程、非工程等手段，以最小的投入换取最大的经济、社会和环境效益，使灾害洪水转变为资源洪水。但在洪水资源化时还应注意到水库的防洪、泄洪和调沙安全，洪水流速大、含沙量高与引洪淤灌造成的不安全风险。因此，要在保证水库和下游河道、引洪建筑安全条件下，生态环境允许，才能采用这些措施达到资源化目的（何传武，2007）。

西北地区雨洪利用具有悠久历史。在 1960 年代修建鱼鳞坑、梯田、截水沟、筑土坝就地蓄雨并防治水土流失（Mikkelsen et al.，1999），并对农业发展起到较大推动作用；随后创造大口井、水塘和贮水窖等设施，集蓄村镇的庭院场地、屋面、道路、硬质坡地等汛期雨水，不仅解决旱季庭院经济补充灌溉，而且也解决人畜饮用水。自 20 世纪 80 年代起，真正意义雨洪资源利用是在修建梯田、谷坊、水平沟、造林等水土保持及雨水集流的基础上，在黄土沟壑修建淤地坝、小塘坝和小型水库等，不仅拦蓄暴雨洪水，还可集蓄沟谷径流，创造出了黄土高原小流域治理经验，既保持水土，又造就淤田；雨水集流也由传统的浇灌利用与现代的节水灌溉相结合，将雨洪资源蓄存在人工修建的窑窖和储水柜中，用来发展庭院经济种植的补灌水源，并可补充村镇居民生活和企业工农业生产用水；雨洪集流也发展到西北内陆城郊的半干旱山坡，采用山坡等高线挖沟种植耐旱林草，开展集雨绿化，保持了水土，改善了环境；同时随城镇化快速发展，城市硬质地面增加，城市雨洪管理问题愈发突出（郭永辰，2004）。为此，借鉴国外雨洪资源利用经验，我国也开展了城市雨洪资源的研究与应用，主要采取工程和非工程措施，分散实施、就地拦蓄、储存和就地利用城市雨洪，避减洪涝灾害，增辟城市可利用水源，改善城市居住环境。结合西北干旱区特点，需要开展城市雨洪收集、储存和利用系统建设，可以有效缓解城区水资源短缺，建筑物屋顶、市政广场、运动场、草坪、庭院、城市道路都可以作为收集雨水界面，雨水收集储存于专门修建的蓄水池，汇集的城市雨洪水经过滤、渗透的利用处理，可作为非饮用水源，或作为清洁、绿化用水；需要尽量增加雨水入渗通道，减少封闭地面，采用绿化植被至土壤层间增设贮水层、透水层等办法减缓雨水地表径流速度，增加城市土壤相对含水量，降低暴雨期间防洪压力，并使城市地下水得到补偿；也可利用雨水资源发展屋顶绿化，净化空气，美化城市；还可利用雨水回灌，通常通过渗透性好的土壤和地层，采用渗漏净化补给补充地下水（郭永辰，2004）。

第五节　本 章 小 结

针对西北干旱区资源型缺水的特点，本章重点分析了西北干旱区微咸水、矿井疏干水、再生水水资源的开发潜力，研究结果显示：

（1）西北干旱区微咸水可开采量为 31.87 亿 m^3/a，现状开采量为 12.36 亿 m^3/a，现状开采量较低，开采程度为 38.8%。其中，新疆微咸水天然补给量和可开采量最高，但现状开采量较低，开采程度仅为 15.2%，内蒙古（西部）阿拉善盟地区开采程度为 33.7%，甘肃为 84.4%，可以看出微咸水具有较大的开发利用潜力。

（2）西北干旱区矿井疏干水涌水量22.67亿m^3/a，其中，新疆矿井疏干水涌水量为12.08亿m^3/a，甘肃为4.02亿m^3/a，青海为3.63亿m^3/a，内蒙古为2.94亿m^3/a。矿井疏干水的资源化是解决煤矿缺水和矿井疏干水污染环境的最佳选择，可以达到社会效益、环境效益和经济效益三方面效益的统一。

（3）西北干旱区多年平均废污水总量为34.14亿m^3/a。各省（自治区）平均废污水总量从高到低依次为新疆9.84亿m^3（28.83%）、内蒙古8.79亿m^3（25.76%）、甘肃8.2亿m^3（24.02%）、青海3.75亿m^3（10.98%）、宁夏3.55亿m^3（10.41%），西北五省（自治区）再生水利用率介于5%～12%，均低于全国平均值（16.40%），具有一定开发利用潜力。

除以上非常规水资源外，西北干旱区也存在较难转化或不能直接取用的水资源，如深层地下水等。它们要么蓄存年代长久、更新周期较长，要么开采成本高、技术难度较大。加快开展对非常规水资源开发利用的研究，积极开发利用非常规水是解决西北内陆区水资源短缺的重要途径，对保障西北干旱区水资源安全具有重要意义。

参考文献

陈卓，胡洪营，吴光学，等. 2019. ISO《城镇集中式水回用系统设计指南》国际标准解读. 给水排水, 55(03): 139-144.

杜虎林，熊建国，马振武，等. 2005. 塔里木沙漠公路与沙漠油田区域水资源研究及其利用评价. 北京: 海洋出版社.

冯起，曲耀光，程国栋. 1997. 西北干旱地区水资源现状、问题及对策. 地球科学进展, 12(1): 66-73.

高前兆，杜虎林. 1996. 西北干旱区水资源及其持续开发利用//刘昌明，何希吾，任鸿遵. 中国水问题研究. 北京: 气象出版社.

高前兆，李小雁，俎瑞平. 2005. 干旱区供水集水保水技术. 北京: 化学工业出版社.

高前兆，王润，孙良英. 1995. 塔克拉玛干沙漠腹地地下水资源与油田绿化建设，日本干旱区土地研究(英文). 日本沙漠研究, 5S: 263-266.

郭仁松，林涛，徐海江，等. 2017. 微咸水滴灌对绿洲棉田水盐运移特征及棉花产量的影响. 水土保持学报, 31(1): 211-216.

郭永辰，陈秀玲，高巍. 1992. 咸水与淡水联合运用的策略. 农田水利与小水电, 06: 15-18.

郭永辰. 2004. 综合利用城市雨洪资源. 南水北调与水利科技, (6): 27-28.

何传武. 2007. 浅议西北干旱区洪水资源化. 科技咨询导报, 136(9): 136.

胡雅琪，吴文勇. 2018. 中国农业非常规水资源灌溉现状与发展策略. 中国工程科学, 20(5): 69-76.

李庭，李井峰，杜文凤，等. 2021. 国外矿井水利用现状及特点分析. 煤炭工程, 53(1): 133-138.

李肇桀，刘洪先. 2021. 关于再生水利用的短板分析与对策建议. 水利发展研究, 11: 65-67.

蔺海明. 1996. 干旱农业区对咸水灌溉的研究与应用. 世界农业, (2): 45-47.

刘友兆，付光辉. 2004. 中国微咸水资源化若干问题研究. 地理与地理信息科学, 20(2): 57-60.

龙爱华，程国栋，樊胜岳，等. 2001. 我国水资源管理中的行政分割问题与对策. 中国软科学, 8: 17-21.

龙秋波，袁刚，王立志，等. 2010. 邯郸市东部平原区微咸水现状及开发利用研究. 水资源与水工程学报, 21(4): 127-129.

吕烨, 杨培岭. 2005. 微咸水利用的研究进展//杨培岭. 都市农业工程科技创新与发展. 北京: 水利水电出版社.
牛君仿, 冯俊霞, 路杨, 等. 2016. 咸水安全利用农田调控技术措施研究进展. 中国生态农业学报, 24(8): 1005-1015.
阮明艳. 2006. 咸水灌溉的应用及发展措施. 新疆农垦经济, 04: 66-68.
孙文洁, 任顺利, 武强, 等. 2022. 新常态下我国煤矿废弃矿井水污染防治与资源化综合利用. 煤炭学报, 47(6): 9.
王劲峰, 刘昌明, 王智勇, 等. 2000. 水资源空间配置的边际效益均衡模型. 中国科学(D 辑), 31(5): 421-427.
王卫光, 张仁铎, 王修贵. 2004. 咸水灌溉下土壤水盐变化的试验研究. 灌溉排水学报, 3: 1-4.
王喜, 谭军利. 2016. 中国微咸水灌溉的实践与启示. 节水灌溉, (7): 56-59.
王艳娜, 侯振安, 龚江, 等. 2007. 咸水资源农业灌溉应用研究进展与展望. 中国农学通报, 23(2): 393-397.
吴忠东. 2008. 微咸水畦灌对土壤水盐分布特征和冬小麦产量影响研究. 西安: 西安理工大学.
仵丽洋. 2021. 再生水资源化技术及应用研究. 农业与技术, 41(14): 135-138.
徐秉信, 李如意, 武东波, 等. 2013. 微咸水的利用现状和研究进展. 安徽农业科学, 46(31): 13914, 13918.
袁亮, 姜耀东, 王凯, 等. 2018. 我国关闭/废弃矿井资源精准开发利用的科学思考. 煤炭学报, 43(1): 14-20.
张笑. 2017. 水资源中微咸水的合理开发与利用. 山东工业技术, 16: 44.
Ai-Sulaimi J, Viswanathan M N, Naji M. 1996. Impact of irrigation on brackish groundwater lenses in north Kuwait. Agricultural Water Management, 31(12): 75-90.
Allan T. 1999. Productive efficiency and allocative efficiency: why better water management may not solve the problem. Agricultural Water Management, 40(3): 71-75.
Ioslovich, Gutman P A. 2001. Model for the global optimization of water prices and usage for the case of spatially distributed sources and consumers. Mathematics and Computer in Simulation, 56(1): 347-356.
Mikkelsen P S, Adeler O F, Albreehtsen H J, et al. 1999. Collected rainfall as water resource in Danish households-What is the potential and what costs are. Water Science and Technology, 39(5): 49-56.
Regnault Roger C, Hamraou A, Holeman M, et al. 1993. Insecticidal effect of essential oils from Mediteranean plants upon Acanthoscelides obtectus Say (Coleoptera, Bruchidate), a pest of kidney bean (*Phaseolus vulgaris L.*). Journal of Chemical Ecology, 19: 1233-1244.

西北干旱区水资源承载力与优化配置

水资源是西北干旱区社会经济发展和生态环境建设的主要约束条件，水资源可持续利用是其绿色发展的重要前提。科学评估水资源承载能力，通过优化配置和宏观调控促进区域水资源可持续利用，对于解决西北干旱区水资源利用存在的问题、以水定规模发展社会经济和保障西北干旱区绿色发展具有重要意义。

本章从水资源可持续利用角度出发，系统评估了现有禀赋条件和未来情景下西北干旱区水资源对人口和经济的承载力。研究结果显示，随着用水结构调整、水资源利用效率提升以及水资源利用量外延的不断拓宽，西北干旱区水资源承载力处在不断提升和增强态势。就水资源利用而言，2012 年以来，新疆水资源总量增加使得承载力得到一定程度提升。新疆伊犁地区、阿勒泰地区及巴音郭楞蒙古自治州等地，仍有较大开发利用潜力。

第一节 西北干旱区水资源承载力

水资源承载力是以可持续发展理论为原则，在维系良好的水生态环境前提下，在一定技术水平和生活福利条件下，水资源所能承载的最大社会经济规模。其中“以可持续发展为原则”意味着不能取用不可更新的水资源以及生态需水，技术水平表明特定的产业结构和用水效率水平，生活福利标准可以用人均 GDP 来表征。在实际进行最大化计算时常常不明确应该对哪个指标进行最大化。从根本上说，人口是水资源最终的承载对象，而经济规模只是中间载体（贾绍凤等，2004）。水资源承载力受福利水平（人均 GDP）和用水效率等多种因素影响，在其他条件不变的情况下，随着人均 GDP 增加，水资源可承载的人口规模急剧下降。在相同人均 GDP 的条件下，用水效率水平越高，水资源可承载的人口规模也越大，表明提高用水效率水平可以提高水资源的可承载能力，即承载的人口规模越大。

水资源承载力是以水量约束来研究水资源对经济社会发展的支撑能力，即在保证生态环境需水前提下，水资源能否满足经济社会发展的用水需求。通过对水资源承载力概念与内涵的解析，结合对已有评估方法的比较，采用系统分析法来研究西北干旱区的水资源承载力，既要满足当地经济社会发展对水资源开发利用需求，又要考虑生态环境用水需求。利用优化方法求解水资源承载能力问题，即在满足了生态环境用水的前提下，在用水效率水平、福利水平等约束条件下，有限的水资源可利用量所能承载的最大人口数，具体计算公式如下：

$$\text{MaxPop} \tag{8.1}$$

$$\text{Total\_WatUse} \leqslant \text{Wat\_avail} \times \text{Pop} + \text{Wat\_recy} \tag{8.2}$$

$$\text{Total\_WatUse} = \text{Dom\_WatUse} + \text{Ind\_Watuse} + \text{Agr\_Watuse} \tag{8.3}$$

$$\text{Dom\_WatUse} = \text{Pop} \times \text{Quota\_Dom} \tag{8.4}$$

$$\text{Ind\_Watuse} = \text{GDP} \times \text{Rate\_Ind\_GDP} \times \text{Quota\_Ina} \tag{8.5}$$

$$\text{Agr\_Watuse} = \text{Grain\_yield} \times \text{Rate\_irrg\_area} / \text{Grain\_per\_Wat} \tag{8.6}$$

$$\text{GDP\_per\_Pop} = \text{GDP} / \text{Pop} \geqslant \text{MinGDP\_per\_Pop} \tag{8.7}$$

$$\text{Grain\_Per\_Pop} = \text{Grain\_yield} / \text{Pop} \geq \text{MinGrain\_per\_Pop} \tag{8.8}$$

式中，Pop 为可承载的人口规模，万人；Total_WatUse 为总用水量，万 m^3；Wat_avail 为可供用水量，万 m^3；Wat_recy 为再生水利用量，万 m^3；Dom_WatUse 为生活用水量，万 m^3；Ind_Watuse 为工业用水量，万 m^3；Agr_Watuse 为农业用水量，万 m^3；Quota_Dom 为人均生活用水量，m^3/人；Rate_Ind_GDP 为工业增加值占 GDP 比例，%；Quota_Ina 为万元工业增加值用水量，m^3/万元；Grain_yield 为粮食产量，万 t；Rate_irrg_area 为灌溉面积占耕地面积的比例，%；Grain_per_Wat 为单方灌溉水生产的粮食产量，kg/m^3。GDP_per_Pop 为人均 GDP，万元/人；MinGDP_per_Pop 为人均 GDP 最低标准，万元/人；Grain_Per_Pop 为人均粮食产量，万 t/人；MinGrain_per_Pop 为人均粮食最低标准，万 t/人。具体参数含义如下：

（1）可供用水量（万 m^3），可供水量是指在满足河道内基本生态环境用水、河道内基本生产用水以及维持地下水采补基本平衡的前提下，根据来水条件、供水要求、供水系统状况及调度规则等因素，可供河道外利用的水量，包括地表水、地下水以及外流域调水和其他水源供水量等。因从天然水体取用的水并不是全部被消耗掉了，而是有一部分水回退到了天然的水体中（如灌溉过程中的退水），这些回归水可以被下游地区重复利用进行灌溉。因此，重复供水倍数可表示成用水消耗系数的倒数。随着水资源用水效率的提高，回水量会逐渐减少，用水消耗系数会逐渐增加。考虑到西北干旱区蒸发量大，地区间水资源流动性较内地差，水资源的重复利用较内地少，这里水重复利用系数取1.05。

（2）人均生活用水量（m^3/人），人均生活用水量等于生活用水量与总人口之比，是衡量用水效率的一部分。人均生活用水量越高，反映了生活发展水平越高。人均生活用水的估算是在各地区现状生活用水水平的基础上，根据社会发展进程，按趋势法推算规划水平年的人均生活用水量。

（3）工业增加值占 GDP 比例，工业增加值占 GDP 比例是衡量地区工业发展水平的一个指标。因工业用水效率往往较农业用水效率高，工业增加值在经济总产值中的比值越大，反映了地区工业化程度越高，社会用水效率相对也越高。具体可根据工业化发展水平，结合有关经济社会发展规划，按趋势法估算规划水平年各地区工业增加值的比例。

（4）万元工业增加值用水量（m^3/万元），万元工业增加值用水量等于工业用水总量与工业增加值之比，是衡量地区工业用水效率水平的重要指标。考虑工业化技术改进，节水水平呈逐步提高的趋势，推断各规划水平年的万元工业增加值用水水平。

（5）单方灌溉水生产的粮食产量（kg/m^3），单方灌溉水粮食产量等于灌溉的粮食产量与灌溉用水量之比，是衡量农业用水效率的重要指标。单方灌溉水粮食产量越高，表明单方灌溉水所生产的粮食越多，越利于粮食安全的保证。反之，单方灌溉水粮食产量越低，农业用水效率越低，不利于保障粮食安全。

（6）人均 GDP（万元/人），人均 GDP 代表了地区生活福利水平，人均 GDP 越大，生活福利水平越高。以现状人均 GDP 为基础，根据全国及相邻省区的经济社会发展趋势，估算规划水平年西北干旱区人均 GDP，可据此来估算不同水平年的承载状况。

对于区域一定水资源可利用量，每设定一组用水效率参数（人均生活用水量，万元工业增加值用水量，单方灌溉水粮食产量）和福利水平参数（人均 GDP），就可以采用承载力评估模型式（8.1）至式（8.8）计算，得到相应的水资源承载能力，即可承载的人口规模。

一、水资源可利用量计算

水资源可利用量是指在近期下垫面条件下和可预见的时期内，统筹考虑生活、生产和生态环境用水，通过技术可行的措施，在当地现状下垫面条件下的水资源总量中可供经济社会取用的最大水量。计算公式如下所示：

地表水资源可利用量=地表水资源量+入境水量–出境水量–生态需水量　（8.9）

水资源可利用量=地表水资源可利用量+地下水资源可开采量–重复计算量（8.10）

可开发地表水量是指在经济合理、技术可能及满足河道内用水并顾及下游用水的前提下，通过蓄、引、提等地表水工程措施可能控制利用的河道外一次性最大水量（不包括回归水的重复利用）。某一分区的地表水资源可利用量，不应大于当地河川径流量与入境水量之和再扣除相邻地区分水协议规定的出境水量。

（一）新疆水资源可利用量

新疆水资源并不丰富，如果按地均水资源 51883m^3/km^2 来衡量，不足全国平均的五分之一。单位面积产水量仅为 50000m^3/km^2，为全国的 1/6，耕地的单位面积水资源占有量为 1058m^3/亩，接近全国的平均数。新疆维吾尔自治区水文水资源局对新疆地表水资源进行了三次评价，通过比较发现三次评价地表水资源量仅相差 1%。三次地下水资源评价结果分别为：370 亿 m^3、383 亿 m^3 和 395.35 亿 m^3，三次结果相差约 7%。三次水资源评价计算结果表明新疆的水资源年际变化不大。由此测算全疆可开发利用的水资源量为 429 亿 m^3，其中，全疆地表水 372 亿 m^3，地下水 83 亿 m^3（地表水与地下水之间有一定的重复量）。新疆可开发利用的水资源量具有明显的区域特征（表 8.1），吐–哈盆地诸小河 13.4 亿 m^3，占其水资源总量的 54%；阿尔泰山南麓诸河 62.9 亿 m^3，占其水资源总

表 8.1　新疆可用水资源量分析　（单位：亿 m^3）

分区		自产地表水	地表径流量	平原区地下水	自产水资源总量	含入境水资源总量	可开发地表水总量	可开采地下水总量	可开发利用水资源总量
吐–哈盆地诸小河	小计	21.0	21.0	13.2	25.1	25.1	8.3	6.5	13.4
	巴伊盆地	5.8	5.8	3.1	6.8	6.8	2.3	1.4	3.4
	哈密盆地	4.6	4.6	2.7	5.7	5.7	1.8	1.4	3.1
	吐鲁番盆地	10.6	10.6	7.4	12.6	12.6	4.2	3.7	6.9
阿尔泰山南麓诸河		102.3	123.3	19.4	106.2	127.2	61.1	4.6	62.9
中亚西亚内陆区		180.0	186.6	37.7	184.2	190.7	91.4	9.3	95.4

续表

分区		自产地表水	地表径流量	平原区地下水	自产水资源总量	含入境水资源总量	可开发地表水总量	可开采地下水总量	可开发利用水资源总量
天山北麓诸河	小计	105.6	105.6	42.0	115.3	115.3	47.0	19.0	57.0
	天山北麓东段	9.9	9.9	5.4	11.1	11.1	4.9	3.0	6.1
	天山北麓中段	53.5	53.5	20.0	58.4	58.4	26.8	11.0	32.1
	艾比湖水系	42.2	42.2	16.6	45.8	45.8	15.3	5.0	18.8
塔里木河流域	小计	303.4	365.3	171.2	320.3	382.2	146.1	38.4	181.0
	和田河	51.4	51.4	15.1	53.7	53.7	20.6	3.8	24.2
	叶尔羌河	73.7	76.8	34.5	75.2	78.3	30.7	8.6	39.1
	喀什噶尔河流域	47.8	52.1	31.6	51.9	56.2	20.8	7.9	28.1
	阿克苏河	46.0	100.5	32.9	49.6	104.1	40.2	8.2	46.9
	渭干–库车河	36.3	36.3	22.2	39.4	39.4	14.5	5.5	19.7
	开都–孔雀河流域	48.2	48.2	16.0	50.1	50.1	19.3	4.0	22.6
	塔里木河干流			18.9	0.4	0.4		0.4	0.4
昆仑山北麓诸小河	小计	45.6	45.6	21.5	48.9	48.9	18.2	5.4	19.5
	克里雅河诸小河	24.3	24.3	11.7	26.1	26.1	9.7	2.9	10.4
	车尔臣河流域	21.3	21.3	9.8	22.8	22.8	8.5	2.5	9.1
	北疆地区	387.9	415.5	99.1	405.7	433.2	199.4	32.8	215.3
	东疆地区	20.9	20.9	13.2	25.1	25.1	8.4	6.4	13.5
	南疆地区	348.9	410.8	192.7	369.2	431.1	164.3	43.8	200.5
	总计	757.7	847.2	305.0	800.0	889.4	372.1	83.0	429.3

量的 50%；中亚西亚内陆区 95.4 亿 m^3，占其水资源总量的 50%；天山北麓诸河 57 亿 m^3，占其水资源总量的 49.5%；塔里木河流域 181 亿 m^3，占其水资源总量的 48%；昆仑山北麓诸小河 19.5 亿 m^3，占其水资源总量的 40%。

（二）祁连山–河西走廊水资源可利用量

祁连山–河西走廊降水从南向北、自东向西减少，从祁连山、乌鞘岭到北部的沙漠，降水量从 400～600mm 迅速衰减到 50mm 以下。一年中冬季降水最少而夏季降水较丰，6～9 月降水量占全年降水量的 2/3 以上。祁连山–河西走廊水资源量如表 8.2 所示。其中，黑河水系地表水资源量 39.01 亿 m^3，地下水资源量 20.11 亿 m^3，地表与地下水重复量 16.96 亿 m^3，水资源总量 42.16 亿 m^3；疏勒河地表水资源量 18.80 亿 m^3，地下水资源量 9.27 亿 m^3，地表与地下水重复量 8.68 亿 m^3，水资源总量 19.39 亿 m^3；石羊河地表水资源量 18.1 亿 m^3，地下水资源量 7.96 亿 m^3，地表与地下水重复量 5.48 亿 m^3，水资源总量 20.57 亿 m^3。2020 年祁连山–河西走廊各类工程总供水量为 72.23 亿 m^3，其中地表水 50.69 亿 m^3，地下水 20.11 亿 m^3，污水回用及雨水利用等其他供水为 1.43 亿 m^3（表 8.3）。其中黑河总供水量为 32.49 亿 m^3，占总供水的 45%。祁连山–河西走廊地区地下水资源可开采量为 25.3 亿 m^3，其中石羊河、黑河、疏勒河分别为 7.5 亿 m^3、14 亿 m^3 和

3.8 亿 m^3。从各类工程的供水量看，蓄水工程直接供水 27.07 亿 m^3，占总供水量的 37%，为主要供水水源，引水工程供水 20.18 亿 m^3，占总供水量的 28%，地下水资源供水 20.11 亿 m^3，其他工程供水量为 4.78 亿 m^3。考虑出、入国境水量和生态环境用水的情况，扣除地表水资源可利用和地下水资源可开采量之间的重复计算量，计算得到祁连山–河西走廊地区水资源可利用量为 53.8 亿 m^3。其中，石羊河流域 13.1 亿 m^3、黑河流域 31.6 亿 m^3、疏勒河流域 9.1 亿 m^3，分析计算结果如表 8.4 所示。

表 8.2　祁连山–河西走廊水资源总量　（单位：亿 m^3）

分区	地表水资源量	地下水资源量	地表水地下水不重复量	水资源总量
黑河	39.01	20.11	3.15	42.16
石羊河	18.10	7.96	2.47	20.57
疏勒河	18.80	9.27	0.59	19.39

表 8.3　2020 年祁连山–河西走廊供水量　（单位：亿 m^3）

分区	地表水资源供水量				地下水资源供水量	其他水资源供水量		总供水量
	蓄水	引水	提水	跨流域调水		污水处理回用	雨水集蓄及其他	
疏勒河	8.37	3.90	—	—	3.05	0.13	0.05	15.51
黑河	11.05	10.83	0.15	—	9.73	0.70	0.03	32.49
石羊河	7.64	5.45	0.60	2.69	7.32	0.45	0.07	24.23

表 8.4　祁连山–河西走廊地区水资源可利用量　（单位：亿 m^3）

水资源分区	地表水资源量	入境水量	生态需水量	水资源可利用量
石羊河	18.1	0.0	6.3	13.1
黑河	39.0	0.0	9.8	31.6
疏勒河	18.8	0.0	10.3	9.1
总计	75.9	0.0	26.4	53.8

注：扣除地下水可开采量中的重复量。

二、水资源利用现状

（一）新疆水资源利用现状

“三山夹两盆”的地理条件决定了新疆的水资源禀赋和开发利用在空间上差异明显（贾绍凤等，2004）。天山北坡经济带 GDP 占全区的 56%，是新疆的经济发展中心，但其水资源量仅为全区的 12%，现状水资源利用率高达 80%；伊犁河谷区是新疆重要的生态保护与旅游区，新疆向西开放的桥头堡，经济发展主要以特色旅游业、现代农牧业、边境商贸及服务业为主。伊犁河水资源丰富，水资源量占全区水资源总量的 20%，开发程度仅约 21%，具备向外区域输水的条件；额尔齐斯河河谷区是国家西北生态安全屏障、重要的水源涵养和旅游集散地，产业发展主要以旅游业、现代农牧业、绿色产业为主，适度发展金属矿产资源开采。额尔齐斯河是新疆的第二大河，水资源开发利用程度为19%，具有向外区域输水的潜力；吐–哈盆地区域煤炭、石油等矿产资源较为丰富，该区域是全区能源富集发展区，开发潜力较大，但却是新疆水资源最紧缺的地区，多年平均水资源总量25.1亿m^3，占新疆水资源总量的3%，现状水资源开发程度高达93%，区域水资源难以支撑经济高质量发展；天山南坡产业带油气资源与煤炭资源丰富，是国家西气东输的主气源地，是新疆重要的石油化工基地、煤炭基地、石油天然气化工产业带和国家级农产品主产区，而其降水量仅为171mm，水资源总量135.5亿m^3，现状水资源开发利用强度达到76%，区域资源性缺水严重；塔里木盆地南缘，将构建以喀什经济开发区为中心的“大喀什”经济圈，水资源开发利用程度高达76%。

（二）祁连山–河西走廊水资源利用现状

祁连山–河西走廊2020年农业灌溉、林牧渔畜、生态环境、工业、城镇和居民生活用水量如表8.5所示，其中农业灌溉用水量占比最高（约78%）。祁连山–河西走廊各流域2010～2016年用水量总体变化不大，黑河总用水量增加4.7亿m^3，其中地下水供水量增加0.8亿m^3；石羊河用水量减少1.1亿m^3，其中地下水供水量增加1.4亿m^3；疏勒河总用水量增加0.9亿m^3，其中地下水供水量增加0.3亿m^3。正常来水年份地表水供水50.69亿m^3，占总供水量的70%，地下水供水20.11亿m^3，工农业总需水量68.18亿m^3，生态需水量9.33亿m^3，缺水量7.62亿m^3，缺水程度为10%。耗水量中农业占91%，工业占2%，城镇公共占1%，居民生活占2%，生态环境占4%。

表8.5　2020年祁连山–河西走廊用水量　　（单位：亿m^3）

分区	农田灌溉用水量				林牧渔畜用水量				
	水田	水浇地	菜田	小计	林果灌溉	草场灌溉	鱼塘补水	牲畜用水	小计
疏勒河		8.07	0.97	9.05	0.66	0.13	0.01	0.09	0.88
黑河	0.01	22.47	4.32	26.80	1.83	0.15	0.03	0.24	2.25
石羊河		16.13	2.75	18.89	1.12	0.06	—	0.24	1.42

分区	生态环境用水量				工业用水量			
	城乡环境	河道外河湖补水	河道内河湖补水	小计	火（核）电	国有及规模以上	规模以下	小计
疏勒河	0.76	0.26	3.63	4.65	0.30	0.29	0.07	0.66
黑河	0.88	0.27	—	1.15	0.13	1.11	0.11	1.35
石羊河	0.37	0.46	1.42	2.25	0.04	0.52	0.11	0.67

分区	城镇公共用水量			居民生活用水量			总用水量
	建筑业	服务业	小计	城镇	农村	小计	合计
疏勒河	0.01	0.06	0.07	0.14	0.07	0.21	15.52
黑河	0.06	0.24	0.30	0.45	0.21	0.66	32.51
石羊河	0.08	0.21	0.29	0.41	0.33	0.74	24.26

三、水资源承载力

（一）新疆水资源承载力

新疆不同用水效率水平下水资源可承载人口规模随人均 GDP 变化过程，如图 8.1 所示。图中的曲线为不同用水效率水平下（Quota_Dom，Quota_Ind，Grain_per_Wat），水资源可承载人口随人均 GDP 变化的轨迹线。曲线组呈由左上向右下倾斜，表明随着人均 GDP 增加，在其他条件不变的情况下，水资源可承载的人口规模下降。图中越靠近右上方的曲线，用水效率水平越高，在相同人均 GDP 条件下，水资源可承载的人口规模也越大，这表明提高用水效率水平可以大幅度提高水资源的可承载能力，即承载的人口规模越大。同时也说明了人均 GDP、用水效率水平对水资源的承载能力有显著影响，水资源承载力取值范围是一个受人均 GDP、用水效率水平等多种因素影响的宽广的范围。

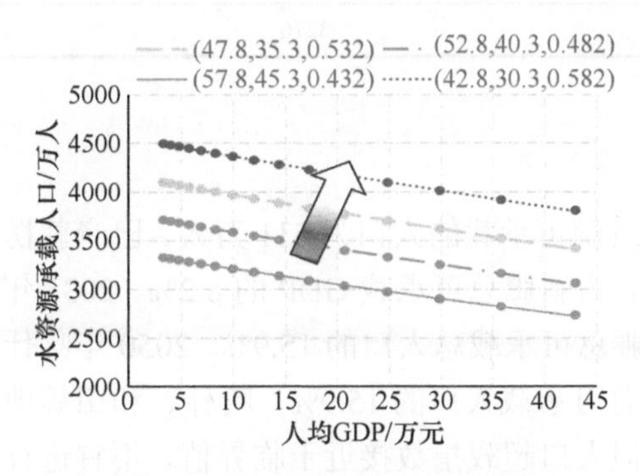

图 8.1　新疆水资源承载力谱系图

根据《新疆统计年鉴》，2020 年新疆总人口为 2585.23 万人，GDP 为 1.38 万亿元。粮食产量 1583.4 万 t。2020 年总用水量 549.93 亿 m^3，其中地表水供水 423.54 亿 m^3，地下水供水 121.93 亿 m^3，中水利用 4.46 亿 m^3。根据式（8.1）至式（8.8）计算得到现状年新疆的水资源承载力，结果如表 8.6 所示。现状年新疆水资源可承载人口 3276 万人，人口超载指数为 0.79，总体上不超载，可承载的 GDP 为 2.04 万亿元。预测 2035 年新疆水资源可承载人口规模为 3474 万人，可承载经济规模为 3.66 万亿元，人均 GDP 达 10.5 万元。预测 2050 年新疆水资源可承载总人口为 3695 万人，可承载的经济规模为 4.67 万亿元，人均 GDP 达到 12.6 万元。

表 8.6　新疆各地区水资源承载力（2020 年）

地区	人口/万人	GDP/亿元
乌鲁木齐市	292	2405
克拉玛依市	28	505
石河子市	75	294
吐鲁番市	64	342

续表

地区	人口/万人	GDP/亿元
哈密市	77	694
昌吉回族自治州	217	1742
伊犁哈萨克自治州直属县（市）	708	6682
塔城地区	122	1033
阿勒泰地区	117	705
博尔塔拉蒙古自治州	61	474
巴音郭楞蒙古自治州	249	1661
阿克苏地区	352	1492
克孜勒苏柯尔克孜自治州	63	172
喀什地区	511	1285
和田地区	340	893
总计	3276	20379

1. 南疆地区

现状年喀什地区水资源可承载的人口为511万人。巴音郭楞蒙古自治州水资源可承载的GDP为1661亿元，占新疆总可承载GDP的8.2%。2035年，喀什地区可承载人口规模为551万人，占新疆总可承载总人口的15.9%。2050年喀什地区水资源可承载的人口为588万人，占新疆总可承载人口的15.9%。喀什、和田等地区承载的人口占总承载人口的比例相对较大，但人口超载指数接近于临界值，不宜进行大规模经济社会取用水活动。未来水资源承载潜力较大的地区主要集中在巴音郭楞蒙古自治州（葛全胜和王训明，2022）。

2035年南疆巴音郭楞蒙古自治州可承载的经济规模最大，占新疆总可承载GDP的8.4%。2050年巴音郭楞蒙古自治州可承载的经济规模占新疆总可承载GDP的10%。总体而言，南疆巴音郭楞蒙古自治州地区水资源开发利用仍有一定潜力。

南疆地区的水资源承载力虽不超载，但因水资源短缺，生态环境脆弱，生态环境用水压力较大，可承载的人类经济社会规模非常有限，水资源的人口超载指数已接近临界状态，如喀什、阿克苏、和田等地区，在无跨流域调水的条件下不宜再进行大规模水资源开发利用。

2. 北疆地区

现状年（2020年）伊犁哈萨克自治州直属的地区（以下简称伊犁地区）水资源相对丰富，生态环境较好，可承载的人口为708万人，占新疆总可承载人口的21.6%。水资源可承载人口最少的地区为克拉玛依市（28万人），占新疆总可承载人口的0.9%，其次为吐鲁番市，可承载的人口为61万人，占新疆总可承载人口的1.9%。现状年伊犁地区可承载的 GDP 为 6682 亿元，占新疆总可承载 GDP 的 32.8%。可承载 GDP 最少的地区为石河子市（294 亿元），占新疆总可承载 GDP 的 1.4%。通过现状年人口与计算的承载力人口结果进行对比，得到各地区水资源人口超载指数，如表 8.7 所见。

表 8.7　现状年（2020 年）新疆各地区人口超载指数

地区	人口超载指数
乌鲁木齐市	1.39
克拉玛依市	1.75
石河子市	1.65
吐鲁番市	1.09
哈密市	0.88
昌吉回族自治州	0.80
伊犁哈萨克自治州直属县（市）	0.40
塔城地区	0.93
阿勒泰地区	0.57
博尔塔拉蒙古自治州	0.80
巴音郭楞蒙古自治州	0.67
阿克苏地区	0.88
克孜勒苏柯尔克孜自治州	0.98
喀什地区	0.88
和田地区	0.74

在现状年福利水平和用水效率的基础上，根据未来发展水平对规划水平年新疆各地区水资源可承载力进行计算，2035 年作为水资源相对较丰富的伊犁地区可承载的人口规模最大（表 8.8 和表 8.9），为 737 万人，占新疆总可承载人口的 21.2%。2050 年伊犁地区可承载的人口规模最大，为 773 万人，占新疆总可承载人口的 20.9%。未来水资源承载潜力较大的地区主要集中在伊犁和阿勒泰等地区。

表 8.8　规划水平年新疆各地区承载人口规模　（单位：万人）

地区	2035 年人口	2050 年人口
乌鲁木齐市	309	317
克拉玛依市	33	37
石河子市	67	73
吐鲁番市	65	78
哈密市	97	111
昌吉回族自治州	225	245
伊犁哈萨克自治州直属县（市）	737	773
塔城地区	130	134
阿勒泰地区	127	139
博尔塔拉蒙古自治州	66	70

续表

地区	2035年人口	2050年人口
巴音郭楞蒙古自治州	266	287
阿克苏地区	369	397
克孜勒苏柯尔克孜自治州	67	70
喀什地区	551	588
和田地区	364	376
总计	3473	3695

表8.9　规划水平年新疆各地区承载经济规模　（单位：亿元）

地区	2035年GDP	2050年GDP
乌鲁木齐市	4792	5473
克拉玛依市	148	199
石河子市	107	117
吐鲁番市	1021	1682
哈密市	1081	1570
昌吉回族自治州	2421	2653
伊犁哈萨克自治州直属县（市）	8880	10584
塔城地区	2060	2354
阿勒泰地区	3183	3903
博尔塔拉蒙古自治州	979	1254
巴音郭楞蒙古自治州	7249	8708
阿克苏地区	3436	4044
克孜勒苏柯尔克孜自治州	1878	2264
喀什地区	4902	5949
和田地区	1487	2226
总计	43624	52980

2035年伊犁地区可承载的经济规模最大，占新疆总可承载GDP的24.9%。乌鲁木齐市可承载的经济规模也比较大，占新疆总可承载GDP的12.7%，人均GDP达到14.7万元。作为国家重要石油化工基地和新疆重点建设的新型工业化城市，克拉玛依市可承载的经济规模为608亿元。作为水资源丰富地区，2050年伊犁地区可承载的经济规模最大，占总可承载经济规模的23.4%，人均GDP为12.4万元。乌鲁木齐市占总可承载经济规模的11.7%。总体而言，北疆伊犁和阿勒泰地区水资源开发利用仍有一定潜力。

（二）祁连山–河西走廊地区的水资源承载力

由于数据获取等方面的问题，祁连山–河西走廊地区水资源承载力以甘肃6个地级市（酒泉、嘉峪关、张掖、金昌、武威和白银）为例计算。现状年甘肃省降水量为142.2mm，与1956～2000年多年平均降雨量（139mm）相接近。对甘肃省各地市火电直流冷却用水量、特殊情况用水量和地下水实际开采量进行核算和折减，火电直流冷却用水甘肃折减量 620 万 m^3，其中酒泉市火电用水折减量 30 万 m^3，张掖市火电用水折减量 590 万 m^3。据《全国水资源承载能力监测预警技术大纲》要求，在用水总量控制指标口径用水量基础上，按照现状年地表水与地下水供水比例，核算地下水开采量。在此基础上，按照全国水资源调查评价划定的平原区与山丘区分界线，分析获取各地级行政区现状年用水总量控制指标口径平原区、山丘区地下水开采量。核算结果表明甘肃地下水开采量与平原区地下水开采量相同（表 8.10）。

表 8.10　祁连山–河西走廊各地（市）用水总量控制指标口径地下水开采量表（单位：万 m^3）

地区		用水总量控制指标口径地下水开采量	
		地下水开采量	其中平原区
甘肃省	酒泉市	69488	69488
	嘉峪关市	7880	7880
	张掖市	59222	59222
	金昌市	23727	23727
	武威市	52927	52927
	白银市	17	17
	合计	213261	213261

第二节　西北干旱区水资源优化配置

水资源优化配置是水资源规划的重要组成部分，是在特定区域或流域范围内，遵循高效、平等和可持续的原则，通过工程与非工程措施，考虑市场经济规律和资源配置原则，通过合理抑制需求、有效增加供水、积极保护生态环境等手段，对有限的、不同形式的水资源在区域间和各用水部门间进行时间和空间上的科学分配。随着西北干旱区社会经济发展和城市化进程的加快，水资源短缺将依然严峻，在很大程度上又影响和制约了区域社会经济发展（栾巍，2006）。在这种严峻态势面前寻求合理的水资源利用和配置方式，是实现西北干旱区可持续发展目标的首要前提（方创琳，2001）。本节首先介绍了西北干旱区水资源优化配置的基本思路和模型构建，进而结合典型案例介绍了西北干旱区水资源优化配置的经验。

一、水资源优化配置思路和模型构建

中国工程院在 2003 年 1 月向国务院汇报《西北地区水资源配置生态环境建设和可持续发展战略研究》时，提出了西北地区水资源配置的相关要求。总体上，在今后的发展中必须坚持人与自然和谐共存的方针，必须以水资源的可持续利用支持社会经济的可持续发展。不但要统筹兼顾河流的上中下游，而且要充分考虑地表水和地下水的复杂转化，以及地下水的可持续利用。在配置水资源时，要留有适当的余地，确保水资源的可持续利用。2010 年国务院批复《全国水资源综合规划（2010—2030 年）》，《黄河流域及西北内陆区水资源综合规划》作为其重要组成部分，是今后一个时期内西北内陆区水资源开发、利用、配置、节约、保护与管理的主要依据。该规划明确提出要统筹兼顾流域经济社会发展和维持河流健康生命的各方面需求，协调好生活、生产、生态用水的关系，上、中、下游统筹兼顾，地表水、地下水统一配置，保证各子流域维持一定的下泄水量。水资源紧缺的哈密盆地、吐鲁番盆地、天山北坡东段和中段等区域，可适当调高经济耗水的比例；对于生态环境极其脆弱、有重大生态环境保护目标的流域，原则上其经济耗水比例按 40%～45%考虑。边境河流（我国境内），在充分考虑境内生态用水及下游国情况后综合确定，原则上可按流域总径流量的 50%计算（邓铭江和石泉，2014）。

水资源多维协同配置模型是基于流域/区域/计算单元的“自然–社会”二元水循环过程调控模型，涉及水资源、社会、经济、生态、环境等多目标的决策问题，将水资源系统、经济社会系统和生态环境系统作为有机整体，由控制参量预测模块、优化配置模块和有序度评价模块三部分组成，以优化配置模块为核心，以控制参量和序参量为抓手，以多重循环耦合迭代技术为手段，以预测模块的控制参量为主要输入变量，将各子系统序参量融入水资源配置目标函数及约束条件中，以水资源–经济社会–生态环境复合系统的有序演化为总目标，运用有序度协同各参量时空分布，通过模型多重循环耦合迭代计算，实现系统协同作用，使各子系统、各构成要素围绕系统的总目标产生协同放大作用，最终达到系统高效协同状态，实现水资源–经济社会–生态环境复合系统协同有序发展。

控制参量预测模块：①在经济社会、水土资源、生态环境等规划的指导下，结合所处流域位置、发展现状及发展战略等，在充分考虑水资源禀赋条件、产业结构调整、节水和治污、生态环境保护等诸方面前提下，基于水资源、水环境承载能力和“以水定城、以水定地、以水定人、以水定产”的原则，对经济社会指标、产业结构和用水效率指标进行合理预测，生成经济社会及生态环境系统需水侧控制参量，为方案设置做准备；②基于 M-K 法对地表水径流量进行趋势分析，进而利用构建的 GA-BP 模型对未来水平年地表水径流进行预测，利用地下水均衡模型与配置模型的动态耦合，定量刻画和模拟不同水资源开发利用模式下地下水可开采量，生成水资源系统供给侧控制参量。

优化配置模块：基于流域/区域/计算单元的“自然–社会”二元水循环过程调控，涉及水资源、社会、经济、生态、环境等多目标的决策问题，将水资源系统、经济社会系统和生态环境系统作为有机整体，由目标函数、决策变量和约束条件等组成，运用运筹学原理在优化配置模块牵引下实现水资源在不同时空尺度（流域/区域/计算单元，年/月）、水源和行业多维度满足水资源–经济社会–生态环境协同配置要求的多重循环迭代计算。

有序度评价模块：为合理评价多种水资源配置方案的优劣，根据协同学原理中的序参量和有序度，对水资源系统、经济社会系统、生态环境系统各设置一正一负的序参量指标，给出阈值范围和有序度的计算公式，构建基于协同学原理的有序度评价模型，对流域水资源优化配置方案集进行评价和筛选。

二、水资源优化配置实证分析

水资源分布特点、利用方式、经济社会和生态环境发展目标等具有区域差异性，决定了水资源优化配置要“一河一策”或“一区一策”。考虑到数据获取困难、优化配置目标多样和章节篇幅有限等原因，在西北干旱区水资源优化配置思路和方向指导下，本部分以黑河流域为实证案例，构建流域水资源优化配置模型，提出黑河地表–地下水联合优化配置的具体方案，为干旱区水资源优化配置提供借鉴。

黑河流域地表–地下水联合配置方案：黑河干流自莺落峡出山，流经甘州、临泽、高台，汇入梨园河至正义峡为黑河中游段。根据地下水与地表水的补排关系可以把张掖盆地分为补给区和排泄区，补排关系的转换点在黑河大桥附近。根据地形地貌、供水水源、土地利用类型等因素把中游研究区划分为甘州灌区、临高灌区、梨园河灌区三个区域。黑河干流自正义峡流出后经哨马营、狼心山两个控制断面，分别注入东、西居延海。河道两岸自然植被丛生，远离河道处大部分为沙漠戈壁。根据供水水源、地下水埋深、植被种类等把下游划分为十个区域。

以2016年为现状水平年，2035年、2050年为规划水平年，在确保各规划水平年经济与生态协调发展的前提下，结合相关规划对黑河干流中下游各区域进行供需水预测。在多年平均来水情况下，根据相关规划，拟定中游地表水可利用量为8.7亿m^3，地下水可开采量为4.81亿m^3；正义峡下泄流量和下游地下水不重复量作为下游研究区水资源可利用总量。农业、工业、生活以及生态需水量采用定额法计算，根据《张掖统计年鉴》等相关资料和规划确定，研究区现状年农田灌溉面积为169.05万亩，在保持灌溉面积基本不变的情况下，研究区作物灌溉定额由甘肃省行业用水定额（2017年）确定；现状年万元工业增加值为70.62亿元，预计2016～2035年研究区万元工业增加值年均增长6%，2035～2050年年均增长4%；现状年研究区总人口82.46万人、城市居民用水定额为199L/（人·d）、农村居民用水定额为55 L/（人·d），预测2035年、2050年人口自然增长率为6‰、6‰，黑河流域城镇居民用水定额为220 L/（人·d）、240 L/（人·d）、农村居民用水定额为70 L/（人·d）、90 L/（人·d）；根据《黑河流域近期治理规划》要求，黑河流域绿洲规模应恢复到20世纪80年代水平，把1987年的绿洲规模作为可持续发展规模，可以基本保持荒漠绿洲的生态稳定。基于1987年、2016年遥感影像解译结果确定，现状年研究区植被面积为3910.41km^2，规划2035年、2050年植被面积恢复到4794.6km^2、6481.1km^2。最小粮食需求量选用400kg/人；地下水补给系数选用0.52；初始地下水位选用2016年实测值；地表水供水价格为0.168元/m^3，地下水供水价格为0.88元/m^3。

2035年黑河中游总配水量为13.11亿m^3（其中地下水配水4.7亿m^3），其中甘州灌区、梨园河灌区、临高灌区配水量分别为6.54亿m^3、1.67亿m^3、4.9亿m^3，分别占总来水量的49.89%、12.74%、37.37%，三个灌区作物面积、人口分布、作物产量和单价等的不同导致配水结果不同；下游总配水量为11.38亿m^3，其中，地表水、地下水配水量分别为9.79亿m^3、1.59亿m^3，在东河区内，东河下段（低埋深）区配水量最多，东河中段（高埋深）区配水量最少，这主要是由于区域内植被面积、类型和地下水位的不同所导致的，不同区域的需水与植被盖度、面积呈正相关关系。西河区内总体需水规律与东河区一致，西河中段配水量最多，西河下段（高埋深）配水量最小；东河配水比例大于西河，这主要是由于东河植被的面积与盖度均大于西河，且额济纳旗的政治、经济、文化中心均在东河（图8.2）。总的来说，黑河流域中下游地表水和地下水的开采量均小于可供水量，这样的取水模式可有效预防植被退化等环境问题，有助于流域可持续发展；饮用水是优先满足的，其次考虑更多的水量分配给生态，由于要保证水质，饮用水全部来自地下水。

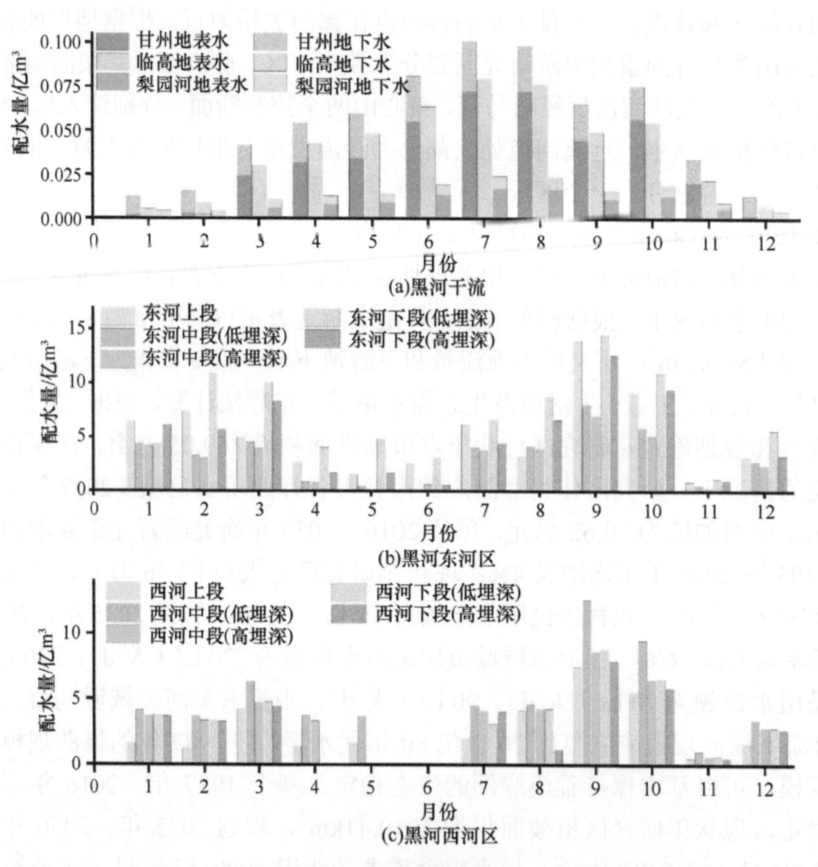

图8.2　2035年黑河流域地表水与地下水优化配置结果

2050年中游总配水量为12.51亿m^3（其中地下水配水4.81亿m^3），其中甘州灌区、梨园河灌区、临高灌区配水量分别为6.25亿m^3、1.59亿m^3、4.67亿m^3；分别占总来

水量的49.96%、12.71%、37.33%，中游配水量相较于2035年有所下降，一方面由于中游产业结构转型，把工业效益作为主要的经济来源，另一方面，为达到下游恢复目标、保持生态稳定的目的，需要更多的水流入荒漠绿洲中。下游总配水量为12.09亿m^3，其中地表水、地下水分别配水10.5亿m^3、1.59亿m^3，东河、西河分别配水4.72亿m^3、2.31亿m^3，总体配水规律与2035年一致（图8.3）。总的来说，各分区的配水量均小于可供水量，这有利于黑河流域内水资源的可持续利用。

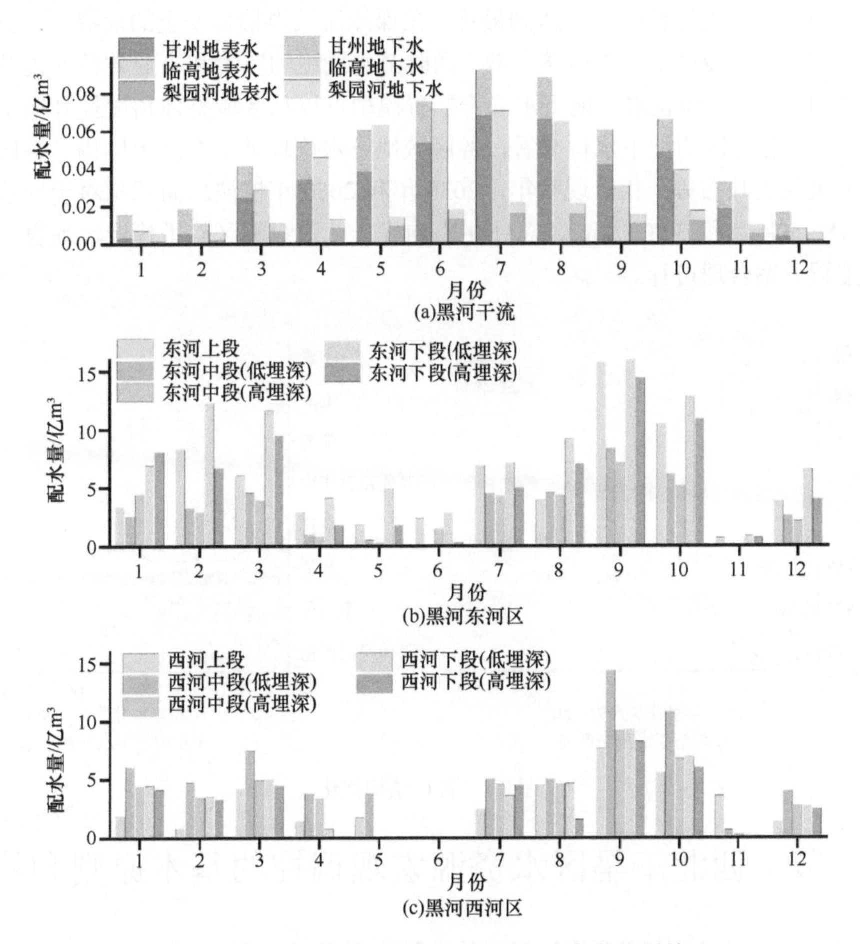

图8.3　2050年黑河流域地表水与地下水优化配置结果

地表水与地下水联合配置结果需要从经济、社会和生态环境等各方面进行合理性分析。从年内分配来看，中游配水量呈现先增加后减少的趋势，主要集中在6～8月，这与当地主要作物——玉米、小麦等的需水规律一致；下游需水主要集中在3～10月，而缺水情况主要发生在3～6月和11月，从作物种植结构优化的角度来看，水资源趋向配置于制种玉米、蔬菜等低耗水、高产值的经济作物，其中2035年制种玉米、蔬菜的配水量分别占农业总配水量40.6%、39.75%，两种经济作物已经达到总配水量的80.35%。

在农业配水量进一步降低的情况下，通过加大节水力度和作物结构的优化调整，2050年农业效益基本与2035年持平，制种玉米、蔬菜两种经济作物总体的配水比例较之2035年有所下降，这是由于人口的增加导致了基础粮食作物的需求量增加，在农业配水总体偏小的情况下经济作物配水量所占比例有所降低，但仍旧是主要农业作物（图8.4）。流域经济效益与用水效率不断提高，相较现状年，2035年水分生产力提升了0.675kg/人，2050年水分生产力提升了0.725kg/人，用水效率与经济效益的提升主要是由于经济目标趋向于使用更少的水使目标函数达到最优，在保障流域内粮食安全的前提下，更多的水资源被分配到用水少产值高的经济作物，同时节水设施的完善和工业效益的提升也是一个重要原因。因此，地表水与地下水联合配置模型可以从区域整体角度提升用水效率和经济效益。从各分区的地下水位来看，各区域地下水位均处于合理范围内，各区域平均地下水位呈现上升态势；相较现状年，2035年和2050年植被总面积相对于现状年分别增加了186.50km^{2}和373.07km^2，总体生态向好，荒漠绿洲区趋于稳定，地表水与地下水优化配置方案合理可行。

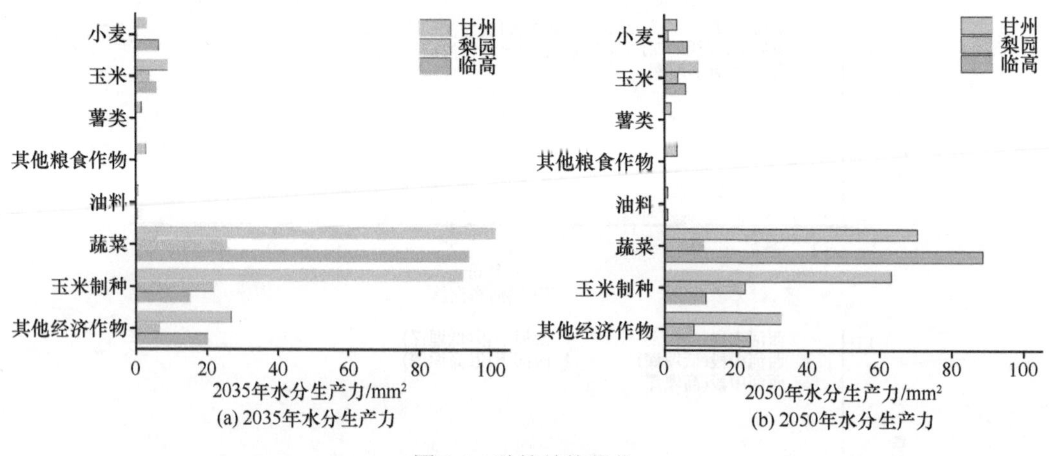

图8.4　种植结构优化

第三节　西北干旱区水资源宏观调控的基本原则和构想

水资源宏观调控是水资源优化配置的一种宏观形式，强调在较大空间尺度实现不同水源类和不同区域间水量的调控平衡，如地域性调水工程和流域内水资源调控等。西北干旱区地域辽阔，各流域和区域间水资源条件与经济发展水平差异较大，仅仅依靠小范围或小规模的优化配置尚不足以实现整个区域的水资源供需平衡，因此，区域水资源的宏观调控对于寻找挖掘新水源、打破不同区域经济社会发展的水资源约束、提高区域水资源利用效率，实现区域绿色发展具有重要的现实意义。本节重点探讨了西北干旱区水资源宏观调控的基本原则，进而提出了水资源宏观调控的方案构想。

一、水资源宏观调控的基本原则

流域水资源宏观调控以“节水优先、空间均衡、系统治理、两手发力”的新时代治水思路为基本原则，以流域水资源综合规划及统一管理调度为指导，按照最严格水资源管理制度与生态文明建设的要求，落实建立水资源刚性约束制度，保障生态环境适宜的保护与修复用水需求。主要包括如下主要原则：①用水总量控制原则。各省用水总量控制方案依据当地水资源的特点、水资源开发利用现状及存在的主要问题，以水资源和水环境承载力为约束，以节水型社会建设为抓手，以强化生态环境保护为重点，以控制农业用水量为核心，将用水总量控制指标落实到供水水源和水资源管理政策要求与保障。②生态保护优先原则。西北干旱区水资源调控必须优先满足流域基本生态需水，优先保证流域生态空间安全稳定。必须科学认识流域水资源本底条件，明确流域重点生态保护目标，合理划定保护规模和供水规模，维护流域生态安全。③上、中、下游统筹兼顾。西北干旱区大部分河流水资源分布不均，产水一般在上游的出山口以上，用水主要集中在中游人口集中的人工绿洲地区，下游为径流耗散区。由于上、中游用水量大，致使进入下游的水量减少，生态系统恶化。因此，在西北诸河水资源供需分析和调控中，要综合考虑上、中、下游的产用水特点，统筹兼顾上、中、下游用水需求，控制上中游地区的用水量，保证进入下游河道的水量。④多水源联合调控。西北干旱区水资源短缺，因此供需平衡分析和宏观调控中要合理利用地表水，适量开采地下水，积极开发利用非常规水源（如污水处理再利用、雨水利用、微咸水利用），加快推进跨流域调水等，缓解水资源供需矛盾。

二、基于调水工程的新疆水资源宏观调控构想

新疆各区域和流域间自然条件与经济发展水平差异较大，资源性缺水的重点区域在天山北坡和东疆地区。从长远看，南疆地区是水资源短缺的重点区域。因此，一是要通过建设跨流域调水工程重新调配区域水资源分配格局，解决社会经济发展布局与区域水资源分布不协调的矛盾；二是要通过山区水库、拦河渠首、防渗渠道、灌区改造、地表水与地下水联调、排水控制等工程措施，解决流域水资源年内分配不均匀及合理配置与有效调控的问题；三是要通过结构调整、节水型社会建设、需水管理、多种水源配置实现水资源的高效利用。按照北疆社会经济发展格局的要求，结合地形地貌特点和水资源条件，由额尔齐斯河、伊犁河、精奎玛总干渠、精博总干渠构成横向水系，由天山北坡诸多自南向北的大小河流构成纵向水系，在天山北坡和准噶尔盆地形成“南北汇集，东西贯通，纵横交错”的水网络结构。

第四节 本章小结

我国西北干旱区资源丰富但生态环境极其脆弱，水资源问题突出。加强水资源保护、有效利用和优化配置西北干旱区水资源与我国西部大开发有密切的关系，也是我国西北地区绿色发展的基础。本章从西北干旱区水资源可持续利用与绿色发展角度出发，系统评估了现有禀赋条件和未来情景下西北干旱区水资源对人口和经济的水资源承载力，归纳和提出了水资源优化配置思路。主要结论和观点包括：

（1）水资源承载力：随着用水效率提升、水资源重复利用以及水资源利用量外延的不断拓宽，西北干旱区的水资源承载力处于动态平衡状态，总体不超载。并且，在过去的 20 余年间，水资源承载力得到一定提升。同时，就水资源利用而言，在新疆的伊犁河谷、阿勒泰地区、和田地区以及巴音郭楞蒙古自治州等仍有较大开发利用潜力。一些水资源承载力超载的地区，如北疆的克拉玛依、石河子，南疆的喀什以及渭干–库车河流域和祁连山–河西走廊地区，由于水资源禀赋差、生态环境用水压力大、人类活动用水过度等因素存在水资源超载或严重超载现象。

（2）水资源优化配置：西北干旱区需要从以下方向优化配置水资源：① 通过水利工程、跨流域调水和地表–地下水联合调度等调整水资源区域布局，扩增西北干旱区经济社会发展空间；②通过适当控制农业用水，发展区域特色粮棉种植业，发展地域优势果品、畜牧和动物纤维产业和大力发展旅游业等方式合理规划产业发展；优化西北干旱区虚拟水贸易和产业结构，协调区域经济社会发展和水资源可持续利用；③通过提高灌溉用水效率、合理开采地下水、加强行业节水技术改造和城市供水设施改造等提高水资源利用效率；④通过保障河道生态需水，优化配置农业，林业和草原用水等合理分配生态环境用水。

参考文献

邓铭江. 2006. 新疆宏观经济布局与水战略. 干旱区地理, 29(5): 617-624.

邓铭江, 石泉. 2014. 陆干旱区水资源管理调控模式.地球科学进展, (9): 1046-1054.

方创琳. 2001. 区域可持续发展与水资源优化配置研究——以西北干旱区柴达木盆地为例. 自然资源学报, 4: 341-347.

葛全胜, 王训明. 2022. 新疆资源环境承载力科学提升评估报告. 北京: 科学出版社.

贾绍凤, 周长青, 燕华云, 等. 2004. 西北地区水资源可利用量与承载能力估算. 水科学进展, 15(6): 801-807.

栾巍. 2006. 面向生态的西北干旱区水资源合理配置研究. 南京: 河海大学.

第九章

西北干旱区生态环境变化及未来趋势

伴随西部开发和生态文明建设的进程，西北干旱区的土地利用/覆被及其与之密切相关的生态系统结构和功能均在发生变化。本章结合西北干旱区生态环境的特点，定量分析了气候变化和人类活动对西北干旱区生态环境的影响，并从土地利用变化、植被变化、净初级生产力、净生态系统生产力等方面进行了评估，并分析了未来变化趋势。

第一节　西北干旱区土地利用变化

本节基于中国科学院地理科学与资源研究所2000～2020年1km分辨率土地利用产品，结合2000年、2012年和2021年多期遥感影像，在进行监督分类和解译校准的基础上，综合确定了西北干旱区2000年、2012年和2021年的土地利用分布状况，如图9.1所示。总体来看，2000～2020年西北干旱区土地利用格局没有发生明显变化，耕地主要分布在天山南北坡、河西走廊以及塔里木盆地的绿洲区，林地和草地主要分布在天山、祁连山，未利用地主要分布在塔里木盆地、准噶尔盆地、巴丹吉林沙漠以及天山和祁连山的高海拔寒漠带。

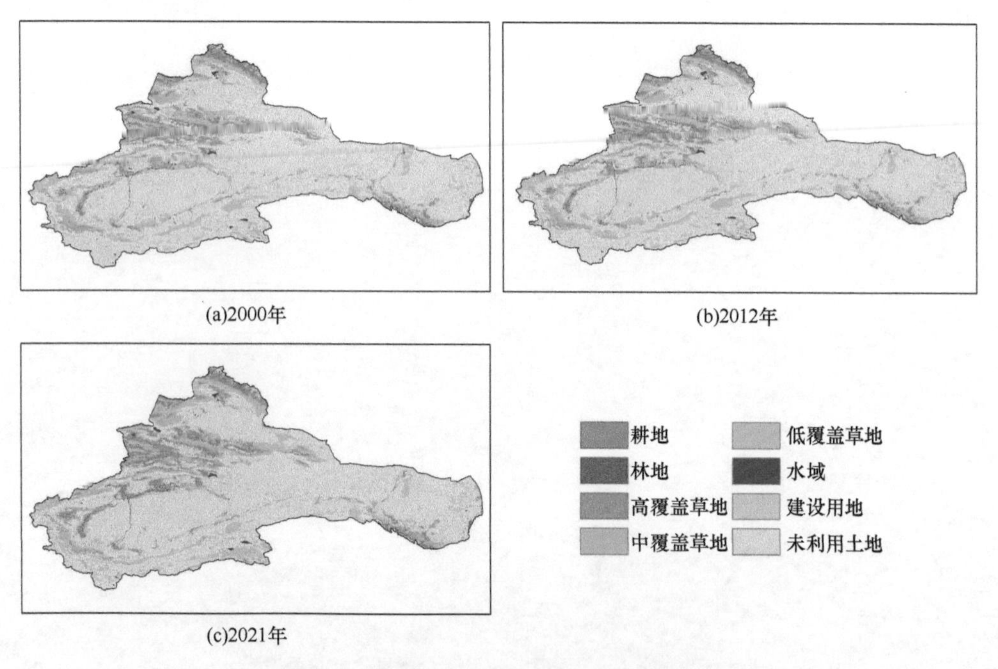

图9.1　西北干旱区不同时期土地利用分布

一、土地利用类型变化

分析西北干旱区不同时期土地利用变化可见（图9.1），在西北干旱区的土地利用类型中，未利用土地面积占比最高。2000 年未利用土地面积为 1323895km^2，占西北干旱区面积的 66.97%，2012 年未利用土地面积减少到 1319288km^2，占比降低到 66.74%，2021 年未利用土地面积持续减少至 1287168km^2，占比持续降低至 65.12%。2000～2021 年未利用土地的面积减少了 36727km^2，2012～2021 年未利用土地面积减少 32120km^2，减少的未利用土地主要向耕地和草地转移。面积第二多的土地利用类型为低覆盖草地，2000 年低覆盖草地面积为 286077km^2，2012 年低覆盖草地面积为 283199km^2，2021 年为 277964km^2，占比从 2000 年的 14.47%略微降低到 2021 年的 14.06%。2000～2021 年低覆盖草地面积减少了 8113km^2，2012～2021 年低覆盖草地面积减少了 5235km^2，低覆盖草地主要向耕地、中覆盖草地等土地利用类型转移。

西北干旱区建设用地面积最小，2000 年为 5332km^2，占比 0.27%，2012 年建设用地面积增加到 5925km^2，面积占比 0.30%，2021 年建设用地面积显著增加到 10060km^2，占比增加到 0.51%。虽然建设用地在所有土地利用类型中面积最小，却是 2000～2021 年西北干旱区土地利用类型中增长最突出的。2000～2021 年建设用地面积增加了 4728km^2，增长率为 88.67%，其中，2012～2021 年建设用地面积增加了 69.79%，城镇化速度加快是建设用地面积快速增加的原因。耕地作为现代人工绿洲区最重要的土地类型，面积一直呈增加的趋势，由 2000 年的 68352km^2，增加到 2012 年的 78037km^2，再增加到 2021 年的 100169km^2，2000～2021 年耕地面积持续增加了 31817km^2，增幅 46.55%。其中，2012～2021 年耕地面积增加了 28.36%，主要由低覆盖草地和未利用土地转移而来（表 9.1）。西北干旱区高覆盖草地 2000～2021 年呈现先减少后增加的变化特征，其中，2012～2021 年高覆盖草地由 111757km^2 增加到 119467km^2，增幅 6.90%。水域面积在 2000～2012 年期间变化不大，基本保持在 1.42 万 km^2 左右，2012～2021 年期间水域面积呈现明显增加态势，增幅 24.30%。

表 9.1　2000～2021 年西北干旱区土地利用转移矩阵　（单位：km²）

2000 年 \ 2021 年	耕地	林地	高覆盖草地	中覆盖草地	低覆盖草地	水域	建设用地	未利用土地
耕地	51267	998	1148	2626	4574	1005	3537	3147
林地	2480	24192	8052	3139	2537	362	142	2852
高覆盖草地	3832	7220	64415	17381	7172	627	154	10782
中覆盖草地	8563	3639	20851	40809	29234	1497	353	16928
低覆盖草地	14903	2879	8257	27212	128142	2119	1257	100246
水域	1473	348	727	834	1463	6928	154	2388
建设用地	2571	87	81	144	305	73	1550	519
未利用土地	15066	3339	15800	25482	104350	5118	2908	1149338

二、土地利用空间变化

（一）北疆地区

北疆地区未利用土地面积2000年为356756km^2，持续减少至2012年的354664km^2，再到2021年的335990km^2，其占区域总面积的比例由2000年的58.6%下降到2021年的55.2%，其中2012～2021年未利用土地减少了18674km^2；草地类型除中覆盖草地的面积2000～2021年略有下降之外，高覆盖草地和低覆盖草地的面积都有所增加，2012～2021年分别增加了3780km^{2}和5396km^2；北疆地区的耕地面积是西北干旱区三个区域中最大的，2000年面积为30033km^2，占北疆地区总面积的5%，2012年耕地面积增加为34251km^2，占北疆地区总面积的5.6%，2021年耕地面积增加至43641km^2，占北疆地区总面积的7.2%，2000～2021年区内耕地面积增长了45.31%，2012～2021年耕地面积增长了27.42%；北疆的建设用地面积在西北干旱区三个区域中最大，2000年为2734km^2，占地区总面积的0.45%，2012年为3155km^2，占地区总面积的0.52%，2021年为5431km^2，占地区总面积的0.89%，2000～2021年区内建设用地面积增加98.65%，2012～2021年建设用地面积增长了72.14%。

（二）南疆地区

南疆的未利用土地是西北干旱区三个区域中面积最大的，2000年为627703km^2，2012年为626274km^2，2021年为621601km^2，近20年未利用土地面积呈略微减少状态，其中近10年未利用土地面积减少4673km^2。南疆地区的低覆盖草地面积在三个区域中面积最大，2000～2021年其面积在区域土地利用类型中面积占比略有下降，由占南疆地区总面积的16.4%略降为15%，其中2012～2021年低覆盖草地面积减少了11898km^2，低覆盖草地土地利用类型主要向耕地、建设用地和高覆盖草地转换；南疆地区的耕地面积由25016km^{2}增加至40403km^2，面积占区域总面积比例由2.7%增加至4.3%，累计耕地面积增幅61.51%，其中2012～2021年耕地增加了36.98%；南疆地区的建设用地面积是地区中面积最小的，面积由2000年的1385km^{2}增加到2012年的1497km^2，再到2021年的2391km^2，2012～2021年建设用地增加了64.55%。

（三）河西走廊

河西走廊地区的未利用土地面积最大，面积最小的是建设用地。2000年河西走廊地区未利用土地面积为337380km^2，占区域总面积77.80%，2012年面积为336352km^2，占区域总面积77.70%，2021年面积为328917km^2，占区域总面积75.8%，2000～2021年未利用土地面积略有下降，其中2012～2021年未利用土地面积减少了7435km^2。河西走廊的土地利用类型中，面积最小的是建设用地，在2000～2021年，河西走廊的建设用地面积由1211km^{2}增加至2234km^2，增幅84.48%，2012～2021年建设用地面积增加 75.91%，是河西走廊地区土地利用类型面积变化最显著的一类。

第二节　西北干旱区植被变化

植被通过连接土壤圈、水圈和大气圈促进各个领域的物质迁移和能量交换，在气候调节、陆地碳循环、水土保持等方面发挥着重要作用（Jia et al.，2020）。植被的生长与当地的温度、湿度和太阳辐射密切相关（Muchow et al.，1990）。中国西北干旱区远离海洋，降水稀少，蒸发强烈，加之复杂的地形、丰富的生态景观和不均匀的水资源分布，导致生态环境十分脆弱，对气候变化极为敏感。本节重点分析了西北干旱区不同类型自然植被生长季 NDVI 的时空变化特征，阐明了植被对气候变化（温度、降水和太阳辐射）的响应，定量分析了气候变化和人类活动对区域植被的影响。

本节使用的 NDVI 数据为 1983～2015 年的 GIMMS NDVI3g 数据，其时间和空间分辨率分别为 15 天和 8km；土地利用数据来自资源环境科学与数据平台（https：//www.resdc.cn/），土地利用类型包括耕地、林地、草地、水域、居民地和未利用土地 6 个一级类型以及 25 个二级类型。为排除土地利用变化的影响，本节重点分析森林和草地二级分类保持不变的栅格，即定义植被类型（有林地、灌木林、疏林地、高覆盖草地、中覆盖草地、低覆盖草地）在研究时间内栅格未发生变化的为自然植被。西北干旱区以草地为主，高覆盖草地、中覆盖草地、低覆盖草地占自然植被面积的 21%、22%、49%，而有林地、灌木林、疏林地仅占 4%、2%和 1%（图 9.2）；月降水量、最高气温、最低气温和平均气温数据来自于国家青藏高原科学数据中心，空间分辨率为 1km（Peng et al.，2017，2018），使用双线性插值重采样为 8km。西北干旱区自然植被平均气温 3.39℃，高覆盖草地气温最低，灌木林平均气温最高，分别为–0.32℃和 6.6℃［图 9.2（c）］；自然植被平均降水量为 176mm，有林地降水最高，低覆盖草地降水最低，分别为 282mm 和 122mm；太阳辐射数据来自于国家青藏高原科学数据中心（Feng and Wang，2021），使用双线性插值重采样为 8km。自然植被的平均太阳辐射为 188W/m^2，植被类型之间差异较小［图 9.2（e）］。

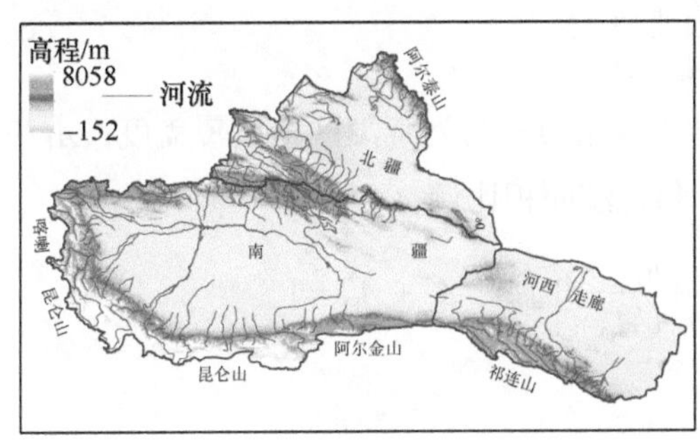

(a)地形

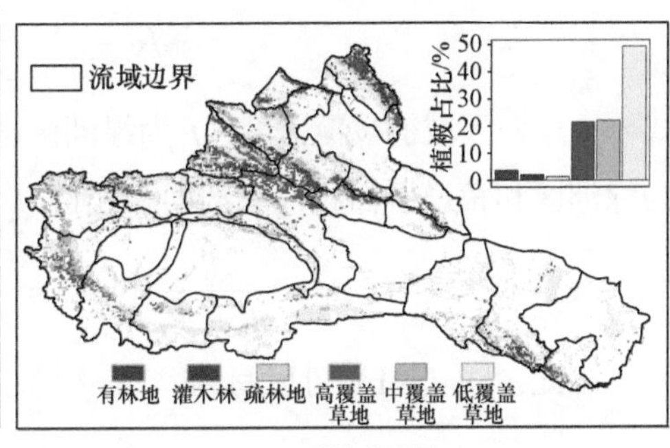

(b)植被分布图

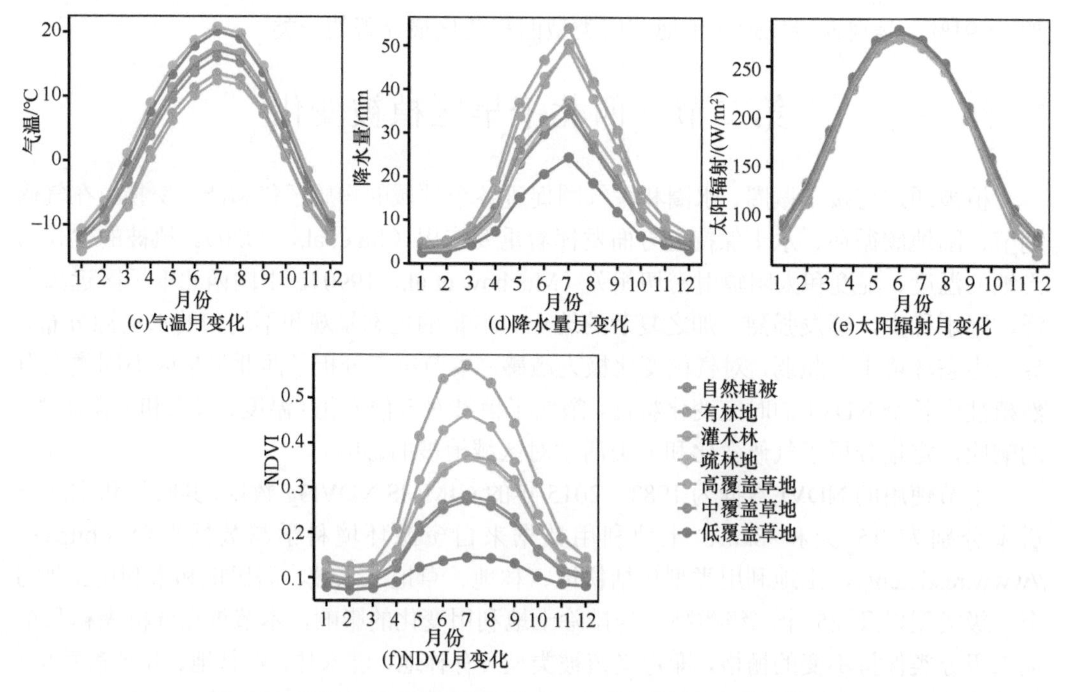

图 9.2 地形与植被类型分布及NDVI月变化对气候变化的响应

采用 Timesat 软件中的非对称 Savitzky-Golay 滤波方法用于重建 NDVI 时间序列并提取植被物候参数（Eklundh and Jönsson，2016），提取的物候参数包括生长季节开始时间（SOS）、生长季节结束时间（EOS）和生长季节长度（GSL）。趋势幅度由 Sen 斜率 β 表示，M-K 方法用来检测 NDVI 和气候变量的趋势显著性。采用趋势相关系数和偏相关系数分析 NDVI 对温度、降水和太阳辐射的响应，层次分隔算法（HPA）用于分析气候变量对 NDVI 的相对重要性（Nally，1996）。

植被覆盖变化的定量分解：根据是否受人类活动的影响，地表覆盖可以分为荒漠和绿洲两种类型，则区域每年生长季平均植被覆盖度由绿洲和荒漠的植被覆盖度和各自的面积比例决定，即

$$f_V = \frac{A_I \times f_I + A_D \times f_D}{A_I + A_D} \tag{9.1}$$

式中，f_V 为区域植被覆盖度；f_I 为绿洲区植被覆盖度；f_D 为荒漠区植被覆盖度；A_I 和 A_D 为绿洲区和荒漠区面积，绿洲面积比例 A_I^* 和荒漠面积比例 A_D^* 为

$$A_I^* = \frac{A_I}{A_I + A_D} \text{和} A_D^* = \frac{A_D}{A_I + A_D} \text{并且，} A_I^* + A_D^* = 1$$

因此，式（9.1）可以写为

$$f_V = A_I^* \times f_I + A_D^* \times f_D \tag{9.2}$$

df_V可以表达成如下形式：

$$df_V = \frac{\partial f_V}{\partial f_I} df_I + \frac{\partial f_V}{\partial A_I^*} dA_I^* + \frac{\partial f_V}{\partial A_I^*} df_D + \frac{\partial f_V}{\partial A_I^*} dA_D^* = A_I^* df_I + f_I dA_I^* + A_D^* df_D + f_D dA_D^* \quad (9.3)$$

f_V的相对变化则为

$$\frac{df_V}{f_V} = \frac{A_I^* f_I}{f_V}\frac{df_I}{f_I} + \frac{f_I}{f_V} dA_I^* + \frac{A_D^* f_D}{f_V}\frac{df_D}{f_D} + \frac{f_D}{f_V} dA_D^* = X_{f_I} + X_{A_I} + X_{f_D} + X_{A_D} \quad (9.4)$$

式中，X各项表示由植被覆盖（X_{f_I}，X_{f_D}）和面积比例（X_{A_I}，X_{A_D}）变化引起的植被覆盖（f_V）的变化。

一、植被物候变化

在全球变暖背景下，过去的半个多世纪，西北干旱区物候发生了很大变化。生长季节开始时间（SOS）显著提前，趋势为7d/33a（表9.2）。但值得注意的是，2008年以后SOS有所延迟，尤其是草地（图9.3）。SOS空间分布可以观察到相同趋势，区域内34%的栅格生长季开始时间显著提前；生长季节结束时间（EOS）表现为不显著变化（推迟1.8d/33a），区域内分别有18%和12%的栅格表现为生长季结束时间显著推迟和提前；区域内植被的生长季节长度（GSL）增加了 8d/33a，其中有林地、灌木林和疏林地

表9.2 中国西北干旱区自然植被物候参数均值和趋势

参数		自然植被	森林	有林地	灌木林	疏林地	草地	高覆盖草地	中覆盖草地	低覆盖草地
物候/d	SOS	104	105	108	113	108	104	110	106	102
	EOS	260	259	256	257	256	260	255	257	262
	GSL	155	154	148	144	148	156	145	151	160
趋势/（d/33a）	SOS	−7.09	−6.70	−9.58	−6.55	−3.06	−3.15	−7.92	−5.77	−2.13
	EOS	1.83	3.76	7.62	4.78	4.72	2.12	4.40	1.40	−1.43
	GSL	8.29	10.80	16.22	11.75	7.26	4.79	10.69	4.76	−0.50

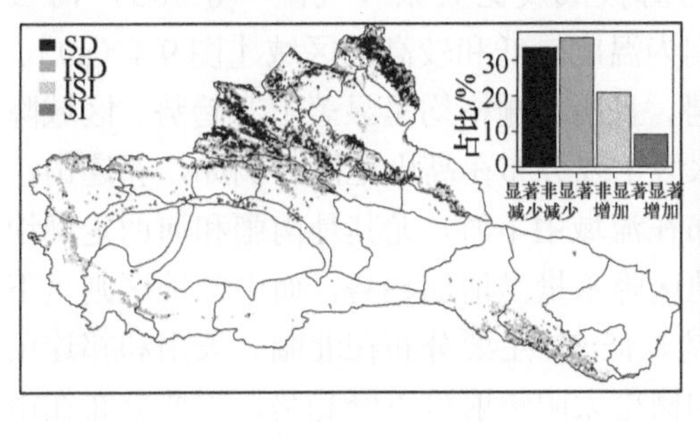

(a)生长季节开始时间空间趋势

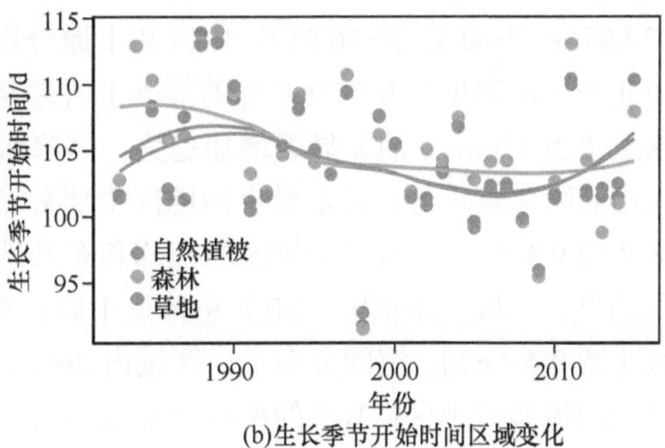

(b)生长季节开始时间区域变化

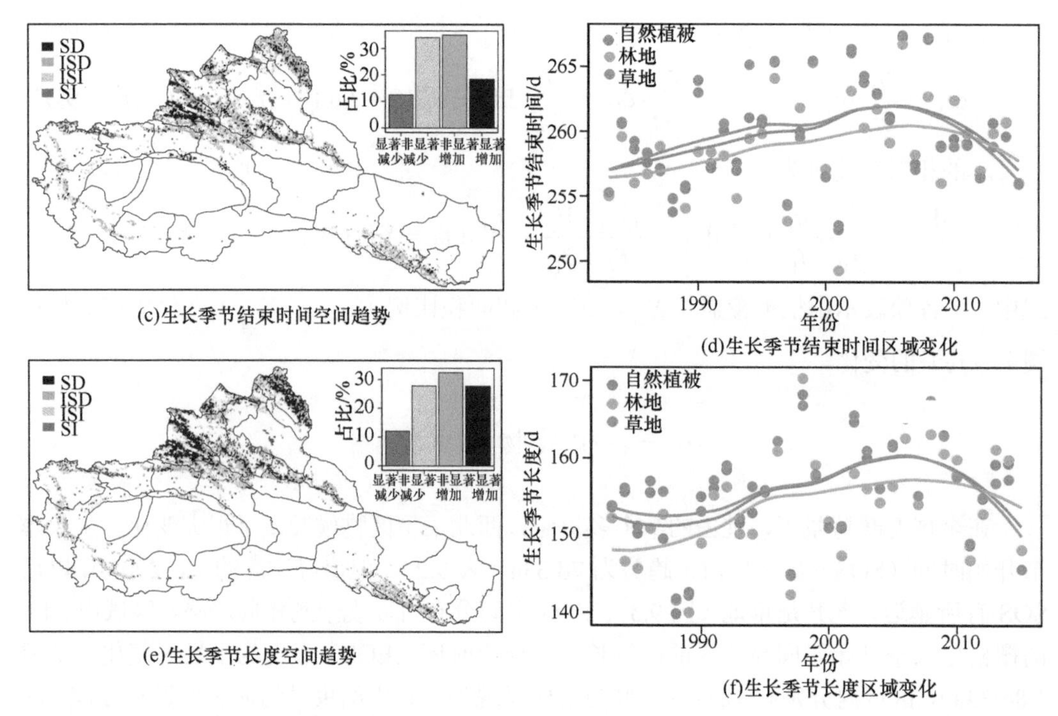

图 9.3　基于 NDVI 的生长季节开始时间（SOS）、生长季节结束时间（EOS）和生长季节长度（GSL）空间变化以及 SOS、EOS 和 GSL 区域时间变化

SD 表示显著减少趋势；ISD 表示非显著减少趋势；ISI 表示非显著增加趋势；SI 表示显著增加趋势

分别增加了 16 天、12 天和 7 天，草地区域生长季长度（GSL）增加不显著，尤其是 2008 年之后生长季长度有所减少。平均 SOS 和 EOS 分别为第 104 天和第 260 天，西北干旱区自然植被的生长季大致为 4～9 月。

二、植被指数变化

基于遥感 MOD13Q1 和 MCD12Q1 数据，对西北干旱区的 NDVI、植被覆盖度变化进行了分析。西北干旱区生长季平均气温与海拔成反比关系（气温=–0.0057×海拔+24.976；R^2=0.8，P<0.01），山区和平原分别为温度较低和较高的区域［图 9.4（a）］。西北干旱区温度呈 0.0428℃/a 的显著上升趋势，且所有栅格均呈显著上升趋势。区域降水呈 0.2021mm/a 的非显著增加趋势，高降水区主要分布在高山地区，例如，祁连山、天山和阿尔泰山等；降水量少的地区主要分布在流域中下游，尤其是南疆和河西走廊地区［图 9.4（c）］。西北干旱区的西部和东部地区降水量呈增加趋势，而中部地区则呈下降趋势。区域太阳辐射（SR）总体呈下降趋势，低 SR 主要分布在北疆、天山和祁连山区［图 9.4（e）］。空间分布上，区域内 26%的栅格太阳辐射呈下降趋势，主要分布在山区的河流源流地区；10%的栅格呈增加趋势，主要位于流域的下游［图 9.4（f）］。区域

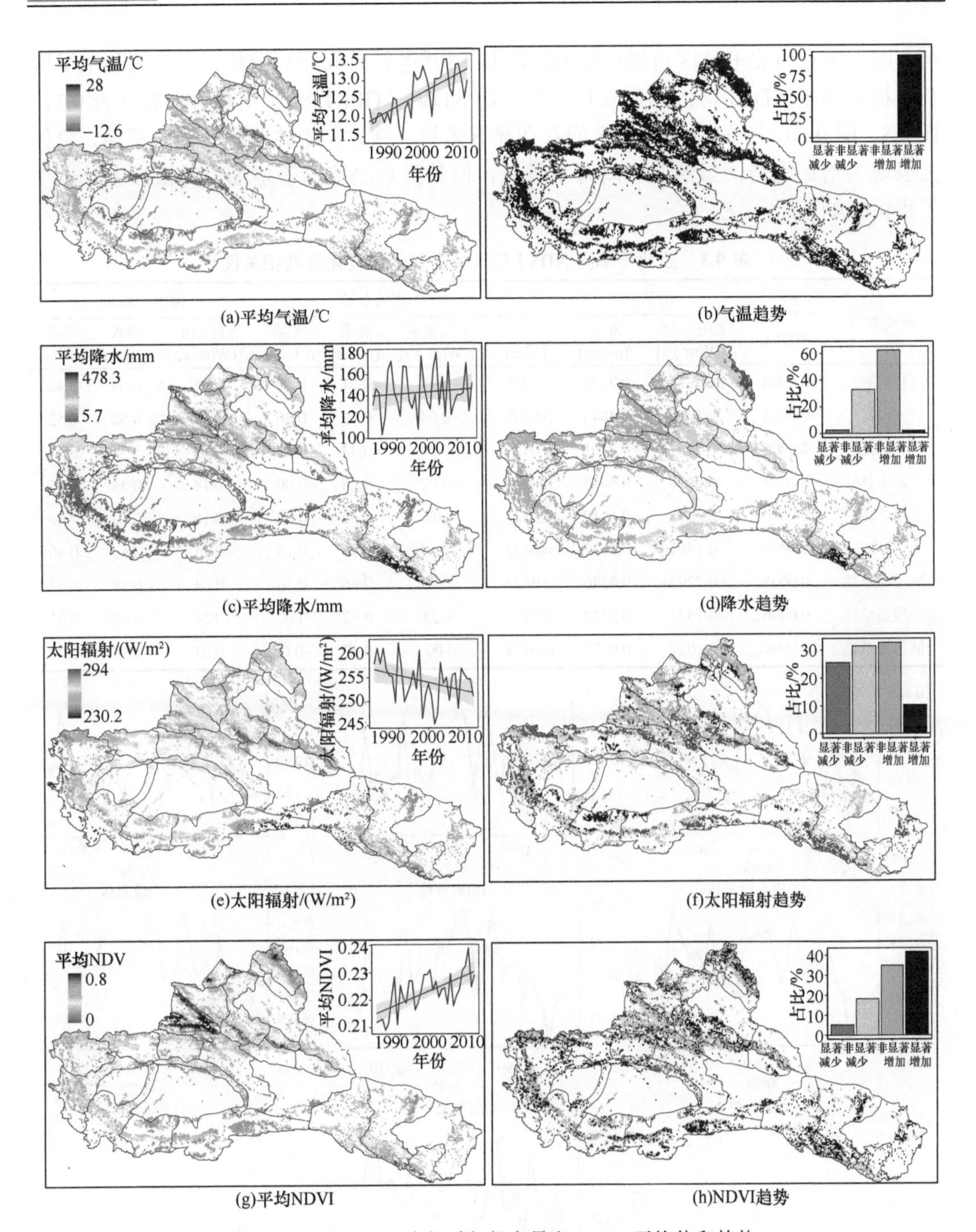

(a)平均气温/℃　(b)气温趋势

(c)平均降水/mm　(d)降水趋势

(e)太阳辐射/(W/m²)　(f)太阳辐射趋势

(g)平均NDVI　(h)NDVI趋势

图 9.4　西北干旱区生长季气候变量和 NDVI 平均值和趋势

NDVI 呈显著上升趋势，高 NDVI 地区主要分布在天山、阿尔泰山、祁连山和伊犁河流域。NDVI 呈显著上升的栅格区域占到整个西北干旱区植被分布区域的 42%，在剔除土地利用变化的影响后，研究结果明确了 2000～2021 年西北干旱区的总体绿化趋势。进一步对西北干旱区自然植被 NDVI 和 GPP 进行时间序列分析，发现西北干旱区自然植被多年 NDVI 均值约为 0.17。从平均 NDVI（GPP）的变化趋势来看（表 9.3，图 9.5，图 9.6），不同植被类型之间存在显著差异，例如，疏林地和低覆盖草地，总体上表现为增加趋势，虽然其平均降水较低，但其降水趋势显著增加，对植被生长产生了积极影响。

表 9.3　西北干旱区 NDVI 与气候变量区域变化及其相关性

植被类型	趋势				相关系数			偏相关系数		
	NDVI	太阳辐射 /[(W/m²)/a]	降水 /(mm/a)	气温 /(℃/a)	太阳辐射 /[(W/m²)/a]	降水 /(mm/a)	气温 /(℃/a)	太阳辐射 /[(W/m²)/a]	降水 /(mm/a)	气温 /(℃/a)
自然植被	0.0005	–0.1396	0.2021	0.0428	–0.14	0.51	0.19	0.25	0.63	0.42
森林	0.0005	–0.1420	0.4843	0.0401	–0.04	0.33	0.36	0.17	0.52	0.52
有林地	0.0005	–0.2151	0.2161	0.0429	–0.08	0.33	0.44	0.15	0.55	0.63
灌木林	0.0003	–0.0498	0.6455	0.0415	–0.02	0.28	0.00	0.18	0.34	0.05
疏林地	0.0006	–0.0298	0.4019	0.0427	0.02	0.32	0.27	0.18	0.49	0.40
草地	0.0005	–0.1461	0.1837	0.0437	–0.14	0.53	0.16	0.25	0.63	0.40
高覆盖草地	0.0005	–0.2293	0.0546	0.0428	–0.25	0.46	0.36	0.04	0.58	0.62
中覆盖草地	0.0006	–0.1572	0.3272	0.0420	–0.21	0.62	0.02	0.24	0.68	0.31
低覆盖草地	0.0004	–0.1027	0.0937	0.0438	0.00	0.43	–0.03	0.33	0.53	0.09

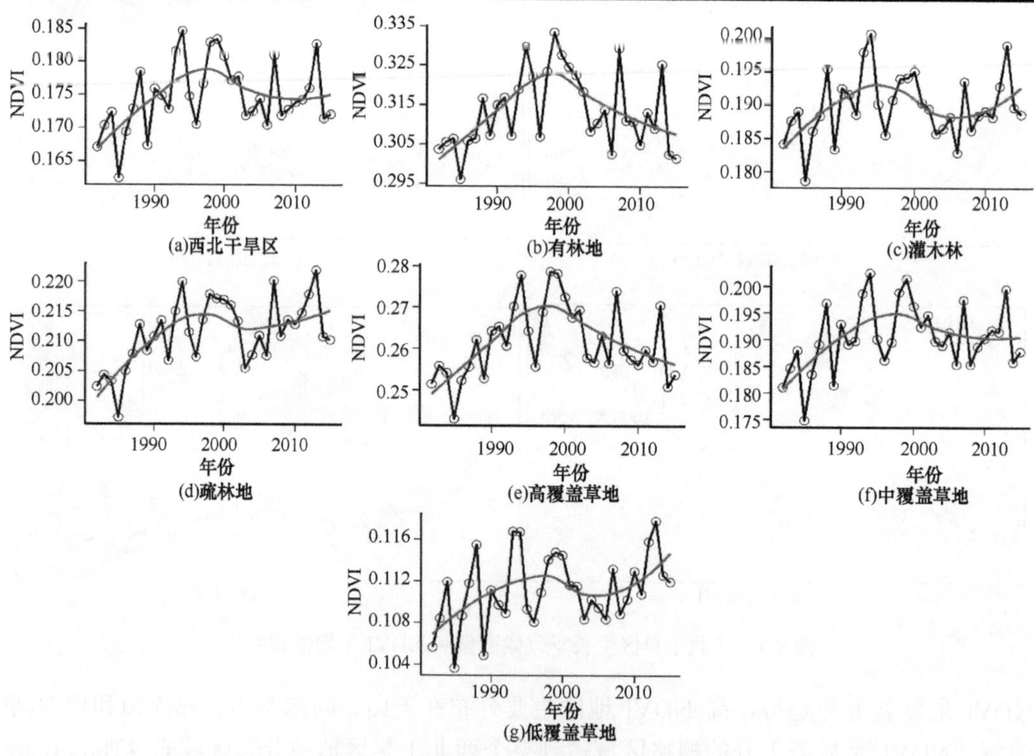

图 9.5　西北干旱区自然植被 NDVI 变化

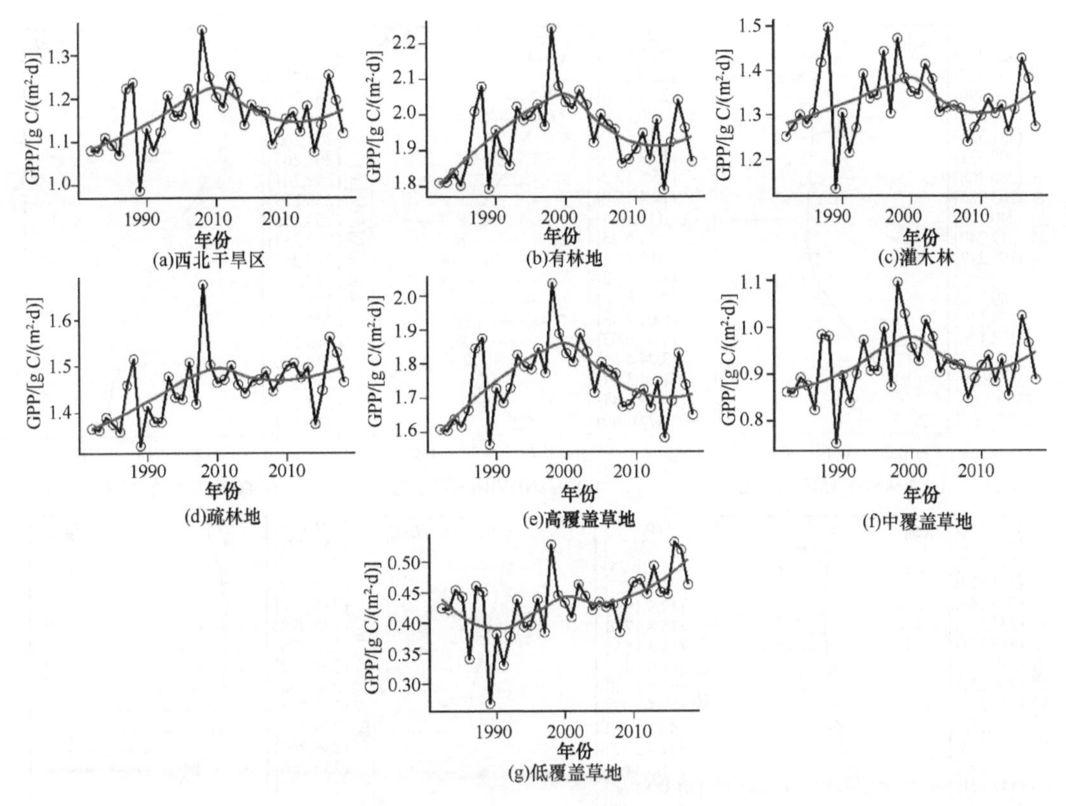

图 9.6　西北干旱区自然植被 GPP 变化

通过分析植被生长季气候变化对 NDVI 的影响可见，NDVI 随降水量的增加呈先增加后稳定［图 9.7（a)］。水分通过多个过程影响植被 NDVI，水分胁迫导致叶面积减小和光饱和点下降，进而导致气孔关闭、光合作用下降和干物质累积减少。降水量增加导致森林 NDVI 迅速增加，在 195mm 之后 NDVI 趋于稳定。草地 NDVI 对降水的响应大致可分为三个阶段：①小于 76.6mm 时，NDVI 对降水增加无响应；②当降水量在 76.6～218mm 之间时，NDVI 随着降水量的增加而迅速增加；③当降水量在 218mm 以上时，NDVI 随降水量的增加保持稳定。NDVI 随着温度的升高而先升高后降低，当温度超过植物生长的最适温度会导致植物的呼吸和蒸腾作用增加，养分分解加速，叶片和根系活动的寿命缩短，导致植被 NDVI 减少。温度升高导致森林 NDVI 迅速增加，11.6℃以后 NDVI 下降，因此，7.43～11.6℃为森林生长的最适温度。草地在 9.78℃之前随温度升高 NDVI 增加，高于此温度将导致 NDVI 下降，3.69～9.78℃为草地生长的最佳温度范围。NDVI 与太阳辐射的关系比较简单，NDVI 随着辐射的增加而降低。栅格尺度相关分析表明，森林 NDVI 的空间分布与气温、降水和太阳辐射显著相关，草地 NDVI 的空间分布主要受降水和太阳辐射的影响，分别呈显著正相关和负相关（表 9.4）。

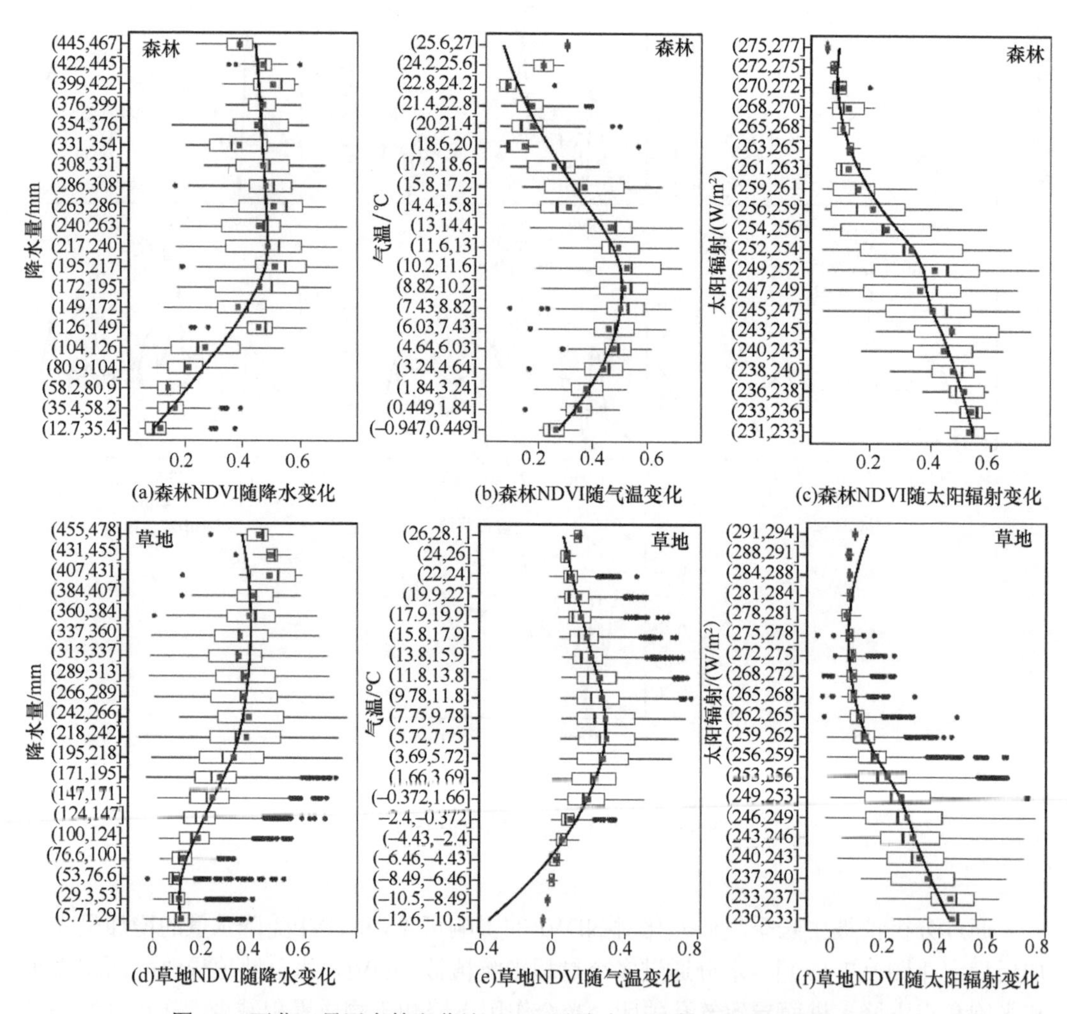

(a)森林NDVI随降水变化　(b)森林NDVI随气温变化　(c)森林NDVI随太阳辐射变化

(d)草地NDVI随降水变化　(e)草地NDVI随气温变化　(f)草地NDVI随太阳辐射变化

图 9.7　西北干旱区森林和草地 NDVI 随降水、温度和太阳辐射变化特征

表 9.4　西北干旱区平均 NDVI 与气候变量相关系数和偏相关系数

植被类型	相关系数			偏相关系数		
	太阳辐射	降水	气温	太阳辐射	降水	气温
自然植被	−0.30	0.67	−0.54	0.04	0.49	−0.32
森林	−0.63	0.60	−0.50	−0.32	0.06	−0.24
有林地	−0.34	0.33	−0.25	−0.17	0.10	−0.11
灌木林	−0.72	0.78	−0.62	−0.06	0.27	−0.17
疏林地	−0.68	0.66	−0.49	−0.28	0.11	−0.19
草地	−0.26	0.66	−0.52	0.05	0.51	−0.32
高覆盖草地	0.07	0.47	−0.40	0.34	0.48	−0.23
中覆盖草地	−0.03	0.57	−0.48	0.18	0.49	−0.26
低覆盖草地	−0.07	0.61	−0.41	0.18	0.57	−0.25

气温、降水变化对植被的影响是显著的。去趋势相关分析表明，西北干旱区10%的栅格NDVI与温度呈显著正相关关系[表9.3，图9.8（a）]，温度升高有利于有林地NDVI的增加。NDVI与温度之间的负相关主要出现在平原区河流下游区域［图9.8（a）］，这是因为在西北干旱区的平原区，降水较少，而温度升高导致蒸发量加大，有限的降水增加难以弥补蒸发加大所致失水，温度的升高加剧干旱，从而抑制了植被的生长。荒漠植被覆盖度与气温呈负相关关系，主要分布在绿洲地区的最外缘。

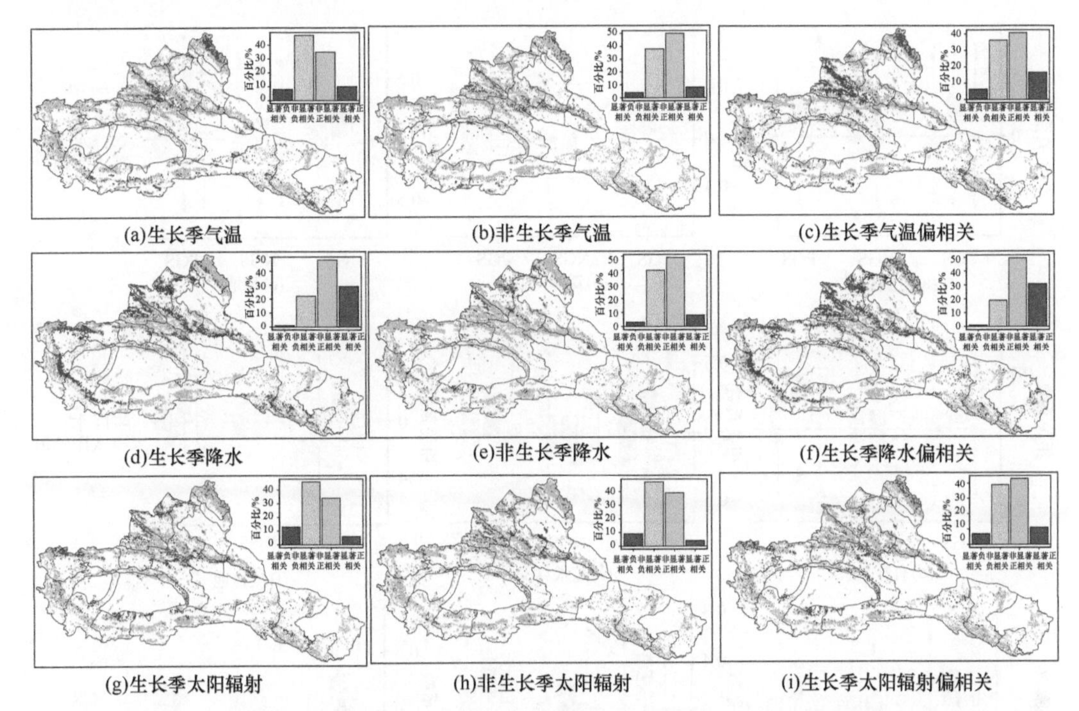

(a)生长季气温　(b)非生长季气温　(c)生长季气温偏相关

(d)生长季降水　(e)非生长季降水　(f)生长季降水偏相关

(g)生长季太阳辐射　(h)非生长季太阳辐射　(i)生长季太阳辐射偏相关

图9.8　西北干旱区栅格尺度上去趋势NDVI与去趋势气候变量相关系数空间分布

（a）（d）（g）分别表示生长季（GS）NDVI与气温、降水、太阳辐射的相关性；（b）（e）（h）分别表示GS NDVI与前期非生长季（NGS）的温度、降水和太阳辐射的相关性；（c）（f）（i）分别表示GS NDVI与温度、降水和太阳辐射偏相关

再则，温度的升高导致平原区土壤含水量降低，加速了土壤水分的蒸发，导致干旱区浅根系死亡，植被覆盖率下降。通过分析西北干旱区自然植被非生长季节（NGS）温度对NDVI的影响发现，8%的栅格存在显著正相关［图9.8（b）］。对于降水，30%的栅格观察到NDVI与降水之间存在显著正相关关系［表9.3，图9.8（d）］，且草地NDVI与降水之间的相关性高于森林（表9.3），表明草地对降水的敏感性更高。其中，中覆盖草地41%的栅格与降水之间存在显著正相关，而低覆盖草地只有24%的栅格与降水之间存在这种关系。这一结果表明，降水是中覆盖草地的主要补给来源，除降水外，径流等其他形式的补给对低覆盖草地的生长更为重要。与降水和温度的相关性相比，太阳辐射和西北干旱区自然植被NDVI之间的相关强度相对较小（表9.3），大多数栅格太阳辐射与NDVI之间存在负相关，但仅有6%的栅格表现为显著负相关。草地太阳辐射与NDVI

之间的相关性在栅格和区域尺度上都超过了森林，这一结果进一步表明草地对太阳辐射的变化比森林更敏感，尤其是高覆盖和中覆盖草地。本节还分析了NDVI与气候变量之间的偏相关性，大部分栅格与降水、气温存在正相关性（图9.8、图9.9），且偏相关下的降水在栅格尺度上的正相关性强于气温（图9.8），说明降水是影响西北干旱区植被变化的主要因素。区域太阳辐射与NDVI的关系不显著，所有栅格偏相关系数均较低，表明SR的变化对NDVI变化的影响较小。

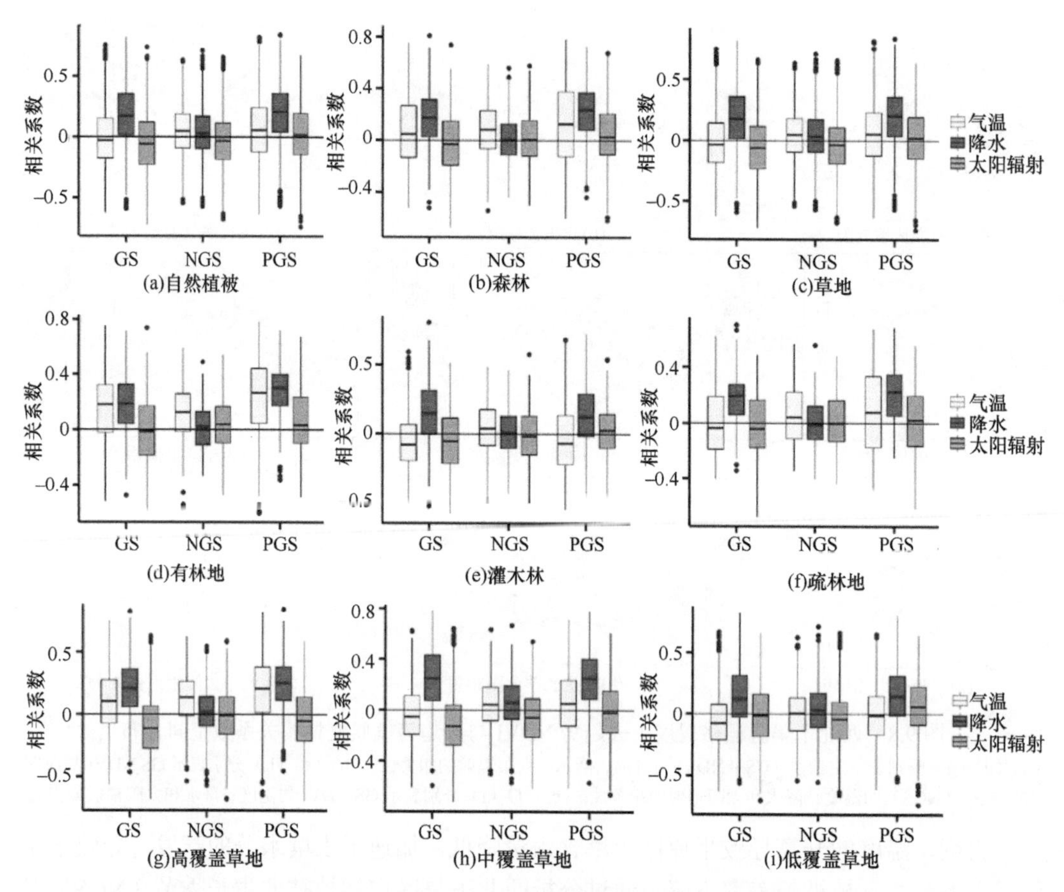

图9.9　西北干旱区去趋势NDVI与去趋势气候变量相关系数栅格箱线图

GS表示生长季；NGS表示非生长季；PGS表示生长季偏相关

降水和温度是西北干旱区植被时间变化上影响最大的气候变量，分别解释了36%和21%的植被变化［图9.10（a）］。温度和降水分别解释有林地NDVI变化的36%和15%，而它们分别只解释了灌木林NDVI变化的10%和13%，该结果表明，与有林地相比，灌木生长对非气候相关因素更为敏感。温度和降水分别解释了草地NDVI变化的35%和21%。高覆盖草地受温度影响最大，中覆盖草地受降水影响最大，而低覆盖草地对降水的敏感性低于高覆盖草地和中覆盖草地。生长季自然植被平均NDVI的空间分布主要受降水和太阳辐射的影响，分别解释了NDVI空间分布的29%和18%［图9.10（b）］。然而，这些关系在森林和草原之间存在显著差异。降水、温度和太阳辐射对森林平均 NDVI 空间分布的解释率均超过10%，说明西北干旱区森林NDVI的大小受这三个因素的影响，尤其是温度和降水。气候变量对有林地空间分布的贡献较低，表明有林地受气候影响相对较小。草地空间分布主要受降水和太阳辐射的影响，这两个因素可分别解释草地 NDVI 空间分布的29%和17%，而温度对草地 NDVI 的贡献可以忽略不计，解释率不到5%。

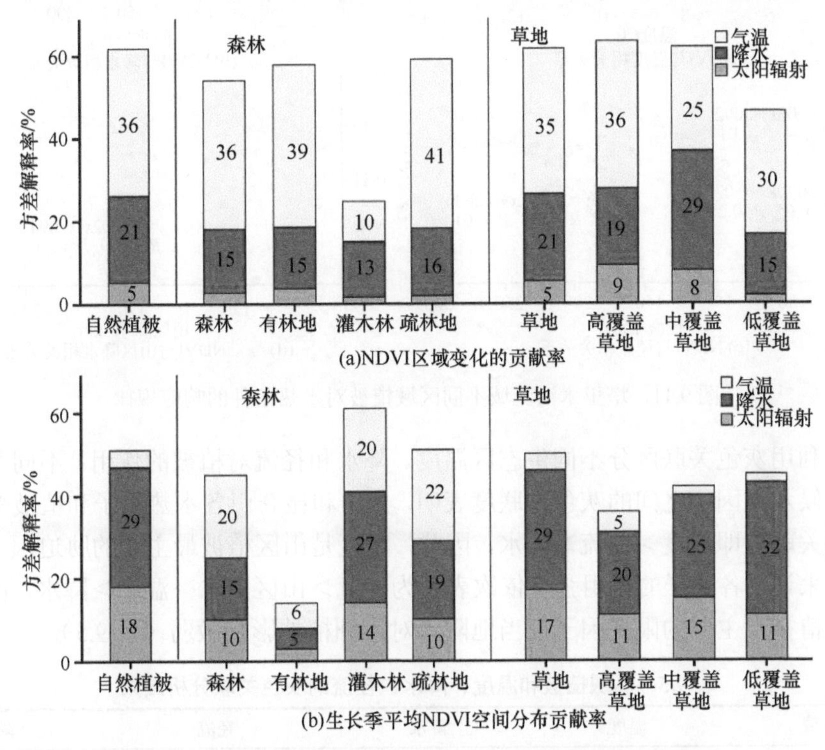

图 9.10　通过层次分隔算法（HPA）得出的气候变量方差划分

三、植被动态对气候水文过程的响应

为了揭示不同生态区植被与气候水文因子的响应规律，以典型的塔里木河流域为例分别对天山、昆仑山、绿洲区 NDVI 和相对应的温度、降水、径流进行相关分析（图 9.11）。结果表明天山山区植被 NDVI 与气温、降水和径流均呈现显著正相关，温度的快速升高和山区降水的增加直接导致植被 NDVI 的增加。但是在昆仑山山区由于植被少而分散，径流过程长，植被 NDVI 只与气温变化呈显著正相关，而与降水和径流的关系都不明显。绿洲植被与气温和径流呈显著的正相关，与当地降水关系不显著，但与山区降水呈显著的正相关［图 9.11（d)］，这也说明山区降水的增加有利于出山口径流的增加和绿洲植被的增强。

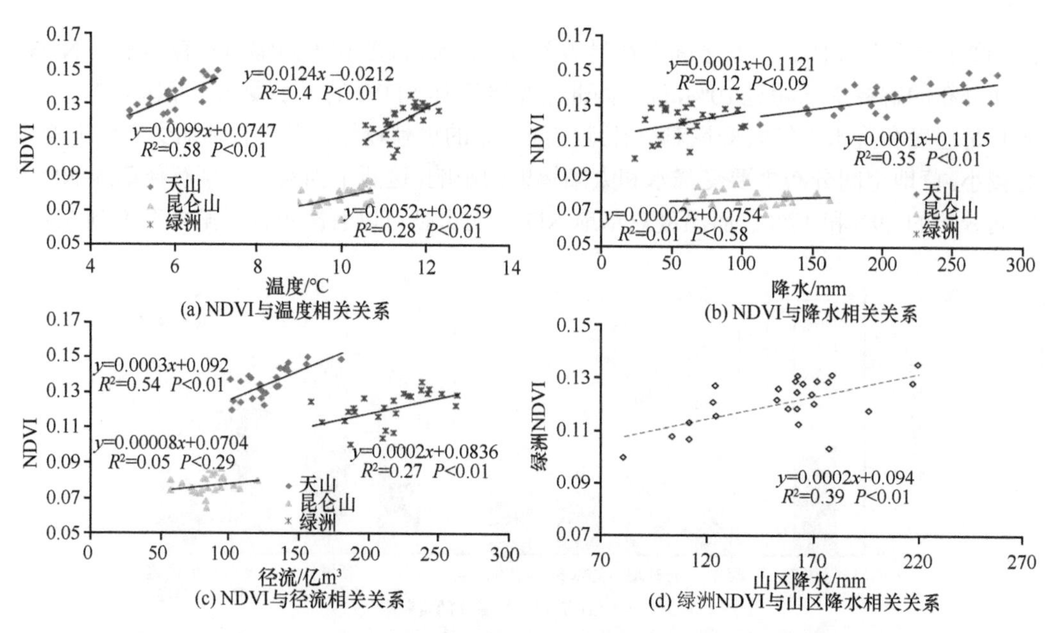

图 9.11 塔里木河流域不同区域植被对水热条件的响应规律

同时利用灰色关联区分不同生态区温度、降水和径流对植被的作用。不同区域植被指数与气候水文因子之间的灰色关联度表明，天山和昆仑山各水热因子和植被变化表现为相近的关联度即温度＞径流＞降水，因此，温度是山区植被最主要的胁迫因子。而对绿洲植被来说，各因子的作用强度依次表现为径流＞山区降水＞温度＞降水，因此，径流是绿洲植被最主要的限制因子，当地降水对绿洲植被影响微弱（表 9.5）。

表 9.5 区域植被和温度、降水、径流的灰色关联分析结果

区域	温度	降水	径流	山区降水
天山	0.82	0.64	0.71	—
昆仑山	0.84	0.55	0.58	—
绿洲区	0.6	0.59	0.65	0.62

第三节 西北干旱区陆地净初级生产力变化分析

在全球碳循环过程中，陆地生态系统通过吸收碳有效地减缓了大气中二氧化碳浓度的增加，是一个主要的碳汇（Le et al.，2009；Zhao and Running，2010）。净初级生产力（net primary productivity，NPP）是单位时间、单位面积下植物群落的总初级生产力扣除植物呼吸作用后剩余的有机物量（Wei et al.，2022；茆杨等，2022），是碳循环的关键要素，反映了自然环境中植物群落的固定碳（光合作用）的能力（Wei et al.，2022）。监测 NPP 的动态变化不仅有助于深入了解区域的生态变化，而且有利于评估区域的碳预算，进而为制定应对全球变化的适应性政策提供科学依据。本节基于修正的光能利用模型（Carnegie-Ames-Stanford approach，CASA 模型），根据吸收光合有效辐射和光能利用率两个变量逐像元计算并分析 2000～2021 年西北干旱区的 NPP 变化。

一、NPP 年际变化特征

西北干旱区 2000～2021 年 NPP 变化呈现出明显的增加趋势，增速 16.04g C/(m^2·a)，其中 2012 年后增速更快，为 26.98g C/（m^2·a）（图 9.12）。北疆、南疆和河西走廊地区的 NPP 变化大体上同西北干旱区整体的变化相一致。即年际变化呈增加趋势，且 2012 年后增长幅度更为剧烈［图 9.12（a)］。

从西北干旱区的 3 个区域看，2000～2021 年北疆的 NPP 均值最大（138.26g C/m^2），河西走廊次之（97.24g C/m^2），南疆多年平均 NPP 最小（84.46g C/m^2）［图 9.12（b)］。2012～2021 年西北干旱区 NPP 明显提高，北疆、河西走廊和南疆 3 个区域的 NPP 多年平均值分别为 149.19g C/m^2，107.91g C/m^2 和 94.60g C/m^2。

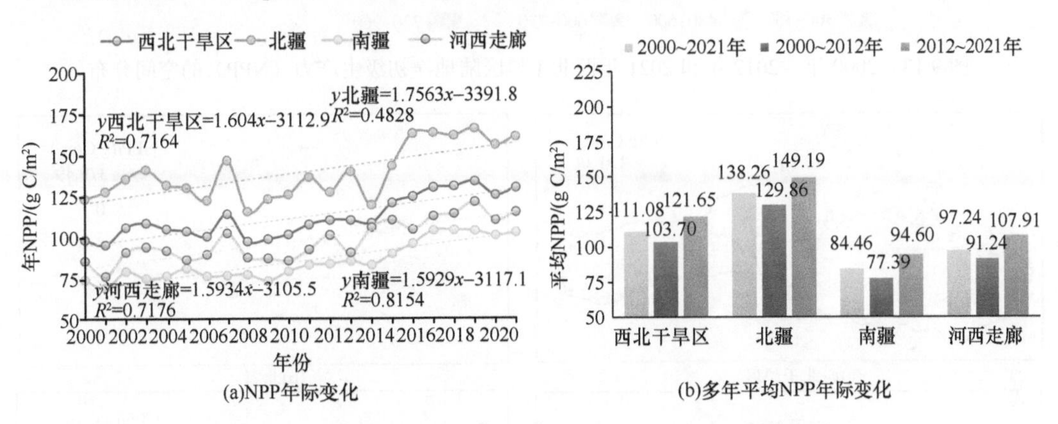

图 9.12　西北干旱区陆地净初级生产力（NPP）的年际变化

二、NPP 空间变化特征

2000 年、2012 年和 2021 年西北干旱区 NPP 的空间分布如图 9.13 所示。可以看出，NPP 多沿山区、河流分布。其中高值区集中分布在伊犁河谷地区、阿尔泰山、祁连山以及区域内各河流附近。低值区主要分布在塔克拉玛干沙漠、古尔班通古特沙漠、库姆塔格沙漠以及巴丹吉林沙漠外围的低覆盖植被区。

西北干旱区多年平均 NPP 的分布规律同上（图 9.14）。北疆的伊犁河谷地区是整个西北干旱区 NPP 的高值区，南疆的塔克拉玛干沙漠外围以及河西走廊地区的巴丹吉林沙漠外围是 NPP 的低值区。南疆地区的 NPP 高值区主要集中分布于阿克苏河、喀什噶尔河、叶尔羌河以及和田河周边。

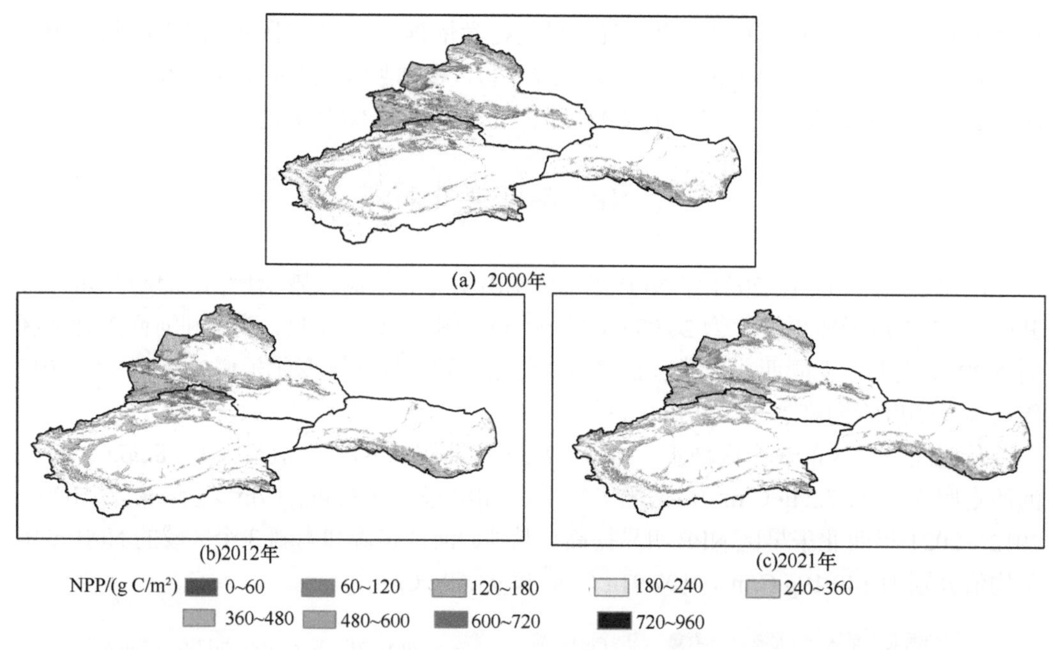

图 9.13　2000 年、2012 年和 2021 年西北干旱区陆地净初级生产力（NPP）的空间分布

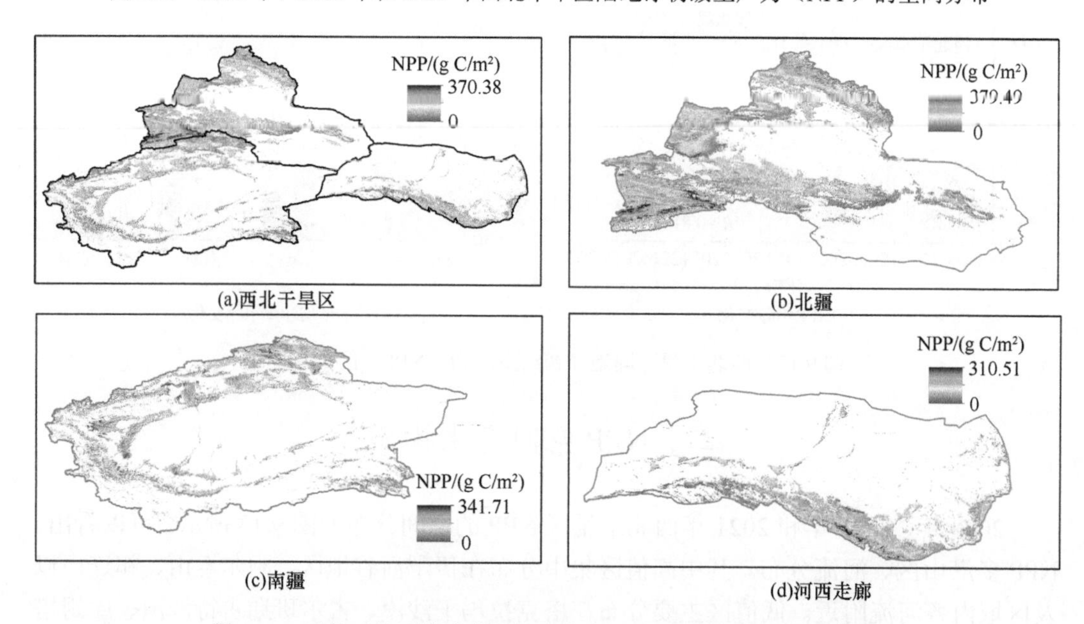

图 9.14　西北干旱区陆地净初级生产力（NPP）的多年平均分布图

为更直观了解 2000～2021 年西北干旱区 NPP 的变化情况，结合 Sen 斜率和 M-K 趋势检验方法将西北干旱区 NPP 变化趋势划分为极显著增加、显著增加、微显著增加、不显著增加、无变化、不显著减小、微显著减小、显著减小和极显著减小 9 个类别，并对各个趋势类别占比进行了统计（图 9.15）。

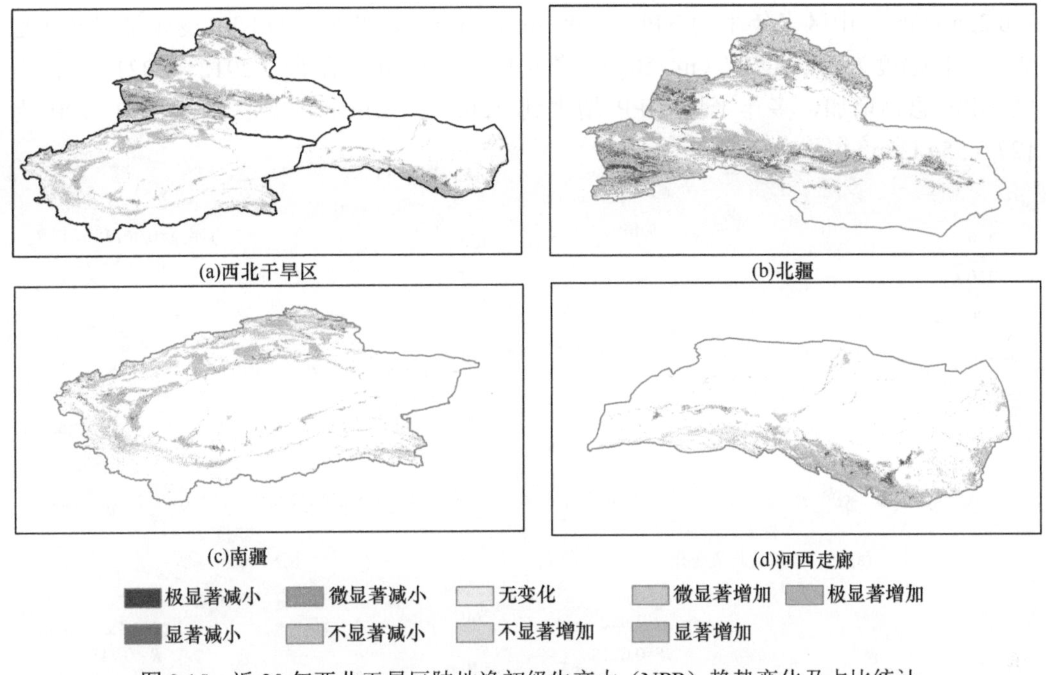

图 9.15　近 20 年西北干旱区陆地净初级生产力（NPP）趋势变化及占比统计

结果显示，2000～2021 年西北干旱区 13.14%的区域 NPP 表现为无变化，极显著（趋势变化通过 99%置信度检验）增加区域占西北干旱区总面积的 17.82%、显著（趋势变化通过 95%置信度检验）增加的区域占比为 9.24%、微显著（趋势变化通过 90%置信度检验）增加的区域为 4.82%、不显著（趋势变化未通过 90%置信度检验）增加和减小的区域占比分别为 23.13%和 19.57%；NPP 微显著减小、显著减小和极显著减小区域占比明显低于 NPP 增加趋势区域所占比例。

北疆地区超过一半的区域的 NPP 表现出增加趋势，其中 13.87%区域 NPP 呈现极显著的增加趋势，无变化区域的占比不足 10%。南疆 NPP 无变化区域的占比达到 18.97%，极显著增加区域的占比约为 20%。河西走廊地区 NPP 呈现极显著增加趋势的地区占比远大于极显著减小区域。

三、NPP 不同海拔变化特征

西北干旱区 NPP 在不同海拔区变化情况有所不同。将西北干旱区分为山区（海拔≥1500m）和平原（海拔＜1500m）两类。如图 9.16（a）所示，2000～2021 年西北干旱区的 NPP 在不同海拔区的变化同研究区的整体变化几乎一致，具有明显的阶段性特征，且整体呈现出增加趋势。

以 2012 年为节点，山区与平原的 NPP 变化在前后两个阶段表现出相反的变化特征。第一阶段（2000～2012 年）：平原区 NPP 明显高于山区（平原区多年平均 NPP 为

110.25g C/m^2，山区多年平均 NPP 为 98.14g C/m^2），且平原区的 NPP 变化呈现增加趋势，增长幅度为 14.08g C/（m^2·10a）[图 9.16（c）]。第二阶段（2012～2021 年）：山区 NPP 急剧增加，多年平均 NPP 增大到 120.07g C/m^2，平原区多年平均 NPP 为 127.0.55g C/m^2 [图 9.16（c）（d）]。

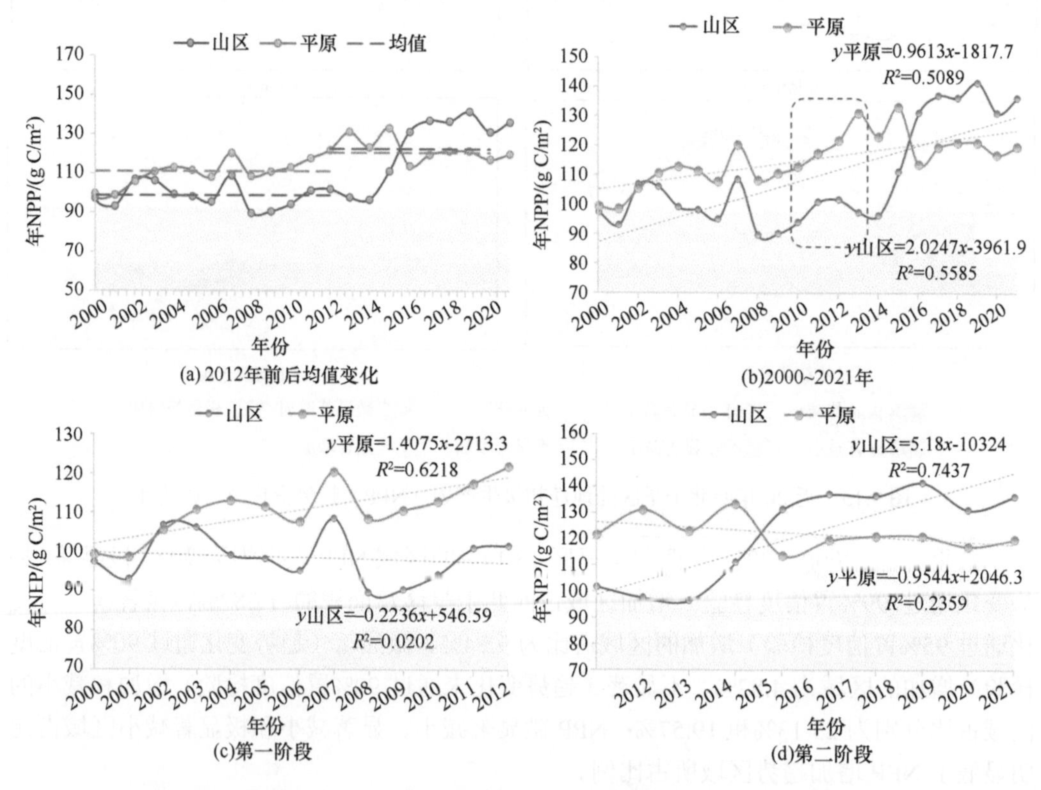

图 9.16 近 20 年西北干旱区不同海拔区的陆地净初级生产力（NPP）变化

从多年平均 NPP 的空间分布看，西北干旱区的山区 NPP 高值区集中分布在天山北麓和阿尔泰山、祁连山的中低海拔区 [图 9.17（a）]。西北干旱区的山区平均 NPP 为 135.91g C/m^2，3 个区域中北疆山区的多年平均 NPP 最高（165.58g C/m^2），南疆最低（87.58g C/m^2）[图 9.17（c）]。西北干旱区平原 NPP 的高值区主要分布在伊犁河谷

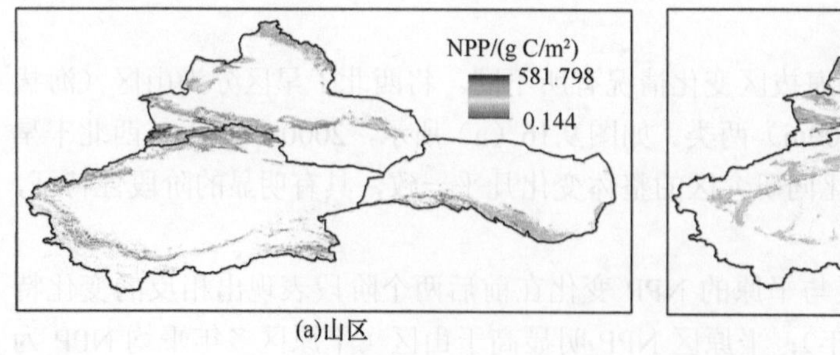

(a)山区

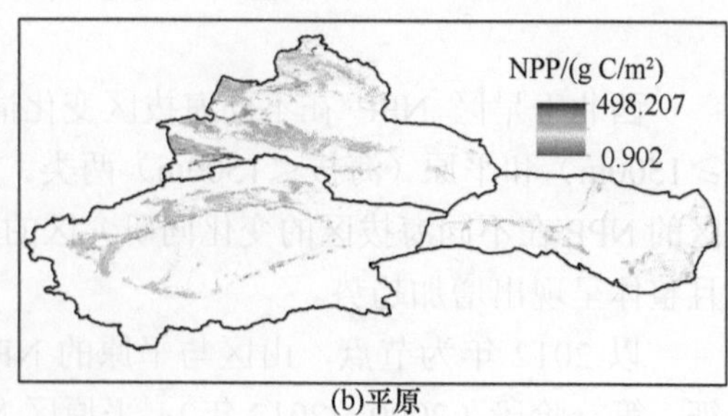

(b)平原

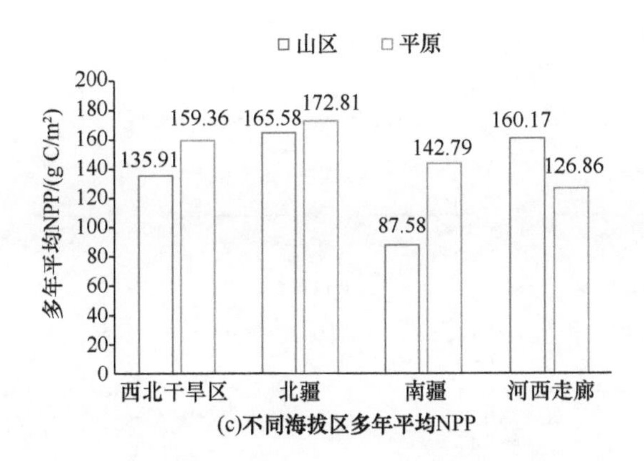

图 9.17 西北干旱区不同海拔区的多年平均陆地净初级生产力（NPP）分布

地区和南疆的塔里木河流域［图 9.17（b）］。平原区多年平均 NPP 为 159.36g C/m^2，3 个区域中仍然是北疆平原的 NPP 最高（172.81g C/m^2），最低值出现在河西走廊地区（126.86g C/m^2）［图 9.17（c）］。

四、NPP 动态变化的驱动分析

气候变化和人类活动深刻影响着生态系统的结构、功能和服务（Teng et al.，2020）。气候因子可以通过调节植物生长季长度、群落生物量和年龄结构直接或间接影响 NPP（Michaletz et al.，2014）。就人类活动而言，党的十八大以来的一系列生态文明建设举措有利于 NPP 的增加（Wei et al.，2022；Teng et al.，2020）。利用爱达荷大学提供的全球陆地表面的长时间（1990～2020 年）、高分辨率（4638.3m）的月气候数据（TerraClimate），包括降水（*P*）、最高温（Tmax）、最低温（Tmin）、水汽压差（VPD）、下行短波辐射（Srad）和潜在蒸散发（PET），以及 DMSP OLS 1992～2013 年的夜间灯光数据（分辨率为 927.67m）开展 NPP 变化的驱动分析。

由 1990～2020 年反映西北干旱区气候变化的降水、最高（低）气温、饱和水汽压差、潜在蒸散发、下行短波辐射以及反映人类活动强度的夜间灯光因子的时序变化可以看出，虽然 2000 年后各因子的均值均高于 1990～1999 年的均值，但 2000 年后仍有表现出下降变化的时段。以 Srad 为例，2000～2020 年的均值为 178.07W/m^2，高于 1990～1999 年均值（176.48W/m^2），但 2009 年后，Srad 呈现出明显的减小趋势［–2.01W/（m^2·10a）］［图 9.18（f）］。这与 NPP 的变化时间非常吻合，2009 年后西北干旱区的 NPP 表现出明显的增加趋势，增加幅度达 30.94g C/（m^2·10a）［图 9.18（a）］。从 PET 的变化也可以看出，2008 年后，西北干旱区 PET 呈现减小趋势，减小幅度为 0.40mm/10a［图 9.18（g）］。选择的 7 个影响 NPP 变化的气候和人类活动因子在空间分布上具有明显的异质性（图 9.19）。总体而言，低值区均出现于山区。

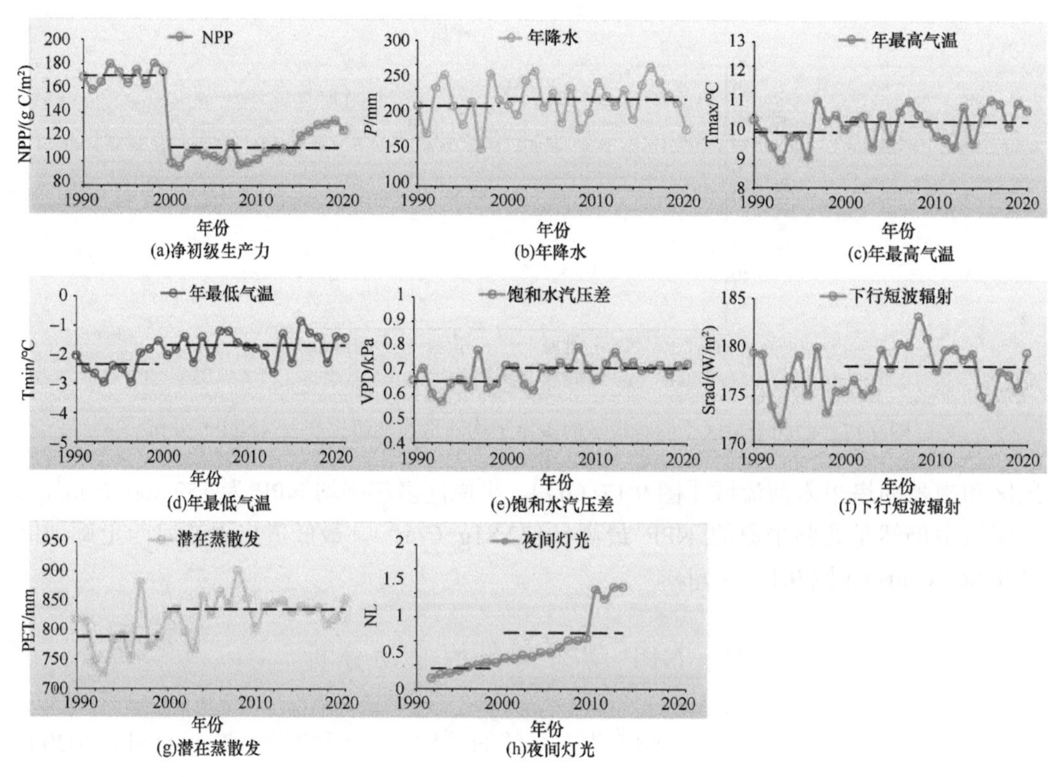

图 9.18　1990～2020 年西北干旱区 NPP 气候因子及夜间灯光因子变化

图中黑色的虚线表示 2000 年前后两个时段的各因子的均值

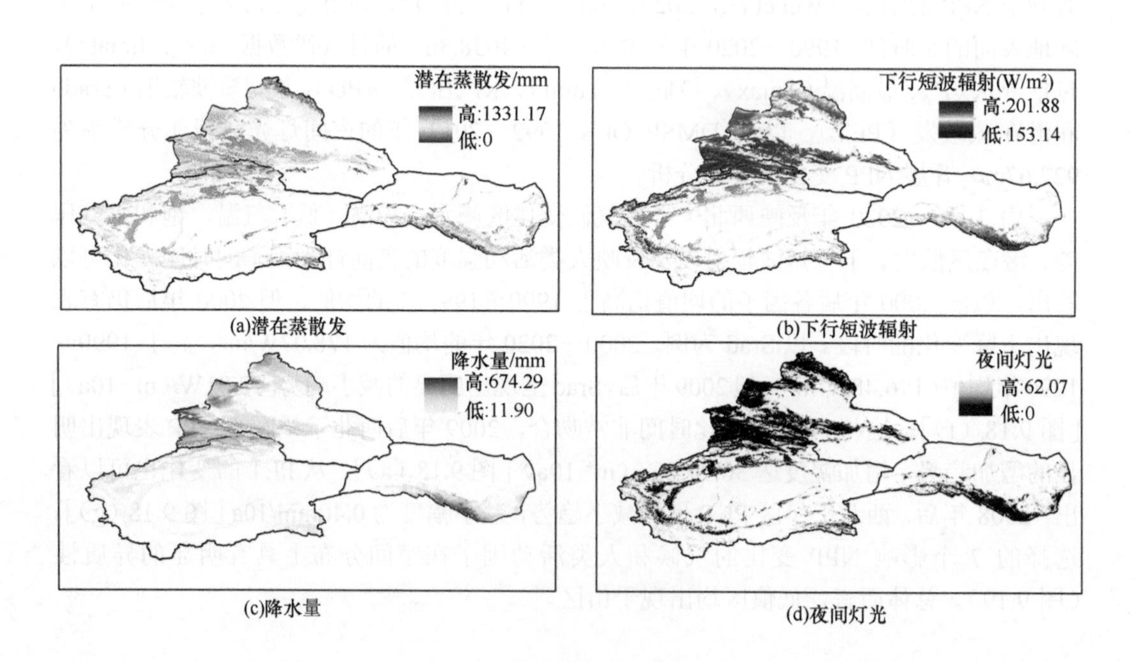

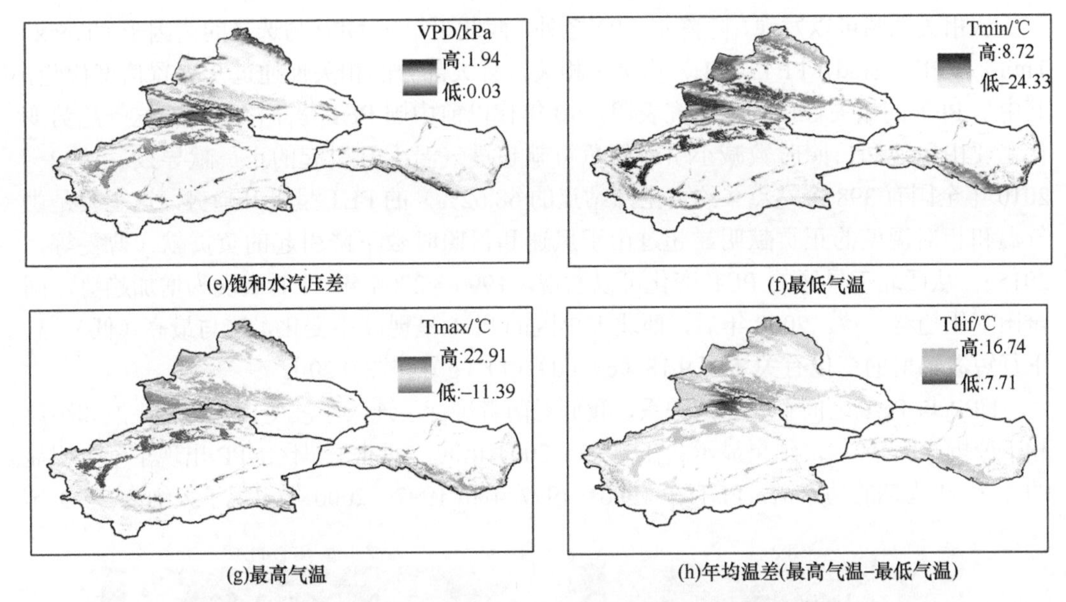

(e)饱和水汽压差　(f)最低气温

(g)最高气温　(h)年均温差(最高气温-最低气温)

图 9.19　1990～2020 年西北干旱区气候因子及夜间灯光因子的空间分布

结合 NPP 的多年平均分布［图 9.19（a）］可以发现，西北干旱区 NPP 的高值区普遍存在潜在蒸散发小、下行短波辐射小、降水量多、饱和水汽压差小、最低（高）气温低、温差小、夜间灯光弱的特征。为进一步探究以上因子与 NPP 的关系，对其进行了相关性分析，如图 9.20 所示。

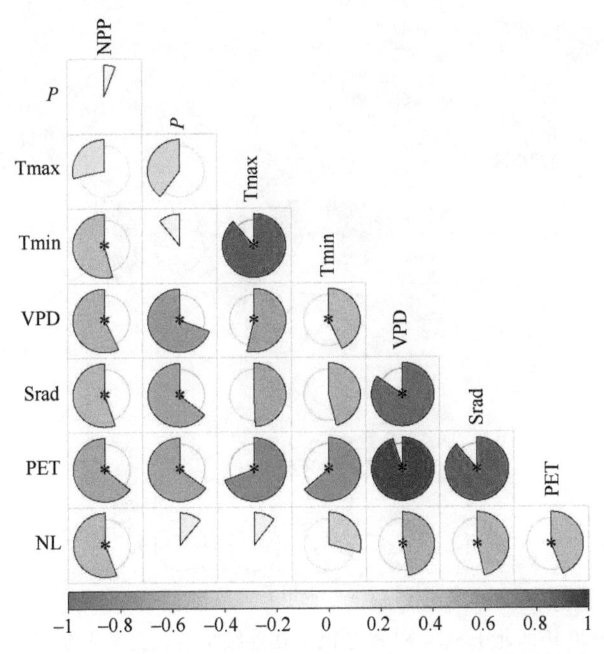

图 9.20　西北干旱区 NPP 与不同影响因子之间的相关性

从相关性图可以发现，除降水（P）之外，西北干旱区NPP与选择的诸因子（Tmax，Tmin，VPD，Srad，PET，NL）均呈负相关，且大部分的相关性通过95%置信度检验，其中与PET的相关性最强。研究表明，90年代以前中国PET呈下降趋势，这一趋势变化主要由风速和日照时数减小引起的负贡献超过气温上升引起的正贡献导致。1992～2010年全国有398个站点（约占全部站点的68.62%）的PET呈上升趋势，这主要是由气温和相对湿度的正贡献明显超过由于风速和日照时数下降引起的负贡献（曹雯等，2015）。从西北干旱区的PET变化可以发现，1990～2008年PET表现为增加趋势，同全国变化趋势一致。2008年后，西北干旱区的PET呈现减小变化，这与最高（低）温、下行短波辐射的变化有关[图9.18（c）（d）（f）（g）和图9.20]。

NPP与PET之间存在一定关系，我们对两者进行了连续小波变化、交叉小波和小波相干分析（图9.21），结果显示，在1995～2004年间，西北干旱区NPP出现了一个明显的2～7年周期的功率谱，PET在1996～1997年和1997～2000年出现了大约为2～3年

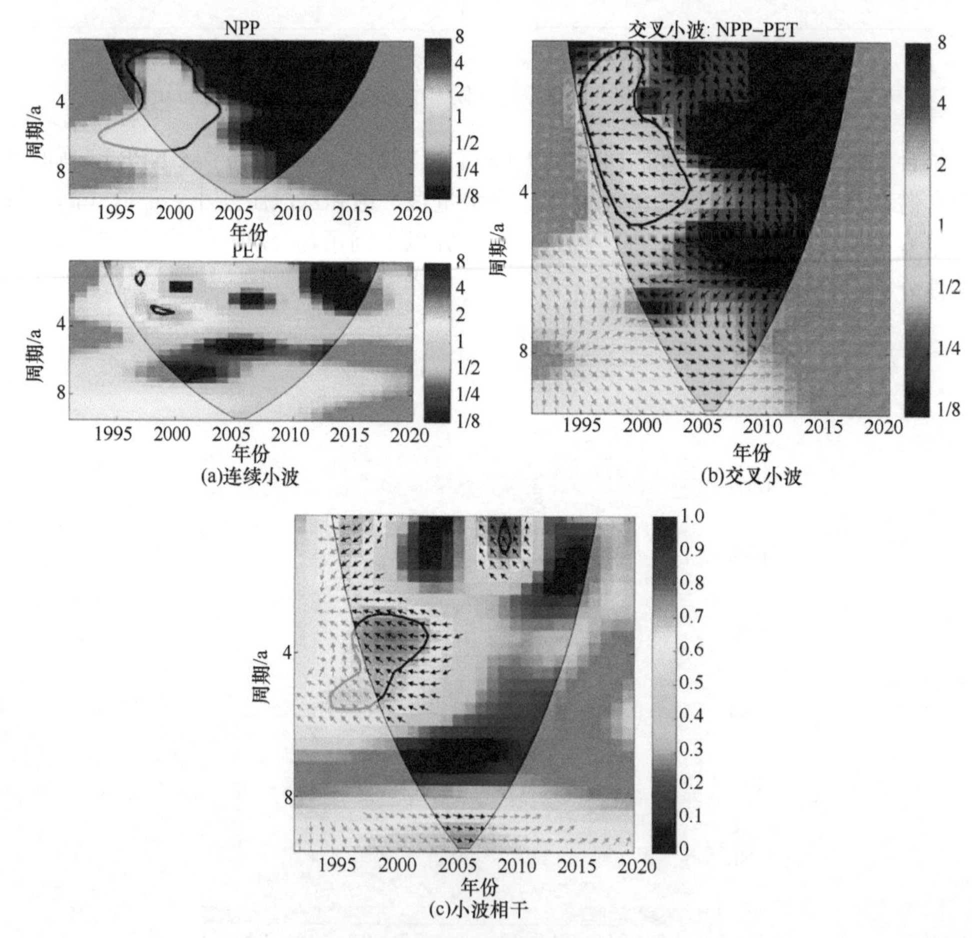

图9.21　1990～2020年西北干旱区NPP与PET在连续小波、交叉小波和小波相干的分析结果

黑色实线表示通过95%置信度检验

和 3～4 年周期的强功率谱，这表明 NPP 和 PET 之间存在一定关系［图 9.21（a）］。从 NPP 和 PET 的交叉小波分析结果可知，两者在 1995～2005 年期间存在明显的 2～5 年周期的强功率，且两者之间为明显的反相位关系［图 9.21（b）］。约在 8～10 年周期的尺度上，1990～2000 年左右西北干旱区表现出 PET 领先 NPP 1/4 π 周期的特征，2000 年后，两者之间的关系逐渐变成正相位。从小波相干结果看，在 0～6 年周期上，NPP 与 PET 大都表现为反相位关系，而在 8 年以上的周期上，NPP 与 PET 大都表现为正相位关系［图 9.21（c）］。

适度的增温通过促进光合作用，提高净生产力。然而过高的升温不仅会限制光合作用效率，更会加剧干旱风险，从而加大植被的自养呼吸，加速有机物的消耗，进而致使净初级生产力降低（焦珂伟等，2018）。同样，过多的降水也会增大相对湿度，进而限制植被活动（Ukkola et al.，2016）。饱和水汽压差是植被蒸散的驱动因素之一，通过影响植被的气孔行为，对其生理活动产生作用。通常 VPD 增大会促进叶片表面的气孔张开，有利于植被吸收水分以进行光合作用和正常生理活动，但过高的 VPD 将导致植物降低气孔开度来阻止过多的水分流失，从而抑制植物的生长（袁瑞瑞等，2021）。总体而言，植被活动对气候变化的响应过程在一定程度上依赖于特定区域的水热条件。在干旱区，水分条件强烈影响植被活动，温度升高可能会加剧干旱。

第四节　西北干旱区净生态系统生产力变化分析

陆地生态系统是全球碳循环的重要组成部分，也是大气 CO_2 进入陆地圈的主要途径，且易受气候变化和人类活动的干扰。净生态系统生产力（net ecosystem productivity，NEP）代表陆地生态系统与大气之间的净碳交换，是陆地生态系统碳循环及能量流动的关键参数，表征生态系统质量状况，也是定量评价陆地生态系统碳源/汇的重要指标。准确模拟陆地生态系统 NEP 有助于研究陆地生态系统碳源/汇的时空变化及其成因。本节基于 2000～2021 年多源遥感影像数据、NDVI 数据、中国土地利用数据和气象数据，通过利用 CASA 模型估算植被净生态系统生产力（NEP），并结合土壤微生物呼吸模型定量评估西北干旱区陆地生态系统的碳库变化过程，分析 2000～2021 年西北干旱区碳源/汇的时空演变特征，探讨气候变化和人类活动对植被碳源/汇变化的影响。

一、NEP 年际变化特征

2000～2021 年，西北干旱区植被 NEP 年均值的变化幅度在–41.21～9.40g C/(m^2·a)，多年 NEP 平均值为–19.08g C/（m^2·a）。空间上，2000～2021 年南疆、北疆和河西走廊植被区 NEP 多年平均值均为负值，分别为–48.36g C/（m^2·a）、–2.47g C/（m^2·a）和–1.92g C/（m^2·a）。2000～2021 年西北干旱区植被 NEP 总体呈显著上升态势（图 9.22），年际变化速率为 2.05g C/（m^2·a）（P＜0.01）。

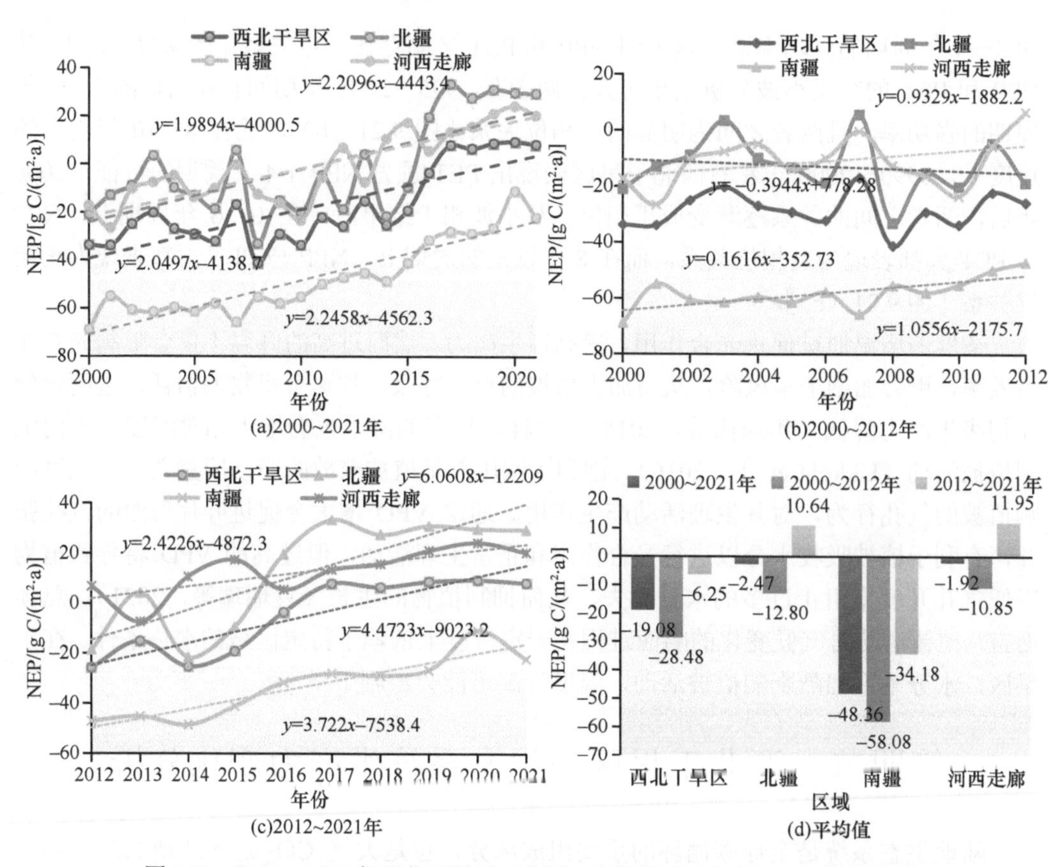

图 9.22　2000～2021 年西北干旱区（北疆、南疆和河西走廊）NEP 年际变化

在 2000～2021 年，西北干旱区各区域（北疆、南疆和河西走廊）植被 NEP 均表现为显著增加态势，增加速率分别达 2.21g C/（m^2·a）（P＜0.05）、2.25g C/（m^2·a）和 1.99 g C/（m^2·a）（P＜0.01）。从西北干旱区植被 NEP 在不同时段（2012 年前后）的变化趋势特征来看，2000～2012 年，除北疆植被区 NEP 呈波动下降趋势［–0.39g C/（m^2·a）］，西北干旱区、南疆和河西走廊植被区 NEP 表现为增加态势，速率分别达 0.16g C/（m^2·a）、1.06g C/（m^2·a）和 0.93g C/（m^2·a）［图 9.22（b）］。2012 年以来，西北干旱区（北疆、南疆和河西走廊）植被 NEP 均呈现显著增加态势（北疆和河西走廊，P＜0.05；西北干旱区和南疆，P＜0.01），西北干旱区、北疆、南疆和河西走廊植被 NEP 的增长速率分别为 4.47g C/（m^2·a）、6.06g C/（m^2·a）、3.72g C/（m^2·a）和 2.42g C/（m^2·a）［图 9.22（c）］。

二、NEP 海拔变化特征

分析 2000 年以来西北干旱区不同海拔 NEP 变化特征来看，各时期山区植被的 NEP 均高于平原植被 NEP。在 2000～2021 年间，西北干旱区山区和平原区植被 NEP 均表现为显著增长趋势，增长速率分别达 2.71g C/（m^2·a）和 1.15g C/（m^2·a）（图 9.23）。就不同时期植被 NEP 变化特征看，在 2000～2012 年，西北干旱区山区和平原植被 NEP 平均值分别为–8.83g C/（m^2·a）和–52.93g C/（m^2·a），该时期山区植被区 NEP 表现为下降趋势，年平均下降速率达–0.77g C/（m^2·a），而平原区植被 NEP 表现为上升态势，年平均上升速率达 1.29g C/（m^2·a）。然而，2012～2021 年西北干旱区山区和平原区植被 NEP 多年平均值均较 2000～2012 年时期明显增加，年增加均值分别达 22.43g C/（m^2·a）和–39.45g C/（m^2·a），该时期山区 NEP 的年增加速率达 8.04g C/（m^2·a），而平原区 NEP 呈现减少趋势，速率为–0.15g C/（m^2·a）。

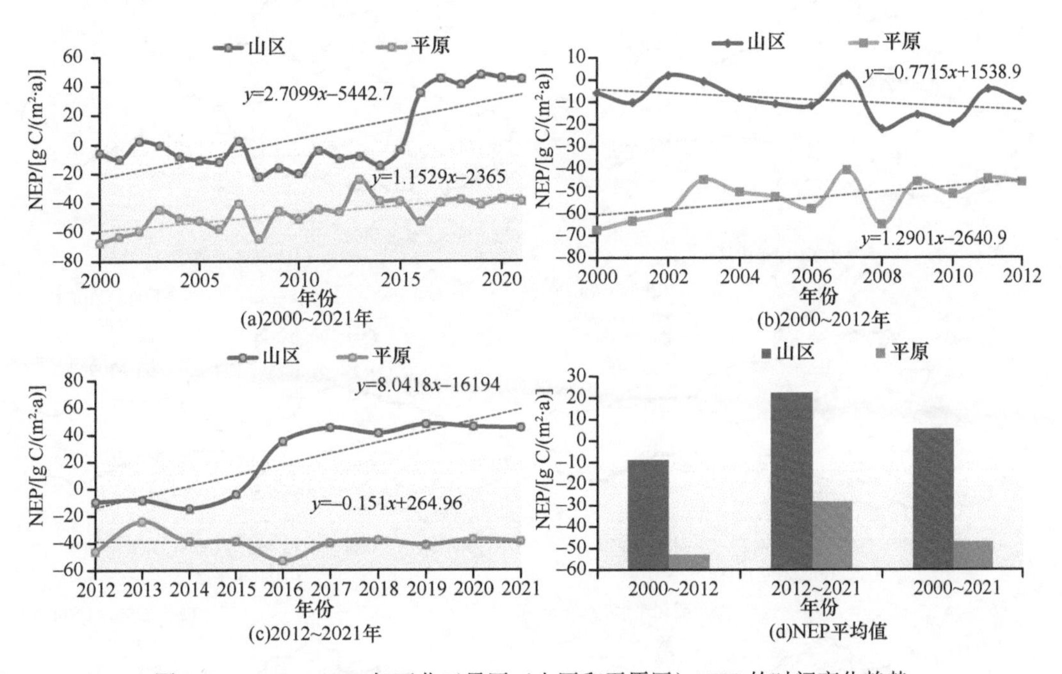

图 9.23　2000～2021 年西北干旱区（山区和平原区）NEP 的时间变化趋势

对比 2000～2021 年西北干旱区山区和平原区植被 NEP 空间动态变化特征发现（图 9.24），在西北干旱区，北疆山区植被 NEP 多年平均值为 30g C/（m^2·a），北疆山区植被 NEP 上升速率最快，平均年上升速率高达 3.42g C/（m^2·a）（$P<0.01$），其次为河西走廊山区植被，NEP 的年平均上升速率达 2.54g C/（m^2·a）。南疆山区植被 NEP 的年平均上升速率为 2.01g C/（m^2·a）。此外，北疆、南疆和河西走廊平原区的多年平均 NEP 也均表现为显著增加态势，年增加速率分别为 1.03g C/（m^2·a）、1.60g C/（m^2·a）和 0.27g C/（m^2·a）。近 10 年（2012～2021 年），西北干旱区山区和平原区植被 NEP 增加态势显著。

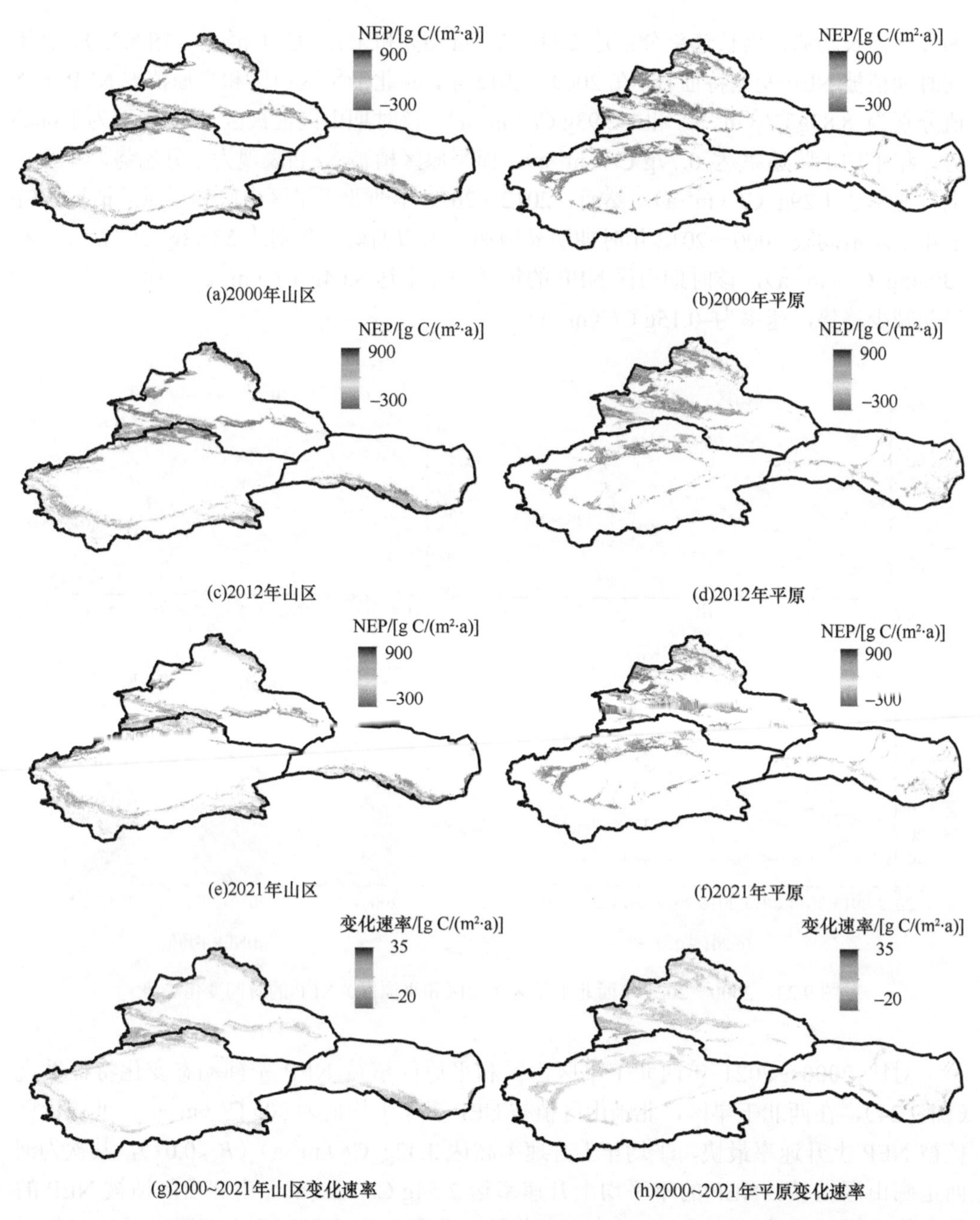

图 9.24　2000～2021 年西北干旱区（山区和平原区）NEP 的时空变化

三、NEP 动态变化的驱动分析

2000～2021 年，西北干旱区人工植被和自然植被 NEP 均呈现显著的增加趋势（$P<0.01$，图 9.25），其中，人工植被区 NEP 在 2000～2021 年的多年平均上升速率为 2.52g C/

($m^2 \cdot a$)，而自然植被区 NEP 的年均上升速率达 1.97g C/($m^2 \cdot a$)。对不同生态要素分析表明，水、温度和辐射的相互作用，是影响植被 NEP 变化的主要因素。

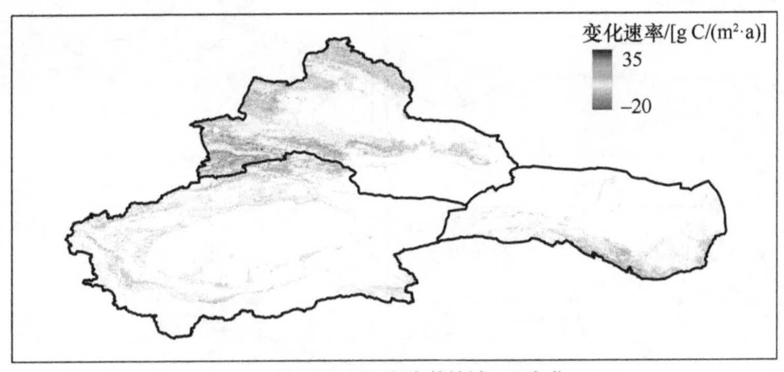

(a)2000~2021年自然植被NEP变化

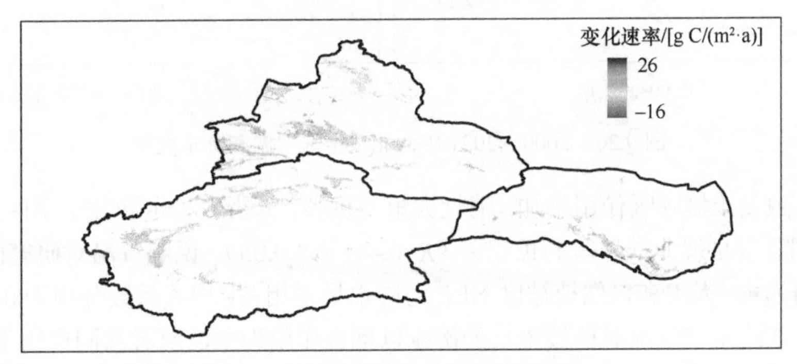

(b)2000~2021年人工植被NEP变化

图 9.25　2000～2021 年西北干旱区（自然植被和人工植被）NEP 的时空变化趋势

2000～2021 年，西北干旱区增温显著，升温幅度为 0.12℃/10a（$P<0.01$）。在空间上，西北干旱区绝大多数区域均处于气温持续上升态势，尤其以北疆北部和河西走廊地区气温上升最为明显（图 9.26）。同时，2000～2021 年整个西北干旱区降水增加速率为 1.76mm/10a，河西走廊的整个区域、北疆的南部、东南以及南疆西北部的大部分地区降水都呈明显增加趋势。进一步分析西北干旱区植被 NEP 同气温和降水的相关性发现，人工和自然植被区 NEP 与气温变化的相关系数分别为 0.13 和 0.30，呈现弱相关性。

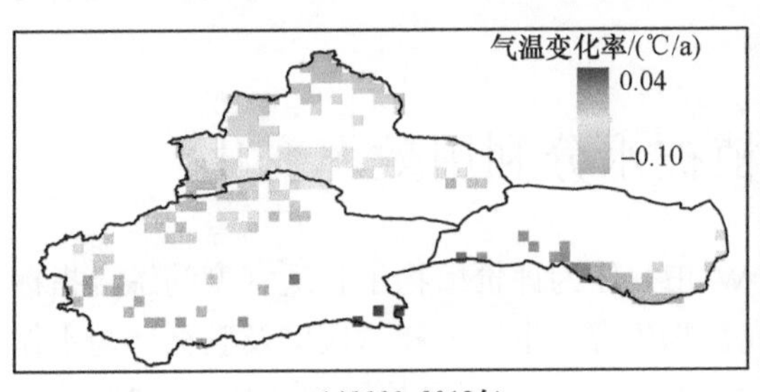

(a)2000~2012年

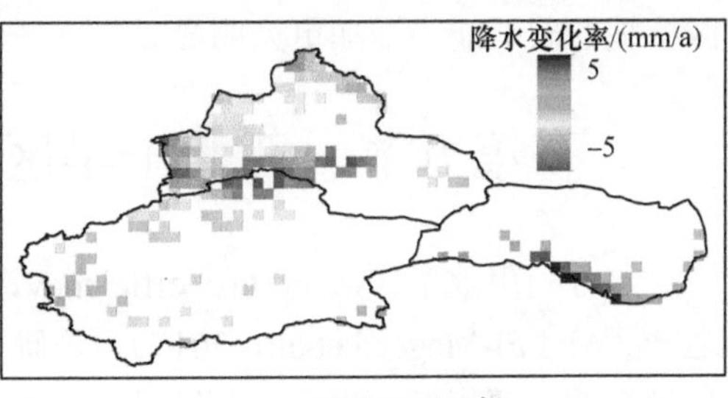

(b)2000~2012年

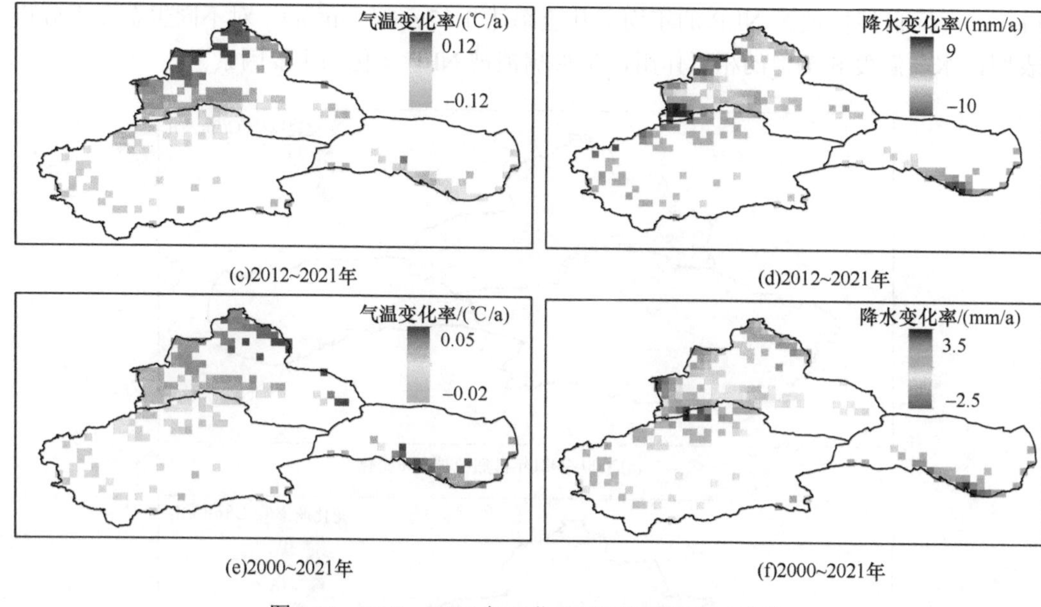

(c)2012~2021年 (d)2012~2021年

(e)2000~2021年 (f)2000~2021年

图 9.26 2000～2021 年西北干旱区气温和降水变化

气温的升高致使土壤呼吸作用增加，消耗大量有机碳，分析也显示西北干旱区土壤异养呼吸（RH）同温度呈现非常显著的正相关（R=0.44，P<0.05），说明气温对研究区植被 NEP 以抑制作用为主。人工和自然植被区 NEP 与降水呈正相关，相关系数分别为 0.15 和 0.33。上述分析表明降水、气温对植被生长的影响以耦合作用为主，两者共同作用于植被生长。

人类活动对西北干旱区植被 NEP 的影响主要是通过改变人工植被 NPP 产生影响。2000～2012 年，整个西北干旱区 NPP 多年均值为 103.70g C/m^2，该时期 NPP 的年增加速率达 0.44g C/m^2，然而，在 2012～2021 年间，西北干旱区植被 NPP 年均值增至 122.49g C/m^2，比 2012 年之前的 NPP 增加 18.12%，该时期 NPP 的年增长速率高达 2.70g C/m^2。2000～2021 年西北干旱区植被类型发生了巨大变化，基于资源与环境科学与数据中心发布的土地利用数据分析，受人类活动影响，2000～2021 年西北干旱区的耕地在该时期增加显著，加之保护性耕作措施的实施，使得耕地的碳汇能力逐渐增强，人工植被的 NEP 显著上升，与自然植被区 NEP 的上升速率［1.97g C/（m^2·a)］相比，人工植被区 NEP 在 2000～2021 年的年均上升速率高达 2.52g C/（m^2·a)，可见，人类活动区植被的碳汇能力增加更为明显。

第五节　西北干旱区植被水分利用效率变化

水分利用效率（water use efficiency，WUE）作为评价植物生长适宜度的综合指标之一（Abd El-Mageed et al.，2017），是研究植物生存、生产力和适应度及碳循环与水循环耦合的重要指标，也是理解陆地生态系统代谢的一个重要参数（郝海超等，2021）。

本节结合2000～2021年遥感影像数据与再分析数据产品（Abatzoglou et al.，2018）资料，计算WUE为净初级生产力NPP（陈鹏飞，2019）与实际蒸散发（evapotranspiration，ET）（Abatzoglou et al.，2018）的比率。并从时间和空间上系统分析了近20年西北干旱区植被WUE的变化规律。总体来看，2000～2021年西北干旱区植被WUE整体呈上升趋势，2012年之后，西北干旱区植被WUE的波动上升趋势明显高于2012年之前。2000～2021年西北干旱区植被WUE的空间格局没有发生明显变化，高值集中在平原区，特别是绿洲及荒漠–绿洲过渡带，低值集中在山区。区域植被WUE变化受NPP与ET的双重影响，主要归因于降水、潜在蒸散发及饱和水汽压差等因子作用下干旱气候环境的影响。

一、植被WUE的年际变化特征

在2000～2021年序列上，西北干旱区植被WUE年均值变化幅度均集中在0.20～2.40g C/（mm·m^2）的范围内，且均呈波动上升趋势。其中，北疆地区植被WUE年上升趋势最高为0.0089g C/（mm·m^2·a），而南疆地区植被WUE年上升趋势最低为2×10^{-5}g C/（mm·m^2·a），西北干旱区和河西走廊地区植被WUE年上升趋势区介于二者之间，但河西走廊地区植被WUE年上升趋势［0.0033g C/（mm·m^2·a）］高于西北干旱区［0.0031g C/（mm·m^2·a）］［图9.27（a）］。不同时段内，西北干旱区植被WUE的上升趋势有所不同。2012年之前，西北干旱区植被WUE的波动上升趋势明显低于2012年之后植被WUE的波动上升趋势［图9.27（b）和图9.27（c）］。这可能与21世纪初期西北干旱区呈现跃变式升温所导致的2000～2012年蒸发旺盛、干旱加剧有关（李稚等，2022）。同时，2012年以后，西北干旱区植被WUE受气候变化和人类活动的影响，生态环境显著改善，植被NPP增加，导致植被WUE呈更高的上升趋势。

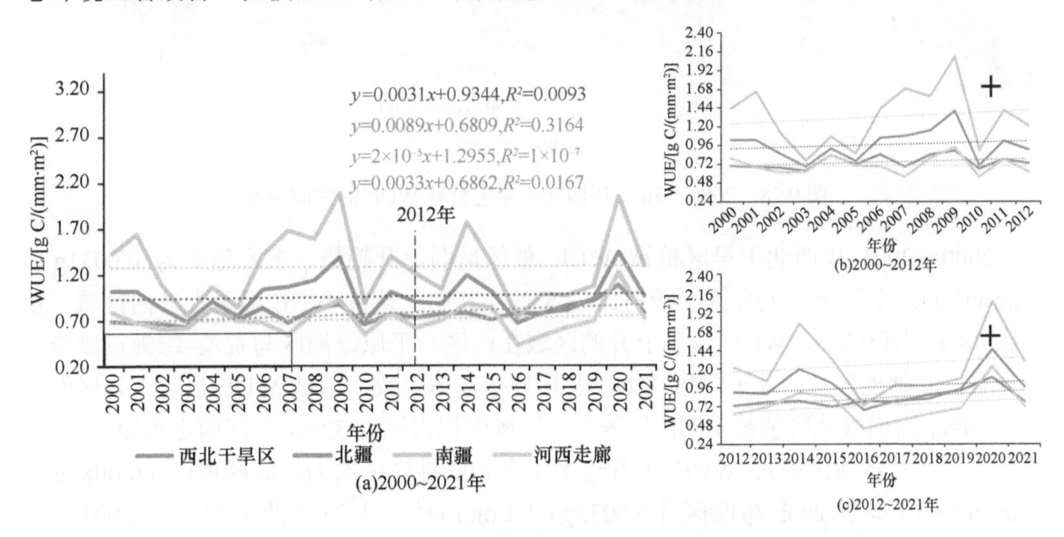

图9.27　2000～2021年西北干旱区植被WUE的时间变化趋势

+表示变化趋势为正

二、植被 WUE 的空间变化特征

2000～2021 年西北干旱区植被 WUE 年均值大部分集中于 0～24g C/（mm·m^2），高于 24g C/（mm·m^2）的仅集中在和田河与叶尔羌河上游的昆仑山区域［图 9.28（h）］，由于此区域常年干旱，潜在蒸散发高，但实际蒸发处于极端低值所致。为了突显数值色带表示地域空间分异规律的准确性与科学性，将西北干旱区植被 WUE 数值范围控制在 0～24g C/(mm·m^2)，并通过西北干旱区植被 WUE 空间分布影像发现，平原绿洲和荒漠–绿洲过渡带区域植被 WUE 要高于山区，较低纬度区域植被 WUE 高于较高纬度。其中，南疆地区植被 WUE 高于北疆地区和河西走廊地区（图 9.28）。总体来看，2000～2021 年来西北干旱区植被 WUE 的空间格局没有发生明显变化。

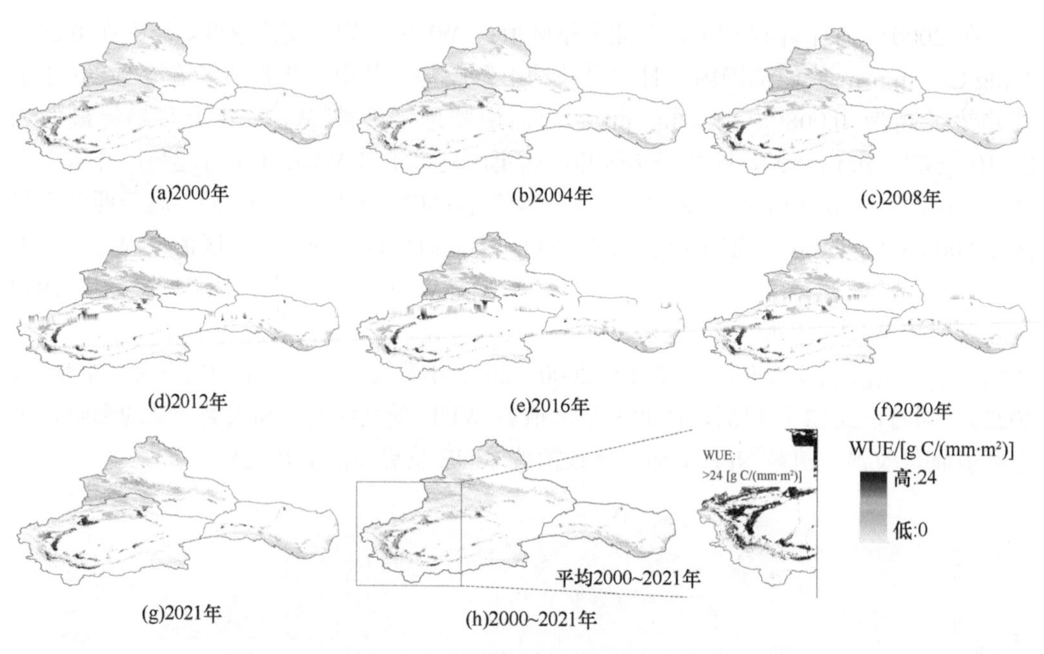

图 9.28　2000～2021 年西北干旱区植被 WUE 的空间分布

2000～2021 年西北干旱区植被 WUE 整体呈弱上升趋势，上升速率为 0.0031g C/（mm·m^2·a）。空间上，上升区面积占比为 53%，其中，植被 WUE 显著上升的区域面积占比 38%（图 9.29），WUE 显著上升的区域在山区、平原绿洲区与荒漠–绿洲过渡带均有分布。北疆地区与西北干旱区 WUE 变化规律基本一致，植被 WUE 显著上升区面积占比 44%；而南疆地区植被 WUE 显著上升区域面积占比为 32%，与河西走廊地区相同。西北干旱区及各地区植被 WUE 上升速率由高到低排序依次为：北疆地区［0.0089g C/（mm·m^2·a）］＞河西走廊地区［0.0033g C/（mm·m^2·a）］＞西北干旱区［0.0031g C/（mm·m^2·a）］＞南疆地区［0.00002g C/（mm·m^2·a）］。

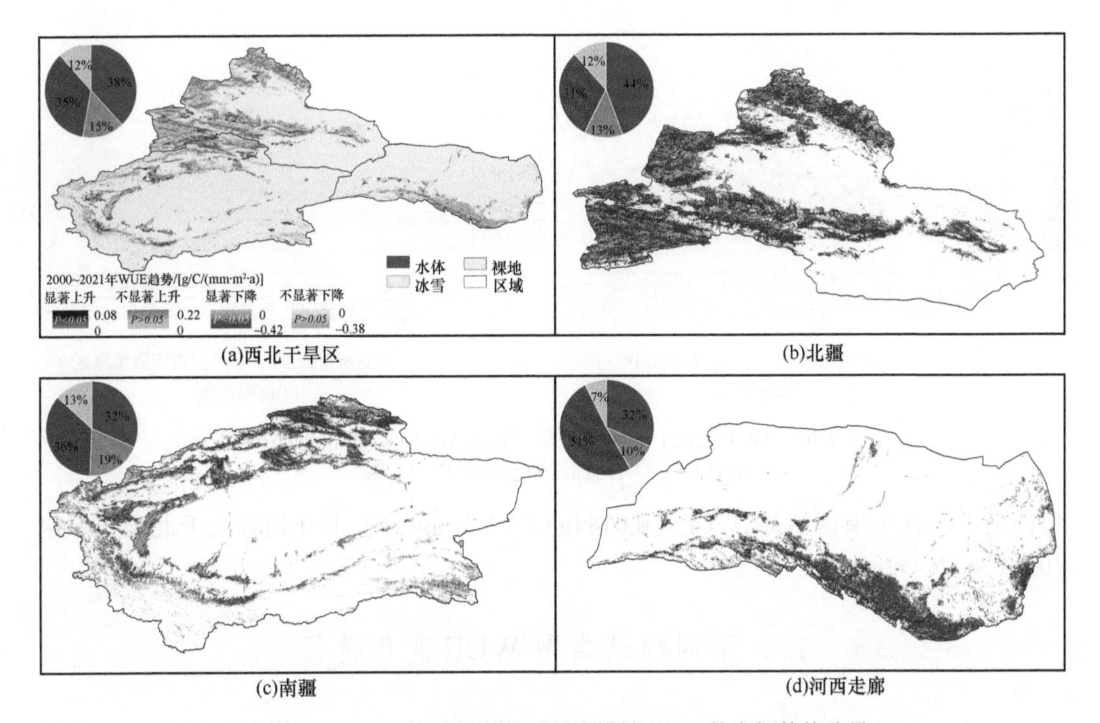

(a)西北干旱区　(b)北疆

(c)南疆　(d)河西走廊

图 9.29　2000～2021 年西北干旱区植被 WUE 的空间趋势分异

插图为升降趋势显著性面积（有值区域）占比

三、植被 WUE 的垂直梯度分异

西北干旱区及各地区在 2000～2021 年平原区植被 WUE 均高于山区，且西北干旱区及各地区平原区植被 WUE 均呈上升趋势(图 9.30)。北疆山区与河西走廊山区植被 WUE 同样均呈上升趋势且北疆山区的 WUE 上升速率［0.0072g C/（mm·m^2·a)］高于河西走廊山区［0.0048g C/（mm·m^2·a)］。平原区植被 WUE 年上升趋势最高仍为南疆平原区［0.0228g C/（mm·m^2·a)］，上升趋势最低仍为河西走廊平原区［0.0072g C/（mm·m^2·a)］，西北干旱区平原区与北疆平原区植被 WUE 上升趋势介于南疆与河西走廊平原区之间，

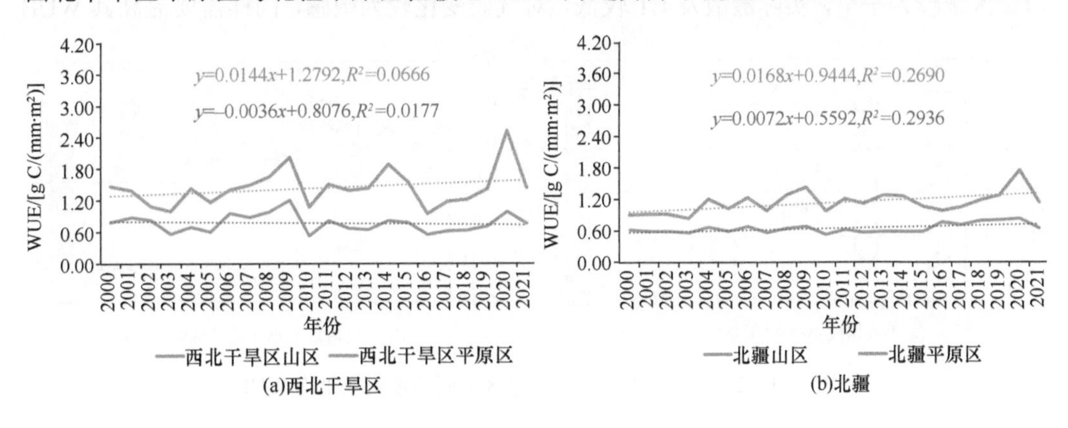

(a)西北干旱区　(b)北疆

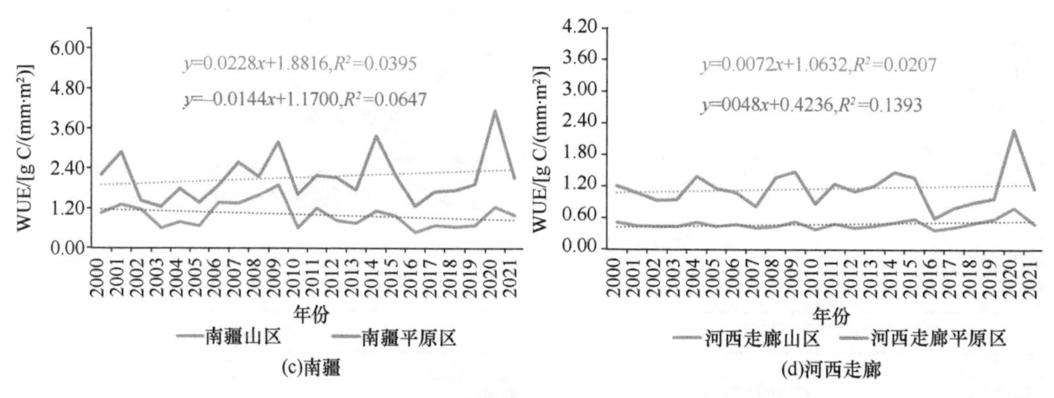

图 9.30 2000～2021 年西北干旱区植被 WUE 的垂直梯度分异

山区海拔：＞1500m；平原区海拔：＜1500m

但西北干旱区平原区植被 WUE［0.0144g C/（mm·m^2·a）］上升趋势低于北疆平原区［0.0168g C/（mm·m^2·a）］。

四、不同植被类型 WUE 变化特征

通过对 2000～2021 年西北干旱区不同植被类型年均 WUE 及其趋势变化分析，发现自然植被 WUE［2.17g C/（mm·m^2）］高于人工植被 WUE［2.14g C/（mm·m^2）］，自然植被中主要包括森林、灌丛、湿地和草原（图 9.31）。其中，草原 WUE 最高为 2.26g C/（mm·m^2），灌丛 WUE 最低为 0.46g C/（mm·m^2），森林 WUE 和湿地 WUE 均介于草原与灌丛之间，但森林 WUE［0.90g C/（mm·m^2）］高于湿地 WUE［0.56g C/（mm·m^2）］。不同植被类型 WUE 由高到低排序为：草原＞自然植被＞人工植被＞森林＞湿地＞灌丛。自然植被需要通过提高其 WUE 达到应对恶劣的干旱气候，而人工植被由于受人为灌溉的影响，导致实际蒸散发 ET 增加，从而 WUE 相对较低。在自然植被中，森林和湿地气候环境相对湿润，处于不缺水的生境。因此，森林和湿地实际蒸散发 ET 较大且在 WUE 中占主导地位，从而导致 WUE 处于低值。但草原是西北干旱区最主要的植被类型，所在区域较为干旱，实际蒸散发 ET 较低，对气候变化较为敏感，同样需要提高其 WUE

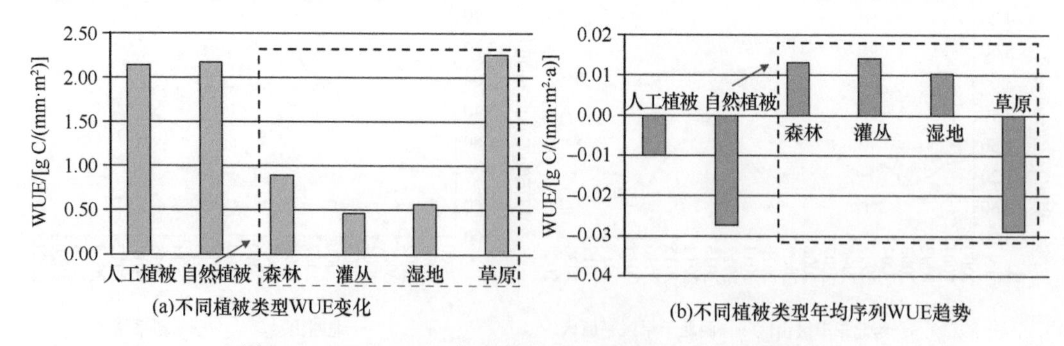

图 9.31 2000～2021 年西北干旱区不同植被类型年均 WUE

来应对恶劣的气候环境。因此，草地 WUE 最高。

五、植被 WUE 的驱动力分析

2000～2021 年，西北干旱区主要植被分布区域内的植被 NPP 和 ET 均呈上升趋势，但 ET 上升趋势低于 NPP，使得此区域植被 WUE 呈上升趋势。随着 CO_2 等温室气体浓度的增加，气温升高，全球变暖已经是一个不争的事实（Kondratyev and Varotsos，1995）。2000 年以来 CO_2 等温室气体引起的温室效应与 CO_2 对植被的施肥效应会导致 NPP 的增加。温度的升高将引起饱和水汽压（VSP）和水汽压差（VPD）的上升和实际水汽压（VAP）的下降，同时，也将引起潜在蒸散发（PET）与实际蒸散发（ET）的增加。这些是造成近 20 年来西北干旱区及各地区植被 WUE 呈上升趋势的主要因素。

通过 WUE 与 ET、PRE、PET、VAP、VPD 和 VSP 的相关性分析发现，西北干旱区及南疆、北疆植被 WUE 与 ET、PRE 和 VAP 呈负相关关系，与 PET、VPD 和 VSP 呈正相关关系。河西走廊植被 WUE 与 ET、PRE、VAP 和 VSP 呈负相关关系，与 PET、VPD 呈正相关关系［图 9.32（b）～图 9.32（e）］。其中，PRE、PET 与 VPD 对 WUE

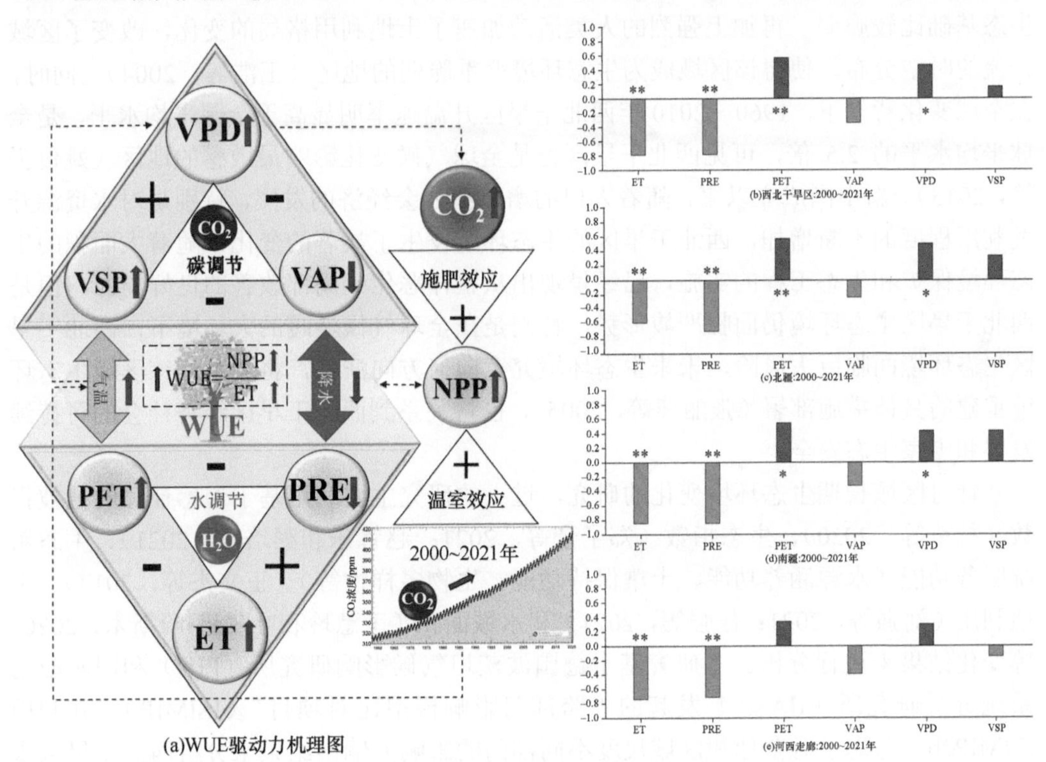

图 9.32　2000～2021 年 WUE 变化的驱动力机理图

饱和水汽压（saturated water vapor pressure，VSP）；实际水汽压（actual vapor pressure，VAP）；饱和水汽压差（vapor pressure difference，VPD）；潜在蒸散发（potential evapotranspiration，PET）；降水（Precipitation，PRE）；实际蒸散发（evapotranspiration，ET）；*表示显著性 $P<0.05$，**表示显著性 $P<0.01$

的影响最大，VAP 和 VSP 对 WUE 的影响最小。首先，在干旱区 PRE 与 ET 正相关性较大，ET 作为 WUE 的分母，必然与 WUE 呈高的负相关性。因此，PRE、ET 与 WUE 呈负相关，进一步解释了 ET 在 WUE 中的主导作用。由于西北干旱区植被区整体处于干旱气候，但生境却因海拔和人类活动呈湿润状态，因此，受 VAP 和 VSP 影响较小。综上所述，西北干旱区的植被 WUE 受干旱气候环境影响较大（WUE 与气候因子的 Pearson 相关性：ET–，PRE–，PET+，VAP–，VPD+，VSP+），说明干旱对 NPP 与 ET 的影响在西北干旱区对植被 WUE 的变化起重要作用。但 VSP 和 VAP 对西北干旱区植被 WUE 的影响较小。这也进一步反映出西北干旱区实际蒸散发 ET 不仅受 PRE、VAP 及 VPD 等气候因素影响，更受气候因子主导的山区冰川积雪融水的干扰。因此，植被 WUE 可能与气候因子之间存在时间滞后性。

第六节　西北干旱区生态环境变化趋势分析

中国西北干旱区位于中纬度地区，四周距海洋较远，是世界上同纬度最干旱的地区之一。该区域土地辽阔，地形复杂，山盆交错，沙漠绿洲并存，气象要素分布不均，生态基础比较脆弱，再加上强烈的人类活动加速了土地利用格局的变化，改变了区域径流的时空分布，使得该区域成为生态环境严重脆弱的地区（王浩等，2004）。同时，在全球变化背景下，1960～2010 年西北干旱区升温速率明显高于全国平均水平，是全球平均水平的 2.5 倍，可见西北干旱区也是全球气候变化影响最敏感的地区（姚俊强等，2013）。新中国成立以来，随着人口的增长和社会经济的发展，特别是对水资源开发利用程度的不断增加，西北干旱区的生态环境发生了显著的变化，随着大面积的生态环境保护和生态工程的实施，已经呈现出从整体恶化到局部改善的良好局面，但是西北干旱区生态环境仍面临严峻形势，特别是在全球气候转暖的大环境下，西北干旱区生态环境面临巨大风险，未来生态环境究竟向何方向演化，将关系到该区域生态环境重建的具体措施部署（张丽萍等，2005），也将关系到西北干旱区经济社会的可持续发展和国家生态安全。

针对区域长期生态环境变化的研究，过去的研究主要利用基于遥感计算的植被指数（杜军等，2020）、生态指数（郑子豪等，2021；赵管乐和彭培好，2021）、生态系统服务功能（水源涵养功能、土壤保持功能、生物多样性等）（王文杰等，2017）、土地利用（刘强等，2021；任强等，2021）和水域面积（王慧玲和吐尔逊•哈斯木，2020）等变化结果来进行分析。本研究基于德国波茨坦气候影响研究所（PIK）和国际应用系统分析研究所（IIASA）发起的“跨部门影响模型比对项目”（ISIMIP），并利用 ISIMIP2b（考虑了对全球和区域尺度不同部门的影响）输出结果来分析西北干旱区未来生态环境变化趋势。

本书选择了 ISIMIP2b 中于 2013 年由法国 Pierre Simon Laplace 研究所开发并发布用于研究气候系统对自然和人为强迫长期响应的 IPSL-CM5A-LR 模式（Dufresne et al.,

2013）和三个排放情景，分别是 RCP2.6、RCP6.0 和 RCP8.5，时间分辨率为月值，空间分辨率为 0.5°。选取的时间序列为 2006～2099 年的未来预估数据，重点分析了 2006～2011 年、2012～2022 年和 2023～2050 年三个时段的西北干旱区生态环境关键要素的时空变化，选取的要素包括总初级生产力（gross primary productivity，GPP）、净初级生产力（NPP）、叶面积指数（leaf area index，LAI）、土壤水分（soil moisture）、鸟类物种多样性和哺乳动物物种多样性共 6 种指标用于表征西北干旱区未来生态环境变化，旨在回答不同气候情景下，西北干旱区生态环境的未来变化趋势，为丝绸之路经济带建设、国家“两屏三带”生态安全和西部大开发战略决策的实施提供依据。

一、西北干旱区未来植被变化趋势

本研究选择了 ISIMIP2b 项目中 GPP、NPP 和 LAI 指标用于分析西北干旱区未来植被变化趋势。我们将 2006～2050 年分为了 2006～2011 年、2012～2022 年和 2023～2050 年三个时段，分别计算了不同时段，不同排放情景下该区域相关指标的空间分布、空间变化、时间变化趋势和各时段的变化量。

（一）西北干旱区未来 GPP 时空变化

将 2006～2011 年、2012～2022 年以及 2023～2050 年三个阶段的 GPP 数据逐像元平均，探讨西北干旱区 GPP 的空间分布特征，结果如图 9.33 所示。可以看出，西北干旱区 GPP 的空间异质性较强。在空间格局上，不同时间段西北干旱区 GPP 的分布格局相似，均呈现出山区高平原低、绿洲区高荒漠区低的特点。天山、祁连山、阿尔泰山山区以及内陆河流域绿洲区 GPP 相对较高，GPP 分布的面积由大到小依次为天山＞祁连山＞阿尔泰山。究其原因，可能与降水量的空间分布相关，西北干旱区东南部及祁连山东部受西南暖湿气流和东亚季风控制，降水量较多。西部受西风环流影响，在山地迎风坡降水量较多，而平原地区降水量较少。降水丰富有利于植被生长。内陆河流域绿洲区的降水量要低于山区，该地区的水资源供给主要依赖于上游山区的径流以及当地的地下水资源，水热组合条件较好，植被发育良好，因此其 GPP 要高于荒漠地区。GPP 的低值区主要分布在塔克拉玛干沙漠、古尔班通古特沙漠等沙漠地区和荒漠戈壁地区。这些地区气候干旱，土壤条件贫瘠，植物的生长发育受到限制，导致 GPP 的值相对较低。逐像元计算2012～2022年平均GPP相对于2006～2011年平均GPP的变化量以及2023～2050 年平均 GPP 相对于 2012～2022 年平均 GPP 的变化量，结果如图 9.34 所示。在不同的 RCP 情景下，不同时间阶段的 GPP 变化的空间分布表现出不同的特点。相较于 2006～2011 年，三种情景下，2012～2022 年西北干旱区大部分区域的 GPP 轻微减小，减小的区域主要分布在塔克拉玛干沙漠、内蒙古西部地区以及河西走廊部分区域。三种情景下 GPP 增加的区域则存在差异，在 RCP2.6 情景下祁连山东南部的 GPP 表现出显著的增加，而在 RCP8.5 情景下该地区的 GPP 显著减小，RCP6.0 情景下 GPP 的变化在该区域与 RCP2.6 情景下比较一致，但增加的幅度相对较小。相较于 2012～2022 年，三种情景下，2023～2050 年西北干旱区大部分区域的 GPP 轻微增加。减小的区域主要集中在祁连山和天山地区，其中祁连山的 GPP 在 RCP2.6 情景下减小幅度最大，RCP8.5 情景下次之，RCP6.0 情景下减小幅度最小，而天山的 GPP 在 RCP8.5 情景下减小幅度最大，RCP6.0 情景下次之，RCP2.6 情景下减小幅度最小。

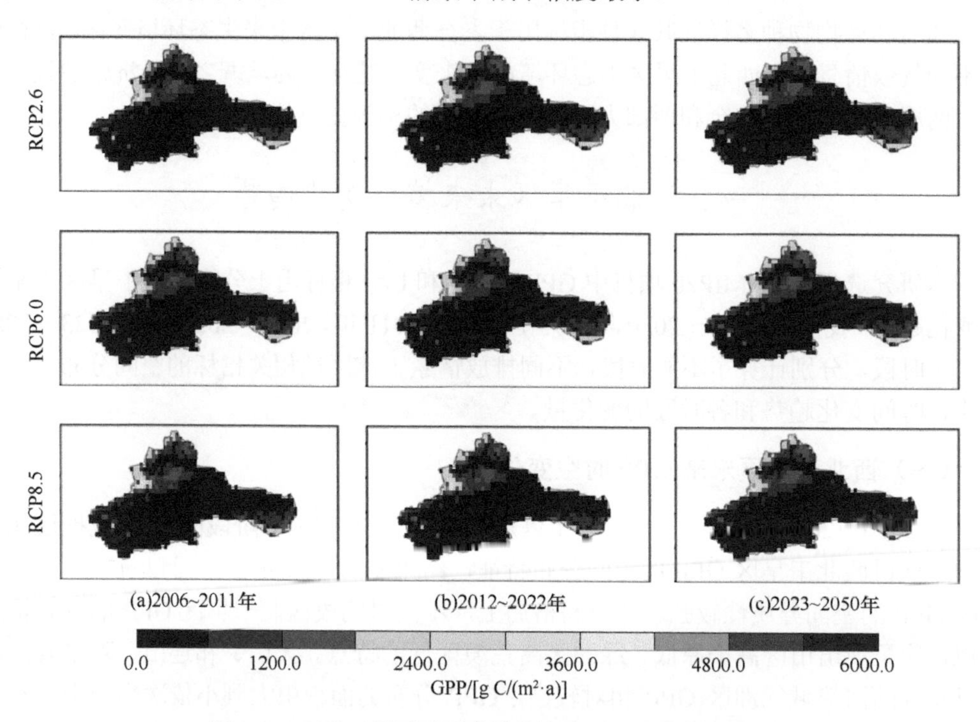

图 9.33　西北干旱区不同碳排放情景下 GPP 的空间变化

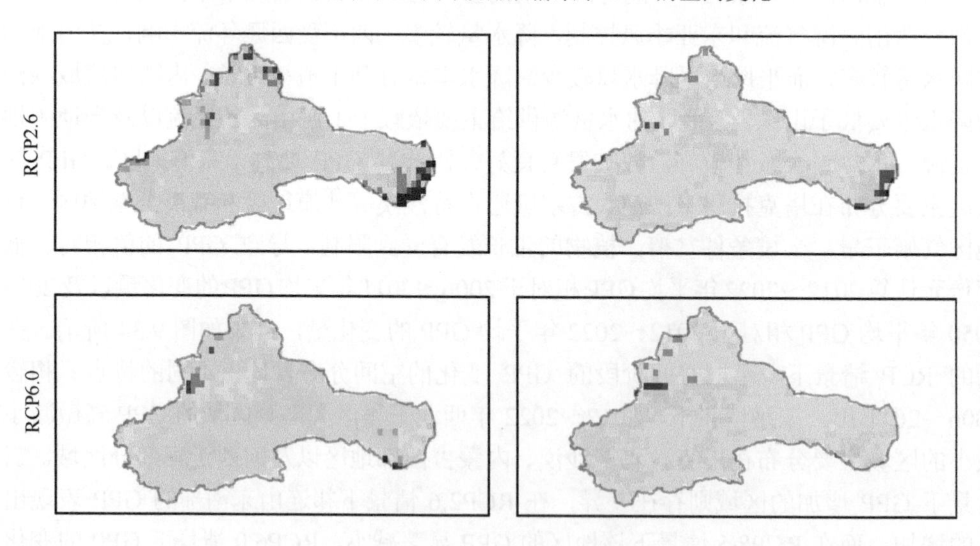

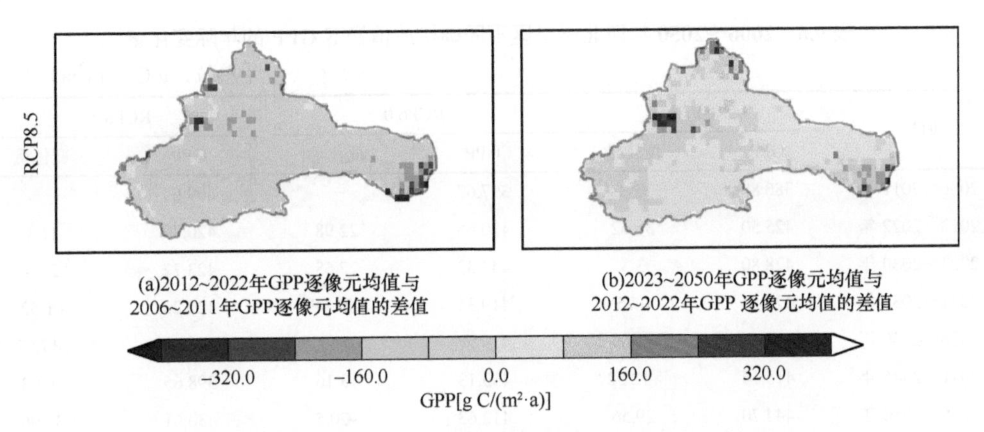

图 9.34　西北干旱区不同碳排放情景下 GPP 不同时段变化量的空间分布

时间变化趋势分析表明从 2006～2050 年西北干旱区 GPP 在不同情景下变化趋势差异显著，RCP2.6 和 RCP6.0 情景下 GPP 年变化速率为 0.76g C/（m^2·a）和 0.38g C/（m^2·a）；而 RCP8.5 情景下 GPP 年变化速率为–0.02g C/（m^2·a）(图 9.35)。RCP2.6、RCP6.0 和 RCP8.5 情景下，西北干旱区 GPP 将分别由 2006 年的 380.64g C/（m^2·a)、361.83g C/（m^2·a）和 398.25g C/（m^2·a）波动变化至 2050 年的 458.46g C/（m^2·a)、440.43g C/(m^2·a)和 405.14g C/(m^2·a)；三种情景的多年均值分别为 422.60g C/(m^2·a)、420.96g C/（m^2·a）和 415.76g C/（m^2·a)，2022 年之前是 GPP 增长最快速的时期，2031 年之后，不同排放情景下的 GPP 开始出现不同程度的下降，RCP8.5 情景下 GPP 下降最大（表 9.6)。综上所述，在低排放和中度排放情景下西北干旱区未来 GPP 呈增加趋势，增加区域主要在阿尔泰山和祁连山区东南部，而极高排放情景下，西北干旱区未来 GPP 将下降。

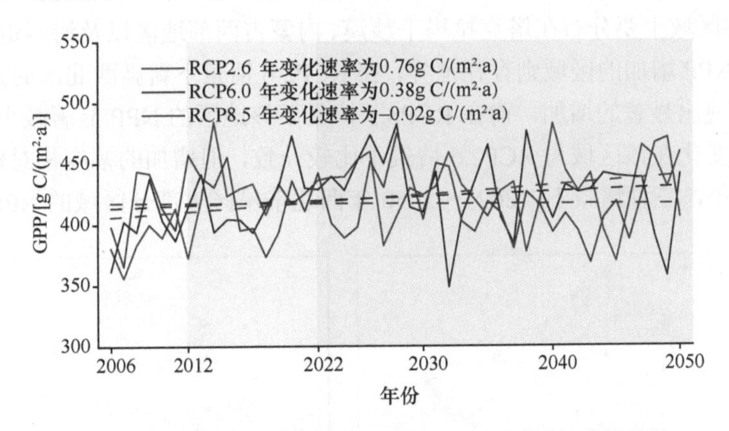

图 9.35　西北干旱区不同碳排放情景下 GPP 的时间变化趋势

表 9.6　2006～2050 年西北干旱区不同碳排放情景下 GPP 的年际变化量

［单位：g C/（$m^2 \cdot a$）］

时段	RCP2.6		RCP6.0		RCP8.5	
	GPP	变化量	GPP	变化量	GPP	变化量
2006～2011 年	386.88	—	397.67	—	409.69	—
2012～2022 年	425.50	38.62	420.65	22.98	420.79	11.1
2023～2030 年	428.80	3.3	443.33	22.68	423.72	2.93
2031～2035 年	429.55	0.75	419.34	–23.99	422.20	–1.52
2036～2040 年	427.66	–1.89	419.97	0.63	404.68	–17.52
2041～2045 年	415.14	–12.52	433.13	13.16	398.65	–6.03
2046～2050 年	444.70	29.56	412.63	–20.5	430.61	31.96
平均值	422.60	—	420.96	—	415.76	—

（二）西北干旱区未来 NPP 时空变化

西北干旱区 NPP 的空间异质性较强（图 9.36）。在空间格局上，不同时间段西北干旱区 NPP 的分布格局相似，呈现出从东南向西北递减，而后在新疆西北部的天山和阿尔泰山增加的趋势，从自然区域来看，祁连山、天山和阿尔泰山的植被 NPP 相对较高，而河西走廊、柴达木盆地、准噶尔盆地、塔里木盆地的植被 NPP 相对较低。该地区降水量稀少，土壤贫瘠，植物的生长发育受到限制，导致 NPP 相对较低。西北干旱区植被主要受降水影响，该地区降水少，蒸发强烈，区内大部分为荒漠植被，总体来说 NPP 相对较小。逐像元计算 2012～2022 年平均 NPP 相对于 2006～2011 年平均 NPP 的变化量以及 2023～2050 年平均 NPP 相对于 2012～2022 年平均 NPP 的变化量，结果如图 9.36 所示。在不同的 RCP 情景下，不同时间阶段的 NPP 变化的空间分布表现出不同的特点。相较于 2006～2011 年，三种情景下，2012～2022 年西北干旱区大部分区域的 NPP 轻微减小，减小的区域主要分布在塔克拉玛干沙漠、内蒙古西部地区以及河西走廊部分区域。三种情景下 NPP 增加的区域则存在差异，在 RCP2.6 情景下新疆西北部的天山和阿尔泰山的 NPP 表现出显著的增加，而在 RCP8.5 情景下该地区的 NPP 显著减小，RCP6.0 情景下 NPP 的变化在该区域与 RCP2.6 情景下比较一致，但增加的幅度相对较小。相较于 2012～2022 年，三种情景下，2023～2050 年西北干旱区大部分区域的 NPP 轻微增加。

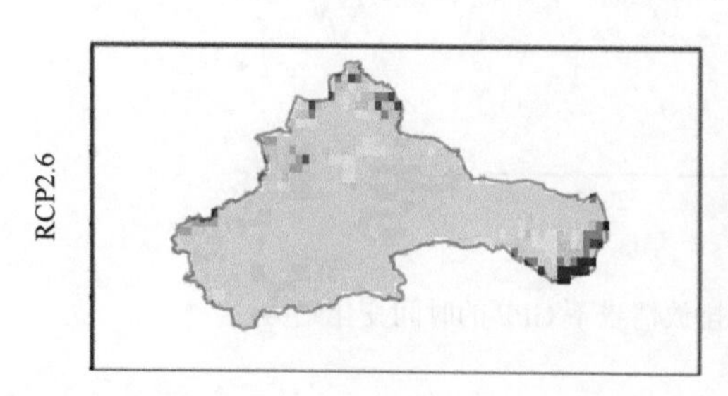

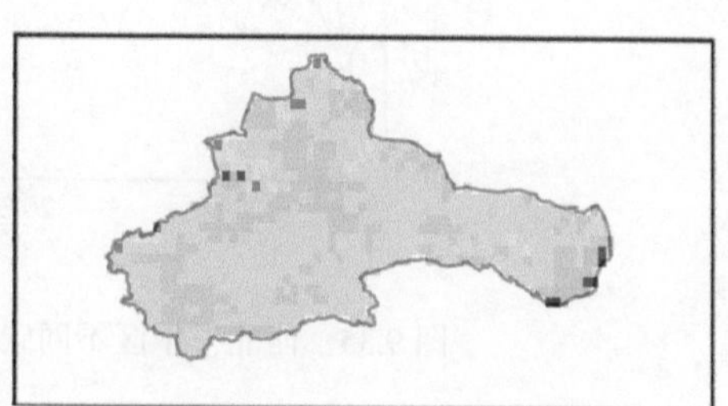

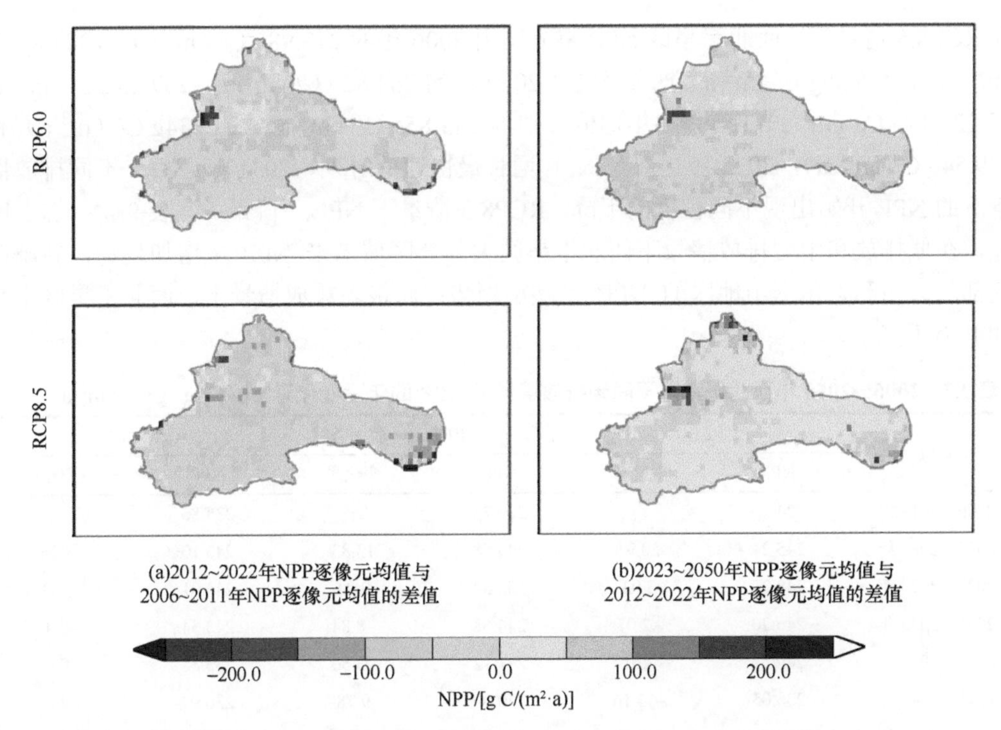

图 9.36　西北干旱区不同碳排放情景下不同时段 NPP 变化量的空间分布

减小的区域主要集中在新疆西北部的天山和阿尔泰山地区，该区域在 RCP8.5 情景下减小幅度最大，RCP6.0 情景下次之，RCP2.6 情景下减小幅度最小。

时间变化趋势分析（图 9.37）表明从 2006～2050 年西北干旱区 NPP 在不同情景下变化趋势差异显著，RCP2.6 和 RCP6.0 情景下 NPP 年变化速率为 0.42g C/（m^2·a）和 0.24g C/（m^2·a）；而 RCP8.5 情景下 NPP 年变化速率为–0.01g C/（m^2·a）。RCP2.6、RCP6.0

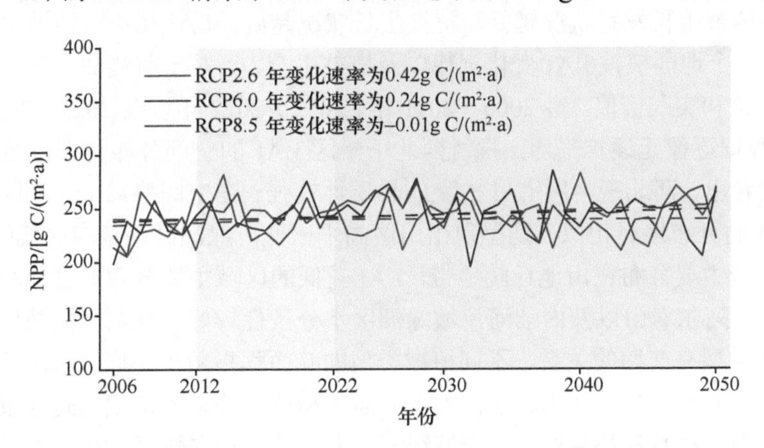

图 9.37　西北干旱区不同碳排放情景下 NPP 的时间变化趋势

和 RCP8.5 情景下，西北干旱区 NPP 将分别由 2006 年的 213.98g C/（m^2·a）、198.68g C/（m^2·a）和 225.55g C/（m^2·a）波动变化至 2050 年的 264.82g C/（m^2·a）、269.25g C/（m^2·a）和 221.17g C/（m^2·a）；NPP 多年均值分别为 243.85g C/（m^2·a）、243.34g C/（m^2·a）和 239.54g C/（m^2·a），2022 年之前是 NPP 增长最快速的时期，2031 年之后，不同排放情景下的 NPP 开始出现不同程度的下降，RCP8.5 情景下 NPP 下降最大（表 9.7）。综上所述，在低排放和中度排放情景下西北干旱区大部分区域未来 NPP 呈增加趋势，新疆西北部的天山和阿尔泰山地区的 NPP 呈减小趋势；而极高排放情景下，西北干旱区未来 NPP 将下降。

表 9.7　2006～2050 年西北干旱区不同碳排放情景下 NPP 的年际变化量　[单位：g C/（m^2·a）]

时段	RCP2.6		RCP6.0		RCP8.5	
	NPP	变化量	NPP	变化量	NPP	变化量
2006～2011 年	224.30	—	229.75	—	234.86	—
2012～2022 年	245.24	20.94	243.58	13.83	243.10	8.24
2023～2030 年	248.27	3.03	253.52	9.94	244.01	0.91
2031～2035 年	246.20	−2.07	244.68	−8.84	243.54	−0.47
2036～2040 年	249.21	3.01	241.12	−3.56	233.58	−9.96
2041～2045 年	236.05	−13.16	250.90	9.78	230.97	−2.61
2046～2050 年	257.67	21.62	239.83	−11.07	246.71	15.77
平均值	243.85	—	243.34		239.54	—

（三）西北干旱区未来 LAI 时空变化

LAI 作为重要的植物学结构参数和评价指标，是农业、林业，以及生态学、土壤学等相关领域的重要研究内容。在生态学中，LAI 是衡量地表植被生产力的决定性指标，LAI 越大，植被生长发育状况越好，植被生长状况越好，LAI 越小，植被生长发育状况越差。研究一个地区植被 LAI 变化规律以及植被生产力，对于监测估算该区域生态环境变化具有理论和实践价值。将 2006～2011 年、2012～2022 年以及 2023～2050 年三个阶段的 LAI 数据逐像元逐年平均，探讨西北干旱区 LAI 的空间分布特征，结果如图 9.38 所示。可以看出，西北干旱区 LAI 的空间异质性较强。在空间格局上，不同时间段西北干旱区 LAI 的分布格局相似，均呈现出山区高平原低、绿洲区高荒漠区低的特点。LAI 比较高的区域主要分布在山地丘陵地带，LAI 较低的区域主要分布在盆地与荒漠区。天山、祁连山、阿尔泰山以及内陆河流域绿洲区水分条件较好，有利于植被生长，叶面积指数和植被类型有密切的关系，不同植被类型的叶面积指数也不同。LAI 较高的区域主要的植被类型有农作物、乔木、柽柳为主的灌木和芦苇等草本植物。此区域水分条件较好，植被类型多样且长势良好，有天然绿洲、人工林地和农耕区、在小湖区湿地生长着大片芦苇等草本植物，植被覆盖度较高，因此 LAI 整体区域相对高。LAI 低值区主要分布在塔克拉玛干沙漠、古尔班通古特沙漠等沙漠和荒漠戈壁地区，该地区以荒漠为主，植被以白刺、碱蓬、麻黄、小灌丛为主，植被覆盖度很低。总体上，不同时间段 LAI 空间分布均呈现出山区高平原低、绿洲区高荒漠区低的特点。

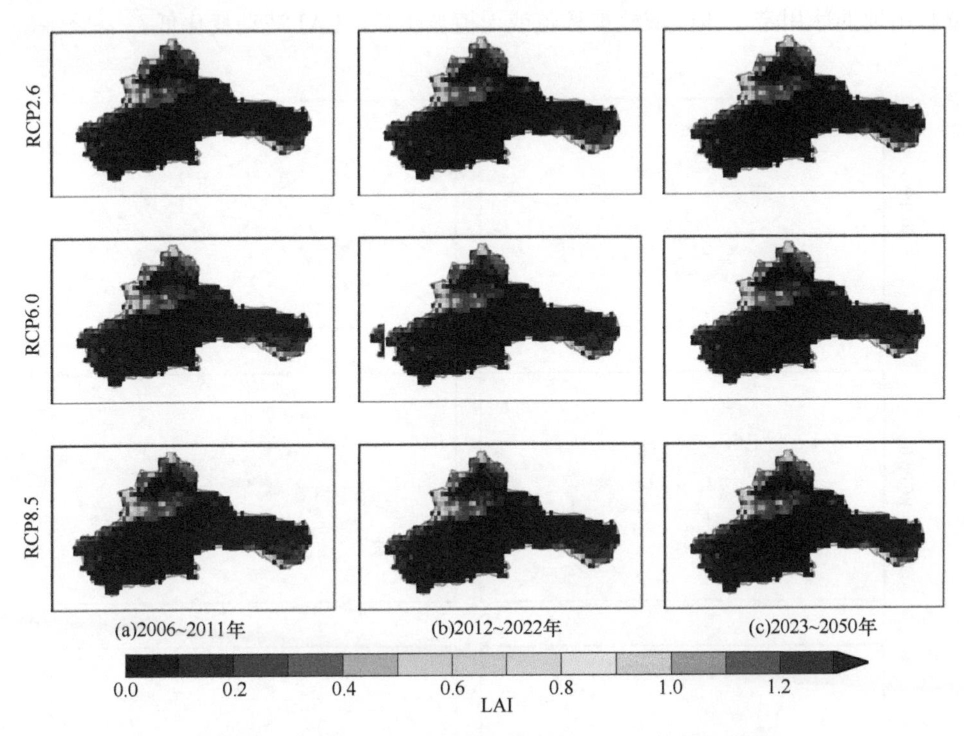

图 9.38　西北干旱区不同碳排放情景下 LAI 的空间分布

逐像元计算 2012～2022 年平均 LAI 相对于 2006～2011 年平均 LAI 的变化量以及 2023～2050 年平均 LAI 相对于 2012～2022 年平均 LAI 的变化量，结果如图 9.39 所示，LAI 的空间分布在不同的 RCP 情景下和不同时间阶段表现出不同的特点。相较于 2006～2011 年，三种情景下，2012～2022 年西北干旱区大部分区域的 LAI 轻微减小，减小的区域主要分布在塔克拉玛干沙漠以及河西走廊部分区域，而内蒙古西部地区表现出轻微增加的趋势。三种情景下 LAI 增加的区域则存在差异，在 RCP2.6 情景下内蒙古西部地区的 LAI 表现出显著的增加，而在 RCP8.5 情景下该地区的 LAI 显著减小，RCP6.0 情景下 LAI 的变化在该区域与 RCP2.6 情景下比较一致，但增加的幅度相对较小。相较于 2012～2022 年，三种情景下，2023～2050 年西北干旱区大部分区域的 LAI 轻微减小。减小的区域主要集中在祁连山和天山，其中祁连山的 GPP 在 RCP8.5 情景下减小幅度最大，RCP6.0 情景下次之，RCP2.6 情景下减小幅度最小，而天山的 LAI 在 RCP8.5 情景下减小幅度最大，RCP6.0 情景下次之，RCP2.6 情景下减小幅度最小。总之，LAI 波动变化主要在两类区域：第一类区域是南北疆和河西走廊的内陆河流域绿洲，原因是随着绿洲规模扩大，绿洲荒漠过渡带的天然植被演替为人工植被，此外，绿洲区农田种植结构和种植品种的调整也会导致 LAI 的波动；第二类区域是天山和昆仑山的高海拔地带，

LAI 高波动变化区大致分布在高山寒漠带和高寒草甸的界线附近，高寒草甸植被生长的海拔上限对气温变化响应敏感。植被覆盖的低波动变化区面积广大，主要分布在沙漠、戈壁和山地的冰川带，该区域植被稀疏或无植被生长，LAI 波动变化低。

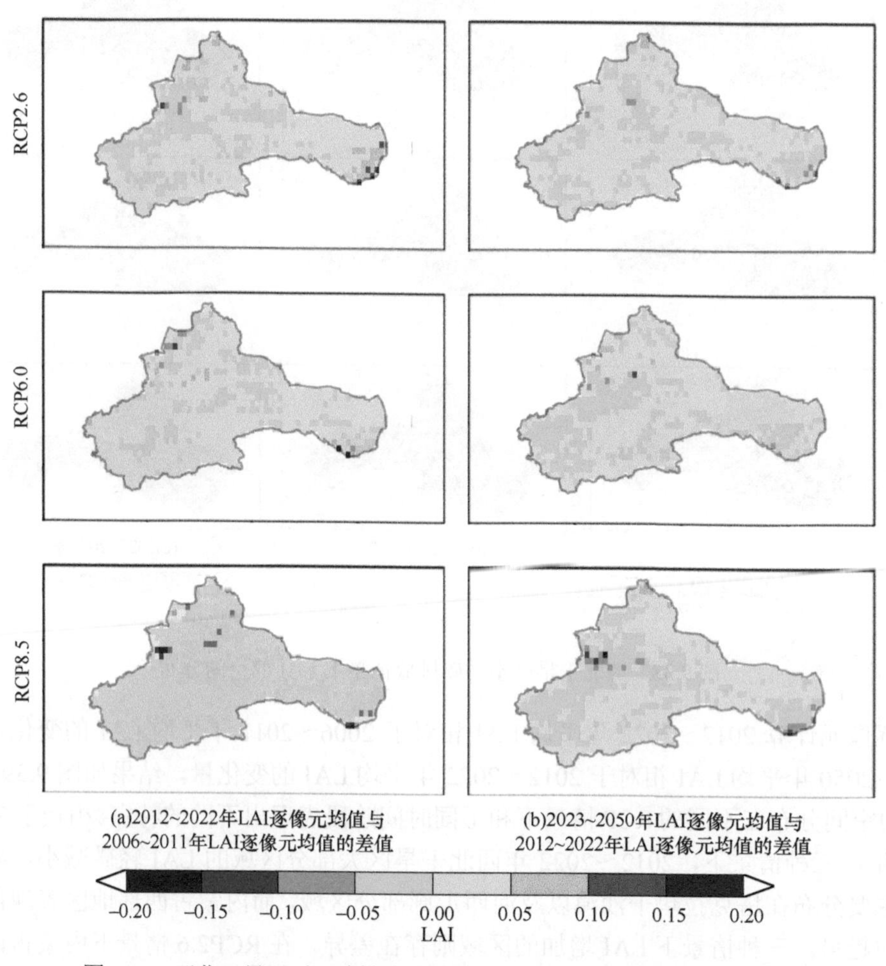

图 9.39　西北干旱区不同碳排放情景下不同时段 LAI 变化量的空间分布

时间变化趋势分析表明从 2006～2050 年西北干旱区 LAI 在不同情景下变化趋势差异显著，RCP2.6 和 RCP6.0 情景下 LAI 年变化速率为 0.001/10a 和 0.0003/10a；而 RCP8.5 情景下 GPP 年变化速率为–0.001/10a（图 9.40）。RCP2.6、RCP6.0 和 RCP8.5 情景下，西北干旱区 LAI 将分别由 2006 年的 0.09、0.09 和 0.09 波动变化至 2050 年的 0.09、0.08 和 0.10；LAI 多年均值分别为 0.089、0.089 和 0.088，RCP2.6 情景下 LAI 在 2022 年之前增长量最大；RCP6.0 情景下 LAI 在 2030 年之前快速增加；RCP8.5 情景下 LAI 在 2045 年之前波动降低，2045 年之后快速增长（表 9.8）。综上所述，在低排放和中度排放情景下西北干旱区未来LAI将在主要的山区和绿洲区增加，而极高排放情景下，西北干旱区未来LAI将下降。

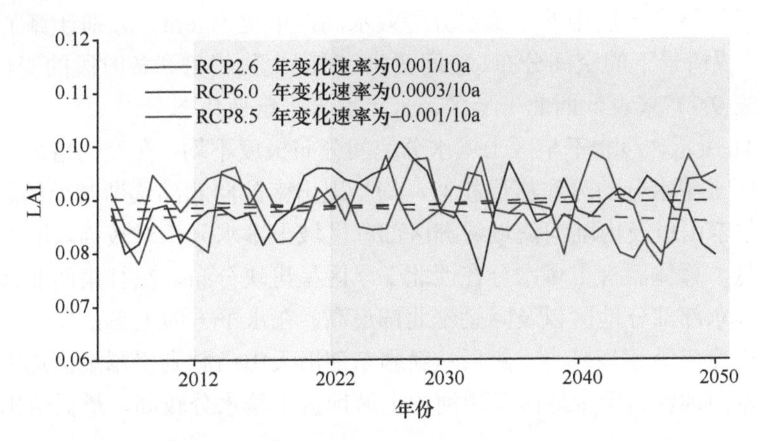

图 9.40　西北干旱区不同碳排放情景下 LAI 的时间变化趋势

表 9.8　2006～2050 年西北干旱区不同碳排放情景下 LAI 的年际变化量

时段	RCP2.6		RCP6.0		RCP8.5	
	LAI	变化量	LAI	变化量	LAI	变化量
2006～2011 年	0.083	—	0.085	—	0.089	—
2012～2022 年	0.089	0.006	0.089	0.004	0.089	0
2023～2030 年	0.09	0.001	0.095	0.006	0.09	0.001
2031～2035 年	0.091	0.001	0.086	−0.009	0.089	−0.001
2036～2040 年	0.087	−0.004	0.089	0.003	0.085	−0.004
2041～2045 年	0.091	0.004	0.09	0.001	0.082	−0.003
2046～2050 年	0.09	−0.001	0.086	−0.004	0.089	0.007
平均值	0.089	—	0.089	—	0.088	—

二、西北干旱区未来土壤含水量变化趋势

在西北干旱区，水分是植物生长的主要限制因子，是控制生态系统结构的关键因素，而土壤水是该区域草地生态系统植物水分的主要来源，是养分循环和流动的载体，其中在土壤–植被–大气系统物质与能量转化中起着核心和纽带的重要作用（于贵瑞等，2004）。土壤水分作为陆地水循环和水量平衡的一个重要组成部分，与生态系统之间存在相互影响的关系，综合反映了生态系统的水文过程和生态过程，研究干旱地区土壤水分的时空变化及未来趋势，对于揭示干旱区生态环境变化过程具有重要意义，且有助于预测气候变化对生态系统的影响（李小雁，2011），因此，选取干旱区土壤水分变化作

为生态环境变化的代表性指标来开展趋势分析对干旱区生态恢复和农业生产等方面具有十分重要的意义。本研究选择了 ISIMIP2b 项目中土壤水分指标，0～2.5m 共 5 层土壤水分求和计算为整个土层中的土壤水分等效水高，单位为 cm。分别计算了该指标不同时段，不同排放情景下的空间分布、空间变化、时间变化趋势和各时段的变化量（图 9.41 至图 9.43，表 9.9）来表征西北干旱区未来土壤含水量变化态势。

如图 9.41 所示，西北干旱区土壤水分空间分布极度不均，在空间格局上，不同时间段西北干旱区土壤水分的分布格局相似，均呈现出南部向北部逐渐减少的趋势，天山、祁连山、阿尔泰山以及内陆河流域绿洲区部分区域土壤水分相对较高，塔里木盆地土壤水分相对较低。总体而言土壤水分在西北干旱区呈斑块分布，在甘肃西北部，甘肃新疆交界处，新疆东部部分地区以及阿勒泰北部最高，在水平方向上自西向东，土壤水分一直到甘肃新疆交界处逐步减少，随后从新疆东部沿天山山脉到伊犁地区逐渐增大；垂直方向，塔里木河地区，伊犁地区及黑河中上游地区土壤水分较高，最低值出现在塔里木盆地地区。

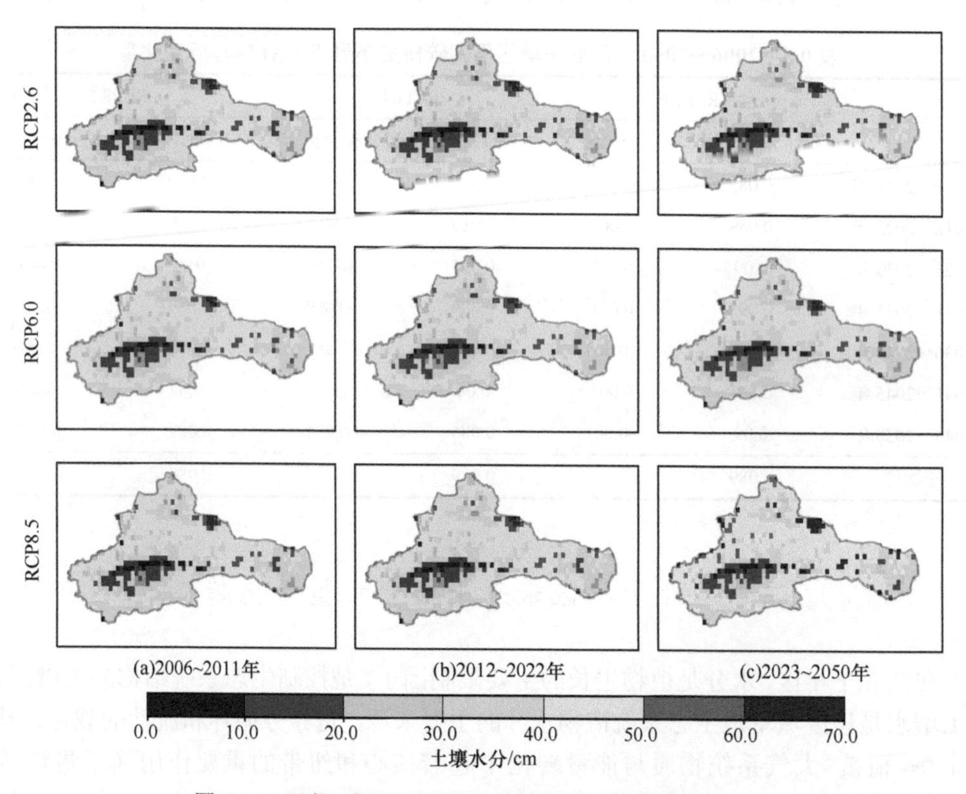

图 9.41　西北干旱区不同碳排放情景下土壤水的空间分布

逐像元计算 2012～2022 年平均土壤水分相对于 2006～2011 年平均土壤水分的变化量以及 2023～2050 年平均土壤水分相对于 2012～2022 年平均土壤水分的变化量，结果如图 9.42 所示。在不同的 RCP 情景下，不同时间阶段的土壤水分变化的空间分布表现出不同的特点。相较于 2006～2011 年，三种情景下，2012～2022 年西北干旱区大部分区域的土壤水分轻微减小，减小的区域主要分布在塔克拉玛干沙漠、内蒙古西部地区以及河西走廊部分区域。三种情景下 GPP 增加的区域则存在差异，在 RCP2.6 情景下甘肃西北部土壤水分表现出轻微的增加，而在 RCP8.5 情景下该地区的土壤水分增加量较大，RCP6.0 情景下土壤水分的变化在该区域与 RCP2.6 情景下比较一致，但增加的幅度相对更大。相较于 2012～2022 年，三种情景下，2023～2050 年西北干旱区大部分区域的土壤水分轻微增加。减小的区域主要集中在哈密北部地区。

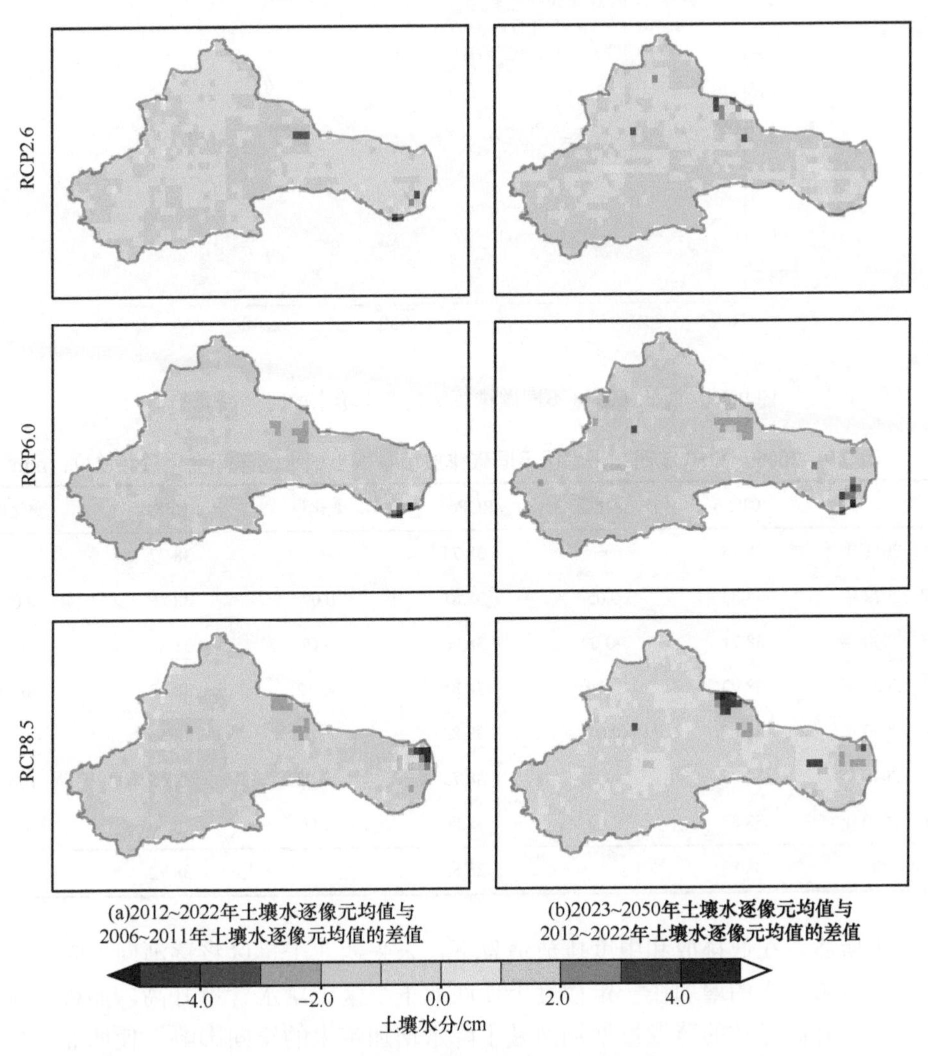

图 9.42　西北干旱区不同碳排放情景下不同时段土壤水变化量的空间分布

时间变化趋势分析表明从 2006～2050 年西北干旱区土壤水在不同情景下变化趋

势差异显著，RCP2.6 和 RCP6.0 情景下土壤水分年变化速率为 0.003cm/a 和 0.001cm/a；而 RCP8.5 情景下土壤水分年变化速率为–0.005cm/a（图 9.43）。RCP2.6、RCP6.0 和 RCP8.5 情景下，西北干旱区土壤水分将分别由 2006 年的 38.62cm、38.68cm 和 38.63cm 波动变化至 2050 年的 38.88cm、38.92cm 和 38.59cm；土壤水分多年均值分别为 38.82cm、38.83cm 和 38.72cm，2022 年之前土壤水分波动较小，2022 年之后土壤水分波动增大，RCP8.5 情景下 2022 年之后土壤水分开始下降。2045 年之后各情景下土壤水分开始上升（表 9.9）。

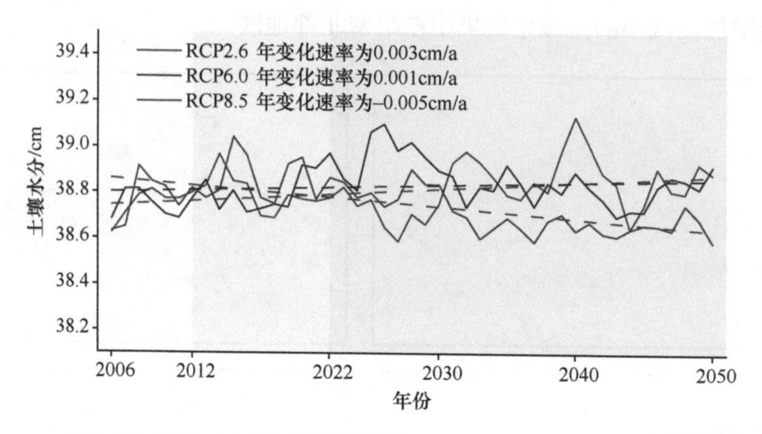

图 9.43　西北干旱区不同碳排放情景下土壤水的时间变化趋势

表 9.9　2006～2050 年西北干旱区不同碳排放情景下土壤水的年际变化量（单位：mm）

时段	RCP2.6	变化量	RCP6.0	变化量	RCP8.5	变化量
2006～2011 年	38.75	—	38.74	—	38.77	—
2012～2022 年	38.80	0.05	38.81	0.07	38.86	0.09
2023～2030 年	38.71	–0.09	38.96	0.15	38.81	–0.05
2031～2035 年	38.90	0.19	38.84	–0.12	38.67	–0.14
2036～2040 年	38.91	0.01	38.83	–0.01	38.65	–0.02
2041～2045 年	38.83	–0.08	38.75	–0.08	38.65	0.00
2046～2050 年	38.87	0.04	38.86	0.11	38.66	0.01
平均值	38.82	—	38.83	—	38.72	—

综上所述，在低排放和中度排放情景下，未来西北干旱区将逐渐向“暖湿化”转变，由此带来降水的增加在一定程度上使西北干旱区土壤水含量升高，而极高排放情景下，气温升高导致的蒸发量增加消减了降水增加带来的正向影响，使西北干旱区未来土壤水分逐渐出现亏损。严格控制碳排放浓度将有利于西北干旱区生态环境的良性发展。

三、西北干旱区未来物种多样性变化趋势

本研究选择了 ISIMIP2b 项目中鸟类和哺乳动物物种多样性指标，分别计算了该指标不同时段，不同排放情景下的空间分布、空间变化、时间变化趋势和各时段的变化量（图 9.44 至图 9.46，表 9.10）来表征西北干旱区未来物种多样性变化态势。

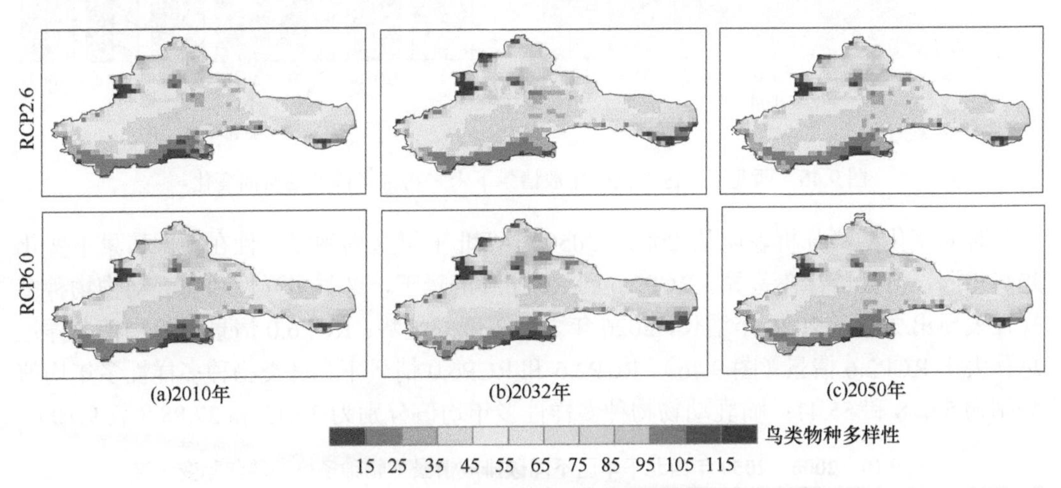

图 9.44　西北干旱区不同碳排放情景下未来鸟类物种多样性的空间分布

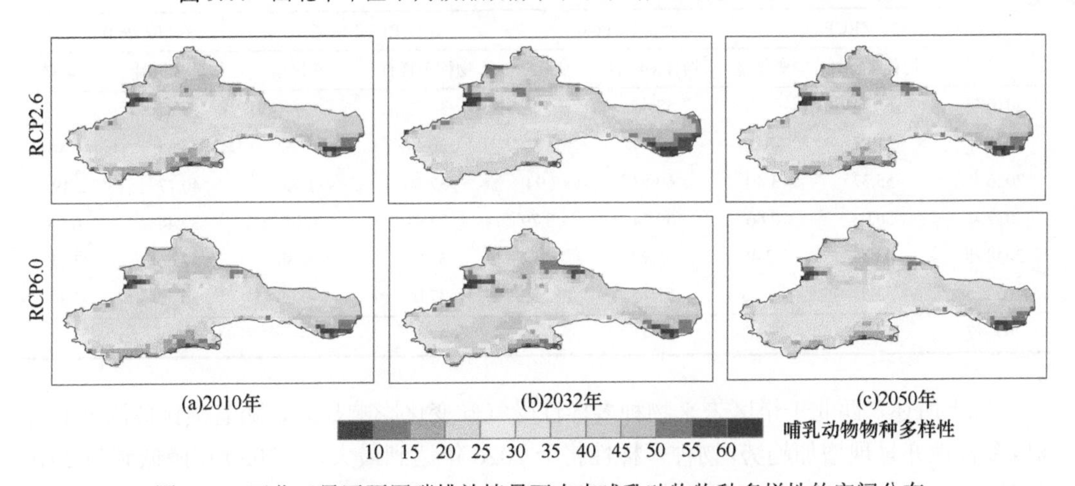

图 9.45　西北干旱区不同碳排放情景下未来哺乳动物物种多样性的空间分布

在 RCP2.6 情景下，鸟类物种多样性呈现出先增加后减少的趋势，其中 2020 年天山北部地区相较于 2010 年略微减小，而后 2032 年又增加至 2010 年的水平。哺乳动物物种多样性同样表现出先增加后减小的趋势，但响应最为强烈的区域是塔里木盆地。在 RCP6.0 情景下，鸟类物种多样性呈现出先减少后增加的趋势，最低值出现在塔里木盆地地区，且哺乳动物物种多样性表现出相同的趋势。

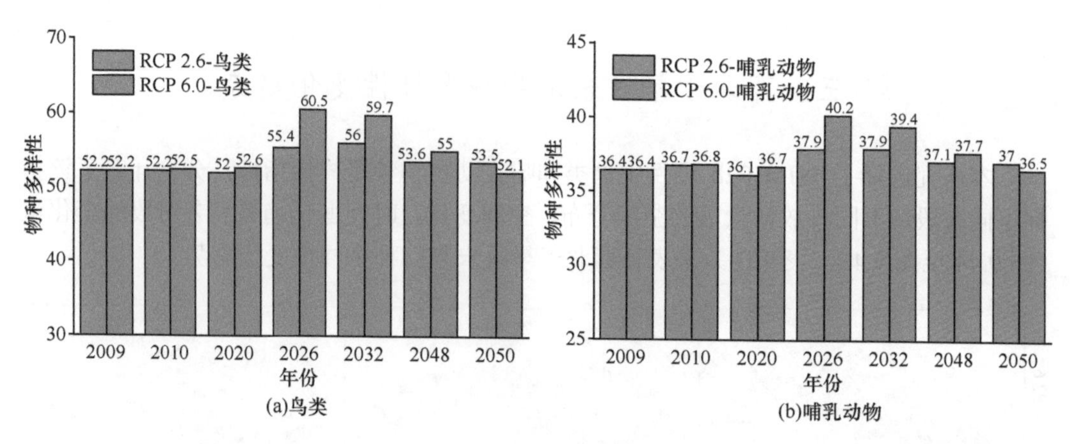

图 9.46　西北干旱区不同碳排放情景下未来物种多样性的时间变化

时间变化趋势分析表明从 2009～2050 年西北干旱区物种多样性在不同情景下变化趋势相同，但数量存在差异。RCP2.6 和 RCP6.0 情景下，鸟类多样性和哺乳动物物种多样性表现出 2009～2026 年增长，2026 年之后下降的趋势；RCP6.0 情景下的物种多样性总体大于 RCP2.6 情景（图 9.46）。RCP2.6 和 RCP6.0 情景下，鸟类物种多样性多年均值分别为 53.78 和 55.41；哺乳动物物种多样性多年均值分别为 37.12 和 37.88（表 9.10）。

表 9.10　2006～2050 年西北干旱区不同碳排放情景下物种多样性的年际变化量

时段	鸟类				哺乳动物			
	RCP2.6		RCP6.0		RCP2.6		RCP6.0	
	物种多样性	变化量	物种多样性	变化量	物种多样性	变化量	物种多样性	变化量
2010 年	52.24	—	52.46	—	36.73	—	36.82	—
2020 年	51.97	–0.27	52.59	0.13	36.11	–0.62	36.68	–0.14
2026 年	55.37	3.40	60.53	7.94	37.86	1.75	40.17	3.49
2032 年	56.03	0.66	59.74	–0.79	37.91	0.05	39.44	–0.73
2048 年	53.55	–2.48	54.97	–4.77	37.06	–0.85	37.66	–1.78
2050 年	53.52	–0.03	52.15	–2.82	37.03	–0.03	36.52	–1.14
平均值	53.78	—	55.41	—	37.12	—	37.88	—

综上所述，西北干旱区未来物种多样性受气候变化影响显著，随着碳排放浓度的升高，多样性亦呈现增加趋势。物种多样性将于 2026 年达到最大，于 2050 年降低到与 2010 年持平，且 RCP6.0 情景下的动物多样性普遍高于 RCP2.6 情景。

第七节　本 章 小 结

本章重点分析了在气候变化和人类活动影响下，西北干旱区的生态环境变化，并对未来变化趋势进行了分析，主要结论如下：

（1）西北干旱区在 2000～2021 年的土地利用变化中，低覆盖草地面积减少了 8113km^2，主要向耕地、中覆盖草地和未利用土地转移。建设用地是所有土地利用类型中面积最小的，却是 2000～2021 年西北干旱区土地利用类型中增长最突出的，2000～2021 年建设用地面积增加了 4728km^2，增幅 88.67%，主要原因是城镇化速度加快。耕地作为现代人工绿洲区最重要的土地类型，面积一直呈增加的趋势，2000～2021 年耕地面积增加了 31817km^2，增幅 46.55%，主要是通过开垦低覆盖草地和未利用土地转移而来。2012～2021 年耕地、建设用地、高覆盖草地和水域面积呈增加态势，分别增加了 28.36%、69.79%、6.90%和 24.30%，未利用土地面积减少，主要向耕地和建设用地转移。

（2）西北干旱区 2000～2021 年的 NPP 变化表现出增加的趋势，增加幅度为 16.04g C/（m^2·10a），2012 年后增加趋势更明显，增幅达到 26.98g C/（m^2·10a）。2000～2021 年西北干旱区多年平均年 NPP 为 111.08g C/m^2，其中，北疆地区多年平均值为 138.26g C/m^2，南疆地区为 84.46g C/m^2，河西走廊地区为 97.24g C/m^2。在空间上，西北干旱区 NPP 多沿山区、河流分布。其中高值区集中分布在伊犁河谷地区、阿尔泰山、祁连山以及河流附近。低值区主要分布在塔克拉玛干沙漠、古尔班通古特沙漠、库姆塔格沙漠以及巴丹吉林沙漠外围的低覆盖植被区。

（3）西北干旱区 2000～2021 年的植被 NEP 以 2.05g C/（m^2·a）速率呈现波动增加趋势，其中，河西走廊、北疆和南疆植被区 NEP 增长速率分别达 1.99g C/（m^2·a）、2.21g C/（m^2·a）和 2.25g C/（m^2·a）；2000～2012 年西北干旱区山区植被 NEP 均表现为下降趋势，速率达 0.77g C/（m^2·a），而平原区植被 NEP 表现为增长态势，速率达 1.29g C/（m^2·a）。然而，2012～2021 年西北干旱区山区和平原植被 NEP 均较 2000～2012 年明显增加，近 10 年山区和平原植被 NEP 变化速率分别为 8.04g C/（m^2·a）和–0.15g C/（m^2·a）。2000～2021 年，西北干旱区人工植被和自然植被 NEP 均呈现显著增长态势，其中，人工植被区 NEP 在 2000～2021 年增长速率为 2.52g C/（m^2·a），而自然植被区 NEP 增长速率达 1.97g C/（m^2·a）（$P<0.01$）。

（4）西北干旱区植被的 WUE 呈波动上升趋势。2012 年之前，上升趋势较缓，2012 年之后，植被 WUE 上升趋势明显增加。从西北干旱区植被 WUE 的空间变化来看，在 2000～2021 年间，西北干旱区植被 WUE 年均值大部分集中于 0～24g C/（mm·m^2），其中，南疆地区植被 WUE 高于北疆地区和河西走廊地区。西北干旱区植被 WUE 受干旱气候环境影响较大（WUE 与气候因子的 Pearson 相关性：ET–，PRE–，PET+，VAP–，VPD+，VSP+），干旱对 NPP 与 ET 的影响在西北干旱区（北疆、南疆及河西走廊）对植被 WUE 的变化起重要作用。植被 WUE 变化受 NPP 与 ET 的双重影响，主要归因于降水、潜在蒸散发及饱和水汽压差等因子作用下的干旱气候环境影响。

（5）在 RCP2.6 和 RCP6.0 排放情景下，未来西北干旱区主要的山区和绿洲区的植被整体变化呈向好趋势，在 RCP8.5 情景下，未来西北干旱区植被生长状况将恶化，具体表现为西北干旱区平均的 GPP、NPP 和 LAI 呈下降趋势。在低排放情景下（RCP2.6）

西北干旱区的植被状况最好。在低排放和中度排放情景下，未来西北干旱区将逐渐向“暖湿化”转变，由此带来降水的增加在一定程度上使西北干旱区土壤水含量升高，而在高排放情景下，气温升高导致的蒸发量增加，消减了降水增加带来的正向影响，使西北干旱区未来土壤水分逐渐出现亏损。因此，从保护生态环境的角度出发，控制二氧化碳排放浓度将有利于西北干旱区生态环境的良性发展。

参考文献

曹雯, 段春锋, 申双和. 2015. 1971～2010 年中国大陆潜在蒸散变化的年代际转折及其成因. 生态学报, 35(15): 5085-5094.

陈鹏飞. 2019. 北纬 18°以北中国陆地生态系统逐月净初级生产力 1 公里栅格数据集(1985～2015). 全球变化数据学报(中英文), 3(1): 34-41.

陈亚宁, 陈跃滨, 杜强. 2013. 博斯腾湖流域水资源可持续利用研究. 北京: 科学出版社.

陈亚宁, 李卫红, 陈亚鹏, 等. 2018. 荒漠河岸林建群植物的水分利用过程分析. 干旱区研究, 35(1): 130-136.

陈亚宁, 吾买尔江·吾布力, 艾克热木·阿布拉, 等. 2021. 塔里木河下游近 20a 输水的生态效益监测分析. 干旱区地理, 44(3): 605-611.

杜军, 牛晓俊, 袁雷, 等. 2020. 1971～2017 年羌塘国家级自然保护区陆地生态环境变化. 冰川冻土, 42(3): 1017-1026.

冯起, 司建华, 席海洋, 等, 2015. 黑河下游生态水需求与生态水量调控. 北京: 科学出版社.

郝海超, 郝兴明, 成晓丽, 等. 2021. 塔里木河下游输水对荒漠河岸林生态系统水分利用效率的影响. 干旱区地理, 44(3): 691-699.

蒋晓辉, 刘昌明. 2009. 黑河下游植被对调水的响应. 地理学报, 64(7): 791-797.

焦珂伟, 高江波, 吴绍洪, 等. 2018. 植被活动对气候变化的响应过程研究进展. 生态学报, 38(6): 2229-2238.

李小雁. 2011. 干旱地区土壤–植被–水文耦合、响应与适应机制. 中国科学: 地球科学, 41(12): 1721-1730.

李稚, 李玉朋, 李鸿威, 等. 2022. 中亚地区干旱变化及其影响分析. 地球科学进展, 37(1): 37-50.

刘强, 杨众养, 陈毅青, 等. 2021. 基于 CA-Markov 多情景模拟的海南岛土地利用变化及其生态环境效应. 生态环境学报, 30(7): 1522-1531.

茆杨, 蒋勇军, 张彩云, 等. 2022. 近 20 年来西南地区植被净初级生产力时空变化与影响因素及其对生态工程响应. 生态学报, 42(7): 2878-2890.

任强, 龙爱华, 杨永民, 等. 2021. 近 20 年塔里木河干流生态环境变化遥感监测分析. 水利水电技术, 52(3): 103-111.

唐德善, 蒋晓辉. 2009. 黑河调水及近期治理后评价. 北京: 中国水利水电出版社.

王川, 刘永昌, 李稚, 等. 2021. 塔里木河下游生态输水对植被碳源/汇空间格局的影响. 干旱区地理, 44(3): 729-738.

王浩, 秦大庸, 王研, 等. 2004. 西北内陆干旱区生态环境及其演变趋势. 水利学报, (8): 8-14.

王慧玲, 吐尔逊•哈斯木. 2020. 生态输水前后台特玛湖生态环境变化探究分析. 生态科学, 39(1): 93-100.

王文杰, 蒋卫国, 房志, 等. 2017. 黄河流域生态环境十年变化评估. 北京: 科学出版社.

姚俊强，杨青，陈亚宁，等．2013．西北干旱区气候变化及其对生态环境影响．生态学杂志，32(5): 1283-1291.

于贵瑞，王秋凤，于振良．2004．陆地生态系统水–碳耦合循环与过程管理研究．地球科学进展，19(5): 831-839.

袁瑞瑞，黄萧霖，郝璐．2021．近 40 年中国饱和水汽压差时空变化及影响因素分析．气候与环境研究，26(4): 413-424.

张丽萍，张锐波，倪含斌．2005．西北地区生态环境形成背景及动态演化趋势．中国地质灾害与防治学报，16(2): 88-91, 110.

张雪琪，夏倩倩，陈亚宁，等．2021．近 20 年塔里木河生态输水对植被总初级生产力变化的影响．干旱区地理，44(3): 710-728.

赵管乐，彭培好．2021．基于 RSEI 的典例干热河谷区——四川省攀枝花市生态环境变化分析．山地学报，39(6): 842-854.

郑子豪，吴志峰，陈颖彪，等．2021．基于 Google Earth Engine 的长三角城市群生态环境变化与城市化特征分析．生态学报，41(2): 717-729.

Abatzoglou J T, Dobrowski S Z, Parks S A, et al. 2018. Terraclimate, a high-resolution global dataset of monthly climate and climatic water balance from 1958～2015. Science Data, 5(1): 1-12.

Abd El-Mageed T A, Semida W M, Rady M M. 2017. Moringa leaf extract as biostimulant improves water use efficiency, physio-biochemical attributes of squash plants under deficit irrigation. Agricultural Water Management, 193: 46-54.

Beer C, Reichstein M, Tomelleri E, et al. 2010. Terrestrial gross carbon dioxide uptake: Global distribution and covariation with climate. Science, 329: 834-838.

Dufresne J L, Foujols M A, Denvil S, et al. 2013. Climate change projections using the IPSL-CM5 Earth System Model: From CMIP3 to CMIP5. Climate Dynamics, 40: 2123-2165.

Eklundh L, Jönsson P. 2016. TIMESAT for processing time-series data from satellite sensors for land surface monitoring. Multitemporal Remote Sensing, 177-194.

Feng F, Wang K. 2021. Merging High-Resolution Satellite surface radiation data with meteorological sunshine duration observations over China from 1983 to 2017. Remote Sensing, 13: 602.

Jassal R S, Black T A, Spittlehouse D L, et al. 2009. Evapotranspiration and water use efficiency in different-aged Pacific northwest Douglas-fir stands. Agricultural and Forest Meteorology, 149(6-7): 1168-1178.

Jia L, Li Z, Xu G, et al. 2020. Dynamic change of vegetation and its response to climate and topographic factors in the Xijiang River basin, China. Environmental Science and Pollution Research, 27(11): 11637-11648.

Kondratyev K Y, Varotsos C. 1995. Atmospheric greenhouse effect in the context of global climate change. Il Nuovo Cimento C, 18(2): 123-151.

Kraaijenbrink P D A, Bierkens M F P, Lutz A F, et al. 2017. Impact of a global temperature rise of 1.5 degrees Celsius on Asia's glaciers. Nature, 549(7671): 257-260.

Le Q C, Raupach M R, Canadell J G, et al. 2009. Trends in the sources and sinks of carbon dioxide. Nature Geoscience, 2(12): 831-836.

Michaletz S T, Cheng D, Kerkhoff A J, et al. 2014. Convergence of terrestrial plant production across global climate gradients. Nature, 512(7512): 39-43.

Muchow R C, Sinclair T R, Bennett J M. 1990.Temperature and solar radiation effects on potential maize yield across locations. Agronomy Journal, 82(2): 338-343.

Nally R M. 1996.Hierarchical partitioning as an interpretative tool in multivariate inference. Australian Journal of Ecology, 21: 224-228.

Peng S, Ding Y, Wen Z, et al. 2017. Spatiotemporal change and trend analysis of potential evapotranspiration over the Loess Plateau of China during 2011～2100. Agricultural and Forest Meteorology, 233: 183-194.

Peng S, Gang C, Cao Y, et al. 2018. Assessment of climate change trends over the Loess Plateau in China from 1901 to 2100. International Journal of Climatology, 38(5): 2250-2264.

Teng M, Zeng L, Hu W, et al. 2020. The impacts of climate changes and human activities on net primary productivity vary across an ecotone zone in Northwest China. Science of the Total Environment, 714: 136691.

Ukkola A M, Prentice I C, Keenan T F, et al. 2016. Reduced streamflow in water-stressed climates consistent with CO_2 effects on vegetation. Nature Climate Change, 6(1): 75-78.

Wei X, Yang J, Luo P, et al. 2022. Assessment of the variation and influencing factors of vegetation NPP and carbon sink capacity under different natural conditions. Ecological Indicators, 138: 108834.

Xi H, Feng Q, Si J, et al. 2010. Impacts of river recharge on groundwater level and hydrochemistry in the lower reaches of Heihe River Watershed, northwestern China. Hydrogeology Journal, 18: 791-801.

Xi H, Feng Q, Zhang L, et al. 2018. Groundwater storage changes and estimation of stream lateral seepage to groundwater in desert riparian forest region. Hydrology Research, 49: 861-876.

Yang J, Huang X, 2021. The 30 m annual land cover dataset and its dynamics in china from 1990 to 2019. Earth System Science Data, 13(8): 3907-3925.

Zhao M, Running S W. 2010. Drought-induced reduction in global terrestrial net primary production from 2000 through 2009. Science, 329(5994): 940-943.

Zhou H, Chen Y, Perry L, et al. 2015. Implications of climate change for water management of an arid inland lake in Northwest China. Lake and Reservoir Management, 31: 202-213.

第十章

西北干旱区生态环境保护与可持续发展

党的十八大首次提出“美丽中国”的执政理念，强调把生态文明建设放在突出地位，融入经济建设、政治建设、文化建设和社会建设各个方面和全过程。党的十八大以来，西北干旱区在生态文明建设方面取得了巨大的成就。坚决贯彻落实中央对生态文明建设的重大决策部署，坚持底线思维、红线管理，生态保护实现了由软约束向硬指标的转变；实施了一批重大生态建设项目，区域生态环境得到明显改善；在脆弱生态区的退化生态系统修复的理论、技术、模式等方面都取得了一系列突破，为国家生态安全屏障建设提供了科技支撑。

本章着重从水资源的优化利用、生态（水利）工程建设和体制机制、管理层面等多个方面分析提出了西北干旱区水资源与生态保护对策建议，提出要进一步挖掘西北干旱区的水资源潜力，提升水资源利用效率，打好蓄水基础，用好调水补充，探索增水途径，优化水安全格局；加快推进水治理体系和治理能力现代化，大力提升水资源精细化、数字化、智能化、规范化和法治化管理水平；积极探索和构建水资源与能源之间的替代性经济发展模式，以能补水，抽水蓄能，加强清洁、绿色水能开发，实现水–能–粮协同发展；进一步加强生态环境保护和生态恢复的可持续管理，以水定地、以水定绿、以水定城、以水定发展；进一步加大生态保护修复力度，系统推进荒漠–绿洲过渡带保护治理工程，提升荒漠–绿洲过渡带的生态屏障功能；加快河–湖–库水系连通工程建设，全面提升干旱区绿色、高质量发展的生态安全保障支撑能力；持续开展断流河道输水与重点胡杨林生态补水工程，构建西北干旱区人与自然和谐的“山水林田湖草沙冰”生命共同体。

第一节　水资源优化利用与水–生态系统保护建议

水资源是支撑西北干旱区经济社会发展和维护生态环境稳定的决定性资源，也是影响生态系统保护修复和维系生态服务功能健康最重要的因素，更是联系干旱区山地–绿洲–荒漠三大生态系统的纽带。针对我国西北干旱区资源型缺水、工程型缺水和结构型缺水交织、农业用水比例居高、水资源利用和产出效率偏低、水资源时空分布不均等客观实际，依据习近平总书记提出的“节水优先、空间均衡、系统治理、两手发力”的治水方针和“要坚持保护优先，坚持山水林田湖草沙冰一体化保护和系统治理，加强重要江河流域生态环境保护和修复，统筹水资源合理开发利用和保护”，围绕节水是关键、蓄水是基础、调水是补充的指导思想，从节水、蓄水、增水和调水等方面，进一步挖掘西北干旱区的水资源潜力，加强和提升水资源管控和调配能力。同时，优化水–生态系统修复治理方案，不断改善生态环境质量与生态服务功能，科学推进国土扩绿，为经济社会高质量发展提供水资源及生态安全保障。

一、坚持节水优先，加快推进节水型社会建设

严格落实“节水优先”的方针，强化结构节水，深挖农业节水潜力，不断推进技术

革新，进一步提升水资源生产效率，优化用水结构，大力推广农业高效节水技术，加快推动用水方式由粗放低效向节约集约转变、由经济用水为主向经济社会与生态用水并重转变、由以农业用水为主向工农、城乡用水并重转变，全面推进节水型社会建设。

（一）加大产业结构调整力度，发展高效、节水的特色农业和区域特色产业

我国西北干旱区在可预见的近期和未来中远期仍将保持总体以农牧业为主的发展模式，为优化区域水资源的产业结构配置格局，提升水资源利用效率，需要从优化水资源配置出发，以水定产，不断改造、提升第一产业和粮食产能，优化农业产业结构。

（1）优化完善种植结构，缓解农业用水压力。在整个干旱区需要严控水稻等高耗水作物的种植，以保障粮食安全为前提，加强并优化小麦、玉米等粮食作物的种植和产量提升，科学规划经济作物种植面积，大力发展低耗水、耐旱优质作物的种植，减轻农业水资源承载压力；稳步推进土地流转，推动西北干旱区土地规模化种植管理，强化规模化设施农业建设，为水土资源的集约化经营管理奠定基础。

（2）调整农业产业结构，发挥区域优势，加快配置与区域第一产业相配套的主导产业。加大区域优势农产品的生产加工基地建设和产业开发力度，壮大农产品加工龙头企业，延伸农业产业链，实行产业化经营；结合区域光热资源丰富的特征，探索和构建水资源与能源之间的替代性经济发展模式，以能补水，抽水蓄能，加强清洁、绿色能源的开发，强化区域设施农业建设，实现水–能–粮协同发展。

（3）在河西走廊结合自然地理特点和产业结构，大力发展粮食、草畜、制种、果蔬、花卉和啤酒花、酿酒葡萄、中药材等轻工原料生产，并逐步把它们培育成主导产业；在新疆南北疆依托各区域特色稳步推进白色（棉花）产业、红色（红枣、辣椒、番茄）产业、绿色（葡萄、香梨、苹果）产业等区域优质特色农产品产业基地发展，以及依托这些产业基地的特色农产品加工企业和生产加工基地、冷链储存运输基地、轻纺及制衣劳动密集型轻工业基地的发展建设，并探索新疆高标准农田农–牧生产基地的建设途径，在压减农业用水比例的同时，努力提升水资源的产出效益和粮食产能，实现产业结构上的节水、增效和以粮食安全为前提的产能提升。

（4）依托西北地区畜牧业与棉花种植大区的区域特色，以及区域独特的地理景观与人文风情文化，科学规划发展轻纺以及与此相关联的织布、制衣等轻工产业，完善产业链，提升经济附加值与水资源产出效益；大力发展旅游业，不断完善各项配套服务产业，将旅游业发展成为新疆地区第三产业的龙头产业，创造更大的社会经济效益。

（二）加快推进大中型灌区的综合改造，加强农业、农艺节水

在河西走廊与新疆南、北疆大、中型灌区加快高标准农田和高效节水灌溉体系改造，逐步将基本农田全部建设成为高标准农田，持续不断提升水资源利用效率。新疆总体农田田间节水仍有较大空间，如南疆 5600 万亩灌溉面积，高效节水灌溉面积仅 2460 万亩左右，占总灌溉面积的 43.93%。在推广农业高效灌溉节水的同时，普及推进农艺节水

措施，提高田间节水水平。如在新疆推广经济作物和粮食作物的“干播湿出”技术，可在减少冬、春灌（漫灌压碱）用水的同时，保障出苗和作物生长。通过灌区节水改造和基本农田的高标准建设实现节水保灌，提升区域粮食产能。

（三）加强平原水库和各大灌区骨干渠系的改造，减少水资源的无效浪费损失

在干旱区逐步落实山区水库替代部分平原水库功能的水利设施建设规划与方案，减少平原水库的蒸发渗漏，特别是针对新疆地区现有671座水库中超过70%的平原水库进行功能改造与提升，以减少水资源的无效损失；加快推进渠系防渗改造，对西北干旱区，特别是新疆3.82万km尚未防渗的干、支、斗三级骨干渠系实施改造升级；因地制宜地科学推进骨干渠系管道化输水建设，在西北干旱区城镇化和灌区改造过程中，加强包括河西走廊石羊河、黑河流域和新疆塔里木河流域等多个流域具备条件的骨干输水渠系和城镇引水工程的管道化，推动干旱区的深度节水建设。

（四）推进并完善水权制度，全面建设节水型社会

落实推进水资源的使用权、经营权、收益权和转让权的相关水权改革，探索和完善用水户“参与式管理”模式。将农业灌溉用水指标配置到基层农民用水者管理机构，再由农民用水者管理机构分解指标配置到农户，逐户核发水权使用证。农户依据水权使用证到水管处（站）等基层用水管理单位交纳水费，购买水票，凭水票灌水。对定额内用水部分，购买基本价水票，对超定额部分用水，购买差价水票。水票可以转让，可以交易。水票作为水权、水量、水价的综合载体，连接政府、农户和市场。完善用水户的“参与式管理”，促进水权分配的公正、公平、公开、透明，增强基层用水单位对水利工程管理的责任感和民众节约用水的自觉性，促进水权市场的发育，助力节水型社会建设。

二、打好蓄水基础，用好调水补充，探索增水途径，优化水安全格局

西北干旱区水资源短缺且时空分布不均，资源型缺水与工程型缺水、管理型缺水交织。夯实蓄水基础，科学规划跨流域调水工程作为补充，探寻不同途径的开源增水措施，对有效应对干旱区水资源的不足与短板，切实解决区域性、季节性、工程性、结构性缺水问题，提升水资源的调配能力，优化水安全保障格局有重要作用。

（一）进一步加强山区重大控制性水利工程建设，提升水资源调蓄能力

为应对干旱区水资源时空异质性强且在全球气候变化背景下水资源波动加剧的客观情况，强化干旱区的蓄水工程建设，提升对区域水资源的调蓄能力尤为重要。20世纪80年代以来，西北干旱区水库工程建设取得了长足的发展，有效地增进了西北干旱区各行政区对区域水资源的调蓄能力，有效地缓解了生产、生活、生态之间的水矛盾问题，但是，区域水资源的调蓄能力仍然难以满足新发展形势下区域水–生态安全的保障需求，

需要进一步加强山区重大控制性水利工程建设，特别是新疆塔里木河流域山区控制性水利工程的建设，包括玉龙喀什河枢纽工程、阿克苏河流域的大石峡水库、开都河中游的阿仁萨很托亥水库和昆仑山北坡诸小河流山区控制性水利工程的建设，以及水库至灌区的配套工程建设，建成以山区控制性水利枢纽工程为支点的水资源优化配置体系。

（二）加快干旱区流域间和区域外调水研究，破解资源型缺水瓶颈

基于“空间均衡”治水理念，跨区域（流域）调水是解决区域性资源缺水和实现大区域尺度水资源空间优化配置的最直接和有效的手段，为此，加快推进跨流域调水工程的实施和相关规划。在塔里木河流域，特别是昆仑山北坡，加强对羌塘高原水资源利用的可行性与利用途径的勘探调查；加快河湖库水系连通建设，实现水资源联调联控、互通互补，形成空间均衡配置和高效利用的北疆“水网”和水资源优化配置体系；加快构建塔里木河流域“九源一干”水系连通网络，配合大中型山区水库建设和相关渠系配套工程，建成并实现南疆水资源优化配置体系；在河西走廊，加快推进引哈济党（从甘肃省阿克塞哈萨克族自治县境内苏干湖水系的大哈尔腾河向党河流域调水）调水工程。在远期，积极引导、科学推进南水北调“大西线”调水工程和“藏水入疆”的“红旗河”调水工程的实施可行性与方案研究探索，为破解干旱区资源型缺水瓶颈，优化区域水安全格局提供支撑。

（三）积极探索开源增水途径，拓展水资源空间

基于区域与流域尺度的气候监测分析，加快推进西北干旱区“云水资源”综合利用并积极开展人工影响天气技术与措施研究，在新疆天山区域、昆仑山北坡区域与河西走廊的祁连山区域等干旱区有条件的内陆河流域的源区，开展人工增雨、增水工程试验示范，增强流域山区的蓄水养源能力。

积极探索区域微咸水、深层地下水、城镇废（污）水处理后的再生水、农田排水和季节性小河流短历时洪水等非常规水的综合利用途径，探寻并研发非常规水的综合利用技术与模式，完善相关制度与配套设施等。具体包括：①建立和完善再生水利用的相关法规制度；②健全再生水利用技术规范与标准；③科学制定再生水利用规划；④加快推进再生水厂与输配管网建设；⑤制定出台再生水利用有关激励政策；⑥加强对再生水利用工作的监督检查。

通过从不同层面拓展干旱区的水资源空间，实现开源增水的目标，为经济社会高质量发展和生态安全提供水资源安全保障。

（四）着力补齐水利基础设施短板，优化区域水安全保障格局

着力构建防洪安全保障体系，加快推进新疆喀什噶尔河、克里雅河等 15 条重点灾害性河流和天山南北坡、昆仑山北坡等区域 200 多条中小河流、1000 多条重点山洪沟的防洪治理工作，以及干旱区重点城市应急防洪工程建设和病险水库（水闸）除险加固工

作，全面提升防灾减灾能力；以完善城乡供水网络体系为重点，着力提高供水安全保障。强化饮用水水源地保护，加大对老旧管网和配套设施的改造力度，完善供水网络体系，按照城乡区域协调发展和乡村振兴战略部署，持续推进西北干旱区城乡一体化、规模化农村供水工程建设，提升农村饮水安全保障水平；以加强水利信息化建设为重点，提升水利智慧化水平，补齐干旱区信息化基础设施短板，建设治水、管水应用系统和业务协同的信息化应用体系，提升水资源开发利用、防汛减灾、河湖监管、工程建设管理与安全运行、水环境水生态保护等科学化、智能化和便捷化水平，推动干旱区水利信息化、现代化发展，全面优化水安全保障水平。

三、持续完善并优化干旱区水–生态系统保护修复方案

针对西北干旱区水资源短缺、生态极端脆弱的实际情况，以水–能–粮–生态纽带关系为主线，水和生态安全保障为目标，全面优化水–生态系统的保护修复及管理方案。

（1）强化流域水资源统一管理，以及顶层设计与科技支撑在流域水资源管理中的作用，科学规划山区蓄水、跨区调水和绿洲高效农业、农艺节水的总体治水格局。

（2）基于水资源可利用量与开发潜力，明确面向未来绿色发展的水资源利用战略路线图；基于确定的“三线一单”目标，明确流域和县级区域单元的生态需水量，确立不同保护目标下的生态水权，并纳入最严格水资源管理“三条红线”考核指标体系。

（3）通过加快开展山区人工增雨研究，提升水源涵养区蓄水养源能力。强化绿洲内以能补水和设施农业建设，提升水资源利用效率。加快绿洲–荒漠过渡带综合保育生态建设，遏制并扭转区域荒漠化进程。保护恢复流域下游荒漠河岸林生态廊道，提升荒漠–绿洲过渡带生态屏障功能，构建人与自然和谐的西北干旱区“山水林田湖草沙冰”生命共同体，科学规划并稳步推进干旱区国土扩绿。

（4）基于量化的水资源及生态系统服务价值的供需缺口分析，开展面向未来发展需要的多维调控决策机制下、基于效率和低碳模式的水资源配置，助力区域水–生态安全格局优化和协同管理，统筹协调并实现区域“水、沙、绿、富”的有机统一和共赢，支撑国家战略和区域绿色、高质量发展。

（5）以退化生态系统修复治理与保护水生态为重点，着力构建国家西北生态安全屏障。严守水资源、水环境、水生态红线，加强水生态系统保护和修复，构建河流绿色廊道；坚持水生态环境保护优先，在全面分析水生态环境制约因素和水资源、水环境、水生态承载能力的基础上，加快并持续推进河西走廊石羊河、黑河、疏勒河与新疆塔里木河、和田河、克里雅河、玛纳斯河等重点河流以及东居延海、艾比湖、艾丁湖、玛纳斯湖、柴窝堡湖、博斯腾湖、乌伦古湖等重点湖泊的生态治理与修复工作；突出抓好地下水超采治理，严格管控地下水开发利用总量、水位、用途、水质及机电井数量；加强生态水量调度，优化生态输水补水方案，做好塔里木河、黑河等重点流域、区域生态输水、补水工作；以生产建设项目监督管理为重点，以完善制度、强化管理为主要措施，不断

加大各内陆河流域源流区水源涵养、流域水土保持监督力度。

第二节　生态（水利）工程方面的保护建议

西北干旱区气候干燥、降水稀少，天然植被的自然恢复能力有限。因而，在受损生态系统的修复和功能提升过程中，需要借助一定的生态水利工程，加速生态修复、提升生态功能，遏制荒漠化进程，科学推进并实现国土稳步扩绿，构建西北干旱区人与自然和谐的“山水林田湖草沙冰”生命共同体。

一、系统推进荒漠–绿洲过渡带保护治理工程

荒漠–绿洲过渡带介于荒漠与绿洲之间，是干旱区特有的地理景观单元。荒漠–绿洲过渡带主要由荒漠灌丛和耐干旱、盐碱的草本植被构成，是荒漠与绿洲两大生态系统的连接地带，也是绿洲生态系统与荒漠生态系统发生能量、物质、信息交换最频繁的界面区域，具有重要的生态防护功能，是防止沙漠向绿洲侵袭的天然生态屏障。在气候变化与人类活动不断增强背景下，西北干旱区的荒漠–绿洲过渡带生态防护功能对绿洲稳定至关重要。开展干旱区荒漠–绿洲过渡带保护与恢复，提升其生态防护功能，对于保障绿洲农业经济健康发展、保护人类生存环境、确保经济社会高质量发展具有重要的现实意义。

（一）荒漠–绿洲过渡带保护治理工程的主要内容与阶段目标

针对西北干旱区荒漠–绿洲过渡带受自然与人为活动共同作用的现状，提出的荒漠–绿洲过渡带保护治理工程主要以减少人类活动对过渡带扰动、强化防沙治沙生态屏障建设与荒漠化治理和系统修复退化荒漠–绿洲过渡带生态系统、提升过渡带生态环境质量与生态防护功能为核心内容。

依据现状和存在的主要问题，建议针对荒漠–绿洲过渡带的保护治理工程应系统推进，分步治理。

近期（当前～2035 年）：全面落实国家绿色、高质量发展理念，遏制荒漠–绿洲过渡带的萎缩趋势，初步扭转过渡带生态系统退化现状，维持并保障荒漠–绿洲过渡带生态系统的稳定；以河西走廊石羊河流域、黑河流域、疏勒河流域和新疆天山北坡与塔里木河流域为典型区域，完成这些区域荒漠–绿洲过渡带保护治理示范工程建设，为后期整个干旱区荒漠–绿洲过渡带的保护治理提供示范样板。

远期（2035～2050 年）：全面推进并逐步实现西北干旱区荒漠–绿洲过渡带的系统保护与生态系统良性循环，构建完成一个人–地关系协同、人与自然和谐统一的稳定过渡带，实现过渡带对外可有效阻隔荒漠化进程，对内可保障绿洲生态系统稳定、安全的可持续状态，以及干旱区“山水林田湖草沙冰”生命共同体的有机统一。

（二）保护建议

1. 优化绿洲水土资源管理，降低绿洲化进程对荒漠–绿洲过渡带的影响

（1）合理确定绿洲适宜规模。以绿洲国土空间安全为总体目标，以“促进生产空间集约高效、生活空间宜居适度、生态空间山清水秀”——“三生”空间优化为要求（傅伯杰，2021），基于水资源与生态环境承载力，合理确定绿洲适宜规模，特别是要严控违规开荒，彻底扭转“发展即是开荒、开荒即是发展”的粗放发展理念。

（2）加强水资源管理，优化绿洲区水资源利用结构，提高利用效率。在各流域水资源承载力和水资源利用“三条红线”约束前提下，在流域经济社会发展用水增加预期下，合理配置流域水资源利用结构与格局，强化水资源利用总量控制，提升水资源利用效率，优化水资源利用结构，并协调好地表水–地下水的用水比例。紧紧围绕“节水是关键”这一方针优化、降低农业灌溉用水比重，进一步加大对农业高效节水、盐碱地治理和大、中型灌区及农田水利建设的支持力度；积极探寻非常规水资源的开发利用，挖掘各区域及流域水资源潜力，优化水安全格局。

（3）优化水权管理，强化绿洲土地资源与地下水开发管控。进一步落实并细化水权管理，依据流域丰枯水文频率情况实施灵活机动的定额配水管理，提高水土资源的匹配效率，对水资源实施有效的监管，包括对水量的分配、灌溉面积、灌溉定额、水土开发实施严格的监管。同时，建立并优化生产用水的水价市场调节杠杆机制，通过水资源的有偿使用，提高其空间配置的经济高效性；加快制定和形成流域水权划分的法律、法规性文件，确立明确的水权主体，在流域尺度完善水权交易市场，依法进行水资源的量化调度和管理，充分发挥水权主体的积极性，利用市场机制来达到水资源的优化配置，实现生产力的提高；依据干旱区各内陆河流域具体水资源情况，建立合理的差别水价制度，优先保障基本农田和粮食生产用水安全，通过实施差别水价，利用市场杠杆去调节开荒的成本，将这些额外的成本用于生态保护，在促进生产发展的同时，保障生态用水和生态安全。

控制流域地下水开采量，特别是河流及湖泊湿地等生态功能区周边的地下水开发。针对干旱区内陆河流域普遍存在的地下水超采问题，建议对地下水量、水位实施双向管控，对已有机电井实施“井电双控”，严禁超采地下水。根据干旱区各内陆河流域绿洲灌区地下水含水层富水性条件、地下水开发利用现状以及地下水可开采量，科学规划每年地下水压采计划，保护地下水资源，预防地下水位急速下降导致的荒漠生态系统天然植被退化衰败。

（4）持续强化节水，开展盐渍化治理，提升绿洲灌溉保障和生产力及过渡带生境质量。针对干旱区内陆河流域灌溉面积快速增加、水资源供需矛盾的问题，结合流域多年水量监测结果与水资源量评估，综合考虑各流域及行政单元水资源利用“三条红线”指标落实情况与水土资源开发现状，分析明确各流域及行政单元现状水资源量、开发潜力和水资源对区域灌溉面积的支撑保障能力，面向未来绿色发展需求，深入开展绿洲节水

改造，提升现有耕地的灌溉保障水平，缓解“三生”用水矛盾。除此之外，结合耕地整治与盐碱地改良措施，实现绿洲土地生产力提升。完善干旱区内陆河流域灌区农田水利设施，以及灌区农田排水设施建设；推进实施排水沟渠的清淤疏浚，形成畅通的排水网络，防止农田排水滞留；提高灌溉水利用率，探索农田排渠盐碱水、灌溉回归水、雨水径流由排渠排向荒漠–绿洲过渡带进行综合利用与生态保育恢复的有效途径。

2. 减少人为活动对荒漠–绿洲过渡带的扰动，促进过渡带植被自然恢复

（1）严控荒漠–绿洲过渡带的开荒行为，保障过渡带生态稳定。适度开发，以水定地。以水资源的承载能力为核心，改变以往完全依赖扩大灌溉面积实现经济增长的粗放农业发展模式，严控绿洲扩张与开荒，特别是荒漠–绿洲过渡带内的违规开荒行为。在以水定地限定开发规模的基础上，以行政区为单元实施土地资源开发与保护的数量规模管控，在区域、流域层面，构建土地格局–生态过程–生态服务系统相协调耦合的生产、生活和生态空间优化配置格局，实现国土空间安全

（2）严控荒漠–绿洲过渡带的人工造林，维持过渡带的稳定，封育促进植被自然恢复。要充分认识水资源短缺的现实，在生态建设中要严格控制在荒漠–绿洲过渡带的造林活动。西北干旱区生态环境非常脆弱，“三生”用水矛盾十分突出。在这一区域开展大规模的人工植树造林，尤其是在荒漠–绿洲过渡带开展造林活动，正面效益难预期，负面效益可预见。第一，人工林耗水量大，盲目地在过渡带造林可能加剧水资源供需矛盾。西北干旱区降水较少，但蒸发强烈，是降水量的15～20倍。人工林蒸腾耗水量大，在荒漠–绿洲过渡带建设15亩人工林会导致至少60亩荒漠植被因干旱缺水而衰败。人工林建设不仅加大了区域水分耗散和流失，同时，人工林需要浇灌抚育，消耗大量水资源，强烈挤占了工、农业用水，加剧了区域水资源供需矛盾；第二，盲目地人工造林可能破坏荒漠–绿洲过渡带天然生态屏障。在人工绿洲外围分布着由原生盐生灌木和荒漠草本植被构成的过渡带，是一道天然屏障，对减缓沙漠侵袭、保护绿洲生态安全起到了重要作用。大规模人工造林压缩了荒漠–绿洲过渡带生态空间，削弱了其天然屏障功能。同时，人工造林对地表的强度干扰还直接破坏了原生过渡带生态系统结构和功能，导致生物多样性下降、地表结皮退化，加剧了荒漠化过程，最终使得荒漠–绿洲过渡带天然生态屏障退化；第三，人工造林成本高，无序地营造人工林将加重生态建设负担。在荒漠–绿洲过渡带及沙漠边缘开展人工造林活动需要人工管护和大量投资，加大了生态建设负担，但未必能收到良好的生态效益。不仅如此，当荒漠–绿洲过渡带天然植被被人工林替代后，人工种植的乔木会大量吸取地下水，导致地下水位下降、土壤水含量降低，从而使得原生的草本植物因水分胁迫而死亡。过渡带天然生态系统一旦被破坏，短期内将难以恢复。

建议荒漠–绿洲过渡带风沙前沿、戈壁荒漠和三滩（碱滩、河滩、沙滩）荒地上引洪封育，封禁保护、恢复发展以本土物种，如胡杨、柽柳、梭梭、骆驼刺等为主的天然荒漠植被，通过荒漠–绿洲过渡带天然植被的保育恢复，在绿洲边缘与荒漠交错部营造乔灌草、带片网、多物种相结合的防风固沙体系，巩固荒漠–绿洲过渡带生态屏障，提

升其生态防护功能。

（3）保障荒漠–绿洲过渡带生态需水，提升过渡带生态屏障功能。实施大、中型灌区高标准农田建设与改造，进行灌排分离，将农田排水与季节性河流短历时洪水综合引导用于荒漠–绿洲过渡带植被恢复与绿洲下游荒漠河岸林生态治理，加强农田排水及农业回归水的综合利用；充分利用夏季短历时洪水，科学引导洪水用于荒漠–绿洲过渡带的生态保育，提升荒漠–绿洲过渡带生态系统的生态需水保障水平；在荒漠–绿洲过渡带实施封禁、封育保护，促进过渡带荒漠植被自我修复。

3. 系统开展并推进荒漠–绿洲过渡带退化生态系统修复治理工程

（1）优化治理模式，充分结合国家重大生态建设工程，借鉴近 20 年在西北干旱区所开展的脆弱生态系统保护与恢复治理的成功经验，以政府政策主导、企业产业化投资、农牧民市场化参与、科技创新支撑的驱动模式，建立与完善政府主导与民众参与相结合，自然修复与人工治理相结合，法律约束与政策激励相结合，治理生态与产业发展、改善民生相结合的干旱区退化生态系统治理体系。将西北干旱区荒漠–绿洲过渡带及关键生态廊道保护、恢复治理与国家在西部实施的防沙治沙生态屏障建设工程、荒漠化治理、天然林和公益林保护工程、自然保护区和野生动植物保护工程及国土空间安全规划相结合，实现荒漠–绿洲过渡带与关键生态廊道的保护与恢复。

（2）强化生态系统监测评估，加快“山水林田湖草沙冰”生命共同体系统治理。强化各内陆河流域从山区到绿洲、荒漠的生态水文过程研究，以及不同尺度上的山地、绿洲、荒漠三大生态系统的监测与评估，在流域和区域尺度开展基于国土空间安全的人–地复合与水文–社会–生态耦合的系统生态治理工程。对新疆准噶尔盆地南缘、环塔里木盆地及塔里木河流域“九源一干”、河西走廊石羊河、黑河及疏勒河、党河等重点区域和流域实施“山水林田湖草沙冰”生命共同体系统治理和荒漠–绿洲过渡带保护、修复。

（3）开展多技术手段相结合的退化生态系统修复重建。在荒漠–绿洲过渡带开展以封育保护为主、人工修复治理为辅，人工植被与自然植被融合，生态防护与产业发展结合的综合生态修复工程，强化政府投入与顶层设计，对于退化严重区段，开展应急生态补水与退化天然植被群落结构修复与重建改造，首选本土物种，基于生态位进行合理物种配置，借助生态应急补水契机，配合天然植被落种萌发生理周期，通过人工漫溢激活土壤种子库、人工漂种、胡杨断根萌蘖等辅助措施，促进退化生态系统有效恢复，提升荒漠生态系统环境质量与固碳能力，以及生态防护与服务功能。

（三）典型案例——石羊河流域荒漠–绿洲过渡带的保育修复

石羊河流域位于甘肃河西走廊的东部，国家于 2007 年批复实施了《石羊河流域重点治理规划》，旨在通过一系列措施的实施，从根本上扭转流域生态恶化的状况，实现流域的可持续发展。石羊河流域治理的总体目标是保障生活和基本生态用水，满足工业用水，调整农业用水，提高水资源利用效率和效益，促进农民增收和区域经济社会可持续发展。

经过 15 年的综合生态治理与建设，石羊河流域生态退化趋势得到有效遏制，生态环境明显改善，石羊河尾闾曾一度干涸的青土湖再现生机，下游沙漠化防治成果显著。特别是党的十八大以来，武威地区立足生态地位特殊重要、生态环境非常脆弱的客观实情，坚定不移走生态优先、绿色发展之路，在南部祁连山区加强水源涵养区的保护与管养，在北部腾格里沙漠和巴丹吉林沙漠边缘持续开展防沙治沙建设工程，并基于空间均衡的治水理念和"两山"理论的生态文明建设精神，科学调配生态水量，通过红崖山水库不断向青土湖下泄生态用水，使得干涸半个世纪之久的青土湖逐步恢复至水面 25.6km^2，形成了约 106km^2 的旱区湿地，提升区域环境质量、增绿固碳的同时，也为区域生物多样性改善提供了重要生境。石羊河流域主要生态恢复治理措施包括：

（1）节水措施。石羊河节水工作不仅仅局限于灌区改造等工程，更在用水总量和定额双控、水权制度、水量分配、水价改革、精细计量、取水许可等方面建立了一整套行之有效的管理制度及节水机制。

（2）压减灌溉面积。流域生态失衡的根本原因是社会经济发展的结构及规模超过水资源承载能力，而土地开发是导致水资源超载的主导因子。因此，在大力推进节水的同时，根据水资源可利用量，开展深度节水，减少灌溉用水量，提升灌溉保障水平。全流域灌溉面积由 2003 年的 446 万亩逐步减少到 2015 年的 310 万亩。

（3）科学配置水资源。流域治理规划提出了向下游直接生态输水的建设任务，并向民勤实施生态补水，同时压减地下水开采，充分利用外调水及再生水等科学配置水资源。

（4）生态移民与生态保护。石羊河流域的生态问题表面上是水资源过度开发造成的，内在深层次原因是社会经济活动强度超过生态承载力。因此，规划提出了山区生态移民和民勤湖区北部生态移民（减轻对荒漠生态系统的干扰）两大工程。同时，积极开展了植被体系建设，提高山区水源涵养及平原生态防护的功能。

（5）强化水资源保护。精细化用水管控，全流域建立统一的水资源调配与节水管理信息系统，优先进行地下水严格管理，确定了每口井的可开采量，并建成一井一卡的 IC 卡"井电双控"的开采控制系统，并在水价、公众监督等方面开展了大量的工作。

经过多年的不懈努力，石羊河流域已经提前实现了规划目标，取得了显著成效，主要体现在：①生态系统有效恢复。民勤盆地地下水开采量压缩到 0.86 亿 m^3 以下，干涸近 60 年的青土湖获得重生，周边芦苇等植被恢复面积（因地下水水位提升）达到 100km^2，两大沙漠合拢的态势被根本遏制，下游生态出现可喜的变化，鱼类及候鸟种群数量不断增加，生机盎然。生态环境的改善使得沙尘暴等灾害天气显著减少，人居环境得到显著提升。②经济发展。通过石羊河的治理实践，当地社会经济取得快速发展。在用水减少的同时实现经济增长，核心是调整用水结构和效率，把有限的水资源用在边际效益最大的产业上，实现了用水负增长的前提下，经济得到显著增长。③社会进步。通过努力和综合治理，水资源管理能力得到显著提升，人们对水资源的稀缺性认识不断提升，更加珍惜和爱护水资源，对生态保护的重要意义有了更深刻的理解。石羊河的治理为干旱区内陆河流域退化生态系统生态恢复提供了成功的范例，但同时也应该看到，生态恢复是一个长期的过程，生态保护优先的理念应该贯穿整个经济社会发展中。

二、加快河–湖–库水系连通工程建设

河湖水系连通是提高水资源配置能力的重要途径，是建立在水文循环基础之上，遵循物质循环、水量平衡和能量平衡等自然界的基本法则，以河湖健康、人水和谐理论为指导，同时兼顾人类生产生活，在自然和人工形成的江、河、湖、库水系基础上，维系、重塑或新建满足一定功能目标的水流连接通道，以维持相对稳定的流动水体及其联系的物质循环状况，是改善水资源空间配置与生态环境的一项有效举措。

中国西北干旱区所有河流几乎都发源于山区，水资源时空分配不均与区域水土资源匹配待优化的问题十分突出，资源型缺水与工程型缺水并存的局面使现有的绿洲经济高度依赖各内陆河流域有限的地表水资源。加快河–湖–库水系连通工程建设，对加强各流域水资源调配能力，全面提升干旱区绿色、高质量发展的水–生态安全保障支撑水平有重要意义。

（一）西北干旱区水系连通工程建设的主要内容与阶段目标

针对西北干旱区河、湖自然水系网络体系薄弱、水资源时空分布不均的客观事实，以及气候变化背景下水资源波动加大、水安全保障不确定性和可持续性挑战不断增强的形势，提出加强我国西北干旱区水系连通工程建设。水系连通工程是面向干旱区水资源空间均衡配置治水需求和区域绿色、高质量发展水安全保障需要，以区域内主要河、湖为骨架，兼顾各内陆河流域支流水系和库、渠人工水利工程，通过针对性的水系连通建设工程辅助，实现流域内各水文单元互联和流域间河–河、河–湖、河–湖–库的水系连通，以增强流域内和流域间水资源均衡调配的水平，应对气候变化带来的水资源保障不确定性挑战。

依据我国西北干旱区各内陆河流域水资源空间均衡配置的需求，分步推进干旱区各内陆河流域和区域的水系连通建设。

近期（当前～2035 年）：以河西走廊石羊河流域、黑河流域、疏勒河流域和新疆天山北坡与塔里木河流域“九源一干”为典型区，建设一批骨干水源工程和河湖水系连通工程，提高这些重要内陆河流域和丝绸之路经济带建设核心区的水资源调控水平和供水保障能力，为后期整个干旱区水联网建设和新形势下治水方略的全面落实打下基础。

远期（2035～2050 年）：全面构建完成河西走廊和新疆等干旱区主要区域智慧流域水网系统，实现基于水联网和涵盖气候变化下水资源预估、水安全风险预警和水资源稳定保障的可持续调配管理体系和大数据平台，全面提升干旱区绿色、高质量发展的水资源支撑保障能力。

（二）保护建议

1. 加快河–湖–库水系连通示范工程建设

本着系统治理，由点逐面的原则，加快甘肃河西走廊石羊河流域、黑河流域和疏勒

河流域、新疆天山北坡和新疆塔里木河流域“九源一干”河–湖–库水系连通工程建设。充分利用各内陆河流域现有干、支流河道、沟渠，结合渠道，辅以桥、涵、闸、渠、库等工程措施与断流、淤塞河道综合疏浚治理，构建有助于流域水资源空间均衡配置的河–湖–库连通水系网络。在流域内形成河–河连通，河–湖连通、河–库连通与湖–库连通的新局面，通过水系连通性的增强，使流域能够实现水资源丰–枯互补、河–湖–库互济、区域空间与各河流间互调，进而增强流域水资源承载力与水系网络的稳定性，提升水资源对生态环境与经济社会发展的支撑保障能力，增强对于自然灾害的抵御能力，并借助水系的连通促进流域湿地保育恢复、水土流失控制和退化生态系统的修复。支撑保障关键内陆河流域水安全的同时，通过示范样板建设，结合区域高质量发展需求，逐步构建区域尺度上的水安全优化新格局。

2. 加快构建水–生态系统综合监测网络体系

结合在西北干旱区实施的“河–湖–库连通”水网建设，构建并加强流域地表水与地下水及河、湖、库等关键水文节点与区域的自动化动态监测网络，实时掌握水资源在时空上的变化趋势与需求规律。统一并完善各监测站点在水文水资源、生态环境及经济社会发展等各方面的监测体系、监测方法与监测指标，实时掌握干旱区内陆河流域水文水资源及生态环境对全球气候变化的动态响应，建立内陆河流域水资源综合管理大数据网络共享系统，确立各河流不同时段的水文过程线，为流域水资源的配置与科学调配管理提供支撑，为国家及区域发展政策的制定提供数据服务。

3. 加快断流河道的水系连通工程建设

针对性开展河湖形态与景观的保护与修复，为此，建议开展的具体举措包括：①尽快落实各内陆河流域范围内主要河流生态流量（水量）目标制定与保障方案，以及主要湖泊生态水位目标及保障方案，保障主要河湖生态需水与水生态、水环境健康；②推动干旱区河湖岸线保护与利用规划，以及岸线功能区的勘界，切实保障河湖生态功能，针对性开展断流河道疏浚治理与水系连通建设；③针对性对新疆包括艾比湖、艾丁湖、玛纳斯湖、乌伦古湖、博斯腾湖、柴窝堡湖、艾西曼湖等主要内陆湖库水环境和水生态实施修复治理，保障湖泊生态水位、适宜水域面积与生态功能；④加快塔里木河流域断流河道与干流的水系连通工程建设。

（三）典型案例——博斯腾湖流域河–湖–库水系连通工程

博斯腾湖流域（亦称开都–孔雀河流域）是塔里木河流域“四源一干”中的源流之一，由开都河、博斯腾湖和孔雀河及博斯腾湖周边诸小河流构成。博斯腾湖既是开都河的尾闾，又是孔雀河的源头，水域面积 1000km^2 左右，是我国最大的内陆淡水湖。受气候变化与绿洲化进程人类活动扰动影响，流域水资源空间失衡，生产与生态用水供需矛盾加剧，生态环境问题日益凸显，流域水系连通性显著下降。1976 年，孔雀河下游阿克苏甫以下河段超过 600km 断流；2006 年，孔雀河断流至中游普惠水库；2013 年，孔雀河断流至上游第三分水枢纽，受河道断流影响，孔雀河中下游生态退化显著；此外，作为流域水资源调节库的博斯腾湖受自然及人为因素影响，水位多次跌破最低极限水位 1045m（1045m 以下时，湖泊无法保障向下游孔雀河绿洲供水，水环境质量会出现急剧下降）；博斯腾湖上游诸小河流先后断流无水入湖，影响湖泊出入湖水量平衡与湖泊生态水位保障的同时，也干扰了湖泊的水体循环，使得博斯腾湖水质矿化度偏高（曾多年维持在 1.5g/L～1.8g/L）和湖水富营养化，导致系列生态环境问题。

针对博斯腾湖流域水系连通不足、河流肢解断流所引发的问题，流域管理部门与地方政府于 2016 年起开始实施基于河–湖–库水系连通的孔雀河下游胡杨林抢救应急生态补水与 2018 年的“引开济黄”（引开都河水进入博斯腾湖西北部小河流黄水沟，从西北部进入博斯腾湖，打通黄水沟与博斯腾湖水力联系，促进博斯腾湖北部水体循环与水环境改善）河–湖水系连通工程，旨在改善流域水系之间连通性，优化水资源空间均衡配置格局，实现退化生态系统的保护与修复。

1. 博斯腾湖流域水系连通建设与生态恢复的主要措施

在综合考虑生态输水水源、输水路线距离、输水沿途可能的损耗、输水前提和各引水枢纽实施生态输水的可行性，并兼顾考虑流域水资源的时空差异性等，确定了基于流域河–湖–库水系连通建设的“多渠道、多水源、多路线分段协同实施”的孔雀河中、下游生态输水方案（图 10.1）。

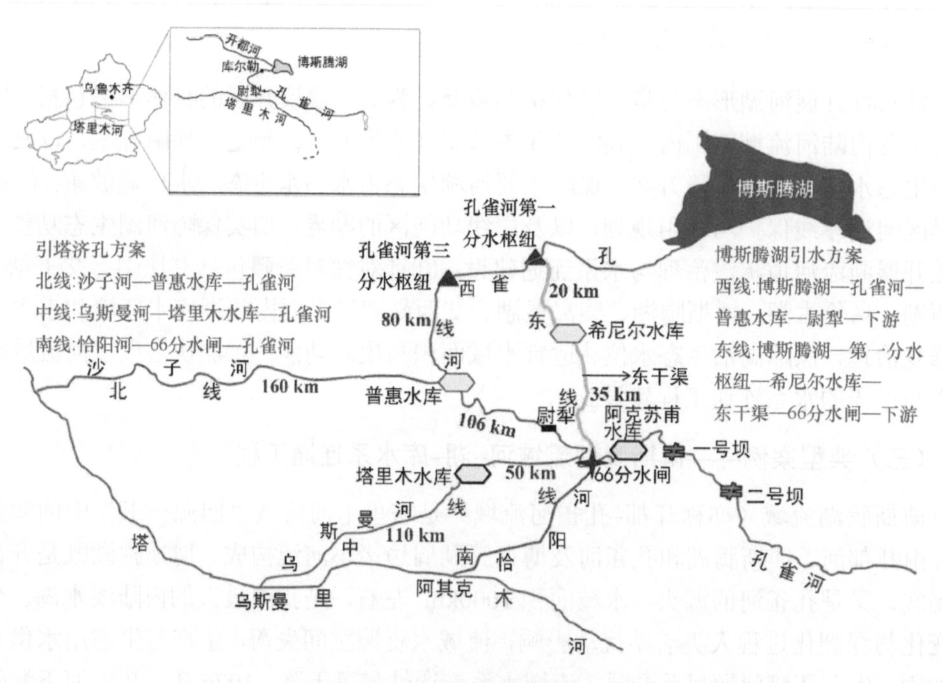

图 10.1　基于河–湖–库水系连通的孔雀河生态输水方案

依据输水水源的不同，分为博斯腾湖引水方案与“引塔济孔”方案，每一套方案下，又依据输水路线的不同进行划分。在博斯腾湖引水向孔雀河中、下游生态输水中又分为东线与西线协同分段输水。东线为博斯腾湖引水至第一分水枢纽，经希尼尔水库沿东干渠向孔雀河下游输水；西线为博斯腾湖引水入孔雀河河道，经第三分水枢纽、普惠水库至尉犁县城向孔雀河下游输水。在“引塔济孔”方案中提出包括北线、中线和南线三条输水路线的输水方案。北线是引塔里木河干流来水经沙子河生态闸、沙子河故道调水入普惠水库向孔雀河中、下游输水；中线是引塔里木河干流来水经乌斯曼枢纽及其上下游的部分生态闸，沿乌斯曼河经塔里木河水库向孔雀河中、下游输水；南线是经阿其克枢纽，沿渭干河与恰阳河引水至 66 分水闸，向孔雀河下游输水。

2018 年，针对博斯腾湖北部诸小河流断流无水入湖，影响湖泊水量平衡与湖泊水体循环，干扰湖泊水环境的问题，借助开都河流域关键引水枢纽与渠系，从开都河经开都河第一分水枢纽和解放二渠引水至黄水沟（博斯腾湖北部诸小河流中水量最大的一条，多年平均年径流量 3 亿 m^3 左右），同时对黄水沟下游河道实施疏浚治理，打通了黄水沟与博斯腾湖的水力联系，实现了水系连通（图 10.2）。通过黄水沟水资源的空间均衡配置并辅以“引开济黄”的河–河水系连通措施，2018～2020 年累计通过黄水沟向博斯腾湖注入生态水量 4.63 亿 m^3，改善黄水沟与博斯腾湖水系连通性及黄水沟下游湿地水环境的同时，有效促进了博斯腾湖北部的水体循环与湖泊水环境改善。

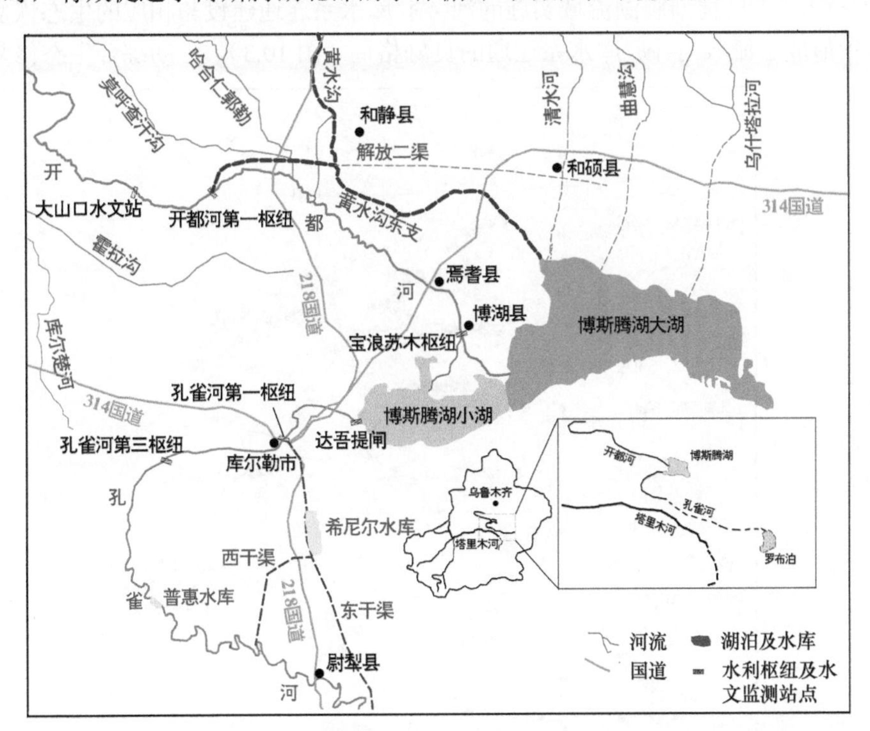

图 10.2 “引开济黄”河–河、河–湖连通生态工程

2. 博斯腾湖流域水系连通建设与生态恢复的成效与经验

通过水系连通建设和连续4年的孔雀河中、下游生态补水，孔雀河水系连通性有效改善。2016～2019年累计向孔雀河断流河道输送生态水量约16亿m^3，有效遏制了孔雀河中、下游生态退化的趋势，超过600km的干枯河道再次迎来河水；沿河地下水位明显提升，上游由输水前平均埋深10.59m，抬升到2020年的平均埋深5.83m，平均抬升4.76m；中游地下水埋深由平均15.36m抬升到平均埋深10.59m，平均抬升4.77m；下游平均抬升0.21～0.66m。输水后上、中游地下水矿化度分别平均降低了0.62g/L和2.47g/L，下游地下水矿化度平均下降了1.42g/L～2.45g/L，河流垂向上地表–地下水力联系有效改善；孔雀河生态输水累计影响范围超过1500km^2；自然植被面积由171km^2增加到352km^2，增加了181km^2；水体面积从无增加到31km^2，自然植被NDVI显著增加，植被长势好转，绿度增加；中、低盖度自然植被及高盖度自然植被随输水进程均显著增加，社会各界及沿河居民对孔雀河实施的生态工程一致好评，生态与社会效益显著。

通过实施河–河、河–湖连通，“引开济黄”工程有效地促进了博斯腾湖北部湖水运动，加快了博斯腾湖东部和北部的水循环和湖水更新，有效减少了湖区东部、北部和西南部的水质空间差异，为博斯腾湖湖水矿化度恢复至1g/L以下，湖水水质达到III类水综合治理目标发挥了积极作用。

“十三五”期间博斯腾湖流域实施的河–湖–库水系连通建设与相应的生态恢复工程，已经初步形成了流域河–湖–库水系连通的良好格局（图10.3），借助综合生态修复措施，

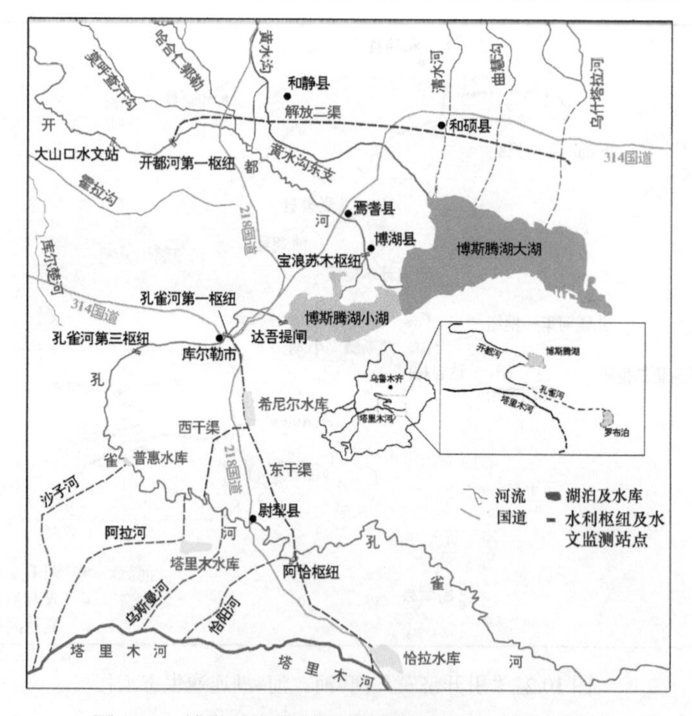

图10.3　博斯腾湖流域水系连通建设体系构建示意

有效提升了流域的综合生态质量。同时，借助水系连通建设的契机，流域管理部门构建并逐步完善了流域信息化管理体系，“智慧流域”建设上了一个新的台阶，成为新疆乃至西北干旱区新时期治水的一个典型案例。

博斯腾湖流域的河–湖–库水系连通建设生态修复工程可借鉴经验包括：①充分利用流域现有水利基础设施与自然河、湖构建水系连通体系；②强化水资源流域统一管理，保证河湖生态需水与生态水量；③遵循空间均衡、系统治理的治水方针；④以流域整体为单元，系统服务国家及地区发展需要和生态恢复需求，遵循新时代治水理念，推进智慧流域建设。博斯腾湖流域的治理为干旱区内陆河流域河–湖–库水系连通建设与生态恢复提供了可供借鉴的范例，但同时也应该看到，流域水利改革和生态建设是一个长期的过程，生态保护优先和生态水权落实应该贯穿河湖长制管理与考核中。

三、持续开展生态输水工程

水资源是制约西北干旱区经济社会发展与生态建设最重要的因素，干旱区各内陆河流域的生态环境问题多与水资源的超承载力开发和水资源的空间配置失衡相关。通过水资源的科学调配管理与空间均衡配置，向断流河道下游实施生态输水，已经被证实是西北干旱区各内陆河流域恢复断流河道退化生态系统行之有效的举措，在河西走廊的石羊河、黑河、疏勒河及新疆塔里木河、孔雀河均得到验证。建议针对西北干旱区水资源空间配置失衡导致的河道断流与生态退化问题，持续对断流河道实施生态输水与重点胡杨林生态补水工程，加快断流河道的水系连通，提升荒漠生态系统及关键生态廊道的生态服务功能，扩大生态输水效益，确保断流河道生态环境的不断改善和河流生态系统的完整性。

（一）生态输水工程的主要内容与阶段性输水目标

针对干旱区内陆河流域的河道断流与断流河道下游生态退化的问题，借鉴塔里木河流域与黑河流域生态输水的成功经验，提出在西北干旱区各断流内陆河流域持续开展生态输水工程，其主要内容是基于水资源空间均衡配置的治水方针，通过强化水资源的流域统一管理与流域水权的落实，借助水资源科学的时空调配，向断流的内陆河流中、下游实施有控制的人工输水，以逐步恢复断流河道的景观与生态功能，增强断流河道下游自然环境生态需水的保障能力，促进退化的河流、尾闾湖泊与沿河荒漠河岸林生态系统自我恢复。

生态输水短期目标（5～10 年）：阶段性恢复断流内陆河下游河流景观；有效恢复断流河道上–下游纵向的水系连通性及河流与尾闾湖泊的水力联系；快速抬升断流河道两岸地下水位，改善断流河道下游自然植被生态需水的保障水平，遏制断流河道下游生态系统退化趋势并逐步趋于稳定。

生态输水的长期目标（20～30 年）：实现各内陆河流域水资源的空间均衡配置，以及经济社会发展过程中的人–水和人与自然和谐统一，全面保障并实现西北干旱区各内陆河流、湖泊的生态流量（水量）和生态水位，扭转各内陆河流域因河道断流而导致的生态系统退化趋势并逐步实现西北干旱区内陆河流域生态系统的稳定与良性演替循环。

（二）保护建议

1. 强化水资源流域统一管理与水资源空间均衡配置

水资源是贯穿干旱区国民经济发展与生态文明建设的主线，也是链接干旱区山地、绿洲、荒漠三大生态系统与“山水林田湖草沙冰”生命共同体的纽带。针对干旱区资源型缺水客观背景下同时存在工程型缺水与管理型缺水交织的局面，吸纳国际与国内先进的水资源管理理念，强化水资源的流域管理，一改区域、流域水资源管理多元化局面，落实水资源空间均衡的治水理念是从根本上破解水资源管理不善带来的干旱区生态环境问题这一瓶颈的重要途径。

2. 明确干旱区内陆河湖生态流量（水量），保障生态水权与生态需水

超流域承载力水土资源开发与生态用水保障不足是造成干旱区河湖断流萎缩和生态系统退化的根本原因。遵循人–地和谐、人–水和谐的理念，配合河湖长制的贯彻落实，明确各内陆河流域河流生态流量、湖泊生态水位以及河湖生态系统最低生态需水量，通过立法的形式确立生态水权，保障生态需水，提升生态环境质量，是干旱区生态建设的有效举措。

3. 针对性开展断流内陆河生态输水工程，拯救沿河的重要生态廊道与生态屏障

针对干旱区断流河道下游生态退化现状，以及生态需水保障不足的驱动诱因，开展断流河道应急生态输水，修复河道纵向水系连通性，改善地表水文过程的空间均衡态势，补充断流河道下游地下水及包气带水分含量，促进退化生态系统的自我修复，提升荒漠河岸生态系统的生境质量与生态防护、服务功能，巩固中国西北部防沙治沙生态屏障。

4. 强化国家及地方政府层面在流域尺度生态输水工程的主导地位与顶层设计理念

对于干旱区内陆河流域水资源空间配置中常常伴随的地区与行业部门间的矛盾及利益冲突，应强化国家及地方政府在生态输水工程中的主导地位，突出上层设计理念，面向国家与地方绿色、高质量发展需求和水安全保障需要，统筹推进，系统治理，实现水资源的空间均衡配置，服务地方生态文明建设与发展需要。

5. 优化生态输水方案，扩大输水生态效益

退化生态系统的修复治理是一个漫长且动态的过程，包括生态输水工程在内的诸多生态修复工程方案不应是一成不变的，应该基于生态修复的历程与具体生态系统的演替情况，科学调整并优化生态输水方案。同时，注重生态系统的自然恢复规律与需水生理

节律，探索生态输水与生态系统自我修复及更新过程的生态默契模式，模拟效仿自然地表水文过程对生态系统恢复的促进作用，通过人工生态恢复辅助措施，扩大生态输水效益。

（三）典型案例——塔里木河下游退化生态系统综合治理与恢复重建

塔里木河流域北连天山，南依昆仑山，西接帕米尔高原，面积约 102 万 km^2，是我国最长的内陆河，也是世界著名的内陆河之一。塔里木河流域作为丝绸之路经济带建设的核心区，具有自然资源相对丰富和生态环境极端脆弱的双重性特点。2000 年以来国家投资 107 亿元，从“节水”“增水”“输水”等方面对塔里木河流域实施了综合整治。截至 2020 年，先后向塔里木河下游生态输水 21 次，累计输水量达 84.45 亿 m^3（陈亚宁，2021），有效拯救了塔里木河下游“绿色走廊”，获得了显著的生态效益。

1. 塔里木河下游退化生态系统的恢复与重建设计

塔里木河流域是我国最干旱的一隅，天然植被退化和生态系统受损的复杂多元性和时空差异性，使得这一区域的生态恢复与重建异常艰难，退化生态系统修复重建中面临着生态过程的完整性和技术途径的合理性以及自然与人工恢复相融合的高效可持续性等诸多科学与技术难点。针对此，结合对塔里木河下游荒漠河岸林植被的生存策略及生态水文过程监测分析，开展了塔里木河下游生态退化过程与机理研究，对荒漠河岸林退化生态系统修复重建技术进行了研发试验与生态恢复示范。

（1）塔里木河下游生态输水工程。以水资源的空间均衡配置为依据，面向塔里木河下游生态系统的生态用水需求，通过流域水资源的统一调配管理，结合塔里木河下游河道疏浚与综合治理，实施向塔里木河下游的生态输水。塔里木河近期综合治理规划中确定塔里木河下游至大西海子断面每年下泄 3.5 亿 m^3 生态水量，水头应到达塔里木河干流尾闾台特玛湖，以恢复塔里木河下游河流景观，拯救濒临消失的塔河下游 “绿色走廊”。

（2）荒漠河岸林退化生态系统恢复重建。以生物物种的乡土性为原则，筛选适宜极端干旱荒漠环境的恢复重建的植被物种，开发并集成以胡杨、柽柳为重点，以荒漠河岸林种群更新技术，人工植被与天然植被的生态融合技术，荒漠植物群落人工改造和荒漠植被自然恢复人工促进技术等为主要内容的荒漠河岸林保育与恢复技术模式。

（3）荒漠–绿洲过渡带退化生态系统恢复重建。以重建生态系统的生态自维持为中心，以生态多样性为主导，遵循景观生态学原理，研发并集成了以绿洲–荒漠过渡带生态多样性时空格局技术，生态可持续性时空诊断技术，植物群落物种装配与生态可持续水分高效利用技术等为主要内容的荒漠–绿洲过渡带退化生态系统恢复重建技术模式。

（4）荒漠退化生态系统恢复重建。针对极端干旱环境下土地荒漠化导致的土壤结构和理化性质劣变、生态系统功能受损、物种丢失等问题，研发并集成了以物种框架法、最大多样性法和退化土壤原位菌根生物修复为主要内容的荒漠退化生态系统改造修复技术模式。

2. 塔里木河下游退化生态系统恢复的物种选择

调查结果显示，由于受到长期的干旱、盐碱、风沙等胁迫，塔里木河下游仅存有物种数 40 种，生物多样性严重受损。在这样一种特殊环境下，物种选择成为退化生态系统修复重建过程中一个关键问题。针对此，我们系统开展了塔里木河下游不同植物水分来源、抗逆性特点及种群间供水关系的分析，并在此基础上，筛选出塔里木河下游生态修复的适宜物种。

在对荒漠河岸林植物水分传导能力的研究中发现，枝条导水率存在柽柳＞胡杨＞花花柴＞骆驼刺＞红砂＞苦豆子＞白刺＞骆驼蓬的特点，而根的导水率也具有类似的特点，即柽柳＞胡杨＞骆驼刺＞花花柴＞白刺＞苦豆子＞红砂＞骆驼蓬。这项实验结果表明，第一，柽柳、胡杨、花花柴、骆驼刺具有较好的水分传输能力，其中，柽柳对水分胁迫有很强的适应性，抗逆性较强。第二，从荒漠河岸林植物根系木质部导管水平，解析了根系水力导度的响应机理。结果显示，柽柳根系水力导度最好，胡杨、花花柴、骆驼刺次之，白刺、红砂、骆驼蓬较低，随着树龄增加，柽柳与胡杨根系的抗栓塞能力增加，抗旱性增强。第三，从荒漠河岸林植物木质部栓塞程度探讨了不同植物的水分传导。一般说来，随干旱胁迫增加，植株根系栓塞度增加，水力导度下降。研究结果显示，柽柳和胡杨的木质部栓塞程度最低，水分传输能力强；草本花花柴、骆驼刺和苦豆子水分传输能力较强。综上表明，在极端干旱环境下，柽柳、胡杨对水分胁迫有很强的抗逆性，适生范围宽，应该是首选物种。

同时，在上述研究基础上，我们进一步对不同荒漠河岸林植物的水分利用与种间竞争关系进行了研究。塔里木河下游的平均年降水量在 40mm 以下，而蒸发量高达 2500mm 以上，如此稀少的降水量既无水文意义，也无生态意义。土壤水和地下水是维系塔里木河下游植被生存的主要水分。然而，在塔里木河流域极端干旱环境下，不同物种的水分来源和根系吸水深度是不同的，而了解和掌握不同荒漠河岸林植物的水分利用与种间竞争关系至关重要。研究结果显示，在群落尺度上，胡杨、柽柳主要利用 2m 以下的深层土壤水和地下水；黑刺主要利用 0～20cm 的浅层土壤水；花花柴吸水层位为 50～100cm；骆驼蓬主要利用 0～20cm 的土壤水；胡杨和柽柳吸水层位相同，存在水分资源的竞争关系，与花花柴、苦豆子都不存在种群间竞争；黑刺和骆驼蓬吸水层位相同，存在竞争关系；其他植物种间不存在明显水分竞争；在种群尺度上，胡杨幼苗主要依靠 30～50cm 的土壤水，利用地下水比例仅 6%；成熟林植株主要利用 200～220cm 的土壤水和地下水，其水分来源占所利用水量的 85%；过熟林植株主要是利用地下水，其所利用水分来源 96%来源于地下水。同时，还研究发现，荒漠河岸林植物还存在资源共享机制，即：过熟胡杨为幼龄胡杨、苦豆子等提供水分；柽柳为根系较浅的花花柴供给了水分，这主要是由荒漠河岸林植物特有的水力提升、水分再分配和水资源生理整合等生理生态过程所致。这一结果的发现，为极端干旱环境下生态修复重建中的物种装配提供了重要的科技支撑。

3. 塔里木河下游生态系统保育修复的技术与模式

通过理论研究和试验示范，结合西北干旱区生态条件，研发集成了退化群落改造与生态多样性构建技术模式、植物群落结构优化配置、组装与生态融合技术模式、干旱荒漠区生态系统恢复水分利用与生态自维持技术模式、荒漠河岸林胡杨萌蘖更新技术等生态保育修复技术和模式，这些技术与模式的研发对于促进干旱荒漠区受损生态系统恢复与重建，脆弱生态系统的保育具有重要作用。

（1）退化群落改造与生态多样性构建技术组合与模式。退化群落改造与生态多样性构建技术组合包括种源补充生境改善技术、荒漠植物群落自然发生人工激发技术、荒漠植被自然恢复人工促进技术等，人工加速植被恢复，实现对退化群落的人工改造。该技术模式适用于我国西北退化荒漠河岸林区，气候为干旱荒漠气候，年均降水量少于200mm。但该技术模式要求实施区有灌溉水源、一般是在河道附近实施。

（2）植物群落结构优化配置、组装与生态融合技术组合与模式。植物群落结构优化配置、组装与生态融合技术组合包括植物群落结构优化配置与组装技术、荒漠植物群落物种筛选与装配技术、人工补植与荒漠植被生态整合技术等。该技术模式适用于我国退化荒漠河岸林区，在生态系统结构与功能受损，尚存植物群落斑块的区域应用。该技术模式需在实施区利用河水灌溉，恢复效果受河水水量影响较大。

（3）荒漠河岸林胡杨萌蘖更新技术。该技术适用于胡杨所在立地缺乏大面积地表漫溢条件，地下水位埋深较大（>4m）且上层土壤（0～1m）含水量较低（平均<3%），降水量小于 100mm，胡杨种群自然更新乏力的区段。该技术需对胡杨根系断根，人工断根效率低，而机械断根可能会对周边植被造成一定的破坏，因此，需根据实施地的植被和地形情况，将两种方式结合进行断根。

塔里木河下游大地形平坦，坡降 1∶4500～1∶7900，但胡杨分布区微地形差异很大，落差高达 2～5m 以上，地表面淀积 40cm 厚细粒砂壤土，林内运输不便，大部分胡杨分布区主河道下切较深。实施更新给水条件很困难，采用人工和调用机械挖掘也存在许多问题。现阶段胡杨的大面积更新恢复受给水条件等限制，采用人工辅助引水实现胡杨群落更新首先应在河道附近 0～150m 的范围局部实施较宜。

（4）干旱荒漠区生态系统恢复水分利用与生态自维持技术组合与模式。根据荒漠植物的水分利用特点和水分利用效率进行物种装配，提高荒漠植物群落整体水分利用效率。选择生态适应性强、水分利用率高的优势建群种作为预先植入的建群种。根据健康群落物种构成和自然演替物种定居序列进行物种配置和组装。同时，可以采用人工促进种群发生与生态自维持技术，利用胡杨、柽柳种子成熟后即可在适宜的环境条件下萌发、定居和建群的特性，人工创造适宜胡杨、柽柳种子萌发、定居的环境条件促进种群发生，并通过侵染具有固氮酶活性、溶磷性和分泌生长素的内生固氮菌提高建植种群生态自维持能力。在洪水的入水口撒播有菌液浸泡胡杨、柽柳等植物种子，促进柽柳、胡杨等植物种群的发生，并提高其生态自维持能力。

4. 塔里木河下游生态治理恢复成效与经验

塔里木河下游生态修复治理以来，2000～2020 年累计向塔里木河下游实施生态输水 21 次，输水量 84.45 亿 m^3（陈亚宁等，2021）。其中，约 40.1 亿 m^3（占比 47.50%）补给了塔里木河下游两岸的土壤包气带，30.60 亿 m^3（占比 36.20%）补给了下游两岸的地下水，河道水面蒸发约 2.1 亿 m^3（占比 2.50%），入台特玛湖水量约 11.70 亿 m^3（占比 13.85%）；塔里木河下游两岸 1km 范围内地下水位由生态治理之前 8～12m 抬升至 2020 年的 2～4m；下游"绿色走廊"荒漠河岸林自然植被退化趋势有效遏制并逐渐恢复，物种数由 17 种增加到 42 种；植被盖度增加，塔里木河干流下游的 NDVI 从 2000 年的 0.14 增大到 2020 年的 0.21，植被面积从 492km^2 扩大到 1423km^2；约有 57.1%的区域 NDVI 和植被覆盖度呈现显著增加趋势，塔里木河下游天然植被净初级生产力（NPP）平均值增长 47.35%，碳汇面积由输水初期的 71km^2 增加到 2020 年的 295km^2，生态系统环境质量与生态功能明显提升。塔里木河下游"绿色走廊"得以恢复，有效保障了 218 国道和库–若铁路的畅通。

针对退化生态廊道采取的包括封育、应急生态输水和人工综合生态修复辅助措施的塔里木河下游生态治理成效显著，可借鉴的成功经验包括：①强化水资源流域统一管理和水资源的空间均衡配置；②针对重要生态廊道退化生态系统的综合治理与应急生态输水；③兼顾自然生态系统自我设计与自我恢复和人工辅助措施的有机协调统一治理模式；④重要生态功能区生态需水的保障。也存在一些需注意和完善的不足，具体包括：①生态水权尚未有效落实，生态需水保障受流域自然丰枯变化影响显著，不确定性较大；②生态输水措施较为粗放，造成部分生态水资源过多下放至沙漠中的尾闾湖泊，增加了宝贵水资源的无效损耗；③配合生态输水过程的综合配套设施与恢复管理仍需加强，单一沿线性河道输送生态水恢复效益有限，难以实现退化荒漠河岸林生态系统物种的落种更新和生态恢复效益的最大化。

第三节　体制机制方面的生态环境保护建议

自 20 世纪 70 年代以来，西北干旱区生态保护取得了举世瞩目的成绩。具体表现在：第一，战略地位不断提升，对生态建设和环境保护的认识进一步提高，生态安全屏障建设实现了由软约束向硬指标的转变。各地服务大局，坚决贯彻落实国家生态文明建设的重大决策部署，提高政治站位，坚持底线思维、红线管理，强化问题导向，以高度的政治自觉狠抓生态问题整改落实，人为破坏已经全面停止，整改工作扎实推进。第二，先后实施了一批重大生态建设项目，区域生态环境得到改善。各地按照"因地制宜、分区施策"的原则，着力加强天然林资源保护、退牧还草、退耕还林、水土保持、小流域治理等生态项目建设，有效遏制了局部地区生态恶化，取得了良好的生态和社会效益。第三，初步探索了一些生态建设的好做法和好模式。如对生态保护的制度进行了不断调整完善，在机制上做了一些有益的探索和创新；充分调动群众参与生态建设，大力发展生态经济，妥善开展生态移民安置，积极推进资源有偿使用制度，生态建设和环境保护工作正在走向与经济社会发展协调互动的新路子；流域系统治理的模式正在形成。第四，围绕西部生态安全屏障建设，开展了长期的研究工作，在理论基础和关键技术等方面都取得了一系列突破，为国家生态安全屏障建设提供了科技支撑。第五，法律法规体系初步形成、行政管理体制有所改善、政策措施不断完善、评估机制渐趋科学、示范试点持续增多和监管执法逐步加强。

一、建立科学高效的管理体制

（1）加快推进水治理体系和治理能力现代化，建立权威统一的监管机制。针对生态功能区多部门管理和跨行政区域特点，建立监管与保护相分离的管理机制，探索建立多部门、跨地域的联合执法机制。整合现有管理机构，着力解决自然保护区、风景名胜区、文化自然遗产、地质公园、森林公园等交叉重叠、多头管理的问题，加强对重点生态功能区统一监管。针对省级自然保护区无编制、无经费导致基础设施建设滞后和保护能力不足的问题，组建专门工作机构，核定编制，配备专职工作人员，经费纳入省级年度财政预算。

（2）构建独立、统一、高效的生态环境监测、评估、预警体系。对西北地区生态系统实施统一规范、长期系统的监测预警，定期开展生态预警数据分析研判，建立统一的数据信息平台，实施生态环境监测数据共享机制，提高政府环境信息发布公信力。

（3）科学调整各种保护区的区划范围。对各类自然保护区和草原、公益林、湿地等生态功能区域范围进行调整，对不该纳入区划人口最集中的城镇和生态功能不明显的区域退出，对没有纳入区划的生态功能重要的重新划入，让生态功能区边界更加合理，为更好实现生态效益、经济效益和社会效益的平衡奠定基础。

二、完善区域的联防、联控、联建、联治和联修机制

生态修复决策者和管理者应当将自然生态系统视为不可分割的整体，改变过去对单一要素进行生态修复的割裂格局，实现对生态系统的整体保护、系统修复和综合治理。建立区域联防、联控、联建、联治和联修机制，加强不同流域间、流域上中下游间的联合检查、联合咨询、信息沟通和管理。开展联合监测，加强研究评估、预警和信息通报，通过建立覆盖范围广、精度高、反应迅速的多元、多媒体动态和三维监控网络，建立跨省联合执法机制，建立信息交换平台，促进信息交换与交换。实行生态管理部门间的信息资源共享，联合执法行动定期开展。

结合已有的生态修复工程，全面总结值得借鉴和推广的经验、存在问题和改进方向，加强生态修复在模式、技术、制度等方面的探索。针对西北地区而言，实现“山水林田

湖草沙冰”生命共同体协同管理的关键在于坚持生态治理产业化、产业发展生态化方向，形成以生态项目扶持产业发展，以产业发展带动生态建设，达到生态与生计兼顾、绿起来与富起来相结合、治沙与致富双赢的目的。

三、建立生态保护的长效机制

明确责任主体，建立跨域联动机制。要加强生态环保责任落实，强化“党政同责”“一岗双责”，压紧压实属地责任、部门监管责任和企业主体责任，明确责任清单，将环境保护工作纳入综合目标责任考核和负面清单内容。以政府为主体，采取措施打破原有壁垒，使地区部门之间、地域间的差异最小化，建立跨地域协调联动机制，实施重要生态空间管控分区联动，并根据重要生态功能空间细分方案，确立实际有效、合情合理的环境影响评价标准，实施差异化考核，把环境、资源、生态等指标纳入区域经济社会发展的评估体系进行完善。环境修复监管动态化，形成政府主导、企业参与、全民行动的多元化参与模式，长期进行跟踪、检测、监管、评估，深度采纳专业科研部门和有资质机构的意见建议，对于治理与修复过程中产生的资金款项进行审计监督，从而按照时间维度和环境状态变化情况实行长效动态监管，保证区域生态环境系统真正实现平衡。

明确生态功能定位，合理规划生态红线。按照差异化布局原则，明确各个生态片区的功能定位。对限制开发区实行区域化保护，优化城镇乡村空间布局，限制高污染、高耗能的企业进驻，对于经济发展区、城市中心密集区以及环境承载压力大、问题突出的地区，将工业区、住宅区、商业区分片区管理，引导、培养公众环境保护意识；对于生态脆弱的禁止开发区，要精准划分禁止开发区域，以强制性原则为基础，构建严格、合理、统一的管理体制。以政府部门为管理主体，将生态保护红线的划定融入保护地和重要生态功能空间，作为实施主体功能区策略的有效途径和载体，使其在土地开发、城乡建设中发挥生态保护红线的空间约束作用，重视水生态功能定位，将水资源消耗总量和水资源消耗强度双目标以及水源质量作为基准线，依据其承载能力，合理划定生态保护红线，将生态保护红线落地的微观走向与地籍管理边界相统一，强化责任权属和功能定位，并将关键环境政策上升为“政策型立法”强化管控约束力。

生态建设产业化，产业建设生态化。西北干旱区的生态保护要顺应发展新理念，牢固树立“绿水青山就是金山银山”的理念，严格落实环境保护法，坚持生态建设产业化，经济发展生态化，资源利用循环化，推动资源型经济向生态经济转型，实现在保护中有序开发、在有序开发中实现有效保护的良性发展。一是注重提升原有产业结构和层次。鼓励支持发展生态产业，明确各个地区的发展方向、比较优势和首位产业，做强特色产品加工，重点发展有机农业、生态农业、特色经济林及林下经济为主的绿色产业，积极开发观光农业、采摘农业等旅游新业态。二是发挥优势做大、做强沙产业。在遵循自然规律的前提下，创新举措，打破“只投入、不产出”的怪圈，实现经济发展、生态改善、社会效益多赢的目标。大力发展现代高效特色农业，加快沙漠植被修复技术、生物技术、节水技术、设施农业技术、新能源开发技术等方面的研发和转化，积极开展技术输出和国际交流合作，构建完备的沙产业技术体系。三是发展文化旅游项目。西北地区有雪山、沙漠、丹霞地貌和雅丹地貌、森林、草原、湿地等自然风光，厚重的历史文化遗留了故城、汉（明）长城、烽燧等丰富的文物古迹资源，多民族交融文化历史悠久，打造出集自然风光、民族风情、历史文化精品旅游组合项目的独特优势，项目规划应发挥自然景观多元化的优势，合理开发生态旅游观光，实现保护和开发的协调互动。四是建议在西北地区建立新能源就地消纳制度，大力开发西北干旱区丰富的风光能资源，以能补水。

完善西北干旱区内部生态补偿体系，健全生态补偿监督机制。在原有基础上扩大生态补偿的范围，健全西北干旱区生态补偿制度，为生态保护机制的长效运行提供补偿保障。同时，加大生态补偿资金投入，吸纳科研院所、企业、民众、职能部门等多方意见形成的完备生态补偿标准，创新多元生态补偿方式，明确生态补偿各方的责任权利，激励与惩罚并举，完善生态补偿措施，为生态保护机制的长效运行提供补偿法律保障。制定生态保护补偿考评机制，对生态保护补偿责任落实情况、生态保护工作成效等进行考核，与转移支付资金分配挂钩，形成激励约束机制，提高生态脆弱脱贫地区生态保护与绿色发展的意识；加强政府监督与社会监督的有效结合，增强生态保护补偿式工作开展的可行性、适用性；建立生态保护补偿事前预测与事后效果评估机制，追踪工作进展情况，强化监督问责，发现问题及时改正，提高生态保护的质量和效率。

强化监测和基础设施建设，提升预警能力。建立完善涵盖大气、生态、土壤、水文等环境要素于一体的监测、监控、监管数据平台和指挥平台，强化配合协作，依托环境监测数据，建立监测监管联动快速响应机制，不断提升生态环境应急能力。深入实施基础设施补短板行动，加强交通、信息、能源等基础设施建设，促进人流、物流、信息流便捷流动，促进交通基础设施互联互通，实现便捷智能绿色安全综合交通网络。完善提升通信网络，扩大覆盖面、提高稳定性。通过建立、优化环境承载能力监测预警机制，实时监测、延时比对、趋势成图等数据进行评估，主动发现问题、确定危险来源，对当地以及波及地点发出准确的信息反馈、警告，并运用信息发布系统发布到具体地域，预防突发性、应急性生态环境问题的发生，达到及时监督、及时整改的保护自然环境资源的目的。

四、建立西北地区生态保护市场化机制

西北地区生态保护的经济政策、市场化手段有待加强，生态保护主要靠行政手段。水、电、气交易及市场化生态补偿机制不完善；虽然有些地区已经开展了关于工农业水权转换和交易的试点项目，但仅限于某些部分，不涉及整个流域，也没有针对水权交易的完整市场。生态环境治理和修复工程主要依赖政府投资，社会资本不愿参与，西北地区经济发展相对落后，政府收入有限，难以获得足够的财政支持来进行治理。

以市场为导向，促进西北地区生态环境保护。健全西北地区水权交易市场，进一步明确初始水权分配，促进工农业水权转换和区域间水权转换，节约用水。探讨开发能源

使用权、防止污染和排放权交易、建立初始分配制度、有偿使用制度、自愿交易制度、争端解决制度和支助服务制度，以及在全国建立一个统一的绿色财产交易市场。推动合同约定能源管理、合同约定节水管理、第三方污染治理模式，积极维护节能环保服务市场。探寻实现生态产品价值的机制，通过投资融资机制（如政府和社会资本合作、股权合作、政府购买服务等）吸引社会资本参与，创新西北地区环境保护和治理的投资收益模型。

西北地区担负着筑牢国家生态安全屏障的重任，但生态脆弱、经济欠发达。应深入探索西北地区生态产品价值实现机制，助力生态脆弱地区筹集资金保护生态环境，并缓解政府治理资金压力和治理难度，形成社会治理、生态治理的良性循环。建议强化基础研究，建立一套科学的生态产品价值核算体系，摸清自然资源家底和生态动态演化情况，将自然资源资产列入经济社会发展规划。建议依托丰富生态资源和优质环境质量，推动物质供给类生态产品价值直接实现；发展生态旅游和特色文化产业，深化文化服务类生态产品价值实现；探索生态权益出让和生态补偿，促进生态调节类产品价值实现。建议将西北地区纳入生态产品价值实现机制试点，给予更多政策和资金支持，切实加强生态环境保护综合监管能力。培育和搭建生态产品价值实现交易平台，在价值核算、价格机制等方面，通过政策引导和鼓励社会各界参与，同时引入竞争机制，激发市场主体活力，政府应出台融资、投资、退出和税收等方面的优惠政策，鼓励和引导更多社会资本参与生态产品价值实现试点。探索建立政府主导、企业和社会各界参与、市场化运作、可持续的生态产品价值实现路径。

第四节　管理层面的生态环境保护建议

生态系统管理是解决资源环境挑战、应对气候变化、治理区域生态环境、实现社会经济可持续发展的重要技术途径，在促进资源消耗型经济发展模式向循环经济及可持续经营发展模式的转变过程中发挥着重要作用（于贵瑞等，2021），尤其是在区域和大尺度的植被恢复、水土保持、防风固沙、缓解气候变化等方面作用突出。在生态系统脆弱的西北干旱区，优化基于可持续发展、生态系统服务和人地关系耦合的生态系统管理模式与管理对策，大力提升水资源精细化、数字化、智能化、规范化和法治化管理水平，加强水资源集约利用，改革用水管理制度，大力推进农业用水水价、水权等制度的创新和完善，实现农业用水安全和“水–生态–农业”协调发展，对干旱区生态系统保护和区域水、生态安全保障有重要意义。

一、深化西北干旱区水资源管理改革

（一）不断完善水管理体系

加强水资源宏观管理。水资源的合理配置与高效利用须加强宏观管理，突出流域统

筹，协调区域与流域的关系，突破水资源发生和利用环节中的多主体限制。充分结合并统筹好流域管理制度与河（湖）长制管理体系；采取精细化管理模式。结合各地州实际水资源供给能力及其经济发展和生态保护需求，从供水保障和需水控制两个角度，建立包含省（自治区）、地州、县（市）三级行政区域取用水总量控制指标体系，采用更精细化、可视化的网络管理模式，建立切合实际的水量分配方案，从供水管理向需水管理转变，实现有限水资源的高效配置与利用；建立合理必要的调水机制。因地制宜地开展跨流域调水，优化配置各地区“三生”用水，优化水资源的空间均衡配置管理，促进水资源可持续开发利用。深化和规范取水许可管理。严格完善取水许可证审查发放工作，全面贯彻实施取水许可水资源论证、规划同意书制度、凿井方案核准等制度；建立水市场调节机制。坚持水资源有偿使用原则，制定合理的水价政策，比如采取分质供水，优质优价；按照用户性质，区别定价；限额供水，超额高价等措施，使水价达到最合理，最优化的水平，控制需水量的过速增长。把经济生产用水引入市场调节机制，优化水资源费征收管理体系，加紧完善取水口计量设备安装，全面实施统一计量收费，保证水资源费征收体系的公平、公正与准确。在以水资源有偿使用原则为核心的指导下，提高水资源空间配置的经济高效性，使水资源流向更加高收益高回报的产业和区域，通过建立以水权水市场制度为核心的水资源管理体制，实现以管理促发展的目的。

（二）推进改革水资源管理体制

为保证西北干旱区水资源可持续发展，需持续深化水资源管理体制改革。主要包括四个方面：①机构设置方面。建议成立由水利和生态环境等相关部门参与、决策、规划、管理的各级水资源管理机构，相关地方行政区和部门应在这些管理机构的监督下开展工作。赋予管理机构分级分管职能，按照水系、流域、行政区和部门分工协调。加快“流域管理与行政区域管理相结合”的水资源管理体制建设，强化流域管理，实施流域资源开发和生态系统的一体化管理。②决策机制方面。水资源的管理涉及农田灌溉、水土保持、森林涵养、洪涝干旱治理、污染防治、基建发电、水质检测等多个方面，这就决定了水资源决策需要不同行业的专家协商完成，实行伞型决策。另外，相关部门应采取多种形式进行宣传教育，增强公众的水环境意识和水资源意识，让公众了解水环境状况并参与管理。③协调机制方面。实施流域地表水、地下水的统一管理，包括行业与部门、兵团与地方，要进行科学规划、统一调配，只有地表水与地下水的联合利用，才能实现流域用水量控制目标，实现流域水资源高效、可持续利用。④实行最严格的水资源管理制度。水利管理要以提高用水效率和效益、保护水环境为目标，实行最严格的水资源管理制度。从流域尺度上进行用水总量的控制，确立流域用水总量控制指标或红线。坚持以水定地，以水定发展，以水定种植结构，确定绿洲的适宜发展规模。加强对突发事件的应急能力建设与水资源战略储备，积极应对水资源短缺和供需矛盾产生的问题。流域水环境问题要以源头减排为核心、以污染物排放总量控制为关键，进行全过程治理，加强节水防污型社会建设。

（三）加强节水监督和管理

各级政府都要建立健全节水管理机构，理顺关系，强化职能，明确责任人，定期部署、协调、监督和检查，以推动各部门和行业的节水工作。建立全面完整的节水指标评价体系，加强对高耗水行业以及重点用水大户的监测与管理。以取水许可制度、水资源有偿使用制度为指导，建立健全节水管理制度体系，从水资源论证、用水总量控制与定额管理等多方面着手，完善节水管理信息系统建设。强化政府划拨专项节水资金投入用于各地区的节水管理工作的同时，通过多渠道融资，建立节水基金，用于支持节约用水技术的改造和管理，并赋予各地区相关管理部门更多管理权力。强化农业节水管理的同时，在工业发展与生活用水中鼓励并推广应用先进节水技术、设备与节水理念和生活节水设施，并结合水价管理体系，利用阶梯水价对生产、生活节水实施调控管理。

（四）积极推进并优化虚拟水贸易管理

西北干旱区在水资源贸易中处于资源输出地位，应积极调整并优化进出口工农业产品的种类及比例。一方面，加强与中亚贸易合作，积极开展虚拟水贸易，扩大对中亚资源密集型农产品的进口规模，如高耗水型农产品，同时面向中亚地区增大节水型农产品及以此为基础的加工产品的出口规模。另一方面，可根据各区域的自然条件种植或生产相应优势的作物及产品，以此来加强各地州间工、农业产品的绿色流通，使部分严重缺水的地区用水紧张局面得到有效缓解。开展以农产品为载体的虚拟水贸易，使水资源从丰富地区流往短缺地区，通过产品对水资源进行空间均衡再分配，提升水资源利用效率，实现水资源高效利用。

二、加强干旱区生态系统保育恢复的可持续管理

干旱区生态系统极为脆弱，易受扰动并失衡，相对落后的经济社会发展现状对自然资源与自然生态系统依赖程度较高，谋求区域经济社会发展过程中常常对自然生态环境造成负面影响并产生诸多生态问题，制约可持续发展。相较于其他区域，西北干旱区自然生态系统的服务功能和安全保障需求更为迫切，生态系统可持续管理面临的形势更加严峻。针对西北干旱区水、土资源开发中生态–经济矛盾突出、气候变暖加剧干旱区的干旱程度、可持续管理与生态安全保障机制亟待完善和生态系统保育与恢复的难点突出等问题，强化以可持续理论和实用技术为指导的干旱区退化生态系统保护、恢复与管理尤为重要。

（一）注重干旱区生态保护中生态与经济的有机融合

西北干旱区以荒漠为主体，绿洲沿河流呈条带状展布，镶嵌于荒漠之中。因此，绿洲农业经济发展面临着严峻的干旱、盐碱、风沙三大环境灾害。在全球变暖背景下，西北干旱区经济社会发展与生态保护之间的用水矛盾会持续存在，如何实现经济高质量发

展和生态系统的良好融合，确保绿洲系统稳定和经济社会可持续发展成为挑战。这需要从水土生态安全、防护生态安全和生物生态安全等方面，综合分析和构建绿洲生态安全保障体系，创立干旱区资源开发利用、经济社会发展、生态环境保护相协调的科学范式，确定“源于自然，高于自然”、适宜干旱区荒漠生境特点的产业内容和发展方向，以优化生态保障经济发展，以经济发展促进生态保护，建立荒漠区资源开发与生态保障间的良性互动机制、生态补偿机制和可持续管理模式，以实现经济与生态的良好融合和可持续管理。

（二）兼顾干旱区生态保育过程的生态融合

随着干旱区人口数量和区域发展需求的不断增加，干旱区内陆河流域的绿洲建设对自然资源的需求不断加强，对土地利用的范围也逐渐扩大，这势必使得人为活动对自然生态环境的扰动加大。为此，干旱区的资源开发和利用要从生态系统过程的完整性和技术途径的合理性、生态与经济过程融合的高效性和可持续性以及水土、生物、防护生态安全与绿洲的稳定性系统考虑。在对自然资源的开发利用过程中，要树立保护优先的理念，尤其在荒漠–绿洲过渡带，要综合考虑和实现天然绿洲与人工绿洲互惠共存、荒漠植被与人工植被生态融合、荒漠林与人工防护林有机整合，以提升荒漠–绿洲过渡带天然屏障的生态功能。

（三）强调干旱区生态系统保育恢复的生态阈值

生态阈值是生态系统中发生一种状态向另一种状态转变的某个临界点或一段区间。生态阈值的确立对维系干旱区生态系统稳定、指导生态保育恢复具有重要意义。生态修复旨在阻遏生态系统恶化的趋势，因此，需要越过恢复阈值，达到具有弹性和可持续性生态系统这一中间目标。生态修复的实践经验也表明，通过确定生态阈值，能够有效指导生态系统恢复中恢复目标的确定，并激发区域内的自我恢复潜力。在西北干旱区塔里木河、黑河等已经实施的生态保育修复中，通过解析干旱区内陆河流域荒漠河岸林植物抗逆性机理与生存策略，提出的荒漠河岸林地下水位生态阈值就是一个典型例子。明确干旱区各内陆河流的生态流量（水量）及湖泊最低生态水位和生态需水量、流域自然植被及关键生态功能区和生态敏感区的生态需水量等关键生态阈值，将为各区域的生态系统保育恢复中生态需水确定和可持续管理提供了重要指导与支撑。

（四）构建干旱区生态防护体系

西北干旱区荒漠–绿洲过渡带在维系干旱荒漠区的生物多样性，并以规模性生物系统有效排解或化解风沙、干热风等对人工绿洲的侵扰等方面发挥着重要生态功能，绿洲和荒漠–绿洲过渡带必须保持一定的比例，才能和谐共存。为此，需要在干旱区构建以生态梯度为核心的防护模式，形成稳定且具有强大生态服务功能的绿洲生态安全保障体系，即在绿洲外围的荒漠–绿洲过渡带强化对自然生态系统的封育保护管理，在过渡带保护培育稳定的草、灌结合固沙沉沙带；在绿洲边缘建设乔、灌结合的人工骨干防护林带；在绿洲内部建设高标准农田林网。其中，绿洲外围区的荒漠乔、灌木林是绿洲人工防护林体系的延伸，是联系绿洲与荒漠的过渡带，对荒漠化向绿洲的侵入起着吸纳和缓冲的作用，具有重要的生态功能。人工防护林是人工绿洲的骨骼，起着降低风速和改善绿洲生态环境的作用。这样，以荒漠乔、灌木林为主体的绿洲边缘荒漠生态系统和以人工林为骨骼的绿洲内部防护林体系有机统一，相得益彰，既顺应了荒漠–绿洲的自然环境特点，也从地域空间上实现了绿洲边缘荒漠林与人工防护林体系的生态整合。

三、开展干旱区国土空间生态修复，优化国土资源的开发管理

（一）明确干旱区国土空间生态修复的发展方向

吸取和借鉴我国重点脆弱生态区生态修复的经验与模式，总结归纳干旱区脆弱生态系统与之共性的生态恢复的发展方向（王聪等，2019），用于支撑优化干旱区国土空间生态修复的管理。

（1）将生物多样性和生态系统服务纳入生态恢复实践中。生态系统服务与人类福祉直接相关，生态系统的结构与功能直接影响了生态系统服务的水平和能力，而通过生态恢复改善生态系统功能和服务能力，增进人类福祉是生态恢复实践的重要目标。

（2）将成本效益分析纳入生态恢复实践中。不同恢复方式在成本效益上存在显著差异，需从社会生态系统的角度考虑生态系统恢复力及外界和人类干扰状况，结合当地的社会经济发展水平来选择生态恢复方式。比较不同恢复方式的经济可行性，可以为生态恢复决策中的资源分配及目标制定提供依据，并且防止在生态恢复效益没有得到投资补偿的情况下浪费资源，筛选出具备“性价比”的生态恢复方式。

（3）加强生态恢复的统一监测与管理制度设计。切实强化统一的生态系统变化监测、评估和监管体系。首先，针对西北干旱区建立统一的符合实际的不同精度、不同分辨率的生态系统监测、评估方法技术体系、基础生态环境数据库、标准或技术规范，根据不同区域的自然和社会条件，制定综合反映生态效益和社会经济效益的指标体系，引导生态恢复技术模式的筛选与实施；其次，加强生态恢复效果指标监测，以生态恢复效果评价指标体系为参照，制定生态恢复监测方案，建立生态恢复效果长期监测管理机制，这有助于对政府生态保护履职绩效、生态保护投入产出、生态保护政策执行效果、绿色GDP和生态资产核算等作出科学评价，及时发现问题，提高各类生态保护投入资金使用效率和各级政府生态保护履职能力；根据生态系统服务的评估监测结果，厘清不同空间尺度上的利益相关者对各项生态系统服务收益的权衡关系，采用生态补偿的方式协调不同尺度利益冲突，并根据生态系统服务价值化评估成果制定补偿标准。

（4）搭建生态恢复信息平台。促进生态恢复实践的信息流动。开发针对重点脆弱区不同类型成果数据管理平台和模拟演示系统，将西北干旱区不同生态恢复区生态修复治

理的技术、模式、推广应用等成果进行综合集成和模拟演示，加强科学家群体与政府及利益相关者之间的联系，加强公共协商。建立生态恢复技术模式的模拟展示平台，连接科学技术人员、当地居民、管理部门及生态恢复实践者等不同群体，通过展示生态恢复模式的技术原理和方案、实施成本及社会、生态和经济效益，可以使得不同区域不同群体对于恢复模式选择进行充分讨论及筛选权衡，有利于生态恢复实践的稳定性。

（二）强化国土空间修复的科学规划

生态保护和修复对象正在从自然要素转向社会–生态要素，尺度从局地生态系统健康改善转向多尺度生态安全格局塑造，目标从生态系统结构与功能优化转向人类生态福祉的提升（彭建等，2020；王志芳等，2020）。基于人地耦合思想和国土空间安全综合考量的国土空间修复将对西北干旱区脆弱生态系统的保护与恢复，以及区域高质量发展提供有效助力，科学开展国土空间生态修复意义重大（傅伯杰，2021）。

（1）国土空间生态修复应以协调布局为目标，以西北干旱区各行政区域国土空间规划总体定位为依据，从自然地域单元的整体性出发，充分结合各区域“三区三线”（依据《中华人民共和国土地管理法实施条例》国土空间规划“三区三线”的“三区”即农业、生态、城镇三个功能区，“三线”即永久基本农田、生态保护红线和城镇开发边界）和国土空间区划格局，明确国土空间生态保护和修复的重点区域，守住自然生态安全边界。

（2）国土空间生态修复要以系统治理为目标，深入研究山、水、林、田、湖、草、沙、冰多类自然资源要素和生态系统的相互作用关系及效应，因地制宜确定生态保护修复途径，提升生态系统质量和稳定性。

（3）国土空间生态修复需以人地和谐为目标，进一步将生态修复融入经济、社会、文化建设中，助力国土空间格局优化与民生福祉提升，促进经济社会发展全面绿色转型。以保障生态安全、粮食安全和国土安全为前提，兼顾生态保护空间与基本农田、城镇发展空间的有机统一。

（三）系统认知土地资源，优化国土资源的开发管理

干旱区生态环境的演替与变化总是与水土资源的开发相伴而生，从土地资源利用中的格局与过程耦合、生态系统服务供需分析与生态资产核算、多功能景观识别与生态安全格局构建等方面系统认知干旱区土地资源，明晰土地利用中的格局与过程耦合机理，对科学指引土地资源的开发与保护实践有重要意义（傅伯杰，2019；傅伯杰和刘焱序，2019）。

（1）明确认知土地格局–生态过程–生态系统服务的相互关系。土地格局变化影响生态过程，进而影响生态系统服务。生态系统服务是把自然系统和社会系统耦合在一起的桥梁（傅伯杰，2019），从生态系统服务认知及其机理的解析入手，基于生态系统服务进行土地资源管理，进而从格局、过程、服务到可持续性进行国土空间的优化。

（2）强化土地资源空间认知，为土地资源优化配置提供支撑。从多个尺度认知土地

资源的空间格局，在区域、流域层面，通过国土空间开发保护格局的优化配置理论创新，构建多目标、多层级的地域功能空间分区、分级体系，为土地资源利用的空间优化提供理论指导；在景观水平，明晰土地资源空间构型与各种过程间的耦合关系，为坡面、小流域乃至社区的土地资源优化配置提供支持（傅伯杰和刘焱序，2019）。

（3）以生态系统服务供需为纽带，优化生产、生活、生态“三生”空间的布局与国土资源开发利用与管理。准确量化土地资源类型、开发强度、空间格局的变化及其对生态系统服务供给的直接影响，为国土资源利用的多目标优化和科学管理提供更准确的驱动参数。析取可用于生态系统管理实践的指标阈值，为规划管理提供更科学的约束条件。强化土地系统的资源–资本–资产认知，有效识别生产–生活–生态空间，系统认知土地资源，服务干旱区国土资源开发与管理决策，支撑干旱区社会经济与资源环境的协调可持续发展。

（四）注重生态保护与国土空间规划的协调统一，构建保护与发展共赢的管理机制

以国土空间规划总体定位为依据，以西北干旱区河西走廊各行政区和新疆“三区三线”划定为契机，全面落实“四水四定”（以水定城、以水定地、以水定人、以水定产）原则，协调统一各区域生态保护与国土空间规划。以新疆为例，统筹好新疆“重点生态功能区、农产品主产区、城市化发展区”和新疆“自然保护地名录、战略性矿产保障区名录、沿边重点地区名录、历史文化保护名录、兵团城市及团场名录”等主体功能分区间的关系，在生态空间、生态红线划定与生态保护对策制定中基于新疆“三屏两环”（阿尔泰山、天山、昆仑山–阿尔金山、准噶尔盆地与塔里木盆地绿洲生态环）的生态功能区划格局，兼顾天山北坡发展区、天山南坡发展区、新疆沿边口岸经济区和南疆四地州发展区，以及包括乌鲁木齐都市圈、七个一体化发展区和五个城镇组群在内的新疆城镇发展空间，并以国家战略性矿产资源及新疆优势矿产为重点，协调统筹好生态保护空间、生态保护红线与新疆环塔里木盆地与环准噶尔盆地两大能源矿业经济区和西准噶尔、东准噶尔、阿尔泰山、西昆仑、东昆仑–阿尔金、西天山、东天山和西南天山八条主要矿业经济带的关系，优先保障生态安全、粮食安全和国土安全，努力构建并完善保护与发展共赢的管理机制。

四、完善干旱区生态修复治理体系与生态工程的管理模式

充分凝练总结在西北干旱区已实施的生态保护恢复工程中“政府政策主导、企业产业化投资、农牧民市场化参与、科技持续创新”的驱动模式，建立与完善政府主导与民众参与相结合，自然修复与人工治理相结合，法律约束与政策激励相结合，治理生态与产业发展、改善民生相结合的荒漠化治理体系。在荒漠化治理方面，因地制宜地深入实施天然林和公益林保护工程、防沙治沙工程、国土绿化工程、自然保护区和野生动植物

保护工程等，实现干旱区增绿固碳、提升干旱区生态环境质量与生态屏障防护功能，助力国家西部绿色、高质量发展战略。

（一）注重生态保护中的政府主导与民众参与相结合

在市场经济环境下，政府设置经济杠杆促使人们在环境保护、生态建设方面采取积极行为。在资源开发利用方面，充分考虑资源数量的有限性和使用的有偿性，建立有偿使用资源的合理价格体系。这样，既可以促使人们考虑经济成本，约束自己的浪费和破坏行为，也可以督促人们更新消费观念，考虑资源和环境成本。在生产组织方面，有利于政府生态环境监督管理部门，利用经济手段督促各产业部门加大生态环境保护投入。在生态治理方面，借助国家长效的生产补偿机制，协调好区域治理和区域发展的关系。

（二）强调生态恢复中自然修复与人工治理相结合

对于干旱区退化生态系统的修复治理，依据自然演替的规律，参照区域自然生态系统的物种组成和群落结构，充分利用和启动自然调节机制，根据自然演替的关键环节采用功能群替代或目的物种导入等辅助的人工措施，促使土壤和群落功能的修复，跨越或缩短生态系统演替阶段，加快恢复演替进程，尽可能利用本土物种定向恢复植被群落。对于天然荒漠河岸林区域，封禁保护原始老龄林，封育重建严重退化生境，封育调整天然次生林群落结构与定向恢复调控，封育改造低效人工纯林。禁止挖掘一切防风固沙的植物，恢复中可兼顾生态与经济，合理规划生态药业、生态草业和生态林果业，减轻人类生产活动扰动的同时，促使生态环境逐渐走向良性循环。

（三）完善生态系统管理中法律约束与政策激励相结合

完善西北干旱区生态保护、生态屏障建设和荒漠化防治的法律、法规管理体系，划清管理权限，协调管理机制。尽快规范和完善农林牧渔业生产、水土保持、防沙治沙、生态环境保护、治理、恢复和建设等法律、法规，建立荒漠化治理协调管理机制，提高各部门工作协同性。加强《中华人民共和国草原法》《中华人民共和国水土保持法》《中华人民共和国森林法》《中华人民共和国水法》等法律、法规的宣传，制定相应的生态保护和建设政策法规及管理办法，增强全民的法治意识及环境保护意识，同时应加强相关监督管理力度，依法保护生态治理成果。

（四）鼓励治理生态与产业发展、改善民生相结合

西北干旱区生态环境极端脆弱，一旦破坏恢复困难。因此在干旱区区域经济社会发展与自然资源开发过程中，应以预防保护为主，将生态效益放在首位，执行保护性开发，坚决制止以牺牲生态而换取经济效益的一切生产活动。一方面，严禁超承载力过度开发利用水资源，协调干旱区各内陆河流域生产、生活和生态用水，明确流域水资源有效分配策略，充分兼顾并协调好生态保护与区域高质量发展中水资源的供需配置和优化管

理。另一方面，在生态修复治理与植被恢复中，可依据实际情况，考虑具有一定经济价值，耗水量低、适应性强的本土植被物种，实现生态修复工程的可持续管理。此外，农牧区荒漠化防治中可充分利用退牧、节水提升灌区灌溉保障水平，加工适应性强、耐瘠薄、易管理、成林早、牲畜适口性好的饲料灌木品种，对保持水土、防风固沙、治理盐碱发挥重要生态功能的同时，兼顾区域民生的改善和民众对生态保护的参与。循环经济以经济、社会、生态效益的和谐发展为主要特征，干旱区的生态保护应考虑本地的资源和环境特征，探索适合各地的循环经济发展模式。调整农业产业结构，加大生态农业建设，强调资源的节约和高效利用、治理生态与产业发展及民生福祉相结合，促进人与自然的和谐发展。

（五）加强生态修复治理和生态屏障建设中的科技支撑

基于先进的技术手段和多学科交叉的前沿研究方法，强化科技在生态环境治理保护中的支撑作用，已经成为干旱区生态保护管理中的一个重要发展趋势。

（1）强化丝绸之路经济带核心区建设的生态安全保障与生态屏障建设相关研究。揭示气候变化与人类活动对生态屏障功能的影响与效应，明确干旱区生态系统退化机制与驱动归因，系统开展干旱区生态修复与生态屏障建设研究，保障国家战略实施与区域绿色发展。

（2）加强干旱区“山水林田湖草沙冰”多要素国土空间生态修复与综合治理路径研究。面向国土空间生态安全格局优化的“山水林田湖草沙冰”一体化保护和修复诉求，基于全域、全要素、全过程的系统性思维，探索符合自然生态、社会经济规律的发展路径和适宜干旱区国土空间生态修复与全要素综合治理的科学途径。

（3）加强荒漠化与气候变化的互馈作用、效应风险及适应对策研究。系统分析荒漠化与气候变化两者间的相互作用与反馈机制，探讨气候变化对干旱区的荒漠化进程与生态屏障功能的影响、效应及风险应对等关键科学问题，科技支撑未来干旱区荒漠化防治与生态建设。

（4）加强生态系统保育恢复监测评估与修复技术模式研发集成。以生物多样性保护与安全利用技术研究为基础，构建面向生态系统结构、过程与功能的监测和评估技术，以及生态风险预警体系，开展主要生态问题的多尺度监测与评估，研究典型区域重大问题的成因与时空演变机制、基于自然的解决方案分级分类协同治理生态问题、基于未来气候和土地利用变化情景研发典型区域重大生态问题治理成效的监测与预警技术，构建和强化面向生态问题治理的国土空间用途管制体系；研究面向不同类型工程和政策的生态补偿机制；研发集成国土空间生态修复工程与政策成效量化的关键技术，科技支撑西北干旱区生态安全保障体系建设。

（5）加强多尺度多要素的水文–生态过程耦合机理与模拟研究。在干旱区未来生态系统修复与生态屏障建设过程中，系统解析水文–社会–生态之间的耦合关系与机理，揭示水文–生态过程随气候与人类活动共同作用下的改变引发的生态、社会效应，加强生态修复过程中的人–地复合系统的相互作用机理、耦合过程与效应研究。从空间结构、时间过程、组织序变、整体效应、协同互溃等方面探索寻求西北干旱区人地关系的整体优化、协调发展和系统调控机理，为西北干旱区生态安全保障和经济社会高质量发展相关政策的制定提供决策参考和科学依据。

第五节　本 章 小 结

（1）面向丝绸之路经济带生态安全保障与生态文明建设需求，强化西北干旱区各内陆河流域水资源流域统一调度管理的法律、法规和制度，强化流域管理机构的调度管理权与水政监察执法权；完善水权制度与市场，逐级分解用水总量控制指标；加强流域管理部门的管理能力建设与权限，强化流域统一管理，加强流域地表水与地下水综合监测、联合调度和水资源空间均衡配置管理，优化水–生态系统管理格局。以政府为主导，加强顶层设计，高位推动新疆准噶尔盆地边缘、环塔里木盆地及塔里木河“九源一干”、吐鲁番–哈密盆地及河西走廊“山水林田湖草沙冰”生命共同体系统治理。

（2）西北干旱区是一个资源型缺水大区，经济社会发展要以水资源支撑保障与承载力为刚性约束，坚持“以水定地、以水定城、以水定绿、以水定发展”，确定绿洲适宜规模，进一步优化并落实最严格水资源管理“三条红线”，切实贯彻落实各省及地区“三线一单”（生态保护红线、环境质量底线、资源利用上线和生态环境准入清单），保障流域自然生态系统的生态需水，尽快确立并完善生态水权制度与生态补偿体制；加快并强化塔里木河流域等重要内陆河流域及生态屏障的综合治理，促进绿洲–荒漠过渡带及重要生态廊道荒漠生态系统的保育恢复。

（3）响应国家及水利部相关工作部署，围绕国家“节水是关键、蓄水是基础、调水是补充”的治水精神，针对西北干旱区各内陆河流域存在的资源型缺水与工程型缺水、管理型缺水并存的局面，加大山区水库建设，改造平原水库，进一步强化绿洲内高效节水改造，加快构建布局流域及区域尺度的水网体系，提高水资源统筹调配能力、承载能力和应对气候变化及抵御水、旱灾害风险的能力，缓解水资源时空分布不均、水土资源不匹配引起的“三生”用水矛盾，提升水资源对西北干旱区生态环境与绿洲经济社会发展的支撑保障能力。

（4）以流域为建设单元，以区域尺度为系统规划单元，以骨干水系连通工程和西北干旱区重点内陆河湖为框架，加快实施西北干旱区主要内陆河流域河–湖–库水系连通建设，实现区域重点内陆河流域河、湖与周边诸小河流及关键库塘的联通，构建引、蓄、灌、排相结合的河–湖–库连通水系网络工程体系，构建智慧水网以及具有推广应用价值的内陆河流域水资源科学管理模式与示范样板。借助各种现代化信息传感设备，基于“水联网”理念，构建西北干旱区内陆河流域智慧水网，建立干旱区水资源综合利用的智能化识别、定位、跟踪、监控、计算、模拟、预测和管理科学模式，大力推进数字孪生流域建设，推动丝绸之路经济带的水利现代化和水利高质量发展，提升干旱区内陆河流域水资源承载力与应对气候变化带来的极端水文事件和水资源保障的不确定性的能力。

（5）加强对区域山区云水资源的利用，强化干旱区山区人工降雨增水的技术措施和水资源利用途径研究；探索和构建水资源与能源之间的替代性经济发展模式，以能补水，抽水蓄能，加强清洁、绿色水能开发，实现水能粮协同发展。从节水、蓄水、增水、调水方面加强水资源调配能力，修复治理并着力保障西北生态安全屏障，构建西北干旱区人与自然和谐的“山水林田湖草沙冰”生命共同体。

（6）进一步加强和完善水资源配置领导体制与管理机制，将水资源调度与区域经济社会发展有机结合起来，提升精细化、规范化、法治化管理水平，加快推进水治理体系和治理能力现代化，建立高效的监管与监测、评估、预警体系，完善区域的联防、联控、联建、联治、联修机制，以及生态补偿、长效生态保护和市场化机制。

参考文献

陈亚宁. 2021. 干旱区科学概论. 北京: 科学出版社.

陈亚宁, 吾买尔江•吾布力, 艾克热木•阿布拉, 等. 2021. 塔里木河下游近 20a 输水的生态效益监测分析. 干旱区地理, 44(3): 605-611.

傅伯杰. 2019. 土地资源系统认知与国土生态安全格局. 中国土地, (12): 9-11.

傅伯杰. 2021. 国土空间生态修复亟待把握的几个要点. 战略与决策研究, 36(1): 64-69.

傅伯杰, 刘焱序. 2019. 系统认知土地资源的理论与方法. 科学通报, 64(21): 2172-2179.

彭建, 李冰, 董建权, 等. 2020. 论国土空间生态修复基本逻辑. 中国土地科学, 34(5): 18-26.

王聪, 伍星, 傅伯杰, 等. 2019. 重点脆弱生态区生态恢复模式现状与发展方向. 生态学报, 39(20): 7333-7343.

王志芳, 高世昌, 苗利梅, 等. 2020. 国土空间生态保护修复范式研究. 中国土地科学, 34(3): 1-8.

于贵瑞, 杨萌, 付超, 等. 2021. 大尺度陆地生态系统管理的理论基础及其应用研究的思考. 应用生态学报, 32(3): 771-787.